食品安全与检验检疫安全系列专著

食品安全化学

王利兵 等　编著

科学出版社
北京

内 容 简 介

本书介绍了食品中化学污染物的理化性质、来源、毒理以及控制措施。全书共分 8 章，第一章介绍了食品安全化学污染物分类、国内外食品安全管理与控制措施现状；接下来的章节分别介绍了食品中生物毒素、加工中的化学污染物、包装化学迁移物、环境污染物、农药残留、兽药残留和食品添加剂等对食品安全的影响、来源分布与危害，介绍预防措施，并对重要化学污染物的检测技术与方法进行概述。书中既有对理论性内容的阐述，又有实践经验的总结，特别是增加了近年来在食品安全化学检测上的一些新方法、新技术，包括近几年国内外食品检测技术方面的科研成果。

本书可作为食品质量与安全专业、食品科学与工程专业和各相关专业的教材，也可供食品安全检测机构、食品卫生、安全监管部门专业人员参考。

图书在版编目（CIP）数据

食品安全化学/王利兵等编著. —北京：科学出版社，2012
　（食品安全与检验检疫安全系列专著）
ISBN 978-7-03-035626-0

Ⅰ. ①食 …　　Ⅱ. ①王 …　　Ⅲ. ①食品污染–化学污染–污染防治
Ⅳ. ①TS201.6

中国版本图书馆 CIP 数据核字（2012）第 224943 号

责任编辑：矫天扬　刘　晶　王海光／责任校对：冯　琳
责任印制：徐晓晨／封面设计：耕者设计工作室

科 学 出 版 社 出版
北京东黄城根北街 16 号
邮政编码：100717
http://www.sciencep.com

北京京华虎彩印刷有限公司 印刷
科学出版社发行　各地新华书店经销

*

2012 年 10 月第 一 版　　开本：787×1092　1/16
2015 年 1 月第二次印刷　　印张：23 3/4
字数：537 000

定价：118.00 元
（如有印装质量问题，我社负责调换）

作者简介

王利兵 男，教授，博士生导师，国际标准化组织 ISO/TC264 主席。国家质量监督检验检疫总局首席研究员，国家质量监督检验检疫总局科学技术委员会委员兼进出口商品检验专业技术委员会主任，"十二五"国家高技术研究发展计划（"863"计划）主题专家组成员，国家知识产权专家，国家中长期科学与技术发展规划（2006—2020 年）战略研究专家，湖南省科技领军人才，国务院特殊津贴获得者，国家质量监督检验检疫总局科技特殊贡献奖获得者。

长期以来瞄准国家战略需求和学科发展的国际前沿，一直致力于食品安全与检验检疫安全的科学研究工作。主持完成了国家"十五"重大科技专项课题、国家"十一五"科技支撑计划课题、国家"863"课题、国家"973"课题、国家软科学项目等国家级课题 12 项，质检公益性行业项目等省（部）级科研项目 47 项。主要代表性学术成果有：①基于功能性纳米材料的可控合成及功能性纳米聚集体的自组装原理与方法，提出了基于生物识别系统和功能性纳米材料的食品安全与检验检疫安全检测原理与方法；②研究建立了以危害因子检测技术、安全性评价技术和特征识别技术为核心的检验检疫危害因子高通量表征与特征模式识别关键技术及方法体系；③应用模糊综合评价和风险评估技术，建立了包装和食品接触材料安全性评价技术与方法，揭示了包装和食品接触材料危害因子迁移特性和规律；④在国内首次开展了化学品危险特性分类定级和鉴别技术以及危险化学品特征模式识别技术与方法研究，并实现了标准化；⑤根据新时期检验检疫领域的新情况与科学技术发展的新要求，系统提出了建立检验检疫学科的理念与检验检疫学发展的动力学模型，以风险评估管理为理论基础，综合交叉分子生物学、分析测试学、动物检疫学、植物检疫学、生态模拟学、毒理学、材料工程学、食品科学等自然科学领域，以及经济法学、风险管理学等社会科学领域，全面阐述了检验检疫学科的学科基础、学科内涵及技术与方法等。

上述研究成果获国家科技进步二等奖 2 项、中国专利优秀奖 1 项、省（部）级科技进步一等奖 6 项及二等奖 6 项。以第一完成人获国家发明专利授权 8 项、实用新型专利授权 22 项、软件著作权授权 3 项。主持完成国家标准 128 项、行业标准 122 项。主持创立的 2 项试验方法被联合国经济和社会理事会危险化学品专家委员会批准成为国际权威试验方法。以第一作者和通讯作者在 *Chemical Society Reviews*、*Materials Science and Engineering：R：Reports*、*Angewandte Chemie International Edition*、*Nano Letters*、*Analytical Chemistry* 等国际权威科学期刊发表论文 80 余篇，在科学出版社和化学工业出版社等出版学术专著 6 部（主编）。

电子邮箱：wanglb1@126.com

总　序

食品安全与检验检疫安全直接关系着人民生命健康、国家经济运行安全、生物安全、环境安全和对外贸易发展。经济全球化和全球一体化进程的深入对我国国际贸易的发展、产业安全和食品安全产生了巨大影响。

一方面，近年来国际疫情疫病、有毒有害物质传播继续呈现出高发、易发态势，外来有害生物、传染性疫病及各种有毒有害物质跨境传播成为一个世界性难题，并日趋严重。由此产生的各种事故和事件也时有发生。据国家有关部门测算，我国每年由于外来有害生物、传染性疫病及各种有毒有害物质入侵造成的经济损失在 2000 亿元人民币以上。另一方面，特别是国际金融危机以后，贸易保护主义大肆抬头，经济全球化进程受到严重影响，发达国家不断提高进口产品质量安全标准和市场准入条件，以产品质量和安全的名义不断设置大量技术性贸易壁垒，各种妖魔化"中国制造"的事件时有发生。我国大量具有竞争优势的产品，每年损失高达数千亿美元的国际市场份额，给我国的经济社会发展和国家形象造成了巨大的负面影响。特别是近年来发生的"三聚氰胺"、"金浩茶油"等严重食品安全事件，给食品安全与检验检疫安全的科技工作提出了全新的挑战。为此，《国家中长期科学和技术发展规划纲要（2006—2020 年）》第三部分"重点领域及其优先主题"中，明确将"食品安全与出入境检验检疫"列为第 59 个优先主题。

根据新时期食品安全与检验检疫安全的新情况和当前检测方法与科学技术发展的新要求，国家质量监督检验检疫总局首席研究员王利兵、江南大学食品科学与技术国家重点实验室胥传来教授及其他知名高等院校权威专家共同组织编写了《食品安全与检验检疫安全系列专著》，作者总结归纳了该研究领域"十五"和"十一五"国家科技计划项目的研究成果，对现有食品安全与出入境检验检疫科学技术进行分析、梳理，系统地提出了食品安全与出入境检验检疫安全的新技术和新方法，特别是在国内首次系统提出了建立检验检疫学科的理念，并与食品安全学科进行有机结合，对进一步加强和完善我国的相关学科建设，提高我国检验检疫与食品安全整体科学技术水平十分必要。

该系列专著主要包括：《食品安全科学导论》、《食品安全仿生分子识别》、《纳米材料与食品安全检测》、《检验检疫学导论》、《检验检疫风险评估与方法论》、《检验检疫生物学》、《食品添加剂安全与检测》、《食品安全化学》、《食品加工安全学》、

《食品纳米科技》、《食品包装安全学》和《化学品安全科学与技术》等，全面阐述了检验检疫与食品安全科学的基本理论、技术与方法及风险评估与危害控制技术，力求对我国检验检疫与食品安全科学技术的发展做出积极贡献。该套专著是基于新时期检验检疫与食品安全的新情况和新要求编写而成的，作者均是多年从事食品安全与检验检疫安全研究的资深专家和学者，他们对现有食品安全与检验检疫安全技术与方法进行全面论述与总结，并对将来食品安全与检验检疫安全科学技术发展趋势进行预测与展望，具有较高的学术水平和应用价值，我衷心希望该系列专著的出版能对我国的检验检疫与食品安全的学科发展和科技进步产生积极的影响，为我国食品安全与检验检疫事业发展起到有力的推动作用。

中国工程院院士

2010 年 11 月 26 日

前　言

俗话说"国以民为本，民以食为天，食以安为先"。随着科学的进步、社会的发展和生活水平的不断提高，人们不仅要求食品营养丰富、美味可口，更需要保证食品的卫生和安全。食品安全关系到广大人民群众的身体健康和社会稳定，关系到国家和政府的形象。目前，全球每年发生数以百万计的食品中毒事件，食品安全已成为世界性的问题。

食品从原料生产、加工、储运、销售直到消费的整个过程都存在着不安全因素，化学污染物是最为重要的因素之一。例如，工业"三废"的排放造成环境污染，导致食品和饮水中有毒有害化学物质含量增加；环境污染导致生态平衡失调，致使农业生产中大量使用农药，造成食品中农药残留；因管理不善导致各种细菌、霉菌及其毒素和寄生虫等对食品的污染；食品在生产、加工过程中产生的多环芳烃、杂环胺等致癌物质，以及食品添加剂滥用和超量使用等，都会对食品安全性造成不同程度的影响，从而直接影响人们身体健康。近年来，随着诸多食品安全事件的发生，上述化学污染物引起了越来越多的关注，成为国内外研究机构关注焦点，但单独关于食品安全中化学污染物系统性介绍的书籍少之又少。我们在参阅和吸收国内外相关知识的基础上，编写了本书。

本书详细介绍食品中的化学污染物（包括生物毒素、重金属、农药残留、兽药残留和环境中的微量农药原体、有毒代谢物、降解物、杂质以及包装物中有害迁移物、食品添加剂）的理化性质、来源、毒理，以及消除或将其减至最低限量的方法。同时从食品安全风险评估、食品中污染物含量的精准分析以及食品中污染物的监督管理等层面，详细介绍食品中污染物的防治方法、步骤和预期结果。本书既有理论知识的介绍，又有实际经验的总结，是一本有关食品安全化学污染物分析与控制的实用性读物。

本书的出版有利于食品安全领域乃至食品加工领域的从业者了解食品安全化学污染的研究进展和最新问题。

本书由国家质量监督检验检疫总局首席研究员王利兵教授等编著。参加编写人员还有：王元兰教授（中南林业科技大学）、于艳军博士（天津出入境检验检疫局）、任佳丽博士（中南林业科技大学）、陈练博士（湖南出入境检验检疫局）、谢练武博士（中南林业科技大学）、苏荣欣博士（天津大学）、韩伟博士（天津出入境检验检疫局）和熊中强博士（天津出入境检验检疫局）等。

在本书的编写过程中，得到了中国工程院袁隆平院士、中国科学院姚守拙院士的许多宝贵意见和建议，在此一并致以诚挚的感谢！

由于本书内容涉及的学科较广，加之时间和水平有限，不可能详尽，疏漏和错误之处在所难免，欢迎广大读者给予批评指正！

作　者
2012 年 7 月

目　　录

第一章 绪 论

食品是人类赖以生存的基本物质，是人们生活的最基本必需品。近年来，随着食品加工产业的迅速发展，各种各样的食品不断涌现，随意走上街头，不论是在商场、超市乃至街旁商亭，食品都是不可缺少的一部分。但是由于全球工业及环境污染，以及食品加工过程监管缺失等问题，各类食品质量安全问题，特别是食品的化学污染事件频频见诸报端，使得食品质量与安全日益成为一个全球性的严重问题，食品安全亦随之成为从政府至民间最关注的头等大事[1,2]。

食品中的化学污染物来源广泛，农业生态污染、不当的种养方法和不良的生产工艺都是导致食品化学污染的因素。曾几何时，"我们还能吃什么"成为热门话题，人们不断得到这样一些信息：吃牛肉恐惧从国外传来的疯牛病；吃猪肉害怕郊区屠宰场的"注水肉"；吃瓜果、蔬菜害怕上面的农药残留；吃水果、海鲜害怕用甲醛或福尔马林泡过；吃豆腐害怕是用回收的石膏点出来的；吃鸡、鸭、甲鱼害怕激素太多；吃大米害怕拌了工业油；吃面粉害怕掺了滑石粉、增白剂；吃小米担心用柠檬黄染过；买酱油怕是毛发水勾兑的……另外，在农业生产过程中，多种化学合成制剂的使用、大量工业废水（未处理或未达标的）的任意排放，最终也会导致食品中出现多种化学污染物。

食品中的化学污染物包括重金属、真菌毒素、农药残留、兽药残留以及环境中的微量农药原体、有毒代谢物、降解物和杂质等，它们都会对人类健康产生威胁[3]。近年来，随着诸多食品安全事件的发生，这些化学污染物引起了人们越来越多的关注，诸多研究机构开展了食品安全化学污染方面的研究，国内很多高校也陆续开设了食品安全专业，培养专业人才和开展污染控制技术研究。通常食品中的化学污染具有以下主要特点[4,5]：①在食品生产中，污染可以在其中一个或多个生产阶段产生；②有意被加入食品中的（如添加剂等）；③消费者如果食用一定量的这些物质，可能会致病。

化学污染可能在食品链的各个阶段产生，为了确保消费者和食品生产者的利益，在食品生产及消费的各个阶段都必须对化学污染物加以注意。本书重点介绍的食品安全化学污染物，主要为生物毒素、环境污染物、农药残留、兽药残留以及包装污染物、食品添加剂等，从各类污染物的来源、性质、毒理、检测、预防与控制等方面全面展开研究。下面根据食品安全化学污染物的分类、国内外食品安全化学污染现状和食品安全化学污染控制措施进行介绍。

第一节 食品安全化学污染物分类

一、生 物 毒 素

生物毒素又称为天然毒素，是指生物来源并不可自复制的有毒化学物质，包括动物、植物、微生物产生的对其他生物物种有毒害作用的各种化学物质[6,7]。食品中的生物毒素包括作为食品的动植物中存在的、对人体健康有害的非营养性天然物成分，也包括食品因储存方法不当在一定条件下产生的有毒成分。生物毒素按来源可分为植物毒素、动物毒素、海洋毒素和微生物毒素。某些毒素具有剧毒，如肉毒杆菌毒素；一般的毒素也有相当大的毒性，被有毒动物如某些昆虫蜇伤，或摄入有毒植物等均可发生中毒，甚至死亡。

食品中植物毒素主要来自食源性植物，如豆类中的植物血细胞凝集素，竹笋、苹果、杏、梨、梅子、桃等水果的种子及果核中的生氰葡萄糖苷，鲜金针菇中的秋水仙碱，发芽、腐烂的马铃薯中的茄碱等；动物毒素主要是有毒动物毒腺制造的，并以毒液形式注入其他动物体内的蛋白类化合物，如蛇毒、蜂毒、蚁毒、河豚毒、章鱼毒、沙蚕毒等；海洋毒素主要包括海洋生物或者它们的尸体腐败后产生的有毒海洋天然有机化合物，如肉毒鱼毒素、沙海葵毒素、海兔毒素、鱼腥毒素、海参毒素和沙蚕毒素等；微生物毒素则主要包括由霉菌和细菌产生的毒素，如肉毒素、霍乱毒素等细菌毒素，黄曲霉毒素、赭曲霉毒素等霉菌毒素（包括真菌毒素）和单细胞藻类（如原核的蓝藻和真核的甲藻）毒素等。其中，由藻类和细菌产生的毒素并不常见，通常会产生急性毒性效应。而霉菌和农作物中固有的毒素，则需要一段时间才会产生疾病，体现出慢性毒性效应。一般来说，在生物毒素中对急性毒素的研究要多于对慢性毒素的研究，其中的真菌毒素、藻毒素和农作物产生的毒素得到了优先重视。

真菌毒素是真菌在食品或饲料里生长所产生的代谢产物，对人类和动物都有害。食品真菌毒素 WHO 联合中心（WHO Collaborating Center for Mycotoxins in Food，WHO-CCMF）成立后，确定已知的真菌毒素按照化学结构式不同共有 300 余种，代表性的有黄曲霉毒素、赭曲霉毒素、展青霉素、单端孢霉烯族毒素、玉米赤霉烯酮、伏马毒素、杂色曲霉菌素、串株镰刀菌素、橘霉素等，多为毒性物质。例如，黄曲霉毒素是强致癌物质，其多为双呋喃香豆素的衍生物，已经确定 17 种化学结构类似物，存在于霉变的花生、米、面等食物中。如何预防真菌毒素的形成，仍然是目前真菌毒素研究主要的问题。预防食品和动物饲料中真菌毒素的最好方法是减少农业商品中霉菌的生长。理论上，通过遵守良好农业操作规范和细心处理食物，控制生产和储藏条件，可以避免食品和饲料中的真菌毒素；此外，通过开发霉菌物种、降低有毒菌量、阻止霉菌生长、降解毒素等亦可有效控制真菌的快速产生。

藻类毒素是由一种微小的单细胞藻类产生的毒性成分，它们通过水生环境的食物链进入鱼制品中[8]。藻类毒素可能会产生不同的毒效，如麻痹、腹泻、失忆、神经中毒等。对于该类毒素的预防，目前主要是加强对藻类泛滥的监测。对受藻类毒素污染的甲壳类产品进行相应的去毒处理，如将甲壳类动物迁移到没有毒性有机物的海域中，或者进行特殊的烹调。这些方法可以降低毒素水平，但是不能从根本上排除中毒的危险。

农作物产生的毒素是植物中天然含有的成分，可分为非蛋白质氨基酸、肽素、生物碱、蛋白质和苷类[9]，它们不仅具有毒性，而且有可能对各种营养成分的利用产生消极影响。这些毒素很多可以通过加热来消除，但如果控制不当也会引起急性中毒事件。近年来豆类食品尤其是豆浆中毒事件屡屡发生，往往是由于加工操作不当导致的。如果在食品生产中应用危害分析与关键控制点（HACCP）体系，就可以有效降低毒素出现的概率。目前，需要更多的尖端方法来保护消费者免受作物固有毒素的危害。植物培育可以提高或降低毒素的产生，如双低油菜就是通过育种降低了硫苷和芥酸等毒素的含量。对于植物有关的各种新型毒素进行严格的监控，是预防植物毒素危害的一项主要措施，同时也要防止在育种过程中引入新的毒素。

二、食品加工中产生的化学污染物

在食品加工过程中，可能产生一些有毒的物质，如果大量存在的话，有可能对健康造成不利影响。例如，烹调某些肉类，在高温下会产生一些化学物质，如杂环胺、多环芳烃，以及由硝酸盐、亚硝酸盐与二级胺反应形成的亚硝胺[8,9]等。这些化学污染物或是在食品研究中偶然被发现的，或是经过环境中的化学污染物研究而被发现的，其存在可能会增加患癌症的概率。研究证实，未煮过的肉类中并不存在这些化学物质。目前，需要一个更系统化的方法来辨别哪些是在加工过程中出现的污染物，并通过研究来降低污染物的水平，从而保护消费者健康。

亚硝胺是一种可能致癌物质。利用人群和各种各样的实验动物，对大约 300 种亚硝胺化合物进行了研究，结果表明其中 90% 具有致癌性。亚硝胺的来源主要包括：①一般含有氮源和胺类化合物的食品，也含有较多的各级二甲基亚硝胺及其他亚硝胺；②在人体内，亚硝胺的形成是由于这些硝酸盐和亚硝酸盐（存在于肉类和其他食品、蔬菜中作为防腐剂）与口腔内的唾液或与胃液反应；③二甲基亚硝胺也可以由某些生物与细菌自然形成；④肉类中会添加硝酸钠和亚硝酸钠以防止毒素梭菌肉霉杆菌的产生。火腿、腊肉等肉制品中的亚硝胺污染尤其严重，几乎含有所能检测到的所有亚硝胺，主要是亚硝胺吡咯烷，以及较少的二甲基亚硝胺。高温油炸腊肉，有利于亚硝胺的形成。减少亚硝酸钠的使用可能会减少亚硝胺的形成，但也可能增加肉毒中毒的风险。利用抗坏血酸（维生素 C）和 α-生育酚（维生素 E）的氧化还原性能，可抑制亚硝胺的形成。美国现在制造的腊肉就是通过添加 550 mg/kg 的抗坏血酸来抑制亚硝胺的形成，其他的加工肉类中则添加一定比例的 α-生育酚，亚硝胺的含量较以前明显降低。另外，将啤酒制作过程中的直接火烤干燥大麦麦芽改为间接加热干燥，也可以大大降低啤酒中二甲基亚硝胺的含量。

杂环胺化合物最早被发现于经烧烤或油炸处理的鱼及肉制品中，是一种强烈的致突变物，与人类发生癌症的危险性密切相关[10]。美国国立癌症研究院以及日本和欧洲的科学家研究表明，大多数高温烹饪后的肉中存在杂环胺。食品中杂环胺的生成量主要取决于食品种类、加工方式、加热温度与时间，其中加热温度和时间为最重要的影响因素，加热温度越高、时间越长，生成的杂环胺越多，其中温度条件比时间更为重要。为此，低温、短时间是减少煎炸食品中的杂环胺等致癌物质最有效的办法。例如，加工温度较低并保持恒定，以及加工过程中避免温度的突然升高可以减少杂环胺的形成。在需煎炸的食品外面抹上一层淀粉糊，也能有效防止杂环胺的形成。此外，在油炸前将食品进行微波处理，在牛肉中添加大豆浓缩蛋白或者表面添加 1% 的维生素等方法，也可以极大地减少杂环胺的生成量[11,12]。

多环芳烃化合物产生于工业生产、有机物热解或不完全燃烧。因此，在烹调油烟污染的空气、烟草烟雾、烟熏食品和高温下制作熟食中都能发现这种物质。大多数的多环芳烃并不致癌，只有少数是致癌的，如苯并芘。它们主要是在熟肉制品高温烧烤过程中产生，微波加热过程不会产生多环芳烃。肉类以外的其他食品也含有多环芳烃，低脂肪食品以及没煮熟的食品会含有少量的多环芳烃。此外，受环境污染的谷物、面包、水果、面粉、蔬菜、加工或腌渍食品中，也可能含有过多的多环芳烃。多环芳烃产生的量与所采用的烹饪方法有很大的关系，其中温度是影响多环芳烃产生的重要因素。例如，脂肪在高温（>200℃）热解时可生成3,4-苯并 [a] 芘，其他蛋白质和碳水化合物受热分解时也会产生多环芳烃，但脂肪受热分解产生的多环芳烃最多[13]。

三、食品包装的化学迁移物

食品包装材料中有毒有害化学物质的迁移是污染食品的重要途径之一，应当引起人们的高度重视。早在 20 世纪 70～80 年代，包装材料中化学物迁移导致的食品安全事件就已经得到了发达国家的高度关注，食品包装材料的安全性随之引起世界各国的广泛关注。2005 年发生的"PVC 保鲜膜致癌事件"在我国正式敲响了食品材料中化学迁移物的警钟。迁移是指食品包装材料接触食品时，材料本身含有的化学物质扩散至食品中，成为内装食品的"特殊食品添加剂"[14]。这些物质虽然微量，但长期食用，对人体健康造成的危害却不可小觑。常用食品包装材料中，潜在迁移倾向较显著的材料是塑料、涂覆材料、陶瓷和玻璃。目前，食品包装材料中化学迁移物包括重金属，以及双酚 A 和邻苯二甲酸酯类有机物等。

食品包装材料表面广泛使用多色油墨，尽管油墨未与食品直接接触，但用于食品包装的特种凹印油墨使用大量的有机溶剂（约占一半），在食品包装盒储存过程中某些有毒有害物质可能会迁移到食品和环境中，从而危害人体健康。国内使用最多的油墨剂是苯系物，该类物质溶剂性好、成本低，在生产过程中易挥发除去，但少量苯系物会残留在复合膜之间。苯系溶剂容易引发癌症及血液系统疾病等，在某些国家已被列入可致癌化学品中。欧盟许多国家已禁止在食品生产、包装过程中引入苯类有机物。国内行业推荐食品包装袋甲苯残留量应控制在 3 mg/kg 以下，国际上严格规定包装材料中油墨内甲苯的残留量不得超过 1 mg/kg。

欧盟及日本、美国等发达国家投入相当多的经费，对包装材料中化学物接触食品时的迁移状况进行了研究，并对直接接触食品的包装材料设有严格的法规规定。目前，欧盟对食品包装中化学物迁移的研究是世界上较为全面、较为深入的[15]。该组织关于食品包装盒接触材料的条例很多，主要有 89/109/EEC 法规（一般法规）、84/500/EEC 法规（有关陶瓷法规）及 2002/72/EEC 法规（有关塑料法规）。1989 年 12 月 21 日通过的 89/109/EEC 法规是关于食品接触材料的一般法规要求。该法规规定食品包装必须是安全的，包装材料不应引起改变食品味道、外观、质地的化学反应，即使这种改变是有益的，也不能改变食品的化学组分，迁移物质总量不能超过一定的值。84/500/EEC

法规规定了陶瓷中镉和铅的迁移限量。

四、食品中的环境污染物

多氯联苯和二噁英是持久性环境污染物。在普通环境和人体脂肪中，它们是非常持久的污染物的典型代表，有关它们的研究已有很多。多氯联苯在工业生产中被广泛应用，一直有迹象表明人类脂肪、母乳和鱼类中存在多氯联苯残留物[16]，对生物体有积蓄性毒害作用，会干扰内分泌系统，具有致癌性、神经毒性和生殖毒性等多种危害。二噁英在自然界存在量极少，但在环境中有着很强的抵抗分解的能力，含氯有机化学品（主要是塑料和农药）的生产、纸浆漂白等过程可产生二噁英，而空气中二噁英污染的最大来源则是垃圾焚烧和汽车尾气。二噁英进入人体后，不能降解，不能排出，有强烈的致癌性且能造成畸形，对人体的免疫功能和生殖功能造成损伤。理论上，这些环境污染物进入食品的途径有[17,18]：①工业事故导致食品或动物性饲料的直接污染；②污染物以各种环境介质（空气、水、土壤、食物）为载体，通过呼吸、饮水、食物链等途径进入人体；③使用不适当的包装材料产生的化学迁移导致环境污染物污染，不过这种情况很少发生。

重金属一般以天然浓度广泛存在于自然界中，但由于人类对重金属的开采、冶炼、加工及商业制造活动日益增多，造成不少重金属，如镉、汞、铅、钴等进入大气、土壤、水中，引起严重的环境污染。以各种化学状态或化学形态存在的重金属，在进入环境或生态系统后存留、积累、迁移，造成危害[19]。例如，随废水排出的重金属，即使浓度很低，也可在藻类和底泥中积累，被鱼和贝壳体表吸附，产生食物链浓缩，从而造成公害。日本的水俣病，就是因为烧碱制造工业排放的废水中含有汞，在经生物作用变成有机汞后造成的；又如痛痛病，是由炼锌工业和镉电镀工业所排放的镉所致；汽车尾气排放的铅经大气扩散等过程进入环境中，造成目前地表铅的浓度显著提高，致使近代人体内铅的吸收量比原始人增加了约 100 倍，损害了人体健康。早期的重金属污染研究工作表明，在监督食物中化学污染物时，采用品质分析保证体系是很重要的保障措施。前期工作也促进了毒理学标准的发展，可以通过对相关指标的检测来判断食物是否会危害消费者的健康。

食物中的其他工业有机化学残留物的研究也开展得较早，据统计，大约有 50 000 种工业化学物，很难研究清楚其中哪些物质可能污染食物，并会对消费者产生危害。这时需要综合考虑一系列因素，包括生产量、使用方式、可能释放到环境中的潜力、在食物链中的持久性和经口摄取的毒性等，完成安全性评估，明确其作为食品安全化学污染物对人体产生的危害和有效的控制途径。

五、食品中的农药残留

农药残留（简称农残）是农药使用后一段时期内没有被分解而残留于生物体、收获物、土壤、水体、大气中的微量农药原体、有毒代谢物、降解物和杂质的总称。施用于作物上的农药，其中一部分附着于作物上，一部分散落在土壤、大气和水等环境中，环境残存的农药中的一部分又会被植物吸收。第二次世界大战以前，农业生产中使用的农药主要是含砷或含硫、铅、铜等的无机物，以及除虫菊酯、尼古丁等来自植物的有机物。随后人工合成有机农药开始应用于农业生产，有机农药的大量施用造成严重的农药污染问题，成为人体健康的严重威胁。目前使用的农药，有些在较短时间内可以通过生物降解成为无害物质，而包括滴滴涕（DDT）在内的有机氯类农药难以降解，是残留性强的农药。

残留农药直接通过植物果实或水、大气到达人、畜体内，或通过环境、食物链最终传递给人、畜。这也是食品中农药残留的三个重要来源。食品中的许多农药残留的监测工作已经在全世界范围内开展。例如，以 DDT 为代表的有机氯农药，多年前就已经被列入食品中农残的调查清单。在 20 世纪 60 年代，对环境中 DDT 及其相关化合物的研究结果表明，它们在环境中的存在会对生态系统产生广泛、持久的破坏。因此，人们逐渐关注环境和食品中存在的有机氯农药，并开始了监督工作。一般通过常规的分析方法检测，以达到监督的目的。后来有机磷农药取代了大部分持久性的有机氯农药，但是又引起了其他问题，即有机磷农药可能对使用者更有害，因此，它们又被对人体和环境危害较少的除虫菊酯类农药代替。

食品中农药的残留量是世界各国关注的重要食品安全问题，与人类健康和食品国际贸易密切相关。受国内外广泛关注的主要包括有机氯类、有机磷类、拟除虫菊酯类、氨基甲酸酯类、硫代氨基甲酸酯类、二硫代氨基甲酸酯类、有机锡类、沙蚕毒素类、生物农药、植物生长调节剂、杀菌剂、除草剂、熏蒸剂等多种类农药残留[20]。许多国家对食品中农药残留的控制是通过法律来实施的。各国法律存在略微的差别，应用法律的方式也有所不同。尽管世界上许多组织努力在全球有关农药残留的食品法律一致性上获得突破性进展，但还存在较大的差异。多年来，FAO/WHO 农药残留联席会议（JMPR）致力于全球化的食品农残标准，但是，直到近年来才有一些国家采纳这些标准。对于食品中的农残，检测到的任何一种残留量都必须在所允许的最大残留限量内，或者是在其他建立在广泛毒理学试验之上的标准之内。目前，许多国际权威机构都认可欧盟委员会（EU）、美国食品和药品监督管理局（FDA）、联合国粮食及农业组织（FAO）等所公布的食品农残限量。

食品中农药残留可通过三种途径得到有效控制。①防止和减少农药对粮食、果树、蔬菜等农作物的直接污染，要根据农药的性质严格限制使用范围，严格掌握用药浓度、用药量、用药次数等，严格控制作物收获前最后一次施药的安全间隔期，使农药进入农副产品的残留尽可能地减少。②防止和减少农药在环境中转移的间接污染而导致农副产品中的农药残留。农药在环境中的转移过程十分复杂，但主要途径是水流传带、空气传带、生物传带。应严禁农药对水域的污染，严禁废气对空气的污染，风力较大时尽可能地不用或少用农药。通过这些办法减少、阻碍农药的转移污染。③防止和减少农药在生物体内的聚集，主要是不使用农药残留量大的饲料喂养畜禽，这样乳蛋产品残留量就会大大减少。

六、食品中的兽药残留

兽药残留（简称兽残）是指用药后蓄积或存留于畜禽机体或产品（如鸡蛋、奶品、肉品等）中的原型药物或其代谢产物，包括与兽药有关的杂质的残留。兽药在防治动物疾病、提高生产效率、改善畜产品质量等方面起着十分重要的作用。然而，由于养殖人员对科学知识的缺乏以及一味地追求经济利益，滥用兽药的现象在当前畜牧业中普遍存在，兽药在食品中残留而使得其应用产生了问题。目前，动物源食品中较容易引起兽药残留量超标的兽药主要有抗生素类、磺胺类、呋喃类、抗寄生虫类和激素类药物。长期食用兽药残留超标的食品后，当体内蓄积的药物浓度达到一定量时，人体会产生多种急、慢性中毒。目前，国内外已有多起有关人食用盐酸克伦特罗超标的猪肺脏而发生急性中毒事件的报道，氯霉素的超标可引起致命的"灰婴综合征"反应，严重时还会造成人的再生障碍性贫血，红霉素等大环内酯类可致急性肝毒性。同时，许多兽药还具有致癌、致畸、致突变作用[21]。例如，丁苯咪唑、丙硫咪唑和苯硫苯氨酯具有致畸作用；雌激素、克球酚、砷制剂、喹噁啉类、硝基呋喃类等已被证实具有致癌作用；喹诺酮类药物的个别品种已在真核细胞内发现有致突变作用；磺胺二甲嘧啶等磺胺类药物在连续给药中能够诱发啮齿动物甲状腺增生，并具有致肿瘤倾向；链霉素具有潜在的致畸作用。这些药物的残留量超标无疑会对人类产生潜在的危害。

食品中兽药残留产生的原因主要是养殖环节用药不当，大致包括非法使用违禁或淘汰药物、不遵守休药期规定、滥用药物、违背有关标签的规定和屠宰前用药 5 个方面[22,23]。1986 年 FAO 举行了食品兽残的第一次会议，详述了兽残的最大限制量，并采纳了食品添加剂和污染物联合专家委员会（CCFAC）的毒理学建议。各国政府和前面提到过的国际组织都在应用相似的方法制定食品中的兽残标准，通过严格的动物实验获得有关残留耐受水平的数据，并将此数据应用于监督，确保食物中的残留量低于人体耐受水平。

食品中兽药残留可通过以下三种途径进行控制。①加快限制兽药残留的立法，制定相应的法规，把兽药残留监控纳入法制管理的轨道，使其有章可循，同时加大监管力度，推动和促进兽药残留监控工作的开展。②严格规范兽药的安全生产和使用，禁止不明成分以及与所标成分不符的兽药进入市场，加强对违禁兽药的查处力度，严格规定和遵守兽药的使用对象、使用期限、使用剂量和休药期等，加大对饲料生产企业的监控，严禁使用农业部规定以外的兽药作为饲料添加剂。③加强饲养管理、改变饲养观念，创造良好的饲养环境，增强动物机体的免疫力，实施综合卫生防疫措施，降低畜禽的发病率，减少兽药的使用；充分利用中药制剂、微生态制剂、酶制剂等高效、低毒、低残留的制剂来防病、治病，减少兽药残留。

七、食品添加剂

食品添加剂是指为改善食品的品质、色、香、味、保存性能以及为了加工工艺的需要，加入食品中的化学合成或天然物质[24]。食品添加剂在食品生产、销售中起着重要作用，是现代食品工业的灵魂。在标准规定下使用食品生产中允许的添加剂，其安全性是有保证的，但在实际生产中却存在着，滥用食品添加剂的现象。据统计，食品添加剂使用不当、违规使用或超量使用的情况、占全国食品添加剂导致的食品安全事件的45%左右，如果脯、蜜饯中二氧化硫严重超标，方便面中违规加入柠檬黄，用水、糖精、乙醇和香精勾兑所谓100%原汁葡萄酒，以及滥用牛肉精膏、胭脂红、焦糖色素等食品添加剂生产假牛肉等。食品添加剂的长期、过量摄入会对人体带来慢性毒害，包括致畸、致突变、致癌等危害。此外，食品行业中暴露出的非法添加化工原料的恶性食品安全事件接连不断，使用未经国家批准或禁用的添加剂品种。例如，米、面、豆制品加工中使用"吊白块"（甲醛次硫酸氢钠）、甲醛处理水产品等。到目前为止，卫生部已经公布了28种对人体有害的非法食品添加物，最典型的例子莫过于乳制品违法加入三聚氰胺，诸如此类的还包括蔬菜中使用保鲜粉、辣椒粉中添加苏丹红、用农药多菌灵等水溶液浸泡果品防腐，以及近期备受关注的"一滴香"、"火锅飘香剂"等餐饮业违法使用香料、香精的问题。

为确保食品安全，应遵守食品添加剂的使用原则[25~27]。①不应对人体产生任何健康危害。食品添加剂必须经过严格的风险评估，确保其安全性。②在食品加工中具有工艺必要性，不能以非法的目的使用食品添加剂。③在达到预期的效果下尽可能地降低食品中的用量。此外，关注国际食品法典委员会（CAC）下设的食品添加剂联合专家委员会（JECFA）的评估意见，同时参照国际食品法典和其他国家的食品添加剂标准，是在审查食品添加剂标准时采用的食品安全风险管理与交流的一项有效措施；尊重和了解国际食品添加剂风险评估的安全性资料，也是我国食品添加剂标准审查的一项原则。

第二节　食品安全化学污染概况

自20世纪90年代以来，国际上食品安全恶性事件时有发生，如英国的疯牛病、比利时的二噁英事件等。随着全球经济的一体化，食品安全已变得没有国界，世界上某一地区的食品安全问题很可能会波及全球，乃至引发双边或多边的国际食品贸易争端。因此，近年来世界各国都加强了食品安全工作，包括机构设置、强化或调整政策法规、监督管理和加大科技投入。各国政府纷纷采取措施，建立和完善食品管理体系和有关法律、法规。美国及欧洲发达国家和地区不仅对食品原料、加工品有较为完善的标准与检测体系，而且对食品的生产环境，以及食品生产对环境的影响都有相应的标准与检测体系和有关法规、法律。

一、国外重大食品安全化学污染事件

20世纪90年代以来，欧洲一些国家的食品安全问题一波未平，一波又起。先是英国暴发疯牛病和口蹄疫，迅速席卷欧洲，并传入拉丁美洲、海湾地区和亚洲；后有比利

时二噁英污染畜禽产品。21 世纪初，英国、泰国、越南等国又暴发口蹄疫、禽流感等。由于食物污染，"日本人不敢吃生鱼，比利时人不敢吃鸡、鸭、鹅，英国人不敢吃牛肉"。每年发展中国家因食品安全问题致使 300 万人死亡，发达国家有 30％的人口受到食源性疾病的困扰。近几年，国际上食品安全恶性事件不断发生，造成巨大的经济损失和恶劣的社会影响。这里简要介绍几个国际上发生的化学污染引发的重大食品安全问题[28]。

1. 比利时二噁英事件

1999 年 3 月，比利时的一些养鸡业者发现，其饲养的母鸡出现产蛋率下降，且蛋壳坚硬，肉鸡生长异常等现象。对此人们怀疑饲料有问题，经比利时农业专家调查发现，比利时 9 家饲料公司生产的饲料中含有致癌物质二噁英，鸡体内二噁英含量高于正常值的 1000 倍。在调查导致比利时饲养业遭受二噁英污染的过程中，专门为制造动物饲料的有关厂家提供原料的比利时 Verkest 公司送检的废油样中被发现超量二噁英。Verkest 公司以收购家畜肥油和植物油为主，其所收集的油提供给油脂加工厂，油脂加工厂将其加工后卖给动物饲料生产商。调查人员发现，该公司未对装载废油的油罐进行检查，结果某些人在原本是装废植物油的一些油罐里注入了大量的废机油，废机油与动物油和植物油混合加热产生了有害物质。对 Verkest 公司的试样分析表明，试样中含有超过危害水平的二噁英以及与二噁英污染有关的多氯联苯。同年 5 月 27 日，比利时政府宣布有 400 家养鸡场使用了受污染的饲料，3 个星期后受影响的农场数增加到 1400 余家。

此后比利时政府采取了一系列的措施。比利时卫生部于当年 5 月 28 日下令禁止销售并全部回收和销毁目前市场上销售的肉鸡和鸡蛋。6 月 1 日将禁止和销毁范围扩大到所有禽肉制品，决定销毁当年 1 月 15 日至 6 月 1 日期间生产的禽、蛋及其加工制品。6 月 3 日，比利时宣布由于有不少养猪场或养牛场可能受到污染，当局已将这些养猪场关闭检疫、禁止屠宰，并对 70 家可能受污染的养牛场的牛进行检验等。

此次污染事件影响的范围迅速扩大，波及荷兰、法国、德国的鸡、猪和牛养殖场。不仅比利时受到二噁英的污染，德国、法国、荷兰也受到牵连，经比利时农业部的调查，这批含有高浓度二噁英的动物油共有 98 t，先后供应了这三国的 13 家饲料厂，用于生产家畜家禽饲料，共生产了 1060 t 二噁英污染了的饲料，转卖给上述国家的畜禽饲养场使用。

比利时陷入严重的"污染鸡"事件之中，不仅造成本国市场混乱，而且殃及欧洲其他国家，使成千上万吨比利时生产的禽、蛋和猪肉、牛肉被收回或销毁。欧洲舆论界惊呼，这是继英国疯牛病之后，发生在欧洲的又一起对人类健康造成威胁的恶性事件。

二噁英事件使比利时蒙受了巨大的经济损失，直接损失达 3.55 亿欧元，如果加上与此关联的食品工业，损失超过 10 亿欧元。

2. 英国苏丹红事件

2005 年 2 月 18 日，英国食品标准局发出全球食物安全警告，并在其网站上公布了麦当劳、肯德基、联合利华、亨氏等 30 家企业生产的可能含有"苏丹红 1 号"的 359 个品牌的食品，宣布 400 多种食品受致癌工业染料"苏丹红 1 号"色素污染，必须回收。从英国食品标准局公布的清单来看，被污染的食品大多使用了英国某公司出品的一种酱料，受污染食品以速食汤、酱料、薯片、半成品和即食食品为主，因此危机主要涉及的是一些大型超市和餐饮供应商，而小型便利店和杂品店中销售的被污染食品仅有几种，为英国政府迅速完成食品召回行动创造了条件。

实际上，因为"苏丹红 1 号"而引发的食品召回在欧洲并非首次。2003 年 6 月，法国曾发现英国某公司出产的辣椒制品中含有"苏丹红 1 号"，因此要求其立即召回这种产品。为此，欧盟改写了进出口条例，要求从 2003 年 7 月起，凡进入欧盟各国的辣椒粉都要出具不含"苏丹红 1 号"的证明。2004 年 6 月 14 日，英国食品标准局也曾向消费者和贸易机构发出有关"苏丹红 1 号"的警示，原因是此前该局在超市一批新食品中发现了"苏丹红 1 号"。英国食品标准局要求食品生产厂商必须继续警惕"红色污染"。苏丹红事件后，英国食品进口商也都与境外供应商签订符合此项规定的合同。英国当局也规定，每年将抽查 1000 单进口辣椒粉的样本，确保其中不含"苏丹红 1 号"。

苏丹红事件是英国自疯牛病以来，最大规模的食品回收行动，并由此引发出一场全球性的食品安全恐慌，范围扩大到十多个国家和地区。

"苏丹红 1 号"是一种红色的工业合成染色剂，用于为溶剂、油、蜡、汽油增色以及鞋、地板等的增光，在我国以及世界上多数国家都不属于食用色素，因此，它不是食品添加剂。动物实验研究表明，"苏丹红 1 号"可导致老鼠患某些癌症。

3. 丙烯酰胺事件

2005 年 3 月 2 日，由联合国粮食及农业组织（FAO）和世界卫生组织（WHO）组成的一个联合专家委员会在 WHO 网站上发布一份简要报告，警告某些食品中非故意性生成的丙烯酰胺污染物可能引起公共卫生隐患，研究表明丙烯酰胺能使动物患上癌症。肯德基和麦当劳的炸薯条等食品被认为是丙烯酰胺有害物含量很高的食品。

此前人们已经发现，人体若接触生产塑料或生产其他材料过程中的丙烯酰胺，会出现神经中毒现象。2002 年，瑞典的一些研究第一次表明，在煎炸或烘烤土豆和谷物产品时会产生含量较高的丙烯酰胺。FAO 和 WHO 的报告指出，某些食品，特别是富含碳水化合物的低蛋白食品，在经煎炸、烧烤、烘焙等高温烹制时会产生丙烯酰胺，而所谓的"高温"标准是指温度超过 120℃。根据目前各国提供的数据，富含丙烯酰胺的主要食品有炸薯条和薯片、咖啡以及一些由谷物加工的产品，如各式糕点以及甜饼干、面包、面包卷和烤面包片。

食品中的丙烯酰胺产生于高温。人体可通过消化道、呼吸道、皮肤黏膜等多种途径接触到丙烯酰胺，食物被认为是人体丙烯酰胺的主要来源。长期低剂量接触丙烯酰胺者会出现嗜睡、情绪和记忆改变、幻觉和震颤等症状，且伴有出汗、肌肉无力等末梢神经病症。动物试验研究表明，丙烯酰胺的危害主要是引起神经毒性，同时还有生殖、发育毒性。

4. 英国孔雀石绿事件

2005 年 6 月 5 日，英国《星期日泰晤士报》报道：英国食品标准局在英国一家知名超市连锁店出售的鲑鱼体内发现孔雀石绿。有关方面将此事迅速通报给欧洲所有国家的食品安全机构，发出了继"苏丹红 1 号"之后的又一食品安全警报。英国食品标准局发布消息说，任何鱼类都不允许含有此类致癌物质，新发现的有机鲑鱼含有孔雀石绿是"不可以接受的"。该消息一经传出，立即引起轩然大波。目前，全球超过一半的养殖鲑鱼来自北欧、智利、加拿大与美国，年产量高达 100 万 t。近 20 年来，世界鲑鱼养殖的年产量增加了 39 倍，人们随时都能买到很便宜的鲑鱼。

孔雀石绿是一种带有金属光泽的绿色结晶体，又名碱性绿、严基块绿、孔雀绿。它既是杀真菌剂，又是染料，易溶于水，溶液呈蓝绿色，是国际公认的具有高毒素、高残留，对人体有致畸、致癌、致突变副作用的物质。许多国家都将孔雀石绿列为水产养殖禁用药物。我国于 2002 年 5 月将孔雀石绿列入《食品动物禁用的兽药及其化合物清单》中，禁止用于食品动物。

二、国内食品安全化学污染事件

近几年，大量有毒、有害食品的频频曝光及中毒事件的接连发生，使人们对食品安全越来越重视。每一次食品安全突发事件在引起社会广泛关注的同时，都在很大程度上改变人们的生活和生产方式。总体而言，重大食品安全突发事件都与老百姓的生活有着密切的关系，并且有些重大食品安全问题不只出现一次，如瘦肉精问题、牛奶问题等。下面介绍几件具有全国影响性的食品安全事件。

1. 广州瘦肉精事件

2001 年 11 月 7 日，广东省河源市发生了罕见的群体食物中毒事件，几百人食用猪肉后出现不同程度的四肢发凉、呕吐腹泻、心率加快等症状，到医院救治的中毒患者多达 484 人。导致这次食物中毒的祸首是国家禁止在饲料中添加使用的盐酸克伦特罗，俗称瘦肉精或 β-兴奋剂。将一定剂量的盐酸克伦特罗添加到饲料中，可以使猪等畜禽的生长速度、饲料转化率、胴体瘦肉率提高 10％以上。长期食用含有这种饲料添加剂的猪肉和内脏，会引起人体心血管系统和神经系统的疾病。

盐酸克伦特罗曾用于治疗支气管哮喘，其对心脏的副作用大，故已弃用。它可明显增加瘦肉率，一些养猪户掺入饲料中使猪不长膘。人食用盐酸克伦特罗会出现头晕、恶心、手脚颤抖、心跳，甚至心脏骤停致昏迷、死亡等症状，特别对心律失常、高血压、青光眼、糖尿病和甲状腺机能亢进等患者有极大危害。因此，全球禁止使用盐酸克伦特罗作为饲料添加剂。

2. 阜阳劣质奶粉事件

阜阳劣质奶粉事件是指自 2003 年以来，发生在我国大陆地区的制造、销售劣质奶粉和一系列因为食用"劣质奶粉"导致婴幼儿致病、致死等相关事件的总称。2004 年 4 月前，大量营养素含量低下的劣质婴儿奶粉从郑州、合肥、蚌埠和阜阳批发市场流入阜阳农村销售点。安徽阜阳市发生 189 例婴儿患轻或中度营养不良、12 例婴儿死亡的恶性事件。随着劣质奶粉问题的曝光和深挖，全国各地因为劣质奶粉问题导致严重致病、夭折的个案不断涌现；到 2004 年 4 月 25 日，已在山东、四川（成都）、江西、山西（太原）、广东、甘肃（兰州）、辽宁、海南、湖北（武汉）、湖南（长沙）、广东（深圳）、浙江、河北等地发现其踪影，北京、广州也出现了怀疑食用劣质奶粉导致的严重发育障碍婴儿。在阜阳个别市场及商家销售劣质奶粉行为被披露后，阜阳政府组织工商、卫生、质检、公安等部门开展专项整顿。经调查，40 个生产厂家中有 7 家标称的企业不存在，2 家企业协议允许他人使用自己的厂名、厂址，2 家企业已被注销。

阜阳劣质奶粉事件暴露出了我国食品安全监管的薄弱环节，如食品安全卫生立法严重滞后，法制宣传力度弱、影响小，执法机制涣散和执法能力软弱等。我国在食品安全监管方面应当采取以利益引导为主、强制管理为辅的方法，加大对违法者的打击力度，保护弱势群体利益，全面监管食品生产经营整体过程。

3. 龙口粉丝事件

2004 年 5 月，中央电视台《每周质量报告》报道的一期"龙口粉丝掺假有术"节目，揭露一部分正规粉丝生产商为降低成本，在生产中掺入粟米淀粉，并加入了有致癌成分的碳酸氢铵化肥、氨水用于增白。该粉丝的主要产地山东省招远市 100 多家粉丝厂因此关张停业。这一事件使历史名牌遭遇信任危机。

4. 彭州毒泡菜事件

2004 年 5 月 9 日，中央电视台《每周质量报告》报道：四川省彭州市的一些泡菜厂在制作泡菜时，超量使用食品防腐剂苯甲酸钠；为了降低成本，在腌制泡菜时用的是工业盐；更为触目惊心的是，为了防止泡菜生虫长蛆，这些厂家居然在泡菜上喷洒"敌敌畏"。据有关专家介绍，苯甲酸钠虽然是允许使用的食品防腐剂，但超标使用可能对消费者的身体造成伤害。"敌敌畏"是一种剧毒有机磷农药，它能造成急性胰腺炎、胃出血、胃穿孔。工业盐中含有亚硝酸钠、碳酸钠，并含有铅、砷等有害物质，食用后会对人体造成很大危害。彭州市泡菜事件被曝光后，在社会上引起了强烈反响。5 月 12 日，对此事负主要领导责任的九尺镇镇长及两位相关副镇长被免职。成都市工商局对负有直接责任和领导责任的九尺镇工商所所长等 4 名干部分别做出免职、停职检查等处理。

5. 广州假酒案

2004 年 5 月 11~17 日，广州市发生了假酒致人中毒事件。在 7 天时间里，中毒者达到 56 人，死亡 11 人。5 月 17 日，由国家食品药品监督管理局牵头，卫生部、国家工商行政管理总局和国家质量监督检验检疫总局等部门派人组成的联合调查组赴广州进行调查。联合调查组根据线索，到 3 个制造假酒的窝点进行调查取证，发现了制假工具，判定假酒是不法分子用工业酒精勾兑的，然后在农村集贸市场非法销售。

工业乙醇中甲醇的含量很高。甲醇别名木醇或木乙醇，主要通过人体呼吸道和消化道吸收，皮肤也可部分吸收。甲醇对人体有剧毒，饮用 10～30 mL 就可致命。

6. "民工粮"事件

2004 年 7 月，全国 10 多个省（直辖市）粮油批发市场陆续发现一种被称为"民工粮"的大米，其价格比一般大米便宜三成。中央电视台《时空连线》记者到河北廊坊、黑龙江哈尔滨及北京、天津的粮油市场进行了调查，发现都有"民工粮"出售。与其他大米相比，"民工粮"颜色发黄，捧起来闻有一种发霉气味。这种大米是国家粮库淘汰的发霉米，含有可致肝癌的黄曲霉毒素，按规定只能用于酿造和生产饲料，绝不能作为粮食销售。据介绍，这些"毒米"主要源自东北，不法商贩通过非法手段从专营企业买来再转售，牟取暴利。

7. 三鹿三聚氰胺事件

三鹿三聚氰胺奶粉事件震惊世界，是新中国成立以来发生在食品安全领域最为严重、影响面最大的事件。在牛奶和奶粉中添加三聚氰胺，主要是因为它能冒充蛋白质。由于中国采用估测食品和饲料工业蛋白质含量方法的缺陷，三聚氰胺常被不法商人掺杂进食品或饲料中，以提升食品或饲料检测中的蛋白质含量指标，因此三聚氰胺也被造假的人称为"蛋白精"。

三聚氰胺，俗称密胺，是一种三嗪类含氮杂环有机化合物，被用作化工原料。动物的毒理学实验表明，以三聚氰胺给小鼠灌胃的方式进行急性毒性实验，灌胃死亡的小鼠输尿管中均有大量晶体蓄积，部分小鼠肾脏被膜有晶体覆盖。以加有三聚氰胺饲料连续喂养动物，进行亚慢性毒性试验，实验动物肾脏中可见淋巴细胞浸润，肾小管管腔中出现晶体；而生化指标观察到血清尿素氮（BUN）和肌酐（CRE）逐渐升高。依据以往的动物毒理学实验和当前摄入三聚氰胺污染奶粉婴幼儿的临床表现，三聚氰胺存在造成患儿多发泌尿系统结石的可能性。

三聚氰胺事件是中国制造业的"滑铁卢"，我国奶粉销量下降九成以上，该事件祸殃池鱼，导致国际市场质疑所有中国产品的质量，在经济紧缩期严重打击了我国出口企业。三聚氰胺事件对中国乳制品行业影响非常严重，程度超过以往任何一次食品安全危机。

三、我国食品安全化学污染面临的主要问题

食品是人类赖以生存、繁衍、维持健康的基本条件。随着食品需求量的增大，不仅要求增强食品的营养保健性，还要提高食品的安全性，尤其是逐步减少食品安全化学污染事故的发生。目前，中国食品安全化学污染面临的问题主要有以下几个方面。

1. 种植业和养殖业的源头污染对食品安全的威胁越来越严重

中国是世界上化肥、农药施用量最大的国家。氮肥（纯氮）年使用量 2500 余万吨，农药超过 130 万吨，两者单位面积用量分别为世界平均水平的 3 倍和 2 倍。目前，在中国 1200 多条河流中，850 条受到不同程度的污染，130 多个湖泊有 51 个处于富营养状态，中国海域的"赤潮"现象不断发生。在工业污染物中尤以持久性有机污染物和重金属污染物最为严重，而未经处理的工业废水、城市污水用于农田灌溉的现象时有发生，在这种环境下种植和养殖的农产品的安全性受到了影响。

2. 工业污染导致环境恶化，对食品安全构成严重威胁

中国工业化进程中，快速发展带来的工业污染，使农产品产地、空气、水、土地等污染加快，使源头带来的风险不可避免地传递到整个食品产业链。工业污染、环境的恶化已成为影响食品安全的重要因素。例如，水污染导致食源性疾病的发生，海域的污染直接影响海产品的质量，土壤污染造成农作物成为有害化合物的富集体。

3. 食品工业中使用新原料、新工艺给食品安全带来了许多新问题

现代生物技术、益生菌和酶制剂技术在食品中的应用以及食品新资源的开发等，既是国际上关注的食品问题，也是中国亟待研究和重视的问题。以转基因技术为例，全球已有十多个国家种植大豆、玉米、棉花、油菜、马铃薯等转基因作物，但研究显示基因可能通过食物链在不同物种之间转移，使得转基因食品给食品安全带来了不稳定的潜在危害。

4. 食品安全化学污染关键检测技术不够完善

对于一些重要的食源性危害的检测，其检测技术不够完善，不能满足食品安全控制的需要。例如，"瘦肉精"和激素等兽药残留的分析技术达痕量水平，而二噁英及其类似物的检测技术属于超痕量水平。中国某些产品出口欧洲和日本时，国外要求检测 100 多种农药残留，显然，要求一次能进行多种农药的多残留分析就成为技术关键。

5. 食品化学污染危害性分析技术应用不够广泛

危害性分析是世界贸易组织（WTO）和食品法典委员会（CAC）强调的用于制定食品安全技术措施的必要技术手段，也是评估食品安全技术措施有效性的重要手段。中国现有的食品安全技术措施与国际水平存在差距的重要原因之一，就是没有广泛地应用危害性分析技术，特别是对化学性和生物性危害的评估。

6. 食品关键控制技术需要进一步研究

在食品中应用"良好农业规范"（GAP）、"良好兽医规范"（GVP）、"良好操作规范"（GMP）、"危害分析与关键控制点"（HACCP）等食品安全控制技术，对保障产品质量安全十分有效。而在实施 GAP 和 GVP 的源头治理方面，中国的研究数据还不充

分，需要进行深入研究。中国部分食品企业虽然已应用了 HACCP 技术，但缺少结合本国国情的、覆盖各行业的 HACCP 指导原则和评价准则。

7. 食品安全技术标准体系与国际不接轨

目前，国际有机农业和有机农产品的法规与管理体系主要可以分为三个层次，即联合国层次、国际性非政府组织层次和国家层次。联合国层次的有机农业和有机农产品标准是联合国粮食及农业组织（FAO）与世界卫生组织（WHO）制定的，它是《食品法典》的一部分，目前还属于建议标准。《食品法典》的标准结构、体系和内容等，基本上参考了欧盟有机农业标准以及国际有机农业运动联盟（IFOAM）的基本标准。联合国有机农业标准能否成为强制性标准目前还不清楚，但其重要性在于可以为各个成员国提供有机农业标准的制定依据。一旦成为强制性标准，就会成为 WTO 仲裁有机农产品国际贸易的法律依据，是各个成员国必须遵守的。因此，中国食品安全的标准制定应参照 WHO 和 FAO 以及 IFOAM 标准，这方面中国除有机食品等同采用、绿色食品部分采用外，其他标准还存在不小的差距。

8. 监管部门工作有待进一步提高

目前，安全食品生产与管理之间不协调，中国未将常规食品、无公害食品、绿色食品和有机食品的生产、经营及管理有机结合起来，使得本来具有内在联系的四者基本上独立存在。

9. 食品安全意识不强

受中国经济发展水平不平衡的制约，一些食品生产企业的食品安全意识不强，食品生产过程中食品添加剂超标使用、污染物和重金属超标现象经常发生。此外，还有少数不法生产经营者为牟取暴利，不顾消费者的安危，在食品生产经营中掺假现象屡有发生。

第三节 国外食品安全管理现状

一、美国食品安全管理状况

美国是一个十分注重食品安全的国家，美国人的食品安全观念也非常强，能够有意识地选择有机食品和本地产食品，进而促进了美国区域性有机食品供销模式。美国的食品供应，被认为是世界上最安全的。这主要是由于美国实行机构联合监管制度，在地方、州和全国的每一个层次监督食品生产和流通。美国通过立法来防止食品污染、保障消费者健康权益已成为美国食品安全监管的主要特点。美国的食品卫生安全体系包括法律法规、风险评价和预警措施、透明度等内容。美国的食品安全管理方面，主要有以下一些特征[29,30]。

（1）通过立法保障食品质量安全。美国有关食品安全的法规主要有《联邦食品、药品和化妆品法》（FFDCA）、《食品质量保护法》（FQPA）和《公共健康服务法》（PHSA）等综合性法规，还包括《联邦肉类检验法》（FMIA）、《禽肉制品检验法》（PPIA）、《蛋制品检验法》（EPIA）等非常具体的法律。

（2）有一套完整的质量安全管理机构体系。联邦政府和地方政府负责食品安全的部门构成了一套综合有效的安全保障体系，对食品从生产到销售各个环节实行严格的监管。美国除了联邦食品检测体系外，还有各州、各行业的检测体系及生产单位、家庭农场自检中心。负责向消费者提供保护的主要联邦管理机构是卫生与人类服务部（DHHS）所属的食品和药物管理局（FDA）、美国农业部（USDA）所属的食品安全检验署（FSIS）和动植物卫生检验署（APHIS）、美国国家环境保护署（EPA）。1997年，美国政府发起的"食品安全运动"，由美国卫生部（包括其下属机构 FDA）、农业部和环境保护局联合签署一份备忘录，决定建立食品传染病发生反应协调组（FORCG），以便加强联邦、州和地方食品安全机构之间的协调与联络。

（3）加强风险分析，强调预防为主。以科学为依据的风险分析是美国食品安全决策的基础，风险分析包括风险评估、风险管理和风险通信。近年来，联邦政府通过一个综合性的、"从农场到餐桌"的措施来降低食品安全中与微生物有关的风险，即对"从农场到餐桌"的各个环节进行多次干预，降低食品所携带的病原体以及由食品造成的致病事故。

（4）强化生产源头控制。通过质量认证体系和标准等级制度严格控制及管理进入市场的农产品；食品企业要通过三项认证，即管理上要通过 ISO9000 认证，安全卫生要通过 HACCP 认证，而环保上要通过 ISO14000 认证。

（5）作为对食品安全监控的补充，食品召回制度确保了食品安全。在政府食品卫生部门的监控下，一旦有食品被发现不合格，生产厂家和销售部门便会主动召回，清退消费者已付款项。

二、欧盟食品安全管理状况

欧盟在食品安全管理方面最主要的特点就是强调食品安全要"从农场到餐桌"，食品安全存在于整个食品链当中，从原料的生产到最后的消费。为了确保食品质量安全，恢复消费者的信心，近年来欧盟加强了对食品安全的管理，以坚实的法律体系作后盾，从成立有效的管理体系着手，建立和完善全面的标准体系，实施有效的市场监督和管理，结合市场准入制度来全面保障食品的安全。

遵循消费者至上的基本原则，实施各部门协调一致的食品安全管理策略。欧盟及其成员国在食品安全管理中遵循保护消费者健康的基本原则：把消费者健康保护和利益放在最高地位；食品生产与加工企业对食品安全负有全部责任；在保护健康和保障安全中应用预防性原则（在不确定风险的情况下尽可能采取预防性措施）；食品安全管理必须是高效的、透明的、可靠的。其食品安全管理的基本策略是：法规管理机构的一致性，风险管理与风险评估的一致性，利益相关者责任的一致性，各部门协作的一致性，公众的积极参与性。

欧盟食品安全管理的特点如下所述[31,32]。

(1)"从农场到餐桌"的全程式监管原则。"从农场到餐桌"的食品安全监管原则是食品安全监管领域内最为基本的一个原则。欧盟一方面通过有效的追溯制度保障了从源头的追溯,企业一旦发现食品存在问题就要迅速从市场上召回;另一方面也要求企业通过危害分析和关键控制点体系实现自我监控,并且按照要求标注标签内容以保障消费者的知情权,从而承担保障食品安全的第一责任。此外,欧盟高度重视饲料的监管方面,使动物源性食物的安全真正从源头上得到了保障。

(2)制定了一套统一、完善和操作性强的食品安全法规。在 2000 年,欧盟公布了《欧盟食品安全白皮书》,白皮书提出了一项根本改革,就是食品法以控制"从农场到餐桌"全过程为基础,包括普通动物饲养、动物健康与保健、污染物和农药残留、新型食品添加剂、香精、包装、辐射、饲料生产、农场主和食品生产者的责任,以及各种农场控制措施等。近年来,欧盟不断改进立法和开展相关行动,对食品安全条例进行了大量修订和更新,修订的主要依据是"从农场到餐桌"的综合治理、良好的卫生操作规范(GHP)和 HACCP 原则等。从 2006 年 1 月 1 日起,欧盟实施了新的《欧盟食品及饲料安全管理法规》,对内和对外都要求必须符合新法规的要求。

(3)成立了欧盟食品安全管理局(EFSA),该机构组建于 2002 年 1 月 28 日,2005 年在意大利正式挂牌成立。欧盟食品安全管理局的职责范围是统一负责欧盟境内所有食品的相关事宜,负责监督整个食品链的安全运行,根据科学证据作出食品危机风险评估。欧盟食品安全管理局建立了一个与成员国有关机构进行紧密协作的网络,下设专家委员会和科学小组,为制定政策和法规提供依据。

(4)以风险评估为科学依据,开展食品安全风险管理。根据 CAC 和欧盟关于食品安全管理要以科学为依据的原则,基于科学研究的结果,即以风险评估结果为依据。例如,德国联邦风险评估研究所(BfR)、丹麦食品与兽医研究所(DFVF)和瑞典国家食品管理局(NFA)研究与发展司毒理学处专门且独立负责食品安全风险评估,并把风险评估结果如实提交风险管理部门,风险管理部门依照风险评估结果进行风险管理,这些管理活动包括标准、法律和实施指南的制定以及食品安全事故应急处理等。

(5)建立快速预警系统,快速应对食品危机事件。为了应对不断出现的食品危机事件,《食品安全白皮书》提出建立欧盟快速预警系统,规定当某一成员国发生危及公众健康的动物疾病或食品安全事件时,必须及时向欧盟委员会和所有成员国通报情况,欧盟委员会必须立即对此展开相关调查,并有权采取如禁止出口、禁止动物运输和产品销售等强制措施。2002 年,欧盟对原有的预警系统做了大幅调整,实施了欧盟食品和饲料快速预警系统。该系统运转后发出了大量信息通报,内容不断深化,数量逐年增加,收到良好效果。对饲料和食品及其配料的追踪是食品安全政策成功的基础,即一旦发现市场上销售的食品对消费者的健康构成威胁,要能够及时撤回该种商品,同时经销商应该对原料来源和配料保存进行记录,以便追踪查询。

三、日本食品安全管理状况

日本是对食品安全关注比较早的国家之一，对于食品安全的重视度也是很多国家所不及的。随着食品进口量的扩大，日本政府不断加强食品安全管理体制的建立、健全，更加重视食品安全问题，采取了一系列措施来保证食品质量安全与卫生，形成了以法律为基础，以高科技检验、检疫手段为后盾，从食品的原料生产、加工到物流等各个领域都建立起相对完善的食品安全保障体系。日本食品安全管理呈现以下特色[33,34]。

（1）食品安全管理有一个完善的食品安全法律体系。日本保障食品质量安全的法律法规体系由基本法律和一系列专业、专门法律法规组成。《食品安全基本法》和《食品卫生法》是两大基本法律，与《食品卫生法执行令》从宏观上对食品生产、消费的整个过程进行规范，主导食品安全管理的走向。同时，还制定了涉及食品分类、食品生产消费环节的专门法律法规，如《牧场法》、《植物检疫法实施细则》、《转基因食品标识法》、《农药取缔法》和《食品残留农业化学品肯定列表制度》等。2003年颁布的《食品安全基本法》，确立了"消费者至上"、"科学的风险评估"和"从农场到餐桌全程监控"的食品安全理念。2006年5月起正式实施《食品残留农业化学品肯定列表制度》，即禁止含有未设定最大残留限量标准的农业化学品，或其含量超过统一标准的食品进行流通，对669种农药、添加剂和兽药制定残留限量标准，对没有制定残留限量标准的农、兽药设定的"统一标准"数值非常低，实际上就是禁止尚未制定农、兽药残留限量标准的食品进入日本。

（2）建立了"三位一体"的食品安全管理机构。日本的食品安全管理机构主要由农林水产省、厚生劳动省和食品安全委员会三个政府部门组成，分别承担食品生产和质量监管、食品分配和安全风险评估、部门协调等职责，共同组成了日本食品管理机构既独立分工又相互合作的体系。农林水产省主要负责生鲜农产品及其粗加工产品的安全性，侧重于农产品的生产和加工阶段，下设食品安全危机管理小组和消费品安全管理局；厚生劳动省负责其他食品和进口食品的安全性，根据《食品卫生法》实施监督指导，侧重于食品进口和流通阶段；食品安全委员会的职能则包括实施食品安全风险评估、对风险管理部门进行政策指导和监督、风险信息沟通和信息公开，它既是食品安全风险的监测部门，又是农林水产省和厚生劳动省的协调部门，统一了三个各有分工的部门，同时又不使其失去工作的独立性。

（3）食品行业的安全意识强，积极参与食品安全建设。日本食品企业从数次食品安全事故中认识到食品安全的重要性，进一步明确了自身的社会责任，逐步改变了经营理念，参与到食品安全建设体系中。一方面，企业主动实施"从农场到餐桌"的食品可溯性制度，如日本的农业协同组合与各地农民签订了协议书，提出必须记录生产信息，使食品信息来源有保障，同时从法律层面对食品信息的真实性提出了要求。另一方面，企业建立了食品召回制，即食品安全事故一旦发生，企业立即发表书面或口头申明，召回问题食品，接受一切相关产品的无条件退货并赔偿由此引起的所有合理损失，尽快查实事故原因并向消费者作出说明。这样不仅会减少企业的经济损失，还会引导社会舆论向积极、正面的方向加以评论，对企业的长远发展大有裨益。

（4）食品进口环节的安全保障措施齐全。日本对进口食品的检验、检疫非常严格，《食品卫生法》是进口食品安全卫生监管的主要法律依据，厚生劳动省是进口食品安全卫生的主管部门，所有的进口食品都必须通过厚生劳动省管辖的食品检疫所的检查和海关手续之后才能进入日本国内市场流通。其中新鲜蔬菜、水果、谷物、大豆和畜产品等先要经过农林水产省管辖的植物检疫所或动物检疫所的检疫，不合格的将被拒收或销毁。其他加工食品及鱼类则直接进入食品检疫所检查。中央政府主要负责在口岸对进口产品实施检查，地方政府则要负责对国内市场销售的进口食品进行检测。依据《食品卫生法》，日本在进口食品方面可根据情况采取例行监测、指令性检验和全面禁令三个不同级别的管理措施。

四、加拿大食品安全管理状况

加拿大在食品安全管理方面具有较完整的运行机制，并取得有效成果，实现对"从农场到餐桌"的整个食品供应链的有效监管，为加拿大的农业、农产品深加工和进出口贸易提供了有效的服务。概括起来，加拿大联邦政府的食品安全监管体制呈现如下几个特点[35,36]。

（1）组建专门的食品安全监管机构。加拿大食品安全原来是多头管理，农业和农业食品部、卫生部、渔业和海洋部、工业部等均有管理职责，职能分散。1997年加拿大会议通过《加拿大食品检验局法》，把分散在各部门的食品安全监管职能和资源进行整合，在农业和农业食品部下面设立专门的食品安全监督机构，即加拿大食品检验局（CFIA）。CFIA的成立，明确了与其他部门的职责和分工，避免重复和交叉管理，提高了工作效率。CFIA的主要职能是负责实施联邦政府所规定的所有食品检验、植物保护和动物保护健康工作。加拿大食品检验局下设18个地区行动机构、14个实验室。为了及时处理食品安全突发事件，该局于1999年成立了食品安全和召回办公室。

（2）加拿大与食品安全有关的法律法规主要包括：《食品药物法》，负责有关食品、药物、化妆品和医疗器械的卫生安全及防止商业欺诈（食品检验只负责其中的食品）；《肉品检验法》，规定如何制定合法登记的生产单位、生产安全、符合道德标准的肉类制品所应达到的标准和要求，以及为防止欺诈在省级和国际市场上出售时的标识的标准和要求；《鱼类检验法》，规定有关鱼类产品和海洋植物的捕捞、运输和加工的标准及要求，包括了省级贸易和外贸进出口的鱼类产品及海洋植物；《加拿大农业产品法》，就如何监督在联邦登记注册的企业生产农业产品（如奶品、枫叶产品、加工品）规定了基本原则，并制定了促进省级贸易和外贸进出口食品的安全和质量的标准。除此之外，还有《消费品包装和标识法》、《植物保护法》、《化肥法》、《种子法》、《饲料法》、《动物卫生检疫法》等相关食品安全的法律。

（3）食品安全和召回制度，主要依据的是《加拿大食品检验局法》和《食品药品法案》。尤其是后者，对不许任何人销售、赠送的食品都有详细的规定。例如，如果食品中含有某种过敏源也应如实在食品标签上标注出来；对进口商的规定，不论是从哪里进口的食品，都要符合加拿大的有关规定。加拿大食品召回工作可以分为调查并进行危害确认、风险管理和战略决策、执行召回、检查召回效果和后续工作 5 个阶段。食品召回的等级分为三级，一级召回是有严重危害健康，甚至能够导致群体性、大范围健康危害的食品，需要向社会发出警告的；二级召回是有可能使部分人群受到危害或健康威胁的，并且需要向这一人群公告的；三级召回是无需向社会作任何公告、警告，而有的企业自己愿意做，是被容许的。

第四节　食品安全化学污染的控制措施

在减少食品中化学污染方面，应该长期采用那些有利于健康和食品安全的方法。虽然用尖端的、昂贵的分析仪器有利于对食品中的一些有害物质进行监控，而且在很多情况下可以解决一系列复杂问题，但这些并不是降低消费者接触含毒素食品机会的最佳方法。

在控制措施方面，应该将重点放在利用调查信息来控制食品化学污染。这些信息也可以帮助各国政府评估这方面所存在的问题，方便各国发展监督方法，从而可以刺激控制行动，同样也会促进新闻报道。关键在于当发现问题时，能确保采取一定的行动，其主要内容包括：①控制各种人造污染物的有效性和使用方法；②限制或降低污染物来源；③强有力的执法力度；④畅通的接收专业建议的渠道；⑤污染食品的召回制度。在提供建议和一步立法约束这两个极端之间，许多化学污染物可以通过上述两种或三种选项结合来加以控制。解决问题的关键是需要明确"这个问题是什么"，紧接着采取适当的行动。在许多情况下，需要保持竞争性因素间的平衡。例如，在减少咸肉中亚硝胺含量时，尽管在咸肉中亚硝酸盐是亚硝胺的前体物质，不要有偏见地认为食品安全性危害一定是亚硝酸盐引起的，而不是由梭状芽孢菌污染物引起的。对食物中化学污染物设定一个较低的国际限制，可以使政府在控制过程中具有灵活性，这并不是针对食品生产者的。

过去近 20 年来，在世界卫生组织和其他多国联合贸易组织的努力下，关于食物中污染物控制的国际性程序有了相当大的进展，在关于农残和兽残国际新标准的一致性上也有了重大进步。但关于食物中霉菌和重金属污染方面，进展比较缓慢。尽管塑料包装材料的迁移控制在欧盟和美国已有一定的进展，但总体而言化学物质从包装材料迁移到食品的控制问题才刚刚开始。

关于化学污染物方面的国际组织有[36]：①农药残留物，国际食品法典农药残留委员会（CCPR）和 FAO/WHO 农药残留联席会议（JMPR）；②兽药残留物，国际食品法典兽药残留委员会（CCRVDF）、FAO/WHO 联合食品添加剂专家委员会（JEC-FA）；③其他化学污染物包括天然毒性物质，联合国食品添加剂和污染物法典委员会（CCFAC）和 JECFA。这些国际组织做了很多卓有成效的工作，但是食品化学污染物的控制是一项需要各方面共同参与的长期工作，现在做得还远远不够。

对食品中化学污染物的控制还在不断地研究之中。当前发展过程中有一个主要特点，那就是国际控制体系的一致性。CCFAC 正在积极发展关于食品中污染物和毒素的一般性标准法典。现在需要努力完成关于特殊污染物的定位文件和标准。目前，CCFAC的注意力集中在一些有较深研究的真菌毒素（黄曲霉毒素、棒曲霉素和玉米赤霉烯酮）、多氯联苯、二噁英和铅方面。

在日益增长的关于食品中化学污染物控制问题上，如果迟迟不能得到一个具有全球一致性的标准，势必会产生错误信号，会给人们的健康带来越来越大的危害。所以，全球范围内统一的食品污染物管理标准和管理体系的建立是目前及今后很长一段时间最重要的工作内容。

参 考 文 献

[1] 孙玉清，王晓梅. 影响食品安全的因素及应对措施. 中国食物与营养，2007，12：17-19

[2] 胡泽平. 食品安全问题的政府监管分析. 中国管理信息化，2010，13：49-52

[3] 吴永宁. 现代食品安全科学. 北京：化学工业出版社，2003

[4] 郭丽华. 我国食品安全现状与管理控制. 食品工业科技（增刊），2003，z1：190-193

[5] 田惠光. 食品安全控制关键技术. 北京：科学出版社，2004

[6] 陈冀胜. 生物毒素研究与应用展望. 中国工程科学，2003，5：16-19

[7] 陈远聪. 我国毒素研究和利用的现况. 生命的化学，1991，11：1-2

[8] 刘岱岳，余传隆，刘鹊华. 生物毒素开发与利用. 北京：化学工业出版社，2007

[9] 陈宁庆. 实用生物毒素学. 北京：中国科学技术出版社，2001

[10] Knize M G, Felton J S. Formation and human risk of carcinogenic heterocyclic amines from natural precursors in meat. Nutrition, 2005, 63：158-165

[11] 吕美，曾茂茂，陈洁. 烹调肉制品中杂环胺的监测技术和控制手段研究进展. 食品科学，2011，32：345-349

[12] Felton J S, Fultz E, Dolbeare F A, et al. Reduction of heterocyclic aromatic amine mutagens/carcinogens in fried beef patties by microwave pretreatment. Food and Chemical Toxicology, 1994, 30：897-903

[13] Bartle K D. Food Contaminants：Sources and Surveillance. Cambridge：Royal Society of Chemistry, 1991

[14] 孙彬青. 食品包装材料中化合物的迁移分析. 江南大学硕士学位论文，2006

[15] Helmroth E, Rijk R, Dekker M, et al. Predictive modeling of migration from packaging materials into food products for regulatory purposes. Trends in Food Science and Technology, 2001, 13：102-109

[16] 杨方星，徐盈. 多氯联苯的羟基化代谢产物及其内分泌干扰机制. 化学进展，2005，17：740-748

[17] 刘玲玲. 环境污染与食品安全. 中国食物与营养，2006，2：12-14

[18] 史贤明. 食品安全与卫生学. 北京：中国农业出版社，2002

[19] 钱建亚，熊强. 食品安全概论. 南京：东南大学出版社，2006

[20] 黄志强. 食品中农药残留检测指南. 北京：中国标准出版社，2010

[21] 陈一资，胡滨. 动物性食品中兽药残留的危害及其原因分析. 2009，28：162-166

[22] 刑玉秀，周本翔. 动物性食品兽药残留的来源、危害与控制措施. 河南农业科学，2004，7：79-80

[23] 中华人民共和国农业部公告第265号《进一步做好出口肉畜养殖用药管理规定》，2003

[24] 刘莲芳，王式箴，杨祖英，等. 食品添加剂分析检验手册. 北京：中国轻工业出版社，1999

[25] 中华人民共和国国家标准. GB 2760—2011《食品安全国家标准 食品添加剂使用标准》，2011

[26] 周宇，陈莺歌. 如何规范食品添加剂的使用以保证食品安全. 食品质量安全，2007，7：20-21

[27] 汤银姬，郭建亭. 食品添加剂安全控制措施探讨. 现代农业科技，2010，22：358-360

[28] 钟耀广. 食品安全学. 北京：化学工业出版社，2010

[29] 陈孟裕，江山宁，翁志平. 美国食品安全体系构成特点及对我国的启示. 检验检疫科学，2007，17：77-80

[30] 王玉娟. 美国食品安全法律体系和监管体系. 科学与管理，2010，6：57-58

［31］潘家荣，吴永宁，魏益民，等. 欧盟食品安全管理体系的特点. 中国食物与营养，2006，3：7-11

［32］陈松，王芳，郭林宇. 欧盟：较为完善的食品安全管理体系. 科学决策，2007，12：53-54

［33］孙杭生. 日本的食品安全监管体系与制度. 食品安全，2006，6：50-51

［34］马伟锦，张正军. 日本的食品安全保障体系及对我国的启示. 科学与管理，2010，10：31-33

［35］何翔，张伟力，韩宏伟，等. 加拿大食品安全监管概况. 中国卫生监督杂志，2008，15：216-221

［36］李洁，彭少杰. 加拿大、美国食品安全监管概况. 上海食品药品监管情报研究，2008，10：1-7

第二章　生　物　毒　素

生物毒素是指生物或微生物在其生长、繁殖过程中，或在一定条件下产生的对其他生物物种有毒害作用并不可复制的化学物质，也称为天然毒素。已知化学结构的生物毒素有数千种，依据来源把生物毒素分为动物毒素、植物毒素、海洋生物毒素和微生物毒素（包括细菌毒素、真菌毒素等）[1]。本章着重介绍与食品安全相关的真菌毒素、细菌毒素、植物毒素和海洋生物毒素。

第一节　真　菌　毒　素

真菌毒素是一些真菌（主要为曲霉属、青霉属及镰孢属）在生长过程中产生的易引起人和动物病理变化及生理变态的次级代谢产物，毒性很高[2]。目前，已发现的对人类和动物有毒的真菌代谢产物有 300 种以上。代表性的真菌毒素有黄曲霉毒素、赭曲霉素、单端孢霉烯族毒素、玉米赤霉烯酮、伏马毒素、串株镰刀菌素、橘霉素等。

一、黄曲霉毒素

黄曲霉毒素（aflatoxin，AF）是真菌的次级代谢产物，具有极强的毒性和致癌性。产生 AF 的真菌是黄曲霉（*Aspergillus flavus*）和寄生曲霉（*Aspergillus parasiticus*）。

1. 理化性质

黄曲霉毒素是一类化学结构类似的二呋喃香豆素衍生物的总称，已鉴定出的有 10 多种，其基本结构均含有一个双呋喃环和一个氧杂萘邻酮，分为 B_1 族和 G_1 族两大类。B_1 族为甲氧基、二呋喃环、香豆素、环戊烯酮的结合物，在紫外线下产生较强的荧光，产生紫色荧光。G_1 族为甲氧基、二呋喃环、香豆素和环内酯的结合物，在紫外线下产生绿色荧光。结构式如图 2-1 所示。AF 微溶于水，易溶于油脂和某些有机溶剂；对温度的敏感性差，分解温度为 $237\sim280℃$，酸性条件下 AF 比较稳定[3]，碱性条件下 AF 极易降解；紫外线辐射也容易使其降解而失去毒性。

2. 来源及分布

AF 是黄曲霉或寄生曲霉在生长过程中产生、分泌的次级代谢产物，寄生曲霉皆具有产生 AF 的性能[4]，黄曲霉菌株培养物中有 40％可同时检测出 AFB_1、AFB_2、AFG_1、AFG_2[5]。AF 产生的条件中，除菌株本身的产毒能力外，适宜的湿度（80％～90％）、温度（25～30℃）、氧气（1％以上）和培养时间（7 天左右）均为产毒菌株生

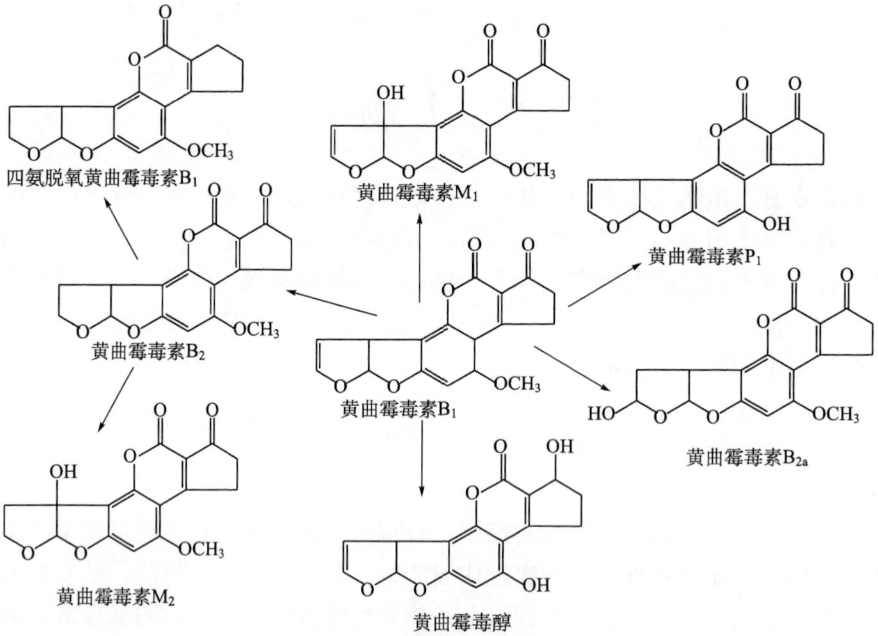

四氨脱氧黄曲霉毒素B₁

黄曲霉毒素M₁

黄曲霉毒素P₁

黄曲霉毒素B₂

黄曲霉毒素B₁

黄曲霉毒素B₂ₐ

黄曲霉毒素M₂

黄曲霉毒醇

黄曲霉毒素B₁及其衍生物

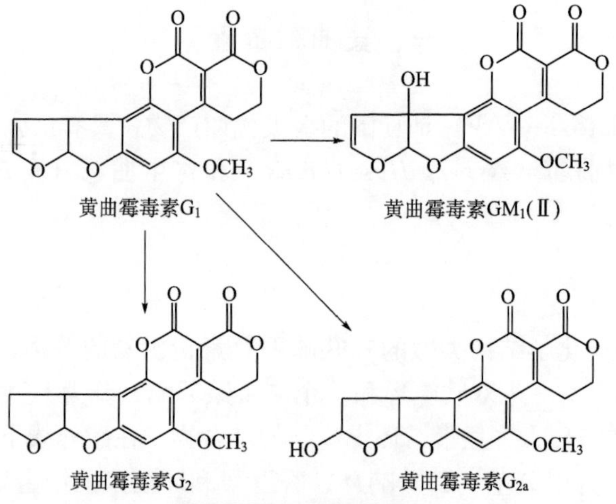

黄曲霉毒素G₁

黄曲霉毒素GM₁(Ⅱ)

黄曲霉毒素G₂

黄曲霉毒素G₂ₐ

黄曲霉毒素G₁及其衍生物

图 2-1　黄曲霉毒素化学结构式

长、繁殖和产毒不可缺少的条件。此外，菌株腐生的基质也很重要，一般天然培养基比人工综合培养基产毒量高。

　　从物种上来说，黄曲霉毒素广泛地分布在土壤、动植物、各类坚果中，如发霉粮食及其制品，特别是花生、玉米及其制品中。此外，饲料中也含有较多的黄曲霉毒素，由此导致动物性食品中（乳、肉、蛋）也有黄曲霉毒素的积累和残留。在自然环境中，食物与饲料中污染的 AF 只检出过 AFB₁、AFB₂、AFG₁、AFG₂、AFM₁ 和 AFM₂ 6 种。

从地区分布来说[6]，一般在热带和亚热带地区，食品中黄曲霉毒素的检出率比较高，我国的华中、华南和华北产毒株多，产毒量也大。

3. 毒理及症状

AF急性中毒症状主要表现为呕吐、厌食、发热、黄疸和腹水等肝炎症状。目前发现的十几种AF中，AFB_1毒性最强，是砒霜的68倍，AFM_1、AFG_1次之，AFB_2、AFG_2、AFM_2毒性较弱。1995年英国Cockcroft曾报道过乳牛因AFB_1中毒急性死亡的事例。AF还是一种强烈的致癌物质，是目前所知致癌性最强的化合物，能使人体或动物的免疫功能丧失，诱导畸形、癌症的发生，对鱼类、禽类、家畜和灵长目类动物的实验肿瘤诱导作用极大，并且能同时诱导多种癌症。同时，AFB_1还是一种能导致生物体遗传物质发生变化的致突变化合物，其本身虽不引起突变，但在基体内经过代谢活化后即具有致突变作用[7]。

4. 预防与控制措施

AF的污染是一个全球性的问题，控制AF的最佳方法在于预防，采用良好的操作规范，对已经被AF污染的食品与饲料，应采取适当的处理措施去毒。各国及组织制定的最低允许标准中，国际卫生组织/世界粮食及农业组织（WHO/FAO）所属的国际食品法典委员会（CAC）推荐食品、饲料中AF最大允许总量为15 $\mu g/kg$，牛奶中AFM_1的最大允许量为0.5 $\mu g/kg$；美国FDA颁布的AF最大允许总量为20 $\mu g/kg$，牛奶中AFM_1的最大允许量为0.5 $\mu g/kg$，并对用于饲养各类动物的AF的总量进行了不同程度的规定；欧盟制定AF的最大允许量：直接食用或间接用作食品组分的花生仁中AFB_1为2 $\mu g/kg$，非直接食用的花生仁中AFB_1为8 $\mu g/kg$，总量为15 $\mu g/kg$，奶制品中AFM_1的最大允许量为0.05 $\mu g/kg$[8]。我国国家标准GB 2761—2005《食品中真菌毒素限量》对食品中的黄曲霉毒素的含量的规定如表2-1所示。

表 2-1 我国标准规定的黄曲霉毒素的允许量

项目	食品种类	指标/($\mu g/kg$)
AFB_1	玉米、花生及其制品	$\leqslant 20$
AFB_1	大米、植物油（除玉米油、花生油）	$\leqslant 10$
AFB_1	其他粮食、豆类、发酵食品	$\leqslant 5$
AFB_1	婴幼儿配方食品	$\leqslant 5$
AFM_1	鲜乳	$\leqslant 0.5$
AFM_1	乳制品（折算为鲜乳汁）	$\leqslant 0.5$

5. 检测方法

黄曲霉毒素检测方法可分为生物鉴定法、化学分析法、免疫分析法三种[9,10]。生物鉴定法利用黄曲霉毒素影响微生物、水生动物、家禽等生物体细胞代谢的特点对其进行鉴定，具体试验方法包括：抑菌试验法、微生物遗传因子影响试验法、细菌发光试验或荧光反应法等。黄曲霉毒素的化学分析法常用薄层层析法（TLC），适用于粮食及其制品、调味品等黄曲霉毒素的检测，利用黄曲霉毒素荧光特性检测定量，在 365 nm 波长紫外灯下检测灵敏度可达 5 $\mu g/kg$。免疫分析法结合免疫亲和柱的 AFT 特异有效分离净化和液相色谱可实现对于复杂的食品样品，如粮食、饮料、蛋、奶制品中 AFT 的高效、快速、准确测定，经提取、洗脱、净化后，检出限为 10～12 $\mu g/mL$。

二、橘　霉　素

橘霉素（citrinin，CTI）又称为桔霉素[11～13]，是青霉属和曲霉属的某些菌株产生的真菌毒素，具有显著的肾脏毒性和致癌性。产 CTI 的特征菌是橘青霉（*Penicillium citrinum*）[11]。CTI 首先是作为抗菌素从青霉属中分离并加以研究的，能抑制芽孢杆菌、巨大芽孢杆菌、结核分枝杆菌和金黄色葡萄球菌等革兰氏阳性菌，但因具有较强的毒性而无法应用。

1. 理化性质

CTI 的分子式是 $C_{13}H_{14}O_5$，相对分子质量为 250.25，化学名称是（3R，4S）-4，6-二氢-8-羟基-3，4，5-三甲基-6-氧-3H-2-苯吡-7-羧酸。在常温下纯品 CTI 为黄色晶体，熔点为 170～173℃，难溶于水，溶于氯仿、丙酮、乙酸乙酯、乙醇等有机溶剂。在长波紫外线的激发下能发出黄色荧光，其最大紫外吸收在 319 nm、253 nm 和 222 nm。在适宜 pH 条件下，该毒素能溶解于水及大多数有机溶剂，并很容易在冷乙醇溶液中结晶析出。在水溶液中，当 pH 下降到 1.5 时 CTI 也会沉淀析出[11]。CTI 化学结构式如图 2-2 所示。

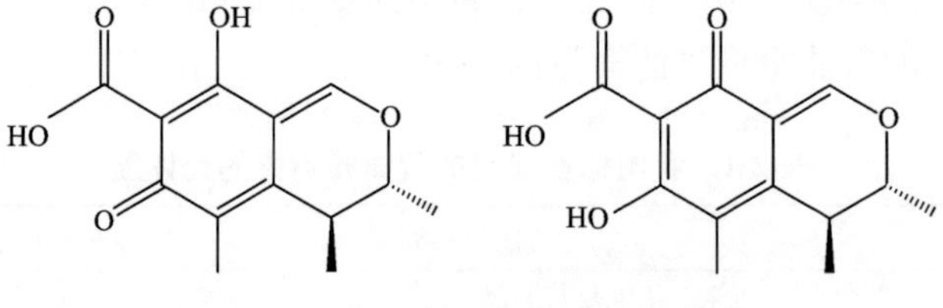

图 2-2　橘霉素两种异构体化学结构式

2. 来源及分布

多种青霉属真菌和曲霉属真菌能在自然或人工条件下产生橘霉素，如青霉中的橘青霉、纠缠青霉（*Penicillium implicatum*）、岛青霉（*Penicillium islandicum*）、黄绿青霉（*Penicillium citreovirinde*）、点青霉（*Penicillium notatum*）、扩展青霉（*Penicillium expansum*）、詹森青霉（*Penicillium jensenii*）等，曲霉有土曲霉（*Aspergillus terreus*）和白曲霉（*Aspergillus kawachii*）等。其中橘青霉是自然界中最重要的 CTI 产生菌，在自然界中分布广泛，在温暖的气候条件下生长、繁殖迅速，通常与纤维的降解及玉米、大米、面包等农产品或食品的霉变有关，在许多农产品如玉米、大米、奶酪、苹果、梨和果汁等食品及农产品中，都有可能检测到 CTI 并分离到产 CTI 的菌株。近年来，随着研究的不断深入，红曲霉也能产生 CTI，用红曲霉发酵可生产红曲米、红曲酒和红腐乳等传统食品。

3. 毒理及症状

CTI 具有肾毒性，且怀疑是人类某些地方病的潜在致病剂。CTI 对肾脏的结构和功能极为不利，引起的肾脏损害主要表现为管状上皮细胞的退化和坏死、肾肿大、尿量增加、血氮和尿氮升高等。CTI 以口服方式喂给小鼠，会造成小鼠的骨髓细胞中染色体断裂、空缺等畸变现象，也会导致肾细胞肿瘤的出现[14]。此外，CTI 还能和其他真菌毒素（如赭曲霉素、展青霉素等）协同作用，增加对机体的损害。研究还发现，CTI 会损害肝的代谢，体内试验与血清蛋白结合，有致癌性作用，但其致突变问题在学术界一直存在争议。CTI 的毒性没有其他霉菌毒素如赭曲霉素的大，摄入量达到 50 mg/kg BW 以上才可能致死。

4. 预防与控制措施

欧盟国家对红曲类产品中的 CTI 的含量参考限量指标为 100 μg/kg，日本厚生劳动省《食品和食品添加剂的标准和规范》中规定红曲色素 CTI 的限量指标为 200 μg/kg，德国等也都制定了针对我国出口的红曲产品的新标准，对 CTI 的含量进行限定[15]。我国国家标准 GB/T 5009.222—2008《红曲类产品中橘霉素的测定》规定，红曲类产品中液态样品 CTI 含量的限量值为 50 μg/L，固态样品为 1 μg/kg，而功能性红曲米（粉）中的 CTI 含量不得超过 50 μg/kg。

目前，对红曲橘霉素的控制研究主要集中在发酵工艺、诱变育种、基因工程技术三个方面。针对不同的红曲霉菌株，采用各种优化的培养条件，能够有效地降低红曲中 CTI 的含量[16]，主要方法包括改良培养基、调整发酵参数方式实现。橘霉素的生成与培养基的成分密切相关，酵母膏营养丰富，有利于橘霉素的分泌，通过减少加入酵母膏可有效抑制橘霉素的生成。

5. 检测方法

食品中的橘霉素通过液液萃取（LLE）、固相萃取（SPE）、免疫亲和柱净化后，可采取比色法、薄层层析法、液相色谱法、酶联免疫法、质谱法、电泳法等检测[17]。常用提取剂包括二氯甲烷/磷酸、乙腈/乙醇酸等，经吸附、液液萃取分离后进行检测分析，其中比色法、薄层层析法通常主要用于半定量检测，可用于大米、大麦、花生等样品检测，常用氯仿/甲醇/正己烷展开剂，检测波长为 254 nm[18]。液相色谱法检测 CTI 多采用反相色谱柱、荧光（FLD）或紫外线（UV）检测器检测，CTI 甲醇溶液最大紫外吸收波长在 250 nm、333 nm，可采用乙腈/磷酸溶液/异丙醇为流动相，波长 340 nm 检测橘霉素，液相色谱法检测方法检出限一般低于 5 ng/g，方法回收率范围为 95.5%～102%。酶联免疫法测定 CTI 采用间接竞争法，检测小麦中 CTI 添加水平 200～2000

ng/g 时回收率为 89%～104%，采用间接酶联免疫测定和直接酶联免疫测定相结合 CTI 检测限 0.4～0.8 ng/mL，添加水平 100～2000 ng/g 时回收率为 105%～112%[19]。

三、麦　角　碱

麦角生物碱[20]（ergot alkaloid，EA），简称麦角碱，是由子囊菌麦角菌属（*Claviceps*）真菌产生的生物碱，该属真菌包括黑麦麦角菌（*Claviceps purpurea*）、雀稗麦角菌（*Claviceps paspali*）、拂子芽麦角菌（*Claviceps microcephala*）等。天然状态下，麦角菌寄生于禾本科植物子房中，夏秋之际宿主子房变为外紫内白色、形状如动物之角的固体，由此得名。EA 的活性成分主要是以麦角酸为基本结构的一系列生物碱衍生物，目前已经从麦角中提取了 40 多种生物碱，代表化合物主要包括田麦角碱、麦角新碱、麦角胺、麦角隐亭等。

1. 理化性质

EA 是一类物质的总称，是麦角中所含的具有药理学活性并能引起人畜中毒的生物碱。按化学结构不同，麦角碱可分为棒状菌素生物碱（clavine alkaloid）和麦角酸（lysesrgic acid）及其衍生物类生物碱。棒状菌素生物碱是野草感染麦角菌产生麦角的主要生物碱；而麦角酸及其衍生物类生物碱则是麦类麦角中主要生物碱成分，其主要成分包括麦角胺（ergotamine）、麦角毒碱（ergotoxine）、麦角新碱（ergometrine）、麦角克碱（ergocristine）等[20]。EA 为白色晶体，具有与一般生物碱相似的理化性质，遇酸反应生成盐；对热不稳定，见光易分解，在紫外灯下发蓝色荧光，且随光照时间的延长其荧光强度减弱；特异性反应是与对二甲氨基甲醛反应生成蓝色溶液，主要 EA 化学结构式如图 2-3 所示。

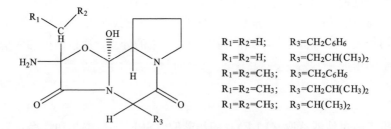

$R_1=R_2=H$;	$R_3=CH_2C_6H_6$	麦角碱
$R_1=R_2=H$;	$R_3=CH_2CH(CH_3)_2$	麦角星
$R_1=R_2=CH_3$;	$R_3=CH_2C_6H_6$	麦角克碱
$R_1=R_2=CH_3$;	$R_3=CH_2CH(CH_3)_2$	麦角隐亭
$R_1=R_2=CH_3$;	$R_3=CH(CH_3)_2$	麦角克宁

图 2-3　主要麦角碱化学结构式

2. 来源及分布

麦角菌病主要分布在潮湿的温带地区，亚洲、南美洲、非洲、欧洲等均有报道。EA 主要污染黑麦、小麦、大麦、燕麦、高粱等谷类作物及牧草，也污染粮食制品，如面包、饼干、麦制点心等。另外，在动物的奶、蛋中均发现有 EA 残留。EA 在谷物中的污染状况与产毒菌株、温度、湿度、通风、日照等因素有关。

3. 毒理及症状

EA 对人和动物的毒理作用部分分为中枢性和外周性神经效应，按中毒后临床表现分为痉挛型、坏疽型及混合型麦角中毒。痉挛型麦角中毒主要表现为胃肠道及神经系统的症状，轻型痉挛型中毒以感觉疲劳、头昏、四肢无力、胸闷和胸痛为特征，有时出现腹泻，伴有或不伴有呕吐，常持续数周。坏疽型麦角中毒的症状为中毒初期四肢忽冷忽热，发热时伴有灼烧般疼痛，此后四肢麻木，温度感、痛觉、触觉消失，皮肤发黑、皱缩，发生干性坏疽；中毒严重者则病情进展快，肢体突然剧烈疼痛，肢端感染和肢体出现灼焦及发黑等坏疽症状，指趾甚至整条肢体均可发生坏疽，内脏有时也会出现坏疽，严重时可导致断肢。混合型麦角中毒则表现兼有痉挛型和坏疽型麦角中毒的特点。动物麦角中毒的体征包括进食量下降、体重减低、坏疽、流产、痉挛、过敏、瘸腿、生育力降低等。其中家兔对麦角碱的毒性作用最为敏感。

4. 预防与控制措施

EA 广泛存在于农作物和一些食品原料中，统计结果表明，粮食中麦角的含量为1%或更多，人食用后可引起中毒；含量达到 7% 时，食用后能引起致命中毒。目前，许多国家都已制定了粮食中麦角的限量标准，欧盟规定小麦中麦角碱的限量值为0.05%，在黑麦中麦角碱的检测限量值为 0.1%；美国规定小麦、黑麦中麦角碱的限量值为0.3%，黑小麦中为 0.1%；英国规定小麦中麦角碱的限量值为 0.001%；我国国家标准 GB/T 5009.36—2003《粮食卫生标准的分析方法》则规定麦角碱在粮食作物中的检测限量值为 0.01%。

预防麦角中毒的根本措施是消除麦角对农作物的污染。因此，加强田间管理至关重要，主要措施包括：清除农田周围的杂草及自生麦；不同作物轮作；消灭野生寄主植物；选用不带菌核的种子（由于麦角核比麦粒大，采用物理筛选或离析器可以剔除82%的麦角，残留的麦角小颗粒再用对麦种无害的 20% 盐水或 30% 氯化钾剔除）；清除麦收后留在麦田里的麦角；选用对麦角菌有抵抗力的农作物品种[21]。

5. 检测方法

对谷物及其制品中的麦角碱常用定量检测方法为 TLC 法、HPLC 法。TLC 法检测麦角碱最早在 1985 年采用，经过薄层分离后的样品可采用荧光扫描、显色比色、紫外法进行定量分析[22]。样品常用展开剂体系为异丙醚/苯/丙酮/甲醇/二乙胺、乙酸乙酯/庚烷/二乙胺、苯/乙醇、氯仿/甲醇、氯仿/丙酮等，经展开的样品通过显色比色可定性检测生物碱含量，荧光扫描、紫外法测定麦角生物碱灵敏度较高，可达 μg/kg 级，同时在反射法直线扫描测定中不受薄层板厚度影响，检测重复性高。

HPLC 法可用于检测粮食及其制品中麦角生物碱[23]，常用紫外、荧光检测器，其中荧光检测器分离麦角碱可排除咖啡因、巴比妥等混杂因素的影响，确保分析的单一化，有较高的灵敏度、选择性，常用流动相为乙腈/磷酸二氢氨溶液。樊祥等对麦类样品中麦角碱的 HPLC-FLD 检测方法研究结果表明，麦类样品经乙腈/乙酸铵缓冲液提取后，经 C_{18} 小柱净化、分离，以水/乙腈流动相梯度洗脱后，在 $1 \sim 50~\mu g/L$ 具有良好线性，样品在 $10~\mu g/kg$、$50~\mu g/kg$、$250~\mu g/kg$ 添加水平回收率为 $76\% \sim 85\%$，方法检测限 $5~\mu g/kg$[24]。

四、伏 马 毒 素

伏马毒素（fumonisin，FB）也称为伏马菌素、腐马素等，是一组主要由串珠镰刀菌（*Fusarium moniliforme*）和再育镰刀菌（*Fusarium proliferatum*）在一定温度及湿度条件下繁殖产生的真菌毒素，是以污染玉米为主的水溶性次级代谢产物[25]。1988年，Gelderblom 等首次从玉米中分离出伏马毒素 B_1（FB_1）。

1. 理化性质

FB[26]是一类由不同多氢醇和丙三羧酸组成的结构类似的双酯化合物，包括一个由20 个碳组成的脂肪链及通过两个酯键连接的亲水性侧链。FB 是一组真菌毒素的总称，已发现的结构类似物主要分为 A、B、C、P 四类，包括 FA_1、FA_2、FB_1、FB_2、FB_3、FB_4、FC_1、FC_2、FC_3、FC_4、FP_1 等至少 15 种相近的毒素，其中最主要的是 FB_1，其分子式为 $C_{34}H_{59}NO_{15}$（相对分子质量为 721.83），纯品为一种白色吸湿性粉末，溶于水、乙腈/水和甲醇。FB 因为有 4 个自由羧基、羟基和氨基而易溶于水。它们在一些有机溶剂（如氯仿、己烷）中不溶，FB_1 和 FB_2 均在 $-18\,^{\circ}\!C$ 下能够稳定储存，在 $25\,^{\circ}\!C$ 及以上温度则稳定性逐渐下降。FB 有一定生物毒性且对热很稳定，不易被蒸煮破坏，因此在粮食加工过程中均比较稳定，加工后依然保持其毒性。FB_1、FB_2 的化学结构式如图 2-4 所示。

2. 来源及分布

FB 污染的主要是玉米及其制品，此外还有一些如大米、小麦、大麦、高粱、小米、豆类、牛奶、啤酒等食品和饮料。高含量的 FB 在很多国家和地区的玉米及玉米制品中都有报道，如韩国、中国、巴西、尼日利亚、南非、英国、法国和意大利等，且大部分是 FB_1[27]。尤其是比较温暖的地方如南美洲、非洲等地区玉米中通常可以发现较高水平的 FB，FB_1 检出率为 $64\% \sim 100\%$，最高污染水平可达到 $334~mg/kg$。而以玉米为主要原料的面包中，80% 以上的样品污染了 FB，平均污染水平为 $274~\mu g/kg$。

3. 毒理及症状

FB 对不同的动物会引起不同的病理反应，目前的研究已证实 FB 可致马大脑白质软化症，神经性中毒而表现意识障碍、失明和运动失调等症状，严重者甚至造成死亡。FB 还可引发猪的肺水肿，造成猪生殖系统的紊乱，如早产、流产、死胎和发情周期异常等，对肝胰脏、心脏、肾及食管也有一定的影响。FB 对人类的影响尚未形成定论，一般认为 FB 与人类食管癌的发生存在密切相关性，在食管癌高发区 FB 的污染水平与低发区的污染水平有显著不同，高发区 FB 污染水平是低发区的 2 倍多。

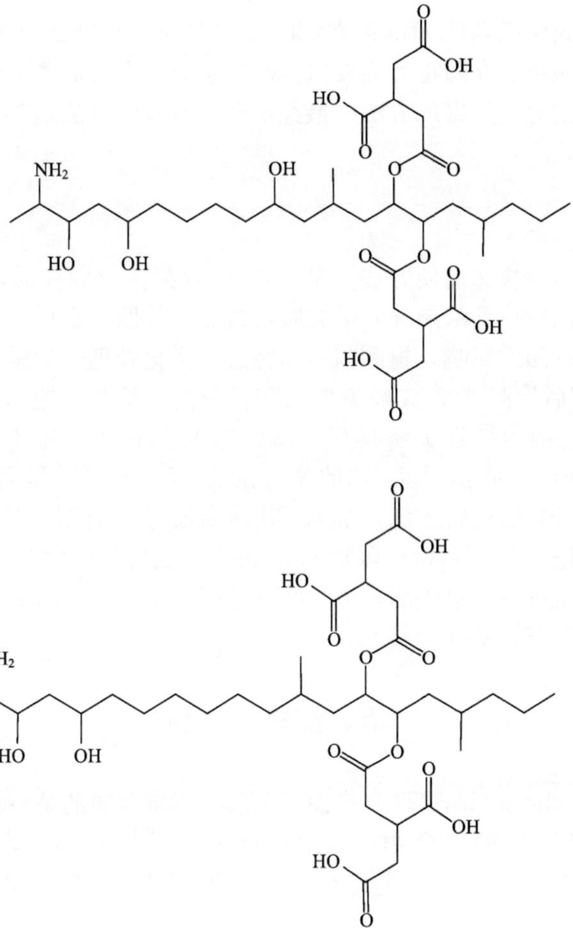

图 2-4 伏马毒素 B_1、B_2 化学结构式（上为 FB_1，下为 FB_2）

目前伏马毒素的毒性作用机理尚无定论，但主要观点认为[28]，FB 在神经鞘脂类的代谢过程中竞争性地结合神经鞘氨醇 N-2 酰基转移酶，从而抑制了神经鞘氨醇的生物合成，阻碍了鞘脂类代谢而促进细胞增殖。而神经鞘脂类是真核生物细胞膜的重要构成成分，在细胞的生长分化过程中起着关键作用，因而一旦其代谢被破坏，必然引发各种疾病。

4. 预防与控制措施

目前国际上对食品与饲料中伏马毒素的限量及检测方法尚无统一标准。瑞典规定人类食用玉米中含有 FB_1、FB_2 的总限量为 1 mg/kg，美国食品与药品管理局（FDA）规定人类食用玉米中 FB 最高限量为 2 mg/kg，用于不同种类动物的玉米及其副产品饲料中总量限制在 5～100 mg/kg。2001 年，FAO/WHO 联合会议规定，FB 对人体的安全限量为每天摄入 FB_1、FB_2、FB_3 单一或混合的量不超过 2 μg/kg BW，而法国公共卫生委员会（FCPH）则推荐谷物中的最大限量为 3 mg/kg。

由于伏马毒素属于串珠镰刀菌毒素，因此预防与控制措施与串珠镰刀菌毒素也相似，关键是防霉与脱毒。在防霉方面要求控制好水分，保持储藏地的清洁、干燥，缩短储藏期及添加防霉剂等；脱毒的方法中最经济和最有效的方法是黏土类吸附法，以选择吸附剂进行吸附去除。

5. 检测方法

TLC 是检测 FB 的快速简便方法，采用乙腈/水振荡提取样品，经振荡过滤、离心分离后以乙醇/水/乙酸展开液展开，荧光胺喷板后紫外照射定量[29]。HPLC 分析 FB 由于受其无紫外吸收基团的影响，检测前必须经过衍生化处理，如采用甲醇/水提取、萘-2，3-二羧醛衍生化后检测[30]，或经免疫亲和柱分离、检测，检出限为 0.1 $\mu g/kg$，在 0.1～10.0 $\mu g/kg$ 范围内线性关系良好，回收率 84% 以上；用于玉米类食品中 FB_1、FB_2 检测范围为 100～300 $\mu g/kg$，回收率分别为 87%～94% 和 70%～75%[31]。竞争 ELISA 法也是检测 FB 的重要方法，加入 FB 样品及毒素 HRP 偶联物，竞争结合酶标板抗体通过显色定量，对 FB_1 检出限达 0.5 $\mu g/L$；免疫化学发光法则采用发光底物反应，通过检测发光值进行定量检测，方法线性范围 0.14～0.90 $\mu g/L$，检测限 0.09 $\mu g/L$，敏感性比竞争 ELISA 高 10 倍[32]。

五、赭曲霉毒素

赭曲霉毒素（ochratoxin，OT）是曲霉菌属和青霉菌属的某些种产生的结构相似的二级代谢产物，包含 7 种化合物，其中最重要的是赭曲霉毒素 A（ochratoxin A，OTA），其在自然界分布最广、毒性最强，对人类和动植物影响最大。能够产生 OTA 的霉菌包括赭曲霉（*Aspergillus ochraceus*）、硫色曲霉（*Aspergillus sulphureus*）、蜂蜜曲霉（*Aspergillus melleus*）、洋葱曲霉（*Aspergillus alliaceus*）、纯绿青霉（*Penicillium viridicatum*）等。赭曲霉毒素 B 很少见，赭曲霉毒素 C 和赭曲霉毒素 D 则是在实验室条件下从菌株培养物中分离得到的。

1. 理化性质

OT[33] 是由异香豆素连接到 L-β-苯丙氨酸上的衍生物，有 A、B、C、D 四种化合物，此外还有 OTA 的甲酯、OTB 的甲酯或乙酯化合物，其中 OTA 的分子式为 $C_{20}H_{18}ClNO_6$，是一种稳定的无色结晶化合物，从苯中结晶的熔点为 90℃，每个分子大约含 1 分子苯，于 60℃ 干燥 1 h 后熔点范围为 168～170℃。OTA 呈弱酸性，溶于水、稀碳酸氢钠溶液，在极性有机溶剂中 OTA 是稳定的。OTA 在紫外线照射下呈绿色荧光，最大吸收峰在 333 nm。其甲醇溶液在冰箱中保存一年不会分解，赭曲霉毒素的化学结构式如图 2-5 所示。

2. 来源及分布

产生 OTA 的霉菌广泛分布于自然界，欧洲和北美洲 OTA 主要来源于青霉属的疣

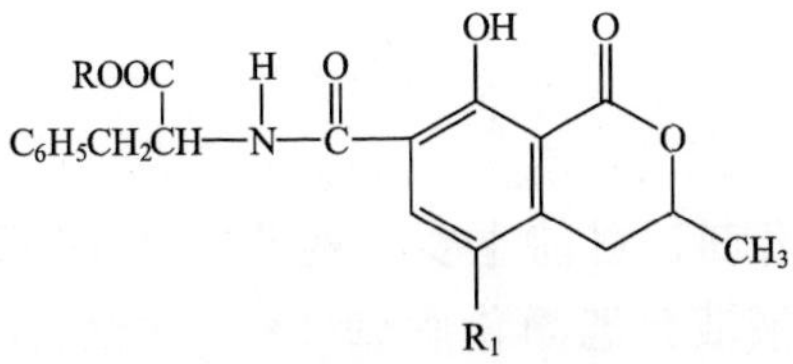

OTA	R_1=Cl;R=H
OTB	R_1=R=H
OTC	R_1=Cl;R=C_2H_5
OTA的甲酯	R_1=Cl;R=CH_3
OTB的甲酯	R_1=H;R=CH
OTB的乙酯	R_1=H;R=C_2H_5

图 2-5 赭曲霉毒素化学结构式

孢青霉，在热带地区主要来源于赭曲霉，近年来发现的水果及果汁中 OTA 主要是由碳黑曲霉和黑曲霉产生，OTB 极少存在，在植物产品中没有发现过其他的赭曲霉毒素。通常在饲料中 OTA 的污染率和污染水平要高于食品，动物（除反刍动物外，因其瘤胃中的微生物可分解 OTA）食用了含 OTA 的饲料，在其内脏、组织及血液中均含有大量的 OTA。

人类 OTA 摄入量的 50%来源于谷物及相关产品，欧洲小麦粉中 OTA 的污染率达到 19.7%，平均达 3700 μg/kg，此外咖啡、葡萄酒及调味品中 OTA 污染率分别为 38%、85%和 88%，尤其葡萄干中 OTA 的最高含量达 53.6 μg/kg。动物制品中 OTA 污染率为 24%～79%，最高水平为 80～104 μg/kg，其来源主要是受污染的饲料。

3. 毒理及症状

目前已发现，OTA 的主要毒性作用机理有三个方面：一是损害线粒体的呼吸作用从而导致 ATP 的耗竭；二是影响蛋白质合成及 DNA 和 RNA 的合成，通过竞争抑制苯丙氨酸-tRNA 连接酶，从而降低蛋白质合成；三是增加细胞中的脂质过氧化物。

作为一种强力肝、肾毒素，OTA 有致畸、致突变和致癌作用，尤其是肾脏毒性表现较明显，短期实验显示 OTA 可引起肾小管萎缩、坏死，间质纤维化，肾小球透明变性；长期动物实验显示 OTA 可引起肾脏肿瘤的发生。OTA 被认为是巴尔干肾病的主要致病因素之一。肝脏毒性方面，OTA 可导致“星波罗”肉鸡出现精神萎靡、食欲减退、排绿便等症状，10～20 天死亡，干细胞膜增厚，线粒体肿胀溶解，内质网减少，干细胞溶解，干细胞及肾小球基底膜残留较多的 OTA。

4. 预防与控制措施

WHO 规定谷物中 OTA 的限量值为 5 μg/kg，我国 GB 2715—2005《粮食卫生标准》规定 OTA 在谷类和豆类中的含量不得高于 5 μg/kg。OTA 中毒的预防工作中，防止霉变是控制毒素最有效的方法，如通过控制产品水分含量和储藏环境的相对湿度可以防止霉菌的生长，使用抗真菌的化学药剂（如丙酸和乙酸）等措施也有助于控制霉变。OTA 的脱毒方面，常用的方法集中在微生物、化学和物理降解方面[34]。微生物降解利用生物转化作用破坏真菌素，降低毒性[35]；化学降解可采用氢氧化钠、过氧化氢、次氯酸钠、氨等化学物质对污染 OTA 的农产品及饲料进行处理，使 OTA 分解达到降低毒素毒性的作用；物理降解可采用吸附剂、γ 射线、热处理的方法使毒素降解或者杀死真菌，抑制 OTA 生成。

5. 检测方法

OTA 可溶于碳酸氢钠及多种有机溶剂，目前主要的检测方法为 TLC 法、HPLC 法。TLC 法检测 OTA 样品，经提取、液液分离净化后点硅胶 G 薄层板，经酸性展开剂展开后，OTA 在长波紫外线下产生绿色荧光，以甲醇碳酸氢钠溶液或氨气熏蒸后荧光变为蓝色定性判断，以薄层色谱扫描法定量。OTA 检出限对于粮食约为 $10\ \mu g/kg$、动物产品中为 $1\ \mu g/kg$、大米、椰子等为 $2.4 \sim 4\ \mu g/kg$，我国所颁布的玉米、小麦及大豆中 OTA 残留量检测方法标准中检测限为 $10\ \mu g/kg$。HPLC 法测定 OTA 残留量适用于谷物、饮料、果汁、酒类、蛋奶制品、肉制品及血液制品等，荧光检测器激发波长 $330 \sim 340\ nm$、发射波长 $420 \sim 470\ nm$，流动相采用乙腈或甲醇与磷酸或乙酸混合液（pH $2.3 \sim 3.6$），方法检出限 $0.02\ ng$[36]。经免疫亲和柱净化后采取柱后光化学衍生法检测食品中 OTA 含量，是近年来的新方法之一，对于粮谷样品采用甲醇/水提取后通过免疫亲和柱富集、净化，采用反相色谱柱以甲醇/乙腈/磷酸溶液流动相梯度洗脱，柱后光化学衍生，方法在 $0.5 \sim 40\ \mu g/L$ 线性良好，OTA 检出限 $0.5\ \mu g/kg$，以小麦、玉米、黑麦等为基质在添加范围 $0.24 \sim 1.00\ \mu g/kg$ 时回收率为 $70.8\% \sim 94.0\%$[37]。

六、棒 曲 霉 素

棒曲霉素（patulin，Pat），又称为展青霉素，是一种非挥发性的内酯类有毒化合物，主要是青霉属（*Penicillium*）、曲霉属（*Aspergillus*）和裸囊菌属（*Gymnoascus*）等多种真菌的次生代谢产物。产生棒曲霉素的霉菌有扩展青霉（*Penicillium expansum*）、展青霉（*Penicillium patulum*）、棒状青霉（*Penicillium claviforme*）、新西兰青霉（*Penicillium novaezeelandiae*）、石状青霉（*Penicillium lapidosum*）、粒状青霉（*Penicillium granulatum*）、圆弧青霉（*Penicillium cyclopium*）、棒曲霉（*Aspergillus nivea*）、土曲霉（*Aspergillus terreus*）等。

1. 理化性质

Pat[38]的化学名称为 4-羟基 4H-呋喃（3，2C）并吡喃-2（6H）酮，化学结构式如图 2-6 所示。其相对分子质量为 154，熔点为 $109 \sim 111$℃。Pat 晶体呈无色菱形，易溶于水、氯仿、丙酮、乙醇及乙酸乙酯，微溶于乙醚和苯，不溶于石油醚。Pat 在乙醇与水溶液中有相同单一的最大紫外吸收峰，在液体石蜡介质中红外光谱为 $3390\ cm^{-1}$、$1768\ cm^{-1}$、1745（肩峰）cm^{-1}[39]。Pat 在有机溶剂中相对稳定，$10\ \mu g/mg$ 的乙醇溶液室温下放置 3 个月光谱性质保持不变。Pat 在碱性条件下其生物活性被破坏，而在 pH $3.5 \sim 5.5$ 条件下有较好的耐热性。

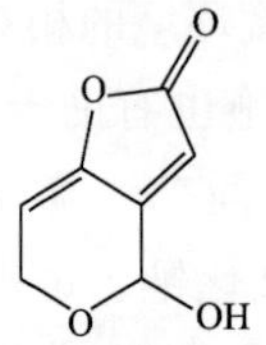

图 2-6　棒曲霉素化学结构式

2. 来源及分布

在腐烂的水果、蔬菜、坚果等中均发现了 Pat。水果中的棒曲霉素主要来源于青霉菌，危害成熟或接近成熟的果实，病斑黄白色，近圆形，果肉腐烂呈锥状湿腐，当条件适宜时，10 余天全果腐烂，在空气潮湿时，病斑表面产生小瘤状霉丛，初为白色，后变为青绿色。产生 Pat 的霉菌广泛分布于世界各地，可利用鲜果肉质及其他食品和饲料中的营养物质繁殖并产毒。另外，在番茄酱、葡萄汁、苹果制品、谷物、糕点、豆科植物、干酪、腌肉、陈火腿、干香肠等食品中也发现了 Pat 产生菌。

3. 毒理及症状

Pat 具有强烈的抗菌活性，对动物的细胞和组织有很强的毒性。对鼠类的急性毒理试验中，大鼠 Pat 的半致死量为 15 mg/kg，皮下注射后的半致死量为 25 mg/kg，急性中毒表现为痉挛、肺出血及水肿、皮下组织水肿、无尿甚至死亡。毒理学试验表明，Pat 具有潜在的致癌、致畸、致突变性，此外还具有免疫毒性、神经毒性和遗传毒性作用，如 FAO/WHO 研究报告表明，Pat 对胚胎有毒性，并伴随有母体毒性。在大鼠和小鼠繁殖机能和长期致癌性研究中，Pat 具有明确的致癌性和致畸性。目前已发现 Pat 对人类的影响主要表现为呕吐、反胃，以及肠胃紊乱等症状。

4. 预防与控制措施

为了确保人类健康安全，食品添加剂联合专家委员会（JECFA）规定 Pat 最大日可摄入量为 0.4 μg/kg BW，同时规定水果及加工产品中 Pat 的含量应低于 25 μg/kg[40]，WHO 规定食品中 Pat 的最高限量为 50 μg/kg，而很多国家将果汁中的 Pat 残留量调整在 20~50 μg/kg[41]。欧盟 455/2004 号指令规定，果汁，特别是苹果汁及含苹果汁的乙醇饮料中最大限量为 50 μg/kg，固体苹果产品中最大限量为 25 μg/kg，儿童用苹果汁和婴儿食品中最大限量为 10 μg/kg。日本则规定婴儿食品中限量为 10 μg/kg。为防止果汁等食品携带超量的 Pat，须在加工过程中通过清洗、切除腐烂部位及活性炭吸附分离等方法，一般可保证产品 Pat 去除率达 97% 以上，并保证残留 Pat 含量均低于 50 μg/mL。

5. 检测方法

Pat 最早的检测方法为微生物法，采用大肠杆菌、金黄色葡萄球菌、蜡状芽孢杆菌为实验生物体，在培养皿检测其受抑制区域，通常作为快速定性检测方法。目前 HPLC 法是测定 Pat 的重要方法[42]，Gokmen 利用反相色谱测定苹果汁中的棒曲霉素，通过乙酸乙酯萃取、碳酸钠净化后，以乙腈/水流动相洗脱，检测限 5 μg/L[43]，或经 αPat 多功能柱净化后采用 HPLC-MS 法检测，在 2~100 μg/L 线性关系良好，对于不同基质的样品中范围为 5~50 μg/L，回收率范围为 83%~98%，苹果汁检出限 2 μg/L，苹果酱及苹果片检出限 5 μg/L。对于苹果等基质中的 Pat 检测，还可以通过 SPE 法富集后采用 HPLC 分析[44]，与传统液液萃取法相比更加便捷、快速、准确，是果汁类食品中

Pat 检测的理想方法，检出限达 0.005 mg/kg。

七、杂色曲霉素

杂色曲霉素[45]，又称为柄曲霉素（sterigmatocystin，ST），是从杂色曲霉（*Aspergillus versicolor*）、构巢曲霉（*Aspergillus nidulans*）和离蠕孢霉（*Bipolaris* spp.）等产生，有强烈的致癌性，并且可转化为黄曲霉毒素 B_1，是一种危害较大的真菌毒素。

1. 理化性质

ST 分子式为 $C_{18}H_{12}O_6$，相对分子质量为 324，熔点为 246～248℃。ST 及其衍生物是一类化学结构近似的化合物，其基本结构是由二呋喃环与氧杂蒽醌连接组成，与黄曲霉毒素结构相似，ST 的衍生物包括 O-甲基 ST、双氢-O-甲基 ST、5-甲氧基 ST、双氢脱甲氧基 ST、二甲氧基 ST[46]。常温下，ST 是一种淡黄色针状结晶，能溶于大多数非极性溶剂如氯仿、苯和二甲基亚砜，微溶于甲醇、乙醇，不溶于水和碱性溶液。以苯为溶液时，其最高吸收峰波长在 325 nm，在紫外线照射下具有砖红色荧光。ST 因含有大环共轭体系，故热稳定性非常好，分解温度高达 280℃。热的强碱溶液可将 ST 转化成无旋光性的异杂色曲霉素，而高锰酸钾可将 ST 氧化成 γ-二羟基苯甲酸。

2. 来源及分布

产生 ST 的菌种广泛分布于自然界，包括杂色曲霉、构巢曲霉和离蠕孢霉等真菌，可污染大多数粮食和饲草，尤其对小麦、玉米、花生和饲草等污染更为严重，其他曲霉和毛壳菌等 20 多种真菌也能产生 ST，但产毒量较低[47]。我国大米、小麦、玉米三种粮食作物 ST 污染率均较高，除大米污染率为 72% 外，小麦、玉米污染率均为 90% 左右。同一地区，原粮的 ST 污染量显著高于成品粮；不同粮食品种之间 ST 污染量有差异。加拿大农业和农产品谷类研究中心发现，带壳大麦在 15%～19% 的湿度条件下杂色曲霉素平均水平可达 411 μg/kg[48]。埃及 ST 污染调查结果显示，35% 的抽检样品检出 ST。总之，ST 广泛存在于人类食品及动物饲料中，它的主要产生菌杂色曲霉、构巢曲霉等在自然界分布极广，在许多食品中都是优势菌。

3. 毒理及症状

ST 是曲霉菌属真菌所产生的一种毒性代谢产物，可与 DNA 形成加合物，是一种具有致癌性的真菌毒素。ST 进入动物或人体后的主要靶器官是肝脏，也可侵害与其直接接触的胃、肺、肾、肠道、皮肤等器官。进入体内的 ST 借助两条途径在机体内扩散：一是与血清蛋白结合后转运；二是被巨噬细胞吞噬后再转移。研究发现 ST 在肝、脾、肾等脏器中有多个作用位点，而在心脏、肌肉等处的停留时间较短。研究表明，ST 可诱发体外培养人胚胃黏膜细胞增殖活性增高、DNA 异倍体出现及抑癌基因 *p53* 过表达，长期灌胃 ST 可以引起小鼠腺胃黏膜的肠上皮化生和腺上皮不典型增生[49]。有研究发现肝癌、胃癌高发区的粮食中，ST 的检出量及检出率明显高于肿瘤低发区，应重视粮食中 ST 污染与人类消化道肿瘤发生的相关性研究。对我国 10 个县进行综合考察发现，霉菌毒素与人的胃癌发生有关，从胃内检出的优势产毒真菌中，ST 占第一位[50]。关于 ST 的致癌机制，有学者认为与 ST 中的二呋喃环末端的双键有关。此双键可与 DNA 分子的尿嘧啶形成加合物，使 DNA 结构改变及复制错误。此外，ST 通过影响一些酶的活力而干扰三大营养物质代谢，并通过影响碱基转入而抑制 DNA、RNA 合成，都可能是其诱发人和动物肿瘤的机制。

4. 预防与控制措施

目前，国内外尚无统一的 ST 食品限量标准，仅对动物饲料有专家建议量，如饲草中 ST 的允许量为 200 mg/kg，大麦和玉米为 100 mg/kg，豆饼和花生饼（粕）为 150 mg/kg，配合饲料为 80 mg/kg。我国对食品中 ST 尚未建立限量标准，国家标准 GB/T 5009.25—2003《植物性食品中杂色曲霉素的测定》仅规定了 ST 检测确证法的最低检出量，大米、玉米、小麦为 25 μg/kg，黄豆、花生为 50 μg/kg。

5. 检测方法

传统 ST 检测方法是 TLC[51]，我国国家标准 GB/T 5009.25—2003《植物性食品中杂色曲霉素的测定》对于植物性食品大米、玉米、小麦、黄豆及花生等，采取提取、净化、浓缩、薄层展开后在 365 nm 紫外线下检测，方法对于大米、玉米、小麦检出限为 25 μg/kg，花生、黄豆检出限为 50 μg/kg。酶联免疫吸附法采用丙酮/二甲基亚砜/氯化钠提取、包被抗原包后明胶封闭，通过酶标仪检测，方法在 0.01～1.00 ng/mL 线性关系良好，检出限为 0.01 ng/mL，在范围为 1～100 μg/kg 回收率为 85%～115%。多壁碳纳米管法采用固定化生物酶修饰的电极检测 ST，识别元件毒素解毒酶（ADTZ）固定化基质和传感器的电子传递体构建了 Au 工作电极，对 ST 进行循环伏安（CV）和示差脉冲伏安（DPV）分析，结果显示在 −600 mV 位置 ST 有明显特征还原峰电位，线性范围为 8.32×10^{-5}～66.56×10^{-5} mg/mL，方法检出限为 8.32×10^{-5} mg/mL[52]。

八、单端孢霉烯族毒素

单端孢霉烯族毒素（trichothecene，TcTc）是由镰刀菌属、漆斑菌属中的一些菌种产生的一类生物活性、化学结构相似的真菌二级代谢物。TcTc 的基本化学结构为四环倍半萜，在 C_{12}、C_{13} 位上含有一个环氧基，故又称为 12、13-环氧单端孢霉烯族化合物。目前分离得到的 TcTc 已有上百种，各自独特的官能团分为 4 类（A～D 类）。自然界中以 T-2 毒素为主的 A 类和以脱氧雪腐镰刀菌烯醇（deoxynivalenol，DON）为主的 B 类最为常见，广泛存在于粮食、饲料及农作物中，并可引起人真菌毒素中毒症。

1. 理化性质

天然存在的 TcTc 为无色结晶，一般溶于中性有机溶剂中，少量溶于水。A 型 TcTc 易溶于氯仿、二乙醚、乙酸乙酯等中极性溶剂，而 B 型 TcTc 易溶于甲醇、乙腈等强极性溶剂，不溶于乙醚、正己烷、石油醚等非极性溶剂。多数 TcTc 在紫外线光谱中缺乏吸收峰，在紫外线下不直接产生荧光，化学性质比较稳定，一般的热、光、酸、碱处理均不引起分解。在食品中天然存在、与人类健康关系密切相关的 TcTc 为 T-2 毒素、DON 和雪腐镰刀菌烯醇（NIV）三种，而 DON 最为常见，分子式为 $C_{15}H_{20}O_6$，相对分子质量为 296.3，熔点为 151～153 ℃。三种毒素均溶于氯仿、丙酮和乙酸乙酯等极性溶剂，但 NIV 和 DON 更易溶于甲醇、乙醇和水。主要单端孢霉烯族化合物化学结构如图 2-7 所示[53]。

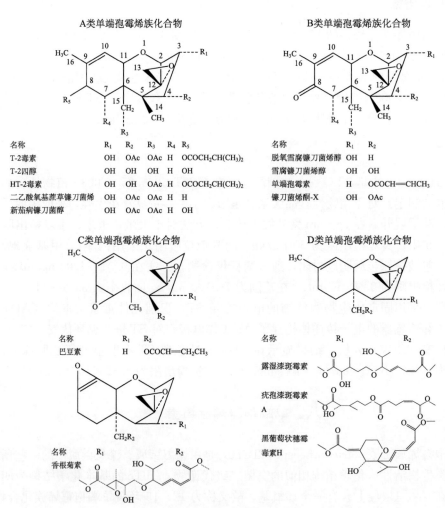

图 2-7　主要单端孢霉烯族化合物化学结构

2. 来源及分布

　　地域分布而言，DON 的污染广泛存在于全球各地，亚洲、美洲、欧洲、非洲等均有报道，其产毒菌素尤其是在温带和较暖地区的霉变小麦、大麦、燕麦、玉米等谷类作物，发霉的饲料以及被污染的肉、奶等动物性食品中含量很高。产生 A 型 TcTc 的菌种有镰刀菌属中的三线镰刀菌（*Fusarium tricinctum*）、梨孢镰刀菌（*Fusarium poae*）和茄病镰刀菌（*Fusarium solani*）等；产生 B 型 TcTc 的真菌有雪腐镰刀菌（*Fusarium nivale*）、禾谷镰刀菌（*Fusarium graminearum*）和黄色镰刀菌（*Fusarium culmorum*）；产生 C 型和 D 型 TcTc 的菌种分别为产巴豆素头孢霉（*Cephalosporium crotocigenus*）和疣孢漆斑霉（*Myrothecium verrucaria*）等。

3. 毒理及症状

TcTc 对动物的毒性包括呕吐、心跳迟缓、腹泻、出血、水肿、皮肤组织坏死，对造血系统、免疫功能具有破坏和抑制作用，导致胃肠道上皮黏膜出血、神经系统紊乱、拒食或厌食、心血管系统损坏，以及致癌、致畸、致突变作用，并可引起多种家畜等动物的急性中毒，其中的 T-2 毒素是单端孢霉烯族化合物中毒性最强的毒素之一，主要危害造血组织和免疫器官，引起出血性综合征，白细胞减少、贫血，胃肠道功能受损等[54]。此外，T-2 毒素被认为是引起 20 世纪俄罗斯营养性毒性白细胞减少症（ATA）的主要原因，中毒症状表现：发热、坏死性咽炎、白细胞减少、内脏和消化道出血等。

4. 预防与控制措施

欧盟已制定 DON 和 NIV 的每日耐受摄入量分别为 1.0 $\mu g/kg$ 和 0.7 $\mu g/kg$，而 T-2 毒素的每日耐受摄入量为 0.06 $\mu g/kg$，谷物中 DON 的限量标准为 200 $\mu g/kg$。我国规定谷物中 DON 的限量标准为 1000 $\mu g/kg$，饲料中 T-2 毒素的最高限量为 80 $\mu g/kg$。对于单端孢霉烯族毒素可采用物理、化学、生物方法去除，物理方法包括清洗、加热、微波、超声波、吸附等降低 DON 等毒素浓度[55]，或采用化学法使单端孢霉烯族毒素发生结构变化，转化成其他毒性较低或无毒产物。生物方法则是利用羟基化和氧化作用、脱环氧作用、水解脱乙酰基作用、水合作用和苷化共轭作用等实现单端孢霉烯族毒素的转化降解，将单端孢霉烯族毒素代谢成脱环氧产物如 DON 代谢成脱环氧 DON（DOM-1）[56]。

5. 检测方法

T-2 毒素的检测方法包括免疫学测定方法、薄层色谱法、气相色谱法、液相色谱法。免疫学方法和 TLC 法可快速筛选或定量检测谷物中的单端孢霉烯族化合物，通常采用乙腈/水、甲醇或三氯乙烷/乙醇提取，免疫学方法对 T-2 毒素检出限为 0.2～50 ng/g，而 TLC 法检出限一般低于 100 ng/g。单端孢霉烯族化合物通过羟基基团的衍生化后可采用 GC-MS 或 GC-ECD 检测，对于 T-2、HT-2 检出限可达 10 ng/g，采用质谱分析时以保留时间及质谱特征离子峰（m/z 292、277、149/135）定性外标法定量，方法检出限 0.04 $\mu g/L$，在 0.5～50 $\mu g/L$ 线性良好，回收率为 102.3%[57]。LC 法可实现对于 T-2、HT-2 与其他毒素的直接准确定量，检出限分别达到 3 ng/g（T-2）、1 ng/g（HT-2），采用对肽内酰胺苯甲酰氯为衍生化试剂，甲醇/水溶液萃取玉米面中的毒素，经脱除油脂、分离、衍生化后采用 HPLC 分析定性，流动相采用乙腈/水/磷酸体系，控制流动相 pH3.2 可达到最佳分离效果，方法检出限为 6 pmol，在 10～150 pmol 线性关系良好[58]。

九、玉米赤霉烯酮

玉米赤霉烯酮（zearalenone，ZEN）是由镰孢霉菌感染谷物产生的一种非固醇类真菌毒素，是真菌次级代谢产物，主要是由禾谷镰刀菌（*Fusarium graminearum*）、黄色镰刀菌（*Fusarium culmorum*）、木贼镰刀菌（*Fusarium equiseti*）和半裸镰刀菌（*Fusarium semitectum*）等真菌产生的。

1. 理化性质

ZEN 称为 F-2 毒素，化学名称 6-（10-羟基-6-氧基碳烯基）-β-雷锁酸-μ-内酯[59]。纯品 ZEN 为白色晶体，分子式 $C_{18}H_{22}O_5$，相对分子质量 318.36，熔点 164～165℃，溶于氯仿、二氯甲烷、乙酸乙酯、乙腈、醇类和苯等，微溶于石油醚和正己烷，不溶于二硫化碳、四氯化碳和水，但溶于碱性水溶液。其甲醇溶液在紫外线下呈明亮的绿蓝色荧光，最大吸收峰的波长为 274 nm。乙醇溶液中紫外线光谱最大吸收为 236 nm、274 nm 和 316 nm。ZEN 很稳定，在储存、研磨、烹饪过程中均能稳定存在，具有较强耐热性。ZEN 化学结构式如图 2-8 所示。

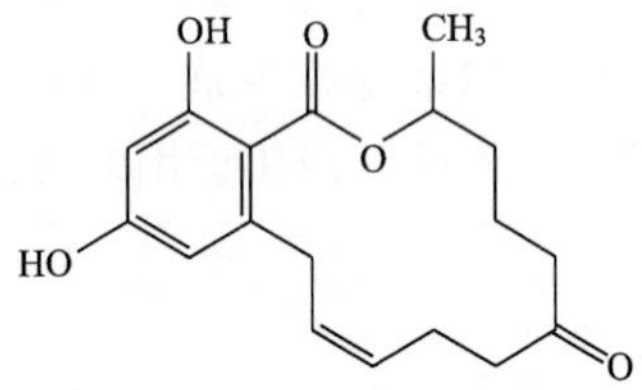

图 2-8　ZEN 化学结构式

2. 来源及分布

ZEN 主要是由玉米赤霉菌、禾谷镰刀菌和三线镰刀菌等真菌产生的。此外，大刀镰刀菌、燕麦镰刀菌、半裸镰刀菌、木贼镰刀菌等在特定环境条件下也能产生 ZEN。ZEN 主要是通过被污染的谷物、粮食，以及肉、奶等食品进入人和动物体内。镰刀菌的最适生长温度为 24～32℃，最适湿度为 40%。玉米、小麦、大麦和燕麦都易受到 ZEN 的污染，其中小麦污染最为严重。

联合国粮食及农业组织（FAO）调查结果显示，大多数国家的谷物和动物饲料都不同程度地受到 ZEN 的污染，其中玉米的阳性检出率为 45%，最高含量可达到 2909 mg/kg；小麦的检出率为 20%，含量为 0.364～11.050 mg/kg，大麦中含量最高则可达 289 mg/kg[60]。在欧洲和地中海地区取 1507 个饲料样品进行分析，发现 ZEN 阳性检出率分别为 26%（北欧）、46%（中欧）和 23%（南欧和地中海地区）。以 ZEN 含量大于 70 μg/kg 为阳性标准，亚洲与大洋洲不同地区阳性检出率分别为南非 32%、北非 44%、东南亚 24% 和大洋洲 39%[61]。我国玉米饲料、蛋白质饲料中 ZEN 检出率则达到 10% 以上。

3. 毒理及症状

ZEN 最主要的毒性有生殖毒性、肾脏毒性、免疫毒性、肝脏毒性和诱发肿瘤的形成。实验发现 ZEN 对许多家畜有影响，但急性毒性较弱。在慢性毒性方面，ZEN 是一种激素类真菌毒素，表现出较强的生殖毒性和致畸作用，可引起哺乳动物发生雌性激素亢进症[62]，导致不孕、流产、胎儿畸形和死胎，对雄性动物导致睾丸萎缩、精液质量降低、乳房增大。更重要的是多项试验证实在一定条件下 ZEN 可能有促癌作用，在中国、韩国有多起关于食用被 ZEN 污染的谷物造成食道癌的报道，主要原因是 ZEN 能导致 DNA 收敛、染色体失常，从而产生遗传方面的危害而体现致癌性。

4. 预防与控制措施

ZEN 对谷物及饲料的污染范围较广、危害大，为控制其对人和动物产生的危害，国际上关于 ZEN 的限量标准陆续公布。在 20 世纪 90 年代，食品添加剂联合专家委员会（JFCFA）对 ZEN 进行数次风险评估，公布了人类对于 ZEN 的每天临时最大摄入量为 0.5 $\mu g/kg$[63]。2006 年欧盟 EEC 253/2004 法规明确细分了不包含玉米的未加工谷物、谷粉和早餐食品的 ZEN 最大限量分别为 100 $\mu g/kg$、75 $\mu g/kg$ 和 50 $\mu g/kg$，还规定了以加工谷物为主要成分的婴幼儿食品 ZEN 最大限量为 20 $\mu g/kg$。澳大利亚规定谷物中 ZEN 的含量不能超过 50 $\mu g/kg$，意大利规定在谷物和谷类产品中 ZEN 的含量不能超过 200 $\mu g/kg$。我国 2006 年饲料卫生标准规定玉米类饲料中 ZEN 最大含量为 500 $\mu g/kg$，而 GB 2715—2005《粮食卫生标准》规定小麦和玉米中 ZEN 不得超过 60 $\mu g/kg$。

目前在农产品及饲料生产中还没有很有效的方法来破坏 ZEN，最好的防范措施是控制产品水分含量和放置环境的相对湿度，从而有效抑制 ZEN 产生菌的生长[64]，此外在产品中添加亚硫酸氢盐、含氨化合物等添加剂也有一定的脱除 ZEN 的作用，或利用生物技术如酵母菌株 *Trichosporon* sp. 对 ZEN 进行降解。

5. 检测方法

最早采用 TLC 法检测玉米中的 ZEN，经提取、洗脱、干燥、再溶解后，以展开剂展开，在 256 nm 紫外线下 ZEN 呈绿色荧光，经三氯化铝喷雾后在 365 nm 下 ZEN 呈蓝色荧光[65]。HPLC 法测定 ZEN 通常采用三氯甲烷提取粮食中的毒素，经净化、分离、提纯后采用 FLD 检测器检测，可采用多功能净化柱（MFC）利用其填充的极性、非极性及离子交换等基团实现选择性吸附样品中的脂类、蛋白质、糖等杂质，一步完成净化分离过程，或采用 ENVI-Carb 石墨化炭黑（GCB）固相萃取柱进行富集、净化，经二氯甲烷/甲醇洗脱后采用 UPLC-MS/MS 测定，对于目标物的检测结果表明，在 0.1~50 $\mu g/L$ 线性关系良好，检出限 0.1~0.2 $\mu g/kg$；在 0.2 $\mu g/kg$、0.5 $\mu g/kg$、2.0 $\mu g/kg$ 三个添加水平回收率范围为 79.9%~104.0%[66]。

十、链格孢毒素

链格孢毒素由链格孢产生，目前已发现 70 余种，人、动物摄入被链格孢毒素污染的食品、饲料，可导致急性、慢性中毒，某些链格孢毒素具有致畸、致癌、致突变作用。链格孢（*Alternaria* sp.，AS）在自然界分布较为广泛，尤其适于在低温、潮湿环境中生长并发生霉变产生毒素，是导致水果、蔬菜、冰箱存储食物腐败变质的主要毒素，谷物常被互隔链格孢侵染引发黑斑病。

1. 理化性质

目前链格孢毒素依据化学结构分为三类[67]：二苯吡喃酮化合物，包括交链孢酚（alternariol，AOH）、交链孢酚单甲醚（alternariol monomethyl ether，AME）、交链孢烯（altenuene，ALT）；戊醌类化合物，包括交链孢毒素 I（altertoxin-I，ATX-I）、交链孢毒素 II（altertoxin-II，ATX-II）、交链孢毒素 III（altertoxin-III，ATX-III）；四价酸类化合物，包括细交链孢菌酮酸（tenuazonic acid，TA）等，其化学结构式如图 2-9 所示。

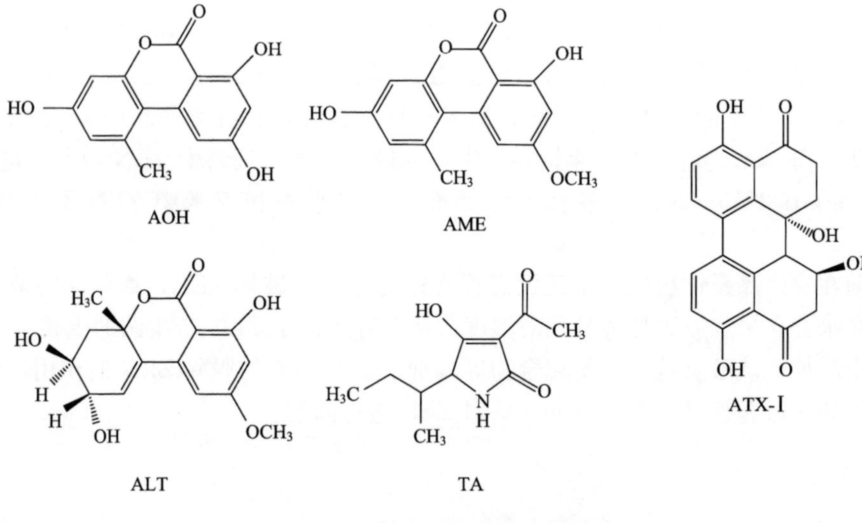

图 2-9　主要链格孢毒素化学结构式

AOH 及 AME 常温为固态，经紫外线照射发出蓝色荧光，与乙酸氯化铁反应后呈现紫色，AOH 乙醇溶液的最大紫外吸收波长为 218 nm、258 nm、302 nm、330 nm，AME 甲醇溶液的最大吸收波长则为 230 nm、257 nm、290 nm、301 nm。ALT 在紫外线照射下发出黄色荧光，同时遇光易分解，其乙醇溶液的最大吸收波长为 240 nm、278 nm、319 nm。ATX-I 及 ATX-II 经紫外线照射发出黄色、橘黄色荧光，而 TA 本身性质不稳定，其商品常为铜盐。

2. 来源与分布

链格孢毒素的生长繁殖具有宿主特异性，其毒素的污染同样呈现明显的宿主特性，如苹果链格孢、菊池链格孢、柑橘链格孢等可能导致苹果、梨、柠檬、草莓、蜜橘斑点病，芸薹链格孢、细交链孢可导致油菜籽、豌豆黑斑病。互隔链格孢是小麦黑斑病的主要致病因[67]，在美国小麦、大麦、黑麦粮食作物中检出率分别高达 74.6%、85.3%、

71.8%，同时检出细交链格孢、长柄链格孢、竹桂香链格孢等，而 Logrieco 研究显示，地中海国家大麦、小麦、大米、燕麦等作物主要链格孢污染是互隔链格孢，所分离的 14 株互隔链格孢均可产生高水平 TA （1400～6007 mg/kg）[68]。

我国的分布情况研究表明，互隔链格孢同样是田间因气候原因导致小麦、高粱霉变的主要优势链格孢，可从霉变粮食中检出高水平的相关毒素，但随地区、气候等的不同而略有差异，菌株 AOH、AME、ALT、ATX-I、TA 产毒量分别达到 2～178 mg/kg、1～98 mg/kg、2～145 mg/kg、2～23 mg/kg、1369～3563 mg/kg，平均含量为 54 mg/kg、40 mg/kg、44 mg/kg、8 mg/kg、2224 mg/kg，其中 AOH 产毒频率最高，所试验全部菌株产毒；TA 产毒频率最低，仅 8 株产毒但其产毒能力非常高。

3. 毒理及症状

链格孢毒素对多种动物及微生物具有毒性，动物实验结果表明，400 mg/kg 的 AME 可导致 10%动物死亡，相同剂量 AOH、ALT 则可导致死亡率上升至 30%、33%。生殖毒性研究表明，AOH、AME、ALT 毒作用具有动物属特异性，其中 AOH、AME 混合物及单剂量的 AOH 对小鼠具有胚胎毒性，AME 对母鼠和胚胎均有毒性。

Dong 等的研究显示，互隔链格孢培养物提取液可导致哺乳动物细胞诱变转化，引发癌症[69]，其中 AOH 及 AME 可导致 2BS 细胞 DNA 断裂，与人胚胎食管上皮细胞内 DNA 结合，诱导人胚胎食管上皮细胞增生，活化的癌基因可在经 AME、AOH 处理的人胚胎食管上皮细胞中检出。其他链格孢毒素中 ATX-I、ATX-II 中毒会引起倦怠、心内膜下及蛛网膜下出血，而 TA 则与人类出血性疾病——尼赖病的发生有关，可抑制细胞内新合成的蛋白质由核蛋白体释放至细胞基质中，引发包括呕吐、心动过速、胃肠出血及循环衰竭等症状。

4. 预防与控制措施

链格孢毒素由链格孢对农作物污染产生，因此在运输及存储过程中，控制污染的首要措施是改善运输及存放条件，同时选择对于链格孢有抵抗力的农作物品系是降低田间感染的关键。链格孢感染受地域、环境、不同农作物的影响较大，对于易感品系作物，减少在不适宜地区的种植将有效地降低链格孢毒素的危害。目前世界各国对于链格孢毒素的研究，尤其是其转换、吸收、累积效应所获得的研究成果较为有限，如谷物在粉碎过程中毒素转入可食面粉中的比例、烹调过程对于毒素的影响、长期低剂量摄入链格孢毒素污染食物和饲料对人、动物健康的影响及其与某些人类急、慢性疾病、癌症等的关系，动物摄入后毒素在肌体中残留、污染状况等尚需进一步研究，对于链格孢毒素的安全建议水平为 20 ppb①。

---

① 1 ppb=1 μg/L。

5. 检测鉴定方法

链格孢毒素分析最常用的方法是 TLC 法，常用展开剂为氯仿/丙酮或甲苯/乙酸乙酯/甲酸，AOH、AME、ALT、ATX-I 的检出限为 0.1 μg，TA 为 0.5～1.0 μg。HPLC 检测链格孢毒素可应用于多数农产品，毒素经提取后采用 UV、FLD、MS 检测器检测，其中 AOH、AME、ATX-I 在 256 nm 条件下灵敏度最高，而定量分析 TA 时采用波长 280 nm 最佳，通过加入金属螯合剂（硫酸锌等）可显著降低由于 TA 与反向柱结合而造成的拖尾现象[70,71]。

第二节 细 菌 毒 素

细菌毒素种类繁多，至今发现的有 300 多种，并且随着分离检测技术的进步，每年都有新的毒素被发现。细菌毒素整体可分为外毒素（exotoxin）、内毒素（endotoxin）两类，其中外毒素是细菌产生的具有特殊活性的可溶物质，主要影响宿主细胞的正常代谢，产生毒害作用；而内毒素则是革兰氏阴性菌（G⁻菌）细胞壁外层，一般仅在菌体自溶、人工裂解破坏菌体的条件下释放，脂多糖是其主要化学成分。对于细菌毒素的细化分类，目前一般依据毒素产生菌及其所致疾病进行分类命名，常见如大肠杆菌及其毒素、霍乱弧菌及其毒素、志贺氏菌及其毒素、肉毒神经毒素等。

一、大肠杆菌及其毒素

1. 理化性质

大肠杆菌是一种在人类和温血动物肠道内常见的细菌，大多数大肠杆菌菌株无害，但某些菌株如肠出血性大肠杆菌（EHEC）可引起严重的食源性疾病，如腹泻等。大肠杆菌主要通过食用被污染的食物传染，目前除 EHEC 外，常见致病性大肠杆菌还包括肠产毒性大肠杆菌（ETEC）、肠致病性大肠杆菌（EPEC）、肠侵袭性大肠杆菌（EIEC）、肠聚集性黏附大肠杆菌（EAEC）。大肠杆菌可产生外毒素、内毒素，其致病力与宿主及所产生的毒素密切相关，一个血清群的菌株能产生多种毒素，而一种毒素同样可由多种菌群产生，造成人体伤害[72]。

2. 来源与分布

大肠杆菌作为一种常见肠道致病菌，是人和动物肠道中最主要、数量最多的一种细菌，主要寄生于人、动物大肠内。每个人每天平均从粪便中排出数以百亿的大肠杆菌，并通过污染饮水、食品、娱乐水体等传染而引发流行性疾病，在水净化及污水处理领域，因大肠杆菌在粪便中数量极多，故常用作检查水源是否被粪便污染的标准。除水体分布外，患病或带菌动物往往是动物来源食品污染的根源，如牛肉、奶制品污染大多来自带菌宿主，同时带菌动物可通过排泄物造成其活动范围内的食物、草场、水源及其他水体场所的交叉污染。典型大肠杆菌 O157：H7 可通过牛肉、鸡肉、牛奶等奶制品等途径感染、传播，尤其是在动物屠宰过程中，这些食物更易遭受宿主肠道中的菌群感染，另外蔬菜、水果等同样是大肠杆菌传播的重要途径。

3. 毒理及症状

不同类型大肠杆菌及其相应毒素来源不同，其所诱发导致的病症相应的不完全相同。例如，脱水性腹泻的主要病原菌 ETEC 可产生两类性质不同的肠毒素——热不稳定肠毒素（LT）、热稳定性肠毒素（ST），这类菌型的两个主要毒力因子是黏附素、肠毒素，其中菌毛是最常见的黏附素，可引起的临床症状包括腹泻（严重的引发带血腹泻）、出血性结肠炎、溶血性尿毒综合征等，严重时可引发痉挛性腹痛、鲜血便，甚至导致肾功能衰竭、血小板减少及微血管性溶血性贫血[73,74]。EIEC 及肠毒素主要会引起痢疾样病变，对肠道上皮细胞具有很强的侵袭力，引起肠道积液，具有明显的肠道毒性作用。EAEC 产生的热不稳定毒素，可导致回肠细胞脱落损伤，宿主血清中可检测到毒素抗体，该毒素引起宿主细胞内钙离子浓度升高、蛋白质磷酸化，导致溶血性病变。

4. 预防与控制措施

大肠杆菌传染范围广泛、传染介质多样，可能造成大面积传染病的发生，在卫生条件较差的地区尤其可能发生暴发性传染病情，对于个体而言，最佳自我防护措施是做好个人卫生，避免接触高风险性空气、水体，并防止密切接触传播，尤其是饮食卫生，防止病从口入。同时国内外对于食品中的大肠杆菌也进行了限制，如我国标准规定，液态食品中大肠杆菌限量为 40 MPN/100 g（蛋白质含量不小于 1.0%）、6 MPN/100 g（蛋白质含量小于 1.0%），固态或半固态食品中大肠杆菌限量为 90 MPN/100 g（蛋白质含量不小于 4.0%）、40 MPN/100 g（蛋白质含量小于 4.0%）；美国 FDA 推荐水产品（鲜冻鱼、预加工面包屑鱼、冷冻甲壳类、双壳类动物）中大肠杆菌合格限量为 11 MPN/100 g；欧盟对于机械分割肉机肉末、肉馅要求含量不高于 50 cfu/g，预制肉为 500 cfu/g，液体食品中经热处理奶或乳清所制奶酪要求不高于 100 cfu/g，而黄油、奶油等则限制含量不高于 10 cfu/g[75]。

5. 检测方法

当前对于大肠杆菌检测方法包括酶活性联用法、生物传感器法等。多管发酵滤膜法是美国国家环境保护署认可的方法，同时也是我国国家标准规定的检测方法，可提供大肠杆菌半定量计数，但受特异性差的影响，检测周期较长。酶活性联用法根据被检测酶的不同可做到群、属、种特异性，方法快速、灵敏，如利用 β-D-葡萄糖苷酸酶显色荧光效应使检测在单一介质中进行，提高方法的特异性，同时极大缩短了检测时间，此外基于抗体-抗原复合性质的酶/免疫检验串联法可在 2 h 内检测低至 10 MPN/mL 大肠杆菌[76]，而酶/固相细胞计数联用法则通过离心固定在滤膜上酶标记、基质分离、激光扫描细胞膜计数方式，可在 3 min 内完成荧光细胞计数[77]。生物传感器法检测则利用生物响应电信号，结合微阵列、射频谱分析、酶玻璃电极等方法检测样品中的大肠杆菌。生物传感器法检测具有灵敏度高、选择性强的特点，但目前由于受到设备条件影响尚未在大范围内推广使用[78]。

二、霍乱弧菌及其毒素

1. 理化性质

霍乱弧菌（*Vibrio cholerae*）是霍乱病原体，主要通过水源、食物、生活接触传播，引发剧烈的呕吐、腹泻、失水，可导致极高的死亡率。霍乱弧菌包括两个生物型：古典生物型（classical biotype）和埃尔托生物型（EL-Tor biotype），二者除个别生物学性状外，形态、免疫学特性、临床病理及流行病学特征没有本质区别。霍乱毒素（cholera toxin）是霍乱弧菌在生长、繁殖过程中产生的肠毒素，是引起霍乱腹泻的主要原因，霍乱发病急、传播快，极易导致高死亡率，被 WHO 规定为须实施国际卫生检疫的三种传染病之一，属于我国法定管理的"甲类"传染病[79]。

2. 来源与分布

霍乱毒素是由霍乱病原体——霍乱弧菌产生的强致病性毒素，霍乱弧菌在自然界可广泛存在于水体中，尤其卫生条件较差的地方，如江河、河渠、池塘、湖泊等极易受到污染，霍乱弧菌对外界环境的抵抗力较强，历次霍乱流行证明，霍乱弧菌生长对糖、有机物的营养等要求较为简单，钠离子的存在可刺激其生长，在适宜温度、pH 条件下可在水体中迅速生长传播[80]。在目前所发现的霍乱弧菌血清样本中，O1、O139 菌群菌株是分泌霍乱毒素引发霍乱流行的主要菌株，其他菌群均不会产生毒素引发疾病。由于霍乱弧菌主要依附水体存在，因此不洁方式的饮水，洗刷食具、蔬果、水产品等是霍乱传播的主要途径，发病分布也多沿污染的水源分布。

3. 毒理及症状

霍乱毒素是一种不耐热肠毒素，毒性非常强，人体对霍乱毒素极为敏感，极少量（8 μg）的霍乱毒素即可导致成年人强烈的腹泻、脱水。作为霍乱弧菌的感染宿主，人体通过污染的食品、水摄入霍乱弧菌，虽然胃酸等可杀死部分菌株，但若因胃酸缺乏或大量饮水导致胃酸稀释时，未被杀死的弧菌进入肠道并大量繁殖，同时产生强烈的外毒素——霍乱毒素危害人体健康。人体小肠上皮细胞结合毒素后，伴随蛋白质磷酸化引发 NaCl 偶联吸收能力降低，严重的导致体液离子交换紊乱，造成肠内水、离子损失引起严重的霍乱特征性水样腹泻。

我国卫生部发布的《霍乱防治手册》将霍乱病症发生过程分为潜伏期、前驱期、泄吐期、脱水虚脱期、反应期及恢复期。一般临床症状为初期无发热，但头疼、疲倦及腹胀，大便初期为水样，少数为米泔样或洗肉水样，严重腹泻患者将伴发休克、代谢中毒等症状，并可能导致死亡。

4. 预防与控制措施

由于霍乱弧菌对环境极强的适应能力及其所产生毒素的强致病性，国际上对于霍乱弧菌在食品中的限制均采取了严格的措施，要求不得检出。对于易感人群而言，霍乱毒素中毒是摄入产毒霍乱弧菌所致，菌体在体内逃离胃酸屏障进入小肠大量繁殖，同时分泌毒素，因此防治霍乱毒素中毒的最佳方法是良好的个人卫生，洗净生食瓜果，饭前洗手，不吃半生食物。易感染患者、疑似患者及带菌者需要进行隔离治疗，连续两天粪便培养未检出霍乱弧菌者方可解除隔离，治疗期间对呕吐物、排泄物进行有效隔离并及时对污染环境、物品、饮水等进行消毒，患者治疗期间需要合理补充体液，对轻度患者可采取口服补液为主结合抗菌药物，中重度患者需要及时静脉补液并结合抗菌治疗。

5. 检测方法

目前可以采用生物学方法、免疫学方法、分子生物学方法等对霍乱弧菌及其毒素进行检测。生物学方法利用动物细胞培养。观察是否发生霍乱毒素对于 ADP-核糖基转移酶活性导致的细胞形态学变化，具有检测方法简便、结果重复性好的优势[81,82]。免疫学方法利用 McAb 高特异性、免疫球蛋白的均一性，实现对于霍乱毒素及霍乱弧菌产毒株的鉴定和快速诊断，如使用 IgG 致敏双醛红细胞、AKI 培养基培养浓缩提高霍乱弧菌产毒株检出率，或采用多抗包被 Bead-ELISA 抗体检测，霍乱毒素检测灵敏度可达到 1 ng/mL。分子生物学方法检测霍乱多采用双重 PCR、多重 PCR、实时 PCR、Pit-stop、半巢式 PCR 等，对于不同基质样品（如某些基质中存在对于 PCR 反应的抑制成分），一般需要经过去脂、培养基培养并结合 PCR 反应条件优化以提高检测灵敏度，目前较为常用的条件为：温度 35～45℃，振荡培养 6～18 h，检测灵敏度可达 1～2 cfu/g[83]。

三、志贺菌及其毒素

志贺毒素（shigatoxin，ShT）于 1903 年被发现[84]，是由志贺菌分泌的一种强烈外毒素，主要危害对象为儿童，误食会引发食源性肠道传染病并可造成极高死亡率。志贺菌（Shigella）是人类细菌性痢疾中最常见的病原菌，其 4 个种群分别是 A 群痢疾志贺菌（Sh. dysenteriae）、B 群福氏志贺菌（Sh. flexneri）、C 群鲍氏志贺菌（Sh. boydii）和 D 群宋内志贺菌（Sh. sonnei）。

1. 理化性质

ShT 由 A、B 亚基两部分构成，分别由 293 个、69 个氨基酸残基组成，而 A 亚基又由 A1、A2 两部分组成，以二硫键连接，用胰蛋白酶可将二硫键打开，A1 相对分子质量约为 27 kDa，具有催化酶活性，其 C 端将 A1 定位于内质网膜，A2 的相对分子质量为 4 kDa。ShT 不耐热，加热至 65℃、30 min 可部分灭活，加热至 90℃、30min 或100℃、2 min 则失去全部毒素活性，A、B 亚基均不溶于水而溶于含盐溶液，并具有较高的温度系数，含量为 1%的毒素溶液在 5℃时会出现沉淀物，但温度升高后会迅速溶解澄清。

2. 来源与分布

自 ShT 在志贺菌中被发现后，在对部分大肠杆菌的研究中又发现了部分与其结构、功能类似的蛋白毒素，称为 Vero 细胞毒素（VT），其主要表现是对 Vero 细胞的致死作用，同时伴随着宿主的腹泻病。后续研究中发现，某些致病性菌群可产生对 HeLa 细胞的致死作用毒素，同时对于蛋白质的合成有较强的抑制作用。试验显示对于家兔、小鼠分别具有肠毒性、致死性，与 ShT 类似，称为志贺样毒素（SLT）。由于 VT、SLT 蛋白致毒机理一致，因此将 SLT、VT 及其变种全部归为 SLT 家族，统一称为志贺毒素[85]。人体受 ShT 感染源主要为易感人群及带菌者，通过被污染的食物、饮水等途径经口感染，10～200 个细菌即可使 10%～50% 的志愿者致病。

3. 毒理及症状

ShT 具有三种明显的生物毒性：神经毒性、细胞毒性和肠毒性。对于神经毒性研究表明，其可造成兔、鼠、猴等试验动物出现肢体麻痹等不同程度的神经损伤，根本原因是通过激发血清素释放导致动物脑内血管损伤、出血、水肿，进而导致神经障碍，引发中枢神经损伤症状，包括弛缓轻瘫、共济失调、角弓反张、惊厥等，严重的可引起动物死亡。对于细胞毒性，则是由于 ShT 诱发组织细胞浆透明、增厚，固缩核出现大嗜伊红颗粒及细胞单层脱开，最终导致细胞死亡。肠毒性则表现为引发水分泌入回肠，以及小肠上皮组织学损伤和小肠运动性肌电改变，造成内脏系统肠黏膜、肾小管及血管上皮细胞病理改变，主要表现为肠炎，如严重的中毒性腹泻、出血性肠炎、溶血性尿毒综合征等严重并发症[86,87]。

4. 预防与控制措施

志贺菌可通过食物、水、日常亲密接触及蚊蝇传播，食物上极易沾染志贺菌，并且在蔬菜、瓜果、腌菜中最长可生存 1～2 周，并不断繁殖，生食不洁瓜果、不洁饮水等极易感染志贺菌，与已患病人群及带菌人群亲密接触，通过公共设施传播沾染触摸食物或吮吸手指等也可导致志贺菌传播，蚊蝇等反复叮咬、接触也极易造成食物污染。

针对志贺菌传播感染的特点，对于其最有效的预防措施是做好个人防护并有效地阻断其传播途径，对于重点人群、集体等须特别注意预防暴发或流行，注意水源卫生及饮食卫生，把好病从口入关，对于出现早期感染症状的患者，须及时快速的检测志贺毒素并采取针对性的治疗方法，降低发生严重脏器及神经综合征的危险，并采取必要隔离措施，对污染物进行有效的无害化处理。

5. 检测方法

ShT 检测方法与其他蛋白质检测类似，主要包括细胞生物学法、免疫学法、分子生物学法[88]。细胞生物学法以细胞半致死量为检测指标，通过分离患者排泄物上清液与 Vero 或 HeLa 细胞培养，观察是否具有细胞毒性作用，同时结合 ShT 抗体试验排除假阳性结果。免疫学法利用 ShT 特异性抗体如 Bead-ELISA 为诊断试剂检测毒素抗原，或利用 Gb3 受体与捕获剂结合第二抗体酶或 G 蛋白标记检测样品中的毒素。分子生物学法则主要用于检测产毒菌的毒素基因，包括基因探针、斑点杂交等，利用特异性基因 DNA 片段与被测菌 DNA 相互杂交，实现对志贺菌的检测。

四、肉毒神经毒素

肉毒杆菌毒素是一种神经毒素，又称为肉毒神经毒素（botulinum neurotoxin），肉毒中毒多数是由于人或动物误食含有肉毒素的食物，因而引起神经麻痹，少数人可能因为创伤感染引起中毒[89]。肉毒杆菌（*Clostridium botulinum*）是产生肉毒素的菌种，也称为肉毒梭状芽孢杆菌，在自然界中广泛分布，在厌氧环境中即可产生肉毒神经毒素，引发人或动物发生以肌肉麻痹为特征的肉毒中毒。

1. 理化性质

依据毒素抗原不同，目前已分离鉴定出的肉毒梭菌包括 A、B、C（C_1、C_2）、D、E、F、G 共 7 种不同类型的肉毒杆菌，近年来又发现 AB、BE、AF、CD 等混合型，在我国高发类型主要为 A 型、E 型，而依据菌群生理遗传特性则分为 I、II、III、IV 共 4 组，其中 I 组（主要包括 A 型、B 型）、II 组（主要包括 B 型、E 型、F 型）可引发人类疾病，I 组菌群对蛋白质有较强分解能力，芽孢对热具有很强的抵抗力；II 组分解糖的能力很强，对热抵抗力较 I 型稍弱。III 组、IV 组菌群主要分别包括 C 型、D 型及 G 型菌株，其中 III 组不分解蛋白质、蔗糖，主要引起畜、禽、鸟类肉毒中毒；IV 型不分解蔗糖，目前尚无其引起人、动物中毒的报道[90]。各类型肉毒毒素均由单一的多肽链组成，相对分子质量 150 kDa，无色、无味、不挥发，在酸性条件下稳定，碱性条件下易被破坏，除健康皮肤外可穿透任何黏膜组织。

2. 来源与分布

肉毒杆菌及其芽孢在土壤、海洋沉积物、家畜粪便等中广泛存在，并可在水果、蔬菜、谷物上附着、繁殖，当一种食品受到污染，在适宜的条件下，肉毒杆菌可快速生长，同时分泌肉毒毒素。人体摄入含有毒素的食品后，毒素经由小肠吸收进入循环系统从而引起毒性作用，引发毒素型食品中毒。

3. 毒理及症状

与其他食物中毒表现不同，肉毒中毒极少见胃肠道症状，患者不发热，意识清楚，但神经末梢麻痹明显，潜伏期一般 12～48 h，初期表现为视力模糊、复视、吞咽困难、咀嚼困难，后期严重的表现为膈肌麻痹、呼吸衰竭。婴幼儿因其肠道环境特殊，缺乏能拮抗肉毒杆菌的保护性菌群和抑制肉毒杆菌的胆碱，摄入肉毒杆菌芽孢或被污染的食物后，芽孢在肠道生长、繁殖、分泌毒素而致病，症状与普通食物中毒类似，伴随便秘、吸乳及啼哭无力。

4. 预防与控制措施

肉毒中毒没有明显的季节性，其发病主要原因是不洁饮食、饮水。欧美等国家和地区肉毒中毒主要源于罐头、香肠等肉制品摄入，我国受饮食习惯及结构影响主要源于豆制品等摄入，尤其是发酵类食品，发酵过程中的温度、湿度条件极适合肉毒杆菌芽孢生长、繁殖，因此对于肉毒中毒最佳防控措施是做好食品卫生工作，加强对重点食品，如腌腊、发酵、罐装豆类、肉类食品的安全卫生，合理正确地储存食物，防止芽孢发芽，食用前对食物进行有效煮沸灭活。

由于肉毒毒素无皮肤渗透毒性，并且无传染性，因此对于患者无需进行隔离，但需要对不同污染形式采取不同消除方法，如饮用水通过煮沸 10 min 灭活，物体表面采用消毒液喷、擦或紫外线照射，室内空气气溶胶污染时应立即封闭进行喷雾灭活或紫外线照射，皮肤或衣物的沾染通过普通肥皂水彻底冲洗即可去除毒素污染物。

5. 检测方法

肉毒杆菌检测重点是其所产毒素的检出，需要通过分离、培养然后鉴定毒素[91]。标本通过除菌、培养、染色、镜检观察菌的形态是否为典型肉毒杆菌。毒素检测可采用的方法有：小鼠致死生物学实验，通过将培养物滤液分为两份，其中一份与抗毒素混合，然后分别进行小鼠注射，若抗毒素处理小鼠得到保护而其余小鼠死亡，则表明有肉毒毒素存在，此方法也是国际公认标准检测方法；禽眼睑注射法，通过对禽内眼角下方眼睑皮下注射标本上清液，观察若出现眼睑闭合而生理盐水或加热灭活对照组未出现眼睑闭合，可判断为阳性；PCR 检测肉毒毒素最早由 Szabo 以肉毒毒素核苷酸序列设计引物，由 PCR 技术检测肉毒毒素，实验表明与人类肉毒中毒密切相关的 A 型、B 型、E 型毒素靶段获得扩增而未见其他类型扩增，是一种快速、敏感、特异性的肉毒毒素检测方法[92]。

第三节　植　物　毒　素

植物毒素（plant toxin）是由植物产生的可引起人、动物致病的有毒物质，目前发现的植物毒素大部分属于植物次生代谢产物，其对于植物自身而言，有些是其化学防御的重要物质，对人、畜、昆虫等有毒，有些则主要是抑制异类植物生长。植物毒素大部分属于生物碱、苷类、酚类、萜类、肽类等有机化合物，其中最重要的是生物碱、萜类毒素，生物碱中包括箭毒、马钱碱、吗啡等，萜类毒素则主要包括倍半萜类毒素、二萜类毒素。

一、葫　芦　素

葫芦素类（cucurbitacin）是从葫芦科及其他多种科属植物中提取的苦味苷元成分的通称，早在 1831 年已从葫芦科植物中分离第一个结晶物质，命名为 elaterin，即葫芦素 E（cucurbitacin E），目前发现的葫芦素有 40 余种且多具有生物活性，如抗肿瘤、抗化学致癌、抗炎等。体外研究结果显示，葫芦素对多种肿瘤细胞具有抑制增殖作用并能逐步诱导其凋亡，是一种重要的抗癌治疗的有效成分[93]。

1. 理化性质

葫芦素类化合物[94]是一类高度氧化的四环三萜类物质，结构上拥有 α、β-不饱和酮结构，最大紫外吸收波长为 228～230 nm。在已发现的 40 余种葫芦素中，以葫芦素 B、E 应用最为广泛，其结构式如图 2-10 所示，其特点是 18-甲基在 C-9 位置。罗汉果属和雪胆属植物中的葫芦烷类化合物中发现存在大量配糖体形式，但氧化程度大大降低，具有代表性的是肉花雪胆苷 VI。近年从苦瓜属植物中提取的类苦瓜苷葫芦素，结构上在 C-5、C-19 位置由氧连接构成呋喃环，具代表性的有苦瓜子苷 G、I、F1 等，其结构上的区别在于 C-3、C-19 及 C-25 位置取代基、氧化程度有所差异。从苦玄参属植物中得到的苦玄参苷葫芦素具有 C-20、C-24 氧桥连接和 C-22 羰基呋喃酮结构，苦玄参苷 I、II、III 的区别主要在于 A 环上配糖基的不同。国外学者从巴西植物 *Luffa operculata* 中得到 opercurin B，其在结构上具有缩合二氧六环结构[95]。

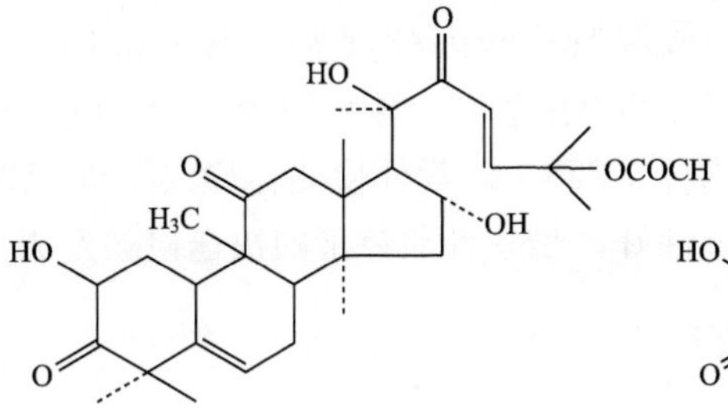

葫芦素B 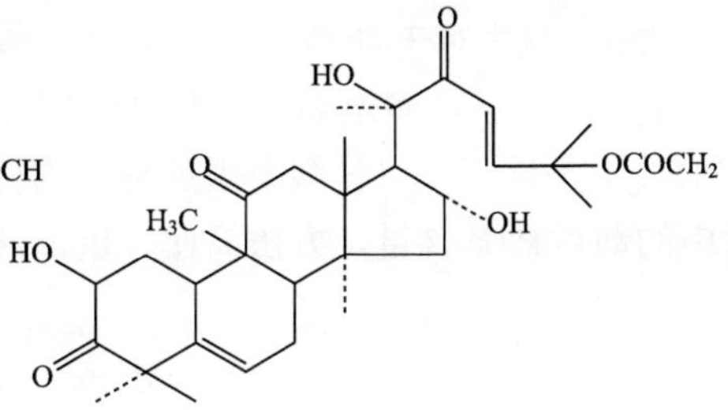　　　　　　　　葫芦素E

图 2-10　主要葫芦素化学结构式

总体而言，葫芦素类化合物属于脂溶性物质，易溶于氯仿，可溶于甲醇、乙醇、乙酸乙酯，不溶于水和石油醚。

2. 来源及分布

葫芦素类广泛存在于葫芦科植物中，部分存在于其他植物。根据美国伊利诺伊大学药学院生药系与药理学系天然药物情报中心提供的资料，约 10 科 40 属 90 种植物中含有这类成分，包括伯兰德瓜、西瓜、甜瓜、西葫芦、丝瓜等双子叶植物中均可提取不同种类的葫芦素。

3. 毒理及症状

葫芦素类化合物具有一定毒性[96]，经肠胃吸收后可能导致机体中二十烷化合物的合成，同时刺激肠胃引起腹泻，并伴随腹部不适、恶心等胃肠反应，以及短暂口干、头昏。大量摄入时，可引起严重贫血、频繁呕吐和腹泻，甚至呼吸、循环衰竭以致死亡。葫芦素用作治疗时，在治疗剂量范围内对血尿常规、肝肾功能及心电图等均不会产生不良影响，成人安全摄入剂量为 1.5～1.8 mg/d，在服用葫芦素类药物时伴随乙酸钠、葡萄糖、维生素 C 的摄入可显著缓解毒副作用的影响。

4. 预防与控制措施

一旦葫芦素产生，很难有方法降低其含量，但由于葫芦素热不稳定性、水溶性差，因此，烹调过后的蔬菜中葫芦素产生的不良影响很小。食用瓜果时，可切除接近开花端部分，减轻苦味。而首选控制措施还是在栽培过程中保证蔬菜有充足的水分，而且尽早地收割作物。

5. 检测方法

目前，对于植物及制成品中葫芦素 B、E 等的检测，主要是采用高效液相色谱法，同时也有研究人员采用毛细管电泳法测定了甜瓜蒂中的葫芦素 B。高效液相色谱法可用于瓜、西葫芦、药材等植物基样品及血浆等液体样品中葫芦素的含量检测，一般采用甲醇溶液超声或回流萃取其中所含的葫芦素，经色谱分离后采用紫外线检测器检测，波长215～228 nm，方法对于葫芦素 B、E 线性范围及检测限分别为 0.15～0.18 μg/mL、4 ng[97]。毛细管电泳法测定葫芦素 B 则利用石英毛细管，以硼砂溶液为背景电解质，运行电压 12 kV 条件下，以盐酸氯丙那林为内标、228 nm 紫外检测器检测不同产地甜瓜蒂药材中的葫芦素 B 含量，方法简便、重现性好，是一种葫芦素的快速检测方法[98]。

二、脱　氰　苷

脱氰苷（cyanogenic glycoside）[99]亦称为生氰糖苷、氰苷、氰醇苷，是由氰醇衍生物的羟基和 D-葡萄糖缩合形成的糖苷，其特点是容易分解生成有剧毒的氢氰酸（HCN）。具有代表性的氰苷类化合物主要有亚麻仁苦苷（linamarin）、野黑樱苷（prunasin）和苦杏仁苷（amygdalin）。

1. 理化性质

脱氰苷是指一类 α-羟腈的苷，其中苦杏仁苷是氰苷中最有代表性的。苦杏仁苷是苯甲醛氰醇（扁桃腈）的一种糖苷，完全水解后形成葡萄糖、苯甲醛和氢氰酸。苦杏仁苷的结构及其水解产物见图 2-11。苦杏仁苷的三水合物为斜方柱状结晶，熔点为 200℃，无水物熔点约为 220℃，1 g 可溶于 12 mL 水、900 mL 醇及 11 mL 沸乙醇，易溶于沸水，几乎不溶于乙醚。亚麻仁苦苷是丙酮氰醇的糖苷，经水解产生丙酮和 HCN。

2. 来源及分布

脱氰苷广泛存在于豆科、蔷薇科、稻科等 10 000 余种植物中；含有脱氰苷的食源性植物主要包括高粱和玉米的幼苗、叶片（特别是高粱、玉米收割后再生的幼苗或雨

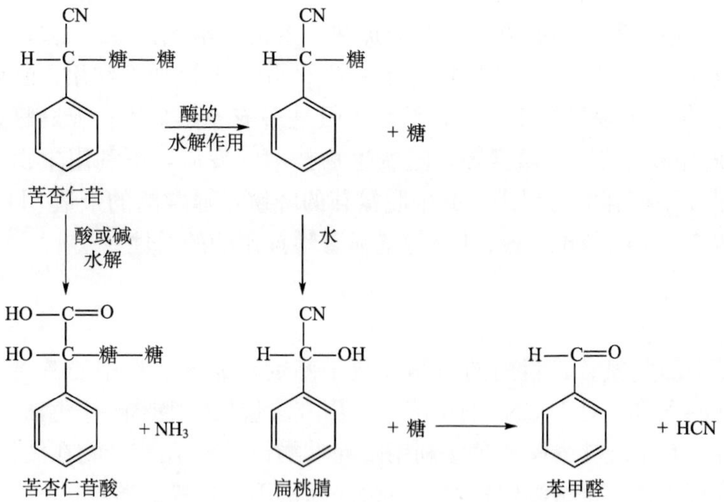

图 2-11　苦杏仁苷的结构及其水解产物

涝、霜冻后的幼苗中脱氰苷的含量更高）、亚麻叶、亚麻籽、桃仁、杏仁、枇杷仁、樱桃仁、李子叶、梅子叶、木薯、苏丹草、海南刀豆、狗芽豆、南瓜藤等。高粱与玉米的鲜幼苗均含有羟氰苷，在其再生苗中含量很高；木薯的根、茎、叶都含亚麻仁苦苷；亚麻籽榨油后的残渣（亚麻籽饼）可作为饲料，含亚麻仁苦苷；豌豆、蚕豆、海南刀豆等豆科植物都含有亚麻仁苦苷或甲基亚麻仁苦苷，箭筈豌豆含巢菜苷；桃、李、杏、梅、枇杷、樱桃、菠萝等蔷薇科植物的叶、种子中都含有苦杏仁苷。

3. 毒理及症状

食用杏、桃、李等核仁，以及木薯块根、蚕豆、高粱等常会因脱氰苷而引起中毒。脱氰苷被机体摄入后，在食物中本身存在的 β-糖苷酶的作用下分解产生氢氰酸，氰离子与细胞色素氧化酶中的铁结合使其不能传递电子，导致机体陷于窒息状态，此外氢氰酸还可以损害延脑的呼吸中枢和血管运动中枢。脱氰苷中毒在临床上常表现为口中苦涩、流涎、头晕、头痛、恶心、呕吐、心悸、脉频以及四肢软弱无力，重症者感到胸闷，并有不同程度的呼吸困难[100]。除急性中毒外，长期接触低浓度氢氰酸可发生慢性中毒，其中以慢性木薯中毒最为典型，可导致甲状腺肿发病率明显增高；另一明显病症是神经系统症状，以脑部变化最典型，会出现类似脊髓灰质炎症状，有时还发现脑苍白球区的脱髓鞘作用。

4. 预防与控制措施

脱氰苷是植物的一类内源性物质，生食或食用不合理加工的含氰苷的食物均会导致中毒，一般认为成人生食木薯 400 g 左右即可中毒，食至 1 kg 左右即可致命，若按氢氰酸的致死量计算，则 300 g 的木薯即有致死的危险。据报道，引起中毒的食量 50～1000 g 不等，一般中毒较深者其食量均在 500 g 以上。

以含有脱氰苷的植物作为人类的食品或动物的饲料之前，必须进行加工处理，去除有害的脱氰苷。最初所采用的方法主要为加热、淋洗、溶剂浸取等物理、化学的方法。例如，将含氰苷的食品或饲料加以水洗或浸渍 24 h 以上再加工利用；新鲜木薯应浸于水中 4～6 天并每日或隔日换水一次，然后再喂牲畜或煮熟食用；亚麻籽饼则可通过浸泡再煮 10～30 min，破坏其毒素等。随着生物技术的发展，可利用生物技术消除脱氰苷毒素，如加入 β-糖苷酶可促进食品中脱氰苷的降解，通常酶的最适 pH 为 4.4～4.8，最适温度为 35℃，Cu、Zn、Ag、Hg 等能显著地抑制酶的活性[101]。

5. 检测方法

对于食品中的脱氰苷，目前的检测方法是测定样品提取物中的氰离子（CN⁻）从而测定脱氰苷的含量。对于 CN⁻ 的检测，常用方法包括吡唑啉酮比色法、离子色谱法、气相色谱法等，其中吡唑啉酮比色法利用吡唑啉酮与 CN⁻ 反应产物在波长 638 nm 处特定吸收波长进行定性、定量测定；离子色谱法则采用安培检测器，以 Ag 电极作为工作电极、Ag/AgCl 参比电极进行样品中的 CN⁻ 分离检测，或采用 AgI 多晶膜氰离子选择性电极对 CN⁻ 离子选择性吸收形成电位差进行检测[102]；气相色谱法首先采用离子交换树脂富集样品中的 CN⁻，经五氟苄基溴衍生化后采用质谱检测器检测，CN⁻ 检出限可达 0.8 ppm[103]。

三、呋喃香豆素

香豆素（coumarin）又称为双呋喃环核氧杂萘邻酮[104]，天然存在于黑香豆、香蛇鞭菊、野香荚兰、兰花等植物中，其结构上是顺式邻羟基桂皮酸脱水而形成的内酯类化合物。由于其具有一定的香气，在有机合成及自然界中占有重要地位，可在包括食品、日用品等中作为增香剂或医药中间体，其本身具有较强的生理活性、药理活性及生物活性，有抗凝血、抗肿瘤、抗病毒及增强免疫力的作用。

1. 理化性质

目前发现并得到较为广泛研究的呋喃香豆素主要包括补骨脂素（psoralen）、8-甲氧基补骨脂素（8-methoxy-psoralen）、5-甲氧基补骨脂素（花椒毒内酯，5-methoxy-psoralen）、4，5′，8-甲基补骨脂素（4，5′，8-trimethyl-psoralen）、4′-氨甲基-4′，5′，8-三甲基补骨脂素（4′-aminomethyl-4′，5′，8-trimethyl-psoralen）、异补骨脂素（isopsoralen）、补骨脂呋喃（bakuchicin）等，其中异补骨脂素与中药白芷中的白芷素（angelicine）为同一化合物，而补骨脂中还含有两种苷类——补骨脂苷（psoralenoside）和异补骨脂苷（isopsoralenoside），它们可以分别转变为补骨脂素和异补骨脂素[105]，其中补骨脂素、异补骨脂素是中药补骨脂中的主要有效成分。这些呋喃香豆素类化合物的结构如图 2-12 所示。呋喃香豆素能溶于乙醇、乙醚、乙酸乙酯等有机溶剂，不溶于水，在苛性碱溶液中发生内酯开环断裂，遇酸则可重新形成闭环。在可见光下呋喃香豆素为无色或浅黄结晶，紫外线下多显出蓝色荧光，遇碱后荧光会显著增强并转为绿色。

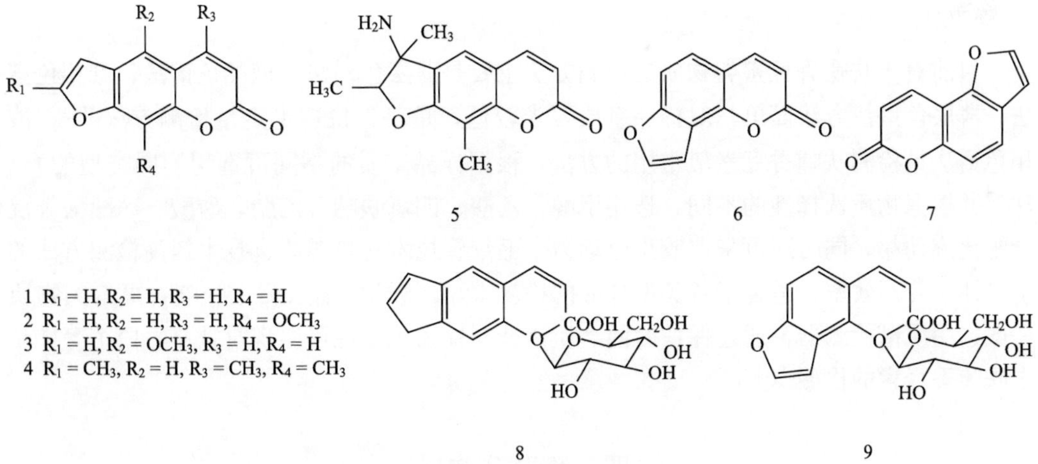

1　$R_1 = H, R_2 = H, R_3 = H, R_4 = H$
2　$R_1 = H, R_2 = H, R_3 = H, R_4 = OCH_3$
3　$R_1 = H, R_2 = OCH_3, R_3 = H, R_4 = H$
4　$R_1 = CH_3, R_2 = H, R_3 = CH_3, R_4 = CH_3$

图 2-12　部分呋喃香豆素化学结构式

2. 来源及分布

香豆素主要分布在芸香科柑橘属植物中,通过对柑橘属植物胡柚果皮进行提取可得到包括香豆素在内的多种化学成分,如柚根皮、茎、果皮中香豆素母核上多由异戊烯取代形成呋喃香豆素或吡喃香豆素。

3. 毒理及症状

呋喃香豆素对于人体的危害主要源于其光敏性即光化学毒性,其在皮肤上引起的黑斑可持续数年,或引起小鼠皮肤在紫外线反复暴露后的癌变。呋喃香豆素影响人体皮肤主要通过以下几条途径:呋喃香豆素中的补骨脂素在 UVA 照射下,与 DNA 结合形成的光加合物会破坏皮肤中硫巯基化合物,刺激人体皮肤中黑色素细胞增加与黑色素合成;补骨脂增强了皮肤的紫外线敏感性,增加表皮黑色素细胞密度,使得还原型黑色素氧化成黑色素;促进黑色素细胞生长因子,并作用于表皮、毛囊中存储的黑色素细胞使其增生;清除黑色素细胞膜上的抗黑色素细胞抗体,清除或减少白斑区表皮内朗格汉斯细胞,阻断朗格汉斯细胞对黑色素的侵蚀。

4. 预防与控制措

由于呋喃香豆素主要存在于柑橘属植物的果皮、根、茎等部位而在果实中含量很少,因此人类在正常饮食情况下不会出现呋喃香豆素中毒,而作为农牧业使用草木樨等饲料时可能存在动物摄入、富集的现象,针对此情况可在饲喂前进行脱毒处理,如浸泡脱毒,通常经过一昼夜浸泡后脱毒率为 15%~88%,或采用 1% 石灰水浸泡,4 h 脱毒率可达 55%。

5. 检测方法

目前对于呋喃香豆素类物质的检测方法主要是薄层色谱法、液相色谱法、气相色谱法。薄层色谱法方法简单，对样品基质要求较低，是一种快速半定量检测方法[106]；液相色谱法是检测呋喃香豆素最常用的方法，根据样品基质的不同可选用不同类型的 C_{18} 柱，并根据物质选择性的不同，选用甲醇、乙酸、四氢呋喃、乙腈、磷酸、冰醋酸等混合配比流动相，同时还可采取胶束电动力学毛细管技术等色谱改进技术提高检测方法的重复性、分离效率，适合于各类型样品的检测[107]；气相色谱法测定呋喃香豆素类物质一般选用质谱检测器，通过保留时间、质谱选择性离子定性可实现对甘草、白芷等样品中呋喃香豆素的检测[108]。

四、糖苷生物碱

糖苷生物碱（glycoalkaloid）[109]属于生物碱中的一大类，是茄科和百合科植物在新生芽、花、茎、叶以及未成熟的果实中合成的一种次级代谢自身保护性产物，来抵抗病毒、细菌、真菌和动物等的侵袭。最早发现发芽马铃薯中含糖苷生物碱，也是目前研究最多的一种生物碱物质，后来一些非甾体的生物碱糖苷也被称为糖苷生物碱。

1. 理化性质

糖苷又称为配糖体，是糖或糖醛酸等与另一非糖物质通过其端基碳原子连接而成的化合物，其中非糖部分称为苷元。糖苷生物碱是一种甾体皂苷，化学结构是由糖苷配基（苷元）和寡糖链以氧糖苷键连接而成的，苷元是环戊烷为甾体连接含氮的杂环，寡糖链的单糖一般为葡萄糖、鼠李糖、半乳糖、木糖和阿拉伯糖。常见的糖苷生物碱的化学结构如图 2-13 所示。

常温下糖苷生物碱为具有苦涩味的白色结晶，溶于酸性溶液，遇碱析出，易溶于甲醇、乙醇、乙腈、二甲基亚砜等少数有机溶剂中，不溶于丙酮、乙酸乙酯、氯仿、苯、石油醚等大多数有机溶剂。糖苷生物碱对碱较稳定，pH 大于 8 时沉淀，能被酸加热水解，生成糖苷配基和相应的糖。

2. 来源及分布

糖苷生物碱主要分布于茄科和百合科的一些植物中，大部分茄科植物均含有糖苷生物碱，一些重要的食用作物如马铃薯、茄子、番茄等都含有一种或多种糖苷生物碱。许多茄属植物的根、茎、叶、果实等，用作民间治疗药物，如传统中药龙葵及其种子均含有糖苷生物碱。目前，已经分离鉴定了 300 多种植物中的 100 多种糖苷生物碱[110]。糖苷生物碱的含量及种类在植物体根、茎、果实等的分布存在差异，如番茄碱在番茄的根部含量为 118 mg/kg，在未成熟绿果实中含量为 465 mg/kg，在叶片中含量为 975 mg/kg，在茎中含量为 465 mg/kg，花中含量则为 1100 mg/kg。

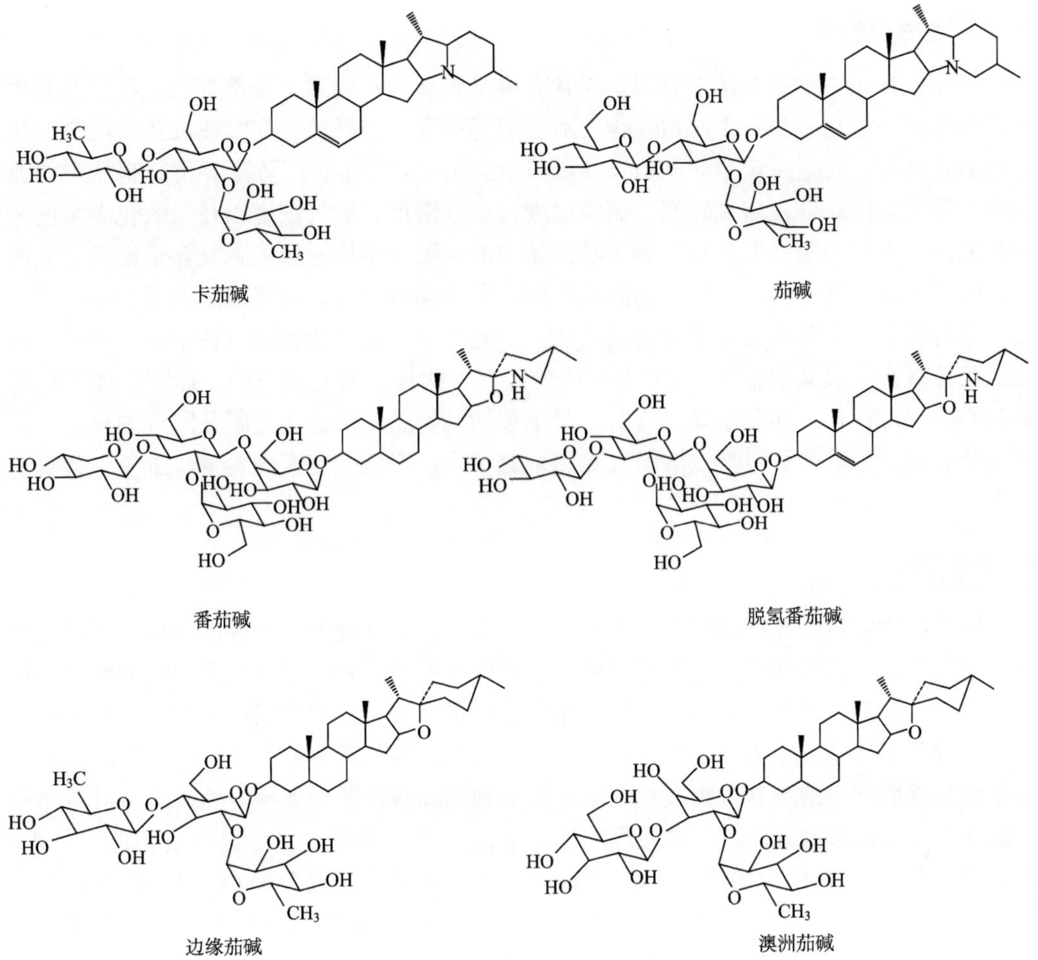

图 2-13 常见糖苷生物碱化学结构式

3. 毒理及症状

人对糖苷生物碱的毒性非常敏感，中毒率高且多变。口服 $1\sim5$ mg/kg BW 即可引起人严重中毒反应，口服 $3\sim6$ mg/kg BW 就能致人死亡。例如，马铃薯糖苷生物碱引起肠胃系统症状，如呕吐、腹痛、腹泻等；神经系统导致麻痹、沉郁、眩晕、沮丧等；心血管系统心率加快、溶血等。严重者全身抽搐、意识丧失、瞳孔扩散、呼吸困难。病例变化主要是急性脑水肿，其次是胃肠炎，肺、肝、心肌和肾脏皮质水肿，目前普遍认可的新鲜马铃薯糖苷生物碱含量限度为 $60\sim70$ mg/kg[111,112]。同时，也有关于糖苷生物碱致畸，尤其是导致脑畸形和脊柱裂症的报道。此外，糖苷生物碱对病毒、细菌、真菌、疟原虫、昆虫、蠕虫、大型哺乳动物等都具有毒性。

4. 预防与控制措施

糖苷生物碱中毒主要诱发原因是误食有毒马铃薯，马铃薯全株都含有龙葵素，其中成熟马铃薯一般只有 70～100 mg/kg，不会引起中毒。当马铃薯变绿或发芽，就会产生大量的龙葵素，含量可增至 5000 mg/kg，远远超过安全标准。马铃薯及其制品中的龙葵素含量与光照条件、储藏时间、储藏温度、空气湿度、氧气浓度以及二氧化碳浓度密切相关。在光照的条件下，马铃薯及其制品中的龙葵素会快速合成，其含量比没有光照的条件下增加将近 1 倍。而且增加储藏时间，升高储藏温度、氧气浓度以及二氧化碳浓度，马铃薯中的龙葵素含量都会得以增加。因此，最好将马铃薯储藏在干燥、通风、低温的条件下，一般储藏温度在 4℃ 左右比较适宜。此外，人们在采购、储存、加工马铃薯时要按规范进行；在食用马铃薯时，对生芽的马铃薯，要挖去芽眼及附近的皮肉，并将变紫表皮削除，充分浸泡以溶解去除剩余龙葵素，降低龙葵素的含量，避免引起食物中毒。

5. 检测方法

糖苷生物碱由于其结构复杂、种类繁多，要对其准确地进行定性、定量检测较为困难，早期糖苷生物碱的检测利用其遇甲醛形成紫红色络合物的特点，采用吸光度法进行检测，但易受其他显色物质影响而仅可作为半定量方法。目前应用较为广泛的是液相色谱法，对于不同基质中的目标物质，采用超声提取、回流萃取方法以甲醇、乙醇、乙腈等萃取剂萃取其中的糖苷生物碱，萃取过程中利用其酸性条件下易溶的特点，可适当添加酸性介质提高萃取效率，萃取液经淋洗、液液萃取、浓缩定容后进行液相色谱分析，流动相可选用甲醇/磷酸溶液、甲醇/乙酸铵溶液，采用 MS 或 DAD 检测器检测，对于糖苷生物碱检出限为 0.03～0.24 $\mu g/L$[113]。对于食品中生物碱的检测，也有研究人员采用气相色谱法进行研究，样品经提取后采用 GC-MS 检测器全扫描、选择离子扫描方式检测，方法对于固体样品中的检测限达到 0.36 mg/kg。气相色谱法由于受样品等气化要求的限制，应用范围、分离效果等均不如液相色谱法[114]。

五、木藜芦毒素

木藜芦毒素（grayanotoxin）[115]又称为杜鹃毒素，最早由日本马醉木（*Pieris japonica*）的叶中分离得到，结构上具有四环二萜特点，属于心脏-神经毒素，主要分布于我国常见杜鹃花花瓣、茎等部位，至今已报道的木藜芦类化合物达 50 多种。我国木藜芦属植物中含毒的为 60 种以上，并且多数为我国所特有，如羊踯躅、大白花杜鹃、牛皮茶等，误食后症状主要为恶心、呕吐、血压降低、呼吸抑制等。

1. 理化性质

木藜芦毒素主要在杜鹃花科植物中被发现，是由 C_5-C_7-C_6-C_5 四环并合而成的二萜，可看做由贝壳杉烷重排而来，纯品木藜芦毒素为白色结晶，熔点为 228～230℃，溶于水和极性溶剂，其化学结构式如图 2-14 所示。对于木藜芦类毒素的立体结构，对其中 4 个环的链接方式存在异议，尤其是对 A、B 环顺/反式结构的争论，后期经 X-单晶衍生证实 A/B、B/C、C/D 环的链接方式分别为 *trans*、*cis*、*cis* 结构，同时当不同位取代基取代时分别可能呈现半椅式、船式等构象。采用红外光谱对木藜芦化合物官能团分析结果显示，羟基宽吸收峰在 330～360

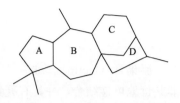

图 2-14　木藜芦毒素化学结构式

cm^{-1}有强吸收，酯基、环氧基、双键、五元环酮、六元环酮的吸收峰分别在 1720 cm^{-1} 和 1230 cm^{-1}、890 cm^{-1}、1630 cm^{-1} 和 880 cm^{-1}、1730 cm^{-1}、1690 cm^{-1}。

2. 来源及分布

木藜芦毒素主要包含于杜鹃花科植物中，该科在全世界约有 70 属，主要分布地带在亚热带地区，我国主要分布于西南地区，其中马醉木属、杜鹃花属、南烛属、木藜芦属、山月桂属在我国分布较多，从中均可分离出木藜芦类毒素。除植物外，从昆虫中也曾分离到过木藜芦类毒素 Arichannatoxin I 和 II。

3. 毒理及症状

木藜芦毒素对有害害虫具有一定毒性，曾作为蔬菜等的驱虫、杀虫药剂使用，如对菜青虫、稻褐飞虱等具有触杀、胃毒及熏蒸作用。对人体及大型哺乳动物而言，木藜芦毒素具有心脏-神经系统毒性[116,117]，其直接作用于心脏导致心肌收缩增强或心律失常，从羊踯躅中提取的木藜芦毒素在低浓度时即表现出很强的心脏毒性。除引起心脏功能异常外，木藜芦毒素还可诱发哺乳动物的传入神经、迷走神经、肌神经、颈动脉窦神经及皮质神经过度兴奋，中毒后表现为颈部后倾、惊厥、脊椎运动功能失调。

4. 预防与控制措施

木藜芦毒素主要存在于杜鹃花属植物中，往往全株都有毒，正常情况下不会进入人类食物链而导致中毒。但国内外均有食用被木藜芦毒素污染的蜂蜜而出现中毒症状的报道，这可能与养蜂环境中存在大量杜鹃花有关。木藜芦毒素的毒性较大，小鼠腹腔注射半致死量大都在 1 mg/kg 以下。我国现行的蜂蜜卫生标准中尚无此毒素的限量标准。

5. 检测方法

人体木藜芦毒素中毒主要是由蜂蜜中残留毒素误食摄入引起，目前有研究人员采用色谱层析法检测蜂蜜中的毒素[118]。采用甲醇/水溶液提取蜂蜜中的毒素，经离心、过滤、液液萃取后进行色谱分离，分离斑点采用 Godins 显色剂进行斑点着色，木藜芦毒素将显出蓝紫色、紫色荧光。高效液相色谱法也是分离检测木藜芦毒素的有效方法，采用 Chemco 5-ODS-UH 色谱柱，以甲醇/水流动相、示差折光检测器（RI）同样可实现对蜂蜜中残存木藜芦毒素的检测，与色谱层析法相比效率更高、方法更准确，适合于实验室痕量测定。

六、外源凝集素

凝集素（lectin）[119]是一类不同于免疫球蛋白的蛋白质或糖蛋白，它能与糖专一地、非共价地可逆结合，并具有凝集细胞和沉淀聚糖或糖复合物的作用。最早的凝集素是在蓖麻籽抽提液中被发现的，因而被称为植物血凝素（phytohemagglutinin），后来在动物中也发现了具有同样作用的物质，于是将动物来源的称为血凝素（hemagglutinin）。之后，又将对细胞具有凝集作用的，无论动、植物性来源的物质统称为凝集素（agglutinin），并命名为 lectin（中文仍译为凝集素）。目前，人们已经分离纯化了 1000 多种凝集素，其中大多是植物凝集素，仅豆科植物凝集素就达 600 种[120]。

1. 理化性质

植物凝集素是一类具高度特异性糖结合活性的蛋白质，这是它们区别于所有其他植物蛋白的标志。目前已知纯化的植物凝集素中大多没有酶活力，绝大多数含有非共价结合的糖分子。大多数植物凝集素都比较稳定，可以在通常使细胞内蛋白质失活的条件下和很大的 pH 范围内保持活性与稳定，对很多蛋白酶不敏感且耐高温[121,122]。还有一些凝集素甚至是完全稳定的蛋白质，如从刺蓖麻根茎中分离出的凝集素在 5%三氯乙酸和 0.1 mol/L 的 NaOH 中保持稳定，沸煮也不会失活，所有通常使用的蛋白酶对它都不起作用。

2. 来源及分布

凝集素广泛存在于自然界中的不同生物物种中，可以说凝集素在整个生物界几乎无处不在。最早发现的凝集素几乎全部是从植物中提取的，且大部分是从豆科植物中提取的。植物凝集素存在于很多植物的种子和营养组织中，随着对凝集素研究的增多，发现植物的根、茎、叶、种子中都有凝集素的存在，而且一种植物可有多种凝集素。从食物来源角度分析，植物凝集素的主要来源是豆类，如被人类大量食用的菜豆、蚕豆、大豆、扁豆、豌豆和绿豆等。

3. 毒理及症状

人类植物凝集素中毒的典型病例被称为蚕豆病，大多是由于进食蚕豆或与蚕豆的花粉接触后引起的一种中毒性溶血性疾病。大多在食用蚕豆后 1～2 天发病，早期症状有全身不适、胃口不佳、精神倦怠、微热、头晕及腹痛。随后出现溶血症状：精神疲倦、嗜睡、头痛、四肢痛、头晕、贫血及发热，出现血红蛋白尿，随溶血程度不同尿可呈茶色、浓茶色及血红色；消化系症状：肝肿大，半数病例脾大，尚有腹痛、呕吐、腹泻、腹胀及食欲不振等。严重病例可出现昏迷、尿少以至急性肾功能衰竭。

蚕豆病的发病机理目前尚未十分明了，可能是蚕豆中存在的溶血素或植物凝集素作用于敏感的红细胞的结果，而敏感的红细胞可能是其本身代谢缺陷所致。此类红细胞含有的 6-磷酸葡萄糖脱氢酶（G6PD）及还原型谷胱甘肽（GSH）等较正常为低。

4. 预防与控制措施

传统的家常烹饪方法通常可使凝集素和其他潜在的有毒因素解除毒性。然而在特殊条件下常不能完全解毒，特别是在应用磨过的种子或迅速烧煮产品的工业加工的情况下。凝集素对于热灭活的抵抗力值得特别强调。在山区，水的沸点降低可能使毒性破坏不完全，因此烧煮前浸泡对于消除绿豆的毒性很有必要。总之，通过长时间的加热处理可以有效消除植物凝集素的毒性。

5. 检测方法

凝集素由于具有凝集动物红细胞的能力，且凝集活力与其含量呈线性关系，因此可利用血凝法实现对样品中凝集素的快速定性检测，通过粉碎、脱脂后以生理盐水提取凝集素，在 V 性血凝板上进行血凝试验，而改变粉碎粒度大小、脱脂及反应体系温度、pH 等条件可改善反应结果[123]。除血凝法外，酶联免疫吸附法也是检测凝集素的常用方法，通过标准抗原、纯化抗体及辣根过氧化物酶标记羊抗兔 IgG 建立间接抑制酶联免疫吸附法，检测大豆、豆粕中凝集素含量，提取液中凝集素检测下限达 10 mg/mL，回收率范围为 $89\% \sim 102\%$[124,125]。

第四节 海洋生物毒素

海洋生物毒素是海洋生物在其生长过程，中通过本身合成或通过食物链、共栖关系从其他生物（如单细胞藻类、细菌）中获取的对人、动物有害的毒素。海洋生物毒素资源丰富、分布广泛、种类繁多，目前经分离定性确定结构的有数十种，包括生物碱、聚醚、肽类、皂苷、大环内酯等，同时由于海洋生物生存环境的不同，海洋生物毒素表现出与陆地生物毒素等不同的性质，往往含有大量有机卤化物、胍衍生物、多氧和多醚类等，毒素往往表现出对于肌体神经系统、心血管系统、细胞系统等有很高的特异性，尤其是对细胞调控的受体、离子通道及生物膜等关键靶点具有特异生理活性。

一、失忆性贝毒

失忆性贝毒（amnesic shellfish poisoning，ASP）是由于海洋中贝类大量摄食沟藻、裸甲藻等有毒藻类，而在其体内积累的大量四氢嘌呤毒素（软骨藻酸、多莫酸、失忆性贝毒），当被人、动物食用后可导致肢体麻木甚至死亡。

1. 理化性质

ASP[126]属于海洋神经毒素，是一类具有神经兴奋的氨基酸类物质，其主要成分为软骨藻酸。软骨藻酸纯品为白色固体粉末，熔点为 $223 \sim 224 ℃$，溶于水，微溶于甲醇，在紫外光谱区最大吸收波长为 242 nm。在体积比为 1∶9 的乙腈/水的溶液，$-12℃$ 黑

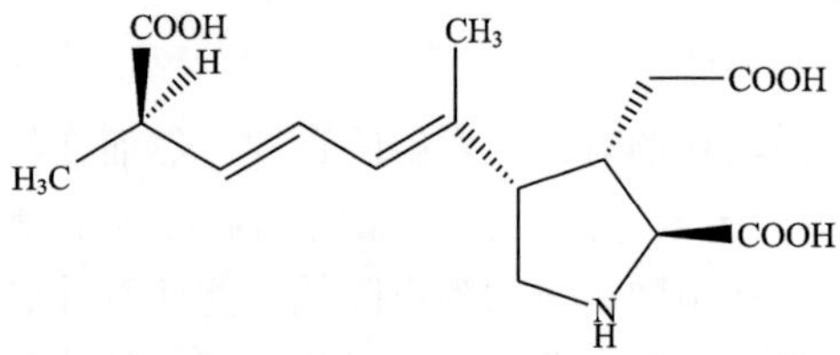

图 2-15　失忆性贝毒化学结构式

暗条件下，1 年左右仍可保持稳定。失忆性贝毒化学结构式如图 2-15 所示。

2. 来源及分布

ASP 最初在加拿大被发现，是大量硅藻属海藻生长产生的软骨藻酸污染所致，与产生软骨藻酸相关的贝类主要是滤食性贝类，如舌贝、牡蛎、文蛤、海瓜子等，通过滤食毒藻将软骨藻酸富集在体内，人类因食用被软骨藻类污染的贝类而中毒。目前，ASP 这种毒素只在北美洲东北、西北海岸有发现，在中国海域尚未发现[127]。

3. 毒理及症状

ASP 的毒性作用被认为与多巴胺有关，可抑制大鼠脑膜中腺苷酸环化酶的活性。研究者利用微分析技术检测软骨藻酸对纹状体多巴胺活性的影响，结果表明脑内给予不同剂量的软骨藻酸，可使大鼠纹状体细胞外多巴胺水平增加，以及细胞外多巴胺代谢产物降低[128]。软骨藻酸是谷氨酸的一种异构体，能够与控制细胞膜 Na^+ 通道的神经递质谷氨酸受体紧密结合，提高 Ca^{2+} 的渗透性，使神经细胞长时间处于去极化的兴奋状态，最终导致细胞死亡，并可能对中枢神经系统海马区和丘脑区造成损伤，从而导致记忆力丧失。

水中的贝类和鱼类都可以富集藻类产生的软骨藻酸，并对软骨藻酸有较强的耐受力，再经食物链传递则会对所在地区的生态环境造成影响，对水生动物及人类的健康造成极大危害。人类中毒后，潜伏期 3～6 h，主要临床表现为腹痛、腹泻、呕吐、流涎等胃肠系统症状，同时出现记忆丧失、意识障碍、平衡失调等神经系统中毒症状，部分患者中毒后记忆丧失可长达 1 年，严重者昏睡，可导致死亡[129]。

4. 预防与控制措施

为了减少发生 ASP 中毒事件的发生，在日常生活中应该做到以下的防护措施：①绝对不要购买被赤潮污染的贝、螺类等海产品食用；②每次进食贝类不要过量，并避免进食其内脏、生殖器及卵子；③加工时要彻底烹煮达到沸点，以降低微生物污染所造成的风险；④进食贝类后若出现中毒症状，应立即前往邻近医院求医，并将剩余的食物留作调查及化验之用。同时应该禁止被赤潮污染的贝、螺类海产品上市买卖，避免群体性中毒；定期对海产品中软骨藻酸进行监测，预防食物中毒事件的发生。

5. 检测方法

失忆性贝毒的分析方法有小鼠实验法、高效液相色谱法（HPLC）和毛细管电泳法（capillary electrophoresis，CE）[126]。小鼠实验法目前被许多国家接受和采用，能测定毒性的大小但无法确定毒素的组成和各成分的含量，结果的重复性差。高效液相色谱法灵敏度高，能准确测定毒素的含量；毛细管电泳法简单、灵敏、高效、成本低，对记忆性贝类毒素的检测和监控有重要的意义。

二、原多甲藻酸贝类毒素

原多甲藻酸贝类毒素（azaspiracid shellfish poisoning，AZP）是 20 世纪 90 年代于欧洲发现的一类新型聚醚类生物毒素，由原多甲藻产生，可引起与腹泻性贝毒类似的中毒症状，是八大类贝类生物毒素之一[130]。

1. 理化性质

AZP[131]化学结构是一类聚醚氨基酸，含有一个独特的 6，5，6-三螺环和一个环胺结构。目前已确定化学结构的 AZP 毒素包括 11 种，其中 AZA1 是最常见类型，在贝体内毒素组成中占主要比例。该毒素的理化性质明显区别于其他含氮生物毒素，在 1.0 mol/L的乙酸/甲醇溶液或 1.0 mol/L 的氨水溶液中加热 150 min 后其毒性没有明显变化，在冷藏条件下可长期储存，是一类化学性质相对稳定的化合物，其化学结构式如图 2-16 所示。

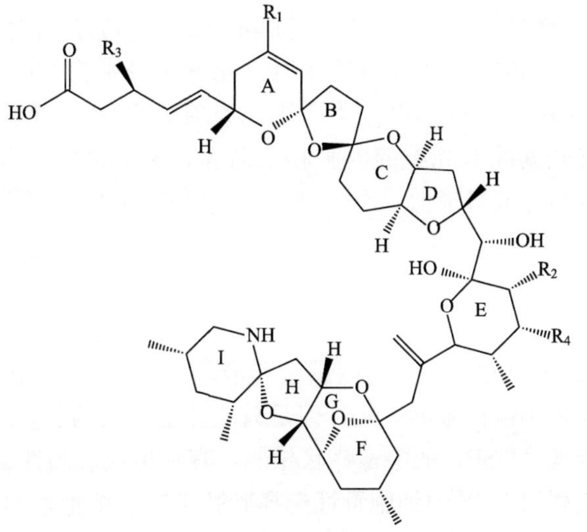

图 2-16　原多甲藻酸贝类毒素化学结构式

2. 来源及分布

在贻贝、牡蛎和扇贝的肝胰腺、生殖腺和肌肉中都有原多甲藻酸贝类毒素的分布，并且在其化学结构确定之后陆续发现了其他 10 种衍生物[132]，并在贻贝之外的其他双壳体体内同样发现该毒素，如长牡蛎（*Crassostrea gigas*）、欧洲牡蛎（*Ostrea edulis*）、大扇贝（*Pecten maximus*）、鸟蛤（*Cardium edule*）等。从地域而言，据统计曾发生 AZP 中毒事件或贝类染毒的国家主要有爱尔兰、英国、挪威、荷兰、法国、西班牙和意大利。在我国的海域中也有原多甲藻的分布，如长江口、大连湾和大亚湾海域。

3. 毒理及症状

AZP 可引起恶心、呕吐、严重腹泻等症状，当摄入量达到 86 μg 时对人体的致毒概率高达 95%。有关 AZP 的致毒机理，目前还没有一个明确的说法[133]，对小鼠口服 AZP 的毒性实验发现，该毒素能够损伤肺、胃、肠、肝、淋巴组织（胸腺和脾）等多个器官组织，但一般在数月内可以恢复；在慢性毒性实验中可以看到间质性肺炎和小肠绒毛萎缩症状的出现，严重者出现肺肿瘤细胞发育，并通过特定结构基团与细胞结合，具有特定的细胞作用靶点，使得纤维肌动蛋白重排，改变细胞骨架。

该毒素在贝体内的累积没有明显的种属趋向性，但具有明显的季节性，在紫贻贝体内可累积 8 个月之久。人食用含有 AZP 的贝类后会出现恶心、呕吐、腹泻、胃痉挛等症状，与腹泻性贝毒素中毒症状非常相似；而作用时间更久，中毒后的恢复期更长，是一类比腹泻性贝毒危害更大的毒素。

4. 预防与控制措施

AZP 在贝类中分布较为广泛、危害大，为控制其对人体产生的危害，有研究显示 AZA1 的急性致毒参考剂量（RfD）为 0.04 μg/kg，远低于其他贝类毒素（一般为 0.33 μg/kg），AZA1～AZA5 的小鼠腹腔注射致死剂量分别为 200 μg/kg、110 μg/kg、140 μg/kg、470 μg/kg 和 1000 μg/kg[134]。因此为预防 AZP 中毒主要是避免误食摄入，对于贝类在烹煮前首先摘除双壳类的内脏和生殖腺，避免进食含毒素较多的组织和器官，食用前弃掉烹煮的汁液以降低 AZP 的水平；避免一次性过多摄入贝类是防控 AZP 中毒的最佳途径。

5. 检测方法

目前 AZP 常用的测定方法有生物测试法和液相色谱-质谱联用（LC-MS）分析法。其中生物测试法主要是小鼠口服测试法，但是只能测定毒素的总量，且受试小鼠的中毒症状与腹泻性贝类毒素（DSP）的中毒症状相似，容易出现假阳性结果而导致无法对其准确定性、定量；或利用 AZP 的细胞毒性选择肝胚细胞瘤细胞系 HepG2（CRL-10741）和膀胱癌细胞（ECV-304）作为测试对象，以毒素提取液培养细胞进行检测[135]。液相色谱-质谱联用（LC-MS）分析法有较高的灵敏度和精密度，可以快速、准确地定量分析贝类中的 AZP[136]，对于待测样品采用乙腈/水（三氟乙酸＋乙酸铵缓冲液）流动相进行分离，使用串联质谱或离子阱选择离子模式检测，对于 AZP 检出限可达 5～40 pg。

三、雪卡毒素

雪卡毒素（ciguatoxin，CTX），又称为西加鱼毒素，是 20 世纪 60 年代夏威夷大学 Scheuer 教授从毒爪哇裸胸鳝（*Gymnothorax javanicus*）肝脏中提取发现的，是一种危害性较为严重的海洋藻类毒素。

1. 理化性质

CTX[137]属于聚醚类神经毒素，其化学结构上由 13 个连续连接成阶梯状的醚环组成，醚环的大小包括五元、六元、七元、八元、九元环，整个分子构架具有反式或顺式的立体化学特征，如图 2-17 所示。CTX 是一类无色、耐热、非结晶体，属脂溶性有机化合物，易溶于极性有机溶剂，如甲醇、乙醇、丙酮等，不溶于苯、水。

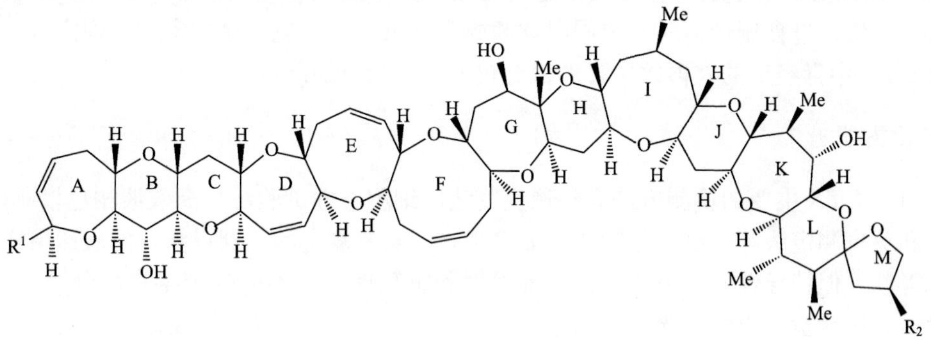

图 2-17 雪卡毒素化学结构式

2. 来源及分布

CTX 主要来源于一种腰鞭毛藻——冈比尔盘藻（*Gambierdiscus toxicus*）。冈比尔盘藻是一种带硬壳并有 2 根鞭毛的涡鞭毛藻，主要生活在珊瑚礁周围，也附着在其他海藻上，如喇叭藻、叉节藻、叉珊藻、仙掌藻、画笔藻、伞藻和江蓠等巨型藻上，在太平洋、大西洋中分布很广。CTX 通过食物链逐级传递和积累，从藻类至小鱼再到大鱼体内富集，同时，CTX 能从成鱼转移到下一代，并不断地积累，最终传递给人类，造成人类中毒，主要积累在鱼类的肝脏和生殖腺，肌肉和骨骼中也有少量积累。目前已知带有该毒素的珊瑚鱼类有 400 多种，主要是一些硬骨鱼类（如石斑鱼、鲷、侧牙鲈）和真鲨科鲨鱼。在我国，带有 CTX 的鱼类主要分布在渤海、南海诸岛地区，如汕头、广州和香港等，主要为石斑鱼和鲈鱼[47]。

3. 毒理及症状

CTX 是一种很强的钠离子通道激活毒素，是钠离子通道兴奋剂，能增强神经及骨骼肌细胞膜对钠离子的通透性，导致神经及骨骼肌细胞膜产生强的去极化，引起神经肌肉兴奋性传导发生改变，从而刺激肾上腺的神经末梢，释放大量的去甲肾上腺素；此外CTX 还可以促进自主神经介质的释放，影响对温度的感觉，使神经中枢对体温的调节不敏感[138]。高浓度 CTX 中毒可出现对于心脏的直接效应，中度中毒可出现消化系统、神经系统、心血管系统症状及温感倒错等症状。人体在摄入含毒素海鱼 1～6 h 即可出现恶心、呕吐、腹痛、腹泻、畏寒、头晕、关节肌肉酸痛、疲倦及温度感觉异常，重者可有休克、痉挛、肌肉麻痹、昏迷，甚至死亡[139]。

动物实验结果显示，CTX 可引起心肌和微血管骨皮细胞肿胀，血管的肿胀使得血管管腔变窄，血液流通不畅，组织供血不足引起心肌细胞坏死；同时引起心肌细胞收缩加强，造成心脏机能损害，出现急性心力衰竭。

4. 预防与控制措施

由于目前对 CTX 尚没有可靠的检测手段，中毒后没有特效的治疗方法，所以对 CTX 应以预防为主，主要包括减少进食珊瑚鱼，不要进食鱼的头、肝、肠及卵等含毒素较多部位，进食珊瑚鱼时不要同时饮酒或进食果仁，以免一旦中毒后加剧症状，曾经有过 CTX 中毒经历的人再次中毒的机会较大、症状更加严重。

5. 检测方法

目前 CTX 主要的检测方法有小鼠生物法、细胞毒性试验法、高效液相色谱-质谱分析法和免疫测定法等。小鼠生物法可靠性强，不需要复杂的仪器设备，能表达出样品中实际毒性，但特异性差、灵敏度低、准确性和重现性差、不能断定毒素成分[140]。细胞毒性试验法能检测出较低含量的毒素水平（0.01 μg/kg），但特异性差，不能确定毒素的准确成分。高效液相色谱-质谱分析法灵敏度高，可比性和重复性好，可检测样品中各种毒素成分的实际含量水平，一般用于实验室分析研究[141]。

四、腹泻性贝类毒素

腹泻性贝类毒素（diarrhoeic shellfish poisoning，DSP），最初从紫贻贝的肝、胰腺中分离得到，因被人食用后产生以腹泻为特征的中毒效应，因此而得名为腹泻性贝毒。

1. 理化性质

DSP[142] 是一类脂溶性物质，其化学结构特征是聚醚或大环内酯化合物，依据碳骨架结构不同可分为三类：酸性成分软海绵酸（OA）和其天然衍生物（鳍藻毒素）、中性成分聚醚类酯（蛤毒素）、其他成分扇贝毒素（扇贝毒素及 4，5-羟基扇贝毒素）。OA 是无色晶体，熔点 156～158℃，是一种高毒性化合物；鳍藻毒素一是白色无定形固体，熔点 134℃，在酸性和碱性中不稳定，干燥状态下暴露于空气中也容易失去毒性；蛤毒素是白色晶体，熔点 208～209℃。部分腹泻性贝类毒素化学结构式如图 2-18所示。

2. 来源及分布

DSP 是海洋毒素中的一种重要毒素。它是由有毒赤潮藻类鳍藻属和原甲藻属中部分藻种产生的一类脂溶性天然化合物，主要成分为 OA 及其衍生物。这些藻类作为食物被海洋贝类、鱼类和其他动物摄食以后，转移到它们的胃或食道中，经胃和肠消化、吸收并导致 DSP 在贝体内的积累和转化，从而引起食用者腹泻性中毒。可被 DSP 毒化的贝类有扇贝、贻贝、蛤蜊、牡蛎、锦蛤、蛤仔、斧文蛤等。

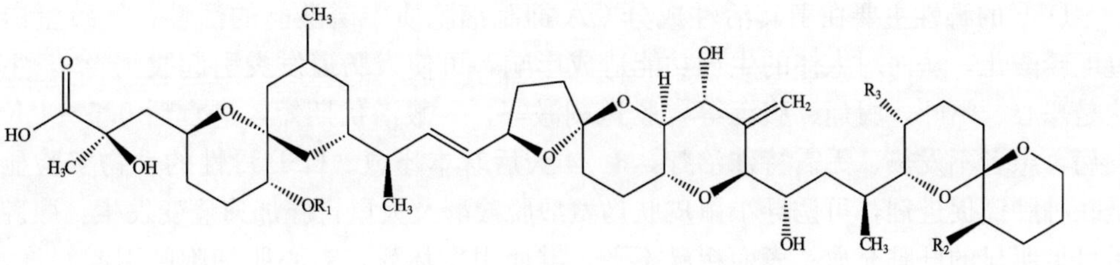

	R₁	R₂	R₃
软海绵酸 OA	H	H	CH₃
鳍藻毒素-1 DTX1	H	H	CH₃
鳍藻毒素-2 DTX2	H	CH₃	H
鳍藻毒素-3 DTX3	acyl	CH₃	CH₃

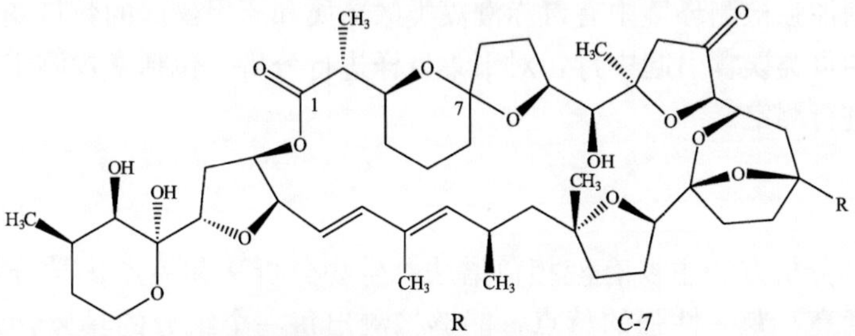

	R	C-7
扇贝毒素-1 PTX1	CH₂OH	R
扇贝毒素-2 PTX2	CH₃	R
扇贝毒素-3 PTX3	CHO	R
扇贝毒素-4 PTX4	CH₂OH	S
扇贝毒素-6 PTX6	COOH	R
扇贝毒素-7 PTX7	COOH	S

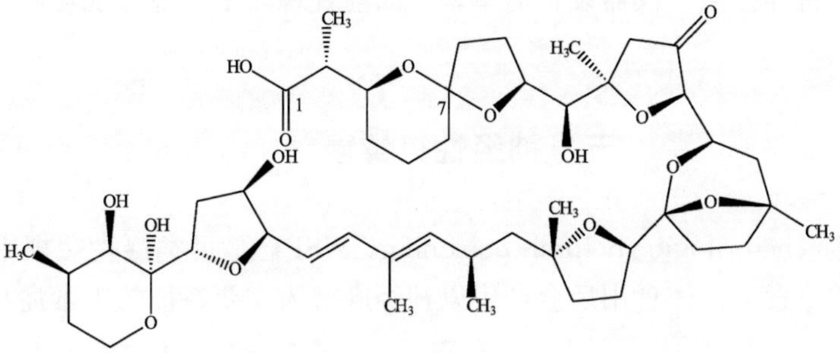

	C-7
扇贝毒素-2-塞科酸 PTX2SA	R
7-epi-扇贝毒素-2-塞科酸 7-epi-PTX2SA	S

图 2-18　部分腹泻性贝毒化学结构式

3. 毒理及症状

DSP 的毒性主要在于其活性成分 OA 抑制细胞质中磷酸酶的活性，导致蛋白质的过度磷酸化，从而对人体的生理功能造成影响，可使人肠道发炎引起腹泻[143]，主要症状是恶心、呕吐、腹痛、腹泻等胃肠道刺激等，一般潜伏期短，进食后 0.5～4 h 即可发病，患者不发热、无需特殊治疗，3～4 天后基本痊愈。DSP 毒性的动物实验显示其是一种肿瘤促进剂，可诱导小鼠皮肤鸟氨酸脱羧酶及大鼠胃腺加速癌变发生，腹腔注射后可见明显的肝脏充血、表面粗糙不平，继而引发坏死，对心肌细胞则引起轻度水肿，严重的可见微小脂肪滴沉淀[144]。

4. 预防与控制措施

防止 DSP 中毒主要依靠预防措施，如确保贝类来源可靠并在烹煮前先刷洗外壳，摘除双贝类的内脏，并弃掉烹煮的汁液再进食。避免一次性或短期内进食过量贝类，保持均衡饮食。定期加强检测环境中有毒赤潮藻类鳍藻属和原甲藻属的数量变化，避免在高风险污染区域的贝类误食引起中毒，对采集贝样进行分析，包括常规测定小白鼠法和对有疑问的样品进行测定。

5. 检测方法

目前，DSP 的分析方法主要有液相色谱法、生物分析法和免疫化学分析法。液相色谱法具有灵敏度高、专一性强的特点，能够检测出每一个组分的具体含量及毒性大小，对于了解毒素种类差异非常重要，检测限可低至 ng/g，但样品前处理过程复杂，且仪器昂贵，需要专门的分析技术人员。生物分析法主要是用小鼠、大鼠或是哺乳动物为实验材料，方法简便易行，但缺点是不能区别毒素的种类和结构，受干扰较大，数据不精确[145]。免疫化学分析法包括放射免疫分析和酶联免疫分析两种，该分析方法选择性强，灵敏度高，特异性强，仪器设备简单，样品前处理简单，适合现场监测和大量样本快速筛查[146]。

五、神经性贝毒素

神经性贝毒素（neurologic shellfish poisoning，NSP）是贝类摄食短裸甲藻等藻类后在其体内蓄积的毒素，人体食用后会产生以神经麻痹为主要特征的中毒症状。

1. 理化性质

NSP[147]是一类不含氮的由单一烃链构成的含有多个甲基的聚醚类毒素。它有 13 种单体形式，其中 11 种成分的化学结构已经确定。按各成分的碳骨架结构可以划分为两种类型：Ⅰ型由 11 个稠合醚环组成的梯形结构，包括有短裸甲藻毒素-2、短裸甲藻毒素-3、短裸甲藻毒素-5、短裸甲藻毒素-6、短裸甲藻毒素-8、短裸甲藻毒素-9；Ⅱ型由 10 个稠合醚环组成，包括短裸甲藻毒素-1、短裸甲藻毒素-7、短裸甲藻毒素-10。短裸甲藻毒素是一种相当稳定的海洋生物毒素，其水溶液储存数月后仍具有活性，在有机溶剂中亦相当稳定。在短裸甲藻的细胞培养基中，其毒性可长期维持。图 2-19 所示为短裸甲藻毒素-2 的化学结构式。

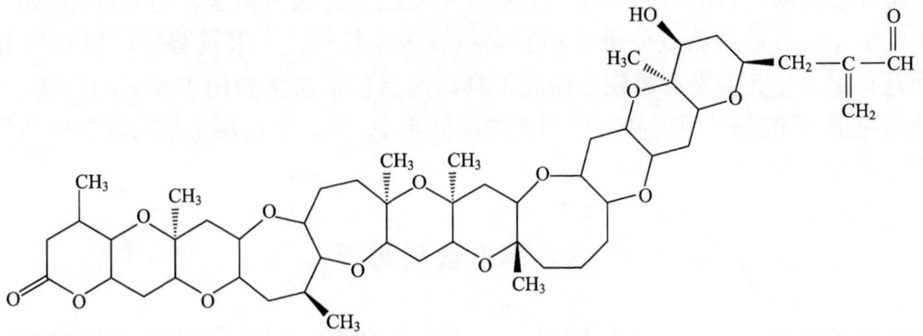

图 2-19 短裸甲藻毒素-2 的化学结构式

2. 来源及分布

NSP 是一类与赤潮有关的毒素，源自于海洋中的短裸甲藻。短裸甲藻在细胞裂解、死亡时会释放一组毒性较大的短裸甲藻毒素。这种毒素的典型发生区域为墨西哥湾、美国南大西洋海岸以及新西兰。

3. 毒理及症状

研究者的体外实验证明，短裸甲藻毒素通过神经后，能在短时间内使神经纤维膜的钠离子通道的通透性增加，使膜静息点位发生去极化导致痉挛作用。进一步神经药理研究显示，短裸甲藻毒素可选择性地开放钠离子通道，使细胞膜对钠离子的通透性增强，活化电压门控钠离子通道，产生较强的细胞去极化作用，引起神经肌肉兴奋的传导发生改变，但其与钠离子通道结合的部位不同于河豚毒素和海葵毒素。当人误食了被短裸甲藻污染的贝类，$0.5 \sim 3$ h 会出现中毒的症状，如腹痛、恶心、呕吐、腹泻，并伴随嘴周围区域和四肢的麻木，同时还有眩晕、肌肉骨骼疼痛、乏力，冷热知觉的颠倒即冷热不分等症状。除了通过食物链引起中毒外，也可通过海洋中的毒素气溶胶造成呼吸道急性中毒。中毒后表现为晕眩、瞳孔放大、气喘、干咳、流鼻涕及眼角膜炎等，有的还染上红眼病和疥疱。

4. 预防与控制措施

人们在食用贝肉的时候，应将内脏、生殖腺部分剔除掉，使毒素降至最低程度，降低中毒概率。在赤潮多发季节应避免过多食用贝类，一旦误食有毒贝类，出现舌、口、四肢发麻等症状，首先要进行人工催吐，同时要到医院进行洗胃、灌肠等治疗，防止发生呼吸肌麻痹。市民应向可靠的供应商购买贝类等海产品。

5. 检测方法

对于短裸甲藻毒素的检测，最早采用小白鼠生物法[148]，该方法简便、快速，但灵敏度、特异性有限，目前采用的方法主要有免疫法、薄层色谱法、高效液相色谱-质谱法。免疫法主要有放射免疫分析法和酶联免疫吸附检测法，其优势是可以直接分析海水，而且有潜力作为鉴别有毒鞭毛藻的工具；薄层色谱法主要用于毒素的分离、纯化；高效液相色谱-质谱法灵敏度高，检测的浓度低至 10 pg，主要用于复杂基质样品分离检测及实验室分析[149,150]。

六、麻痹性贝毒素

麻痹性贝毒素（paralytic shellfish poisoning，PSP）是海洋贝类摄食膝沟藻、裸甲藻等在体内累积的四氢嘌呤类毒素的总称，人体摄入后会引起面部、肢端麻木，严重的可能引起呼吸肌麻痹而导致死亡。

1. 理化性质

PSP[151]为一类水溶性的小分子物质，共有 20 多种毒素与麻痹性贝类中毒有关。石房蛤毒素（STX）是被首先确定的 PSP 成分，从加州贻贝中分离提纯而得到。石房蛤毒素是四氢嘌呤衍生物，白色、溶于水，微溶于甲醇和乙醇，不溶于多数非极性的有机溶剂。PSP 在酸性条件下对热稳定，但在碱性条件下很不稳定，而且容易被氧化。图 2-20 所示为 PSP 化学结构式。

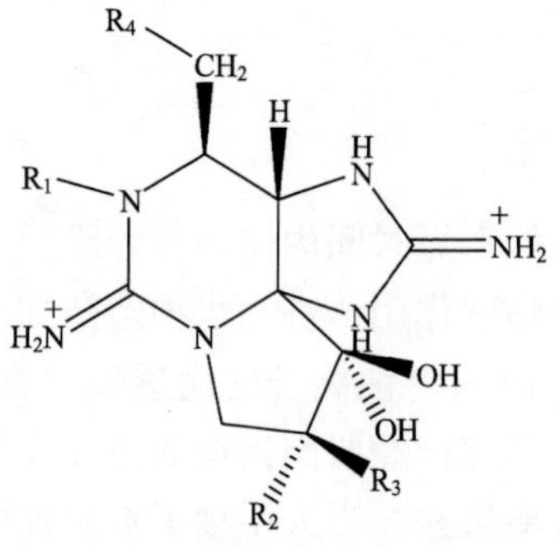

图 2-20　麻痹性贝毒素化学结构式

2. 来源及分布

PSP 来源于海洋中有毒的甲藻类，是山膝沟藻属（Gonyaulax）的涡鞭藻所产生的一组毒素，作为海洋贝类毒素中比较普遍的一种，在全球近岸海域分布广泛，许多食用贝类对其有很强的累积能力，该毒素对人体毒性极强，当人们误食染毒的贝类时就可能发生中毒，因而对人类健康影响很大。最常见的含有 PSP 的生物有蛤、贻贝；偶尔在布氏海菊蛤、扇贝和牡蛎中也能发现该毒素。

3. 毒理及症状

PSP 是一类通过阻断神经细胞钠离子通道来阻断神经传导，对人体神经系统产生麻痹作用的海洋生物毒素[151]。通常情况下，该毒素诱发的低血压程度低、时间短；对全身的作用为广泛阻断外周神经和骨骼肌的神经传导，对血管运动中枢和呼吸中枢也均有抑制作用。

PSP 中毒的潜伏期为几分钟至 20 分钟。最初症状为唇、口和舌感觉异常和麻木，这是由于口腔黏膜局部吸收了 PSP；然后这些感觉波及靠近脸和脖子的部分，指尖和脚趾常有针刺般痛的感觉，并伴有轻微的头痛和头晕；随后出现胳膊和腿麻痹，随意运动障碍，经常有眩晕感；最后出现呼吸困难，咽喉紧张；随着肌肉麻痹不断扩展加重，最终导致死亡。

4. 预防与控制措施

一般情况下，PSP 的存在对贝类是无害的，但人们食用后可引起麻痹性的中毒效应。它对人类影响的危害在于可使人致命，并且在治疗上没有特殊的解药，一般只能根据症状进行治疗。

烹煮并不能把这种耐热的毒素消除，预防贝类中毒的方法包括：在烹煮贝类前先除去其内脏，避免食用烹调汁液；每次进食较少分量的贝类；儿童、病患者及老年人较容易因进食含有毒素的贝类而中毒，应加倍小心；进食贝类后若出现不适，应立即求医。

5. 检测方法

小白鼠生物检测法和高效液相色谱法（HPLC）是目前两种应用最广泛的检测 PSP 的方法[152,153]。小白鼠生物检测法操作简单、灵活，可检测出染毒贝类 PSP 各毒素组分的总毒力，但此方法测得的结果误差大，重现性差，可比性低，而且不能确定具体的毒素成分；HPLC 法具有灵敏、高效的特点，虽然运行成本高、费时，但是能够对每一种毒素成分定性、定量；另外，免疫学方法简便、快速、灵敏，如 STX 多克隆抗体可用于现场检测产麻痹性贝毒的有毒藻，但受抗体特异性限制，目前仅少数国家掌握此项技术。

七、河豚毒素

河豚毒素（tetrodotoxin）是由河豚鱼体内多种嗜盐性细菌产生后，蓄积于体内的一种剧毒物质，被误食后会引起中枢神经麻痹，导致呼吸中枢深度麻痹而造成中毒者窒息性死亡。

1. 理化性质

河豚毒素[154]可以分为河豚卵巢毒素、河豚酸、河豚肝脏毒素，其中河豚卵巢毒素是毒性最强的非蛋白质神经毒素。河豚毒素分子式 $C_{11}H_{17}N_3O_8$，相对分子质量 319.28，是非蛋白质、低分子质量、高活性的神经毒素。其化学结构具有多羟基氢化 5，6 苯吡啶母核结构，纯品为无色的针状结晶。河豚毒素理化性质稳定，不溶于有机溶剂，微溶于水、乙醇和浓酸，易溶于稀酸，pH 3～6 酸性环境中稳定，易被碱还原，故在 pH 大于 7 的碱性环境中易被破坏，其衍生物为白色无定形酸性物质。煮沸、盐腌、日晒等加工手段不能破坏河豚毒素的毒性，河豚鱼在日光下曝晒 20 天或在盐水中盐腌 30 天，其毒性仍不能去除；在 100℃加热 7 h，或在 200℃加热 10 min 以上才能被破坏。河豚毒素化学结构式如图 2-21 所示。

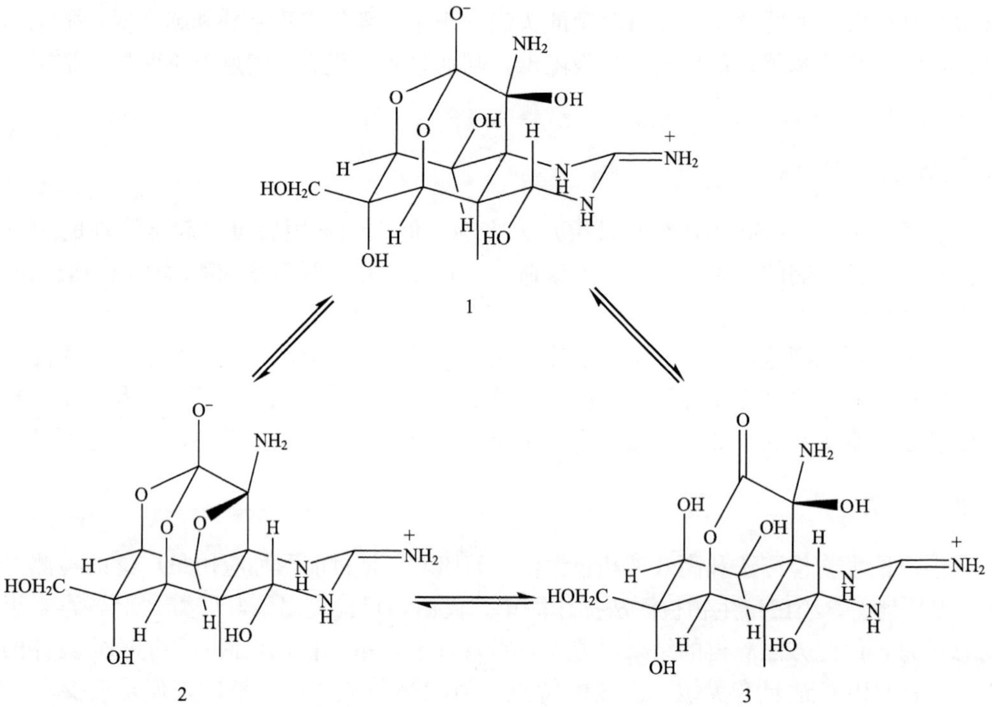

图 2-21　河豚毒素化学结构式
1. 河豚毒素；2. 半缩醛型河豚毒素；3. 内酯型河豚毒素

2. 来源及分布

河豚毒素主要存在于河豚鱼体内，是一种强烈且性质稳定的生物碱天然毒素[154]。同时，它在鲀科鱼中普遍存在，如红鳍东方鲀、豹纹东方鲀、密点东方鲀。河豚毒素主要分布在河豚的卵巢、精巢、肝、血液和肠中，在皮肤中只含有少量河豚毒素，肌肉中基本不含毒。但当鱼死后，毒素会从内脏中逐渐溶入肌肉，导致肌肉带毒。每年春季为河豚的生殖、产卵期，此时含有的毒素最多，因而比较容易发生中毒事件。其中毒事件主要发生在日本、东南亚和中国，主要为误食。

3. 毒理及症状

河豚毒素是一种神经毒素，主要作用于神经系统，阻断钠离子通道，从而阻断神经兴奋传导，阻抑神经和肌肉的信号传递，使中枢神经和末梢神经发生麻痹[155]。首先是感觉神经麻痹；继而是运动神经麻痹，无力运动或不能运动；毒量增大时迷走神经麻痹，呼吸减少，脉搏迟缓；严重时体温和血压下降，最后导致血管运动神经和呼吸神经中枢麻痹而引起迅速死亡。河豚毒素作用于肠道引起局部刺激症状，如恶心、呕吐、腹泻和上腹疼痛。

河豚毒素中毒的特点是发病急速而且剧烈，潜伏期一般为 10 min～3 h。最初手指、舌、唇刺痛，然后出现恶心、呕吐、腹泻等胃肠中毒症状，逐渐失去运动能力；进一步末梢血管扩张，血压下降，最后因呼吸麻痹、循环衰竭而于 $4\sim6$ h 后死亡，最快 1.5 h 即能死亡。河豚毒素中毒尚无特效解药，一般以催吐、洗胃和导泻为主。

4. 预防与控制措施

河豚毒素是一类理化性质稳定的毒素，一般的加热烹调或加工方法都很难将毒素清除干净，因此预防措施至关重要。预防河豚毒素中毒，需提高对河豚鱼危害性的认识，以防误食中毒，同时加强监督管理，对捕到的河豚鱼要集中妥善处理，严禁河豚鱼流入市场而误食。河豚毒素中毒无特殊解毒剂，但毒素存在体内解毒和排泄快，如果发病后 8 h 未死亡，多能恢复，因此，一旦发现中毒，应尽快给予各种排毒和对症处理的措施渡过危急期。

5. 检测方法

河豚毒素的检测方法有小鼠生物法、免疫法、理化法[156]。小鼠生物法有直观、易于定性且费用较低的优点，但易受小鼠个体差异、实验室温度及操作人员等因素的影响，重复性差，特异性不强。免疫法经济、快速、特异、灵敏，不需复杂和昂贵的仪器，可直接进行检测，又可自动化，但必须有特异性抗体。理化有荧光法、高效液相色谱法。荧光法灵敏度高，检测限为 1 μg/kg，但需要进行衍生，操作繁琐，重现性低。高效液相色谱法具有分析速度快、分离效能高、可自动化等特点。液相色谱-质谱联用不但可以根据相对分子质量对样品进行定性，而且可以根据总离子流色谱图对样品进行定量，其准确度和精密度好，专属性和灵敏度都高于 HPLC，检测限比 HPLC 低 2 或 3 个数量级。

第五节　生　物　胺

生物胺[55~58]（biogenic amine，BA）是一类具有生物活性、含氮的低相对分子质量有机化合物的总称，可看做是氨分子中 $1\sim3$ 个氢原子被烷基或芳香基取代后而生成的物质，是脂肪族、酯环族或杂环族的低相对分子质量有机碱，常存在于动植物体内及食品中。生物胺根据其结构可分为三类：脂肪族，包括腐胺、尸胺、精胺、亚精胺等；芳香族，包括酪胺、苯乙胺等；杂环胺，包括组胺、色胺等。生物胺的主要代表性物质为儿茶酚胺、组织胺、血清张力素等。

一、儿　茶　酚　胺

儿茶酚胺（catecholamine，CA）是一种含有儿茶酚和氨基的神经类物质，与人类的健康、疾病等密切相关，不仅直接参与行为活动及血压、心律、呼吸、睡眠等植物神经功能调控，同时与部分神经功能疾病、忧郁症、器官性病变等密切相关[157]。

1. 功能及类型

儿茶酚胺是重要的神经递质和激素，在调节心血管、神经、内分泌腺、肾脏、平滑肌等组织中起着重要作用，并直接影响人体代谢水平。肾上腺素（epinephrine，E）、去甲肾上腺素（norepinephrine，NE）、多巴胺（dopamine，DA）是主要的儿茶酚胺类物质，其由酪氨酸衍生而来，E、NE、DA 经酶催化分别生成间甲肾上腺素（metanephrine，MN）、去甲变肾上腺素（normetanephrine，NMN）、3-甲氧酪胺（3-methoxytyramine，3-MT），其化学结构式如图 2-22 所示。

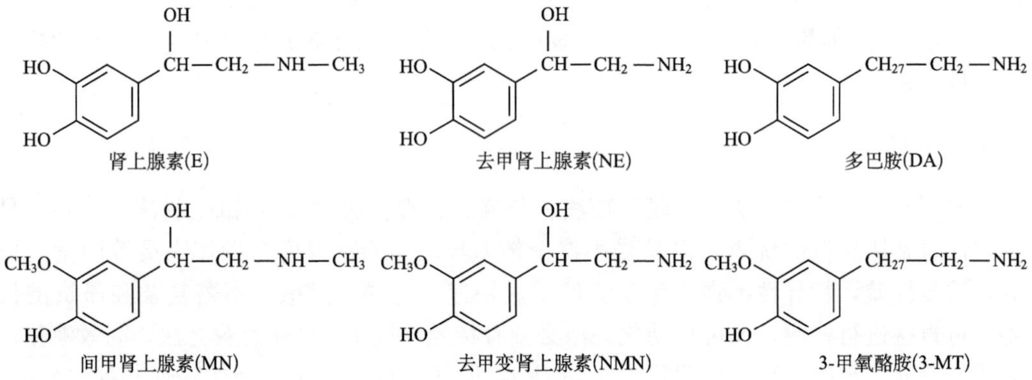

图 2-22　儿茶酚胺类物质化学结构式

2. 分泌与代谢

CA 类物质中，E 是肾上髓质分泌的激素，存在于所有的组织中，平均含量为 25 ng/g，在肾上腺和嗜铬体中含量更高，分别为 700 μg/腺体和 100 ng/g[158]，某些肿瘤会导致 CA 类物质的代谢异常，如嗜铬细胞瘤、副神经节瘤、成神经细胞瘤等。某些嗜铬细胞瘤患者的血液中通常含有过高水平的 NE，因此监测人体中体液或组织中 CA 类物质代谢浓度变化的信息，对于疾病的诊断和治疗具有重要的意义[159]。

3. 病理症状

作为人体正常机能分泌的神经递质和激素，CA 在人体无病症情况下在肌体、血液及体液中会维持正常水平，但当肌体受到外界侵害或发生器质性病变时，多会伴随肌体中 CA 的含量发生明显变化。例如，对于溃疡性症状患者，由于在应激状态下引起一系列反应，肌体出于自我保护，CA 分泌量明显增加，其目的是使得末梢阻力血管收缩以利于重要脏器供血，但同时也会引起消化系统血管淤积、有效血容量减少，加重溃疡症状[160]。高血压患者血浆中 CA 含量明显高于常人，CA 被认为是高血压发病重要因素之一，尤其对于孕妇妊娠期高血压病（PIH）而言，正常条件下 CA 在胎盘中代谢，当胎盘功能减退、酶活性降低时将影响母儿循环中的 CA 水平，PIH 患者血液中 CA 水平明显增加而使得其新生儿成为高血压高危人群[161]。

4. 检测方法

对于 CA 的分析早期采用的方法是三羟基吲哚法和乙二胺缩合法，利用 CA 可被碘、羟基乙醇或带铜离子的铁氰化盐氧化，并利用其能在碱性溶液中形成强荧光的吲哚化合物进行检测[162]，或在碱性溶液中加入 2，3-二氨基萘生成荧光缩合物可提高方法的灵敏度[163]。后期随着研究的深入，新的技术如荧光法、电化学法、质谱法等得到应用。高效液相色谱法分析 CA 可使用检测器包括 MS 检测器、ECD 检测器、FL 检测器、CL 检测器等，可实现对于尿液、组织样品、血浆样品中的 CA 检测[164]，而毛细管电泳法则主要采用 UV、LIF 检测器进行检测[165]。此外有研究人员还采用注射化学发光法利用 CA 在碱性溶液中对鲁米诺-高碘酸钾的化学发光反应进行检测，同样取得了良好的效果[166]。

二、组 织 胺

组织胺（histamine，HA）是一种活性胺化合物，是人体内一种化学传导物质，对体细胞具有重要的影响，可引发过敏、发炎反应；对于消化系统可改变胃酸分泌，影响胃肠功能；对神经系统可影响脑部神经传导，引起人体嗜睡感。

1. 功能及类型

HA 是最早发现的炎性介质，化学名称为 4（5）-（2-氨乙基）咪唑[167]，由英国科学家发现其活性并通过化学方法分离获得，其化学结构式如图 2-23 所示。HA 有外组织胺、内组织胺两种，外组织胺主要作用于皮肤、黏膜，使其产生水肿、渗出，内组织胺主要作用于内脏，产生平滑肌痉挛、分泌腺增高等，正常条件下机体释放 HA 一部分被组胺酶转化，另一部分以非活性状态与肝素结合，储存于组织的肥大细胞和血液的嗜碱性粒细胞颗粒中，占颗粒内容物重量的 10%。

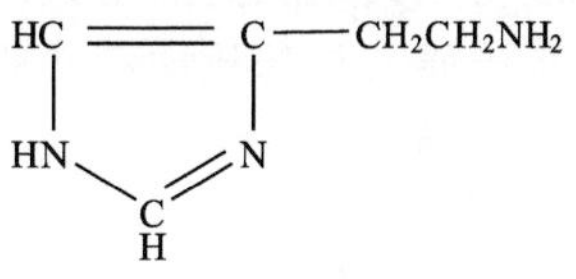

图 2-23 组织胺化学结构式

2. 分泌与代谢

当肥大细胞、嗜碱性粒细胞等受到免疫或理化因素刺激后，即脱颗粒释放 HA，颗粒脱出细胞外以后，HA 与 Na^+ 交换释放至细胞外，与肝素分离从而发挥活性作用。正常情况下人体血液循环中 HA 水平为 $0.2\sim0.4$ ng/mL，其中的 3% 将以原形通过尿液排出体外，24 h 内可排出 $10\sim15$ μg。体内的 HA 半衰期 $30\sim60$ min，此后会与组胺酶及 N-甲基转移酶和单胺氧化酶反应，转化为无活性代谢产物随尿液排出[168]。

3. 病理症状

HA 主要在速发型变态反应中，如内毒素休克、炎症、烧伤等病变过程中出现明显的水平增高，当发生肥大细胞肿瘤、血液及组织中肥大细胞增多时，HA 生成、释放量增加,会引发明显的荨麻疹,发作性出现皮肤潮红、水肿、呼吸系统痉挛等[169]。例如,荨麻疹发病期间,血、尿等生物标本中 HA 增高,治愈后消退并恢复正常,表明 HA 是荨麻疹发病机制中的重要介质,而在光敏性皮肤病中,组织病理学检测可见肥大细胞脱颗粒现象,是由于内源性光敏物质在日光照射下形成抗原,刺激肥大细胞脱颗粒释放出过量的 HA,引起血管舒张,通透性增加,导致皮肤浅层水肿、瘙痒、疼痛。

4. 检测方法

HA 的检测方法主要有荧光分析法、酶联法、气相色谱法、液相色谱法等。HA 由于具有含两个杂原子的五元环共轭体系,因此可采用荧光法测定,具有特异、敏感、重复性好的优点,但不能满足痕量检测需求[170];酶联法检测 HA 抗原抗体特异性较差,并且难于精确定量,不适合低含量生物样品检测[171];HA 沸点约为 209℃,在高温条件下不稳定,当采用气相色谱法检测时需要硅烷化或氟化增加其挥发性,采用 ECD 或 MS 检测器检测[172]。液相色谱法是目前检测 HA 的主要方法,如采用 Patisil ODS 色谱柱,以乙酸钠缓冲液/乙腈流动相在 pH 3～4 条件下分离,经 OPA 在 2-ME 存在下衍生化后以荧光检测器检测样品中的 HA 含量,检出限可达 ng/mL 级。

三、血清张力素

血清张力素(5-hydroxytryptamine,5-HT)又称为血清素、5-羟色胺,为单胺型神经递质,由色氨酸衍生而来,合成于中枢神经元及动物消化道的肠嗜铬细胞内,与神经活动尤其是感情活动关系密切,可刺激血管平滑肌细胞调节血压,参与中枢神经系统神经传递,与其他神经递质参与行为活动、情绪、食欲、体温调节等。

1. 功能及类型

5-HT 是一种杂环胺,分子式为 $C_{10}H_{12}O$(相对分子质量 176.2),广泛存在于自然界动植物中,如水果、蔬菜、坚果等;哺乳动物除骨骼肌、外周神经、肾上腺不含 5-HT 外,几乎遍布其他器官组织;人体中的 5-HT 主要存在于胃肠道黏膜嗜铬细胞中,约占总量的 80%,其余则分布于血小板、松果体及脑部神经元[173]。

2. 分泌与代谢

人体内 5-HT 主要来源于肠道中的嗜铬细胞,此外还可通过色氨酸羟化酶的作用由色氨酸代谢而来,正常条件下每天生成量约 10 mg,占色氨酸摄入量的 2%。5-HT 的主要分解途径是经单胺氧化酶(MAO)催化、经 5-羟基吲哚乙醛转化为 5-羟基吲哚乙酸,或与硫酸盐、葡萄糖醛酸结合或通过乙酰化、5-O-甲基化而代谢,此外约有 1% 的 5-HT 转化为 5-羟基吲哚乙醇,但对于乙醇中毒或其他肝病患者,5-羟基乙醇含量可以高出很多。对于血浆中含量过高的游离 5-HT,主要有三种途径被清除:血小板摄取并储存于致密颗粒中,在血小板活化时再被释放;与白蛋白、糖蛋白等结合储存;在肝、肺中代谢为 5-羟基吲哚乙酸。

3. 病理症状

人体在正常水平条件下，5-HT 分泌、代谢维持平衡水平，不会引发疾病，但当机体功能失调或某些脏器发生病变时，往往伴随体液中 5-HT 含量失衡。如常发生于肠道、脏器嗜铬细胞中的类癌瘤，可分泌过剩 5-HT 引起血管运动障碍（可见面部潮红）、消化系统失调、心脏损害、哮喘等类癌综合征，这类患者饮食摄入的 60% 色氨酸转化为 5-HT 远高于正常水平，同时血、尿中 5-HT、5-羟基吲哚乙酸含量增高可达数十倍[174]。除类癌病变外，5-HT 异常与神经系统疾病包括厌食、癫痫、帕金森病、循环系统心血管疾病、消化系统溃疡及肾功能不全等也有密切关系[175,176]。

4. 检测方法

早期 5-HT 的检测采用荧光光度法，在强酸性条件下，5-HT 与邻苯二甲醛受热反应生成荧光物质，采用荧光光度计检测，方法便捷、迅速，但受荧光强度限制灵敏度低、特异性较差。液相色谱法检测 5-HT 可采用紫外线、荧光、电化学法，其中利用较多的嗜荧光、电化学法。在 300 nm 波长下 5-HT 有最大吸收波长、340 nm 有最大发射波长，可同时检测 5-HT、5-羟基吲哚乙酸、5-羟基色氨酸等物质，通过二苯乙二胺衍生后 5-HT 检出限可低至 ng/mL[177]。利用吲哚类物质易被氧化的特性，可用电化学法检测器检测，多数 5-羟基吲哚氧化电压低于 0.6 V，测定 5-HT 时需要增大电压，如采用双或多库伦检测器串联逐步氧化方式增加特异性、灵敏度[178]。

参 考 文 献

[1] 黄绍重，秦振华. 生物毒素研究进展. 毒理学杂志，2006，20：257-258

[2] 陈丽星. 真菌毒素研究进展. 河北工业科技，2006，23：124-126

[3] 宫春波，姜连芳，张永翠，等. 黄曲霉毒素在食品中的危害及去除方法. 食品研究与开发，2004，25：120-123

[4] 刘兴玠. 真菌毒素研究进展. 北京：人民卫生出版社，1979

[5] Gabal M A, Hegazi S A, Hassanin N. Aflatoxin production by *Aspergillus flavus* field isolates. Veterinary and Human Toxicology, 1994, 36：519-521

[6] 孟智勇，徐秀珍. 浅议黄曲霉毒素的危害及预防. 科技创新导报，2008，6：169

[7] Busby W F, Wogan G N, Searle C E. Chemical Carcinogens. Washington D C：American Chemical Society, 1984

[8] 肖良，刑卫锋. 黄曲霉素的危害与控制. 世界农业，2003，3：40-42

[9] Groopman J D, Trudel L J, Donahue P R, et al. High-affinity monoclonal antibodies for aflatoxins and their application to solid-phase immunoassays. Proceedings of the National Academy of Sciences of USA, 1984, 81：7728-7731

[10] 王光建，何才云，鲁长豪，等. 用免疫亲和柱分离、高效液相色谱法测定花生和玉米中黄曲霉毒素的研究. 色谱，1995，13：238-246

[11] 刘仁荣，许杨. 橘霉素简介及其免疫学检测方法研究进展. 卫生研究，2004，33：124-127

[12] 邹宇，侯红漫. 红曲霉抑菌活性物质与橘霉素的研究进展. 食品研究与开发，2005，26：20-22

[13] 宫慧梅，阿布力米提，克里木，等. 红曲安全性研究进展. 广州食品工业科技，2004，18：60-62

[14] Ciegler A, Vesonder R F, Jackson L K. Produciton and biological activity of patulin and citrinin from *Penicillium expansum*. Applied and Environmental Microbiology, 1977, 33：1004-1006

[15] 郝常明. 红曲制品的橘霉素问题及应对措施. 食品添加剂, 2002, 1: 30-33

[16] 刘畅, 葛锋, 刘迪秋, 等. 红曲橘霉素控制对策. 中国生物工程杂志, 2009, 29: 117-122

[17] Abramson D, Usleber E, Martlbauer E. Rapid determination of citrinin in corn by fluorescence liquid chromatography and enzyme immunoassay. Journal of AOAC International, 1999. 82: 1353-1356

[18] Trantham A L, Wilson D M. Fluorometric screening method for citrinin in corn, barley and peanuts. Journal of AOAC International, 1984, 67: 37-38

[19] Abramson D, Usleber E, Martlbauer E. Determination of citrinin in barley by indirect and direct enzyme immunoassay. Journal of AOAC International, 1996, 9: 1325-1329

[20] 卢春霞, 王洪新. 麦角生物碱的研究进展. 食品科学, 2010, 31: 282-288

[21] 陈宁庆. 实用生物毒素学. 北京: 中国科学技术出版社, 2001

[22] Schnitzius J M, Hill N S, Tompson C S, et al. Semiquantitative determination of ergot alkaloids in seed, straw, and digesta samples using a competitive enzyme-linked immunosorbent assay. Journal of Veterinary Diagnostic Investigation, 2001, 13: 230-237

[23] Krska R, Stubbings G, Macarthur R, et al. Simultaneous determination of six major ergot alkaloids and their epimers in cereals and foodstuffs by LC-MS-MS. Analytical and Bioanalytical Chemistry, 2008, 391: 563-576

[24] 樊祥, 褚庆华, 谌鸿超, 等. 高效液相色谱-荧光检测法分析麦类中麦角克列斯汀碱. 分析试验室, 2010, 29: 87-90

[25] Bandera C A, Ye B, Mok S C. New technologies for the identification of marthers for early detection of ovarian caner. Current Opinion in Obstetrics and Gynecology, 2003, 15: 51-55

[26] 王春红, 张宝善, 孟泉科. 常见真菌毒素对人体的危害及生物降解研究进展. 陕西农业科学, 2009, 4: 99-101

[27] Lino C M, Silva L J G, Pena A, et al. Occurrence of fumonisins B1 and B2 in broa typical Portuguese maize bread. International Journal of Food Microbiology, 2007, 118: 79-82

[28] Gazzotti T, Lugoboni B, Zironi E, et al. Determination of fumonisin B1 in bovine milk by LC-MS/MS. Food Control, 2009, 20: 1171-1174

[29] Doko M B, RaPior S. Incidence of levels of fumonisin contamination in maize genotypes grown in Europe and Africa. Journal of Agricultural and Food Chemistry, 1995, 43: 429-434

[30] Colvin B M, Harrison L R. Fumonisin-induced pulmonary edema and hydrothorax in swine. Mycopathologia, 1992, 117: 79-82

[31] Schaafsam A W, Nicol R W, Rottinghaus G, et al. Analysis of fusarium toxins in maize and wheat using thin layer chromatography. Mycopathologia, 1998, 142: 107-113

[32] Wang S, Quan Y, Lee N, et al, Rapid determination of fumonisin B1 in food samples by enzyme linked immunosorbent assay and colloidal gold immunoassay. Journal of Agricultural and Food Chemistry, 2006, 54: 2491-2495

[33] Kaushik A, Solanki P R, Ansari A A, et al. Chitosan-iron oxide nanobiocomposite based immunosensor for ochratoxin A. Electrochemistry Communications, 2008, 10: 1364-1368

[34] 迟蕾, 哈益明, 王锋. γ射线对赭曲霉毒素 A 的辐照降解与产物分析. 食品科学, 2010, 31: 320-324

[35] Schatzmayr G, Heidler D, Fuchs E, et al. Investigation of different yeast strains for the detoxification of ochratoxin A. Mycotoxin Research, 2003, 19: 124-128

[36] 黄化成, 赵尊行, 孙惠兰, 等. 用高效液相色谱法测定鸡肝中的棕曲霉素 A. 色谱, 1990, 3: 189-190

[37] 李军, 于一茫, 田苗, 等. 免疫亲和柱净化-柱后光化学衍生-高效液相色谱法同时检测粮谷中的黄曲霉毒素、玉米赤霉烯酮和赭曲霉毒素 A. 色谱, 2006, 6: 581-584

[38] 耿建暖, 仇农学. 果汁中农药残留和棒曲霉素及其去除方法的研究进展. 饮料工业, 2004, 1: 12-15

[39] 蒋雄图, 虞左向. 棒曲霉素. 无锡轻工业学院学报, 1989, 8: 73-84

[40] de Koe W J. Regulation in the EU on mycotoxins in foods. 食品科学, 2002, 11: 146-155

[41] Food and Agricultural Organization. Worldwide regulations for mycotoxins 1995. A compendium. FAO Food

and Nutrition Paper, 1997, 64: 1-43

[42] Gokmen V, Acar J. Simultaneous determination of 5-hydroxymethylfurfural and patulin in apple juice by reversed-phase liquid chromatography. Journal of Chromatography A, 1999, 847: 69-74

[43] Gokmen V, Acar J. Rapid reversed-phase liquid chromatographic determination of patulin in apple juice. Journal of Chromatography A, 1996, 730: 53-58

[44] Li J K, Wu R N, Hu O H, et al. Solid phase extraction and HPLC determination of patulin in apple juice concentrate. Food Control, 2007, 18: 530-534

[45] Reijula K, Tuomi T. Mycotoxins of Aspergill exposure and health effects. Frontiers in Bioscience, 2003, 8: 232-235

[46] 胡伟莲, 叶均安, 吕建敏, 等. 饲料中杂色去霉素检测方法的研究. 浙江大学学报, 2005, 31: 617-620

[47] Bennett J W, Henderberg A, Grossman K. Sterigmatocystin production on complex and defined substrates. Mycopathologia, 1989, 105: 35-38

[48] Abramson D, White N D G, Jayas D S. Mycotoxin formation in hulless barley during granary storage at 15 and 19% moisture content. Journal of Stored Products Research, 1999, 35: 297-305

[49] 邢欣, 邢凌霄, 李月红, 等. 杂色曲霉素诱导胃黏膜上皮细胞细胞周期 G_2 期阻滞. 细胞生物学杂志, 2009, 331: 89-95

[50] 田禾菁, 刘秀梅. 粮食中杂色曲霉素酶联免疫吸附测定方法. 卫生研究, 2004, 33: 111

[51] 胡文娟, 田长清, 罗雪云, 等. 双向薄层色谱法测定粮食中的杂色曲霉素. 微生物学通报, 1983, 6: 265-266

[52] Liu D L, Yao D S, Liang Y Q, et al. Production, purification and characterization of an intracellular aflatoxin-detoxifizyme from armillariella tabescens (E-20). Food and Chemical Toxicology, 2010, 39: 461-466

[53] 焦炳华, 谢正旸. 现代微生物毒素学. 福州: 福建科学技术出版社, 2000

[54] 杨淑芬. 单端孢霉烯族化合物对粮食和饲料的污染及其危害. 中国公共卫生, 1992, 8: 307-309

[55] Abramson D, House J D, Nyachoti C M. Reduction of deoxynivalenol in barley by treatment with aqueous sodium carbonate and heat. Mycopathologia, 2005, 160: 297-301

[56] Zhou T, He J, Gong J. Microbial transformation of trichothecene mycotoxins. World Mycotoxin Journal, 2008, 1: 23-30

[57] 刘锋, 罗毅, 冯建林, 等. 负离子化学电离 GC-MS 在单端孢霉烯族毒素分析中的应用. 质谱学报, 1994, 15: 76-82

[58] 郭玉风, 傅承光. HPLC 法检测玉米中痕量单端孢霉烯属族毒素. 分析测试学报, 1994, 13: 59-62

[59] 陆国权, 陈声音. 有机农业与食品安全. 北京: 化学工业出版社, 2006

[60] Kim J C, Kang H J, Lee D H, et al. Natural occurrence of *Fusarium* mycotoxins (trichothecenes and zearalenone) in barley and corn in Korea. Applied and Environment Microbiology, 1993, 59: 3798-3802

[61] Binder E M. Managing the risk of mycotoxins in modern feed production. Animal Feed Science and Technology, 2007, 133: 149-166

[62] Prelusky D B, Rotter B A, Rotter R G, et al. Mycotoxins in grains-compounds other than aflatoxins. St Paul: Eagan Press, 1994

[63] Joint FAO/WHO Expert Committee on Food Additives. Safety evaluation of certain food additives and contaminants. WHO Food Additives Series, No. 44. World Health Organization, Geneva, 2000

[64] Molnar O, Schatzmayr G, Fuchs E, et al. A new yeast species useful in biological detoxification of various mycotoxins. Systematic and Applied Microbiology, 2004, 27: 661-671

[65] 罗雪云, 胡霞, 李玉伟. 小麦、小麦制品及玉米中玉米赤霉烯酮的薄层色谱测定. 卫生研究, 1993, 22: 112-115

[66] 孟娟, 张晶, 张楠, 等. 固相萃取-超高效液相色谱-串联质谱法检测粮食及其制品中的玉米赤霉烯酮类真菌毒素. 色谱, 2010, 6: 601-607.

[67] 甄应中, 韩绍印, 王秀林, 等. 关于链格孢的毒性及其产毒条件的研究. 菌物学报, 1988, 7: 245-251

[68] Logrieco A, Bottalico A, Solfrizzo M, et al. Incidence of *Alternaria* species in grains from Mediterranean countries and their ability to produce mycotoxins. Mycologia, 1990, 82: 501-505

[69] Dong Z, Liu G, Qian Y, et al. Induction of mutagenesis and transformation by the extract of *Alernaria alternata* isolated from grains in Linxian, China. Carcinogenesis, 1987, 8: 989-991

[70] Palmisano F, Zamboni P G, Visconti A, et al. Determination of *Alternaria* mycotoxins in food stuffs by gradient elution liquid chromatography with electrochemical detection. Chromatographia, 1989, 27: 425-430

[71] Visconti A, Siblia A, Palmisano F. Selective determination of altertoxins by high performance liquid chromatography with electrochemical detection with dual in series electrodes. Journal of Chromatography A, 1991, 540: 376-382

[72] 李文建, 邹全明. 黏膜免疫佐剂: 肠产毒性大肠杆菌不耐热肠毒素（LT）研究进展. 免疫学杂质, 2000, 16: 85-87

[73] Gaastra W, Svennerholm A. Colonization factors of human enterotoxigenic *Escherichia coli* （ETEC）. Trends in Microbiology, 1996, 4: 444-452

[74] Desmarchelier P M, Bilge S S, Fegan N, et al. A PCR specific for *Escherichia coli* O157 based on the rfb locus encoding O157 lipopolysaccharide. Journal of Clinical Microbiology, 1998, 36: 1801-1804

[75] European Commission. Commission Regulation （EC） No 1441/2007 of 5 December 2007 amending Regulation （EC） No 2073/2005 on microbiological criteria for foodstuffs. Official Journal of the European Union, L 322/12, 2007

[76] Edberg S, Edberg M. A defined substrate technology for the enumeration of microbial indicators of environmental pollution. Yale Journal of Biology and Medicine, 1988, 61: 389-399

[77] Poucke S O, Nelis H J. A 210-min solid phase cytometry test for the enumeration of *Escherichia coli* in drinking water. Journal of Applied Microbiology, 2000, 89: 390-396

[78] Arora K, Chandb S, Malhotra B. Recent developments in bio-molecular electronics techniques for food pathogens. Analytica Chimica Acta, 2006, 568: 259-274

[79] 李丽娟. 霍乱弧菌的检测研究进展. 实用医技杂志. 2004, 4: 523-525

[80] 卫生部疾病控制司霍乱防治手册编写组. 霍乱防止手册. 第 5 版. 北京: 中华人民共和国卫生部疾病控制司, 1999

[81] Brenda D S. Structure and function of cholera toxin and the related *Escherichia coli* heat-labile enterotoxin. Microbiological Reviews, 1992, 56: 622-647

[82] Jesudason M, Kuruvilla A. A simplified procedure for rapid screening of *Vibrios* for cholera toxin production. Indian Journal of Medical Research, 2000, 111: 1-2

[83] Fedio W, Blackstone G, Kikuta O, et al. Rapid detection of the *Vibrio cholerae* ctx gene in food enrichments using real-time polymerase chain reaction. Journal of AOAC International, 2007, 90: 1278-1283

[84] Schmidt H, Hensel M. Pathogenicity islands in bacterial pathogenesis. Clinical Microbiology Reviews, 2004, 17: 14-56

[85] 张开瑞. 志贺氏菌感染的研究进展. 临床内科杂志, 1996, 4: 4-5

[86] Vokes S, Reeves S, Torres A, et al. The aerobactin iron transport system genes in *Shigella flexneri* are present within a pathogenicity island. Molecular Microbiology, 1999, 1: 63-73

[87] Luck S, Tumer S, Rajakumar K, et al. Ferric dicitrate transport system （Fec） of *Shigella flexneri* 2a YSH6000 is encoded on a novel pathogenicity island carrying multiple antibiotic resistance genes. Infection and Immunity, 2001, 10: 6012-6021

[88] Rahn K, Wilson J, McFadden K, et al. Comparison of vero cell assay and PCR as indicators of the presence of verotoxigenic *Escherichia coli* in bovine and human fecal samples. Applied Environmental Microbiology, 1996, 62: 4314-4317

[89] 彭小兵, 蒋玉文, 蒋颖, 等. 肉毒中毒症实验室诊断的研究进展. 中国兽药杂志, 2009, 3: 53-57

[90] 左庭婷，端青. 肉毒毒素的中毒和检测方法. 微生物学免疫学进展，2003，2：87-90

[91] Doellgast G，Triscott M，Beard G，et al. Sensitive Enzymelinked Immuno- sorbent assay for detection of *Clostridium botulinum* neurotoxin type A，B，and E using signal amplification via enzyme linked coagulation assay. Journal of Clinical Microbiology，1993，31：2402-2409

[92] Szabo E A，Pemberton J M. The detection of the genes encoding botulinum neurotoxin types A to E by the polymerase chain reaction. Applied and Environmental Microbiology，1993，59：3011-3020

[93] 杨凯，郑刚. 葫芦素 BE 的药理作用研究进展. 国际中医中药杂志，2006，1：27-29

[94] Yang X，Kong C H，LiangW J，et al. Relationship s of *Aulacophora* beetles feeding behavior with cucurbitacin types in host crops. Chinese Journal of Applied Ecology，2005，16：1326-1329

[95] Chen J C，Chiu M H，Nie R L，et al. Cucurbitacins and cucurbitane glycosides：structures and biological activities. Natural Product Reports，2005，3：386-399

[96] Attard E，Brincat M P，Cuschieri A. Immunomodulatory activity of cucurbitacin isolated from *Ecballium elaterium*. Fitoterapia，2005，5：439-441

[97] 黄哲甦，张莉，李海生. RP-HPLC 法测定葫芦素滴丸中葫芦素 B 的含量. 中草药，2003，5：421-422

[98] 刘金丹，孙国祥，池剑玲. 毛细管区带电泳法测定甜瓜蒂药材中葫芦素 B 的含量. 中成药，2008，4：570-573

[99] 许晖，孙兰萍. 亚麻籽脱毒的研究进展. 中国食物与营养，2007，10：26-28

[100] 龙新宪，杨肖鹅. 食物链中氰苷的降解研究进展. 天然产物研究与开发，1994，10：99-105

[101] 龚笑海，孙册. 蚕豆 β-半乳糖苷酶的纯化及性质研究. 生物化学和生物物理学报，1992，23：157-163

[102] 朱岩，朱利中，戚文彬. 电化学检测离子色谱法测定水中硫离子和氰离子. 痕量分析，1992，8：66-69

[103] 魏万里. 液固界面衍生化 GC-MS 法同时检验 3 种常见阴离子毒物. 刑事技术，2008，6：13-15

[104] Bailey D G，Spence J D，Munoz C，et al. In teraction of citrus juices with fe lodipine and nifedipine. Lancet，1991，337：268-269

[105] 梅家奇，杨得坡. 呋喃香豆素光化学毒性及其脱敏柑橘精油的研制. 香料香精化妆品，2010，5：55-58

[106] 刘江琴，庄海旗，莫丽儿，等. 蛇床子香豆素的薄层分离-直接进样-质谱鉴定. 分析测试学报，1997，4：26-28

[107] Moore A W，Jacobson S C，Ramsey J M. Microchip separations of neutral species via micellar electrokinetic capillary chromatography. Analytical Chemistry，1995，22：4184-4189

[108] Meineke I，Desel H，Kahl R，et al. Determination of 2-hydroxyphenylacetic acid (2HPAA) in urine after oral and parenteral administration of coumarin by gas-liquid chromatography with flame-ionization detection. Journal of Pharmaceutical and Biomedical Analysis，1998，3：487-492

[109] Allen E H，Kuć J. α-solanine and α-chaconine as fungitoxic compounds in extracts of Irish potato tubers. Phytopathology，1968，58：776-781

[110] 赵雪淞，孙芳，郭永键，等. 糖苷生物碱化学生态学研究进展. 生态学杂志，2007，26：948-953

[111] James G R，Martin W，Anna L L. Membrane disruption and enzyme inhibition by naturally-occurring and modified chacotriose-containing solanum steroidal glycoalkaloids. Phytochemistry，2001，56，603-610

[112] Renwiek J H. Hypothesis：anencephaly and spina bifida are usually preventable by avoidance of specific but unidentified substance present in certain potato tubers. British Journal of Preventive and Social Medicine，1972，26：67-88

[113] 郑琴，郝伟伟，杨明. HPLC 同时检测止疼胶囊中 2 种生物碱的含量. 中成药，2007，12：1791-1795

[114] 王莉莉，刘仲. 气相色谱-质谱法检测食品中的生物碱. 现代预防医学，2005，1：51

[115] 汪礼权，秦国伟. 杜鹃花科木藜芦烷类毒素的化学与生物活性研究进展. 天然产物研究与开发，1997，9：82-89

[116] 陈冀胜，郑硕. 中国有毒植物. 北京：科学出版社，1987

[117] Brown B S，Akera T，Brody T M，et al. Mechanism of grayanotoxin III-induced afterpotentials in feline cardiac purkinje fibers. European Journal of Pharmacology，1981，2：271-281

[118] Bertina V. Developments in Food Science：Mycotoxins；Production，Isolation，Separation and Purification.

Amsterdam: Elsevier, 1984

[119] 牛耀辉, 陈朝银, 赵声兰, 等. 凝集素及其抗 HIV 研究进展. 云南化工, 2006, 33: 59-62

[120] 梁峰, 常团结. 植物凝集素的研究进展. 武汉大学学报 (理学版), 2002, 2: 232-238

[121] Peumans W J, Van Damme E J. Plant lectins: versatilc proteins with important perspectives in biotechnology. Biotechlonology and Genetic Engineering Reviews, 1998, 15: 199-228

[122] Konami Y, Yamamoto K, Osawa T. The primary structures of two types of the *Ulex europeus* seed lection. Journal of Bioechmistry, 1991, 109: 650-658

[123] Pusztai A, Watt W B, Stewart J. A comprehensive scheme for the isolation of trypsin inhibitors and the agglutinin from soybean seeds. Journal of Agricultural and Food Chemistry, 1991, 39: 862-866

[124] Agundis C, Pereyra A, Zenteno R, et al. Quantification of lection in freshwater prawn (*Macrobrachium rosenbergii*) hemolymph by ELISA. Comparative Biochemistry and Physiology Part B: Biochemistry and Molecular Biology, 2000, 127: 165-172

[125] Poel A, Huisman J, Saini H. Recent Advances of Research Inantinutritional Fractors in Legume Seeds. Wageningen: Wageningen Perss, 1993

[126] 方晓明, 卫峰, 范祥, 等. 液相色谱/四极杆-飞行时间质谱测定失忆性贝毒的研究. 分析测试学报, 2004, 23: 240-241

[127] Pan Y, Bates S S, Cembella A D. Environmental stress and dornoic acid production by *Pseudo-nitzschia*: a physiological perspective. Natural Toxins, 1998, 6: 127-135

[128] Eden R, Bruland K. Dornoic acid binds iron and copper: a possible role for the toxin produced by the marine diatom *Pseudo-nitzschia*. Marine Chemistry, 2001, 76: 127-134

[129] Usagawa T. Preparation of monoclonal antibodies against okadaic acid prepared from the sponge *Halichondria okadai*. Toxicon, 1989, 27: 1323-1330

[130] Hess P, Nguyen L, Aasen J, et al. Tissue distribution, effects of cooking and parameters affecting the extraction of azaspiracids from mussels, *Mytilus edulis*, prior to analysis by liquid chromatography coupled to mass spectrometry. Toxicon, 2005, 46: 62-71

[131] 李爱峰, 韩刚, 于仁成. 原多甲藻酸贝类毒素的研究进展. 中国水产科学, 2008, 15: 183-187

[132] Okolodkov Y B. The global distributional patterns of toxic, bloom dinoflagellates recorded from the Eurasian Arctic. Harmful Algae, 2005, 4: 351-369

[133] Ito E, Satakeb M, Ofuji K, et al. Multiple organ damage caused by a new toxin azaspiracid, isolated from mussels produced in Ireland. Toxicon, 2000, 38: 917-930

[134] Toyofuku H. Joint FAO/WHO/IOC activities to provide scientific advice on marine biotoxins (research report). Marine Pollution Bulletin, 2006, 12: 1735-1745

[135] Flanagan A F, Callanan K R, Donlon J, et al, A cytotoxicity assay for the detection and differentiation of two flamiles of shellfish toxins. Toxicon, 2001, 39: 1021-1027

[136] Lehane M, Saez M, Magdalena A, et al. Liquid Chromatography-mutiple tandem mass spectrometry for the determination of ten azaspiracids, including hydroxyl analogues in shellfish. Journal of Chromatograph, 2004, 1024: 63-70

[137] 袁建辉, 赵昆山, 庄志雄. 雪卡毒素检测分析研究进展. 卫生研究, 2007, 36: 763-765

[138] Lewis R J. Negative inotropic and arrhythmic effects of high does of ciguatoxin on guinea pig atria and papillary muscles. Toxicon, 1988, 7: 639-649

[139] 廖清高, 隋敏生, 陈纪平. 雪卡霉素中毒 25 例临床分析. 中国实用内科杂志, 2001, 2: 87-88

[140] Satake M, Murata M, Yasumoto T, et al. The structure of CTX3C, a ciguatoxin congener isolated from cultured *Gambierdiscus toxicus*. Tetrahedron Letters, 1993, 34: 1975-1978

[141] Park D L. Evolution of methods for assessing ciguatera toxins in fish. Reviews of Environmental Contamination and Toxicology, 1994, 136: 1-20

[142] 杨维东, 彭喜春, 刘洁生, 等. 腹泻性贝毒研究现状. 海洋科学, 2005, 29: 66-72

[143] Hallegraeff G M, Anderson D M, Cerehella A D. Manual on harmful marine microalgae. Intergovernmental oceanographic commission manuals and guides. United Nations Educational, Scientific and Cultural Organization, 1995

[144] Suganuma M, Tatematsu M, Yatsunami J, et al. An alternative theory of tissue specificity by tumor promotion of okadaic acid in glandular stomach of SD rats. Carcinogenesis, 1992, 10: 1841-1845

[145] Japanese Ministry of Health and Welfare. Method of testing for diarrhetic shellfish toxin. Food sanitation research, 1981, 7: 60-65

[146] Suzuki T, Yoshizawa R, Kawamura T, et al. Interference of free fatty acids from hepatopancreas of mussels with the mouse bioassay for shellfish toxins. Lipids, 1996, 6: 641-645

[147] Schantz Granade H R. Chemical investigations of the toxins produced by marine dinoflagellates. Biochemistry, 1996, 5: 191-195

[148] Tester P A, Fowler P K, Graneli E, et al. Toxic Marine Phytoplankton. New York: Elsevier, 1990

[149] Alam M, Trieff N, Ray S, et al. Isoation and partial characterization of toxins from the dinoflagellate *Gymnodinium breve* Davis. Journal of Pharmaceutical Sciences, 1975, 64: 865-867

[150] Hua Y S, Liu W Z, Henry M S, et al. Online high-performance liquid chromatography-electrospray ionization mass spectrometry for the determination of brevetoxins in "Red Tide" Algae. Analytical Chemistry, 1995, 67: 1815-1823

[151] 王焕玲, 梁玉波, 刘仁沿, 等. 我国麻痹性贝毒的研究现状. 水产科学, 2008, 27: 374-378

[152] 张杭君, 张建英. 麻痹性贝毒素的毒理效应及检测技术. 海洋环境科学, 2003, 4: 76-80

[153] Oshima Y. Post column derivitization liquid chromatographic method for paralytic shellfish toxins. Journal of AOAC International, 1995, 78: 528-532

[154] 邓尚贵, 彭志英, 杨萍, 等. 河豚毒素研究进展. 海洋科学, 2002, 26: 32-35

[155] 崔竹梅, 陈爱英, 胡秋辉. 河豚毒素中毒机制和防治的研究进展. 食品科学, 2003, 8: 179-182

[156] 周晓翠, 谢光洪, 刘国文, 等. 河豚毒素检测方法的研究进展. 中国畜牧兽医, 2008, 7: 43-46

[157] 顾群, 石先哲, 许国旺. 生物样品中儿茶酚胺类物质分析方法的研究进展. 色谱, 2007, 4: 457-462

[158] Villanueva I, Pinon M, Wuevedo C, et al. Epinephrine and dopamine colocalization with norepinephrine in various peripheral tissues: guanethidine effects. Life Science, 2003, 73: 1645-1653

[159] 王金国, 常喜华, 孔祥波, 等. 血儿茶酚胺检测在肾上腺嗜铬细胞瘤定性诊断中的作用. 中国实验诊断学, 2005, 6: 946-947

[160] Woolf P D, MacDonald J J, Feliciano D V, et al. The catecholamine response to multisystem trauma. Archives of Surgery, 1992, 6: 899-903

[161] 邢艳霞, 余卫平. 儿茶酚胺与妊娠高血压综合征. 国外医学: 妇产科学分册, 2003, 6: 350-352

[162] 张铭, 张昌杰, 严定友, 等. 肾上腺素和去甲肾上腺素的一种荧光测定法. 华中师范大学学报, 1996, 2: 199-202

[163] Hitoshi N, Tomoyuki Y, Yosuke O. Aromatic glycinonitriles and methylamine as pre column fluorescence derivatization reagents for cathecloamines. Analytica Chimica Acta, 1997, 344: 233-240

[164] Rinne S, Holm A, Lundanes E, et al. Limitations of porous graphitic carbon as stationary phase material in the determination of catecholamines. Journal of Chromatography A, 2006, 119: 285-293

[165] Peterson Z D, Collins D C, Bowerbank C R, et al. Determination of catecholamines and metanephrines in urine by capillary electrophoresis – electrospray ionization – time-of-flight mass spectrometry. Journal of Chromatography B, 2002, 776: 221-229

[166] Yao H, Sun Y Y, Lin X H, et al. Flow-injection chemiluminescence determination of catecholamines based on their enhancing effects on the luminol – potassium periodate system. Luminescence, 2006, 21: 112-117

[167] 李伟荣, 姚丽梅, 王宁生. 5-羟色胺、组胺检测方法概述. 中西医结合心脑血管病杂志, 2003, 7: 409-413

[168] Healsmith M F, Grahambrown R, Burns D A. Erythromelalgia. Clinical and Experimental Dermatology, 1991, 1: 46-48

[169] Heyer G, Ulmer F J, Schmitz J, et al. Histamine-induced itch and alloknesis (itchy skin) in atopic eczema patients and controls. Acta Dermato-Venereologica, 1995, 75: 348-352

[170] 向军俭, 陈华粹. 组胺的荧光测定法的研究. 中国医学科学院学报, 1981, 3: 183-186

[171] Osman A, Elisabeth S, Rainer S, et al. Comparison of ELISA and HPLC for the determination of histamine in cheese. Journal of Agricultural and Food Chemistry, 1999, 47: 1961-1964

[172] Roberts L J, Oates J A. Accurate and efficient method for quantification of urinary histamine by gas chromatography negative ion chemical ionization mass spectrometry. Analytical Biochemistry, 1984, 136: 258-263

[173] 王强, 唐爱国. 5-羟色胺的检测及临床意义. 国外医学临床生物化学与检验学分册, 2004, 2: 149-151

[174] Meijer W G, Kema I P, Volmer M, et al. Discriminating capacity of indol markers in the diagnosis of carcinoid tumors. Clinical Chemistry, 2000, 10: 1588-1596

[175] Kaneda Y, Fujii A, Nagamine I. Platelet serotonin concentrations in medicated schizophrenic patinets. Progress in Neuro-Psychopharmacology and Biological Psychiatry, 2001, 5: 983-992

[176] Sebekova K, Spustova V, Opatrny K J, et al. Serotonin and 5-hydroxyindolf-acetic acid. Bratislava Medical Journal, 2001, 8: 351-356

[177] Kai M, Inda H, Nohta H, et al. Fluorescence derivatizing procedure for 5-hydroxytryptamine and 5-hydroxyindoleacetic acid using 1, 2-diphenylethylenediamine reagent and their sensitive liquid chromatographic determination. Journal of Chromatography B: Biomedical Sciences and Applications, 1998, 720: 25-31

[178] Xiao R, Beck O, Hjemdahl P. On the accurate measurement of serotonin in whole blood. Scandinavian Journal of Clinical and Laboratory Investigation, 1998, 6: 505-510

第三章 食品加工中产生的化学污染物

在食品及食品原料的生产、加工、烹饪等过程中，会产生一些有毒、有害化学污染物，如食品在油炸过程中产生丙烯酰胺，肉类在高温烹饪下会产生杂环胺、多环芳烃，以及由硝酸盐、亚硝酸盐与二级胺反应形成的亚硝胺等化学物质，这些物质都是在食品加工过程中产生的。如果这些物质大量存在，则会对人体健康造成不利影响。加强食品加工过程中产生化学污染物的研究，根据食品种类对其加工方法进行科学、合理的改进，是目前从根本上降低和控制相关污染物水平的最有效方法。本章就食品加工过程中产生的一些高关注度的化学污染物，包括丙烯酰胺、氯丙醇、呋喃、多环芳烃、杂环胺类及 N-亚硝基类化合物的基本性质、管理与控制以及检测方法进行介绍。

第一节 丙 烯 酰 胺

丙烯酰胺（acrylamide，AA）是制造塑料的化工原料。1994 年国际癌症研究机构（IARC）把丙烯酰胺划分为 2A 类致癌物。2002 年 4 月，瑞典国家食品管理局和斯德哥尔摩大学研究人员率先报道了一些油炸、烧烤和高度油炸食品，如炸薯条、炸土豆片、谷物、面包等，含有高浓度的丙烯酰胺，其含量均大大超过 WHO 制定的饮用水标准中丙烯酰胺限量值。在这之后，挪威、英国、瑞士和美国等国家也相继报道了类似结果，从而引发了国际上对食品中丙烯酰胺的关注。

一、丙烯酰胺理化性质

丙烯酰胺是结构简单的小分子化合物，相对分子质量 71.09，分子式为 $CH_2CHCONH_2$，结构式如图 3-1 所示。丙烯酰胺纯品为白色透明片状晶体，相对密度为 1.122，熔点为 84.5℃。丙烯酰胺极易溶解于水，在水中溶解度为 2.05 g/mL，易溶于甲醇、乙醇、乙醚、丙酮、二甲醚和氯仿，不溶于苯和庚烷。丙烯酰胺在酸中稳定，而在碱中易分解。固体的丙烯酰胺在室温下稳定。在高于其熔点的温度下，丙烯酰胺发生快速的聚合反应，并剧烈放热。在紫外线照射下，丙烯酰胺发生聚合反应，但这种聚合反应一般并非完全反应，因此其聚合产物中有不同程度的单体残留。

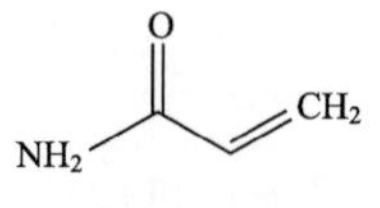

图 3-1 丙烯酰胺的分子结构

丙烯酰胺是一种高水溶性的 α，β-不饱和羟基化合物，是合成聚丙烯酰胺（polyacrylamide）的单体。聚丙烯酰胺作为各种助剂广泛用于造纸业（造纸助剂，如纸浆加工的絮凝剂）、石油业（油田采油助剂）、纺织业（燃料、色素成分）、塑胶业、化工业，或用作隧道和污水管的浆料、肥皂和化妆品的增稠剂等，并在市政供水处理中作为絮凝剂加入水中，以吸附除去水中杂质。

二、丙烯酰胺来源

食品中丙烯酰胺主要来源于高温加工食品，2002 年 10 月，英国 Reading 大学与瑞士雀巢国际公司研究中心研究小组首次公开发表有关食品中丙烯酰胺生成机制的论文。研究表明，食品中的丙烯酰胺主要是由于马铃薯和谷类等食品原料中的主要氨基酸之一——天冬酰胺（asparagine），通过美拉德（Maillard）反应，在经过高温（>121℃）烹调后生成的。对于丙烯酰胺形成机制的研究指出：还原糖数量、游离氨基酸数量和加热条件是生成丙烯酰胺的三大因素[1]。丙烯酰胺的主要前体物为游离天冬氨酸与还原糖，二者发生美拉德反应生成丙烯酰胺（图 3-2）[2]。与此同时，英国、瑞士和加拿大的研究人员对丙烯酰胺的形成进行研究，尝试将牛的肝糖原作为一种碳水化合物与天冬酰胺反应，未检测到有丙烯酰胺生成，这说明并非任何大分子的碳水化合物都可与天冬酰胺反应，并且肝糖原不能作为丙烯酰胺形成的来源。

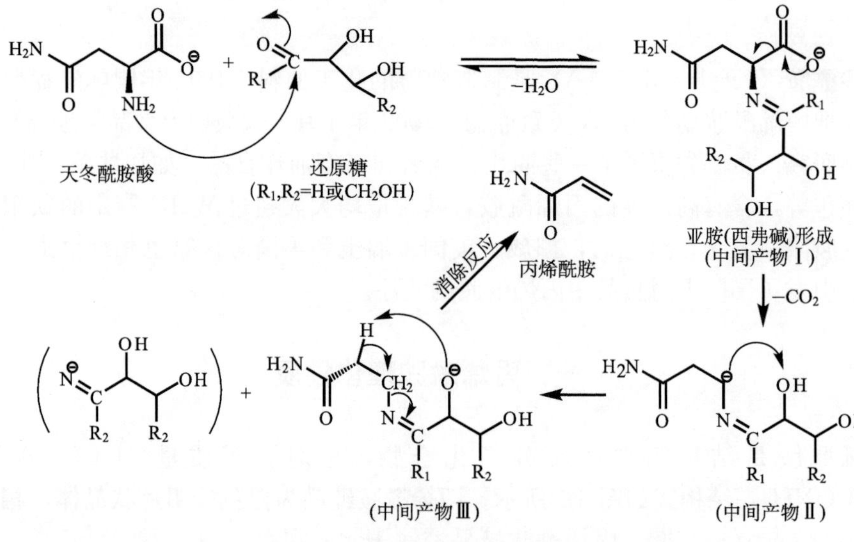

图 3-2　天冬氨酸与还原糖通过美拉德反应生成丙烯酰胺的机理图

除了上述机理外，还存在其他可能生成途径。丙烯醛、丙烯酸、3-氨基丙酰胺、丙酮酸等也都可能是丙烯酰胺的前体，是丙烯酰胺在食品中出现的主要原因[3]。例如，食物中发生美拉德反应的产物丙烯醛氧化而产生丙烯酸，并与食物中含氮成分产生的氨发生反应生成丙烯酰胺，其中食用油中的丙烯醛成分也可能参与反应（图 3-3）[4]。除了食品本身形成外，丙烯酰胺也可能有其他污染来源，如以聚丙烯酰胺塑料作为食品包装材料的单体迁出、食品加工用水中的絮凝剂单体迁移等[5]。国内研究中，袁媛等[6]利用葡萄糖和天冬酰胺模拟体系证实了其形成机制，结果表明，不同的加热温度和加热时间对丙烯酰胺的产生量影响显著，且随着反应温度的升高和反应时间的延长，整个反应体系的颜色逐渐加深，丙烯酰胺的产生量也逐渐增多。

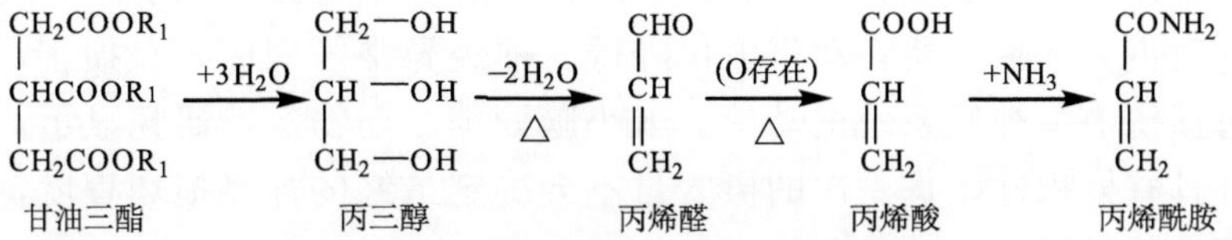

图 3-3　食用油产生丙烯酰胺的可能途径

由于丙烯酰胺的形成与食品加工过程中所采用的方式（温度、时间、食物本身含水量等）密切相关，因此食品自身形成的丙烯酰胺的含量与食品的种类及其加工过程相关[7]，在加工过程中所形成的丙烯酰胺含量差异很大，如当采用较低温度加工方式时（如水煮），食物中自身丙烯酰胺生成量较低，通常低于检测限，而高温加工方式（120℃及以上温度），高碳水化合物、低蛋白质植物性食物往往会产生大量丙烯酰胺，尤其当加工温度为 140～180℃，采用烘烤、油炸加工方式，食物表面水分减少、局部温度过高时丙烯酰胺含量更高。2005 年 WHO/FAO 食品添加剂联合专家委员会（JEC-FA）第 64 次会议收集了从包括欧洲、南美洲、亚洲、太平洋地区等地区在内的食品数据，包括谷物、淀粉制品、饮料、奶制品、甜食、蔬菜等主要消费食品，结果显示高温加工高淀粉含量制品（如马铃薯薯片、薯条）中丙烯酰胺含量最高，平均达到 0.477 mg/kg，最高含量为 5.312 mg/kg，但多数食品中丙烯酰胺含量基本在 0.1 mg/kg 以下。

三、丙烯酰胺毒性与危害

丙烯酰胺是典型 α, β-不饱和胺类物质，其分子结构中的 α, β-不饱和双键非常容易与亲核物质通过 Michael 加成发生反应。人体中的蛋白质和氨基酸上的巯基是其主要的反应基团。食用过量的丙烯酰胺可引起急性、亚急性、慢性中毒，主要表现为神经系统的损害，出现感觉运动型周围神经和中枢神经病变。

1. 急性毒性和慢性毒性

丙烯酰胺对小鼠、兔子和大鼠经口半数致死量（LD_{50}）是 150～180 mg/kg，因此丙烯酰胺的急性毒性为中等毒性物质。丙烯酰胺的慢性毒性主要表现为经皮肤吸收出现红斑及皮损等症状；对职业长期接触丙烯酰胺的工人调查发现，其慢性毒性主要表现为头晕、头痛、四肢乏力、体重减轻、手足多汗、四肢发麻、食欲不振、皮肤脱皮、红斑等，以及四肢远端触痛觉减退，危及小脑时还会出现步履蹒跚、四肢震颤、深反射减退等症状。

2. 神经毒性

神经毒性是丙烯酰胺对人类致癌、遗传毒性之外的主要毒性。丙烯酰胺的神经毒性作用主要为周围神经退行性变化和脑中涉及学习、记忆和其他认知功能部位的退行性变化。早期中毒的症状表现为皮肤皲裂、肌肉无力、手足出汗和麻木、震动感觉减弱、膝跳反射丧失、感觉器官动作电位降低、神经异常等周围神经损害,如果时间延长,还可损伤中枢神经系统的功能,如小脑萎缩。动物实验研究显示,丙烯酰胺的神经毒性具有累积性,每一次的摄入量不会决定最终的神经损坏程度,而是决定神经损坏开始的时间。

3. 生殖毒性

哺乳动物大鼠和小鼠经口给予丙烯酰胺的生殖毒性试验结果表明,丙烯酰胺对雄性生殖能力有损伤。在显性致死试验中,高剂量的丙烯酰胺对雄性生殖细胞有毒性。在连续 5 天给予雄性大鼠每天 60 mg/kg BW 的丙烯酰胺后,可以观察到受试动物的体重下降,睾丸和附睾质量显著下降,附睾尾部的精子数量显著减少并呈剂量依赖关系,生精小管有组织病理损伤,表现为小管内皮细胞的增厚和层数的增加。在妊娠的 1～2 周染毒剂量为 100 mg/kg 的雌性大鼠中,胎仔出生体重明显下降,阴道开放延迟。此外,丙烯酰胺还具有发育毒性,大鼠的发育毒性试验的未见有害作用剂量(NOAEL)为 2 mg/kg(BW·d),高剂量的丙烯酰胺能引起雄性小鼠睾丸精原细胞和初级精母细胞畸变率升高,细胞畸变的类型以细胞断裂为主。

4. 遗传毒性

遗传毒理学研究表明,丙烯酰胺的遗传毒性主要表现在基因突变、染色体畸变与数目异常以及 DNA 损伤等方面。丙烯酰胺的致基因突变毒性表现为引起哺乳动物体细胞和生殖细胞的基因突变及染色体异常,如微核形成、姐妹染色单体交换、多倍体、非整倍体和其他有丝分裂异常等,并可诱导体内细胞转化。丙烯酰胺能够诱导小鼠骨髓细胞染色体畸变和微核形成,并且还可诱发生殖细胞的染色体损伤。经腹腔注射和皮肤接触丙烯酰胺后,小鼠遗传易位试验和显性致死试验都得到阳性结果[8]。丙烯酰胺不仅能诱导染色体结构畸变,还能导致染色体数目的异常改变。人角质形成细胞毒性试验结果表明,丙烯酰胺染毒 44 h 后细胞存活率显著下降,彗星试验检测到所有被丙烯酰胺染毒的细胞均出现 DNA 损伤,损伤程度随剂量的增大而加重,说明丙烯酰胺对人类皮肤细胞有明显的细胞毒性和基因毒性。

5. 致癌性

近几年来动物试验研究结果表明,丙烯酰胺与肺癌、乳腺癌、甲状腺癌、口腔癌、肠道肿瘤和生殖道肿瘤的发生存在相关性。在职业人群接触丙烯酰胺流行病学方面,由于资料不完全、样本较小和同时接触多种化学物质等因素,还没有直接有效的证据充分证明其对人体有致癌性。但由于丙烯酰胺在动物和人体均可代谢转化为致癌活性代谢产物——环氧丙酰胺,且众多动物试验证实了其致癌性,1994 年 IARC 将丙烯酰胺分在 2A 类,把其定为对人可能有致癌性物质,对人体的潜在危险性较大[9]。

四、丙烯酰胺控制与预防措施

通过对食品中丙烯酰胺的来源及形成机理的研究，可以从食品的前处理、加工方式、食用方法等方面入手，以达到降低食品中丙烯酰胺含量的目的。目前，经试验研究并已确认可有效降低食品中丙烯酰胺含量的措施有以下几条。

（1）减少或消除形成丙烯酰胺的前体物质。美拉德反应是食品中丙烯酰胺产生的重要途径，控制原料中游离氨基酸（尤其是天冬酰胺）和还原糖的含量，对减少食品中丙烯酰胺含量尤为重要。天冬酰胺和还原糖的含量因作物的种类、种植及储藏条件不同而不同；对于面制品，加工前采用酵母发酵是降低丙烯酰胺产生的有效途径之一；热水浸泡可显著降低马铃薯中的天冬酰胺和还原性糖含量，而且相比浸泡时间，浸泡温度对减少食品中还原糖含量、降低丙烯酰胺最终生成量的影响更大。

（2）改变加工条件和加工方式。食品加工过程中涉及的加工条件包括温度、时间、水分含量、pH以及加热方式等，研究表明，通过合理调整和改变加工方式，可有效降低食品中丙烯酰胺的浓度。①温度是影响丙烯酰胺产生的最主要因素之一。加工过程中，随着加热温度的升高，产品中丙烯酰胺含量急剧上升，超过一定值则反而生成减少，因此适当降低油炸温度可减少食品中丙烯酰胺的产生。②加热时间是影响丙烯酰胺产生的另一个主要因素。随着高温处理持续时间的延长，丙烯酰胺的含量也在增加，因此，在保证食品已经做熟的前提下，适当减少加热时间可减少丙烯酰胺的生成量。③控制食品含水量。水在美拉德反应中既是反应物，又充当反应物的溶剂及其迁移载体。含水量较低时，不利于反应物和产物的流动，同时也会缩短食物至熟的时间，进而减少薯片中丙烯酰胺的含量；而含水量较高时，则会妨碍热量在食物中的传导和渗透，可明显降低丙烯酰胺最终生成量。因此，干燥和浸泡处理有助于降低食品中丙烯酰胺含量。④调整合适pH。食品的pH越低，越不利于丙烯酰胺的生成，因此可以通过在食品中添加可食用的酸性物质，如柠檬酸、苹果酸、琥珀酸、乳酸等来降低食品的酸碱度。⑤避免微波加热。Yuan等[10]比较了微波与传统加热方法，发现采用微波加热产生的丙烯酰胺明显增加，这可能是微波有更强的热渗透作用，升高了食物内部温度，而且在一定范围内，微波能量越高，丙烯酰胺生成量越多。

（3）通过加入添加剂或改变加工方式消除丙烯酰胺。由于丙烯酰胺的生成受多种因素的影响，因此完全消除食品中的丙烯酰胺是不现实的。但近年来的研究结果表明，在食品中添加能与丙烯酰胺反应的添加剂，或通过物理手段来消除生成的丙烯酰胺，是有效控制食品中丙烯酰胺含量的措施之一。例如，在食品中添加一定含量的过氧化氢、儿茶素、$NaHCO_3$和$NaHSO_3$可有效降低因加热而生成的丙烯酰胺；通过对食品进行真空、真空-光辐射、真空-臭氧等处理也可降低食品中的丙烯酰胺含量。在真空条件下加热食品可使生成的丙烯酰胺挥发；光辐射，如红外线、可见光、紫外线、X射线、γ射线等可使丙烯酰胺发生聚合反应，从而减少其在食品中的含量；臭氧可使丙烯酰胺发生分解反应，生成小分子物质，也可减少其在食品中的含量。

（4）合理健康的饮食习惯和方法。在日常生活中，应尽量减少丙烯酰胺的摄入量。

平衡膳食，少吃煎炸和烘烤食品，多吃新鲜蔬菜和水果。在保证食物做熟的前提下，降低烹调的温度和适当缩短烹调时间，以减少食品中丙烯酰胺含量。

除采取上述合理的措施和加工方式来降低食品中丙烯酰胺含量的方法以外，世界各国也通过法律法规、指令以及标准的形式，对食品中丙烯酰胺的含量进行了限制，以达到严格控制食品中丙烯酰胺含量、减小其对人体健康危害的目的。我国国家标准 GB 5749—2006《生活饮用水卫生标准》中对饮用水中丙烯酰胺的限量为 0.5 $\mu g/L$[11]，世界卫生组织在 *Guidelines for Drinking-water Quality*（2004 年第三版）中对饮用水中丙烯酰胺建议的限量值为 0.5 $\mu g/L$[12]，美国国家环境保护署（EPA）在 2011 年发布的 *Drinking Water Standards and Health Advisories* 建议指南中对饮用水中丙烯酰胺的限量值也为 0.5 $\mu g/L$[13]，欧盟对饮用水中丙烯酰胺的限量要求最为严格，在其颁布的指令 98/83/EC 中对丙烯酰胺的规定为 0.1 $\mu g/L$[14]。

五、丙烯酰胺检测方法

丙烯酰胺属于结构简单的小分子化合物，由于其极易溶于水和常见的有机溶剂，因此可以采用气相色谱和液相色谱的方法进行检测，当采用气相色谱法时，丙烯酰胺一般需要进行衍生化，生成在高温下不易分解或聚合的稳定化合物，然后采用氢火焰离子化检测器（FID）或者质量检测器（MS）进行检测，如美国 FDA 推荐检测方法为采用乙酸溶解样品，通过固相萃取吸附、甲醇/水提取，通过溴化反应生成其衍生物 α-溴丙酰胺后进行检测。而采用液相色谱检测时，丙烯酰胺可以不用衍生化，但由于其溶解性能较高，因此与常用流动相的分离效果不理想。此外，离子交换色谱-脉冲安培法（HPAEC-PAD）、质子转移反应质谱法（PTR-MS）在丙烯酰胺的检测中也得到了应用。

1. 气相色谱法

气相色谱法通过气相分离丙烯酰胺衍生物，采用 FID、ECD 或质谱检测器进行定性、定量检测。气相色谱-质谱法（GC-MS）是 2002 年 6 月 WHO/FAO 认同的两种检测方法之一。2002 年斯德哥尔摩大学公布的食品中丙烯酰胺测定数据所用的方法是溴化衍生前处理加 GC-MS 法，检出限为 0.030 mg/kg。采用溴化衍生的前处理简单而且检出限和灵敏度都能满足要求。利用 GC-MS 法时，单溴代衍生物（2-溴丙烯酰胺）的定性和定量离子一般是：m/z 169、167、149、70，双溴代衍生物（2，3-二溴丙烯酰胺）的定性与定量离子是：m/z 152、150、108 和 106，定量方法采用内标法时，可选择同位素 [13]C 标记的丙烯酰胺作为内标[15]。1996 年美国国家环境保护署发布了 GC 测定水和其他物质中丙烯酰胺的方法。采用溴化试剂[16]（KBr：HBr：Br_2：H_2O=15.2 g：0.8 mL：5 mL：60 mL）将丙烯酰胺衍生为 2，3-二溴丙烯酰胺，利用 Na_2SO_4 盐析作用提高乙酸乙酯萃取 2，3-二溴丙酰胺的效率，经色谱柱分离 ECD 测定，方法线性范围 0~5 $\mu g/L$，检出限为 0.032 $\mu g/L$[17]。2002 年 Perkin Elmer 公司报道用 GC 测定食品中丙烯酰胺[18]，采用 0.1%甲酸溶液提取样品中的丙烯酰胺，CarboPre SPE 柱分离除去杂质后 FID 检测，方法线性范围 20～5000 $\mu g/L$，检出限为 10 $\mu g/L$。

2. 液相色谱-串联质谱法

液相色谱-串联质谱法（LC-MS/MS）是 WHO/FAO 认同的另外一种方法。利用 LC-MS/MS 检测食品中丙烯酰胺的样品前处理，基本包括提取、净化与色谱分离三个步骤。由于丙烯酰胺的水溶性良好，因此采用 LC-MS/MS 法时样品可直接利用水进行萃取。串联质谱检测器（MS/MS）检测时一般采用正电喷雾电离方式进行，丙烯酰胺的分子粒子碎片为 m/z 72，二级质谱中，子离子选取 m/z 55、44 和 27 进行定性与定量分析。在 LC-MS/MS 法中，丙烯酰胺的定量也采用内标法进行，内标物一般是同位素[13]C 标记的丙烯酰胺[19]。样品经 Hpercard 色谱柱分离后，流动相为 0.1％蚁酸水溶液，50 μL 进样，电喷雾（ESI）电离源，正离子方式检出。分析过程利用 C_{18} 反相色谱柱、高度含水流动相（0.5％乙酸，0.5％甲醇），利用固相萃取去除干扰物，使用正离子电喷雾作为质谱的接口，用[13]C 同位素标记的内标物来定量。WHO 和 FAO 确认了方法的检出限为 0.029～0.050 mg/kg[20]。FDA 在其上述前处理方法的基础上，采用 LC-MS/MS 方法，色谱柱为 phenomonex 柱，以 0.1％乙酸溶液和 0.5％甲醇为流动相，流速 200 μL/min，20 μL 进样。确定被测组分 m/z 55，信噪比 1/10，检出限为 0.01 mg/kg[21]。我国研究中，樊祥等[22]、赵榕等[23]分别应用液相色谱串联四级杆质谱技术，液相色谱-电喷雾质谱、质谱法等技术检测了我国食品中的丙烯酰胺含量。

3. 离子交换色谱-脉冲安培法

除利用 GC-MS 和 LC-MS/MS 方法外，利用高效阴离子交换色谱结合脉冲安培检测法（HPAEC-PAD）也可对食品中发生美拉德反应的产物进行检测。高效阴离子交换色谱法利用还原糖在碱性范围内的离子化产物，与色谱柱中季胺薄膜固定相之间的亲和作用进行分离，因而能够取得很好的分离效果。另外，HPAEC-PAD 还具有样品前处理量小的特点，对美拉德反应中的非衍生化产物具有高的选择性和灵敏度，检测下限能够达到皮摩尔（pmol）水平。HPAEC 对美拉德反应中的 Amadori 重排产物也具有很好的分离效果。例如，Ge 和 Lee 利用 HPAEC 方法，采用 CarboPac PA-1 阴离子交换柱为分离柱，以 PDA 检测器法检测了 Amadori 重排反应前的葡萄糖，以紫外检测器法检测了苯基丙氨酸和 Amadori 重排产物的浓度[24]；Davidek 等也利用 HPAEC 法建立了同时分析美拉德反应前体化合物、美拉德反应产物以及丙烯酰胺的方法，开创了 HPAEC 法定量分析丙烯酰胺的先河[25]。

4. 质子转移反应质谱

此外，近年来质子转移反应质谱（PTR-MS）逐渐应用在食品中，用以监测美拉德反应后产生的丙烯酰胺。PTR-MS 是一种理想的在线快速分析顶空样品中有机挥发物的方法，其分析速度快，时间分辨率能够达到 0.1 s，且有机挥发物分子几乎不受电离过程的影响，分析过程中目标分析物几乎没有扩散，是一种具有环境友好性的分析方法。2003 年，Pollien 等利用 PTR-MS 方法对进行热处理的薯片中丙烯酰胺的产生过程进行在线分析，证明了薯片在加热过程中会发生美拉德反应进而产生丙烯酰胺残留物[26]。

第二节　氯　丙　醇

氯丙醇（chloropropanol）类化合物是植物蛋白质在酸水解过程中产生的污染物。若不采取特殊的生产工艺，凡是以酸水解植物蛋白质为原料的食品中都会存在不同水平的氯丙醇，包括酱油、醋、鸡精等调味品以及某些保健食品。氯丙醇会引起肝、肾、甲状腺等的癌变，并会影响生育。3-氯丙醇常见于水解蛋白调味剂和酱油中，已被认为具有生殖毒性、神经毒性，且能引起肾脏肿瘤，是已经确认的人类致癌物。因此，氯丙醇是继二噁英之后食品污染领域又一个热点问题。

一、氯丙醇理化性质

氯丙醇是甘油（丙三醇）上的羟基被氯取代所生产的一类化合物的总称。氯丙醇类化合物均比水重，沸点高于100℃，常温下为液体，一般溶于水、丙酮、苯、甘油、乙醇、乙醚、四氯化碳等，因其取代数和位置的不同形成4种氯丙醇化合物（图3-4）。其中，3-氯丙醇（3-MCPD）在食品中污染量大、毒性强，故常以3-MCPD作为氯丙醇的代表和毒性参照物。

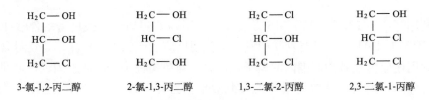

3-氯-1,2-丙二醇　　　2-氯-1,3-丙二醇　　　1,3-二氯-2-丙醇　　　2,3-二氯-1-丙醇

图3-4　氯丙醇类化合物的分子结构式

二、氯丙醇来源

天然食品中几乎不含氯丙醇，但采用盐酸（HCl）水解植物蛋白质时就会产生氯丙醇。这是由于蛋白质原料中含有脂肪物质，在盐酸水解过程中发生副反应，形成氯丙醇。食品中氯丙醇污染的来源主要有以下三种渠道[27,28]。

1. 酸水解植物蛋白质

蛋白质水解可用酸水解和碱水解，但由于碱水解会引起精氨酸、胱氨酸半胱氨酸及部分赖氨酸被破坏，因此工业上常采用浓盐酸来水解植物蛋白质进行加工生产，其产品称为水解植物蛋白质（hydrolyzed vegetable protein，HVP）。植物蛋白质原料中有脂质（主要是甘油三酯类和甘油磷脂类）与浓盐酸会发生水解反应（图3-5）。食品中氯丙醇的污染首先在酸解 HVP 中被发现，许多风味食品在添加酸解 HVP 的生产过程中可以被 3-MCPD 和 1，3-DCP 污染。

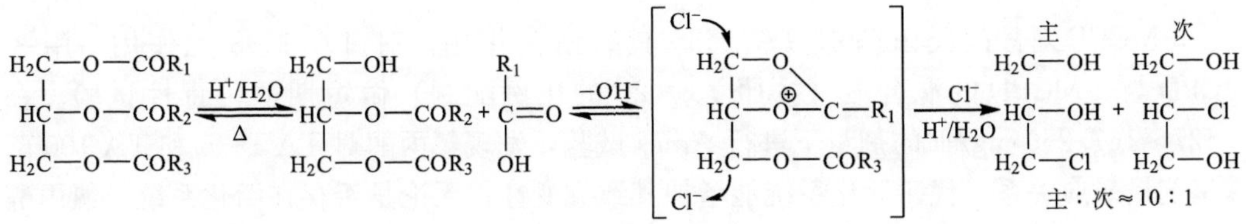

图 3-5　甘油三酯在酸性条件下加热与盐酸反应形成氯丙醇的反应式

2. 酱油

氨基酸是酱油等调味品的主要成分之一，目前工业上仍是采取浓盐酸水解植物蛋白质或水解动物蛋白质的方法来生产氨基酸。以水解蛋白液生产的配制酱油可以产生污染水平非常高的 3-MCPD。发酵法生产的天然酿造酱油及食醋等一般不含有或仅含有少量的氯丙醇。

3. 饮用水及食品接触材料

除了以酸水解蛋白质为原料的食品外，3-MCPD 也可以在饮水中少量检出。其来源是自来水厂和某些食品厂用阴离子交换树脂法进行水处理时，所采用的交换树脂含有的 1，2-环氧-3-氯丙烷（ECH）成分。在水处理过程中，从树脂中溶出 ECH 单体，与水中的氯离子发生化学反应形成 3-MCPD。除此之外，用 ECH 作交联剂的强化树脂生产的食品包装材料（如茶袋、咖啡滤纸和纤维肠衣等）也是食品中 3-MCPD 的来源之一。再有，某些发酵香肠如腊肠中也被发现含有 3-MCPD，其来源目前认为可能是脂肪与食盐的反应产物，或肠衣中使用的强化树脂中的 ECH 溶出[29]。

三、氯丙醇毒性与危害

早在 20 世纪 70 年代，人们就发现氯丙醇能够使精子减少和活性降低，抑制雄性激素生成，使生殖能力下降。曾经有报道说，二氯丙醇生产车间的工人，因吸入大量氯丙醇造成肝脏严重损伤而暴死。下面简单介绍 3-MCPD 的毒性，进而会对氯丙醇的毒性有所了解。

1. 急性和慢性毒性

3-MCPD 大鼠经口 LD_{50} 为 150 mg/kg BW。雄性大鼠 3-MCPD 注射染毒后，肾脏、睾丸和肝脏出现不同程度的变化，包括显著的糖尿、肝脏质量较对照增大、门静脉周区域的肝细胞的胞浆膨胀、肾脏邻近管状上皮（包括皮层和髓质）温和膨胀、前胃黏膜层出现脓疮，并且在整个试验过程中抑制了附睾质量。在大鼠的亚急性毒性试验中发现，肾脏是其毒性的靶器官。

2. 致突变性

3-MCPD 对沙门氏菌菌株 TA 1535 具有诱变作用，对 TA 1538 无作用。用 3-MCPD 与 2-MCPD 的混合液（按照 75∶25 的比例配制）做短期遗传毒性试验。在 0.527～167.250 mg/皿的剂量下进行 Ames 试验，发现氯丙醇对 TA 1535 和 TA 100 菌株呈剂量效应关系，代谢活化系统能增加其致突变性；无论是否存在活化系统，氯丙醇对 TK 小鼠淋巴瘤都具有致突变作用，但无明显的剂量效应关系；在没有活化系统条件下，致突变剂量为 5～10 mg/mL。

3. 致癌性

1996 年美国国立卫生研究院和美国环境医学科学研究所用含工业级 3-MCPD 的饮用水做了为期 2 年的致癌性试验，证明工业级 3-MCPD 在试验的浓度范围内无致癌作用[30]。在 WHO 有关化学物质安全的一项国际合作项目中发现氯丙醇会引起动物肝、肾癌及甲状腺、睾丸、乳房等器官的癌变，并且其作用大小取决于剂量的大小。

4. 生殖毒性

早在 20 世纪 60 年代，确定 3-MCPD 是一种体外致突变物和可疑的致癌物。研究发现，剂量为 5 mg/kg 的 3-MCPD 对雄性大鼠的生殖力和授孕结果有负面影响，可以明显减小精子的活力、交配和生育指数，活胚胎的数量也明显下降；3-MCPD 不会影响精子的生成，也没有导致雄性大鼠血液和睾丸中激素水平的改变[31]。

5. 神经毒性

小鼠和大鼠对 3-MCPD 的毒性作用敏感性相同，尤其是对脑干的对称性损伤。最早的神经毒性改变局限在神经系统胶质细胞中，主要是星状细胞的严重水肿、细胞器严重损伤。研究已表明摄入的 3-MCPD 可以广泛地分布于体液中，并且可以穿过血脑屏障[32]。

四、氯丙醇控制与预防措施

目前，国际上对食品中氯丙醇残留限量的标准还不统一，如欧盟规定 3-MCPD 在酸水解植物蛋白质和酱油中的残留限量为 0.02 mg/kg，英国对此规定的残留限量为 0.01 mg/kg；澳大利亚、新西兰食品标准署规定酱油和蚝油中的 3-MCPD 残留限量为 0.2 mg/kg，1,3-DCP 的残留限量为 0.005 mg/kg[33]。我国有关酱油中 3-MCPD 的安全限量国家标准尚未出台，而作为酱油原料的行业标准 SB 10338—2000《酸水解植物蛋白调味液的行业标准》规定在酸水解植物蛋白调味液中 3-MCPD 的含量不得超过 1 mg/kg。

3-MCPD 的产生是有特定条件的，发酵酱油过程不会产生，只是在酸水解植物蛋白质生产中产生，酸解 HVP 添加到配制酱油中才可能产生风险。因此，要加强对酱油中 3-MCPD 的预防和风险管理，其措施如下。

（1）在原料上，由于含油量高的原料会产生较高含量的氯丙醇，因此应选择使用含甘油三酯低的原料。

（2）在生产过程中加以控制，以减少氯丙醇的生成。例如，蒸汽蒸馏法将酸解的温度降至 62℃，使生成的氯丙醇数量减少，再用氢氧化钠调节 pH 至 11，以除去所生成的氯丙醇，而酸酶法先经中性蛋白酶水解 4 h，再在 pH 2（75～100℃）下反应。

（3）在最终产品中降低氯丙醇的含量。采用真空浓缩法按照传统的方法进行，将所得的含氯丙醇的水解蛋白液再进行处理。但此法不能除去 3-MCPD 和 2-MCPD。碱反应法（日本）将高温水解液用碱调节 pH 至 5 左右，经二次活性炭吸附、过滤，其产品的 3-MCPD 的检测量可小于 0.01 mg/kg。

除上述技术手段外，加强生产企业的行业自律，加速建立健全食品的质量控制体系，对消费者加强食品安全问题的宣传教育工作，制定严格的食品质量控制的法律法规，建立相应的标准体系等风险管理办法都是预防和控制食品中氯丙醇含量的有效方法。

五、氯丙醇检测方法

氯丙醇的极性较大，沸点较高，一般是将待测样品衍生化后直接用于气相色谱（GC）或气相色谱-质谱（GC-MS）分析。已经使用且分析灵敏度较高的衍生化试剂包括七氟丁酰试剂（HFBI 和 HFBA）、硼酸类（丁基硼酸、苯基硼酸）、酮类（丙酮或庚酮）、三氟乙酸酐（TFAA）等。但由于食品通常含有大量的干扰物质，因此对复杂基质中的氯丙醇需进行提取和净化，然后才能衍生化或直接用于分析。采用 GC 法或 GC-MS 法可定量测定 μg/kg 级的 3-MCPD，而采取二氯荧光黄喷雾薄层色谱法只能半定量测定 mg/kg 级的 3-MCPD。

早期氯丙醇的检测研究中，Pesselman 和 Feit 建立了用 GC 法检测水中环氧氯丙烷及 3-MCPD 含量的方法[34]。我国的何静、傅大放等最早以 GC 法检测有关工业生产副产物中的氯丙醇[35,36]。采用 GC 法检测氯丙醇时一般用 FID 检测苯基硼酸衍生物或硅烷化试剂（BSTFA）衍生物，由于 HFBI、TFAA 衍生后氯丙醇的电负性明显增强，因此较常采用 ECD 检测[37]。采用 GC 法检测氯丙醇通常将样品经过吸附、衍生化后进行气相色谱分析或质谱[38]，并结合顶空萃取法、基质固相分散萃取法、液液萃取法和固相微萃取以排除样品基质的影响。采用顶空萃取法测定双氯取代氯丙醇检出限可低至 0.003 mg/kg[39,40]。氯丙醇的衍生化[41~44]通常采用七氟丁酰试剂（HFBI、HFBA）、硼酸类（丁基硼酸、苯基硼酸）、酮类（丙酮、庚酮）、三氟乙酸酐（TFAA）、N，O-双（三甲基硅烷）三氟乙酰胺（BSTFA）等试剂。

衍生化反应中，烷基硼酸化合物和酮类化合物只能衍生 3-MCPD 等双羟基醇类化合物，形成环状化合物［图 3-6 中（B）和（C）］，而无法衍生单羟基的双氯丙醇。Dayrit 和 Nnonueve 用 4-庚酮代替丙酮衍生，采用同位素内标校正，结果较好，定量约

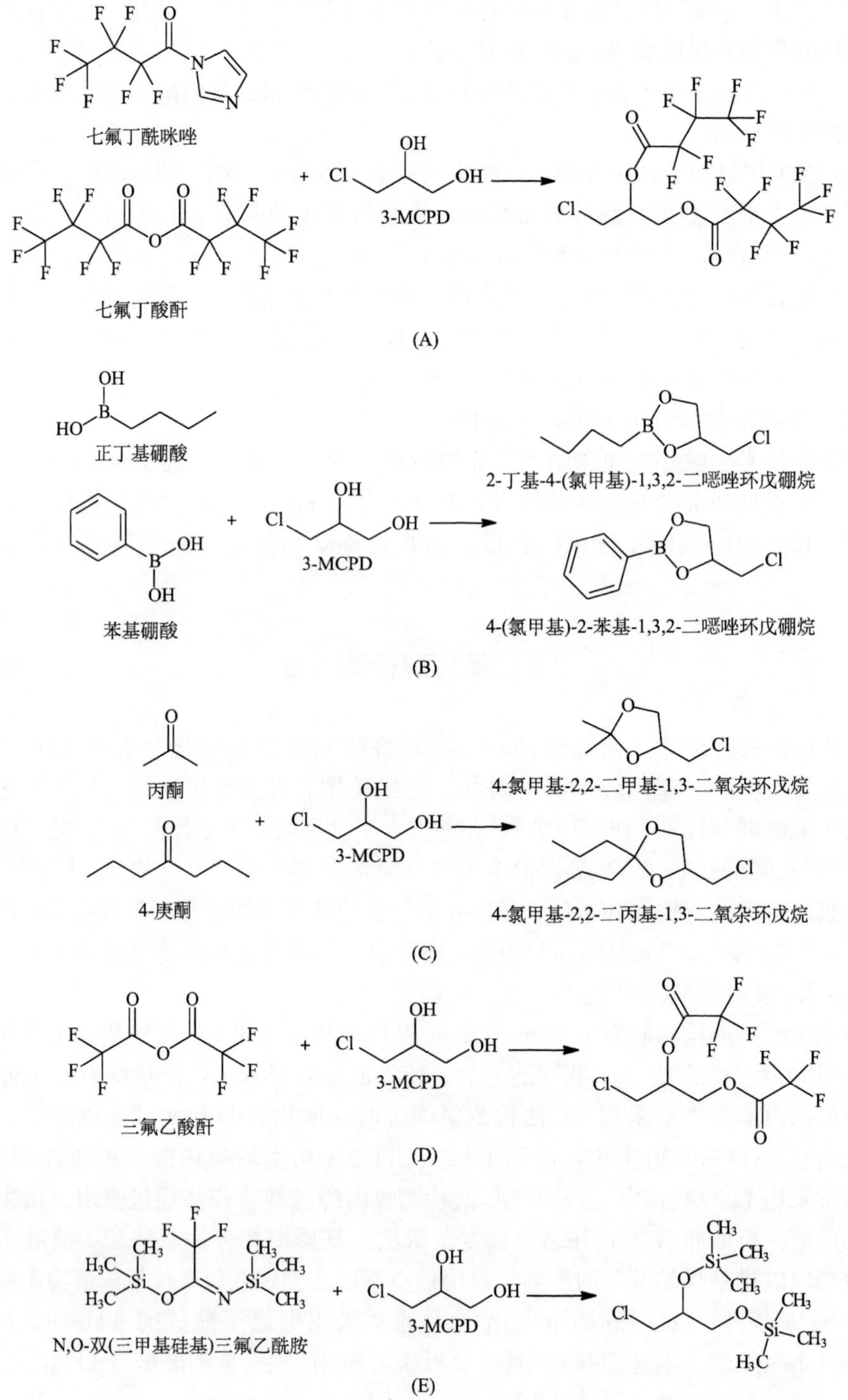

图 3-6 3-MCPD 的七氟丁酰化衍生化反应（A）、烷基硼化衍生化反应（B）、酮化合物杂环化反应（C）、三氟乙酰化衍生化反应（D）和硅烷化衍生化反应（E）结构式

1.2 μg/kg；TFAA、HFBI 和 HFBA 作用类似，均是将羟基酰基化，含一个羟基的双氯丙醇也可同时获得衍生［图 3-6 中（A）和（D）］[45]。其中，TFAA 比 HFBI 的衍生反应容易进行，但产生的有机酸可能会分解氯丙醇衍生物，且灵敏度不如 HFBI 衍生物高；3-MCPD 经 BSTFA 硅烷化后，每个羟基上增加 3 个碳原子［图 3-6 中（E）］，采用氢火焰离子化检测器（FID）检测响应较高。

在上述 5 种衍生化方法中，国际官方分析化学家协会（AOAC）、英国中央实验室（CSL）及我国食品卫生标准均采用 HFBI 衍生，衍生后进行 GC-电子俘获检测器（ECD）分析，可极大地增强待测物的电负性，同相对分子质量大大增加，检测的特异性、灵敏度均明显提高；同时也衍生了其他带—OH 或—NH$_2$ 的化合物，可减少进样对色谱系统的污染，干扰成分也较少。HFBA 衍生与 HFBI 相当，在室温下就可以反应，副产物七氟丁酸可能会降解氯丙醇衍生物，较少采用[46]。

采用质谱法检测氯丙醇衍生物，由于质谱定量时可采用稳定性同位素内标，结果相对准确。我国国家标准 GB/T 5009.191—2006《食品中氯丙醇含量的测定》中即采用稳定性同位素稀释气相色谱-质谱法测定食品中的 3-MCPD。目前尚无法直接分析未经衍生的 3-MCPD，早期直接用 GC-MS 分析 1，3-DCP 时，最低检出限为 0.05 mg/kg 以上[47]。目前采用自动顶空进样分析后，最低检测限（LOD）可达到 0.003 mg/kg[48]。采用 GC-MS 方法测定氯丙醇衍生物的研究较多，在前面提到的 5 种衍生化反应检测技术中，测定 HFBI 衍生物的方法最常用，GC-MS 分析时常用的定量离子如表 3-1 所示。

表 3-1　采用 GC-MS 分析氯丙醇时常用的定量离子

氯丙醇	未衍生	HFBI 衍生物	苯基硼酸衍生物	丙酮衍生物	庚酮衍生物	BSTFA 衍生物
3-MCPD	61	253 或 289	147	135、137	163、165	239、116
1，3-DCP	79	275、277	—	—	—	185、187
2，3-DCP	62	75、77	—	—	—	
d_5-MCPD	—	257	—	140、142	168、174	
d_5-1，3-DCP	82、84	278、280	—	—	—	

Hamlet 和 Sutton 首次报道了采用离子阱 GC-MS/MS 测定 HVP、面粉、肉类、淀粉制品中 μg/kg 级 3-MCPD，3-MCPD 与内标 d_7-3-MCPD 的母离子分别为 m/z 289 和 294，采用共振方式碰撞诱导解离后，形成丰度高的特征性子离子，定量离子分别是 m/z 253＋75，m/z 257＋79，方法灵敏度高且具有较好的选择性，检出限为 3～5 μg/kg[49]。我国研究人员也报道了衍生化 GC-MS/MS 同时测定酱油中 1，3-DCP、2，3-DCP 和 3-MCPD[50]。样品中氯丙醇提取净化后，用 TFAA 衍生处理，1，3-DCP、2，3-DCP 的检出限为 0.02 mg/kg，3-MCPD 的检出限为 0.01 mg/kg。

尽管目前对氯丙醇类化合物的检测是以 GC-MS 联用检测技术为主，但也有报道分子印迹法和毛细管电泳法测定 3-MCPD。分子印迹聚合物（molecularly imprinted polymer，MIP）法基于 3-MCPD 与聚合物反应形成的特征性分子指纹材料，分析时测定加入酱油前后 MIP 的电极电位变化，从而得到 3-MCPD 的含量。该方法的线性范围为 0～22 mg/kg，可作为 3-MCPD 筛选的化学传感器，实现半定量分析[51]；毛细管检测法则是利用硼酸与 3-MCPD 的反应生成配合阴离子，在缓冲液中得到良好分离，测定样品的电导率，得到 3-MCPD 的含量[52]。

第三节　呋　　喃

2004 年初，美国 FDA 的研究人员意外地从一些食品中检测出了呋喃，随后欧洲食品安全局（EFSA）也报道了从 11 个大类的受检食品中发现呋喃。通过研究，FDA 与 EFSA 得出一致结论，即呋喃可能对人体致癌。国际癌症研究机构（IARC）的研究结果表明，呋喃是鼠明显的致癌物，并将呋喃归类为可能使人类致癌物质的 2B 组。

一、呋喃理化性质

呋喃（furan），又名氧杂茂或 1-氧杂-2，4-环戊二烯，分子式 C_4H_4O，相对分子质量为 68.07，其分子结构式是一种含有一个由四个碳原子和一个氧原子的五元芳环的杂环有机物（图 3-7）。由于其分子中氧原子的一对孤对电子在共轭轨道平面内形成大 π 键，使得共轭平面内共 6 个电子，符合 4+2 结构，所以呋喃具有芳香性。呋喃易挥发（沸点 31℃），密度为 0.937 g/mL（20℃），不溶于水，溶于乙醇和乙醚，并易燃烧。呋喃具有高度亲脂性，容易通过生物膜被肺或肠吸收，在人体中可引起肿瘤或癌变；呋喃还具有麻醉和弱刺激作用，吸入后可引起头痛、头晕、恶心、呕吐、血压下降、呼吸衰竭等症状，对肝、肾损害严重。

呋喃

图 3-7　呋喃的分子结构式

二、呋　喃　来　源

与丙烯酰胺类似，呋喃广泛存在于许多类型的食品中，因此呋喃有可能成为一个严重的食品安全问题而引起潜在的消费恐慌。在食物中发现呋喃可追溯到 1979 年，Maga 在咖啡中发现有呋喃存在[53]。2004 年初，FDA 采用顶空进样-气相色谱-质谱联用技术从一些选取的罐装热加工食品中检测出了呋喃。2004 年 5 月起，FDA 相继发布了食品中呋喃含量的数据：在很多经过加热处理的食品中检出了污染物呋喃，主要是婴幼儿食品、罐装蔬菜、豆类、水果、罐装肉和鱼、罐装酱、营养饮料和蜜饯、咖啡和啤酒等[54]。继 FDA 之后，EFSA 也开始调查食品中呋喃的暴露情况，在 11 个大类食品中都发现存在可检出的呋喃，经统计，呋喃质量分数超过 100 μg/kg 的食品主要是咖啡、婴幼儿食品和调味料（如酱油）[55,56]。其中 96％的婴幼儿食品检出呋喃，平均质量分数为 28 μg/kg。FDA 研究人员发现，含有呋喃的食品几乎都是经过加热加工处理，其含量高的食品则大都是罐装食品。虽然呋喃沸点仅为 31℃，但是研究结果表明加热并不能明显地除去呋喃；此外，如果加热温度过高，食品中又将产生新的呋喃。目前我国食品中呋喃暴露情况等方面的研究罕见公开报道。

研究发现食品中呋喃的主要来源是葡萄糖、乳糖、果糖等碳水化合物的热降解[53]。

研究还发现通过使用裂解 GC-MS，氨基酸、糖、氨基酸/糖混合物和抗坏血酸等前体物质都可以形成污染物呋喃[57]，多不饱和脂肪酸、类胡萝卜素和抗坏血酸衍生物都是生成呋喃的重要前体[58]。现有的研究结果表明，在热加工食品过程中有多种途径可以形成呋喃，主要有：①氨基酸热降解与抗坏血酸的美拉德反应；②碳水化合物，如其热氧化作用；③抗坏血酸和④PUFA（包括类胡萝卜素）的热氧化作用。图 3-8 总结了几种主要前体物形成呋喃的途径。

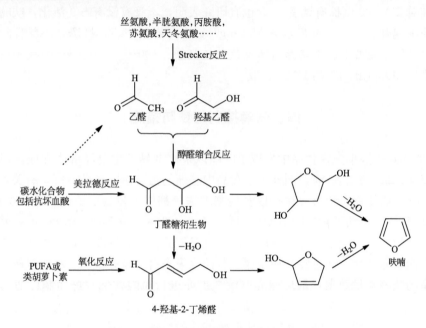

图 3-8　几种主要的前体物形成呋喃的途径

三、呋喃毒性与危害

2004 年，EFSA 公布了呋喃毒性的危险性评估，评估结果之一是呋喃对小鼠和大鼠具有明显的致癌性。美国国家毒理学计划（NTP）的研究人员采用灌胃法将呋喃灌给大鼠和小鼠，服用剂量为 20～160 mg/kg，16 天后发现两个物种的死亡率增加了，在 13 周后，低剂量呋喃造成大、小鼠体重下降，其中，肝脏和肾脏质量增加，而胸腺质量减少，并导致大鼠和小鼠肝脏和肾脏的有毒病变，其严重程度与剂量成正比。大鼠有死亡，而小鼠没有死亡。研究也发现，将呋喃持续较长时间喂给小鼠，将导致小鼠体重的严重损失，并显著增加了肝细胞腺瘤和癌的发生；而给大鼠较高剂量的投药，持续13 周、每周 5 天以 30 mg/kg 呋喃灌胃，结果发现 50 只雄性大鼠出现了胆管癌，9 个月后幸存的 40 只大鼠中的 6 只被发现有肝细胞癌，在 15 个月后幸存的 10 只雄性大鼠中均被发现了胆管癌。鉴于 NTP 和 EFSA 的动物毒理学试验结果，IARC 已将呋喃归类为可能使人类致癌物质的 2B 组。

呋喃作为一种 α，β-不饱和化合物，其与顺-2-丁烯-1，4-二醛相似，会与 DNA 反应发生诱变，它在无毒浓度下直接诱变对醛敏感的鼠伤寒沙门氏菌株 TA 104，而不诱导其他几个菌株[59]，这可能是因为呋喃或顺-2-丁烯-1，4-二醛能与靶细胞的 DNA 反应，在呋喃诱导的肿瘤中发挥一定作用；呋喃通过生物活化使 ATP 转化为代谢产物，从而激活了细胞毒性酶（包括核酸内切酶），这种酶会使 DNA 双链断裂，从而导致细胞死亡[63,64]。大多数研究学者认为呋喃的致癌性是遗传毒性机制导致的。不管有没有 S-9（表面抗原-9）代谢活化，呋喃对某些鼠伤寒沙门氏菌株都不具有诱变性。Lee 等研究发现呋喃对 TA 100 菌株有诱变[60]。也有研究表明，不管有没有 S-9 活化，呋喃都对小鼠淋巴瘤细胞有诱变[61]。腹腔注射 250 mg/kg 的高剂量呋喃，将诱导小鼠骨髓细胞的结构染色体发生畸变，但不诱导姐妹染色单体交换；100～200 mg/kg 的呋喃在活体内不诱导小鼠和大鼠肝细胞的 DNA 合成[62]。

四、呋喃控制与预防措施

从 2004 年美国率先在食品中发现了呋喃以来，世界各主要经济体和地区都开展了呋喃的安全评价研究。目前，国外关于食品中呋喃的污染研究比较系统，有关食品中呋喃的毒理学、前体物质和形成途径以及检测方法等都做了较为广泛的研究。美国 FDA 已于 2005 年 9 月启动了食品呋喃动行纲要（Action Plan for Furan in Food），其测定的食品中呋喃的数据已连续增补了 5 次，欧洲食品安全局（ESFA）也同时制订了食品呋喃安全方面研究计划，针对食品和饮料，全面收集来自于官方机构、科研机构、食品企业实验室的呋喃含量数据，最后建立呋喃数据库进行风险评估，进而制订适当的管理措施。

尽管上述国家和地区已经就食品中呋喃的危险性评估开展系列研究，但这些研究仍然不是很完善，还有待于进一步深入。在呋喃的毒理学研究方面，还需进一步对呋喃的生殖和发育毒性进行研究，需要弄清呋喃对人体的致癌性到底有多大以及相应的致癌机理，以得到呋喃完整的毒性数据；在呋喃的前体物质和形成途径方面，还需进一步建立相应模型，对呋喃形成机制及其影响因素动力学进行研究，以得到食品加工过程中呋喃的安全控制新理论和新方法；在呋喃的分析检测上，还需进一步完善相关方法，建立更为有效、快捷的检测技术，进而对更多的食品进行检测。

综上所述，由于呋喃在食品加工过程中的形成机制尚没有确定，并且食品加工过程中的影响因素，如温度、时间、水分、pH 等条件对呋喃的形成和影响机制仍不清楚，因此通过改变食品加工方式对于预防和控制食品中呋喃的危害还缺乏有效的数据支持。有关食品中呋喃及其毒性的安全评价，仍将是以后食品安全工作和研究中的一个重要议题。

五、呋喃检测方法

由于呋喃分子质量小，挥发性强，故其定量容易受到复杂基质的干扰。根据现有的检测技术研究结果来看，食品中呋喃的检测方法主要有两种：一是顶空进样-气相色谱-

质谱法（HS-GC-MS），另一种是固相微萃取-气相色谱-质谱法（SPME-GC-MS）。另外，一些新的检测技术如分子印迹聚合物（MIP）法在食品中呋喃的定量检测研究中也取得了应用，本节将一并加以简要介绍。

1. 顶空进样-气相色谱-质谱法

顶空进样是分析强挥发性化合物最合适的方法。这种方法是通过顶空装置将样品中的呋喃提取出来，以 d_4-呋喃作为内标物，采用石英毛细管柱作为分析柱，气相色谱分离后以质谱进行定性定量。利用质谱解析时，所选取的定性离子分别是 m/z 68（呋喃）和 m/z 72（d_4-呋喃），以不同浓度的呋喃和 d_4-呋喃的峰面积比与两者的质量比作标准曲线，以保留时间和定量离子对 68/39（呋喃）、72/42（d_4-呋喃）进行分析[65]。

2. 固相微萃取-气相色谱-质谱法

SPME-GC-MS 与 HS-GC-MS 的主要不同之处是进样方式的不同，SPME 是用萃取纤维头进行的，纤维头上薄膜由极性的聚丙烯酸酯、聚乙二醇或非极性的聚二甲基硅氧烷组成。使用 SPME 时，先使纤维头缩进不锈钢针管内，使不锈钢针管穿过盛装待测样品瓶的隔垫，插入瓶中并推手柄杆使纤维头伸出针管，纤维头可以浸入待测样品中或置于样品顶空，待测有机物吸附于纤维涂膜上，通常 2～30 min 吸附达到平衡，缩回纤维头，然后将针管推出样品瓶。最后，将 SPME 针管插入 GC 进样器，被吸附物经热解吸附后进入气相色谱柱，开启流动相通过解吸池洗脱样品进样[66]。其后的 GC-MS 分析条件与 HS-GC-MS 中所述方法基本相同。

3. 分子印迹聚合物法

以呋喃为模板，2-甲基呋喃为模拟模板，α-甲基丙烯酸（MAA）为功能单体，甲基丙烯酸乙二醇酯（EGDMA）为交联剂，采用非共价法合成 MIP[67]。通过优化制备过程，并研究聚合物的吸附动力学、等温吸附及吸附识别性能，结果表明，MIP 以 2-甲基呋喃作为模拟模板，模板单体配比为 1∶4 时对呋喃的印迹效果最佳，最大吸收量 Q_{MIP} = 69.64 mg/g，印迹因子 α = 1.879。该聚合物对 2-甲基呋喃与呋喃具有相似吸附特性，$\alpha = Q_{2\text{-甲基呋喃}}/Q_{呋喃}$ = 1.004。固相萃取实验表明，制备获取的 MIP 对速溶咖啡样品中的呋喃具有显著的特异性吸附作用，可以固相萃取和定量检测食品饮料中的痕量呋喃。

第四节　多 环 芳 烃

多环芳烃（polycyclic aromatic hydrocarbon，PAH）是分子中含有两个以上苯环的碳氢化合物，包括萘、蒽、菲、芘等 200 多种化合物。常见的具有致癌作用的多环芳烃多为四到六环的稠环化合物。国际癌研究中心（IARC）在 1976 年列出的 94 种对试验动物致癌的化合物中，有 15 种属于 PAH，为此，美国 EPA 和欧盟对 200 余种 PAH 中毒性较高的化合物进行了限制性使用，其中，苯并［a］芘是第一个被发现的环境化学致癌物，而且致癌性很强，故常以苯并［a］芘作为代表，估算其占全部致癌性 PAH 的百分含量。

一、多环芳烃理化性质

图 3-9 为美国和欧盟法规中禁用的 24 种 PAH 分子结构式。PAH 的水溶性较差，脂溶性较强，可在生物体内蓄积；能溶于丙酮、苯、二氯甲烷等有机溶剂。PAH 容易在环境中聚积，在水中溶解度较低，通常不易燃烧。

二、多环芳烃来源

PAH 在自然界存在于原油、木馏油、煤焦油和煤等物质中，它通过碳氢化合物的不完全燃烧而形成，也会在石油裂解过程中产生。目前，PAH 主要应用于医药品制造、染料、塑料（软体 PVC 玩具）、杀虫剂、橡胶（工具手柄和装饰品）以及油漆等领域。

从目前的研究结果来看，食品中 PAH 的来源主要有三种途径[68]。

（1）来源于食品加工过程。PAH 的产生主要是因为各种有机物，如煤、汽油、烟叶等的不完全燃烧，烟熏、烧烤或烘制等加工方式会导致食品本身或燃料燃烧产生的有害物质直接接触食品而受到 PAH 的污染。随着烹调温度的升高、脂肪含量的增加，其形成的 PAH 也增加。烹调加工食品时，食品中的脂肪在高温下热解形成 PAH。熏制或烹调加工食品的时间和温度与 PAH 含量成正比。食物外部产生的 PAH 要高于食物内部。

（2）来源于工业污染。在工业生产中，有机物的不完全燃烧，木材、煤和石油的燃烧都会产生大量的 PAH 并排放到环境中，废气中大量的 PAH 随灰尘降落到农作物或土壤中，农作物直接吸收造成污染，工业区的农作物中 PAH 含量高于农村中的农作物。农民在柏油马路上晾晒粮食、油料种子时，柏油马路在高温下蒸发出的 PAH 可污染粮食。另外，使用不合格的包装材料包装食品，其含有的 PAH 也可能污染食品。

（3）来源于生物合成。某些植物、细菌的内源性合成，使得森林、土壤、海洋沉积物中存在 PAH 类化合物，某些植物和微生物可合成微量的 PAH，使得一些植物性食品和发酵食品中含有微量的 PAH。

三、多环芳烃毒性与危害

PAH 进入人体后，大部分经混合功能氧化酶代谢生成各种中间产物和终产物，其中一些代谢产物可与 DNA 以共价键的方式结合形成 PAH-DNA 加合物，引起 DNA 损伤，诱导基因突变和肿瘤形成。PAH 的毒性研究结果显示，其可能具有的危害包括脏器损伤（肝脏、肺、胃肠道）及遗传危害。PAH 对肝脏造成的危害主要为致癌性病变，动物实验结果显示，小鼠进行腹腔注射二甲基苯并蒽（DMBA）和苯并［a］芘（B［a］P），发现小鼠肝脏质量随染毒时间延长而增加，呈现时间-效应关系。一项针

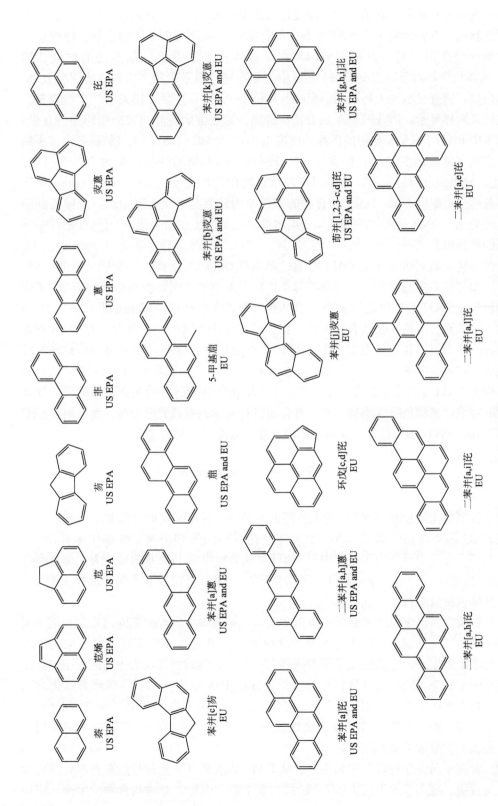

图 3-9　美国 EPA 和欧盟限用的 24 种多环芳烃分子结构式

对肝细胞癌患者和非肝细胞癌患者，免疫过氧化酶检测 DNA 加合物水平的对比试验表明，肝细胞癌患者肿瘤组织中 PAH-DNA 加合物水平明显高于非肿瘤组织。经排除年龄、性别等混杂因素后，发现 PAH-DNA 加合物水平高者患肝细胞癌的危险性增大[69]。人体长期暴露于高浓度 PAH 环境中，可通过呼吸系统摄入大量有害 PAH，造成肺部病变，调查显示工人肺癌患病概率与环境中 PAH 含量呈正比关系[70]。免疫学方法研究结果同样显示，PAH-DNA 加合物在肺癌、肺癌前病变和正常肺组织中的含量，肺癌标本中 PAH-DNA 加合物的阳性检出率为 84.3% （91/108）；支气管黏膜上皮不典型增生组织（癌前病变组织）标本中，PAH-DNA 加合物阳性检出率为 70.7% （29/41）；正常肺组织对照标本中，PAH-DNA 加合物阳性检出率为 14.6% （6/41），肺癌和肺癌前病变组织中 PAH-DNA 加合物的阳性率均显著高于正常肺组织，且随着肺癌变过程的变化，DNA 加合物的表达呈逐渐增高的趋势。上述结果提示，PAH 暴露是导致肺癌的重要因素之一。

遗传毒性领域研究显示，PAH 可通过胎盘诱导 DNA 损伤，引发胎儿肝脏、肺、淋巴组织和神经系统的肿瘤。对怀孕期母亲进行个人空气监测，发现母亲的 PAH 暴露水平与新生儿 PAH 浓度明显相关[71]。母体暴露于高水平 PAH，会使胚胎组织中 DNA 加合物水平增高，可诱导胚胎着床失败，甚至发生流产。国外一项试验检测了 15 例人类自然流产胚胎组织和胎盘组织内的 PAH-DNA 加合物的含量，结果显示，43% 的胎盘组织中含有可检测的 PAH 加合物，并在相对应的 27% 的胚胎肝脏组织和 42% 的肺组织也检出 PAH 加合物。胎盘中低水平的 DNA 加合物可诱导胎儿染色体畸变，导致其儿童时期癌症患病危险性增加。分子和传统流行病学调查研究已证实，胎儿时期经胎盘暴露于环境 PAH 污染物与儿童时期的癌症患病危险性之间有关联。

四、多环芳烃控制与预防措施

为了控制和预防食品中 PAH 对人体健康的损害，制定必要的标准和法律法规是有效防范 PAH 污染食品和降低 PAH 对人体潜在威胁的管理措施。我国国家标准 GB 2762—2005《食品中污染物限量》中对 PAH 类化合物中 B［a］P 的限量为：熏烤肉≤5 $\mu g/kg$，植物油≤10 $\mu g/kg$。此外，还需要通过多种途径控制和预防食品中 PAH 的含量，具体包括以下几个方面。

（1）控制食品污染源。食品的污染源主要是污染大气中颗粒物沉降污染、土壤中致癌性物质的污染。控制大气污染是解决食品中 B［a］P 等致癌性多环芳烃污染的根本途径。对于蔬菜生产，应加强地膜覆盖率和温室生产，并调整以煤为主的能源结构，减少煤的不完全燃烧，同时在大气污染物的排放标准中增加 B［a］P 等多环芳烃化合物指标，加强大气中致癌性 PAH 化合物的治理；对于土壤，应控制使用城市污水灌溉，减少污泥、垃圾的不合理堆放，合理喷施农药、化肥；应充分利用和提高土壤生物活性，增加微生物分解 PAH 的速率。

（2）合理布局农作物蔬菜水果生产。从 PAH 的来源以及分布特点来看，日常生活中的谷类食物、蔬菜、水果是人体 PAH 的主要来源。因此，对这些食物的生产，应加强规划，合理布局；在离污染源近的地段，应选择吸收 PAH 能力弱的根茎类作物种植，叶菜类和吸收 PAH 能力强的作物应安排在远离工业污染源的地方种植。

（3）改变饮食结构和烹饪方法。从国内和国外的研究结果来看，不受污染的蔬菜、水果中 PAH 的浓度相对较低，而肉类、奶类、油脂类食品中 PAH 浓度较高，所以多食蔬菜和水果对身体健康相对更有利（而蔬菜和水果，在食用前应至少清洗三遍）。香港特别行政区食物环境卫生署 2004 年发布的一项关于"烤肉中的多环芳烃"报告指出：未经处理的食物含大量 PAH 的情况不常见。烘烤、烧烤、烟熏等加工或烹煮食物的方法会产生 PAH，增加食物的 PAH 含量。烧焦食物的任何部分都含有 PAH，但以某些方法烹煮（如蒸）的食物，只会含有非常少量的 PAH，因此合理调整饮食习惯也是预防 PAH 污染的一种重要的方法。

五、多环芳烃检测方法

由于 PAH 化合物的毒性，应严格控制其在食品中的含量。因此，食品中 PAH 的检测十分重要。PAH 的检测方法为高效液相色谱法（HPLC）、气相色谱-质联用法（GC-MS）、二阶激光质谱法（L2MS）和酶联免疫法（ELISA）等。此外，还研究采用毛细管电泳法、薄层扫描法、超临界流体色谱等技术来定性定量分析食品中的 PAH 类化合物。目前，HPLC 法与 GC-MS 法仍是具有普遍应用价值的方法，其具有测量精度高、适于标准化的特点，但复杂的样品处理、检测灵敏度受限于检测器、对设备要求高等明显特点也局限了其作为普遍方法进行推广的潜力；酶联免疫分析方法对样品前处理要求低、设备简单、易于操作，因此同样引起了较大的关注，尤其适合于简单、快速、大批量普通初筛，但受到方法局限性限制，重现性、准确定量与 HPLC 等方法相比较差，在实际检测过程中通常需要将多种方法相结合实现从初筛到准确定量的检测。

1. 高效液相色谱法

目前，PAH 的常规检测方法为高效液相色谱法，其分离方法大多为梯度淋洗法。我国的国家标准为甲醇和水的梯度淋洗[72]，而国外的方法为乙腈和水的梯度淋洗[73]。郁建栓等[74]采用 SPE 技术对痕量 PAH 类化合物进行富集，采用 90% 乙腈作为流动相进行等梯度洗脱，用荧光检测器进行检测，实现了地表饮用水中痕量 PAH 化合物的分离分析；Garica 等考察了采用 SPE、SPME 联合 HPLC 以及荧光检测器测定饮用水中的 PAH 物质的可行性[75]。试验结果表明，两种萃取技术联合 HPLC 都可以用于饮用水中 PAH 物质的测定。相比之下，SPE 技术比 SPME 技术在回收、准确性以及测定范围上更有优越性。

2. 气相色谱-质谱联用法

潘海洋等采用 C_{18}-固相萃取膜萃取饮用水中的 PAH，利用 GC-MS 法鉴定水样中 7 种 PAH 的含量，PAH 的平均回收率为 94.0% ～ 97.7%，检测限为 1 mg/L[76]；Verónica 等研究了 SPME 对水中的 PAH 化合物进行富集并联合 GC-MS 进行测定的情况，考察了 PAH 在离子和非离子胶束影响下的分离情况[77]；Steven 等采用 SPME 萃取和 GC-MS 测定饮用水中的 PAH[78]。这种方法可以达到测定范围的要求，同时要求的水样体积小，可以减少水样的收集、运输以及储存等程序。李永新等用 GC-MS 测定熏肉中的 PAH，所开发的方法能同时测定熏肉中 20 余种 PAH，各 PAH 的分离度好，回收率和重现性均符合食品样品分析的要求，适用于烟熏肉类食品中 PAH 的分析检测[79]。

3. 二阶激光质谱法

Thomas 等采用二阶激光质谱（L2MS）法测定了饮用水中的 PAH。采用自制的 L2MS 系统，用多模式的 CO_2 激光仪与样品表面形成 45 的倾角进行消融，在波长 $225\sim280$ nm 对 PAH 进行离子化效率的研究[80]；Emmenegger 等采用 L2MS 进行水中痕量 PAH 物质（ng/L）的定量分析：30 mL 水样经过 PVC 膜进行萃取后，直接进行 L2MS 的测定[81]。该方法可以进行三环至六环的 PAH 物质的定量测定，测定的范围为 $2\sim125$ ng/L。

4. 酶联免疫法

免疫分析法是近几年发展起来的以抗原与抗体特异性、可逆性结合反应为基础的新型分析技术。免疫反应具有很高的选择性和灵敏性。目前使用最普遍的是 具有操作简便、灵敏度高、样品容量大、仪器化程度高和分析成本低等特点的 ELISA 法。Barcelo 等采用 ELISA 法测定了水中的 PAH，同时将测定结果与 GC-MS 方法进行对比，采用该方法的样品回收率为 $70\%\sim95\%$[82] Knopp 等研究了采用 ELISA 法测定 PAH 的可行性，并与 HPLC 测定的结果进行了对比[83]。ELISA 法样品处理要求低、设备和操作简单，比现行的方法灵敏度更高，适合于简单快速的检测以及大批量样品的普检初筛。

第五节　杂环胺类化合物

杂环胺类化合物（heterocyclic aromatic amine，HAA）是由碳原子、氮原子与氢原子组成的，具有多环芳香族结构的化合物。HAA 常发现于经热处理过的高蛋白质食品中，如肉制品及水产品。在过去的 30 年中，HAA 已受到广泛的关注。食品中的 HAA 的生成量主要取决于食品种类、加工方式、加工温度与时间，其中以加热温度与时间为主要的影响因素，加热温度越高，时间越长，形成的 HAA 量越多。流行病学研究表明经常从饮食中摄入杂环胺有致癌的风险。

一、杂环胺类理化性质

目前，从烹调食物中分离出来的杂环胺类化合物有 20 多种。从化学结构上可以将杂环胺分为氨基咪唑氮杂芳烃类（aminoimidazo azaaren，AIA）和氨基咔啉类（amino-carboline congener）两大类[84]。AIA 又包括喹啉类（IQ、MeIQ）、喹喔类（IQx，

MeIQx、7，8-DiMeIQx)、吡啶类（PhIP）与呋喃吡啶类（IFP）；氨基咔啉类主要包括 α-咔啉（AαC、MeAαC）、β-咔啉（Norharman、Harman）、γ-咔啉（Trp-P-1、Trp-P-2）和 δ-咔啉。氨基咔啉类环上的氨基不能耐受 2 mmol/L 的亚硝酸钠的重氮化处理，在处理时氨基会脱落变成为 C-羟基。图 3-10 为目前已在食品中发现并确证的两大类共23 种 HAA 化合物的分子结构式。

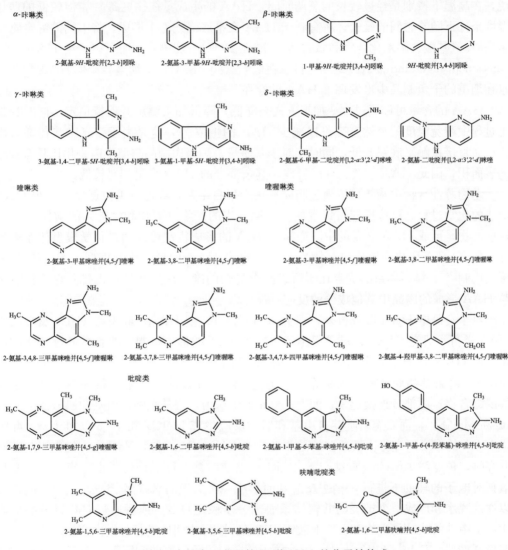

图 3-10　食品中已发现的 23 种 HAA 的分子结构式

二、杂环胺类来源

通过化学检测，发现烹调的鱼和肉类食品是膳食 HAA 的主要来源，不同的食品、加工方式及条件均影响食品中 HAA 的形成和含量[85]。研究发现，所有高温烹调的肉类食品均含有 HAA。食品中形成的 HAA 前体物质主要为肉类组织中的氨基酸、肌酸或肌酸酐以及脂肪。除了前体物质的含量之外，烹调温度和时间也是 HAA 形成的关键因素，煎、炸和烤的温度越高，产生的 HAA 越多。此外，食物水分对 HAA 的生成也有一定影响，当水分减少时，表面受热，温度上升，HAA 形成量明显增高。一般来说，在高温下特别是经过较长的烹调时间，HAA 的生成量往往更高[86]，但较低的煎烤温度条件下随着时间的延长，将有利于 HAA 在平底锅残渣中形成。将不同的混合物如蛋白质/氨基酸、碳水化合物和脂肪/脂肪酸在 100℃下加热几小时可以产生 HAA。Johansson 和 Jägerstad 报道鲑鱼和比目鱼在低温（80～85℃）下烟熏会产生 HAA[87]，而且在烟熏的干鱼制品中也发现了 HAA 的存在[88]。

　　HAA 的含量可以通过改变加工方式来降低。降低加工温度并保持恒定，同时在加工过程中避免温度的突然升高可以减少 HAA 的生成[89]，这是由于空气中热传递效率比产品直接接触平底锅要低，同时相对于其质量，炉烤肉制品与煎牛肉饼相比具有较小的表面积，因此 HAA 主要在外层形成，其余部分的 HAA 含量相对较低。

　　动物源性食物中脂肪可以通过脂质氧化产生自由基，或通过美拉德反应参与 HAA 形成的化学过程。这些反应可以致使美拉德反应的产物（吡嗪和吡啶）的增加[90]，而这些产物是形成 HAA 必要的中间产物。HAA 的形成机制可以通过化学模型体系来研究，如 IQ 型杂环胺的形成机制模型[91]、咔啉类 HAA 的形成机制模型[92,93]、PhIP 的形成机制[94]。模型体系的优点在于可以减少复杂的副反应，并且可以排除那些没有参与 HAA 形成的肉品中其他成分的反应。

　　对于食品中 HAA 形成机理，研究人员对于 IQ 型 HAA、咔啉类 HAA 及吡啶类 HAA 进行了研究。Jägerstad 等提出了 IQ 型 HAA 的形成机制，即肌酸通过环化和脱水形成 HAA 分子中氨基咪唑部分，而 IQ 型 HAA 剩下部分来源于美拉德反应中 Strecker 降解产物如吡啶和吡嗪等[91]。通过 Strecker 反应产物醛或相关西氟碱，丁间醇醛缩合将这两部分连接起来；而 Pearson 等则认为，烷基吡啶自由基和肌酸反应生成 IQ 和 MeIQ[95]，而二烷基吡啶自由基和肌酸反应生成 MeIQx 和 4，8-DiMeIQx。咔啉类 HAA 的形成研究得比较透彻的是非极性 HAA Norharman，Yaylayan 提出当与苯胺共存时，色氨酸 Amadori 重排产物（ARP）以呋喃糖的形式进行脱水反应，随后在环氧孤对电子的辅助下进行 β-消去反应从而形成一个共轭的氧鎓离子[96]。反应中间体可以通过脱水和形成一个扩展的共轭体系而进一步稳定自身，或者通过 C-C 键分裂而产生一个中性的呋喃衍生物和一个亚胺鎓阳离子。随后中间体进行分子内亲核取代反应而形成 β-咔啉。Felton 和 Knize 通过干加热[13]C 标记的苯丙氨酸和肌酸证明了苯丙氨酸和肌酸是 HAA 的前体物[97]。PhIP 也可以通过加热肌酸与亮氨酸、异亮氨酸或酪氨酸形成。在苯丙氨酸与肌酸的液体模型体系下，葡萄糖对 PhIP 的生成具有重要影响，依赖于自身的浓度，它可以起到增强或抑制作用。Manabe 等报道，当苯丙氨酸和肌酸溶于水中并在 37℃和 60℃下加热，四糖在 PhIP 的形成中具有最高活性，其他碳水化合物如树胶醛糖、核糖、葡萄糖和半乳糖活性较低[98]。以苯丙氨酸和肌酸作为前体物的简单模型体系中 PhIP 的形成首先是 Strecker 醛-苯乙醛的形成，第二步是醛和肌酸的醇醛缩合反应并随后脱水。在模型体系和加热肉品中已鉴定出这些缩合产物。PhIP 中形成吡啶基团的氮原子的来源至少有两部分，一是肌酸的氨基与中间体的含氧基团反应而成，二是苯丙氨酸的氨基或者是游离氨。PhIP 中 5 位、6 位、7 位碳原子的来源已通过利用 ¹³C标记的苯丙氨酸（分别标记在 C-2 和 C-3）和通过 NMR 分析形成的 PhIP 而鉴定出来。

三、杂环胺类毒性与危害

鼠伤寒沙门氏菌回复突变试验（Ames 试验）结果表明，HAA 具有高度致突变性；啮齿类动物及非人类灵长类动物的长期试验结果表明，HAA 可以引起多个部位的癌症，如肝癌、直肠癌、结肠癌等；同时流行病学研究也表明，经常从饮食中摄入 HAA 有致癌的风险。

所有的 HAA 都是前致突变物，必须经过代谢活化才能产生致突变性。HAA 是由肝脏中的细胞色素氧化酶 P450IA1 与 P450IA2 进行代谢活化。HAA 的环外氨基经细胞色素氧化酶 P450 催化而形成 N-羟基衍生物，进一步被乙酰基转移酶、磺基转移酶、氨酰 tRNA 合成酶或磷酸激酶酯化，形成具有高度亲电活性的最终代谢产物，主要是与脱氧鸟嘌呤第 8 位上的碳原子共价结合。在人体内，HAA 是通过细胞色素氧化酶 P450IA2 激活而形成 N-羟基衍生物[99]。N-羟基衍生物在肝脏或其他靶器官中经 N-乙酰转移酶（NAT）作用而形成芳胺基-DNA 加合物[100]。

此外，在饲料中给予大鼠和小鼠 50～800 mg/kg 的 HAA，在肺、前胃、肝、大小肠、乳腺、皮肤、膀胱、前列腺、口腔和淋巴结等不同器官均表现出致癌性。HAA 的主要靶器官为肝脏，特别是对灵长类动物显示出致癌性，也暗示 HAA 对人具有致癌性。动物试验对估计人的致癌危险性具有局限性，动物试验所使用的 HAA 剂量比食品中的实际含量高出 10 万倍，但由于 HAA 普遍存在于肉类食品中，故其与人类癌症的关系不容忽视。

四、杂环胺类控制与预防措施

虽然目前国际国内都还没有制定 HAA 的限量标准，但长期摄入 HAA 可能引起食道、胃、结肠、直肠等的癌变这一点已达成共识。应加强对食物中 HAA 含量监测，研究其生成和影响条件、毒性作用和阈剂量等，从而实现对 HAA 的有效控制。由于 HAA 的前体物肌酸、糖和氨基酸普遍存在于鱼和肉中，且简单的烹调就能形成此类致癌物质。因此，人类要完全避免摄入 HAA 是不可能的。但人们可以通过改变烹调食物的方法和选择食物的种类来尽可能减少膳食中的 HAA。

很多研究发现烹调食品中的 HAA 与加工方式以及烹调的温度和时间有关，因此通过烹饪方式的改变可以有效降低食物在加工过程中 HAA 的生成量。影响膳食中 HAA 的影响因素包括温度、时间、前体物质浓度以及烹饪前食物的水分含量。根据这些影响因素，可以合理利用烹饪技术来改变形成 HAA 的有利条件，从而达到预防产生 HAA

的目的。通过微波前处理引发肉品水分损失，使得前体物不能通过水分渗出至肉品表面参与反应，或通过加入水结合化合物如盐、大豆蛋白、淀粉等抑制水溶性前体物的传送，或在肉品加工前添加茶多酚等都是抑制 HAA 形成的有效方法[101~103]。在肉品加工前进行腌制可以有效抑制 HAA 的形成，含有酱油、大蒜、糖等的腌制剂可以减少 HAA 的形成[104]。此外，流行病学调查发现饮食中富含水果、蔬菜可有效降低肿瘤的发生率，也能抑制 HAA 的基因毒性。通过改变饮食结构，也可达到对 HAA 的预防和控制。

五、杂环胺类检测方法

　　HAA 在烹制食品中的含量极低，由于样品基质复杂、种类繁多，其中存在大量的干扰物质，因此对 HAA 的分析检测主要涉及前处理、仪器分析两部分，其中前处理可采取萃取、浓缩方式提取样品中的 HAA，然后采用色谱、酶联免疫等方法进行定性、定量测定。

　　HAA 的前处理方法可采用液液萃取、超临界萃取、固相萃取方式。采用液液萃取方式时，若样品是在丙酮、乙酸乙酯和甲醇[105,106]等有机溶剂中均质的，分析物用盐酸进行萃取；若是用盐酸均质化样品，离心后用二氯甲烷、乙酸乙酯[107]或乙醚去除酸性或中性的干扰物；若是用氢氧化钠均质化样品，得到的溶液用二氯甲烷以中性形式萃取。超临界流体萃取适用于从油烟中提取 HAA，而从固体基质中萃取 HAA 效率较低，在 6000 psi[①] 和 55℃条件下对喹啉类和喹喔类化合物有良好的回收率[108]。对于固相萃取技术，Cárdenes 等通过对比吸附、解吸附时间和模式、离子强度、样品中甲醇含量和 pH 等参数来评估 4 种纤维涂层分析 HAA 的效率，这 4 种纤维极性依次由强到弱为 CW-TPR（50 μm），CW-DVB（65 μm）、PDMS-DVB（60 μm）和 PA（85 μm）[109]。实验表明，CW-TPR 对 HAA（除 Norharman 外）有很好的分析效率，PA 和 PDMS-DVB 的分析效率较低，CW-DVB 对所有的 HAA 均有很好的分析效率，但是若样品中存在甲醇溶液，CW-DVB 将不适用于 SPME-HPLC，故而 CW-TPR 为分析 HAA 较好的选择。

　　HAA 的检测由于准确定量非常困难，早期需预先采用 Ames 测试来估计 HAA 含量[110]。随着大多数 HAA 结构被确定，HAA 标准物和稳定同位素标记的物质也被制备出来，许多实用的定量分析方法相继建立。20 世纪 80 年代晚期，色谱技术已经用于定量分析肉品中 HAA 的含量。近来，随着新技术的发展，更准确的分析方法已应用于食品中 HAA 的分析。HPLC 测量 HAA 常与一个或多个检测器联合使用，如紫外检测器（UV）、荧光检测器（FLD）、电化学检测器（ED）、二极管阵列检测器（DAD）和毛细管电泳（CE）检测器等。紫外检测器在 260～275 nm 下检测极性 HAA 如 IQ、MeIQ、MeIQx、DiMeIQx 和 PhIP[111]。配备荧光检测器的 HPLC 主要用于在特殊的激发和发射波长下确认各种荧光化合物，如 Glu-P-1、Glu-P-2、Norharman、Harman、

---

　　① 1psi = 6.89×10^3Pa = 6.89×10^{-2}bar

Trp-P-1、Trp-P-2、AαC 和 MeAαC。由于 HAA 比其他化合物具有更低的氧化能力，因此电化学检测器可以选择性地检测氧化 HAA。

利用 GC-MS 检测分析 HAA 时需对其进行衍生化以减少极性和增加挥发性。三氟甲基苯、七氟丁酰基和 N-二甲氨基氨甲基常用作衍生剂，而同位素可作为内部标准来定量 IQ 型 HAA。近来，新发展的 GC-NPD 可以提高 HAA 检测的选择性和灵敏性[112]。而与 GC-MS 相比，LC-MS 的效能更高，对于检测和定量复杂食品基体中的 HAA 不需要进行衍生化。LC-MS 可以结合离子化技术，包括热喷射（TSP）、离子喷射（ESP）和气压流电离（APCI），可以解决食品中 HAA 水平较低的问题。在 HAA 的分析中使用 LC-MS 越来越受到人们的认可。Kataoka 和 Pawliszyn 研究的固相微萃取-液相色谱-质谱（SPME-LC-MS）法是一种灵敏和高选择性的技术，它可以快速分析食品中的 HAA 和进行毒理学研究[113]。此外，通过 MS-MS 串联可以进一步提高检测的选择性。

ELISA 法在 HAA 检测中目前受抗体限制，仅有 IQ、MeIQ、MeIQx，4，8-DiMeIQx 和 PhIP 可通过免疫学方法分析[114, 115]。单克隆抗体的合成相当复杂，现在还没有商品化，使其不能得到实际推广应用。

第六节　N-亚硝基类化合物

迄今已研究过的 300 多种 N-亚硝基化合物中，有超过 90％对动物有不同程度的致癌性和具有明显的亲器官性，这引起了人们的高度重视和很多学者的深入研究。N-亚硝基化合物分为 N-亚硝胺和 N-亚硝酰胺两大类。N-亚硝酰胺的化学性质较活泼。食物中 N-亚硝基化合物主要来源于鱼、肉制品、乳制品、蔬菜、水果和发酵食品，人体也能合成一定量的 N-亚硝基化合物。毒理学研究结果表明，N-亚硝基化合物没有直接致癌作用，而是由于其化学性质活泼，较易生成烷基偶氮羟基化合物和氨氮化合物而具有致癌活性。

一、N-亚硝基化合物理化性质

N-亚硝基化合物是一大类有机化合物，根据其化合结构的不同，可分为两类：一类为 N-亚硝胺，另一类为 N-亚硝酰胺。

1. N-亚硝胺

N-亚硝胺（nitrosoamine）是研究最多的一类 N-亚硝基化合物。在亚硝胺结构式中，与亚硝基 NO 连接的氮上的两个取代基可以是烷基或芳烃，如 N-亚硝基二甲胺（NDMA）、N-亚硝基二乙胺（NDEA）、N-亚硝基甲乙胺（NMEA）、N-亚硝基二苯胺（NDPhA）、N-亚硝基甲苄胺（NMBzA）等，也可以是环烷基，如 N-亚硝基吗啉（NMOR）、N-亚硝基吡咯烷（NPYR）、N-亚硝基哌啶（NPIP）、N-亚硝基哌嗪等，还可以是氨基酸，如 N-亚硝基脯氨酸（NPRO）、N-亚硝基肌氨酸（NSAR）等

（图 3-11）；当两个取代基相同时，称为对称性亚硝胺，而不同时则称为不对称性亚硝胺。

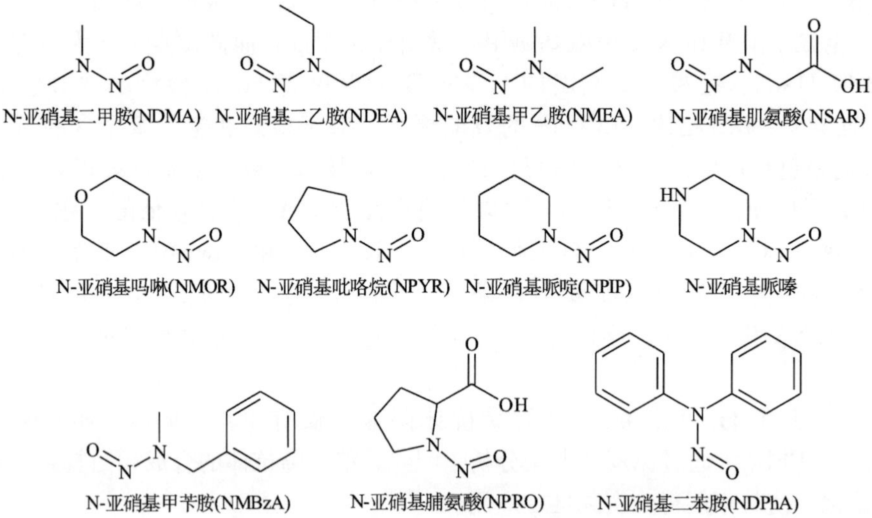

N-亚硝基二甲胺(NDMA)　N-亚硝基二乙胺(NDEA)　N-亚硝基甲乙胺(NMEA)　N-亚硝基肌氨酸(NSAR)

N-亚硝基吗啉(NMOR)　N-亚硝基吡咯烷(NPYR)　N-亚硝基哌啶(NPIP)　N-亚硝基哌嗪

N-亚硝基甲苄胺(NMBzA)　N-亚硝基脯氨酸(NPRO)　N-亚硝基二苯胺(NDPhA)

图 3-11　食品中常见亚硝胺类化合物分子结构

分子质量低的亚硝胺（如亚硝基二甲胺）在常温下为黄色油状液体，高分子质量的亚硝胺多为固体。除 NDMA、NDEA 以及某些 N-亚硝氨基酸等可以溶于水外，大多数亚硝胺不溶于水，仅溶解于有机溶剂。在通常条件下（如中性和碱性环境），亚硝胺化学性质较稳定，不易分解，但在特定条件下可发生诸如水解、转亚甲基、氧化、还原、光化学、形成氢键以及加成等反应。N-亚硝胺因分子质量不同，表现出蒸气压大小的差异，能够被水蒸气蒸馏出来且不需经衍生化即可直接进行气相色谱测定，故称为挥发性亚硝胺。

2. N-亚硝酰胺

N-亚硝酰胺（nitrosamide）类化合物包括 N-亚硝酰胺（R_1 和 R_2 为烷基或芳香基）、N-亚硝基脒（羰基的氧原子被 NH 取代）和 N-亚硝基脲（R_2 被 NH_2 取代）等（图 3-12）。

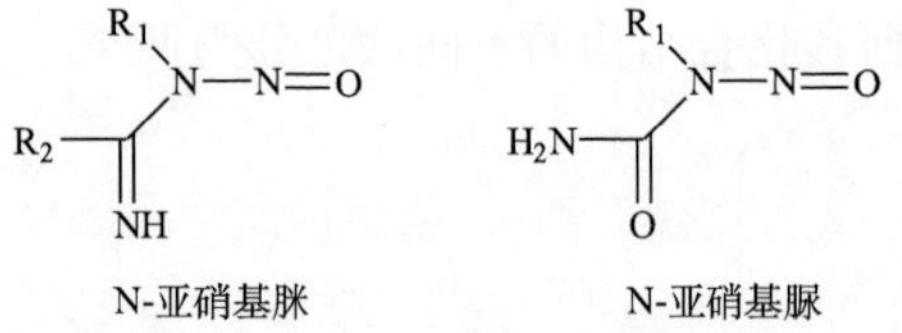

N-亚硝基脒　　　　　N-亚硝基脲

图 3-12　N-亚硝酰胺类化合物的基本分子结构

N-亚硝酰胺是化学性质和生物学作用相似的一类亚硝基化合物，其化学性质活泼，在酸性和碱性条件下（甚至近中性环境）均不稳定，能够自发性降解。酸性条件下可分解为相应的酰胺和亚硝酸，或经重氮甲酸酯重排，放出氮形成羟酸酯；在碱性条件下，亚硝酰胺可快速分解为重氮烷。在紫外线照射下，N-亚硝酰胺可发生光分解反应。N-亚硝酰胺类和非挥发性的强极性亚硝胺，如 NDEA、NPRO、NSAR、N-亚硝基羟脯氨酸（NHPRO）等均不能用水蒸气蒸馏方法与基质分开，被称为非挥发性 N-亚硝基类化合物。

二、N-亚硝基化合物来源

由于食品中含有丰富的蛋白质、脂肪以及人体必需的氨基酸，这些营养物质在腌制、烘焙、油煎、油炸等加工过程后，其内部会产生一定数量的 N-亚硝基类化合物；另外，食品中的某些营养物质在人体胃液环境中可能自行合成 N-亚硝基化合物，从而造成对人体的伤害。因此，食品中 N-亚硝基类化合物的来源包括加工过程产生以及内源性的自行合成。

（1）食品的加工过程中产生。在鱼、肉制品或蔬菜的加工（尤其是腌制）中，常添加硝酸盐和亚硝酸盐作为防腐剂和护色剂，而这些食物如香肠、腊肉、火腿和热狗等，直接加热（如油炸、煎和烤等）会引起亚硝胺的合成。另外，某些本身含有硝酸盐和亚硝酸盐的食品在干燥过程中也会产生亚硝胺类化合物，如麦芽能在干燥过程中形成亚硝胺。加热过程产生 N-亚硝基化合物是因为空气中的氮在天然气燃烧火焰中被高温氧化成氮氧化物，后者作为 N-亚硝化剂与食品中的生物碱反应形成 NDMA。除加工过程外，食品接触材料中的迁移、直接添加于农作物中的挥发性亚硝胺也是食品中 N-亚硝基化合物的来源之一。

（2）摄入前体物质在体内的合成。早在 1970 年 Lijinsky 和 Epstein 就提出，人体内能够内源性合成 N-亚硝基化合物[116]。当人体摄入的食品中含有硝酸盐和可亚硝基化的胺类时，它们常常以相当大的量进入胃中，胃中有亚硝基化反应的有利条件，如酸性、卤素离子和硫氰酸根离子等，可以明显地加快体内 N-亚硝基化合物的形成。可合成 N-亚硝基化合物的前体物，包括 N-亚硝化剂和可亚硝化含氮化合物。N-亚硝化剂有硝酸盐、亚硝酸盐和其他氮氧化合物。合成亚硝胺类化合物所需的含氮化合物主要是胺类物质。

在上述所说的 N-亚硝化剂中，硝酸盐和亚硝酸盐是最常见的一类亚硝化剂。亚硝酸盐和硝酸盐广泛存在于自然环境中。植物在生长过程中合成必要的植物蛋白质，就要吸收硝酸盐作为其营养成分；蔬菜吸收的硝酸盐由于植物酶作用在植物体内还原为氮，并与经过光合作用合成的有机酸生成氨基酸和核酸而构成植物体。当光合作用不充分时，植物体内就积蓄多余的硝酸盐。亚硝酸盐和硝酸盐也可通过人为的添加而进入食品，如作为防腐剂和护色剂被用于保藏肉类、鱼和干酪。早在 20 世纪初，人们就发现添加亚硝酸盐是腌肉护色和风味改变的原因，并可抑制某些腐败菌和致病菌的生长，以达到防腐和着色的目的。

大气中的氮也是 N-亚硝化合物的前体物的重要来源之一，它们在生物链的作用下被转化为可以利用的形式，与周围环境发生交换，包括水、土、微生物、植物、动物和人类。大气中富含氮氧化合物、矿物燃料产生的 NO 都可以氧化成为 NO_2。天然水中含氮化合物大多来自沉降物，由雨水或雪水带入土壤。岩石也可以是土壤中氮源的主要来源。

随着人类活动的加剧，如氮肥的大量使用，工业和生活废水的排放，以及汽车尾气的大量排放等也是亚硝胺类化合物产生的重要前体物质。例如，城市大气中的 NO_x 约有 2/3 来自汽车尾气。它可以通过呼吸道进入人体，并最终会在体内发生反应形成亚硝胺类化合物[117]。此外，微生物的固氮作用也是前体物的重要来源。

三、N-亚硝基化合物毒性与危害

不同种类的亚硝基化合物，其毒性大小差别很大，大多数亚硝基化合物属于低毒和中等毒，个别属于高毒甚至剧毒。化合物不同其毒性作用机理也不尽相同，其中肝损伤较多见，也有肾损伤、血管损伤等。

1. 致癌性

许多动物试验证明，N-亚硝基化合物具有致癌作用。N-亚硝胺相对稳定，需要在体内代谢成为活性物质才具备致癌性，也被称为前致癌物。N-亚硝酰胺类不稳定，能够在作用部位直接降解成重氮化合物，并与 DNA 结合发挥直接致癌、致突变性，因此，也将 N-亚硝酰胺称为终末致癌物。迄今为止尚未发现一种动物对 N-亚硝基化合物的致癌作用有抵抗力，不仅如此，多种给药途径均能引起试验动物的肿瘤发生，不论经呼吸道吸入、消化道摄入以及皮下、肌内注射，还是皮肤接触都可诱发肿瘤。反复多次接触，或一次大剂量给药都能诱发肿瘤，且都有剂量-效应关系。在动物试验方面，N-亚硝基化合物的致癌作用证据充分。在人类流行病学方面。某些国家和地区流行病学资料表明，人类某些痛症可能与之有关，如智利胃癌高发可能与硝酸盐肥料大量使用，从而造成土壤中硝酸盐与亚硝酸盐含量过高有关；日本人爱吃咸鱼和咸菜，故其胃癌高发，前者胺类特别是仲胺与叔胺含量较高，后者亚硝酸盐与硝酸盐含量较多。

不同亚硝基化合物的致癌强度不同，其致癌的强度可以用最低致癌剂量和相对致癌强 $1/TD_{50}$ 表示，其中 TD_{50} 为试验动物的 50% 诱发出肿瘤的平均总致癌剂量。$1/TD_{50} > 3$ 为强致癌性，$2\sim3$ 为较强致癌性，$1\sim2$ 为中等致癌性，而 < 1 为弱致癌性。

亚硝基化合物的致癌性存在器官特异性，并与其化学结构有关。例如，二甲基亚硝胺是一种肝活性致癌物，同时对肾脏也表现出一定的致癌活性，苯基甲基亚硝胺对食管有特异性。表 3-2 列出了各种亚硝基化合物的致癌性。

表 3-2　各种亚硝基化合物对动物的致癌性

化合物	$LD_{50}/(mg/kg)$	肿瘤种类	致癌性
二甲基亚硝胺	27~41	肝癌、鼻窦癌	+++
二乙基亚硝胺	200	肝癌、鼻腔癌	+++
二正丙基亚硝胺	400	肝癌、膀胱癌	+++

续表

化合物	LD$_{50}$/(mg/kg)	肿瘤种类	致癌性
乙基丁基亚硝胺	380	食管癌、膀胱癌	++
甲基苄基亚硝胺	200	食管癌、肾癌	++
甲基亚硝基脲	180	前胃癌、脑癌、胸腺癌	+++
二甲基亚硝基脲	240	脑癌、神经癌、脊髓癌	+++
亚硝基吗啉	—	肝癌	+++
亚硝基吡咯烷	—	肝癌	+

注:"+++",强;"++",中;"+",弱。

2. 致畸与致突变性

在遗传毒性研究中发现,许多 N-亚硝基化合物可以通过机体代谢或直接作用诱发基因突变、染色体异常和 DNA 修复障碍。N-亚硝酰胺能引起子鼠产生脑、眼、肋骨和脊柱的畸形,而 N-亚硝胺致畸作用很弱。二甲基亚硝胺具有致突变作用,常用作致突变试验的阳性对照。

四、N-亚硝基化合物控制与预防措施

预防 N-亚硝基化合物对人体健康的危害,可以从多方面着手。根据前述食品中 N-亚硝基类化合物的来源,可以从源头上对食品中的亚硝酸盐和硝酸盐进行控制,也可以采用阻断的方式减少或降低食品加工过程中产生的 N-亚硝基类化合物。另外,制定食品中 N-亚硝基类化合物的限量标准规范,严格控制工业排放、科学施肥等措施也是有效控制食品中 N-亚硝基类化合物产生的合理途径。

(1)科学合理施肥。在蔬菜种植过程中,不施或少施硝酸铵和其他的硝态氮肥,宜用钼肥、有机肥、微生物肥、腐殖酸类肥料等,筛选适于蔬菜施用的低累积亚硝酸盐氮肥也可有效降低蔬菜中硝酸盐的含量[118];另外,氮肥与磷、钾肥配合施用可以促进蛋白质和重要含氮化合物的合成,减少硝酸盐的积累,控制和降低蔬菜中亚硝酸盐的含量。

(2)阻断食品中 N-亚硝胺类物质的合成。利用与寻找一些阻断剂,阻止天然食品中胺类与亚硝酸盐反应而减少亚硝胺的合成。例如,食品加工过程加入维生素 C、维生素 E、酚类、没食子酸及某些还原物质,具有抑制和减少亚硝胺合成的作用,而且对亚硝酸盐的发色和抗菌作用毫无影响。目前,世界上许多国家都提倡在肉制品加工过程中加入维生素 C。在美国,一般每加入 120 mg/kg 亚硝酸钠的同时,添加 50 mg/kg 的维生素 C,使亚硝酸盐还原为 NO,促进亚硝基肌红蛋白的生成,既增加发色作用,又能降低肉制品中亚硝胺的生成量。

(3)改进食品加工方式。利用烟液或烟发生器生产的锯屑冷烟取代燃烧木材烟熏制烟熏制品,可消除或降低亚硝胺的合成。在腌制肉类及鱼制品时,所使用的食盐、胡椒、辣椒粉等配料,应分别包装,切勿混合一起而产生亚硝胺。同时,在肉制品加工过程中应尽量少用硝酸盐及亚硝酸盐。

（4）改善和提高饮食方式。食品中硝酸盐、亚硝酸盐目前看来无法根本消除，为了降低亚硝酸盐对人体的伤害，培养科学的食品消费和饮食习惯是必要的方法。①不吃霉变、隔夜白菜。尽量购买新鲜蔬菜。从营养角度来说，新鲜蔬菜其营养成分损失较少；从安全角度看，新鲜蔬菜的亚硝酸盐含量较低。另外，蔬菜烹调时也要现整理、现洗、现切、现炒、现吃。②不吃未发酵好的酸菜。腌渍酸菜 6 天时亚硝酸盐含量升至最高，随后逐渐下降，20 天后，基本彻底分解，所以，酸菜最好腌制 1 个月后再食用。在腌渍中，可按每千克腌菜中加 400 mg 维生素 C，以阻断亚硝酸盐形成亚硝胺。③加工泡菜时用人工发酵代替自然发酵。人工接种发酵泡菜与自然发酵比，可以加快发酵速率，缩短发酵时间。乳酸的大量产生可抑制杂菌感染，使泡菜成品率提高，并且可以改善泡菜的风味，提高泡菜菌种品质[119]。④蔬菜烹调前多浸泡。亚硝酸盐溶于水，蔬菜特别是酸菜在烹调前多清洗，多浸泡。随着换水次数增加、浸泡时间延长，酸菜中亚硝酸盐含量明显降低[120]。⑤不饮用含有大量亚硝酸盐的 6 种水：在炉灶上烧了一整夜或放置了 1～2 天不冷不热的温吞水，自动热水器中隔夜重煮的开水或经过反复煮沸的残留开水，盛在保温瓶中已非当天的水，蒸过馒头、饭、肉等食物的蒸锅水，有苦味的井水。以上 6 种水中亚硝酸盐的含量比较高，不宜饮用。

（5）制定相应的标准和法规。食品卫生监督部门应从源头抓起，严格监控企业对硝酸盐、亚硝酸盐的使用。我国颁布的 GB 2760—2011《食品安全国家标准食品添加剂使用卫生标准》针对不同的食品类型，对硝酸盐、亚硝酸盐的使用作出了明确规定，规定了其最大使用限量（表 3-3）。

表 3-3　国家标准 GB 2760—2011 中对食品中亚硝酸盐和 N-亚硝基化合物的限量规定

食品类型	亚硝酸盐 /(mg/kg)	N-二甲基亚硝胺 /(μg/kg)	N-二乙基亚硝胺 /(μg/kg)
粮食（大米、面粉、玉米）	3	—	—
蔬菜	4	—	—
鱼类	3	—	—
肉类	3	—	—
蛋类	5	—	—
酱腌类	20	—	—
乳粉	2	—	—
食盐	2	—	—
海产品	—	4	7
肉制品	—	3	5

五、N-亚硝基化合物检测方法

N-亚硝基化合物是属于小分子有机化合物。由于其在食品中的含量较低，且某些类型的 N-亚硝基化合物只能溶解于有机溶剂中，再加上食品基质的复杂性，因此食品中 N-亚硝基化合物的检测需要用到较为复杂的仪器设备和复杂的前处理步骤。我国国家标准 GB/T 5009.26—2003《食品中 N-亚硝胺类的测定方法》中规定了气相色谱-热能检测器（GC-TEA）联用的测定技术；美国 EPA 针对饮用水中 N-亚硝基化合物的测定采用了固相微萃取结合气相色谱-串联质谱（SPME-GC-MS/MS）的联用方法。近年来，超高效液相色谱-串联质谱（UPLC-MS/MS）联用技术在食品中 N-亚硝基化合物的测定中也得到了应用，本节将一并予以介绍。

1. 气相色谱法

气相色谱法多用来检测沸点较低的挥发性亚硝基化合物，在某些类型的食品检测中，其中的挥发性 N-亚硝基化合物首先需要进行衍生化，以生成在高温下稳定且不易分解的衍生化产物。目前，采用气相色谱法进行检测时，根据检测目标物物理化学性质的不同，采用的检测器也有所差别。例如，张晓俊等利用气相色谱-热能检测器（GC-TEA）测定了人体内有前体物生成的内源性 N-亚硝胺化合物二甲基亚硝胺、二乙基亚硝胺、甲基苄基亚硝胺、亚硝基吡咯烷以及亚硝基哌啶的含量，方法采用内标法进行定量，内标物选用无干扰的亚硝基二苯胺[121]；Vieira 等采用 GC-TEA 联用技术检测了婴儿用橡胶奶嘴中的 N-亚硝胺类化合物的含量，检测结果与采用氢火焰离子化检测器（FID）的结果进行了对比，发现采用 TEA 检测器的灵敏度和峰的干扰要明显优于 FID 检测器[122]；Parees 采用气相色谱-氮磷选择检测器（GC-NPD）对食品中的 N-亚硝胺类化合物进行了测定，最后通过 GC-TEA 技术对其中的 N-亚硝胺类化合物进行了定性确认，验证了 NPD 检测器在检测 N-亚硝胺类化合物领域的适用性和可行性[123]。利用 N-亚硝胺类化合物特有的化学发光性质，人们采用气相色谱-氮化学发光检测器（GC-NCD）对饮用水和食品中的二甲基亚硝胺进行了测定，并通过 GC-NPD 法对其中的阳性样品进行了确证，证实了 GC-NCD 法检测 N-亚硝胺类化合物的可行性[124]。

2. 气相色谱-串联质谱法

用气相色谱-串联质谱法检测饮用水中 N-亚硝胺类化合物含量是美国 EPA 规定的方法之一。对于食品中挥发性的 N-亚硝胺类化合物来说，采用固相微萃取（SPME）是提高灵敏度和分析能力的有效手段之一。例如，Gough 和 Webb 采用 GC-MS 联用技术测定了煎牛肉中微量的 N-亚硝胺类化合物[125]；Bryce 等采用真空蒸馏技术对肉制品中的二甲基亚硝胺进行了提取，然后采用 GC-MS 法对其进行了定性定量测定[126]。对于饮用水来说，由于其中含有 N-亚硝胺类化合物的量极微，因此需要用到串联二级质谱对其中微量的 N-亚硝胺类化合物进行定性确证。表 3-4 列出了采用 GC-MS/MS 法检测 N-亚硝胺类化合物时常见化合物的定性与定量碎片离子。

表 3-4　采用 GC-MS/MS 法检测 N-亚硝胺类化合物时的定性定量离子

化合物	分子离子（m/z）	二级碎片离子（定量离子）（m/z）
二甲基亚硝胺/NDMA	75	43 (56)
甲基乙基亚硝胺/NMEA	89	61 (61)
二乙基亚硝胺/NDEA	103	75 (75)
N-亚硝基吡咯烷/NPYR	101	55 (55)

续表

化合物	分子离子（m/z）	二级碎片离子（定量离子）（m/z）
二异丙基亚硝胺/NDPA	131	89（89）
N-亚硝基哌啶/NPIP	115	69（69）
二丁基亚硝胺/NDBA	159	57（103）

3. 高效液相色谱-串联质谱法

由于某些 N-亚硝基化合物在气相色谱的高温下容易分解生成氮氧化合物，因此采用液相色谱法检测非挥发性的 N-亚硝基化合物较气相色谱法具有更大的优势。我国环境水质学国家重点实验室的科研人员采用超高效液相色谱-串联质谱（UPLC-MS/MS）对饮用水中的 9 种 N-亚硝基化合物进行了测定，最低的检测限达到了 0.1 ng/L（二甲基亚硝胺），显示出 LC-MS/MS 在检测 N-亚硝基化合物方面的可行性和优越性[127]。Cárdenes 等采用衍生化处理的方式，采用氢溴酸对 N-亚硝基吗啉、二甲基亚硝胺、二乙基亚硝胺、N-亚硝基吡咯烷和 N-亚硝基吡啶进行了溴化衍生，最后采用液相色谱-荧光检测器（LC-FLD）对衍生物进行了检测[128]；Beattie 等则采用薄层液相色谱-质谱联用方法对食品中包括二甲基亚硝胺在内的 20 余种非挥发性化合物进行了分离测定，从色谱图的分离效果来看，薄层液相色谱能够有效分离氨基酸和 N-亚硝基化合物，适用于基质复杂食品中 N-亚硝胺类化合物的分析测定[129]。

参 考 文 献

[1] Mottram D S, Wedzicha B L, Dodson A T. Acrylamide is formed in the Maillard reaction. Nature, 2002, 419: 448-449

[2] Stadler R H, Blank L, Varga N, et al. Food chemistry: Acrylamide from Maillard reaction products. Nature, 2002, 419: 449-450

[3] 秦菲. 食品中丙烯酰胺形成机理的研究进展. 北京联合大学学报（自然科学版）, 2007, 21: 62-67

[4] Yasuhara A, Tanaka Y, Hengel M, et al. Gas chromatography investigation of acrylamide formation in browning model systems. Journal of Agricultural and Food Chemistry, 2003, 51: 3999-4003

[5] 李威, 周启星, 华涛. 常用化学絮凝剂的环境效应与生态毒性研究进展. 生态学杂志, 2007, 26: 943-947

[6] 袁媛, 刘野, 陈芳, 等. 葡萄糖/天冬酰胺模拟体系中丙烯酰胺的产生及其机理研究. 中国食品学报, 2006, 6: 1-5

[7] Becalski A, Lau B P A, Lewis D, et al. Acrylamide in foods: occurrence, sources, and modeling. Journal of Agricultural and Food Chemistry, 2003, 51: 802-808

[8] Adler I D, Gonda H, Hrabé de Angelis M, et al. Heritable translocations induced by dermal exposure of male mice to acrylamide. Cytogenetic and Genome Research, 2004, 104: 271-276

[9] 秦菲, 陈文, 金宗濂. 丙烯酰胺毒性研究进展. 北京联合大学学报（自然科学版）, 2006, 20: 32-36

[10] Yuan Y, Chen F, Zhao G H, et al. A comparative study of acrylamide formation induced by microwave and conventional heating methods. Journal of Food Science, 2007, 72: C212-C216

[11] 中华人民共和国国家标准. GB 5749—2006《生活饮用水卫生标准》

[12] World Health Organization. Guidelines for Drinking—water Quality. 3rd ed. Volume 1, Recommendations, Ge-

neva：World Health Organization，2004

[13] United States Environmental Protection Agency. Drinking Water Standards and Health Advisories（2011 Edition）. Office of Water U. S. Environmental Protection Agency. Washington DC，2011

[14] European Commission. Council Directive 98/83/EC of 3 November 1998 on the quality of water intended for human consumption. Official Journal of the European Union，L 330/32，1998

[15] Nemoto S, Takatsuki S, Sasaki K，et al. Determination of acrylamide in foods by GC/MS using ^{13}C-labeled acrylamide as an internal standard. Journal of the Food Hygienic Society of Japan，2002，43：371-376

[16] Mizukami Y, Kohata K, Yamaguchi Y，et al. Analysis of acrylamide in green tea by gas chromatography-mass spectrometry. National Institute of Vegetable and Tea Science，2009，54：7370-7377

[17] US EPA. Method 8032A Acrylamide by Gas Chromatography，1996

[18] Perkin E. Acrylamide Analysis by Gas Chromatography. USA：Perkin Elmer Life and Analytical Sciences，2004，20：5-7

[19] Tsutsumiuchi K，Hibino M，Kambe M，et al. Application of ion trap LC/MS/MS of determination of acrylamide in processed foods. Journal of the Food Hygienic Society of Japan，2004，45：95-99

[20] World Health Organization. Health Implications of Acrylamide in Food. Switzerland：WHO Consultation，Geneva. 2002

[21] 袁媛，刘野，陈芳，等. 葡萄糖/天冬酰胺模拟体系中丙烯酰胺的产生及其机理研究. 中国食品学报，2006，6：1-5

[22] 樊祥，方晓明，陈家华，等. 液相色谱-串联四级杆质谱对食品中丙烯酰胺的测定研究. 分析测试学报，2005，24：82-85

[23] 赵榕，邵兵，赵婕，等. 液相色谱-电喷雾质谱/质谱法测定高温烹制的淀粉类食品中的丙烯酰胺. 色谱，2005，23：289-291

[24] Ge S J，Lee T C. Effective HPLC method for the determination of aromatic amadori compounds. Journal of Agricultural and Food Chemistry，1996，44：1053-1057

[25] Davidek T，Clety N，Devaud S，et al. Simultaneous quantitative analysis of Maillard reaction precursors and products by high-performance anion exchange chromatography . Journal of Agricultural and Food Chemistry，2003，51：7259-7265

[26] Pollien P，Lindinger C，Yeretzian C，et al. Proton transfer reaction mass spectrometry，a tool for on-line monitoring of acrylamide formation in the headspace of Maillard reaction systems and processed food. Analytical Chemistry，2003，75：5488-5494

[27] 张烨，丁晓雯. 食品中氯丙醇污染及其毒性. 粮食与油脂，2005，4：44-46

[28] 刘晓艳，张妍. 发酵调味料中氯丙醇的危害与检测. 中国调味品，2005，5：7-12

[29] Food and Agriculture Organization. Position Paper on Chloropropomals. Jiont FAO/WHO Food Standards Programme Codex Commettee on Food Additives and Contaminants Thirty—third Session. The Netherlands，2001

[30] National Toxicology Program. NTP Technical Report on the Toxicology and arcinogenesis studies of 1-chloro-2-propanol（Technical Grade）（Cas No. 127-00-4）in F344/N rats and B6C3F1 mice（drinking water studies）. National Toxicology Program Technical Report Series，1998，477：1-264

[31] Kwack S J，Kim S S，Choi Y W，et al. Mechanism of antifertility in male rats treated with 3-monochloro-1，2-propanediol（3-MCPD）. Journal of Toxicology and Environmental Health Part A，2004，67：2001-2004

[32] Edwards E M，Jones A R，Waites G M. The entry of α-chlorohydrin into body fluids of male rats and its effect upon the incorporation of glycerol into lipids. Journal of Reproduction and Fertility，1975，43：225-232

[33] Yonetani R，Ikatsu H，Miyake N C，et al. Isolation and characterization of a 1，3-dichloro-2-propanol-degrading bacterium. Journal of Health Science，2004，50：605-612

[34] Pesselman R L，Feit M J. Determination of residual epichlorohydrin and 3-chloropropanediol in water by gas chromatography with electron capture detection. Journal of Chromatography，1988，439：448-452

［35］傅大放，曾国华. 环氧丙烷生产工艺中次氯化反应产物的气相色谱分析. 江苏环境科技，1995，3：25-27

［36］何静，黄兰. 环氧氯丙烷醚化淀粉中残留氯丙醇含量测定. 林产化工通讯，1994，4：34-37

［37］张思群，王志元，许毅，等. 调味品中氯丙醇的 GC/EW 和 GC/MS/MS 衍生化检测方法研究与应用. 中国卫生检验杂志，2002，12：387-393

［38］傅武胜，吴永宁，赵云峰. 调味品氯丙醇污染状况与各国的危险性管理. 中国调味品，2003：14-19

［39］Van Bergen C A, Collier P D, Cromie D D O, et al. Determination of chloropropanols in protein hydrolyses. Journal of Chromatography, 1992, 589：109-119

［40］Chung W C, Hui K Y, Cheng S C. Sensitive method for the determination of 1, 3-dichloropropan-z-ol and 3-chloropropane-1, 2-diol in soy sauce by capillary gas chromatography with mass spectrometric detection. Journal of Chromatography, 2002, 952：185-192

［41］Presselman R L, Feit M J. Determination of residual epichlorohydrin and 3-chloropropanediol in water by gas chromatography with electron-capture detection. Journal of Chromatography, 1988, 439：448-452

［42］Ushijima K, Deguchi Y, Kikukawa K, et al. Analysis for residual 3-chloro-1, 2-propanediol in seasonings after derivatization with phenylboronic acid. Journal of the Food Hygienic Society of Japan, 1995, 36：360-364

［43］Schurig V, Wistuba D. Analytical enantiomer separation of aliphatic diols boronates and acetas by complexation gas chromatography. Tetrahedron Letters, 1984, 25：5633-5636

［44］Kissa E. Determination of 3-chloropropanediol and related dioxolanes by capillary gas chromatography. Journal of Chromatography A, 1992, 605：134-138

［45］Dayrit F M, Ninonueve M R. Development of an analytical method for 3-monochloropropane-1, 2-diol in soy sauce using 4-heptanone as derivatizing agent. Food Additives and Contaminants, 2004, 21：204-209

［46］Matthew M B, Anstasio C. Determination of halogenated mono-alcohols and diols in water by gas chromatography with electron-capture detection. Journal of Chromatography A, 2000, 866：65-77

［47］Wittmann R. Determination of chloropropanols and monochloro propandiols in seasonings and in food stuffs containing seasonings. Zeitschrift für Naturforschung A, 1991, 193：224-229

［48］Crews C, Lebrun G, Brereton P A. Determination of 1, 3-dichloropropanol in soy sauces by automated headspace gas chromatography-mass spectrometry. Food Additives and Contaminants, 2002, 19：343-349

［49］Hamlet C G, Sutton P G. Determination of the chloropropanols 3-chloro-l, 2-propandiol and 2-chloro-l, 3-propandiol in hydrolysed vegetable proteins and seasonings by gas chromatography ion trap tandem spectrometry. Rapid Communications in Mass Spectrometry, 1997, 11：1417-1424

［50］张思群，王志元，许毅. 调味品中氯丙醇的 GC/ECD 和 GC/MS/MS 衍生化检测方法研究及应用. 分析科学学报，2003，19：543-545

［51］Leung M K, Chiu B K W, Lam M H W. Molecular sensing of 3-chloro-1, 2-propanediol by molecular imprinting. Analytica Chimica Acta, 2003, 491：15-25

［52］谢天尧，李娜，唐亚军，等. 致癌物 3-氯-1, 2-丙二醇的毛细管电泳/电导分离检测. 色谱，2003，21：513-515

［53］Maga J A. Furans in foods. C R C Critical Reviews in Food Science and Nutrition, 1979, 4：355-400

［54］Food and Drug Administration, Office of Plant and Dairy Foods. Exploratory data on furan in food, 2004

［55］European Food Safety Authority. Report of the scientific panel on contaminants in the food chain on provisional findings of furan in food. The EFSA Journal, 2004, 137：1- 20

［56］European Food Safety Authority. Report of the CONTAM panel on provisional findings on furan in food. Annexe corrigendum, 2004

［57］Locas C P, Yaylayan V A. Origin and mechanistic pathways of formation of the parent furan-A food toxicant. Journal of Agricultural and Food Chemistry, 2004, 55：6830-6836

［58］Becalski A, Seaman S. Furan precursors in food: A model study and development of a simple headspace method for determination of furan. Journal of AOAC International, 2005, 88：102-106

［59］Peterson L A, Naruko K C, Predecki D P. A reactive metabolite of furan, cis-2-butene-1, 4-dial, is mutagenic in the Ames assay. Chemical Research in Toxicology, 2000, 13: 531-534

［60］ Lee H, Bian S S, Chen Y L. Genotoxicity of 1, 3-dithiane and 1, 4-dithiane in the CHO/SCE assay and the salmonella/microsomal test . Mutation Research, 1994, 321: 213-218

［61］ Mc Gregor D B, Brown A, Cattanach P, et al. Responses of the L5178Y tk+/tk- mouse lymphoma cell forward mutation assay: mouse lymphoma cell forward mutation assay. III. 72 coded chemicals. Environmental and Molecular Mutagenesis, 1988, 12: 85-154

［62］ National Toxicdogy Program. Toxicology and carcinogenesis studies of furan (CAS No. 110-00-9) in F344/N rats and B6C3Fl mice (gavage studies) U. S. Department of Health and Human Services, Public Health Service, 1993

［63］ Kedderis G L, Ploch S A. The biochemical toxicology of furan. CIIT (Chemical Industry Institute of Toxicology) Activities, 1999, 19: 1-10

［64］ Mugford C A, Carfagna M A, Kedderis G L. Furan mediated uncoupling of hepatic oxidative phosphorylation in Fischer-344 rats: an early event in cell death. Toxicology and Applied Pharmacology, 1997, 144: 1 -11

［65］ Nyman P J, Morehouse K M, McNeal T P, et al. Single laboratory validation of a method for the determination of furan in foods by using static headspace sampling and gas chromatography/mass spectrometry. Journal of AOAC International, 2006, 89: 1417 -1424

［66］ Goldmann T, Périsset A, Scanlan F, et al. Rapid determination of furan in heated foodstuffs by isotope dilution solid phase micro-extraction-gas chromatography-mass spectrometry (SPME-GC-MS). Analyst, 2005, 130: 878-883

［67］ 彭宁, 阎凤超, 陈磊, 等. 呋喃分子印迹聚合物的制备及其吸附特性. 分析化学, 2010, 38: 559-563

［68］ 章汝平, 何立芳. 食品中多环芳烃的提取、纯化以及检测方法的研究进展. 食品科技, 2007, 1: 20-25

［69］ Chen S Y, Wang L Y, Lunn R, et al. Polycyclic aromatic hydrocarbon-DNA adducts in liver tissues of hepatocellular carcinoma patients and controls. International Journal of Cancer, 2002, 99: 14-21

［70］ Kriek E, Van Schooten F J, Hillebrand M J, et al. DNA adducts as a measure of lung cancer risk in humans exposed to polycyclic aromatic hydrocarbons. Environmental Health Perspectives, 1993, 99: 71-75

［71］ Wang S, Chanock S, Tang D L, et al. Assessment of interactions between PAH exposure and genetic polymorphisms on PAH-DNA adducts in African American, Dominican, and Caucasian mothers and newborns. Cancer Epidemiology Biomarkers and Prevention, 2008, 17: 405-413

［72］ 中华人民共和国国家标准. GB13198—1991《六种多环芳烃的测定高效液相色谱法》

［73］ Luthe G, Broeders J, Brinkman U A Th. Monofluorinated polycyclic aromatic hydrocarbons as internal standards to monitor trace enrichment and desorption of their parent compounds during solid-phase extraction. Journal of Chromatography A, 2001, 933: 37-35

［74］ 郁建栓. 固相萃取/等梯度高效液相色谱快速分析地表水中痕量多环芳烃化合物. 现代科学仪器, 2000, 2: 36-37

［75］ Garcia F M S, Perez L M, Simal G J. Comparison of strategies for extraction of high molecular weight polycyclic aromatic hydrocarbons from drinking waters. Journal of Agricultural and Food Chemistry, 2004, 52, 6897-6903

［76］ 潘海祥, 麦碧娴, 庄汉平, 等. 使用 C_{18}-固相萃取膜-色质联用定量分析饮用水中痕量多环芳烃的初步研究. 分析化学, 1999, 27: 140-144

［77］ Verónica P, Juan H A, Venerando G, et al. Solid-phase microextraction coupled to gas chromatography/mass spectrometry for determining polycyclic aromatic hydrocarbon-micelle partition coefficients. Analytical Chemistry, 2004, 76: 4572-4578

［78］ Hawthorne S B, Grabanski C B, Miller D J, et al. Solid-phase microextraction measurement of parent and alkyl polycyclic aromatic hydrocarbons in milliliter sediment pore water samples and determination of KDOC values. Environmental Science and Technology, 2005, 39: 2795-2803

［79］ 李永新, 张宏, 毛丽莎, 等. 气相色谱-质谱法测定熏肉中的多环芳烃. 色谱, 2003, 21: 476-479

［80］ Thomas D B, Haefliger O P, Dietiker J R, et al. Analysis of water contaminants and natural water samples using two-step laser mass spectrometry. Analytical Chemistry, 2000, 72: 3671-3677

［81］ Emmenegger C, Kalberer M, Morrical B, et al. Quantitative analysis of polycyclic aromatic hydrocarbons in water in the low-nano gram per lite range with two-step laser mass spectrometry. Analytical Chemistry, 2003, 75: 4508-4513

［82］ Barcelo D, Oubina A, Salau J S, et al. Determination of PAHs in river water samples by ELISA. Analytica Chimica Acta, 1998, 376: 49-53

［83］ Knopp D, Seifert M, Vaananen V, et al. Determination of polycyclic aromatic hydrocarbons in contaminated water and soil samples by immunological and chromatographic methods. Environmental Science and Technology, 2000, 34: 2035-2041

［84］ 杨洁彬, 王晶, 王伯琴, 等. 食品安全性. 北京: 中国轻工业出版社, 2005

［85］ 陈炳卿. 营养与食品卫生学. 第 4 版. 北京: 人民卫生出版社, 2000

［86］ Gross G A, Grüter A. Quantification of mutagenic/carcinogenic heterocyclic aromatic amines in food products. Journal of Chromatography, 1992, 592: 271-278

［87］ Johansson M, Jägerstad M. Occurrence of mutagenic/carcinogenic heterocyclic amines in meat and fish products, including pan residues, prepared under domestic conditions. Carcinogenesis, 1994, 15: 1511-1518

［88］ Kato T, Kikugawa K, Hayatsu H. Occurrence of the mutagen 2-Amino-3, 8-dimethylimidazo [4, 5-f] quinoxaline (MeIQx) and 2-Amino-3, 4, 8-trimethylimidazo [4, 5-f] quinoxaline (4, 8-Me$_2$IQx) in some Japanese smoked, dried fish products. Journal of Agriculture and Food Chemistry, 1986, 34: 810-814

［89］ Skog K, Augustsson K, Steineck G, et al. Polar and non-polar heterocyclic amines in cooked fish and meat products and their corresponding pan residues. Food and Chemical Toxicology, 1997, 35: 555-565

［90］ Arnoldi A, Arnoldi C, Baldi O, et al. Effect of Lipids in The Maillard Reaction. Birkhäuser: Advances in Life Sciences, 1990

［91］ Jägerstad M, Reuterswärd A L, Öste R, et al. Creatinine and Maillard reaction products as precursors of mutagenic compounds formed in fried beef. ACS Symposium Series, 1983, 215: 507-519

［92］ Nyhammar T. Studies on the Maillard reaction and its role in the formation of food mutagens. Uppsala, Sweden: Sweden Swedish University of Agricultural Sciences, 1986

［93］ Jones R C, Weisburger J H. Inhibition of aminoimidazoquinoxaline-type and aminoimidazol-4-one type mutagen formation in liquid-reflux models by the amino acids L-proline and/or L-tryptophan. Environmental and Molecular Mutagenesis, 1988, 11: 509-514

［94］ Murkovic M, Weber H J, Geiszler S, et al. Formation of the food associated carcinogen 2-amino-1-methyl-6-phenylimidazo [4, 5-b] pyridine (PhIP) in model systems. Food Chemistry, 1999, 65: 233-237

［95］ Pearson A M, Chen C, Gray J I, et al. Mechanism (s) involved in meat mutagen formation and inhibition. Free Radical in Biology and Medicine, 1992, 13: 161-167

［96］ Yaylayan J R. The Maillard Reaction in Food Processing. Birkhauser, Basel: Human Nutrition and Physiology, 1990

［97］ Felton J S, Knize M G. Mutagen formation in muscle meats and model heating systems. Boca Raton, FL: CRC Press, 1991

［98］ Manabe S, Kurihara N, Wada O, et al. Formation of PhIP in a mixture of creatinine, phenylalanine and sugar or aldehyde by aqueous heating. Carcinogenesis, 1992, 13: 827-830

［99］ Turesky R J, Lang N P, Butler M A, et al. Metabolic activation of carcinogenic heterocyclic amines by human liver and colon. Carcinogenesis, 1991, 12: 1839-1845

［100］ Sinha R, Rothman N, Brown E D, et al. Pan-fried meat containing high levels of heterocyclic aromatic amines but low levels of polycyclic aromatic hydrocarbons induces cytochrome P4501A2 activity in humans. American Association for Cancer Research, 1994, 54: 6154-6159

[101] Felton J S, Fultz E, Dolbeare F A, et al. Effect of microwave pretreatment on heterocyclic aromatic amine mutagens/carcinogens in fried beef patties. Food Chemical Toxicology, 1994, 32: 897-903

[102] Weisburger J H, Nagao M, Wakabayashi K, et al. Prevention of heterocyclic aromatic amine formation by tea and tea polyphenols. Cancer Letters, 1994, 83: 143-147

[103] Wang Y Y, Vuolo L L, Spingarn N E, et al. Formation of mutagens in cooked foods. V. The mutagen reducing effect of soy protein concentrates and antioxidants during the frying of beef. Cancer Letters, 1982, 16: 179-189

[104] Nerurkar P V, Le Marchand L, Cooney R C. Effects of marinating with Asian marinades or Western barbecue sauce on PhIP and MeIQx formation in barbecued beef. Nutrition and Cancer, 1999, 34: 147-152

[105] Bermudo E, Ruiz-Calero V, Puignou L, et al. Analysis of heterocyclic amines in chicken by liquid chromatography with electrochemical detection. Analytica Chimica Acta, 2005, 536: 83-90

[106] Sentellas S, Moyano E, Puignou, L, et al. Optimization of a clean-up procedure for the determination of heterocyclic aromatic amines in urine by field-amplified sample injection capillary electrophoresis mass spectrometry. Journal of Chromatography A, 2004, 1032: 193-201

[107] Martín-Calero A, Ayala J H, González V, et al. Determination of less polar heterocyclic amines in meat extracts: Fast sample preparation method using solid-phase microextraction prior to high-performance liquid chromatography-fluorescence quantification. Analytica Chimica Acta, 2007, 582: 259-266

[108] Sanz A M, Ayala J H, Gonzalez V, et al. Analytical methods applied to the determination of heterocyclic aromatic amines in foods. Journal of Chromatography B, 2008, 862: 15-42

[109] Cárdenes L, Ayala J H, Afonso A M, et al. Solidphase microextraction coupled with high-performance liquid chromatography for the analysis of heterocyclic aromatic amines. Journal of Chromatography A, 2004, 1030: 87-93

[110] Övervik E, Kleman M, Berg I, et al. Influence of creatine, amino acids and water on the formation of the mutagenic heterocyclic amines found in cooked meat. Carcinogenesis, 1989, 10: 2293-2301

[111] Kataoka H. Methods for the determination of mutagenic heterocyclic amines and their applications in environmental analysis. Journal of Chromatography A, 1997, 774: 121-142

[112] Kataoka H, Nishioka S, Kobayashi M, et al. Analysis of mutagenic heterocyclic amines in cooked food samples by gas chromatography with nitrogen-phosphorus detector. Bulletin of Environmental Contamination and Toxicology, 2002, 69: 682-689

[113] Kataoka H, Pawliszyn J. Development of in-tube solid-phase micro-extraction/liquid chromatography/electrospray ionization mass spectrometry for the analysis of mutagenic heterocyclic amines. Chromatographia, 1999, 50: 532-538

[114] Vanderlaan M, Watkins B E, Hwang M, et al. Monoclonal antibodies for the immunoassay of mutagenic compounds produced by cooking beef. Carcinogenesis, 1988, 9: 153-160

[115] Vanderlaan M, Watkins B E, Hwang M, et al. Monoclonal antibodies to 2-amino-l-methyl-6-phenylimidazo [4, 5-b] pyridine (PhIP) and their use in the analysis of well done fried beef. Carcinogenesis, 1989, 10: 2215-2221

[116] Lijinsky W, Epstein S S. Nitrosamines as environmental carcinogens. Nature, 1970, 225: 21-23

[117] 边丽. 危险的致癌物质——亚硝胺. 兵团教育学院学报, 2001, 11: 62-65

[118] 魏红. 食品中的亚硝酸盐与人体健康. 中国初级卫生保健, 2004, 18: 50

[119] 周光燕, 张小平, 钟凯, 等. 乳酸菌对泡菜发酵过程中亚硝酸盐含量变化及泡菜品质影响的研究. 西南农业学报, 2006, 19: 290-293

[120] 孟良玉, 兰桃芳, 何余堂. 酸菜中亚硝酸盐含量变化规律及降低措施的研究. 中国酿造, 2005, 11: 9-10

[121] 张小俊, 赵志鸿, 王桂芳. 胃液中挥发性亚硝胺含量的气相色谱/热能分析仪测定. 郑州大学学报（医学版）, 2007, 42: 950-952

[122] Vieira E R, Pierozan N J, Lovison V. Determination of N-nitrosamines and N-nitrosables substances in rubber teats by GC-TEA. Brazilian Archives of Biology and Technology, 2006, 49: 73-77

[123] Parees D M. Determination of *N*-nitrosodimethylamine in dimethylamine by gas chromatography with nitrogen selective detection and nitrosamine selective detection. Analytical Chemistry, 1979, 51: 1675-1679

[124] Grebel J E, Suffet I H. Nitrogen phosphorus detection and nitrogen chemiluminescence detection of volatile nitrosamines in water matrices: optimization and performance comparison. Journal of Chromatography A, 2007, 1175: 141-144

[125] Gough T A, Webb K S. A method for the detection of traces of nitrosamines using combined gas chromatography and mass spectrometry. Journal of Chromatography A, 1973, 79: 57-63

[126] Thomas A B, Geoffrey M T, James A. Use of vacuum distillation and gas chromatography-mass spectrometry for determination of low levels of volatile nitrosamines in meat products. Journal of Agricultural and Food Chemistry, 1971, 19: 937-940

[127] 罗茜, 王东红, 王炳一, 等. 超高效液相色谱串联质谱快速测定饮用水中 9 种 *N*-亚硝胺的新方法. 中国科学: 化学, 2011, 41: 82-90

[128] Cárdenes L, Ayala J H, González V, et al. Fast microwave-assisted dansylation of *N*-nitrosamines analysis by high-performance liquid chromatography with fluorescence detection. Journal of Chromatography A, 2002, 946: 133-140

[129] Beattie I G, Games D E, Startin J R, et al. Analysis of non-volatile nitrosamines by moving belt liquid chromatography/mass spectrometry. Biological Mass Spectrometry, 1985, 12: 616-622

第四章　食品包装的化学迁移物

包装起源于原始人对食物的储运，到人类社会有商品交换和贸易活动时，包装逐渐成为商品的重要组成部分。现代生活离不开包装，而现代包装已成为人们日常生活消费中必不可少的内容。食品包装作为食品工业过程的主要工程之一，对食品起到保护作用，在食品离开工厂到消费者手中的流通过程中，防止生物的、化学的、物理的外来因素的损害，具有稳定食品质量、方便食品食用和吸引消费者等外在价值。食品包装的安全与卫生十分重要，直接影响包装食品的安全与卫生，应了解与控制包装材料中的有毒、有害成分向食品迁移和溶入，以及食品中某些组分向包装材料渗透、被吸附等情况对食品质量安全的影响。为此，世界各国对食品包装的安全与卫生制定了系统的标准和法规，用于解决和控制食品包装的安全卫生及环保问题。

第一节　食品包装与食品安全

食品包装与食品安全密切相关，食品包装必须保证包装食品的卫生、安全。随着食品包装产品科技含量的快速提高，人们在努力寻找包装与食品之间关联实用、美观、安全的同时，也在不断寻找不安全因素，并加强检验、控制与监督。

一、食品包装的化学物迁移

食品包装按包装材料分为塑料、纸制、金属、玻璃、陶瓷、再生纤维、木材等，按包装形式分为罐、瓶、包、袋、卷、盒、箱等，按包装方式分为罐藏、瓶装、包封、袋装、裹包以及灌注、整集、封口、贴标、喷码等，按产品层次分为内包装、二级包装、三级包装以及外包装等。

包装迁移是指食品包装材料在与食品接触过程中，包装材料以单体或化合物形式迁移进入食品中。对于食品而言，没有哪种包装材料是完全惰性的，包装材料与食品接触后，都会向食品转移少量的化学物质，这种向所包装的食品中释放化学物质的过程称为迁移。从科学定义上讲，迁移就是"物质通过亚微观过程由外界传向食品"的过程。这里，将食品包装材料与食品接触过程中，包装材料内所含的化学物质（包括各类添加剂、加工助剂、塑料单体、低聚体、印刷油墨、胶黏剂等）通过或透过包装材料进入食品的过程定义为"迁移"。包装材料化学物迁移问题最早提出时，是针对塑料食品包装材料小分子有机化学物向食品的侵入，事实上食品包装材料种类繁多，纸、金属、玻璃以及陶瓷等都可用于食品的包装。随着包装材料化学物迁移研究的不断深入，研究的范围也在不断拓展，纸、金属、玻璃、陶瓷以及各类复合食品包装材料本身，也包括辅助材料如印刷油墨和胶黏剂等的迁移研究正在逐渐开展。

在食品储藏过程中由于包装容器与食品长期直接的接触，可能会产生一些问题，尤其是与以前食品工业中未曾使用过的新型化学物质之间的相互作用会产生严重后果。人体摄入某些食品包装材料的化学迁移物并达到一定量时，就会危害到人体健康。例如，食品包装所使用的聚乙烯、聚丙烯等，为改善性能所加入的增塑剂、填充剂、发泡剂、稳定剂、抗氧化剂、着色剂等添加剂。随着独立研究的发展，发现这些添加剂部分是环境内分泌干扰物，具有毒性和致癌性等。这些物质在极低的浓度下就能改变内分泌系统的正常功能，并可对未受损的器官或其后代产生负面影响。为此，食品包装材料中大范围的化学物质不可避免地引起了立法者和消费者的关注，激励了对包装材料研究领域进一步扩展到物质的毒理学和流行病学以及分析技术研究方面，以开发检测包装材料和多种多样食品中残留化学物质的特别灵敏的分析方法，并通过标准和立法等解决并控制食品包装的化学迁移问题。

二、食品包装中化学迁移物的来源

关于食品包装材料的使用安全性最早可以追溯到古罗马时期，有记载的是铅中毒事件，那时候盛装食品（包括饮用水）的容器以及酒杯等大多是用铅制成的，因此铅中毒事件十分普遍。进入 20 世纪后，食品包装材料的使用安全性相关研究趋于广泛。例如，20 世纪 60 年代，美国就有人提出有关牛奶层合 PE 薄膜中抗氧剂 BHT（2，6-二叔丁基对甲酚）向牛奶的迁移及致癌性问题，导致 BHT 一度被禁用。又如，20 世纪 70 年代起，欧洲研究发现氯乙烯单体具有致癌作用，许多国家因此禁用 PVC 作为食品包装或对其使用进行严格控制。此外，一次性聚苯乙烯 PS 泡沫塑料餐具在 65℃以上高温下会产生二噁英（dioxin），而它是一种强致癌物质，我国从 1995 年开始在许多城市相继规定禁止使用一次性聚苯乙烯泡沫塑料餐具。近年来，国内外食品安全事件接连不断发生，其中包含大量食品包装材料引发的食品安全问题。例如，2005 年，国内暴发的"PVC 保鲜膜"事件即为增塑剂二（2-乙基己基）己二酸酯（DEHA）非法使用所致，而美国、日本和世界自然基金会（WWF）早已将该物质列为可能会损害人体内分泌系统的化学物而禁止使用。同年，因疑受包装材料化学物 ITX（异丙基噻吨酮，牛奶包装盒胶印过程中使用的印墨成分）污染，雀巢公司在意大利召回了全部"问题婴儿牛奶"。这里介绍部分代表性食品包装材料中的化学迁移物来源。

1. 纸制包装

纸制包装材料具有良好的物理性能、机械操作性能以及绿色环保等多方面的优良性能，正成为国内外食品包装工业发展的重要包装材料。调查数据显示，纸和纸板用量已经占到全球所有包装材料用量的近 40%。通常纸和纸板包装材料在生产过程中以及后续的加工过程中都会添加一些化学物质，包括在制浆过程中要加入蒸煮剂、漂白剂等，在造纸过程中要用到施胶剂、防水剂、增强剂、杀菌剂等，而这些化学物质往往会部分残留在纸张中。此外，在纸包装材料生产过程中还会有一些其他的有毒、有害物质伴随产生。对于二次纤维造纸，之前印刷所残留的油墨组分等都可能具有很大的危害性。食品用包装纸的印刷油墨尽管都是在食品纸包装的外侧表面，但通常都会因为相互堆叠的过程而转移到与食品接触的内侧，从而最终影响到食品安全。研究发现，在用于包装食品的纸制包装材料中，存在的微量元素、蜡、荧光增白剂、施胶剂、有机氯化物、增塑剂、芳香族碳水化合物、有机挥发性物质、固化剂、防油剂、可抽提性氨、杀菌剂以及表面活性剂等化学残留物均可能迁移到食品中。

2. 塑料包装

为改善塑料材料加工制作性能或是提高塑料包装材料的使用特性，实际生产中都会大量使用各种类型添加剂和加工助剂等。在多种类型的塑料包装材料中，普遍都可以观察到的添加剂有增塑剂、抗氧化剂、光稳定剂、热稳定剂、润滑剂、防黏剂以及抗静电剂等。这些化学物一般为小分子质量物质，具有向接触食品迁移的可能性。例如，硬脂酸丁酯、乙酰柠檬酸三丁酯、烷基癸二酸酯、己二酸酯等常用的低毒性增塑剂，环氧化豆油（ESBO）热稳定剂，Tinuvin 622 和 Chimasorb 944 等位阻苯胺光稳定剂（HALS），以及 Tinuvin P、Tinuvin 326、Tinuvin 770 DF、Tinuvin 234、Chimasorb 81、Irganox 1076、Irganox 1330、Irganox 1010、Irgafos 168、Irgafos P-EPQ 等抗氧化剂。此外，苯乙烯、氯乙烯、双酚A、异氰酸酯、己内酰胺等塑料单体，因其是有关有机体的活性物质，因此或多或少有些会成为污染食品的毒性物质。

3. 金属包装

金属作为食品包装材料最大的缺点是化学稳定性差，不耐酸碱，特别是用其包装高酸性食品时易被腐蚀，同时金属离子易析出，从而影响食品的风味和安全性。锡存在于未涂层或部分涂层的镀锡马口铁罐中，其中约20％的食品罐是未涂层的镀锡罐。未涂层的镀锡罐中的锡更容易迁移到食品内容物中。虽然通常铝罐内壁都会有有机涂层保护，但是在一些特殊情况下，铝还是可能迁移到食品中。采用铅焊接包装罐中的铅、铝制材料本身含有铅、锌等元素，也可能会造成罐装食品污染。为了防止金属罐内重金属溶入内容食品中，并防止食品内容物腐蚀容器，金属食品罐内通常有一个内表面涂层。目前所用的合成树脂内涂料，不论是溶剂型的还是水基的，都是以环氧树脂为主的内涂料，如环氧-酚醛涂料、水基改性环氧涂料。另外，PVC 有机溶胶也是金属罐常用的内层涂料。

4. 陶瓷包装

陶瓷是我国的传统商品，近年来发展迅速，产量和出口量都居世界第一。陶瓷制品是常见的食品包装容器之一，在餐饮行业和家庭中常作餐具使用。人们一般认为陶瓷包装容器（相对于塑料包装容器和纸制包装容器）是无毒、卫生和安全的，因为它不会与所包装食品发生任何不良反应。但长期研究表明，釉料特别是各种彩釉中，往往含有有毒的重金属元素，如铅、镉、锑、铬、锌、钡、铜、钴等，甚至含有铀、钍和镭-226等放射性元素，对人体危害很大。陶瓷在 1000～1500℃下烧制而成。如果烧制温度偏低，彩釉未能形成不溶性硅酸盐，则在陶瓷包装容器使用过程中会因有毒重金属物质溶出而污染食品。特别是在盛装酸性食品（如醋、果汁等）和酒时，这些重金属物质较容易溶出而迁入食品，从而引起食品安全问题，其中广受关注的重金属元素主要是铅和镉。

5. 其他包装

橡胶材料作为食品包装时，橡胶类食品接触材料的可萃取化学物可检出二苄基胺、苯乙酮、二苄基二硫代氨基甲酸锌、4，4′-硫代双（5-甲基-2-叔丁基苯酚）和2，2′-亚基双-（4-甲基-6-叔丁基苯酚）等物质。天然橡胶材料中亦可发现二苄基二硫代氨基甲酸锌、二丁基二硫代氨基甲酸锌、二乙基二硫代氨基甲酸锌、二甲胺、二乙胺和二丁胺等化学物。食品包装材料用胶黏剂可以令普通纸板构成纸盒、令多层不同的塑料材料组成复合材料、令标签容易粘贴等，不仅含有高分子质量的具有黏性的物质，还包括了具有特殊性能的低分子质量的添加剂，如水、有机溶剂、增塑剂、增黏剂、增稠剂、表面活性剂、填充剂、抗菌剂、催化剂、pH调节剂、乳化剂以及抗氧化剂等。

三、食品包装中化学迁移对食品安全的影响

1. 食品包装材料性能的改变

包装材料内含的小分子化学物种类繁多，如各类添加剂——抗氧化剂、增塑剂、光稳定剂及热稳定剂等，这些添加剂的使用是为了提高包装材料的性能。显然，如果包装材料内的添加剂向食品发生了迁移，则会降低包装材料的性能，进而会导致包装材料保护内装食品的能力下降，造成食品安全隐患。

2. 食品包装材料化学迁移物的毒性影响

包装材料向食品迁移的化学物包括各类添加剂、加工助剂、塑料单体、低聚体、印刷油墨、胶黏剂等，化学种类繁多，特性各异。这些毒性物质进入食品后会存留在食品中，如果它们在食品体系中比较稳定，则食品经消费者食用后会进入人体从而对消费者身体健康造成危害[1]。例如，常用的PVC保鲜膜内含大量的增塑剂邻苯二甲酸二乙基己基酯（DEHP），国际癌症研究中心（IARC）将DEHP划分为第三类致癌物，迄今尚无人体流行病学资料。尽管尚未发现DEHP具有单独诱导肿瘤发生的作用，但它可促进肝癌和肾肿瘤的发展。美国食品和药物管理局（FDA）限制使用含有DEHP的食品包装材料，美国国家环境保护署（EPA）则限制饮用水中的DEHP不得超过6 ppb，职业安全卫生署对工作场所空气中DEHP每8 h工作日的平均浓度限量为5.0 mg/m³，15 min短时间暴露限制量为10 mg/m³。欧盟指令1999/815/EEC规定有机会接触口腔的玩具制成品不得含有超过0.1%指定的6种邻苯二甲酸盐，芬兰和意大利规定指定的6种邻苯二甲酸盐含量必须小于0.05%，希腊、挪威和瑞典则全面禁止聚氯乙烯制品含有邻苯二甲酸盐。日本已经规定婴儿及幼童的软胶玩具内不得含有DEHP。

3．食品内不稳定性的影响

　　包装材料向食品迁移的化学物种类繁多，其中一些在食品体系内自身就是不稳定的，会因为食品体系的特殊环境而出现化学上的变化。此外，一些迁移物进入食品体系后会与食品组分发生化学反应，对食品品质造成影响，包括对食品色、香、味产生影响，也包括新生成有毒有害物质从而危害食品安全等。

4．食品包装材料化学物向外界迁移的影响

　　除了包装材料化学物向食品的迁移以外，事实上，也有包装材料化学物以及食品组分透过包装材料向外界迁移的现象。食品包装印刷油墨以及胶黏剂中的有机溶剂，包括苯类溶剂、乙酸乙酯、乙酸正丁酯、乙酸异丙酯、正丁醇、异丙醇、丙酮、4-甲基-2-戊酮、丁酮、环己酮以及丙二醇甲醚等具有较强的挥发性，很容易透过食品包装材料进入环境中，消费者接近这些食品包装时就会吸入这些化学物质，其中一些具有毒性会对消费者的健康造成危害；另外一些具有刺激性，会降低甚至完全打消消费者的购买欲望。

5．食品包装材料对环境的影响

　　包装多属于一次性消费品，寿命周期较短，在城市废弃物中占有很大的比例，而食品包装又是城市生活垃圾的重要组成部分。随着包装食品消费量的日益增加，食品包装在生活垃圾中所占的比例越来越大，部分食品包装不合理的生产和使用对环境造成了严重的污染，包装与环境的问题已成为全球关注的热点之一。食品包装在满足现代多功能、多样化消费需求的同时，对生态环境和资源消耗的负面影响也应降至最低。食品包装对环境的污染物主要来源于生产和使用过程。食品包装工业化生产过程中产生的污染物主要包括二氧化硫、氯气、光气、甲醛、氟化氢等气体，以及苯酚、苯和苯乙烯等物质，金属材料生产还会产生粉尘。这些物质对大气、土壤和水资源等均可造成不同程度的污染。食品过度包装，体现在对食品的包装层次过多、材料过多、结构设计过多、表面装潢过度、包装成本过高等，导致包装用木材、石油、钢铁等原材料过度使用，造成资源浪费的同时，使得食品价格远远高于商品本身的价值而超出消费者的承受能力。食品包装废弃物的填埋、堆肥和焚烧等处理方法，都很难达到环境无害化处理要求，给环境保护造成了严重的负担。因此，食品包装加工应力求低耗高效，解决好废弃包装的回收利用和处理问题，把包装对生态环境的破坏降低到最低限度。基于环境保护的绿色包装是未来食品包装材料和技术的发展趋势。

四、食品包装中化学迁移的影响因素

　　化学迁移是一个受动力学和热力学控制的扩散过程，可用 Fick 法则中的扩散数学进行描述，扩散数学把扩散的过程描述为时间、温度、包装材料的厚度、化学迁移量和分配系数的函数。动力学研究的是扩散的快慢，热力学研究的是传质达到平衡后传质所发生的程度。食品包装中化学迁移的过程快并不意味着最终食品中化学迁移物的含量就高，因为如果化学迁移物与食品的亲合力比它与包装材料的亲合力要高，即使迁移的速度很慢，只要时间足够长，化学迁移物仍然可大量迁移到食品中。包装材料的化学迁移实际上是一个分子扩散过程，遵循普遍的扩散规律。发生迁移化学物质的种类首先取决于物质的性质和它在包装材料中的浓度，同时还与食品的性质、食品与包装材料的接触情况有关，最重要的是与包装材料本身的性质有关。了解化学迁移的控制因素，有助于采取相应的措施来组织或限制某些化学迁移的发生，这里从包装材料中可迁移物质的浓度、包装材料的物理性质、食品的性质以及食品与包装材料的接触情况等方面进行说明[2]。

1. 包装材料中可迁移物质的浓度

任何一种化学迁移来源都是包装材料，迁移的速度和程度首先取决于包装材料中可迁移物质的浓度。通常化学迁移速度和程度与包装材料中可迁移物的起始浓度成正比。由于迁移物可与包装材料在一定程度上相结合，也有人提出了底限效应，就是指如果包装材料中的迁移物浓度低于这个底限的话，化学迁移就不会发生。但到目前为止，还很难用化合物结构与分子结构的相关理论来解释，所观察到的底限效应，可能与迁移物浓度接近极限时分析检测比较困难有关。总体而言，如果包装材料中没有某一物质，那么也就不会发生该物质的化学迁移，一旦迁移物质在包装材料中出现，那么化学迁移的量会随其浓度的增加而增加。

2. 包装材料的物理性质

包装材料的迁移与其物理性质有关。包装材料的物理特性依赖于构成它的原子的性质和原子间键的类型。包装材料组成物质的分子大小和形状决定了其聚积的状态和所有相关的特性，如熔点、蒸汽压、密度、黏度和在不同介质中的溶解度，以及分配系数等。由于聚合物材料的品种越来越多，其扩散现象的研究与其重要应用密切相关，尤其是在包装研究方面，有机物质等小分子物质的扩散系数和扩散模型在很大程度上决定了包装聚合物的具体应用。从 20 世纪 30 年代起，人们提出了很多描述小分子渗透质在聚合物基体中扩散的理论模型，根据模型建立的基本物理化学过程的时间-空间尺度，可分为"微观"扩散模型和"原子"扩散模型[3]。这些都是基于包装材料的物理结构提出的理论模型，进而体现了包装材料的迁移与其物理性质之间的关系。有关包装材料的迁移分配系数具体数值，原则上可直接实验测量，也可以利用量子力学和统计学的理论推导，此外还可以利用实验测定的数据集合来估计，即用一系列简化和或多或少的理论假设来估计数值。

3. 食品的性质

包装材料所接触的食品的性质对化学迁移的影响很大。如果包装材料与食品的类型不匹配，它们之间就会发生强烈的相互作用，从而使包装材料的化学物质向食品迁移。例如，某些食品和酒精性饮料具有很强的腐蚀性，可与和它们接触的材料发生化学反应；油脂与某些塑料的相互作用会导致塑料的溶胀和塑料中化学物质的浸提。即使在食品与包装材料之间不发生强烈的相互作用，食品的性质对化学迁移的影响仍然很大，食品性质决定了包装材料中化学物质在食品中的溶解性，从而影响其化学迁移量。根据与物质的亲和性不同而造成的化学迁移，可把食品分为表 4-1 所示三大类。

表 4-1 食品的分类

性质	可能的迁移物
高水分食品、酸性食品和低酒精食品及饮料	极性有机物、盐类和金属
高脂肪食品、精馏酒精	非极性亲脂有机物
干燥食品	低分子质量物质和易挥发物质

4. 食品与包装材料的接触情况

食品与包装材料的接触情况是影响化学迁移的重要因素之一，接触程度是考察化学迁移很重要的方面，一般用食品的质量与接触面积的比值来进行衡量。当然，也有一些化学物质在包装材料处于适当的温度范围内时会有较高的蒸汽压，即使包装材料与食品不直接接触，也可能通过空气发生化学迁移。

在包装液体或半固体食品时，包装材料与食品的接触是非常紧密的，食品的质量与接触面积的比值会因包装大小的不同而有较大的差别，也就是说采用小包装时，单位面积上的化学迁移将超过采用大包装。当采用薄膜包装固体食品时，食品与薄膜之间只是点上的接触，此时化学迁移不易发生，若采用该薄膜对食品进行真空包装，则薄膜与食品接触很紧，化学迁移较易发生。此外，还可以通过增加阻隔层把包装材料中可迁移的化学物质与食品隔开，延缓或阻止化学迁移的发生。例如，在油墨、黏合剂与食品之间加入一层或多层阻隔层。

食品与包装材料的接触温度和接触时间也会影响化学迁移过程。与其他物理和化学过程相同，化学迁移随着温度的升高而加快，即在高温下化学迁移更易发生。包装材料适用的温度范围随着食品低温冷冻、冷藏、室温储存、煮沸、灭菌、微波等需求越来越广，也有些包装材料只适用于特定的温度范围。由于包装材料与食品接触的时间有所不同，通常情况下，化学迁移量与接触时间的平方根成正比。

5. 包装材料中化学物质的扩散性

包装材料中化学物质的迁移，与其扩散系数（D_p）相关。扩散系数是迁移物质性质、分子大小及温度的函数。由于这个过程需要进行大量的实验，因此目前仅有少数的扩散系数是可靠的。通常情况下，分子的大小与扩散系数呈线性关系，如果忽略分子形状的影响，那么分子质量与扩散系数之间的关系也是线性的。为此，可用化学迁移物的分子质量和描述扩散性的经验参数来计算扩散系数，并发展为通过数学模型对化学物质的迁移程度进行定量。

五、食品包装的化学迁移相关法规

早在 20 世纪 50 年代，美国食品和药品管理局（FDA）对可用于食品包装的部分塑料作了规定。随后，德国和意大利也对某些化学迁移物作了相似的规定，荷兰和比利时也出台了相似的法规。1972 年，欧盟起草了欧盟历史上第一份涉及范围很广的行动计划，发布了有关食品接触材料和制品的最早指令 76/893/EEC《关于食品接触材料和制品的法规》，将该指令作为框架性指令以协调欧盟内部存在的食品接触材料与制品（塑料、纸、陶瓷、橡胶等）相关的各类指令，使各国的强制性技术要求趋于一致。近些年来，随着食品接触材料研究的深入，各国在基于食品包装材料中化学物质迁移的风险评估方面，基本上建立了如下程序：了解化学物质的毒性（包括毒性强弱和危害使用量）；参考化学物质毒性方面的内容，对可能的摄入量进行研究。如果需要的话还要采取相应的控制措施，将此作为风险评估的一部分，以确保摄入有害化学物质的量低于可接受水平。由于食品原料本身的成分很复杂，所以很难进行分析，一般对化学迁移的检测都采用典型食品的模型，即食品模拟物对各种主要的食品类型进行模拟，并发布了相应的法规。

1. 欧盟对食品包装中化学迁移的法规

欧盟继 1972 年颁布指令 76/893/EEC 后，相继发布了 34 项涉及食品接触材料和制品的法规或法令，其中 89/109/EEC、2002/72/EC 等是关于与食品接触的包装材料的理事会指令，80/766/EEC 和 82/711/EEC 中规定相关的测试方法[4]。2004 年11 月，欧盟又颁布了一项欧洲议会和欧盟理事会通过的有关食品接触材料的新法规（EC）No. 1935/2004——“欧洲议会和理事会关于拟与食品接触的材料和制品的废除指令 80/590/EEC 和 89/109/EEC 的法规”，对各类食品接触材料和制品的通用要求、特殊要求等作出明确规定，要求进入欧盟市场的所有食品包装材料的构成成分转移到食品中的量，不得对人类健康造成危害。2011 年，欧盟委员会又公布了有关食品接触的塑料材料和制品的新法规（EU）No 10/2011，以取代此前在欧盟范围内使用的 80/766/EEC、81/432/EEC 以及 2002/72/EC 法规，成为正式的塑料制品指令[5]。其中，在欧盟 89/109 号文件中对与食品接触的包装材料规定的一些基本原则进行了规定，包括：包装材料的生产按照 GMP（良好操作规范）的标准进行，以使包装材料在正常的使用条件下不会将其中的成分过多地迁移到食品中，以免危害人体健康，导致食品成分产生不可接受的变化或食品感官品质的下降。按照上述基本原则的要求，欧盟还分别对不同类型的材料作了具体的规定，包括关于塑料、陶瓷和回收纤维方面的详细规定。关于这三种材料的具体规定有着明显的差别：对回收纤维，列出了允许在包装材料中的成分，同时对限制的成分也作了规定；对于陶瓷，并没有列出可以出现的物质，而是列出了不可用于生产的物质成分，并作了相关规定以限制铅和锡的迁移；对于塑料，制定的限制和规定列出了允许存在的成分，但对于一些不允许存在的组成成分和化学迁移的控制的规定却很少。此外，塑料材料制成的塑料制品，特别是儿童护理产品和喂食器具，必须符合欧盟（EC）No 1935/

2004 法规中的相关要求以及法规（EU）No 10/2011 的规定。

2. 美国 FDA 食品包装中化学迁移的法规

《美国联邦法规》中的第 21 卷（CFR）第 170～第 186 节，对食品包装进行了严格规定，食品包装材料的生产必须依据良好的管理规范（GMP），与食品接触的包装材料及其组成成分必须符合 FDA 的规定。对于与食品接触的包装材料，美国法规认为其所含活性物质迁移到食品是造成食品不安全的重要原因，通常必须通过化学成分组成和迁移测试两种方法进行测试。一方面，食品包装使用材料的化学组成成分必须在法规中有明确的确认；另一方面，新型包装材料中迁移出来的残留物的含量水平需通过复杂的迁移测试并被认定是安全可靠的。同时，2004 年美国官方还修订了公示法案《包装中的毒物》[6]，从包装材料可能造成公众的健康、安全和环境的大范围的危害角度出发，对包装或包装辅助物中铅、镉、汞和六价铬的浓度总量进行规定。美国 FDA 在《预先食品接触通告——食品接触物质》文件中，规定了食品接触物质（FCS）及其成分毒理学试验的推荐方法。根据食品接触物质的饮食浓度不同，相应的要进行食品接触物质通告（FCN）和食品添加物申请（FAP）。当饮食浓度小于 0.5 ppb 时，FDA 不推荐进行毒理学试验，但要在 FCN 中给出全面的毒理学剖析（CTP），用以风险评估。当饮食浓度为 0.5～1 mg/kg 时，FDA 推荐进行原生毒性检测和潜在慢性毒性检测；饮食浓度大于 1 mg/kg 时，FDA 通常要求根据联邦法规第 21 卷《食品、药物和化妆品》的规定，按 FCS 要求递交 FAP。

包装材料在与食品接触过程中，由于食品组成特性的复杂性，很难直接测量分析食品中的迁移物质。FDA 在联邦法规中对原料食品和加工食品进行了分类。在具体的迁移实验中，对于不同的模拟对象选用其相应食品模拟液。其中，水性和酸性食品选用 10% 乙醇作为食品模拟液，低度和高度乙醇类食品选用 10% 或 50% 的乙醇，脂肪类食品使用食品油（如玉米油、橄榄油等）。对于其他具体的食品类型、聚合物类型、使用场合、具体迁移物质的极限数量，FDA 也有相应具体细致的规定。

美国除了 FDA 颁布和实施食品包装材料及其器具的迁移法规外，美国农业部食品安全检验局（FSIS）、美国疾病预防和控制中心（CDC）、美国国家环境保护署（EPA）和地方及州政府食品安全机构也协同参与相关法律法规的制定和实施。

3. 日本食品包装的标准

日本早在 1947 年颁布的《食品卫生法》中就提到了食品接触材料的问题，从公共健康的角度出发，要求食品容器及包装必须符合相应的标准，禁止不符合该法规规定的包装容器进入日本，并授权厚生劳动省无需修改法律本身而制定必要的食品包装检测标准和规范来管理食品包装材料的进口。日本厚生劳动省已经针对塑料包装材料、软包装胶黏剂和树脂等的应用推出了一些法规标准，任何包装材料出口到日本，都必须获得厚生劳动省的许可。另外，日本卫生烯烃与苯乙烯塑料协会（JHOSPA）于 1973 年首次发布了非官方性的材料使用指南，对聚烯烃和其他聚合物制造的食品接触材料进行相应规范，该指南与美国的 FDA 法规有些共通之处，已成为日本各公司所遵守的非强制性指南。

4. 我国相关的法规

与美国 FDA 和欧盟 EC 相比,我国相关标准还不具备食品用包装材料及容器的通用性。不同地区的不同企业在标准实施过程中缺乏能动性,从而给食品安全带来隐患。目前,我国主要是依据 1982 年颁布的《中华人民共和国食品卫生法》及一系列食品包装材料和器具的卫生国家标准。在随后的二十几年中,我国又先后颁布了《食品包装用原纸卫生管理办法》、《食品用塑料制品及原材料卫生管理办法》、《中华人民共和国食品卫生法》等 7 类 69 项相关法规。我国食品包装类的卫生标准和推荐标准最早制定于1988 年,2003 年对此类卫生标准进行了修改,同时也增加了一些新的食品包装安全标准,最近几年还对部分标准进行了修订。其中,GB/T 5009.156—2003《食品用包装材料及其制品的浸泡试验方法通则》的制定具有十分重要的意义,它对各类食品包装材料、食品用具、采样方法、浸泡液的制备、浸泡实验项目及条件都作了规范[7],为我国开展聚合物材料的迁移实验研究提供了依据。但是,该标准中只是对一些毒性很大的物质作出了限制,还远远达不到食品包装安全的要求。

与发达国家相比,我国离建立完整而系统的食品接触物质安全保障体系还有一定的距离。但是,近年来我国食品包装及其制品安全标准的制订、修订工作,逐步体现了我国越来越重视食品材料的安全性。

第二节　食品包装化学物质迁移

对食品包装材料进行试验的目的是确保食品包装的安全性。如上所述,包装材料中含有各种可迁移到食品中的物质。这些物质包括已知的、未知的各种同分异构体、杂质、可能的反应产物、一些成分的分解产物及不知名的污染物等。其中迁移检测条件的确定尤为关键。

一、迁移检测及分析方法

"迁移检测"通常与模拟食品紧密地联系在一起,它不是对真实食品中化学迁移情况进行检测,而是对与真实食品相近的模拟食品试验。一般迁移检测分两步进行:首先使包装材料与模拟食品接触,然后对食品模拟物进行分析以确定其中的迁移物的含量,并对迁移物的分析(含量为 ppm 级或 ppb 级)作了统一的要求,发生迁移后的食品分析所遇到的问题及采取的方法对生物污染无机环境污染物同样是适用的。在对食品包装材料迁移情况的分析过程中,主要面临的难题是接触情况的选择和进行迁移的具体操作,而非接下来的化学分析。

对于常温使用的食品包装材料,要想测定出在使用过程中物质的迁移情形,需要经历较为漫长的迁移时间。而长时间的迁移不利于实验室里的数据分析,所以在不同的国家或研究中,采用不同的迁移试验方法,使迁移物能在较短时间里达到现代分析仪器的检测限值。迁移物的选择对迁移实验的成功与否有很大影响。在聚合物包装材料中，添加剂、降解产物或是自由单体都有可能成为迁移物质。最后，对食品模拟物进行检测分析，现代分析仪器的广泛使用，使得人们可以利用分析仪器测定出 10 级的迁移物质。可采用气相色谱法、液相色谱法、质谱法、傅里叶变换红外分光光谱法、原子吸收光谱测定法和微分扫描热量计分析法等多种不同的分析方法来检测添加剂的动力学迁移。

　　食品包装中化学物质迁移检测中，食品模拟物的种类、浸泡时间和温度对迁移影响较大。食品模拟物方面，要选择能精确地反映提取物的特性的、简单的食品模拟物是困难的，更困难的是天然产品，其组分的差异取决于气候、营养状况、收获季节等。不同食品模拟物存在着不同的迁移水平。由于食品的成分是十分复杂的，有些物质成分的存在可能会影响迁移物微量的测定，所以就需要选择较为简单但又能精确反映提取物特性的食品模拟物。浸泡时间和温度是影响污染物迁移的重要因素。研究证实，在一定条件下，短时间的较高温度与长时间的低温处理有同样的效应。

　　我国食品包装材料和容器的浸泡试验条件也不尽相同，表 4-2 列出了我国国家标准中部分材质的食品包装迁移浸泡试验条件[1]。

表 4-2　不同材质样品的浸泡试验条件

名称	项目		试验条件		
		溶剂	温度/℃	时间/h	
塑料制品					
聚乙烯、聚苯乙烯、聚丙烯、三聚氰胺、不饱和聚酯及玻璃钢制品、发泡聚苯乙烯	树脂[a]	正己烷提取物	正己烷	回流	2
	成型品	高锰酸钾消耗量	水	60	2
		蒸发残渣[b]	水	60	2
			4%乙酸	60	2
			65%乙醇	室温（>20）	2
			正己烷	室温（>20）	2
		重金属	4%乙酸	60	2
		甲醛[c]	4%乙酸	60	2
聚氯乙烯[d]	瓶垫粒料	高锰酸钾消耗量	水	60	0.5
		蒸发残渣	4%乙酸	60	0.5
	成型品	高锰酸钾消耗量	水	60	0.5
		蒸发残渣	4%乙酸	60	0.5
			20%乙醇	60	0.5
			正己烷	室温（>20）	0.5
		重金属	4%乙酸	60	0.5
尼龙 6	树脂成型品	己内酰胺	水	100	1

续表

名称	项目		试验条件		
			溶剂	温度/℃	时间/h
聚对苯二甲酸乙二醇酯	树脂	铅	4%乙酸	回流	0.5
		锑	4%乙酸	回流	0.5
		提取物	水	回流	0.5
			4%乙酸	回流	0.5
			65%乙醇	回流	2
			正己烷	回流	1
	成型品	高锰酸钾消耗量	水	60	0.5
		提取物	水	60	0.5
			4%乙酸	60	0.5
			65%乙醇	室温（>20）	1
			正己烷	室温（>20）	1
		重金属锑	4%乙酸	60	0.5
			4%乙酸	60	0.5
聚碳酸酯ᵉ	树脂及成型品	提取物	水		6
			4%乙酸		6
			20%乙醇		6
			正己烷		
		重金属	4%乙酸		6
		酚	水		6
复合食品包装袋		高锰酸钾消耗量	水		
		提取物	4%乙酸		
			65%乙醇	室温（>20）	2
			正己烷	室温（>20）	2
		重金属	4%乙酸	—	—
		二氨基甲苯	水	100	1
金属制品					
铝制品	食具	锌铅镉砷	4%乙酸	室温（>20）	24
	烹调器			煮沸 0.5 h	放置 24ᶠ
不锈钢制品		铅镉砷铬镍	4%乙酸	煮沸 0.5 h	放置 24ᶠ

续表

名称	项目	试验条件		
		溶剂	温度/℃	时间/h
搪瓷制品	铅 镉 锑	4%乙酸	煮沸	放置 24[f]
陶瓷制品				
陶瓷制品	铅 镉	4%乙酸	煮沸	放置 24[f]
涂料样品及原纸				
罐头内壁环氧酚醛树脂、涂料、涂膜[g]; 脱模涂料膜;水基改性环氧易拉罐内壁 涂料膜[h]	高锰酸钾消耗量	水	95	0.5
	提取物	水	95	0.5
		4%乙酸	60	0.5
		20%乙醇	60	0.5
		正己烷	37	2
	重金属	4%乙酸	60	0.5
	游离酚	水	95	0.5
	游离甲醛			
过氯乙烯涂料	高锰酸钾消耗量	水	60	2
	提取物	4%乙酸	60	2
		65%乙醇	60	2
	铅	4%乙酸	60	2
	砷			
漆酚涂料	高锰酸钾消耗量	水	60	2
	提取物	水	60	2
		4%乙酸	60	2
		65%乙醇	60	2
		正己烷	室温（>20）	2
	重金属	4%乙酸	60	2
	游离酚	水	95	0.5
	甲醛	4%乙酸	60	2
有机硅防黏涂料膜	高锰酸钾消耗量	水	煮沸	0.5
	提取物	水	煮沸	0.5
		4%乙酸	60	2
		正己烷	室温（>20）	2
	重金属	4%乙酸	60	2

续表

名称	项目	试验条件		
		溶剂	温度/℃	时间/h
聚四氟乙烯涂料膜	高锰酸钾消耗量	水	煮沸 0.5h	放置 24[f]
	提取物	水	煮沸 0.5h	放置 24[f]
		4%乙酸	沸 0.5h	放置 24[f]
		正己烷	室温（>20)	24
	铬	4%乙酸	煮沸 0.5h	放置 24[f]
	氟	水	煮沸 0.5h	放置 24[f]
容器内壁聚酰胺环氧树脂涂料	高锰酸钾消耗量	水	60	2
	提取物	水	60	2
		65%乙醇	60	2
		正己烷	室温（>20)	2
	重金属	4%乙酸	60	2
食品包装用原纸	铅	水、正己烷浸泡液观察颜色		
	砷			
	荧光检查			
	脱色试验			

橡胶制品				
橡胶奶嘴	高锰酸钾消耗量	水	60	2
	提取物	水	60	2
		4%乙酸	60	2
	重金属	4%乙酸	60	2
	锌			
食品用橡胶制品	高锰酸钾消耗量	水	60	0.5
	提取物	水	60	0.5
		4%乙酸	60	0.5
		20%乙醇	60	0.5
		正己烷	回流	0.5
		橡胶管		
		65%乙醇	室温（>20)	2
		正己烷	室温（>20)	2
	重金属	4%乙酸	60	2
	锌			

注：a 包括 PE、PS、PP 树脂；b 指 PP 不测 65%乙醇，PS 不测正己烷，MA 只测水；c 指 MA；d 包括 PVC 瓶盖垫片、该成品加测水浸泡液（60℃、0.5h)，接触高乙醇含量食品的瓶盖加测 65%乙醇；e 指树脂微沸回流，成型品正己烷室温（>20℃），其他（95±5℃)；f 指室温；g 指罐头内壁环氧酚醛树脂及涂料只测游离酚、涂膜，不测重金属；h 不测正己烷。

欧盟指令 82/711/EEC 中,食品模拟物的选择依据包装材料包装食品的类型和基本特征进行,选择的详细要素及方法可以参考表 4-3 进行[8]。

表 4-3 食品模拟物选择分类表

食品类型	常规分类	食品模拟物	类别
水性食品(pH>4.5)	指令 85/572/EEC 规定仅使用模拟物 A 进行浸泡检测	蒸馏水或同质水	模拟物 A
酸性食品(pH<4.5 的水性食品)	指令 85/572/EEC 规定仅使用模拟物 B 进行浸泡检测	3%(m/m)乙酸	模拟物 B
乙醇食品	指令 85/572/EEC 规定仅使用模拟物 C 进行浸泡检测	10%(V/V)乙醇,若实际盛装食品乙醇浓度高于 10(V/V),则必须校正至食品实际乙醇浓度	模拟物 C
脂肪食品	指令 85/572/EEC 规定为使用模拟物 D 进行浸泡检测	精炼橄榄油或其他脂肪食品模拟物	模拟物 D
干燥食品	—	无	无

欧盟有关食品接触材料的指令中,要求选取所研究的塑料材料与制品可预见的与食品接触的最严格的时间与温度,以及标签规定的最高使用温度条件进行迁移试验。如果塑料材料与制品用于食品接触有两种或两种以上时间与温度的组合,则迁移试验应该在其中选取最严格的条件进行,从而涵盖其他使用条件。迁移试验基于科学事实,应该在可预见的最严格的条件下进行。例如,对塑料材料与制品没有限定使用条件,此时根据不同食品类型可以使用模拟物 A 或 B 或 C 在 100℃下进行 4 h 或回流温度下 4 h 的试验,对于模拟物 D 在 175℃下进行 2 h 的试验,这些温度与时间的组合被认为是非常严格的条件。又如,当塑料材料与制品在室温或室温以下使用,或者由于塑料材料与制品本身的特性决定在室温或室温以下使用的塑料材料与制品,在 40℃下进行 10 天试验,这一温度与时间的组合被认为是非常严格的条件。而当试验对象为挥发性物质时,所进行的迁移试验应该能够了解在最严格使用条件下究竟有多少挥发性物质存在。此外,如果由于分析技术原因使用脂肪模拟物不可行,在模拟物 D 相应试验条件下使用表 4-4 中所有其他介质进行替代试验。

表 4-4 常用的替代试验

模拟物 D 的试验条件	异辛烷的试验条件	95%乙醇的试验条件	改性聚苯醚的试验条件[a]
5℃,10 天	5℃,0.5 天	5℃,10 天	—
20℃,10 天	20℃,1 天	20℃,10 天	—
40℃,10 天	20℃,2 天	40℃,10 天	—
70℃,2 h	40℃,0.5[h]	60℃,2 h	—
100℃,0.5 h	60℃,0.5 h[b]	60℃,2.5 h	100℃,0.5 h
100℃,1 h	60℃,1 h[b]	60℃,3 h[b]	100℃,1 h

续表

模拟物 D 的 试验条件	异辛烷的 试验条件	95％乙醇的 试验条件	改性聚苯醚的 试验条件[a]
100℃，2 h	60℃，1.5 h	60℃，3.5 h	100℃，2 h
121℃，0.5 h	60℃，1.5 h	60℃，3.5 h	121℃，0.5 h
121℃，1 h	60℃，2 h	60℃，4 h	121℃，1 h
121℃，2 h	60℃，2.5 h	60℃，4.5 h	121℃，2 h
130℃，0.5 h	60℃，2 h	60℃，4 h	130℃，0.5 h
130℃，1 h	60℃，2.5 h	60℃，4.5 h	130℃，1 h
150℃，2 h	60℃，3 h	60℃，5 h	150℃，2 h
175℃，2 h	60℃，4 h	60℃，6 h	175℃，2 h

注：a，MPPO 为改性聚苯醚；b，挥发性物质试验温度最高为 60℃。

二、迁移检测数据的应用

有许多人会用到迁移检测的数据，不同的人所需要的数据也有不同。首先，需要这些数据的是包装材料的生产者，它们需要知道生产包装材料应该使用的成分，并用允许的原料进行生产；不仅如此，生产包装材料的操作也必须符合相关的规定，以确保有害成分不会超标。其次，需要迁移监测数据的是将包装材料加工成包装成品的人，由于加工成品的人员和包装材料的零售商不可能对包装材料的组成情况和生产情况全面了解并加以试验证明，所以就需要从包装材料的生产厂家获得这方面的信息，并且必要时还得亲自做迁移检测，以确保包装食品时不会造成不可接受的化学迁移。最后，需要迁移数据信息的是消费者，这时需要获得的信息是食品在被食用之前的化学物质的迁移情况。

三、迁移检测数据的要求

可根据两个原则来评价化学迁移的情况，即食品原材料的纯度和包装材料的惰性。第一个原则是考察食品原材料的纯度情况，对已知有毒或可能有毒化学物质进行控制。可以对允许迁移到食品或模拟食品中的有毒化学物质的量加以控制，也可对最终的包装材料或包装容器中所允许含有的有毒物质加以控制，分别称为迁移量限制和组成成分限制；第二个原则是以前面检测为基础，对所有迁移物的控制，被欧盟称为"总体迁移"，就是用提取溶剂代替模拟食品进行迁移检测，并对所有迁移物进行提取分析。迁移物的总量应等于提取溶剂可提取的所有物质的总量。对所有迁移物的控制可以有效防止由于包装材料中迁移物而导致的食品品质的下降，因为即使是无害的化学迁移物，在食品中的含量也不应超过一定值，否则会影响食品的质量。因此需要对迁移物的总量进行规定并确定食品中化学迁移物总含量的上限，但不需要具体考虑迁移物的种类。

经常需要对食品包装材料的下列数据进行测定：迁移物总量、提取物总量、包装材料的组成（包括允许使用的成分、不允许使用的污染物以及这些成分和污染物在真实食品或模拟食品中的迁移情况）。相关的一些法规对需要检测的参数都进行了规定和推荐，对所使用的方法也作了说明。下面列举几个控制性因素进行说明，具体的控制限因法规的不同而有所差异。

1. 包装材料或容器中允许使用的成分

包装材料中组成的分析是很直接的一种方法。大多直接的分析方法都是众所周知的。一般是先用溶剂将目标物质从包装材料中提取出来，然后根据具体情况进行化学分析。

2. 允许使用成分的迁移

对有毒物质迁移量的控制限从 0.01 mg/kg 到 60 mg/kg 不等，该上限适用于某些剧毒物质，如氯乙烯、丙烯腈等活性单体的残留物，一般适用于为了达到某些技术要求所添加到包装材料中的物质，如增塑剂、抗氧化剂和稳定剂等。

用模拟食品进行迁移检测主要步骤如下：

（1）选择具有代表性的包装材料样品；

（2）选择适当的模拟食品；

（3）选择适当的试验条件（时间、温度）；

（4）选择适当的包装材料与食品的接触方式；

（5）进行包装并监测食品与包装物的接触情况；

（6）分析模拟视频中某些具体物质的迁移或各种物质的总迁移。

3. 包装材料或容器中的污染物

对已知明确的污染物进行控制前，需要知道这种污染物可能存在以及这方面的相关记录，如列出的不可用于生产包装的物质名单。即便如此，大多数的物质都不是此类情况，对这些存在于包装材料中的污染物的分析，就如对迁移物的分析一样，一般都难以进行而且通常不会得到满意的结论。因此，一般是按照良好的生产操作规范（GMP）的标准进行生产包装材料及食品，并保持对化学污染物方面的记录，以便能够很好地控制化学污染物迁移到食品中。

4. 总迁移量和可用溶剂进行提取的迁移物总量

总迁移量或提取物的含量一般以毫克计。欧盟对迁移物总量的上限是 60 mg/kg。一般情况下，基本的实验室条件都能够进行检测，官方采用的方法也比较简单。因此，需要建立管理食品接触材料的下限政策，在一些食品包装应用中，可以认为迁移量小得足以忽略，因而不至于引起公共健康或安全的关切。

第三节　双　酚　A

双酚 A（bisphenol A，BPA）是苯酚、丙酮在酸性介质中合成的，是环氧树脂、聚碳酸酯、聚砜、聚芳酯、酚醛树脂、不饱和聚酯树脂、阻燃剂等产品的重要原料。其中在食品工业中最为广泛的应用生产，是与食品接触的物品和饮用器皿中使用的聚碳酸酯塑料及环氧树脂。环氧树脂常作为罐头产品的内壁涂料使用，用于防止食品中的介质对容器、包装材料内壁的腐蚀。聚碳酸酯作为塑料的一种树脂原料，在婴儿奶瓶及其他食品包装中广泛存在。

一、双酚A理化性质

双酚A [2,2-双（4-羟基苯基）丙烷] 简称二酚基丙烷，为白色菱形结晶（稀乙醇中）、针状结晶（水中）或片状、粉状。可燃，微带苯酚气味；熔点156～158℃，沸点250～252℃，分子式 $C_{15}H_{16}O_2$，相对分子质量为228.29；常态下几乎不溶于水（溶解度为0.12～0.30 g/L），溶于乙醇、丙酮、乙醚、苯及稀碱液等有机溶剂，微溶于四氯化碳。

二、双酚A来源及分布

双酚A由两分子苯酚和一分子丙酮缩合而成，该反应的催化剂为酸性催化剂，工业上应用的催化剂有硫酸、盐酸和离子交换树脂。双酚A主要用作生产聚碳酸酯塑料和环氧树脂的单体，还用于聚酯树脂、聚砜树脂和聚丙烯酸酯树脂以及阻燃剂。人们生活中广泛用到以双酚A为原料生产的物品。双酚A会迁移，污染人们的日常生活环境，尤为严重的是在食品包装中加入的双酚A会溶入食品，从而直接进入人体，危害人类健康。食品接触材料，如婴儿奶瓶、餐具、微波炉、烤箱、食品容器、水瓶、牛奶瓶和饮料瓶、食品加工设备和水管等中广泛使用聚碳酸酯。环氧树脂则用作各种罐头食品和饮料的防护衬层，以及玻璃罐子和瓶子，包括婴儿配方奶粉容器金属盖子上的涂层，这些用途使消费者通过饮食接触双酚A。

英国学者调查了2000年1～11月罐装食品中双酚A水平，包括鱼、蔬菜、饮料、婴儿配方奶粉、面糊、肉类等罐装食品，发现61%的食品中检出双酚A。其中，水果、蔬菜、肉类罐装食全部检出，肉类罐装食品中双酚A含量较高，高达0.38 mg/kg，其余样品均低于0.07 mg/kg[9]。2003～2004年，新西兰采集13个国家80种食品，含16种蔬菜、16种水果、8种鱼罐头、8种调味品、6种肉类、8种豆、7种婴儿食品、4种饮料、7种混杂品。其中软饮料中没有检出双酚A，金枪鱼、牛肉、椰子中的双酚A含量分别为109 μg/kg、98 μg/kg、191 μg/kg，其余食品双酚A含量小于10～29 μg/kg，低于欧盟规定的每日耐受量[10]。

三、双酚A毒性及症状

双酚A属于低毒性化学物，可引起精子量减少等生殖功能异常，能够刺激人乳腺癌细胞MCF7增殖并诱导孕酮受体的表达。其对生物体可产生广泛的不良作用，包括影响内分泌、生殖和神经系统以及促癌等。双酚 A 进入机体后与细胞内雌激素受体结合，通过多种机制产生拟雌激素或抗雌激素作用，从而干扰内分泌系统的正常功能，对机体产生多方面的影响；还可引起染毒的雄性小鼠精子数下降，畸形率明显升高，活动精子比例下降。双酚 A 染毒的妊娠小鼠其子代雄鼠前列腺质量、睾丸质量及睾丸/肾质量比有明显改变。研究表明，用低剂量的双酚 A 作用于怀孕期的小鼠，其雄性后代产生的精子数减少，生殖器明显变小；较高剂量的双酚 A 对离体培养的睾丸 Leyding 细胞有直接的细胞毒性，大鼠染毒两周后双酚 A 引起生精细胞与支持细胞的分离、排列紊乱，从基底膜脱落到管腔中，支持细胞和生精细胞核染色质凝聚成絮状；生精细胞和间质细胞 P 53 表达增强 4 倍；支持细胞波形蛋白消失[11,12]。双酚 A 还可引起未成熟大鼠的睾丸滋养细胞的退化和数量减少，其退化程度与双酚 A 的浓度和细胞培养的时间有一定关系。双酚 A 在低剂量时发挥其拟雌激素的生理效应，而高剂量时体现毒性反应，引起切除卵巢的小鼠阴道角质化，子宫糖原浓度升高，使大鼠子宫湿重增加，子宫/体重比增高，平滑肌厚度增加，宫腔上皮高度也增加，阴道开口时间提前，其作用与 E_2B 类似，并有明显的剂量-效应关系。大鼠染毒双酚 A 能引起胎仔骨化不全，以及胎仔的肛门闭锁、脑室扩大等畸形，具有一定的致畸性。

　日本学者 Akita 等用双酚 A 对大鼠胚胎进行体外染毒 48 h 后诱发形态异常表现（水肿、心包积液、肢体小、体节数下降等）[13]。Masaharu 等发现大鼠胚胎暴露于双酚 A，胚胎心率增加，出现形态变异（唇裂、卷尾、水肿、体节总数减少），结果显示双酚 A 可严重抑制一些生理功能，影响胚胎的形态形成[14]。采用全胚胎培养模型研究双酚 A 的发育毒性，结果发现双酚 A 浓度 60 mg/L 以上时，能诱发胚胎发育异常，100 mg/L 组可诱发明显的头部形态异常（头小、神经褶未融合、神经管未闭等）、小眼、腮弓发育异常、心脏发育迟滞（心小，停留在心管期）、前肢芽小或无以及体位异常[15]。2003 年，0ka 等研究发现双酚 A 对光滑爪蟾胚胎早期发育有影响，能引起胚胎发育异常，如椎骨弯曲，头、腹部发育缺陷[16]。双酚 A 对体外培养的大鼠胚胎肢芽细胞的增殖和分化均有抑制作用，表现为染毒组肢芽细胞集落形成数量减少，细胞毒性试验吸光度值下降，对肢芽细胞的分化和增殖有特异性抑制作用。围生期暴露于双酚 A 可使断乳期雄性子代脑中 P 450 蛋白质表达增加。围生期暴露于双酚 A 可以影响 F_1 雄性子代大鼠的脑发育，可以引起 F_1 雄性子代大鼠在出生后脑的组织病理形态学改变，从而最终可能引起功能和后期行为的改变。

　目前文献报道双酚 A 的促癌作用主要为双酚 A 会引起 F 344 雌、雄性大鼠白血病发生率增加，雄性小鼠淋巴瘤和白血病联合发病率急剧增加，可能会引起造血系统癌变的增加[17]。2002 年的研究结果表明 F 344 雄性大鼠睾丸间质细胞肿瘤发生率的增加，也提示双酚 A 有致癌作用。双酚 A 与雌激素受体具有一定亲合力，能诱导人类乳腺癌细胞 MCF_7 的孕酮受体表达水平升高并刺激 MCF_7 细胞增殖[18]。双酚 A 能抑制由雌激素耗尽所诱导的 PEO_4 卵巢癌细胞凋亡，并刺激细胞进入活跃的有丝分裂状态，促进细胞的增殖。双酚 A 能促进人神经母细胞瘤 SK-N-SH 细胞的体外增殖，该促增殖作用可能是通过雌激素受体依赖途径实现的。Refetoff 等发现妊娠大鼠暴露于双酚 A，其子代血清 T_4 的含量增加，但在脑发育期对 TH 信号转导的影响与 T_4 水平增加是一致的，会导致甲状腺激素抵抗综合征[19]。双酚 A 作为拮抗剂干扰甲状腺激素受体（TR）介导的转录作用，在转录水平拮抗 T_3 的作用。在瞬时基因表达试验中，双酚 A 抑制了由甲状腺激素（T_3）以剂量依赖方式刺激引起的转录活动。相应的，在负性调节 $TSH\alpha$ 启动子过程中，双酚 A 激活了被 T_3 所抑制的基因转录。2005 年，Zoeller 等报道 SD 大鼠妊娠期和哺乳期口服染毒双酚 A10 mg/kg，其子代血清总 T_4 明显增加，而血清 TSH 与对照组无差别，原位杂交检测齿状回 TH 应答基因的表达上调，表明双酚 A 作为 TH 拮抗剂抑制 β-TR（β-TR 调节脑垂体 TH 负反馈效应）的作用，而对 α-TR 的作用较小[20]。

另外，有研究表明双酚 A 对鲤鱼的急性毒性和双酚 A 在 $1/2LD_{50}$、$1/3LD_{50}$、$1/4LD_{50}$、$1/6LD_{50}$ 亚急性浓度下，对鲤鱼肝、肾、鳃中过氧化氢酶（CAT）和超氧化物歧化酶（SOD）有影响。双酚 A24 h、48 h、96 h 的 LC_{50} 值分别为 4.46 mg/L、4.30 mg/L、4.25 mg/L；亚急性毒性指标 CAT 和 SOD 对双酚 A 比较敏感，可作为双酚 A 污染环境的生物标志物。双酚 A 对动物的整体效应主要有诱导脊椎前凸反应、假早熟青春期、两栖类性逆转和对前列腺的低剂量效应。双酚 A 还可对肝、肾、脾、肺等多种器官产生损害作用[21]。

四、双酚 A 吸收、代谢和排泄

人类双酚 A 毒物动力学没有任何可供利用的信息。在实验动物中，毒物动力学数据主要来自同一种鼠的口服试验、用人类皮肤做的皮肤吸收试验。这些研究为理解毒物动力学曲线的主要特征提供基础。经口染毒后，胃肠道吸收迅速而广泛，尽管并不能可靠地定量吸收范围。表皮接触后，有效数据表明吸收量有限，约为使用剂量的 10％。

双酚 A 代谢主要是在肝脏尿苷二磷酸葡萄糖醛酸转移酶（UGT）催化作用下形成 BPA-单葡萄糖醛酸苷，在鼠类是肝脏中 UGT2B1，人是肝脏中 UGT2B15，双酚 A 经代谢后，增加其水溶性，降低其雌激素活性，有助于从胆汁、尿、粪便中排出[22,23]。双酚 A 对不同种属的动物毒性和代谢有差异。双酚 A 大鼠、小鼠经口的半数致死量（LD_{50}）分别是 4.24 g/kg、2.5 g/kg[24]。相同剂量的双酚 A 经口给予猴和大鼠后，同一时间点猴血清中 BPA 水平明显高于大鼠。人、小鼠和大鼠肝脏葡萄糖醛酸化能力大小为人＞大鼠＞小鼠[25,26]。

双酚 A 能够被血液迅速清除，代谢数据表明经胃肠道吸收后会出现广泛的首过代谢。血液中的母体化合物存在明显的性别差异。在雌性中，母体化合物在取样后很长一段时间内都可存在于血液中。目前还没有数据可以解释这种性别差异产生的原因。由首过代谢来看，经口接触的未结合双酚的生物药效很可能被限制，不超过 10％～20％的给药剂量。有限的数据可用来分析经口给药后双酚 A 的分布特点：一项体内 DNA 加合物研究表明双酚 A 可以到达肝脏；一项体内微核试验表明双酚 A 或其代谢物可以到达骨髓；一项有限的毒物代谢动力学研究表明双酚 A 或其代谢物可以到达睾丸；一项在孕鼠体内的重复剂量研究表明能够到达母体和胎儿的肝脏。尽管如此，由于首过代谢，经口接触后的未结合双酚 A 的分布和生物药效将受到限制。这也是存在肠肝循环的证据。

小鼠体内双酚 A 的主要代谢通路包括葡萄糖醛酸苷结合作用，少量的硫酸盐共轭作用也有可能存在。可以分别从雄性和雌性尿液中收回给药剂量的约 10％和 20％的葡萄糖醛酸苷代谢物。还没有数据可以解释这种性别差异产生的原因。另外，采用化学物光分解研究在细胞单体系和体内双酚 A 和 DNA 交互作用的试验表明，只有少数双酚 A 能够被细胞色素 P450 氧化成双酚醌。

双酚 A 排泄的主要途径是经粪便排出，尿液排泄是第二重要途径。给药后 7 天，雄性雌性的粪便中大约分别含有给药剂量的 80％和 70％，给药后 72 h 大部分都被排泄掉。同样，双酚 A 在体内通过尿液消除也存在性别差异，雌性尿液中的放射性（24％～28％）几乎是雄性（14％～16％）的 2 倍，目前还没有数据可以解释这种性别产生的原因。另外，来自未经证实的有限数据表明双酚 A 能够通过乳汁排泄，但通过该途径的排泄量还未确定。

双酚 A 的首过代谢和广泛而迅速的消除表明其转移到胎儿的可能性和生物蓄积作用会受到限制。孕鼠的毒物动力学数据表明双酚 A 分布到胎儿会受到限制，但是没有蓄积的证据，并且孕鼠的重复剂量研究结果表明双酚 A 在胎儿肝脏中的分布也会受到限制；同样，该试验结果还表明在唯一被检测的肝脏中也没有发现双酚 A 蓄积的证据。

五、食品中双酚 A 控制与预防

对于双酚 A 的控制，各国分别出台了相关限制法规以保证对人体的伤害降到最低。加拿大于 2008 年 10 月 18 日，宣布双酚 A 为有毒化学物质，由此成为世界上第一个将双酚 A 列为有毒化学物质的国家，并禁止在婴儿奶瓶的制作过程中使用双酚 A。美国联邦于 2009 年 3 月提案禁止在"可重复使用的食品容器"和"其他食品容器"中使用 双酚 A。美国马里兰州规定儿童护理品不得含有双酚 A 或其他任何致癌或对生殖系统有毒害的物质，同时生产商须在产品上标注不含双酚 A。对于双酚 A 在食品容器中的使用，目前我国在 GB 13116—1991《食品容器及包装材料用聚碳酸酯树脂卫生标准》以及 GB 14942—1994《食品容器、包装材料用聚碳酸酯成型品卫生标准》中规定 PC 塑料中酚的溶出量不大于 0.05 mg/L。目前，卫生部在 2011 年 2 月 1 日发布《关于公开征求拟批准食品包装材料用添加剂和树脂意见的函》，公布的"拟批准的 116 种食品包装材料用树脂"名单中，规定 PC 塑料中双酚 A 最大残留量为 0.6 mg/kg，备注同时要求不能用于接触婴幼儿食品。

六、食品包装中双酚 A 检测

由于双酚 A 具有一定的挥发性，目前食品包装材料的处理大多采用溶剂浸泡，并将其密封，以防止待测双酚 A 的挥发。按照我国国家标准 GB/T 5009.156—2003《食品用包装材料及其制品的浸泡试验方法通则》，各种制品样品用不同溶剂（水、4％乙酸、20％乙醇、正己烷）在 60℃（或 20℃）条件下浸泡 0.5 h，食品模拟液混合后加热浓缩定容，待测。美国、日本、欧盟等国家和地区食品模拟液与我国使用的食品模拟液存在一定差距，但都是依据食品类型、特性而选取的。双酚 A 分子具有较强的极性，应用较强的溶剂来提取食品包装材料中的双酚 A，甲醇对双酚 A 的提取效率最高。双酚 A 提取的方法包括索氏提取、超声提取和水浴振荡提取，其中索氏提取的效果最佳。

影响双酚 A 迁移的因素主要包括溶剂种类（食物模拟物）、迁移温度和迁移时间。不同溶剂（食物模拟物）存在不同的迁移水平。梁志坚等将塑料容器分别用水、65%乙醇、4%乙酸、正己烷在室温和不同温度水浴中浸泡，然后分别检测不同温度的各种浸泡溶液中双酚 A 的含量[27]。结果表明，双酚 A 的迁移量 65%乙醇>水，正己烷>4%乙酸。2002 年，Kang 和 Kondo 考察咖啡因对双酚 A 迁移的影响，结果表明咖啡因影响双酚 A 的迁移，含量越高，迁移量越大[28]。2003 年，该研究组又分别考察了双酚 A 从金属罐装容器中迁移的影响因素，包括内容物（糖溶液、氯化钠、菜籽油）、加热时间、加热温度对迁移的影响。结果表明，加热温度的影响大于加热时间的影响，当装有10%氯化钠和菜籽油加热到 121℃，迁移量最大[29]。Munguía-López 等分别考察了加热时间、加热温度、储存时间对酸性模拟物（3%乙酸）和脂肪模拟物（向日葵油）中双酚 A 迁移的影响。将 3%乙酸存于胡椒罐头空罐中，结果表明，当 35℃储存 160 天时迁移量最大。采用不同加热温度和加热时间，装有脂肪模拟物向日葵油的有机树脂容器，于 25℃放置一年，迁移水平为 646.5 mg/kg。环氧树脂容器迁移水平为 $11.3 \sim 138.4$ mg/kg[30]。

极谱法利用双酚 A 与硝酸生成硝基化合物在示波极谱上产生灵敏的二阶导数吸附波，在一定范围内峰电流与双酚 A 的含量呈良好线性关系的原理进行检测。张宏等采用示波极谱法测定了聚碳酸酯塑料中的双酚 A[31]，其检测结果与 HPLC 法检测结果无明显差异，操作更简便、快速、准确。荧光光谱法是利用双酚 A 本身的光谱特性进行测量，但需要加入适量的 β-CD 使其荧光强度增强但是不改变其本身的特性。GC 法与多种样品前期处理方法相结合，可用于测定食品包装材料中的双酚 A，如 GC-MS 联用技术结合了定性和定量的双重功能，尤其是采用选择离子方式（SIM）提高了灵敏度，降低了检出限，但样品一般需要先进行硅烷化衍生后再分析。与 GC 法相比，HPLC 法省去了衍生化过程，且不需专用液相色谱柱，具有灵敏度高、选择性好的优点，适用于双酚 A 的分析[32]。

第四节　邻苯二甲酸酯类

邻苯二甲酸酯类（phthalate acid ester，PAE）即酞酸酯，是工程塑料行业中广泛使用的物质。为了使塑料在加工形成过程中容易操作，会在制造过程中加入苯二甲酸酯类化合物，以此来改变塑料成型时的物理性质，使其物理特性变得更加的柔软而易于后续的操作和加工，由此 PAE 也被称为增塑剂，即增加塑料的可塑性和柔韧性[33]。邻苯二甲酸酯主要用于聚氯乙烯材料，令聚氯乙烯由硬塑胶变为有弹性的塑胶，属于低毒化学物，人少量接触会有一定危害，在高温加热时能游离出有毒的单体，对中枢神经系统和肝脏有损害。

一、邻苯二甲酸酯理化性质

邻苯二甲酸酯是大约 30 种化合物的总称，一般化学结构是由一个刚性平面芳烃和两个可塑的非线性脂肪侧链组成。PAE 一般呈无色油状黏稠液体，具有芳香气味，常温下蒸汽压很低，难溶于水，不易挥发，其相对密度与水相近，难燃烧，凝固点低而有很强的抗寒性，易溶于有机溶剂和类脂，能够在甲醇、乙醇和醚中溶解。PAE 具有高稳定性、低挥发性、易于取得和成本低廉的特点。目前，已知在工业中得到应用的PAE 有近 20 种（图 4-1）[1]。邻苯二甲酸酯间的差异在于烷基链的长度不同，烷基链的碳原子数通常为 1～13。短链烷基的酰酸酯在水中有较大的溶解度，如酰酸二甲酯在水中的溶解度为 0.043 g/mL，但大多数长链的二烷基酯由于其亲脂结构，在水中的溶解度很小，在标准温度和压力下不易挥发。

二、邻苯二甲酸酯来源及分布

邻苯二甲酸酯的来源包括自然来源与人工合成。其人工合成首先是通过萘或二甲苯氯代为邻苯二甲酸酐，再由邻苯二甲酸酐和相应的醇通过费歇尔（Fischer）酯化反应获得。除人工合成外，邻苯二甲酸酯的自然来源也很广泛。木材中常常含有邻苯二甲酸之类物质，木质素的氧化产物中也有该类化合物，而且它容易作为萘及其衍生物的化学氧化和生物氧化的产物而出现在环境中。烟叶、葡萄、芒果、氧化玉米油等许多植物组织中也都或多或少含有上述物质。此外，微生物也有合成邻苯二甲酸酯的能力，在真菌 *Stachybotrys chartarum* 产生的腐殖酸中，邻苯二甲酸酯的含量为 16%[34]，Chen 报道在人工模拟海水介质中，红毛藻（*Bangia atropurpurea*）体内可以重新合成 DEHP 和DBP 两种邻苯二甲酸酯[35]。

邻苯二甲酸酯是一类能起到软化作用的化学品。它被普遍应用于玩具、食品包装材料、医用血袋和胶管、乙烯地板和壁纸、清洁剂、润滑油，以及个人护理用品如指甲油、头发喷雾剂、香皂和洗发液等数百种产品中。PAE 作为增塑剂在塑料中起到软化的作用。从图 4-1 中可以看出，PAE 在塑料中没有可与 PVC、PP 中的单体参与反应的基团，因此其在塑料聚合物中是以"游离"的形态存在，其中的苯基以及长链的烷基可与塑料中的某些基团形成氢键以及范德华力从而产生作用力。但众所周知，氢键以及范德华力在化学键力作用中的键合强度非常弱，这种作用结果造成邻苯二甲酸酯类化合物在塑料产品中非常容易迁移出塑料体本身，对塑料接触的物质造成污染。这种迁移在塑料经过长时间的暴露以及接触到其他的有机物质的时候发生得更为迅速。塑料中 PAE 的迁移遵循一般化合物的迁移规律，即迁移量随接触时间的增加、溶液酸碱度的增加、接触温度的升高而逐渐增加。

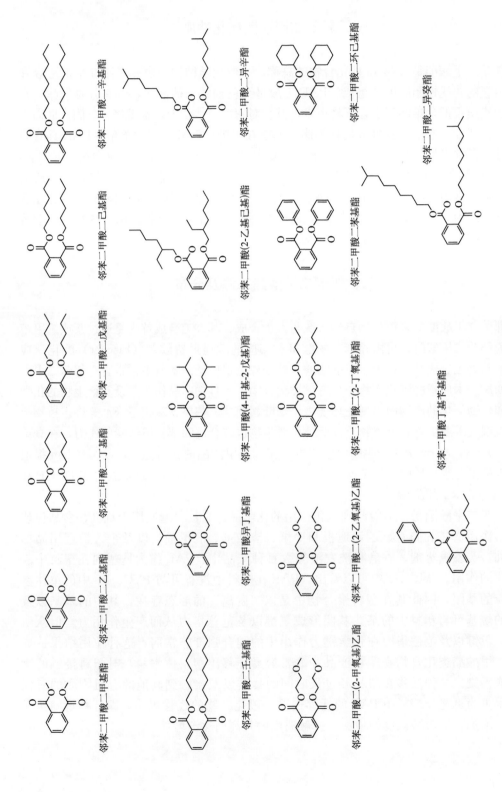

图 4-1　常见邻苯二甲酸酯结构信息

三、邻苯二甲酸酯毒性及症状

对于 PAE 的毒性作用，自 1970 年起就有许多研究和报道，尤其是儿童比成人更易受 PAE 的影响，2～6 岁的幼儿对邻苯二甲酸二酯（DEHP）的暴露与老师和父母的相比，DEHP 三种代谢物在清晨第一次小便中的总量，孩子和成人分别为 90.0 $\mu g/mL$ 和 59.1 $\mu g/mL$。20 世纪 80 年代，美国国家环境卫生科学研究所毒性试验组用聚氯乙烯袋储存的血浆在 4℃保存一天后，血浆中 PAE 含量为 50～70 mg/kg，患者输入这种血浆后可引起呼吸困难、肺源性休克，甚至引起死亡。另外也有人曾因内服 DMP 而发生急性中毒的记载。1982 年美国国家毒理规划署的实验报告确认高剂量的 DEHP 可引起肝癌。人类流行病调查结果表明，PAE 能够导致哮喘，从事生产 DBP 两年的工人，呈现眼及上呼吸道黏膜刺激症状。Bomehag 对 198 例有过敏症状和 202 例健康儿童进行医学和环境调查，结果表明 DEHP 和哮喘发病有相关性，且与剂量相关[36]。进一步研究发现，暴露在居室中 DEHP 的最高浓度组儿童哮喘的发病率是最低浓度组的 219 倍，存在明显的剂量相关关系[37]。

从事酞酸酯类增塑剂生产的工人，可患有多发性神经炎、脊髓神经炎及脑多发神经炎，大剂量可引起麻醉作用，误服可引起胃肠道刺激、中枢神经系统抑制、麻痹、血压降低等。有人因内服邻苯二甲酸二甲酯（DMP）而发生急性中毒。DBP 能引起中枢神经和周围神经系统的功能性变化，然后进一步引起它们组织上的改变，有趋肝性，具有中等程度的蓄积作用和轻度刺激作用。此外，PAE 属于内分泌干扰物质——环境雌激素，这类物质被认为可影响人体激素功能的化学物，会提前或延迟青春期的时间。环境雌激素一旦存在，即使极微量，也会造成生物体的激素分泌失调，生殖器官畸形，甚至癌变。PAE 会引起雌性动物生殖能力下降、胎儿缺陷、新生儿存活率下降、改变激素水平和子宫损伤；雄性胎儿和婴儿的性器官发育迟缓。孕妇暴露于邻苯二甲酸（2-乙基己基酯）（DEHP）会引起孕期缩短，同时血液中的 PAE 在富集状态下通过胎盘污染母乳。目前，越来越多的权威科学家和国际研究小组已认定，过去几十年男性精子数量持续减少、生育能力下降与吸收越来越多的 PAE 有关。美国国家环境保护署（EPA）已将 6 种邻苯二甲酸酯类化合物〔邻苯二甲酸二甲酯（DMP）、邻苯二甲酸二乙酯（DEP）、邻苯二甲酸二丁酯（DBP）、邻苯二甲酸二辛酯（DOP）、邻苯二甲酸丁苄酯（BBP）和邻苯二甲酸（2-乙基己基）酯（DEHP）〕列入重点控制的污染物名单；1997 年，世界野生动物基金会（WWF）列出了 68 种环境激素类污染物，其中，有 8 种邻苯二甲酸酯类化合物，包括 BBP、DEP、DEHP、DBP、邻苯二甲酸环己基酯（DCHP）、邻苯二甲酸二己酯（DHP）、邻苯二甲酸二丙酯（DIPP）和邻苯二甲酸二戊酯（DPEP）[38]。

PAE 对人体的危害研究方面，Colón 等在 2000 年应用 GC-MS 技术测定了波多黎各岛 41 名早熟女童与 35 名发育正常女童的血液样品，发现 DMP、DEP、DBP、DEHP、邻苯二甲酸单乙基己基酯（MEHP）的浓度明显高于对照组，68% 早熟女童血液样品中可以检测出 DEHP（平均 450 ng/g），与之对照，只有 1 例正常女童血液可以检测出 DEHP（平均 70ng/g），排除其他干扰因素，推测 PAE 可能与当地女童早熟有关[39]。2000 年 10 月美国疾病控制与预防中心（CDC）和国家毒理规划署（NTP）测定了 289 名成年人尿样中 7 种 PAE 单酯的含量，其中在尿样中浓度较高的有邻苯二甲酸单乙酯（MEP）（3750 ng/g）、邻苯二甲酸单丁酯（MBP）（294 ng/g）、邻苯二甲酸单苄基酯（MBzP）（137 ng/g），同时发现育龄妇女（20～40 岁）尿样中有较高浓度的 DBP 及代谢产物 MBP[40]。此外，医疗上使用的聚氯乙烯血袋中 PAE 在输血过程中易进入血液中，也是造成人体内 PAE 污染的一个重要因素。例如，肾透析患者使用的透析袋以及医疗上使用的聚氯乙烯血袋，就是邻苯二甲酸酯持续进入人体内的来源。Faouzi 等分析认为，在整个肾透析疗程血液中 DEHP 平均增加 3.6～59.6 mg[41]。Mettang 等测定了肾透析患者血液、尿和透析液在整个疗程（42 天）中 DEHP 及其代谢产物 MEHP 浓度的变化，发现在透析过程中 DEHP 进入了人体，且较难降解。DEHP 及其代谢单体在体内可产生肝脏毒性、肺毒性、心脏毒性和生殖系统毒性，PAE 进入体内也可引起中毒性肾炎，长期接触 PAE，可引发多发性神经炎和感觉迟钝、麻木等症状，对健康产生不利影响[42]。PAE 一旦进入人体，很快便积蓄在脂肪组织里，不易排泄出去。它能破坏血液中激素的功能平衡，干扰内分泌系统的正常运作，对人体的生育、发育、行为，对小孩的肾脏，特别是对胎儿的肌肉和骨骼系统及中枢神经系统危害极大。已有的动物实验研究表明：PAE 类物质急性毒性不大，对 Ames 试验呈阴性反应，但在大剂量情况下，对动物有致畸、致癌和致突变作用。其亚急性毒性主要表现为损害肝、肾、睾丸，抑制精子形成，影响生殖机能等。有研究报告指出，PAE 对动物的生化效应主要表现为过氧化酶体增生、足细胞毒性、肝脏促进作用、抗雄激素等，对啮齿类及其他动物的整体效应表现为肝癌、睾丸萎缩、尿道下裂等。

　　1999 年 4 月，美国人类生殖危险评估中心（CERHR）根据 PAE 产量、接触人群的密切程度（特别是通过塑料玩具与儿童接触的密切程度）以及发育和生殖毒性综合评定结果提出与人类健康密切相关的 7 种 PAE，见表 4-5。

表 4-5　与人类健康密切相关的 7 种 PAE

中文名称	英文缩写	用途	文献报道毒性
邻苯二甲酸（2-乙基己基）酯	DEHP	建筑材料、食品包装、儿童玩具、医疗器具	致癌、致突变、生殖毒性
邻苯二甲酸丁苄酯	BBP	聚乙烯瓷砖、食品传送带、人造革	类雌激素活性、生殖毒性
邻苯二甲酸丁酯	DBP	乳胶黏合剂、纤维、塑料、染料	生殖毒性、遗传毒性
邻苯二甲酸二异壬酯	DINP	软管水带、鞋底、儿童玩具、建筑材料	生殖毒性
邻苯二甲酸二异癸酯	DIDP	汽车内层油漆、电缆线、胶鞋、地毯、背面的黏胶、橡胶衬垫	生殖毒性、胚胎毒性
邻苯二甲酸二己基酯	DHXP	汽车部件、器械工具的橡胶手柄、地板胶、油布	肝脏毒性
邻苯二甲酸二辛酯	DNOP	地板胶、聚乙烯瓷砖、帆布、硬皮笔记本的塑料封面	生殖毒性

不同种类 PAE 的效应各有不同，表明它们的毒性作用机制也不尽相同，这可能是 PAE 烷烃链结构的差别所造成。目前对 PAE 的毒性研究已逐渐深入到分子生物学水平。裴华颖等用半定量逆转录聚合酶链反应（RT-PCR）测定了 DEHP 对体外培养的人腹膜间皮细胞（HPMC）的纤连蛋白（FN）mRNA、Ⅰ型胶原 mRNA（Co Ⅰ-mRNA）、Ⅲ型胶原 mRNA（Co Ⅲ-mRNA）和转化生长因子（TGF）-β1 mRNA 表达水平的影响，证实 DEHP 可促进人腹膜间皮细胞合成和分泌细胞外基质，且有一定的时间和剂量依赖关系，在其早期可能通过 TGF-β1 介导，说明 DEHP 在长期腹膜透析患者腹膜硬化的发生中可能起了一定作用[43]。此外，还有研究认为可能还有其他的机制引起 PAE 对细胞的损伤，如细胞间联系的改变、间接的基因突变、细胞转化及其他非氧化改变如对线粒体酶活性的影响等。目前认为，某种疾病尤其是环境相关性疾病的发生，绝大多数是遗传因素与环境因素共同作用的结果。用分子生物学理论和技术对 PAE 的作用机制进行更深入、全面和系统的研究，将对揭示基因-环境的相互作用，为人类认识健康、生长发育与疾病（环境相关性疾病）的发生提供重要的新论据。

四、邻苯二甲酸酯吸收、代谢和排泄

人体吸收邻苯二甲酸酯的途径，除了职业与医疗接触外，最常见的是通过食物与饮水。PAE 经口主要以水解产生的单酯形式被吸收，单酯被认为是产生毒性的主要化合物。哺乳动物肠黏膜细胞中的肠酯酶及小肠中的细胞外酶可将 PAE 水解成单酯，如 DEHP 在肠脂肪酶作用下水解为邻苯二甲酸单乙基己酯（MEHP）。经口进入人体后，吸收前 DEHP 会代谢成 MEHP 和 2-辛醇，MEHP 和 2-辛醇的吸收很快，MEHP 的代谢物存在于许多组织中，吸收部分主要是在小肠。人体从食物吸收的 DEHP 尖峰吸收期发生于血液尖峰期前，与其他低分子质量邻苯二甲酸酯相比，只有小部分的 MEHP 被吸收。有关 DEHP 经皮肤吸收的资料较少。

PAE 被吸收后，主要以蛋白结合体形式通过血液分布于全身各器官。例如，MEHP 在血液中约 80% 结合在脂蛋白上，游离的 MEHP 与蛋白结合体部分处于动态平衡。体内蓄积 PAE 最多的器官为肝脏与肾脏。将 ^{14}C-DEP 投饲给大鼠与小鼠，放射性最大的为肝脏与肾脏，其次为血液、脾和脂肪组织，最高水平在 20 min 后出现，接着很快降解，24 h 后只有痕量水平[44]。大鼠口服 ^{14}C-DEHP 后测定其肝与脂肪中的放射性，给药 1 周后，肝内放射性水平达到稳定，脂肪中则需 2 周；停止给药 1 周后，肝内放射性减少 80%，3 周内低于检测限，脂肪中 3 周内仅减少 1/3。但给猴重复静脉注射少量 DEHP，累计量达 21～169 mg/kg 后几个月内肝中都有显著 DEHP 积累。

PAE 在肠、肝脏、肾脏、肺、胰腺以及血浆中均可水解为单酯，这种水解作用在肠内较易发生，所以肠道中接触这类物质比静脉注射危险更大。PAE 只有在肝脏内才可被完全代谢为邻苯二甲酸。MEHP 在雪豹、灵长类动物、人和鼠类等体内，均可形成葡萄糖苷酸的偶联体，水解下来的异辛基链也能被进一步氧化。当食物中含有少量的 DEHP（0.64 mg/kg），人体 DEHP 吸收和分布期持续 4～8 h。通过分析唾液、精液和胎粪中邻苯二甲酸酯代谢物的方法，发现在人类唾液样本（N=39）中，只有 7 个代谢产物，在胎粪样本（N=5）中只有 MECPP 和几个少数其他 DEHP 代谢物被发现。在精液样本中，只有 MECPP 被发现。人体内吸收 DEHP 后，可产生 12～21 种尿液代谢物，血液中有 5 种代谢产物，其中 MEHP 为主要产物，其浓度约在进入人体后 2 h 达最高点。DEHP 和代谢物的排除途径包括尿、粪便、呼吸和汗液。人体口服 DEHP（3 mg/kg）有 16% 会在 4 h 内排出，有 11%～28% 在 24 h 内排出，20%～31% 可在 47 h 内排出。

五、邻苯二甲酸酯控制与预防

随着人们对邻苯二甲酸及其盐类的了解，儿童用品中的 PAE 越来越被重视。欧盟方面，1999 年公布的 1999/815/EEC 指令说明，放入三岁儿童口中的聚氯乙烯（PVC）相关儿童玩具及相关用品中，DEHP、DBP、BBP、DINP、DIDP 及 DNOP 6 种增塑剂的含量不得超过 0.1%。2005 年 12 月 27 日，欧盟发布新的指令（2005/84/EC）要求所有玩具及育儿物品中，DEHP、DBP 及 BBP 的含量不得超过 0.1%；所有可以放入儿童口中的玩具及育儿物品，DINP、DIDP 及 DNOP 的含量不得超过 0.1%[45]。1977 年，美国 EPA 基于有毒化学品的毒性、自然降解的可能性及其在水中出现的概率等因素，从 7 万多种有毒化学品中筛选出 65 类、129 种优先控制污染物。其中，将 DMP、DEP、DBP、BBP、DNOP 和 DEHP 6 种邻苯二甲酸酯物质列为优先控制的有毒污染物。加利福尼亚州提出 AB1108 法令，于 2009 年 1 月 1 日开始实施，要求所有玩具及育儿物品中 DEHP、DBP 及 BBP 的含量不得超过 0.1%。所有 3 岁以下可以放入儿童口中的玩具及育儿物品，DINP、DIDP 及 DNOP 的含量不得超过 0.1%。丹麦方面，除了同上述欧盟所规定的 6 项含量要求外，针对小于 3 岁幼童所使用的玩具及育儿物品，其他任何一项邻苯二甲酸酯类含量不得超过 0.05%。同时，日本针对特定塑料材料玩具，也加强了目前《食品卫生法》中对 PAE 含量的限制，以保护儿童免受有害物质伤害。

中国优先污染物黑名单中包括邻苯二甲酸二甲酯、邻苯二甲酸二正丁酯和邻苯二甲酸二辛酯。但中国目前对邻苯二甲酸酯的含量还没有明确的规定，因此普通消费者很难从国内的商品标注上看到该物质的含量。中国台湾"行政院环境保护署"已将 DEHP、DBP、DMP 列为第四类毒性化学物质管制；DNOP 则被列为第一类毒性化学物质，限制其使用。

六、食品包装中邻苯二甲酸酯检测

邻苯二甲酸酯在各个行业的广泛应用使得其在环境中的分布和含量变得异常复杂。针对不同的成型品，处理方式也不尽相同。对于液体和固体样品来说，溶剂萃取是目前最直接也是唯一有效的提取方法。分析 PAE 针对的液体试样主要有环境水样，包括地下水、地表水、饮用水、工业污水和各种形式的软包装饮料，如果汁和含酒精的液体饮料等。液体样品中 PAE 的提取可以采取经典的液-液萃取，或者是液-固萃取；对于固体试样来说，试样存在的物理特性结构和形式多样，因此采取的方式是液-固萃取。近年来，在液-固萃取的基础上，相继开发了许多新的提取技术，如超声波萃取技术、索式提取法、微波萃取法、超临界萃取和加速溶剂萃取等。

应用于 PEA 检测的仪器方法主要有分光光度法、荧光光度法、气相色谱法 GC、HPLC 法等[46]。由于 PAE 在结构和性能上有着高度的相似性，而且一般的样品中 PAE 的含量较少，因此定性和定量能力均较差的分光光度法在日常的检验检疫中无法得到应用；对于荧光光度法来说，虽然其定量能力很强，但定性能力差，这直接导致了荧光光度法很难分辨出复杂样品中到底含有哪种类型的 PEA；另外，由于荧光光度法的抗干扰能力差，因此在实际的检测中也很少用到。目前，GC 法和 HPLC 法是分析 PAE 最为常见的方法。

PAE 的基本结构中都是 C、H、O 等元素，因此用 GC 检测时多为火焰离子化检测器，即 FID。PAE 化合物大都为中等极性化合物，一般选用中等极性的色谱柱，如固定相为 5％苯基-95％甲基聚硅氧烷的 HP-5、DB-5、BP-5 和 Rtx-5 色谱柱，或者是固定相为 6％氰基丙基-94％苯基聚甲基硅氧烷的 DB-624、DB-1301、HP-1301、HP-624、Rtx-1301、Rtx-624 等色谱柱。GC 分析针对不同的样品有不同的进样方式，气体样品一般可采用顶空进样方式，而液体样品则选择直接进样口进样方式进行。目前，已经开发出很多与 GC 相配套的设备，这些设备集萃取、净化和浓缩于一体，大大加速了分析检测的周期，如固相微萃取（SMPE）技术等[47]。

与气相色谱相比，液相色谱对于酞酸酯的检测并无技术上的优势，只是在检测限量上，光电二极管阵列检测器（DAD）的检出限要比 FID 高 1～2 个数量级，但液相色谱法对于样品的要求比较高，需要对样品进行严格的净化才行。目前，液相色谱对 PAE 分离一般是在室温下进行，采用 C_{18} 柱进行，流动相一般是甲醇和水的混合物，也有用乙腈-水体系进行洗脱[48]。另外，PAE 属于中性化合物，流动相中不需要加入挥发性的酸碱对其进行改性。对于检测器来说，一般采用紫外吸收光谱，在 220～230 nm 对 PAE 进行分析。

第五节　氨　基　脲

氨基脲（semicarbazide），又名氨基甲酰肼，是一种有机合成原料，用于制备热敏记录纸上的光色染料，也用于医药、农药等有机合成的中间体，以及生产呋喃西林、呋喃妥因、肾上腺色腙、氢化泼尼松、氢化可的松等药物。食品接触材料中的氨基脲多来源于原料中偶氮二甲酰胺发泡剂受热分解而产生，在聚乙烯、聚苯乙烯、聚氯乙烯、ABS 树脂以及各种橡胶制品的加工中广泛存在。

一、氨基脲理化性质

氨基脲的分子式为 CH_5N_3O，相对分子质量为 75.07，是一种白色片状结晶或粉末，易潮解，溶于水和醇，不溶于乙醚，熔点 96℃。氨基脲是由尿素与水合肼缩合而得；将 40％的水合肼和尿素按物质的量之比 1.515∶1 投入反应锅中混合，搅拌加热，于 95～103℃回流 8 h，降温过滤，得氨基脲水溶液，可直接用于有机合成。有时候也将氨基脲水溶液加盐酸，放置后过滤，得到盐酸氨基脲。盐酸氨基脲的熔点为 175℃。

二、氨基脲来源及分布

氨基脲可用于标记呋喃西林，同时也是硝基呋喃类药物的代谢产物。硝基呋喃是用于胃肠及皮肤感染的抗生素，也包括牛、猪、家禽、鱼和虾感染的沙门氏菌，还用于对抗蜜蜂的细菌感染，因此在蜂蜜中也发现有它的分解产物。2003 年 10 月 5 日，欧洲食品安全局（EFSA）发布了有关氨基脲的风险评估报告。报告中称在一些婴儿玻璃瓶装食品金属盖的垫圈中发现的氨基脲为一种致癌物质。这种有毒物质不仅存在于玻璃包装的婴儿食品中，而且果汁、果酱、蜂蜜、番茄酱、蛋黄酱及一些腌菜等玻璃包装食品中也都有。由于在密封食品的过程中，这种金属盖需要经过高温处理，所以垫圈中的氨基脲溶入食品中，对婴儿身体产生危害。据分析，在瓶装食品金属盖的垫圈中发现的氨基脲是由偶氮甲酰胺受热分解产生的。偶氮甲酰胺发泡剂，俗名 AC 发泡剂，是用途广泛的有机精细化工产品，可用作聚氯乙烯、聚乙烯、聚丙烯、聚苯乙烯、ABS 树脂、硅橡胶和天然橡胶等的发泡剂，常压发泡和加压发泡均适用，也可作为建材工业钙塑发泡剂，可得到纯白的泡沫体。偶氮甲酰胺的发泡剂的热分解温度为 195～210℃。在垫片加热成型过程中，AC 发泡剂热分解初期生成 N_2 和 CO，随着温度升高，NH_3 增加，分解后的气体产量达到 32％[49]。欧盟研究证实，含有 AC 发泡剂的垫圈在密封玻璃瓶以及消毒处理过程中，需要经过高温处理，在加热条件下，垫圈中的 AC 发泡剂会被热分解生成氨基脲进入到食品中，对与其接触的食品造成污染。

全球偶氮甲酰胺发泡剂产量约为每年 20 吨，是世界上应用领域最广、产耗量最大、改性品种最多的化学发泡剂，且销售量以每年 8％～10％的速度递增。偶氮甲酰胺还可作为一种新型面团改良剂用于面粉快速处理。Pereira 等采用液相色谱串联质谱测定了含有偶氮甲酰胺的面粉中的氨基脲含量，测得面粉中氨基脲的含量为 2～5 ng/g。在不含偶氮甲酰胺的湿面粉中添加 $10\mu g/g$ 的偶氮甲酰胺，检测到氨基脲含量为 12 ng/g，进一步证明了在湿面粉中，联二脲会进一步转化成氨基脲[50]。此外，食品经次氯酸盐处理产生的氨基脲次氯酸盐可以与多种生物分子发生反应，引起组织的损坏。次氯酸盐与氨基酸、缩氨酸和蛋白质之间的反应是导致细菌死亡的重要原因，因此广泛用于食品车间和农业上的卫生处理与消毒。Hoenicke 等用含 0.015％、0.05％、1％和 12％活性氯的次氯酸盐溶液处理不同样品（北海虾、鸡肉、牛奶、蛋白粉、大豆片、红藻、卡拉胶、刺槐豆胶、白明胶、淀粉和葡萄糖），并测定其游离态和结合态氨基脲的总量，发现用含 1％活性氯的次氯酸盐溶液处理的鸡肉、蛋白粉、卡拉胶、刺槐豆胶、白明胶和淀粉中均产生了氨基脲，淀粉中含量约为 1 $\mu g/kg$，蛋白粉中含量为 20 $\mu g/kg$。用含 12％活性氯的次氯酸盐溶液处理样品，虾、鸡肉、大豆薄片、红藻、卡拉胶和淀粉中检测到氨基脲的含量为 2～65 $\mu g/kg$，蛋白粉中含量为 130 $\mu g/kg$，葡萄糖中含量为 450 $\mu g/kg$[51]。

三、氨基脲毒性及症状

从毒理学角度来说，一些研究已表明氨基脲具有潜在的弱毒性及致癌性。虽然氨基脲的毒性作用还未进行大量的试验测试，但它属于致癌化学物（联氨）中的一种。在氨基脲蓄积性试验中，$1/2$ LD_{50} 剂量组死亡 3 只，$1/5$ LD_{50} 剂量组死亡 2 只，$1/10$ LD_{50} 剂量组死亡 1 只，$1/20$ LD_{50} 剂量组无死亡。此结果表明，盐酸氨基脲剂量累积到一定程度可触发毒物及其相关代谢产物过量聚集，引发一系列反应，从而对细胞产生多种毒性作用。盐酸氨基脲对试验小鼠的蓄积毒性作用为中等蓄积，说明小鼠对该药的排泄和体内转化速度为中等。试验中随着剂量的不断增加，损坏了机体神经系统，使活动力降低，精神萎靡，极个别小鼠嗜睡，反应迟钝，眼内分泌物增多。与此同时，药物在体内的不断积累，引起了对消化系统的不良影响，大便稀、质黏。亚慢性毒性研究试验结果显示，氨基脲药品使低剂量组小鼠心脏系数（0.507 ± 0.071）减小，说明心脏萎缩，可能由于此剂量是诱发心脏病的敏感剂量。高剂量组肝脏系数（5.950 ± 0.573）增大，可能是药品致使肝脏负担增大，产生水肿、增生等情况。另外，在小鼠染毒 60 天后，对小鼠的肝、肾、肺做冷冻切片，从其病理组织学切片中可见该药品对肝、肾的毒性作用较大。试验组动物肝脏组织出现间隙，中剂量组肝脏细胞出现了颗粒变性，高剂量组肝脏出现水泡样变性；中剂量组肾脏肾小管上皮细胞出现颗粒变性，高剂量组动物肾小管上皮细胞呈玻璃样变性，并有巨噬细胞等炎性细胞大量浸润，其他脏器未见明显损伤。结果说明氨基脲对小鼠的肝脏和肾脏有一定的毒性作用。

氨基脲对雄性小鼠免疫器官胸腺、脾脏质量系数影响较大，与对照组比较，胸腺重量指数差异显著，脾脏重量指数差异极显著，均比对照组小，而对雌性小鼠基本无影响。在无细胞系统中，氨基脲与 RNA 的胞嘧啶残留物、DNA 的脱氧胞嘧啶残留物及胞嘧啶和脱氧胞嘧啶核苷连接，它能引起蝗虫精母细胞染色体的损伤。在 DNA 损伤研究中，通过对小鼠肝和肺组织进行碱性洗脱，结果显示阴性。体外试验研究表明，从人体 $p53$ 肿瘤抑制基因和 C-Ha-ras-1 原癌基因获得的 DNA 片段的胸腺嘧啶及胞嘧啶残留物中显示出氨基脲能导致 DNA 损伤，但仅在二价铜存在的情况下，DNA 损伤量随着氨基脲浓度（$10 \sim 100$ $\mu mol/L$）的增加而增加。在体内，铜存在于细胞核染色质中，但常紧密连接，不以离子形式存在，这些体外的研究结果在体内的情况目前还不清楚。对 DNA 序列特异性损伤的机制也进行了研究，结果表明是过氧化氢和 Cu（I）或氨基甲酰基（$\cdot CONH_2$）形成的活性氧引起的氧化损伤。另外，已有研究表明，大鼠妊娠期间经口灌胃高剂量的氨基脲，会造成胚胎胎儿的死亡和腭裂。

四、氨基脲吸收、代谢和排泄

人类氨基脲毒物动力学目前尚无相关报道，动物试验中小鼠经口染毒后，胃肠道吸收迅速而广泛，表皮接触吸收量约 10%，由于氨基脲主要作为一种硝基呋喃类药物呋喃唑酮的代谢产物被动物摄入，其在体内可与蛋白质结合，以蛋白质结合物的形式在体内形成较为稳定的残留，可残留较长时间。氨基脲的代谢、排泄主要通过酶的作用，在肝脏、肾脏中降解、排出，其代谢产物的排出途径可包括尿、粪便及汗液，但由于其与蛋白质形成的较为稳定的残留物，在各类排泄物种检出量均非常低，不具有其他类型物质的口服后排出特征。

五、氨基脲预防与控制措施

在食品接触材料中的氨基脲未被发现以前，欧盟依照食品科学委员会的意见批准了偶氮甲酰胺作为商品发泡剂在食品接触塑料中使用，并在欧盟指令 2002/72/EC（2002 年 8 月 6 日生效）的允许使用添加剂清单中进行了确认，但随后的 2003 年 7 月，欧盟食品安全局收到一些企业报告中指出在玻璃瓶包装食品中检出了氨基脲。2005 年 4 月 7 日欧洲食品安全委员会公告了垫片的化学成分的安全性，对偶氮甲酰胺类发泡剂的使用提出质疑，自 2005 年 8 月 2 日起，欧盟指令 2004/1/EU 正式禁止偶氮甲酰胺类发泡剂在各种与食品接触的包装材料中使用。英国的相关生产厂家在得知该类化学物质的存在可能给身体带来危害之后，已经使用碳酸氢钠替代偶氮甲酰胺类化学发泡剂来制作玻璃瓶金属扭断盖的密封材料。

我国食品容器、包装材料的卫生标准体系与国外发达国家相比较为滞后。但近年来，随着国民经济的快速发展和人们对食品安全的关注不断提高，尤其是我国加入 WTO 以后，提高食品容器、器具和包装材料的卫生质量成为我国出口食品的必然要求。食品接触材料中的氨基脲主要来自于发泡剂偶氮甲酰胺的热分解，国家标准《食品容器、包装材料用添加剂使用卫生标准》通过修订后规定添加剂偶氮甲酰胺在 PE、PC、PVC 等塑料包装产品中的最大使用量不得超过 2%，橡胶中不得超过 5%。欧盟在食品接触材料卫生安全领域制定了较为完备的法规和标准。

六、氨基脲检测

目前氨基脲检测方法主要是高效液相色谱法（HPLC），尤其是高效液相色谱-质谱法（HPLC-MS）[52]。氨基脲分子质量较小，MS 的背景噪声较大，检测灵敏度不高，并且具有很大极性，在反相色谱柱保留时间短，可以利用衍生的方法进行氨基脲间接检测。Leitner 等利用 HPLC-MS/MS 检测氨基脲的含量，以乙腈-甲酸-水为流动相梯度洗脱，C_{18} 反相色谱，正离子、多反应监测模式进行测定，进一步降低了检出限，提高了灵敏度，是食品中氨基脲检测的主要方法[53]。Stadler 对于氨基脲的直接检测方法进行了研究，样品中加入去离子水、$C^{15}N_2{}^{13}C$-SEM 内标，在 60℃ 水浴中恒温萃取，经过滤后采用 HPLC-MS/MS 直接测定，采用 Discovery HS F5 色谱柱可有效分离样品，保留时间 5.5 min，采用正离子、多反应监测模式，同位素内标法或内标法分析，与衍生化法相比灵敏度有所降低，采用 2 ng 氨基脲进样量时信噪比可达 348，适用于塑料瓶盖垫圈中氨基脲含量的检测[54]。在食品中，作为呋喃西林的代谢产物，氨基脲可采用酶联免疫吸附试验（ELISA）法进行测定，样品中氨基脲含量越多反应呈色越淡，反之则越深[55]。样品中氨基脲首先经化学反应生成氨基脲衍生物中间产物，利用交联剂 N-羟基琥珀酰亚胺（NHS）在适宜缓冲条件下将其与载体蛋白牛血清白蛋白（BSA）、鸡卵清蛋白（OVA）进行偶联、透析，获得具有完全免疫原性的化合物，采用辣根过氧化物酶显色方法检测。方法对于氨基脲检出限为 0.8 μg/kg，与化学法相比是一种快速、高效、成本较低的氨基脲检测方法。

第六节　挥发性有机物

挥发性有机物（volatile organic compound，VOC）是一类在其分子结构中含有至少一个氢原子和一个碳原子的易挥发性有机化合物的统称。挥发性有机物以各种形式存在，是空气中普遍存在且组成复杂的一类有机污染物。VOC 类物质目前常见的主要包括苯、甲苯、二甲苯、苯乙烯等苯系物，甲醛、氯乙烯、氯乙烷、氯甲烷等氯代烷烃，甲苯二异氰酸酯等。VOC 不仅对大气环境有着潜在的影响，而且对室内空气质量、消费者的身体健康同样也构成了严重的威胁。包装材料等所含有的多种有机化合物，一旦挥发进入空气中，将会引发消费者、使用者包括呼吸道、消化道、神经内科、视力与视觉、高血压等在内的多种疾病。

一、挥发性有机物理化性质

挥发性有机物通常在室温条件下为液体状态，但由于其沸点、饱和蒸气压相对较低，因此极易挥发为气体而分布于空气中、广义而言，挥发性有机物沸点一般为 50～260℃，室温下饱和蒸气压不超过 133.322 Pa，按其化学结构的不同，可以进一步分为烷类、芳烃类、烯类、卤烃类、酯类、醛类、酮类和其他。典型挥发性有机物基本物化性质如表 4-6 所示。

表 4-6　典型挥发性有机物物化性质

化合物名称	熔点/℃	沸点/℃	蒸气压/kPa
苯	5.51	80.1	13.33（26.1℃）
甲苯	−95	110.6	40（80.2℃）
甲醛	−118	−19.5	0.137（20℃）
四氯乙烯	−22.2	21.2	60.3（23℃）
苯乙烯	30.63	145.2	1.33（30.8℃）
乙苯	94.9	136.2	1.33（25.9℃）

二、挥发性有机物来源及分布

近年来，国内外对空气中 VOC 的研究有很多报道，主要是监测分析空气中 VOC 的主要组分及其主要来源。Smith 等将波士顿、芝加哥等地毒性空气污染监测系统监测的数据加以整理分析，根据研究结果找出线性关系较好的苯、甲苯、乙苯及二甲苯，并推论可能来自相同的污染源，认为大气中苯环有机污染主要来自燃料燃烧的排放。[56]随后，其他研究人员分别对美国部分城市、日本横滨和印度等进行了城市空气中苯、甲苯、乙苯及二甲苯监测分析研究，均得出了相类似的结论。Kelly 研究发现，石化工业区所排放的空气污染物与一般工业区不尽相同，其中粒状污染物排放量远低于挥发性有机物排放量，石化工业排放挥发性有机污染物的主要成分包括苯、甲苯、二甲苯、甲醇、丙酮、二氯乙烯、三氯乙烯及四氯乙烯等。[57]Mardi 和 Schef 指出，石油炼制业排放的挥发性有机物成分中，以烷烃（含乙烷、丙烷、丁烷、正己烷等）、苯、甲苯、二甲苯为主；而车辆所排放的挥发性有机物则以乙烯、丙烯、丁烷、戊烷、苯、甲苯、二甲苯为主。[58]Dewulf 和 Langenhove 对印度环境空气中的 VOC 进行调查，研究结果显示 5 种环境空气中检测出的 VOC 中多数为美国环境保护署已确认的有害空气污染物（HAP），苯、甲苯、乙苯、二甲苯（BTEX）及萘主要与移动排放源有相关性，而氯化物如氯仿、四氯化碳和二氯甲烷主要与海运排放源有相关性[59]。

　　国内城市空气中挥发性有机物的研究早期主要集中于广州、香港、澳门及台湾地区，有研究香港不同功能区大气中 VOC 的组分，分析表明香港大气中存在 60 多种 VOC，其中 17 种是有毒挥发性有机物，其主要成分是苯系物和氯代烃，且机动车尾气是香港大气中 VOC 的主要来源。广州、香港、澳门 3 个城市大气中普遍监测出的BTEX、氯代烃、多环芳烃、单萜烯等代表人为污染、地质尘埃和植物散发物等来源的有机污染物，3 个城市中澳门地区受人为污染最严重。广州城区街道空气中 VOC 的烷烃类化合物主要为 $C_2 \sim C_6$ 饱和烃类物质，在卤代烃中，卤代烃和卤代烯烃是普遍被检出的化合物，最常见的是四氯化碳、三氯乙烯和四氯乙烯；在芳烃类中，单环芳烃是主要的化合物，如 BTEX（苯、甲苯、乙苯和二甲苯）、苯乙烯、三甲苯等。此外，样品中还检测到 a-蒎烯、b-蒎烯等单萜烯类化合物。近几年来，随着国民环保意识的不断提高，其他城市也陆续开展了城市空气中 VOC 的监测分析研究及其来源分析工作。张靖等指出北京市大气中检测出的 108 种挥发性有机物中主要成分是饱和烷烃（33%）、芳香烃（21%）、烯烃（16%）、卤代烷烃（20%）、卤代烃（9%）和卤代芳香烃（1%），平均质量浓度为 163.7 $\mu g/m^3$，其中检出物中有 54 种是有毒有害物质，主要成分是苯系物和卤代烃，并指出单环芳香烃和低分子碳氢化合物主要来自燃烧产生的尾气排放，环境空气中苯、甲苯、二甲苯（BTX）污染程度不容乐观，其中苯浓度达 6.2 $\mu g/m^3$，超过欧盟标准 0.24 倍。

三、挥发性有机物毒性及症状

　　挥发性有机物由于组成复杂、种类多样，因此可能引发多种类型的生物体中毒症状及现象，并表现出不同的反应，同时 VOC 单个效应、多种 VOC 协同效应引发的中毒症状及病症等也不尽相同。

　　VOC 引起的一般毒性效应表现在可能引起机体免疫水平失调，影响中枢神经系统功能，出现头晕、头痛、嗜睡、无力、胸闷等症状，以及影响消化系统伴随出现食欲不振、恶心等,严重时可损伤肝脏、肾脏等内脏器官及肌体造血系统,出现变态反应。VOC 是造成不良建筑物综合征(SBS)的主要原因之一。除一般毒性外,VOC 还可能具有胚胎毒性。据调查在怀孕期间接触 VOC 的职业妇女,其胎儿畸形的发生率是非暴露组的 8~13 倍,胎儿流产率增加 25%,低出生体重儿的发生率是控制人群的 5 倍以上。更严重的是,目前已经研究论证并确认的 VOC 中所含致癌物或致突变物质达 20 余种。

由于 VOC 基本上都是多种挥发性物质的气体混合物,其中每种化合物对人体的影响都具有其特征性效应,即单一化合物的毒性效应,苯、甲醛、苯乙烯、四氯乙烯等是较为具有代表性的有毒 VOC 类物质。苯作为苯系物中最主要的挥发性有害物质,其暴露的主要途径是吸入、摄入。苯经吸收后血液/肺泡之间的分配系数为 6.58~9.30,且在接触的最初几分钟吸收率最高,后随着血液浓度的上升而下降。吸入的苯有 30%~80% 进入血液循环中。除呼吸摄入外,苯还可以通过皮肤被吸收,但相对呼吸摄入方式较少。生物体吸收的苯经代谢活化后其致毒、致癌作用更强,因此苯活化代谢的酶(代谢一型)和负责解毒的酶(代谢二型)是研究的焦点之一。苯在体内易被代谢为活性氧类而攻击生物大分子,引起 DNA 的氧化损伤,形成 DNA 加和物。苯染毒小鼠后多种组织细胞彗星长度增加,提示苯对机体的损伤具多器官性。此外,苯对神经行为功能有一定影响,在苯、甲苯、二甲苯浓度均低于现行卫生标准的作业环境中,接触混苯女工的某些行为功能(简单反应时、手提转捷度、数字译码、视觉持留、目标追踪测试 II)的测试结果均差于对照组,并有显著性差异。世界卫生组织及国际癌症研究机构认为,苯是一种人类致癌物,但仍需进一步研究加以证实。除苯外,苯系物中甲苯的慢性中毒主要对中枢神经系统造成损害,而对血液系统基本无毒性,二甲苯毒性主要是对中枢神经系统和自主神经系统的麻醉与刺激作用,若长期接触较高浓度的甲醛、甲苯、二甲苯会引起头晕、头疼、失眠、乏力、精神委顿、记忆力减退等神经衰弱症。甲醛作为一种无色刺激性气体,对眼、鼻、喉、上呼吸道和皮肤均可产生明显的刺激作用。空气中的甲醛低于 1.3 mg/m^3 时,刺激作用较微,随着浓度增加,刺激作用增强,高于 65 mg/m^3,可引起肺炎、肺水肿等损害,甚至造成死亡。动物实验已经证实甲醛的致癌性,流行病学也发现长期接触高浓度甲醛可引起鼻腔、口、咽、喉部癌、消化系统癌、肺癌、皮肤癌和白血病。国际癌症研究中心已建议将甲醛作为人类可疑致癌物对待。人们通常接触的是低浓度甲醛,因此更关心低浓度甲醛引起的健康效应。长期接触低浓度甲醛(0.0017~0.0680 mg/m^3),虽然引起的症状强度较弱,但症状与甲醛产生的急性效应是一致。而对甲醛致免疫系统危害影响发现,随着室内甲醛污染程度的增加,不同场所暴露人群中血清免疫球蛋白及补体 C_3 均有不同程度改变,其中甲醛暴露程度相对较高的人群中 IgG、IgM、C_3 较高,而 IgA 随着甲醛污染程度增加而降低,说明长期室内低暴露于甲醛对人体免疫系统有明显影响。苯乙烯在工程塑料、丁苯橡胶、合成树脂等领域有着广泛的应用,苯乙烯主要经呼吸道吸入蒸气而引起中毒,也可经皮肤和消化道吸收,在体内经微粒体混合功能氧化酶的转化,产生的中间氧化产物具有许多生物毒性。苯乙烯的化学结构与致突变剂和致癌剂氯乙烯相似，经代谢活化也是一种潜在的突变剂，其体内中间代谢产物苯乙烯 7 或 8 环氧化物则为强的直接致突变剂。长期接触苯乙烯可产生神经系统、视觉、消化系统、心血管系统等损害。2，2，4，4-四氯乙烯（PCE）又名全氯乙烯，是无色易挥发液体，广泛用于干洗业和工业去污剂等，是 VOC 的重要污染物。PCE 主要经呼吸道和皮肤吸收，在肝脏经细胞色素 P450 酶系统氧化代谢生成二氯乙酸（TCA），同时还可经谷胱甘肽-S-转移酶系统，与谷胱甘肽结合生成硫醇尿酸等，可引起接触者神经、肾脏和肝脏等多器官系统损伤，致肝癌、肾癌的发生。

四、挥发性有机物吸收、代谢和排泄

挥发性有机物种类繁多，其对生物体产生毒害作用的机理、过程等也不尽相同。如对于苯的研究显示，经呼吸系统吸收的苯中，50％以原形态经肺部呼出，约 10％以原形态在体内蓄积，其余的苯在体内肝脏中通过 P450 混合功能氧化酶系统进行代谢，约 10％的苯氧化成黏糠酸，使苯环打开，大部分再分解为水和二氧化碳经肺呼出及肾排出，另外 30％氧化为酚，部分再氧化为邻苯二酚、对苯二酚、羟基醌醇、醌醇等并与硫酸及葡萄糖醛酸结合成苯基硫酸酯，经肾排出[60]。Green 等研究表明，四氯乙烯的代谢物为三氯乙酸（TcA），大鼠和小鼠 PCE 为 293.13 mg/m³ 时吸入染毒，3 h 后小鼠血中即达到峰值浓度，约为 130 mg/L，而大鼠血中仅为 7 mg/L[61]。由此可见，小鼠转化 PCE 能力显然高于大鼠。另外，PCE 诱发小鼠肝癌的效果明显，故推测可能与 PCE 染毒小鼠血中其水平明显高于大鼠有关，而 Korn 等研究证实苯乙烯的代谢物为 7，8-氧化苯乙烯。[62] Nakamma 等研究认为苯乙烯在肝脏中由细胞色素 P450 发酵系统的 CyF2B6、CyP₂E₁、CyP₁A₂ 作用下生成 SO。[63] To-Figueras 等研究证明六氯苯（HCB）的主要代谢物为尿中的五氯酚（PCP）和巯基五氯苯（PCBT），而且证明血中 HCBB 与 PCTB 相关性优于血中 HCB 与 PCP 的相关性[64]。有关苯的研究较为深入，目前研究原形苯有呼出气和血苯等，苯的各种代谢物有尿黏糠酸、尿酚和苯巯基尿酸等。在接触苯浓度仅为 4.4 mg/m³ 时，8 h 尿中黏糠酸水平显著高于对照组。与尿酚值相比较，尽管黏糠酸是苯被机体吸收后经代谢产生的一种微量开环终末代谢物，仅占苯代谢物的 13％，但人群本底值极低。对于甲苯的研究，Bechtold 和 Herderson[65] 证明在浓度 128 μg/L 下职业暴露工人的监测中，班末和 16 h 后工人血中甲苯分别为 457 μg/L 和 38 μg/L，而正常人血中甲苯仅为 1.1 μg/L 水平。

VOC 协同毒性代谢研究中，有研究人员认为二甲苯的体内代谢过程可受到某些共存物的影响，当人同时吸收较高浓度的甲苯（95 mg/m³）和二甲苯（80 mg/m³）4 h 后，血中和呼出气中靶化合物原形的检出量增加，但同时接触较低浓度的甲苯（50 mg/m³）和二甲苯（40 mg/m³），则血中和呼出气中靶化合物的排泄无影响。动物实验资料表明，大鼠同时吸入甲苯（150 mg/m³）和二甲苯（150 mg/m³）5 h 后，血中和脑组莠中两者的浓度都明显升高。近年来有人报道了生理模型在苯致癌性方面的研究，通过对氯仿及其中间代谢物的分布和转化的研究，可估算代谢物在敏感器官的传递量，并对其毒性进行评价。另外也可用生理模型研究 VOC 的相互作用机理，用大鼠研究甲苯和二甲苯毒代动力学的相互作用发现，两者在大鼠中有竞争性抑制作用。对 1, 2-二氯乙烯研究发现，当它所代谢的活性代谢物破坏了代谢酶的活性部位时，其代谢速度随时间延长而下降。这表明了由于机体对化合物的处置反应随时间变化而发生变化的过程，从而改变了化合物的毒性。有人对 1, 3-丁二烯对大鼠和小鼠的致癌作用不同的原因进行了探讨，其原因为 BU 的活性代谢物丁二烯氧化物可与 GSH 形成结合物，当高剂量接触 6～9 h 后，小鼠就出现 GSH 的缺乏，而大鼠却不缺乏，即由于 GSH 影响的代谢过程而最终导致致癌作用的不同。

五、挥发性有机物预防与控制措施

目前对于挥发性有机物的主要预防与控制措施，一方面是限制含有高含量挥发性有机物物质的使用；另一方面由于不可能完全禁止含挥发性有机物物质，因此通过挥发量、残余量等对所使用环境、条件等进行限制，以保护环境及人身健康。2007 年美国部分地区环境保护局发布了拟批准法规及修订州空气质量执行计划的公告，限制由于使用黏合剂、密封剂、底料和溶剂引起的挥发性有机化合物（VOC）排放，而加拿大环境部于 2009 年宣布的新法规中减少了涂料领域内产品如涂料、涂饰剂、燃料、清漆等的 VOC 排放，该项新的行动将极大地降低环境中挥发性有机物排放水平。加拿大法案规定涂料类 VOC 最大浓度极限为 100～800 g/L，并适用于其市场制造、进口、销售的所有产品，同时包含道路标线涂料等室外使用的涂料。我国在涂料等相关领域也制定了系列标准限制 VOC 的排放，于 2009 年新修订实施的国家强制标准 GB 18581—2009 规定，聚氨酯涂料、硝基涂料、醇酸涂料、腻子等产品中挥发性有机化合物含量分别不得高于 670 g/L、720 g/L、500 g/L、550 g/L。

六、挥发性有机物检测

挥发性有机物的检测中，最重要的两个领域是捕集和检测。由于其挥发性较强，因此必须通过适当的捕集方式将微量乃至痕量 VOC 采集、浓缩后，通过适当的检测技术方法进行定性、定量检测。VOC 的捕集与进样可分为静态前处理过程和动态前处理过程，静态前处理过程包括静态顶空进样法、顶空-固相微萃取法等，而动态前处理过程则有吹扫捕集法、环境测试舱法等。

1. 静态顶空进样法

静态顶空进样在顶空瓶中 VOC 挥发平衡后，采用顶空进样针直接抽取一定体积的气体进入色谱定性定量分析。张伟亚等采用顶空气体直接进样方式，测定了涂料中苯、甲苯、乙苯、三氯甲烷等 12 种 VOC[66]。采用顶空进样法可避免由于涂料中的高聚物直接进入色谱柱的污染，定量准确，适用面广，方法线性范围为 1～1000 mg/L，回收率为 73.4%～113.3%。涂貌贞采用自动顶空进样器平衡加压进样方式，对纺织品中的四氯乙烯、乙烯基环己烯、甲苯、间二甲苯、对二甲苯、邻二甲苯、苯乙烯等 10 种

VOC 的检测进行了研究，各 VOC 的回收率范围为 85.5%～118.2%，各分析物的平均相对标准偏差为 2.48%～5.08%[67]。静态顶空在分析组分的含量不是很低时，较少的气体进样量就可以满足分析的需要。

2. 顶空-固相微萃取法

在静态顶空进样中，若采用固相微萃取对顶空气相进行 VOC 的富集，可以极大地改变气相和固相、液相样品之间的平衡，提高进样的 VOC 量，同时提高分析灵敏度和准确性。采用顶空-固相微萃取法对纺织品中 VOC 的释放检测引起了国内外学者的关注，如采用顶空联用固相微萃取技术对纺织品中苯乙烯、萘、苯基环己烯、甲苯和二甲苯等挥发物测定，采用顶空方式在加热搅拌的条件下用固相微萃取（涂层为 100 μm PDMS）对气相中 VOC 进行吸附捕集，定性定量分析固相微萃取中的 VOC。研究结果发现，该方法可对纺织样品中 VOC 快速、便捷、准确地测定，各 VOC 的检测低限均低于 0.005 mg/kg，VOC 回收率为 90.6%～108.7%；与索氏提取方法相比，加标回收率要优于后者。水性涂料中苯系物和卤代烃的检测中，李宁等采用顶空-固相微萃取法，选择涂层厚度为 70 μm 的 CW-DVB 萃取纤维，对固相微萃取的萃取条件进行了优化。研究发现该法可成功测定种水性涂料中的苯系物和卤代烃，相对标准偏差小于 10%，样品回收率大于 72.2%[68]。从检测方法来说，目前文献中顶空-固相微萃取法均采用体积为数毫升的顶空瓶（2～40 mL），实验试样量较小。由于大多数样品自身具有很大的不均匀性，少量试样的 VOC 挥发量测试难以真正代表整个样品的释放水平，尤其是某些体积较大的装饰材料产品。若采用大体积顶空采样仪对样品进行高通量测试，可以很大程度上提高测试试样检测的均匀性，并可对一定体积的整体产品进行直接测试，从而提高测试的准确性。此外，还有人采用 2000 mL 的大体积顶空，联用固相微萃取对纺织品中 VOC 和总挥发性有机物（TVOC）进行测定。该方法可有效地对纺织品中多种 VOC 进行检测，与高挥发性的氯乙烯和 1，3-丁二烯相比，固相微萃取对甲苯、乙烯基环己烯、苯乙烯和 4-苯基环己烯的萃取效率高于前者 10 倍。在负载率为 10 m^2/m^3 时，甲苯、乙烯基环己烯、苯乙烯和 4-苯基环己烯的检出限分别为 0.0002 mg/m^2、0.01 mg/m^2、0.01 mg/m^2 和 0.0001 mg/m^2。理论上说，增大顶空的体积，平衡气相中 VOC 浓度降低，将降低 SPME 对 VOC 检测的最小检出限，测试灵敏度降低；但同时大体积顶空可以对样品进行高通量的测试，采用较多的样品量，可以提高固相微萃取捕集和检测能力。

3. 吹扫捕集法

吹扫捕集属于动态顶空，利用吹扫捕集气相色谱法测定卷烟包装卡纸中苯系物残留，对苯、甲苯、乙苯、二甲苯和苯乙烯进行了检测，在 4.3～900 μg/L 具有良好的线性关系，检出限为 0.1～0.6 μg/L。与直接顶空进样法相比，吹扫捕集法受环境因素的影响较小，更易满足微量测定的要求，利于质量控制的要求。研究者采用吹扫捕集仪对卷烟包装材料中苯系物、苯甲醛和苯酚等 10 种 VOC 进行检测，研究发现该法具有取样量少、灵敏度高、简便快速等优点；该法的检出限为 0.011～0.98 ng/ cm^3，空白样品的加标回收率为 95%～111%。与静态顶空法对比，对浓度低、组分复杂的样品更为有效。

4. 环境测试舱法

环境测试舱法是模拟使用条件下（温度、湿度、空气交换率）VOC 释放情况，提供测试样品向空气中释放 VOC 的可能程度。目前，国内外技术标准中对建筑与装饰材料释放的 VOC 的检测多采用环境测试舱法。表 4-7 所示为国内外不同标准中测试舱法试验参数。目前实际使用的 VOC 检测测试舱多是 1 m^3 或更小体积的测试舱。卢志刚等采用 4 L 的测试舱，研究了纺织铺地物材料中多种 VOC 的释放量[69]。研究结果发现，该法可同时测定纺织铺地物中释放的多种有机物单体、总芳香族化合物和 TVOC；当采样量分别为 6 L 和 9 L 时，该方法的最低定量限分别为 0.3 $\mu g/m^3$ 和 0.2 $\mu g/m^3$。Kim 等采用 20 L 小型测试舱，按照 ASTM 标准和 ENV 134191 标准对各种人造板（中密度板、刨花板、层压地板）中释放的 VOC 和醛酮类化合物进行了测试，发现中密度板和刨花板释放的醛酮化合物主要包括己醛、蒎烯、戊醛、壬醛、庚醛、辛醇等化合物，其量要远远高于层压地板的释放值[70]。Lin 采用 56 L 的环境测试舱[71]，研究了测试舱的操作参数（温度、湿度和空气交换率）对地板中 VOC（甲苯、乙苯和二甲苯）的释放影响。当温度由 15℃升高到 30℃时，VOC 的释放速率增加了 1.5～129 倍；湿度由 50% 增加到 80% 时，VOC 释放速率增加了 1～32 倍，而测试舱容积对测试结果的影响，并不是基于测试舱内温度、湿度差异，而是其他诸如传质速率的影响，不同测试舱对 VOC 释放过程的影响是目前环境测试舱法的一大研究热点和难点。

表 4-7　实验舱测试参数

参数	ISO16000	JISA 1901	ANSI/BIFMAM7.1
体积/m^3	—	0.2～1	0.05～0.1
温度/℃	23	28	23
湿度/%	50	50	50
空气交换律/h^{-1}	—	0.5	1.0
样品表面空气速度/(m/s)	0.1～0.3	0.1～0.3	—

目前 VOC 最常用的分析方法有气相色谱法（GC）、液相色谱法（HPLC）和气相色谱-质谱联用法（GC-MS）。自 Holmes 和 Morrell 于 1957 年首次实现气相色谱与质谱联用以来，GC-MS 技术日臻完善，特别是对复杂多组分混合物分析的检测限可达纳克级[72]，而新近开发的串联质谱（GC-MS/MS）对复杂分子的检测能力更可达到皮克级（10^{-12} g）。目前，其他几种 VOC 测试方法逐渐引起国内外学者的重视。

5. 质子转移反应质谱法（PTR-MS）

针对 GC-MS 的电子电离（EI）方式测量痕量 VOC 时灵敏度偏低、定性分析难等缺点，奥地利 Lindinger 研究小组利用化学电离（CI）提出质子传递反应质谱方法，利用软电离技术，对测量前的 VOC 分子进行离子化，把 VOC 分子转换成离子，消除了水的影响，使得质谱图像非常简单，易于对有机物的识别[73]。PTR-MS 最广泛的应用是在室外大气的测量方面[74]，目前正逐渐应用到室内空气检测方面。李增和等采用 PTR-MS 法对采集的室内空气中 VOC 进行扫描分析，并将分析结果与 GC-MS 法进行对比，对定性能力、定量能力、检测 VOC 的种类、误差等综合因素进行分析比较。采用 PTR-MS 对室内空气样品进行分析，共发现 132 种 VOC；在混合物定性分析方面，PTR-MS 结果与 GC-MS 结果基本一致；而在定量方面，PTR-MS 数据较 GC-MS 数据普遍偏低，其中苯和烷烃类物质浓度较接近，而酯类物质浓度较低[75]。对于低浓度的样品，PTR-MS 性能较优越，可以直接进样，不需要对样品进行前处理，使得测试过程简捷、方便。值得注意的是，采用 PTR-MS 法对建筑与装饰材料释放 VOC 进行检测时，直接分析气体中的 VOC，可以极大地减少由于使用吸附剂捕集管造成的某些类别化合物的流失问题，从而极大地提高检测的准确性和快捷性。

6. 光谱分析法

光谱分析方法具有很高的灵敏度和良好的选择性，具有快速、高效、动态等优点，适用于现场快速检测和实时在线分析。近年来，光谱学方法在环境 VOC 监测领域获得了长足的发展和应用。光谱分析法主要有非色散红外分析（NDIR）、傅里叶变换光谱和光学差分吸收光谱（DOAS）等。表 4-8 给出了不同光谱分析法的比较。

表 4-8　不同光谱分析方法对比

技术类型	光谱范围	可检测类别	检出限	特点
NDIR	红外	大部分 VOC、CO_2、CO、SO_2、NO、CH_4 等	$10^{-7} \sim 10^{-5}$	响应快、受环境影响小，选择性差
FTIR	$2.5 \sim 1.5$	全部 VOC、CO_2、CO、SO_2	$10^{-8} \sim 10^{-6}$	多成分同时检测，响应快，对振动敏感
DOAS	$0.2 \sim 0.68$	苯、甲苯、乙苯等少数 VOC	$10^{-7} \sim 10^{-5}$	相应快，多组分同时检测
GC/MS	—	大部分 VOC	$10^{-11} \sim 10^{-8}$	定量准确，前处理周期长

与 GC-MS 相比，光谱分析法的分辨率和灵敏度低，而其谱库数据库存量较少，难以提供复杂 VOC 组分的检索，目前尚在不断完善和发展之中。光谱分析法更适合对某种或某几种 VOC 的检测和监测；然而，由于 GC-MS 只能提供分子碎片和分子质量信息，难以有效分析组成复杂、结构相似的 VOC，而光谱分析法可提供直接的分子结构信息，更适合对几何异构体的鉴定。因此，光谱分析法可成为与 GC-MS 具有互补性的一种分析技术。

7. 快速半定量分析法

在某些场合，对 VOC 的检测周期要快但结果准确性要求不高，可采用快速半定量测试方法，如光离子化（PID）检测技术、比色管检测技术等。PID 检测技术是国际上推广应用的光离子化新技术，是一种高度灵敏的宽范围检测器，其将有机物电离成可被电极检测到的正负离子（离子化过程）。检测器测量离子化了的气体，检测后，离子重新复合成为原来的气体和蒸气。绝大多数的 VOC 的电离电位都低于 PID 的能量，因此绝大多数的 VOC 都可以被 PID 准确检出。目前 PID 技术多被用来现场检测气体中的 TVOC。陈兵采用现场直读 PID 仪对空气中挥发性有机物进行测定，同时在现场采样，将采集的样品进行气相色谱分析，比较两种结果的差异。结果表明 PID 仪测试 TVOC 结果与气相色谱仪的测定结果无显著性差异[76]。另外，PID 检测技术也被用来检测某一特定 VOC 的浓度。熊颖佳和许支农在 PID 检测仪上加上苯过滤管，对空气中苯进行测定，其结果与现场采样气相色谱分析结果对比后发现，两种结果有无显著性差异。检测时将含 VOC 的空气抽入检测管，吸入的气体和显色物质反应，气体浓度与显色长度呈比例关系，从而可以直观地得到气体的浓度[77]。

参 考 文 献

[1] 王利兵，胥传来，于艳军，等. 食品包装安全. 北京：科学出版社，2011

[2] 孙秀兰，姚卫荣. 食品安全化学污染防治. 北京：化学工业出版社，2009

[3] Piringer O G, Baner A L. 食品用塑料包装材料. 北京：化学工业出版社，2004

[4] 张晓丽，宋志刚. 浅析欧盟食品接触材料新法规. 中国检验检疫，2005，5：39-40

[5] 王朝晖，孙树国，刘金昱，等. 欧盟 No 10/ 2011《关于预期与食品接触的塑料材料和制品的委员会法规》解读. 中国塑料，2011，25：83-88

[6] 王利兵，于艳军，李宁涛，等. 我国食品包装标准现状及对策分析. 包装工程，2007，8：223-225

[7] 中华人民共和国国家标准. GB/T 5009.156—2003《食品用包装材料及其制品的浸泡试验方法通则》

[8] Council Directive 82/711/EEC. Laying down the basic rules necessary for testing migration of the constituents of plastic materials and articles intended to come into contact with foodstuffs, 1982

[9] Goodson A, Summerfield W, Cooper I. Survey of bisphenol A and bisphenol F in canned foods. Food Additives and Contaminants，2002，19：796-802

[10] Thomson B M, Grounds P R. Bisphenol A in canned foods in New Zealand：an exposure assessment. Food Additives and Contaminants，2005，22：65-72

[11] 王佳. 双酚 A 对 SD 大鼠雄性生殖发育毒性及机制的研究. 重庆医科大学硕士学位论文，2006

[12] 吕毅，吕海霞，王洪海，等. 双酚 A 对雄性仔鼠生殖功能的影响. 吉林大学学报（医学版），2008，4：27-29

[13] Akita M, Yokoyama A, Shimizu S, et al. Effects of bisphenol A on cultured rat embryos. Experimental Animals，2000，49：365-365

[14] Masaharu A, Atsushi Y, Shigekazu S, et al. Effects of low dose bisphenol A on cultured rat embryos. Alternatives to Animal Testing and Experimentation，2002，8：55 -55

[15] 龙鼎新，李小玲，李勇，等. 应用全胚胎培养模型研究双酚 A 的胚胎毒性. 中华临床医学杂志，2002，4：264 - 266

[16] Oka T, Adati N, Shinkai T, et al. Bisphenol A induces apoptosis in central neural cells during early development of *Xenopus laevis*. Biochemical and Biophysical Research Communications，2003，312：877-882

[17] NTP. Carcinogenesis bioassay of bisphenol A （CAS No180-05-7）in F344 rats and B6C3F1 mice （feed study）. National Toxicology Program, Technical Report Series, 1982

[18] Haighton L A, Hlywka J J, Doull. J, et al . An evaluation of the possible carcinogenicity of bisphenol A to humans. Regulatory Toxicology and Pharmacology，2002，35：238-254

[19] Refetoff S, Weiss R E, Usala S J. The syndromes of resistance to thyroid hormone. Endocrine Reviews, 1993，14：348 -399

[20] Zoeller R T, Bansal R, Parris C. Bisphenol A, an environmental contaminant that acts as a thyroid hormone receptor antagonist *in vitro*, increases serum thyroxin and alters RC3/neurogranin expression in the developing rat brain. Endocrinology, 2005, 146: 607-612

[21] Jolanki R, Kanerva L, Estlander T. Occupational allergic contact dermatitis caused by epoxy diacrylate in ultra-violet-light-cured paint, and bisphenol A in dental composite resin. Contact Dermatitis, 1995, 33: 94-99

[22] Yokota H, Iwano H, Endo M, et al. Glucuronidation of the environmental oestrogen bisphenol A by an isoform of UDP-glucuronosyltransferase, UGT2B1, in the rat liver. Biochemical Journal, 1999, 340: 405-409

[23] Hanioka N, Naito T, Narimatsu S. Human UDP-glucuronosyl transferals isoforms involved in bisphenol A glucuronidation. Chemosphere, 2008, 74: 33-36

[24] Morrissey R E, George J D, Price C J, et al. The developmental toxicity of bisphenol A in rats and mice. Toxicological Sciences, 1987, 8: 571-582

[25] Tominaga T, Negishi T, Hirooka H, et al. Toxic kinetics of bisphenol A in rats, monkeys and chimpanzees by the LC-MS/MS method. Toxicology, 2006, 226: 208-217

[26] Pritchett J J, Kuester B K, Sipes I G. Metabolism of bisphenol A in primary cultured hepatocytes from mice, rats, and humans. Drug Metabolism and Disposition, 2002, 30: 1180-1185

[27] 梁志坚, 刘艳和, 刘贵明, 等. 塑料制品中双酚 A 高压液相色谱测定. 中国公共卫生, 2005, 21: 1146-1147

[28] Kang J H, Kondo F. Bisphenol A migration from cans containing coffee and caffeine. Food Additives and Contaminations, 2002, 19: 886-890

[29] Kang J H, Kito K, Kondo F. Factors influencing the migration of bisphenol A from cans. Journal of Food Protection, 2003, 66: 1444-1447

[30] Munguía-López E M, Gerardo-Lugo S, Peralta E, et al. Migration of bisphenol A (BPA) from can coatings into a fatty-food simulant and tuna fish. Food Additives and Contaminants, 2005, 22: 892-898

[31] 张宏, 郭大成, 孙成均. 示波极谱法测定聚碳酸酯塑料中双酚 A. 理化检验- 化学分册, 2002, 38: 379-381

[32] 罗辉甲, 曹国荣, 许文才. 食品包装材料中双酚 A 检测与分析方法的研究进展. 包装工程, 2010, 31: 47-51

[33] Saillenfait A M, Laudet L A. Phtalates. EMC-Toxicologie-Pathologie, 2005, 2: 1-13

[34] Schnitzer M, Neyroud J A. Further investigations on the chemistry of fungal "humic acids". Soil Biology and Biochemistry, 1975, 7: 365-371

[35] Chen C Y. Biosynthesis of di- (2-ethylhexyl) phthalate (DEHP) and di-n-butyl phthalate (DBP) from red alga-Bangka. Water Research, 2004, 38: 1014-1018

[36] Bomehag C G, Sundell J, Charles J. The association between asthma and allergic symptoms in children and phthalates in house dust: a nested case-control study. Environmental Health Perspectives, 2004, 112: 1392-1397

[37] Harder B. Dangerous dust. Science News, 2004, 166: 521

[38] 齐文启, 孙宗光, 汪志国, 等. 环境荷尔蒙研究的现状及其监测分析. 现代科学仪器, 2000, 4: 32-38

[39] Colón I, Caro D, Bourdony C J, et al. Identification of phthalate esters in the serum of young girls with premature breast development. Environmental Health Perspectives, 2000, 108: 895-900

[40] Blount B C, Silva M J, Caudill S P, et al. Levels of seven urinary phthalate metabolites in a human reference population. Environmental Health Perspectives, 2000, 108: 979-982

[41] Faouzi M A, Dine T, Gressier B, et al. Exposure of hemodialysis patients to diethyl hexyl phthalate. International Journal of Pharmaceutics, 1999, 180: 113-121

[42] Mettang T, Pauli-Magmus C, Alscher D M, et al. Influence of plasticizer-free CAPD bags and tubings on serum, urine, and dialysate levels of phthisic acid esters in CAPD patients. Peritoneal Dialysis International, 2000, 20: 80-84

[43] 裴华颖, 王梅, 唐嘉薇. 增塑剂对人腹膜间皮细胞细胞外基质合成和分泌的影响. 中华肾脏病杂志, 2001, 17: 379-383

［44］赵振华. 酞酸酯对人与环境潜在危害的研究概况. 环境化学，1991，10：64-68

［45］European Commission. Drictive 2005/84/EC of the European Parliament and of the Council of 14 December 2005 amending for the 22nd time Council Directive 76/769/EEC on the approximation of the laws, regulations and administrative provisions of the Member States relating to restrictions on the marketing and use of certain dangerous substances and preparations（phthalates in toys and childcare articles）. Official Journal of the European Union, L 344/40，2005

［46］张丽丽，陈焕文，李建强，等. 邻苯二甲酸酯类化合物检测方法研究进展. 理化检验-化学分册，2011，2：241-247

［47］Casajuana N, Lacorte S. New methodology for the determination of phthalate esters, bisphenol A, bisphenol A diglycidyl ether, and nonylphenol in commercial whole milk samples. Journal of Agricultural and Food Chemistry, 2004, 52：3702-3707

［48］Céspedes R, Petrovic M, Raldúa D, et al. Integrated procedure for determination of endocrine-disrupting activity in surface waters and sediments by use of the biological technique recombinant yeast assay and chemical analysis by LC-ESI-MS. Analytical and Bioanalytical Chemistry, 2004, 378：697-708

［49］Levai G, Nyitrai Z, Meszlenyi G. The kinetics and mechanism of the thermal decomposition of azodicarbonamide in polyethylene. II. The effect of zinc oxide. Acta Chimica Hungarica - Models in Chemistry, 1999, 136：245-264

［50］Pereira A S, Donato J L, Nucci G D, et al. Implications of the use of semicarbazide as a metabolic target of nitrofurazone contamination in coated products. Food Additives and Contaminants, 2009, 21：63-69

［51］Hoenicke K, Gatermann R, Harder W, et al. Analysis of acrylamide in different food stuffs using liquid chromatography-tandem mass spectrometry and gas chromatography-tandem mass spectrometry. Analytica Chemica Acta, 2004, 520：207-215

［52］陈志峰，李成，孙利，等. 食品接触材料中的氨基脲问题. 食品与机械，2009，25：5-7

［53］Leitner A, Zollner P, Lindner W. Determination of the metabolites of nitro furan antibiotics in animal tissue by high-performance liquid chromatography tandem mass spectrometry. Journal of Chromatography A, 2001, 939：49-58

［54］Stadler R V H, Mottie P, Guy P, et al. Semicarbazide is a minor thermal decomposition product of azodicarbonamide used in the gaskets of certain food jars. Analyst, 2004, 129：276-281

［55］潘心红，侯建荣，邓艳芬，等. 兽肉中硝基呋喃类残留物的检测方法. 职业与健康，2011，7：766-767

［56］Smith D L, Gary F E, Thomas A L. Measurement of VOCs from TAMS Network. Journal of the Air and Waste Management Association, 1992, 42（10）：1319-1323

［57］Kelly T J. Pollutant monitoring and health risk assessment in Allen County - Lima, Ohio. Presented at the 85th Annual Meeting and Exhibition of the Air and Waste Management Association, Kansas City, Missouri, 1992, June：21-26

［58］Mardi K, Scheff P A. Source-receptor analysis of volatile hydrocarbon collected in Newjer. Indoor Air, 1993, 2：667-701

［59］Dewulf J, Van Langenhove H. Analytical techniques for the determination and measurement data of 7 chlorinated C_1- and C_2-hydrocarbons and 6 monocyclic aromatic hydrocarbons in remote air masses：an overview. Atmospheric Environment, 1997, 31：3291 - 3307

［60］Snyder R, Witz G, Goldstein B D. The toxicology of benzene. Environmental Health Perspectives, 1993, 100：293-306

［61］Green T, Odum J, Nash J, et al. Perchloroethylene-induced rat kidney tumors：an investigation of the mechanisms involved and their relevance to humans. Toxicology and applied pharmacology, 1990, 103：77-89

［62］Korn M, Gfroner W, Filser J, et al. Styrene-7, 8-oxide in blood of workers exposed to styrene. Archives of Toxicology, 1994, 68：524-527

［63］Nakamma T，Elovaara E，Gonzalez F，et al. Characterization of the human cytachronac P450 ribozymes responsible for styrene metabolism. IARC Science Publication，1993：101-108

［64］Figueras J，Sala M，Otero R，et al. Metabolism of zee in humans and urinary metabolites in a highly exposed population. Environmental Health Perspectives，1997，105：78-83

［65］Bechtold W E，Herderson R F. Biomarkers of human exposure to benzene. Journal of Toxicology and Environmental Health，1993，40：377-386

［66］张伟亚，李英，刘丽，等. 顶空进样气质联用法测定涂料中12种卤代烃和苯系物. 分析化学，2003，31：212-216

［67］涂貌贞. 纺织品中挥发性有机物（VOCs）的检测-静态顶空气相色谱质谱法. 中国纤检，2009，9：66-68

［68］李宁，刘杰民，温美娟，等. 顶空固相微萃取-气相色谱法测定环保水性涂料中的挥发性有机物. 分析实验室，2005，24：24-28

［69］卢志刚，蔡建和，封亚辉，等. 纺织铺地物中挥发性有机物的测定. 印染，2009，35：33-37

［70］Kim S，Kim J A，Kim H J，et al. Determination of form aldehyde and TVOC emission factor from wood-based composites by small chamber method. Polymer Testing，2006，25：605-614

［71］Lin C C，Yu K P，Zhao P，et al. Evaluation of impact factors on VOC emissions and concentrations from wooden flooring based on chamber tests. Building and Environment，2009，44：525-533

［72］Massold E，Bähr C，Salthammer T，et al. Determination of VOC and TVOC in air using thermal desorption GC-MS practical implications for test chamber experiments. Chromatographia，2005，62：75-85

［73］Yeretzian C，Jordan A，Brevard H，et al. Time-resolved headspace analysis by Proton-Transfer-Reaction Mass-Spectrometry，ACS Symposium Series，Vol. 763 Flavor Release，Chapter，6：58-72

［74］Kad T，Guenther A，Jordan A，et al. Eddy covariance measurement of biogenic oxygenated VOC emissions from hay harvesting. Atmospheric Environment，2001，35：491-495

［75］李增和，金亮君，邓高峰，等. PTR-MS与GC/MS在VOCs分析中的比较. 低温与特气，2009，27：35-38

［76］陈兵. 光离子化检测仪进行挥发性有机物测定研究. 预防医学，2006，13：447-449

［77］熊颖佳，许支农. 光离子化检测仪进行苯测定的研究. 中国卫生检验杂志，2005，15：1084-1085

第五章 食品中的环境污染物

工业活动或工业副产品带来的化学物质对食物链的污染越来越引起人们的关注。在这其中，二噁英、多氯联苯、有机锡、多氯萘以及有毒镀金属元素是全球范围内关注度较高的、可能对食品造成污染的有毒有害物质。除此之外，还有其他有机和无机化学污染物通过多种途径进入食物链。为确保食品免受外来环境污染物的污染，必须对食品生产加工产业链进行综合考虑，包括食品原料的生产量、使用方式、环境中的暴露评估、食物链中环境污染物的持久性、人们膳食的暴露评估以及毒理学评估等一系列评价，最终明确环境污染物作为食品安全的外来影响因素的危害途径和有效的控制方法[1]。

第一节 二 噁 英

二噁英（dioxin）是多氯代二苯并对二噁英（polychlorinated dibenzodioxin，PCDD）和多氯代二苯并呋喃（polychlorinated dibenzofuran，PCDF）类似物的总称，共计 210 种，包括 75 种 PCDD 和 135 种 PCDF。其中以 2，3，7，8-四氯二苯并对二噁英（2，3，7，8-TCDD 或 TCDD）毒性最强[2,3]。二噁英和多氯联苯（polychlorinated biphenyl，PCB）的理化性质相似，是已经确定的除有机氯农药以外的环境持久性有机污染物（persistent organic pollutant，POP）。1996 年美国国家环境保护署（EPA）指出二噁英能增加癌症死亡率，降低人体免疫力，并可干扰内分泌功能。1997 年国际癌症研究中心（IARC）将 2，3，7，8-TCDD 列为人的 I 类致癌物，对人体具有潜在的危害。1998～1999 年西欧一些国家相继发生了肉制品和乳制品中二噁英严重污染的事件，使得二噁英成为国内外研究的热点。

一、二噁英理化性质

二噁英的相对分子质量约为 300，化学结构上具有苯环，是三环芳香族有机化合物的统称。常温下二噁英化合物均为固体，具有很高的熔点、沸点，蒸气压很小，属于非极性化合物，大多不溶于水和有机溶剂，易溶于油脂，易吸附于土壤、沉积物和空气中的飞尘上，具有较高的热稳定性、化学稳定性和生物稳定性，一般加热到 800℃才能分解。二噁英对热、酸、碱、氧化剂都相当稳定，其结构上每个苯环上都可以取代 1～4个氯原子。自然环境中的微生物降解、水解及光分解作用对二噁英分子结构的影响均很小，其在土壤中的半衰期一般可达数十年或更长。

二噁英类化合物的物理化学性质相似，均为无色、无嗅、高沸点、高熔点化合物，亲脂而难于水，图 5-1 所示 PCDD 和 PCDF 具有以下 4 个共同特征。

（1）热稳定性——PCDD 和 PCDF 极其稳定，温度超过 800℃时才会降解，较大量时被破坏的温度要在 1000℃以上，PCDD 及 PCDF 一旦形成便很难降解消除。

（2）低挥发性——二噁英类化合物的蒸气压极低，除了气溶胶颗粒吸附在大气中存在少量分布外，在地面上尤其是在土壤中可较长时间地持续存在。

（3）脂溶性——二噁英类化合物极具亲脂性，其辛醇/水中分配系数极高（$\log_{10} K_{ow} \approx 6$），因而食物链是 PCDD 和 PCDF 经脂基介质体系发生转移与生物富集的主要途径。

（4）高化学稳定性——PCDD 和 PCDF 对于理化因素及生物降解具有抵抗作用，虽然紫外线可以很快破坏 PCDD 和 PCDF 的化学结构，但由于其在大气中主要以吸附于气溶胶颗粒形式存在，因此可以抵抗紫外线破坏。

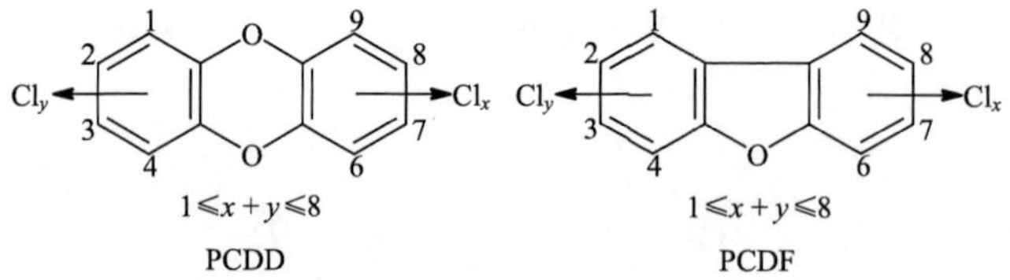

图 5-1　氯代二苯并对二噁英（PCDD）和多氯代二苯并呋喃（PCDF）结构式

二、二噁英来源及污染途径

不同人群对二噁英的接触具有不同的途径，包括直接通过吸入空气与摄入空气中的颗粒、污染的土壤及皮肤的吸收接触、食物消费等。人体主要是通过膳食摄入二噁英，而动物性食品是其主要来源。二噁英对食物的污染主要是由农田里各种沉积物引起，以及废弃的溢出物、淤泥的不恰当使用，随意放牧，奶牛、鸡和鱼食用污染饲料，食品加工，氯漂白包装材料的迁移等。由于食物链的浓缩作用及其亲脂性，在鱼类、贝类、肉类、蛋类和乳制品中二噁英可达到较高的浓度。蔬菜类等农产品中含量甚少，人类摄入二噁英主要是通过下述三种途径[4]。

1. 食物链的生物富集

由于二噁英的脂溶性及其在环境中的稳定性极高，由含氯化学品生产与使用、固体垃圾的焚烧、造纸时的漂白过程等造成环境污染，大多在水体中通过水生植物→浮游动植物→低等级水生动物→哺乳动物→人体这一食物链过程，逐步在人体中富集；同时，由于环境大气的流动，在飘尘中的二噁英沉降至地面植物上，污染蔬菜、粮食与饲料，动物食用污染的饲料也造成二噁英的蓄积，并通过食草动物等进一步向人体中富集。

2. 纸包装材料的迁移

伴随着工业化进程，食品包装材料发生改变。许多软饮料及奶制品采用纸包装。纸张在氯漂白过程中可产生二噁英，当其作为包装材料时可以发生二噁英迁移而造成食品污染。此外，作为包装生产用原料的植物组织在生长过程中大量使用除草剂、落叶剂2，4，5-T 和 2，4-D（2，4-二氯酚），含有较大量的二噁英成分，其他农药如氯酚、菌螨酚、六氯苯和氯代联苯醚除草剂等均含有不同程度的二噁英成分。

3. 其他事故

20 世纪相继发生在日本和中国台湾的"米糠油事件"，就是二噁英及其杂质的污染造成的食物中毒。此外随着城市工业化的发展，由于焚烧垃圾而产生二噁英，尤其是在燃烧不完全时以及含大量聚乙烯塑料的垃圾焚烧时可产生大量的二噁英。这些人为因素产出的二噁英可随着食物链、食品接触而被人体摄入、吸收。

三、二噁英毒性及症状

二噁英具有极强的致癌性、免疫毒性和生殖毒性等多种毒性作用，二噁英类化合物属于急性毒性物质，其毒性相当于氰化钾的 1000 倍以上。生物化学研究表明，二噁英具有类似人体激素的作用，称为"环境激素"，是一种对人体非常有害的物质，并且由于二噁英类物质化学性质极为稳定、难于生物降解，并能在食物链中富集，因而可能对人体造成极大损害，造成如痛症、皮肤病、流产等恶性病例。除致癌性外，二噁英同时具有免疫和生殖毒性，可造成新生儿先天性畸形，作为内分泌干扰物可造成雄性动物雌性化，这些毒性与体内负荷有关。

1. 一般毒性

二噁英大多具有较强毒性，典型的 2，3，7，8-TCDD 对豚鼠的经口毒性仅为 $1\,\mu g/kg$，但不同种属动物对其敏感性有较大差异。二噁英的急性中毒主要表现为体重降低并伴有肌肉、脂肪组织急剧减少（又称为废物综合征），此外皮肤接触或全身染毒大量二噁英可导致氯痤疮，表现为皮肤过度角化、色素沉着。

2. 皮肤毒性

二噁英的皮肤毒性主要表现为氯痤疮，主要症状为黑头粉刺和淡黄色囊肿，一般发病主要位于面部、耳后，在背部、阴囊等部位也有少量分布。二噁英皮肤毒性的形成机理是未分化的皮脂腺细胞在二噁英类毒性作用下化生为鳞状上皮细胞，致使局部上皮细胞出现过度增殖、过度角化、色素沉着和囊肿等病理变化[5]，有研究认为二噁英皮肤毒性潜伏期一般为 1～3 周，而病症减退、消除需要几年时间。

3. 生殖与发育毒性

目前，国际上一般用二噁英的抗雌激素当量来衡量环境内分泌干扰物的抗急速效应强弱。研究表明，TCDD 可降低大鼠和小鼠子宫质量及其雌激素受体水平，导致受孕率降低、单窝胎仔数减少，甚至不育，同时有明显的抗雄激素作用导致睾丸变形、精子数量减少、血清睾酮水平及雄性生殖功能降低。大鼠对 TCDD 发育毒性较为敏感，孕鼠在着床 15 天时给予 $0.064\ \mu g/kg$ 一次染毒可导致产子雄性睾丸发育、性行为异常、精子数量明显减少。

4. 免疫毒性

二噁英能够对肌体造成免疫抑制，使传染病易感性和发病率增加，疾病加重，免疫功能下降，严重影响肌体的抵抗力，且对细胞免疫和体液免疫均有抑制作用。二噁英对细胞免疫的抑制主要体现为胸腺损伤，其主要有诱导 T 细胞分化、成熟的作用，皮质聚集的细胞主要由不成熟的 T 细胞组成[6]。体内、体外试验研究发现二噁英同时可引起胸腺内细胞耗竭和胸腺萎缩，细胞减少首先表现为胸腺皮质继而发展到髓质，而胸腺内最早受损的靶细胞是皮质上皮细胞[7]。

二噁英对肝脏可造成严重损害，主要表现为肝细胞变性坏死，胞浆内脂滴和滑面内质网增多，微粒体酶及其转氨酶活力增强，单核细胞浸润等。不同种属动物对其肝毒性敏感性有一定差异，大鼠、兔最为敏感，同时研究显示对于常年接触 TCDD 的工作人员进行调查发现，TCDD 可长时间抑制辅助 T 细胞的功能，诱发肝脏疾病[8]。二噁英对体液免疫和细胞免疫均有较强的抑制作用，在非致死剂量下即可导致试验动物胸腺的严重萎缩，并可抑制抗体的生成，降低机体的抵抗力[9]；在致癌性领域，二噁英对多种动物尤其是啮齿类动物最为敏感，大、小鼠最低致肝癌剂量为 10 ng/kg，被确定为 I 类致癌物，其主要作用是促进肿瘤的形成，属于较强的促癌剂[10,11]。

四、二噁英吸收、分布和排泄

人体接触的二噁英 90% 以上是通过膳食，而动物性食品是主要来源。研究显示，动物体内的二噁英生物半衰期较长[12]，在小鼠内为 10~15 天，大鼠体内为 12~31 天，人体内则长达 5~10 年（平均为 7 年），因此即使一次染毒也可在体内长期存在，并造成体内蓄积引起长期的、严重的损害。在人体、动物体外的环境中，其在气相中的半衰期为 8~400 天，水相、土壤沉积物中半衰期则长达几十年。

由于二噁英无色、无味、脂溶性的特点，可通过消化道、呼吸道、皮肤吸收等多种形式进入体内。在职业环境中，二噁英主要通过呼吸道、皮肤被摄入，进入体内的二噁英分布于各个器官，主要是肌体、脂肪组织中，并且非常稳定，难以排出，截至目前关于二噁英在人体内的代谢途径尚不清楚，经口给予的试物试验表明，其在动物体内代谢非常缓慢，而主要代谢产物是羟基化或甲氧基化 TCDD 衍生物，然后以尿苷酸化合物、硫酸盐结合形式随尿液排出，未吸收的 TCDD 则直接通过粪便排出体外[13]。

五、二噁英控制措施

1990 年世界卫生组织（WHO）根据人和实验动物肝脏毒性、生殖毒性和免疫毒性，结合动力学资料制定了 TCDD 的每日耐受量（TDI）为 10 pg/kg BW[14]。1998 年 WHO 根据最新获得的神经发育和内分泌毒性效应，将 TDI 修订为 1～4 pg/kg BW。2001 年 6 月 JECFA 首次对 PCDD、PCDF 以及 PCB 提出暂定每月耐受量（PTMI）为 70 pg/kg BW。由于二噁英的防治需要较多的资金，日允许摄入量值的高低取决于每个国家所需投入的财力和技术手段，因此世界各国制定的标准相差很大，通常低于世界卫生组织的标准。由于二噁英并非自然产物，故防止其产生与治理同等重要。二噁英的发生源具有多样性的特点，要减少其产生的环节，应坚决打击生产销售和使用违禁产品；尽快建立全面有效的检测网络，对空气、土壤中的二噁英含量进行定期检测，制定全国统一的标准，对食品等加强检查，并积极开展二噁英的基础性研究。目前发达国家对于生活垃圾焚烧厂烟气中二噁英的排放标准一般为 0.1 ng TEQ/Nm³①，我国 2000 年颁布的《生活垃圾焚烧污染控制标准》中对生活垃圾焚烧厂烟气中二噁英的排放标准为 1 ng TEQ/Nm³。

六、二噁英检测

在早期阶段，二噁英的分离及超痕量定量分析被列为化学界的难题之一，并且食品中二噁英的检测长期存在空白。随着检测技术的发展，食品中二噁英的检测可通过化学法、生物法等实现高效、高通量检测。目前，二噁英的样品检测前处理方法与其他类型有害物质残留检测方法基本相同，但需避免检测过程的交叉污染，影响超痕量分析。

1. 化学检测法

高分辨率色谱/质谱联用（HR-GC/HR-MS）是目前国际上公认检测二噁英的标准方法，最早由美国 EPA 提出，EPA 方法 1613 现已成为各国检测二噁英的经典方法，我国也以此为基础制定了行业标准（HJ/T 77—2001）。采用 HR-GC/HR-MS 联用技术能够有效地防止试样中杂质对测定结果的影响，可用于测定液态、固态、气态和生物样品中四至八氯代二苯并二噁英（PCDD）和二苯并呋喃（PCDF）。EPA 方法 1613 以及我国的 HJ/T 77—2001 均采用索氏提取作为二噁英类物质的主要提取方法，目前超声波提取、热提取、加速溶剂提取等方法也受到广泛的关注，分析时，可加入 17 种 ¹³C-PCDD/¹³C-PCDF 样作为内标。古月玲和陈彤对二噁英类化合物不同的提取方法进行了比较，结果表明加速溶剂提取法的提取效率要比其他方法高一些，且该方法消耗的试剂

① ng TEQ/Nm³ 为纳克国际毒性当量每标准立方米

少，提取时间短，但是初期投资高，在资金允许的情况下，加速溶剂提取法是一种较好的提取二噁英的方法[15]。

气相色谱-质谱联用（GC-MS）同样可用于二噁英类物质检测。丁罡斗和李翔采用GC-MS/MS 法与 HR-GC/HR-MS 法同时检测食品中的二噁英类物质，发现二级质谱的测定值与高分辨质谱测定值之间有较高的相关性，且采用 GC-MS/MS 法对样品的前处理更为简单。[16] HR-GC/HR-MS 法检测时，样品的纯化很重要，经亚甲基氯化物、己烷抽提物从中型氧化铝 AX-21 碳柱淋洗后，可检测鼠全血、肝、脂肪中痕量的二噁英。

液相色谱法（LC）测定不受样品挥发度、热稳定性的限制。Pfeiffer 等以硝基苯乙烷硅胶为固定相，90％甲醇为流动相，分离、检测 TCDD，分析时间小于 9 min，检测限为 100 $\mu g/L$。[17] Dettmer 等采用氧化铝、褐煤焦炭硅胶柱，溶剂代替法洗脱二噁英，正庚烷、乙酰乙醇替换正己烷、二氯甲烷，^{13}C 标记的 PCDD 或 PCDF 为内标，方法的回收率为 64％～94％，且分析时间比一般的液相色谱大大降低[18]。

2. 生物检测法

二噁英能穿过细胞膜，进入生物细胞内与多环芳烃受体 AhR 结合，受体-配体复合物进入细胞核与核内 AhR 转运蛋白结合形成异二聚体，此复合物能与二噁英反应元件（DRE）结合，专一性地诱导细胞色素 P450（CYP1A1，CYP1A2），且二噁英毒性效应与对 P450 的诱导以及与 DRE 的结合之间具有很好的一致性。二噁英的生物检测法就是以此为基础建立起来的。

酶活力诱导法也称为 EROD 法，是最早建立的二噁英生物检测方法。EROD（7-乙氧基-异吩噁唑酮-脱乙基酶）是 CYP1A1 的表达产物，正常条件下活性相对较低，但在外来某些特定化学污染物如二噁英的诱导下，活性异常增高，且由于 EROD 易于检测，可成为检测二噁英类物质的有效指示物。徐盈分别用 HR-GC/HR-MS 法和 EROD 法对二噁英类化合物进行测定，结果表明，两种方法所测得的二噁英检出量相近[19]；Zacharewski 等报道，生物测试法所测得的二噁英类化合物的 TEQ 值往往会比化学分析法所获得的数值高数倍，原因是试验样品提取液中的其他酶诱导化合物的存在，因此样品提取液的有效分离纯化是 PCDD/PCDF 进行定量的关键[20]。此种生物测试法可以作为 HRGC/HTMS 化学分析法的很好补充。

萤光素酶报告基因法（CALUX）需要利用基因工程技术构建一个含有哺乳动物细胞的细胞色素 P450 基因（CYP1A1）和萤火虫萤光素酶基因的稳定的细胞株系（含 Ah 受体传导途径的各个部件）作为检测系统。检测时将待测物加入该检测系统，在 CO_2 孵育箱中培养一定时间，若待测物中含有二噁英物质，则可激活细胞色素 CYP1A1 和萤光素酶基因合成萤光素，且萤光素酶诱导活性和二噁英的毒性系数相对应。张志仁和徐顺清证实，CALUX 法检测二噁英类化学物质要明显优于 EROD 法，尤其适用于大量样品的筛选和半定量测定[21]；金一和和陈慧池研究表明，针对人体脂肪组织和母乳样品中二噁英检测，CALUX 法与 HR-GC/HRMS 法相比具有显著的相关关系，但所需样品量少，前处理过程简单，对分析实验室环境质量无特殊要求，现已成为唯一得到 EPA 推荐使用的二噁英生物学检测方法[22]。

第二节 多氯联苯

多氯联苯（polychlorinated biphenyl，PCB）的环境内分泌干扰物（endocrine disrupting chemical，EDC）是目前世界上公认的全球性环境污染物之一。PCB 是一大类含不等量氯的联苯化合物，依据氯取代的位置和数量不同，种类有 210 种之多，结构如图 5-2 所示。

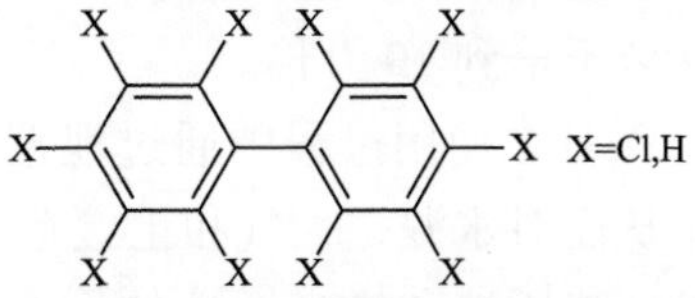

多氯联苯最早由德国化学家于 1881 年首先合成，美国于 1929 年最先开始进行商品生产。20 世纪 60 年代中期，全世界多氯联苯的产量达到高峰，年产量约为 10 万吨。据估计，全世界历年来 PCB 的总产量约 120 吨，其中约 30％已释放到环境中，60％仍存在于旧电器设备或垃圾填埋场中，并将继续向环境中释放。中国从 20 世纪 70 年代开始生产 PCB，年产量近万吨，主要用作电容器的浸渍剂。

图 5-2 多氯联苯的结构

多氯联苯对人、畜均有致癌、致畸等毒性作用，即使在极低浓度下也可对人的生殖、内分泌、神经和免疫系统造成不利影响，被列入优先污染物 POP 的首批行动计划名单。科学家们甚至在北极熊体内和南极的海鸟蛋中也检测出了这类物质。由于 PCB 具有持久性、生物蓄积性、长距离大气传输性等 POP 类物质的基本特性，因此，尽管 1977 年后各国陆续停止生产和使用 PCB，但其对环境和人体健康的影响依然普遍存在。自 1966 年瑞典科学家 Jensen 首次提出 PCB 在食物链中有生物富集的作用，并且容易长期储存在哺乳动物脂肪组织内的研究结论后，PCB 问题才开始引起了各国的关注，并随之进行了广泛的 PCB 对生态系统和人类健康影响的研究。

一、多氯联苯理化性质

PCB 是一类非极性的氯代联苯芳香烃化合物。大多数 PCB 为无色无味的晶体，商业用的混合物多为清晰的黏滞液体，工业制品多以三氯联苯为主。多氯联苯异构体混合物为无色透明油状液体，而它的纯化合物为晶体，沸点为 340～375 ℃，联苯苯环上的 10 个氢原子按照被氯原子取代数目的不同，形成一氯化物至十氯化物，并各自有若干异构体。理论上多氯联苯的全部异构物共计 210 种，目前已确定结构的有 102 种。多氯联苯不溶于水，易溶于有机溶剂，30℃时相对密度为 1.44 g/mL，耐高温、耐酸碱，不受光、氧、微生物的作用，不易分解，比热容大，蒸气压小，不易挥发，具有良好的绝缘性，由于分子骨架中多个或全部氢原子被氯原子取代，因此 PCB 几乎不会燃烧，也不易热分解和氧化，同时能抗强酸、强碱腐蚀。各种 PCB 的环境化学特性相近，有较高的熔点和沸点，亲脂性强，在有机体内具有很强的蓄积性。PCB 虽然可以被紫外线分解，但因受到空气中气溶胶颗粒的吸附而使紫外线作用减弱，故其稳定性极高，它在土壤中的半衰期可长达 9～12 年。

二、多氯联苯来源及污染途径

　　PCB广泛用作液压油、绝缘油、传热油和润滑油,并广泛应用于成型剂、涂料、油墨、绝缘材料、阻燃材料、墨水、无碳复印纸和杀虫剂的制造。此类工业排放的"三废"通过污染环境进入食物链,特别是水产品对 PCB 的富集能力很强,其富集系数可高达数千倍到 10 万倍。

　　PCB 在使用过程中通过泄漏、废弃、蒸发、燃烧、堆放、掩埋及废水处理进入环境,从而对水源、大气和土壤造成污染。在美国,每年有 400t 以上的 PCB 以废弃的润滑液、液压液和热交换液的形式排入江河,使河床沉积物中的 PCB 含量达到 13 mg/kg;而日本近海的 PCB 蓄积总量为 25 万~30 万吨。这种化合物具有极强的稳定性,很难在自然界中降解,并通过食物链发生生物富集,从而造成在食物中严重的残留。PCB 主要通过对水体的大面积污染、通过食物链的生物富集作用污染水生生物,因而这类物质最容易集中在海洋鱼类和贝类食品中;除此之外,食品加工过程中的不慎,同样可使食品受到 PCB 的污染。Garcia 等研究结果显示,法国某地区及其西班牙某地区2001 年沿海表层水中 PCB 含量分别高达 10.459 ng/L 和 3.791 ng/L,2002 年两地空气中 PCB 含量分别为 352 pg/m³ 和 899 pg/m³[23]。Szlinder-Richert 等对波罗的海 5 种鱼类体内 PCB 含量进行测定,结果显示 PCB-153、PCB-138、PCB-118 含量最高,达到173 ng/g BW、142 ng/g BW、82 ng/g BW[24]。Wang 等测定江苏某经济作物产区表层土壤中 28 个 PCB 同系物总含量为 1.071 ng/g,其中 PCB-138、PCB-126、PCB-153 含量位居前三位[25]。非鱼类食物中的 PCB 含量一般不超过 15 μg/kg,但有些食物油的PCB 含量可达 150 μg/kg。这是因为在食用油精炼过程中,作为传热介质的传热油和食品加工机械的润滑油由于密封不严而渗入食品,从而导致 PCB 污染。另外,食品储罐的密封胶和食品包装箱的废纸板中的 PCB 含量也很高,可污染食品,尤其是油脂含量高的食品更容易受到污染。

　　在食品包装材料领域,PCB 的污染主要来自于纸质包装产品及其表面的印刷油墨污染。有统计研究显示,非工业用纸产品中的绝大部分纸制品是由二次或多次回收的废纸经脱墨后制成,废纸脱墨后虽可除去表面的油墨、颜料,但残留在废纸中的 PCB 仍可进入二次加工纸浆中,若将其用在食品包装领域将会产生重大的安全隐患,对人体健康造成危害。

三、多氯联苯毒性及症状

　　目前,研究表明某些 PCB 虽本身无直接毒性,但它们可以通过对生物体的酶系统产生诱导作用而引起间接毒性。动物实验表明,PCB 对皮肤、肝脏以及神经系统、生殖系统和免疫系统的病变甚至癌变都有诱变效应,尤其是对生殖系统造成的毒性危害最大。随着人们对环境与健康问题的日益重视,该类污染物在毒性方面的研究近年来也越来越深入,成为环境毒理学领域的一个热点。

PCB 生殖毒性研究中，Krishnamoorthy 等对雄性大鼠进行腹腔注射染毒并收集附睾尾部的精子，发现精子数量减少、运动能力减弱，超声破碎后测得精子内部各种氧化酶活性降低。[26] Ton 等对瑞典、格陵兰岛、乌克兰哈尔科夫以及波兰人体精液质量及体内血清浓度相关性进行横断面研究，发现各地 PCB-153 对精子浓度和精子形态产生影响，精子染色体完整性和运动性随着 PCB-153 血清浓度升高而降低[27]。Stronati 等通过人群研究发现 PCB-153 可以改变精子内部 DNA 完整性和抗凋亡分子水平[28]。PCB 除了可能影响精子质量外，还可能改变 X/Y 精子的比率。Tiido 等通过对欧洲不同地区的男性的精液和血清检测，发现精液中 Y 型精子比率和血清 PCB-153 浓度存在正相关，提示 PCB 暴露可能改变后代性别比率，[29] Tiido 等还首次研究了雄激素受体（AR）、芳烃受体（AHR）和芳烃受体调节子（AHRR）基因多态性对 PCB 暴露引起的人类精子 Y、X 型比率变化的影响，发现 AR 密码子重复序列 CAG＜22 时，血清浓度与 Y 型精子比率存在显著相关性，认为 PCB 暴露造成精子数量减少和染色体完整性降低。

PCB 对支持细胞（Sertoli cell, SC）的毒性效应研究显示，对体外培养 SC 具有时间和剂量依赖的毒性效应[30]；Goncharov 等发现在北美成年男性土著人群中血清 PCB 浓度较高者的血清睾酮浓度往往较低，通过一系列试验，用 Aroclor 1254 对体外培养 Lc 细胞进行染毒，测定细胞 LH 受体密度，发现 PCB 可降低 LH 受体密度，抑制胞内多种类固醇合成酶和抗氧化酶的活性，从而减少睾酮的生物合成[31]。Elumalai 等用 Aroclor 1254 对大鼠进行腹腔注射染毒 30 天后，同样发现 Lc 内类固醇激素合成急性调节蛋白（StAR）和 P450sec 表达下调，活性降低；大鼠灌胃给予变压器油 10 mg 或 50 mg/kg BW 的暴露，发现睾丸内 173-HSD 出现双向调节变化，首次暴露后 24 h 出现上调，结束暴露后第 4 天出现下调[32]。

在遗传领域，Brucker-Davis 等通过对照研究发现母亲初乳中 PCB 浓度高低与子代患先天性隐睾病比率相关，且双亲血清 PCB 浓度与男性后代出生率呈正相关，印证了对人群 X 型、Y 型精子比率的影响[33]。怀孕山羊口饲给予 PCB-126 或 PCB-153，在子代出生后 40 天观察两者对雄性生殖系统的毒性损伤。PCB-153 处理组双侧睾丸直径明显小于对照组，血浆 LH 和睾酮浓度波动也不同于对照组，出现 DNA 损伤的精子比率显著升高。Yamamoto 等在 SD 大鼠怀孕 7～21 天每天灌胃给予 PCB-126 或 PCB-169，剂量 3 mg/kg BW 或 30 mg/kg BW，观察雄性子代睾丸内精子发生和类固醇生成情况[34]。发现出生后 3 周 PCB 各组睾丸间质细胞比率和血浆睾酮水平都出现下降，PCB-169 通过抑制睾丸类固醇生成进而抑制精子发生的效应强于 PCB-126，同时 PCB-169 还能抑制生精小管圆形精子的转化。Wakui 等在母鼠怀孕 13～19 天分别对各染毒组注射 PCB-126 不同剂量，子代出生后第 52 周发现生精小管细线期精母细胞显著减少、圆形精子增多、长形精子减少，说明母体暴露 PCB-126 后可能对子代老年大鼠生精过程存在影响，加速生精细胞衰老[35]。

除生殖细胞外，Simeckova 等研究 PCB-153 对大鼠肝脏上皮细胞系 WB F344 细胞连接蛋白 Cx43 的影响，发现 PCB-153 不影响 Cx43 的 mRNA 表达水平，但可以显著减少 Cx43 蛋白含量和细胞膜上间隙连接斑块的数量，蛋白酶体和溶酶体参与这一下调改变[36]。

四、多氯联苯吸收、分布、代谢与排泄

由于 PCB 的低溶解性、高稳定性及半挥发性特点，PCB 可以进行远程迁移，生产和消费过程中造成的废弃污染已经通过食物链对全球生态系统产生影响，从苔藓、地衣到小麦、水稻，从淡水、海水到雨、雪，不同纬度地区均检测到 PCB 污染，目前已证实水生生物可吸收 PCB 并通过食物链传递、富集，PCB 的高生物蓄积性及难以生物降解的特点，导致其对环境、水生生物乃至高等生物构成威胁。目前已有研究结果表明，在北极哺乳动物体内，PCB 浓度已达到 12.9 $\mu g/g$，家禽内脏及其他动物毛发中也检出 PCB（达到 $\mu g/L$ 级），而已有研究结果显示我国北方水系中鱼类体内 PCB 含量达到 14 $\mu g/kg$；蟹类等体内含量更高，达到 130 $\mu g/kg$。

Todaka 等对部分患者和健康人群血液中 PCB 含量进行测定，结果显示患者组与对照组总 PCB 含量分别为 645 ng/g 脂重、432 ng/g 脂重[37]。患者组和对照组 PCB-153、PCB-138、PCB-180、PCB-182、PCB-187 含量在测定的 64 个 PCB 同系物总含量中约占50%，其中 PCB-153 含量最高，约占 20%。Cok 等对土耳其地区 25 例不育男性和 21例正常男性脂肪组织中 PCB 同系物含量进行测定，结果显示不育组与正常组总 PCB 含量分别为 382 ng/g 脂重、351 ng/g 脂重[38]。Ling 等对某废旧变压器回收拆解地区 50户家庭以及当地水源、土壤、鱼、稻米、蔬菜等的 PCB 暴露状况进行调查，结果显示母亲、男孩、女孩血液中总 PCB 含量分别为 190 ng/g 脂重、222 ng/g 脂重、153 ng/g脂重[39]。

PCB 是一类稳定化合物，一般不易被生物降解，尤其是高氯取代的异构体。但在优势菌种和其他环境适宜的条件下，PCB 的生物降解不但可以发生，而且速率也会大幅度提高。随食品进入机体内的 PCB，因其耐酸碱性和脂溶性的特点，在胃肠不易被破坏，可经消化道吸收。PCB 有较强的亲脂性，进入血液后大部分随血液分布于脂肪组织和含脂量较高的器官，如肝脏等。骨骼、指（趾）甲也有一定的分布。PCB 在脂肪组织内蓄积较久，在肝脏内可转化为羟基衍生物，也可与内源性结合物质葡萄糖醛酸等结合成水溶性复合物。排泄途径主要是随粪便排出体外，也可随尿排出，经乳腺随乳汁排泄是导致乳及乳制品污染的主要原因。多氯联苯的代谢和排泄缓慢。

五、多氯联苯控制措施

世界各国均制定了严格的法律禁止 PCB 的继续生产和使用。美国 EPA 在 1979 年将 PCB 等 7 种工业混合物列入优先监测物黑名单，2001 年联合国在瑞典召开的环境大会上，150 多个国家联合签署了《关于持久性有机污染物的斯德哥尔摩公约》，公约规定禁止使用 12 种高毒化学品，其中 PCB 等 7 种化合物在 2025 年前将在全世界范围内完全禁止生产和使用。日本在 1982 年 12 月登记的法规中规定，废水中 PCB 排放标准为 0.003 mg/L（PCB 总量），欧盟前身欧共体在 1983 年登记的法规对饮用水中 PCB 规定了最高允许浓度单种物质为 0.1 pg/L 及总量为 0.5 pg/L。我国在 1989 年将 PCB 列

入"水中优先控制污染物黑名单"并于 1992 年实施了《含多氯联苯废物污染控制标准》，新颁布的《地表水环境质量标准》中规定，集中式生活饮用水、地表水源地水中多氯联苯的含量不能超过 2×10^{-5} mg/L。

目前对于 PCB 的摄入控制主要通过以下几种方式：

（1）减少动物源高脂肪食物的摄入。PCB 可通过生物体在食物链中高度富集并具有亲脂性，可在位于食物链中较高层的家畜、禽类等的脂肪组织中长期蓄积。人类位于食物链的末端，应尽量控制动物源高脂肪食物的摄入。

（2）合理选择食用水产品。一些研究表明，被 PCB 污染的水体中，脂肪含量较高的鱼类（如大马哈鱼）和贻贝中 PCB 的含量较高。2001 年完成的中国台湾河川鱼体多氯联苯浓度调查表明，部分属于高度污染区的鱼肉中多氯联苯的含量未超过限量，但鱼肝的多氯联苯却超过限量。

（3）对于已进入食品体系中的 PCB 可采用合理的烹调加工，通过脱氯、还原反应减少其含量。含脂肪食品在烹调溶化过程中，60%～90% 的 PCB 由脂肪中转移到汤中，弃汤处理即可减少摄入。

（4）彻底清除可能的污染源。目前我国大部分含 PCB 的电容器已报废，部分仍在使用，废弃状况堪忧。有些地区因管理力度不够，对 PCB 封存数量、地点等情况不清；相当一部分 PCB 电容器因封存时间过长，已经腐蚀泄露，造成封存地和水体严重污染，个别地区还发生了大量违规拆解含多氯联苯电力装置的事件。因此，科学、彻底地清除 PCB 可能的污染源已成当务之急。

六、多氯联苯检测

由于食品基质的复杂，PCB 的检测需要进行适当的样品前处理。目前常用的前处理技术有溶剂萃取技术、固相萃取技术、固相微萃取技术、超临界萃取技术、微波萃取技术和加速溶剂萃取技术等。前处理后样品中 PCB 含量检出常用的方法有化学分析方法和生物分析方法，其中化学分析方法包括气相色谱法、气相色谱质谱分析法等，生物分析方法有生物传感器测定法、表面等离子体共振法、以 Ah 受体为基础的生物分析法和酶联免疫检测法。

1. 前处理技术

由于样品千差万别、形态各异、组成复杂，要获得数据准确、重现性好的分析结果，样品前处理是重要的一个环节，而且往往也是 PCB 样品分析成败的关键。目前常用的前处理方法包括：溶剂萃取（SE）、固相萃取（SPE）、固相微萃取（SPME）、超临界流体萃取（SFE）、微波萃取（MAE）和加速溶剂萃取（ASE）等。

PCB 是非极性有机污染物，选用聚二甲基硅氧烷（PDMS）涂层萃取样品时，将 PDMS 的熔融石英光导纤维浸入样品中，样品中的待测物通过扩散原理被吸附在 PDMS 上，当吸附达到平衡后，将石英光导纤维导入仪器分析体系中进行分离测定，吸附量与样品中待测物的原始浓度成正比；SFE 前处理 PCB 具有高效、快速、后处理简单的特点，可从土壤、污泥、沉积物、肌肉组织和鱼体中分离 PCB，并能达到良好的萃取效果[40]。Schantz 等应用 SFE 技术从沉积物和肌肉组织中萃取 PCB 的实验表明，与索氏萃取相比，SFE 具有所需样品少、萃取时间短、有机溶剂用量少等优点[41]。SFE 技术已显出较好的应用前景，有待进一步的发展。微波萃取（MAE）是不同机体中 PCB 富集的新方法之一，Fernández 等以正己烷-丙酮作为溶剂萃取 PCB 时得到了较高的回收率，缩短了萃取时间[42]。使用敞口容器的 MAE 装置也可以从污泥和鱼体的组织中萃取 PCB。加速溶剂萃取技术在从植物、土壤和沉积物等固相物质中萃取 PCB 具有较好的效果，以丙酮/正己烷作萃取剂，应用加速溶剂萃取技术从土壤和沉积物中萃取 PCB 所用的是时间为 10～60 min，比索氏萃取 24 h 的萃取效率更高。

2. 分析方法

1）化学分析技术

PCB 本身包括 200 多种组分，且各组分之间存在着物理和化学性质的相似性，加之样品中也有其他成分的干扰，一般的方法难以满足分离分析要求。气相色谱法（GC）是最早的多氯联苯分析方法，利用毛细管色谱柱为定性、定量测定多氯联苯总量及其同系物提供了快速、有效的改进方式。由于使用的气相色谱检测器的灵敏度不同，不同气相色谱法的灵敏度也有很大差别，早期采用火焰离子检测器（FID）可以检测到纳克（ng）级的多氯联苯，电子捕获检测器（ECD）与 FID 相比灵敏度更高，可对氯离子进行定量测定，Na 等用 GC-ECD 技术对多氯联苯的检出限可达 0.05 mg/L[43]；Surma-Zadora 等采用气相色谱法分析食品中的氯苯及多氯联苯，各化合物回收率均大于 90%，最低检测限 0.12 pg/mL[44]。

由于 ECD 对多氯联苯同系物的响应并不一致，因此 GC-MS 法成为多氯联苯检测的主要方法，借助于质谱对分子中的氯原子数的精确测定，色谱-质谱联用技术发展很快，当前用于分析 PCB 的质谱离子源主要有以下几种：电子轰击源质谱（EI-MS）、化学电离质谱（CI-MS）、高分辨电子轰击质谱（HREI-MS）及其串联质谱（MS-MS）。Abraham 等用气相色谱-化学电离源（CI）质谱法对动物源性食品中的多氯联苯进行定性、定量研究，CI 检测 PCB-101、PCB-138、PCB-153、PCB-180 的灵敏度分别是电子轰击源（EI）的 7 倍、44.3 倍、446 倍、228 倍，是电子捕获检测器（ECD）的 10 倍、143 倍、200 倍、250 倍[45]。李敬光等建立了使用离子阱串联质谱技术和同位素稀释技术准确测定鱼肉中 7 种指示性 PCB 单体的方法，方法的检测限为 0.025～0.068 ng/g[46]。当前许多国家的 PCB 标准测定方法就是用气相色谱和高分辨质谱联用技术，各种色谱分离技术和新的样品前处理方法相结合，在很大程度上提高了色谱检测的灵敏度。

与 GC 相比，目前 HPLC 应用于 PCB 的分析相对较少且主要是作为定性分析前除去样品中的废物和油污的一种净化方法。Brinkman 等曾用 HPLC-ECD 法对 PCB 分析作过比较，结果发现，前者的检测限比后者高约 10 倍，且反相 HPLC 的测定效果优于正相 HPLC[47]。目前，HPLC 法常用的检测器是 UV、ECD、MS 等。HPLC 的优点是分析速度快、方便，可用于日常分析；不足是其常用的 UV 检测器灵敏度低、选择性差。但随着 MS 等高灵敏度、高选择性的检测器与 HPLC 联用技术的发展，PCB 的 HPLC 检测日益受到重视。

2）生物分析技术

生物传感器测定法是利用生物体与待测物质具有良好的选择反应的生物分子进行测定的一种方法。随着反应的进行，生物分子及其反应生成物的浓度发生变化，通过转换器转变为可测定的电信号，从而达到选择性测定 PCB 的目的。生物传感器测定法具有简单、经济和快速等优点。在 PCB 生物免疫检测研究领域，国外在 20 世纪 90 年代开始采用免疫方法检测共平面多氯联苯，近年来国内在此类多氯联苯的酶联免疫测定领域也已开展研究。

表面等离子体共振检测（SPR）是将生物分子固定在传感器的尖部，将含有与该生物分子发生反应的 PCB 试样加在传感器的尖部，用 SPR 检测出传感器尖部两个分子间的结合及解离情况，从而达到定量检测 PCB 分子的目的。这种利用生物分子与 PCB 相互作用的检测手段不仅灵敏度高，而且操作简便、快速，当样品量很少时还可实现流动性测定。

酶联免疫吸附试验（ELISA）是一种用酶标记一抗或二抗检测特异性抗原或抗体的方法。通过将抗原/抗体反应的高度特异性与酶对底物的高效催化作用有效地结合起来，通过酶分解底物产生有色物质（也可作用于荧光底物，使之产生荧光），肉眼观察颜色深浅或酶标仪测定光密度值，以反映抗原或抗体的含量。ELISA 法测定 PCB 灵敏度高，可检测可溶性抗原或抗体，也可检测组织或细胞表面特异性抗原[48,49]，建立的间接竞争 ELISA 法对 PCB-77 和 PCB-126 检测的 IC_{50} 值分别为 18 和 31。1992 年，Sano 等将免疫测定技术与 PCR 结合，创建了一种全新的非常灵敏的抗原分子检测技术，即免疫 PCR（IPCR），基于抗体和 DNA 片段的结合性，免疫 PCR 把免疫实验技术（ELISA）和 PCR 的强大扩增功能结合起来，运用 PCR 的高度敏感性来放大抗原抗体反应的特异性，使实验中只需数百个抗原分子即可检测，甚至在理论上可检测到 1 至数个抗原分子[50]。

第三节　有机锡化合物

有机锡（organotin compound）是至少含有 1 个锡碳键（Sn—C）的化合物的统称，包括 4 种类型，即四烃基锡化合物（R_4Sn）、三烃基锡化合物（R_3SnX）、二烃基锡化合物（R_2SnX）和一烃基锡化合物（$RSnX$），以上通式中 R 为烃基，可为烷基或芳基等；X 为无机或有机酸根、氧或卤族元素等。由于有机锡化合物用途广且用量大，其在环境中对生物具有特殊的毒性作用而成为当今人们广泛关注的一类环境污染物。由于烃基及取代数目的不同，有机锡在自然界中以多种形态存在，不同形态的锡化合物对环境及生物造成的影响不同，有机锡的毒性比无机锡大大增加，不同有机锡化合物的毒性及其作用的靶器官也大不相同。

作为一类典型的具有雄激素作用的内分泌干扰物（EED），有机锡曾被广泛用作塑料制品中的稳定剂、船舶油漆的防污剂、工业催化剂、农林业杀虫杀菌剂以及用于木材的防腐保存等，已经引起严重的环境污染，尤其是含三丁基锡（TBT）的船舶防螺涂料的应用，造成了全球范围内水域的普遍污染，而这种污染在环境中尤其是底泥中持久存在。由于生物体的生物富积作用，有机锡可以通过食物链进入人体。三取代基有机锡是毒性最强的有机锡化合物，皮克（pg）级的三丁基锡（TBT）和三苯基锡（TPhT）即可对生物体产生不良影响，可导致海洋软体动物性畸变以及其他生理和病理异常，尤其对幼龄动物的影响尤为明显。1974 年，联合国海洋污染防治公约就将有机锡列入受制的黑名单。

一、有机锡化合物理化性质

有机锡化合物由于取代基种类、数量不同，其物理、化学性质略有差异（图 5-3）。从物理性质而言，有机锡化合物均为具有一定吸湿性的液体或低熔点固体，可溶于大多数有机溶剂，遇水或潮气会发生不同程度的水解，如单烷基三卤化锡分子中卤素可被多种亲核试剂取代，作为一种路易斯酸，还可与氨、胺及其他含氧有机分子（路易斯碱）形成配合物。常温状态下，有机锡多为固体或油状液体，具有腐败青草气味，常温下易挥发，部分有机锡化合物可被漂白粉或高锰酸钾分解成无机锡。

四有机锡化合物主要作为生物杀伤剂、防腐涂料、除草剂、杀菌剂及木材防腐剂中的有效成分，二有机锡化合物主要用作聚氯乙烯（PVC）的稳定剂，含 Sn—S 键的有机锡化合物用作热稳定剂，含 Sn—O 键的化合物用作光稳定剂。单有机锡化合物和二有机锡化合物具有协同作用，能相互增强各自的性质，可一起用作 PVC 稳定剂，还可作为覆盖在玻璃上的 SnO_2 薄层的前体及均相酯基转移反应的催化剂。

二、有机锡化合物来源及污染途径

有机锡化合物对食品的污染及其来源依据不同取代基有机锡应用领域的不同，可从多个领域污染食品，其中最主要的领域是农药、塑料添加剂、油墨涂料领域的应用。作为环境介质的一部分，有机锡农药是有机锡污染的最主要来源，其污染途径主要来自污染的水流和土壤。用于杀虫剂的有机锡约占总有机锡的 30%。据不完全统计，全世界每年要消耗至少近 8000t 农用有机锡，而且大多采用喷洒法施用，对土壤、大气和水域产生直接污染，进而通过植物的吸收富集被人体摄入，或通过动物体的食物链富集而危害到人体健康[51]。

作为 PVC 塑料的主要稳定剂，有机锡在国外用量占全部稳定剂用量的 10%，每年生产的有机锡大约有 70% 用于塑料工业作稳定剂和合成聚氨酯、硅酮、聚酯等的均相催化剂，广泛用于 PVC 膜、片、瓶、管材、异型材，以及中空和注塑等制品中。目前最有效的稳定剂是二烃基有机锡和一烃基有机锡，常见的催化剂有二丁基二乙酸锡、二丁基二月桂酸锡等。当含有有机锡物质的塑料、聚酯材料用作食品领域时，不可避免地造成食品接触性污染、迁移摄入性污染等危害[52]。有研究表明，从 PVC 和相关材料沥出的有机锡已导致食品、饮料、饮用水的污染，成为食品安全的重大隐患。

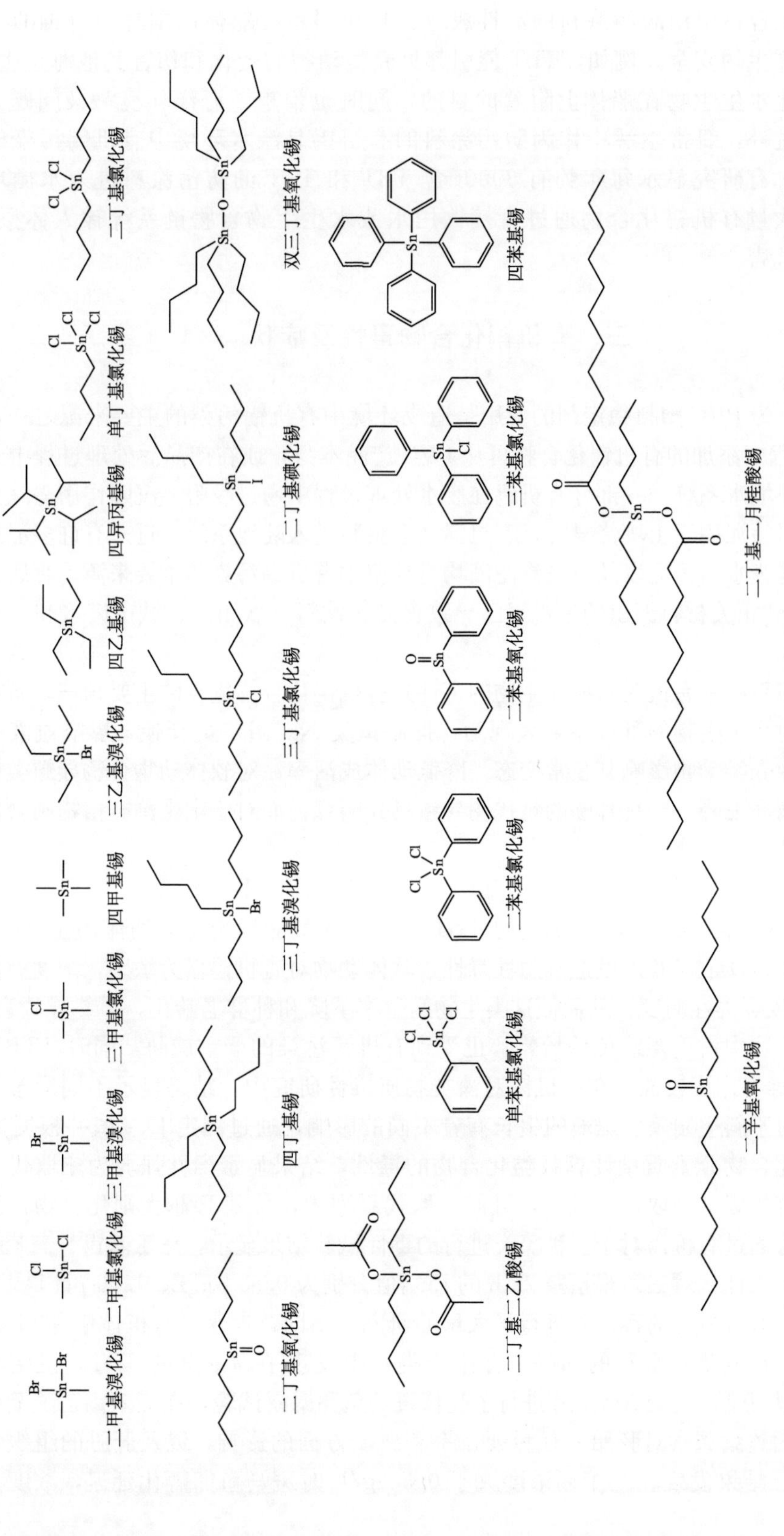

图 5-3　常见有机锡化合物的分子结构式

有机锡化合物用作防污涂料的活性成分，其作用是在船体周围释放有毒的有机锡，影响海洋生物安全。例如，TBT 能引起贝壳类动物的变化和伤害其他海生生物，虽然达到阻止水生生物在船体上附着的目的，同时也带来了海洋环境污染问题。除海洋生态系统外，日常生活中作为防污涂料的有机锡是淡水环境中有机锡污染的主要来源之一，有研究显示每年约有 3000t 含 TBT 和 TPT 的防污涂料进入水循环体系，最终有大量有机锡化合物通过直接饮用水或水生生物食物链系统被人体摄入，对人体造成危害。

三、有机锡化合物毒性及症状

有机锡作为 PVC 塑料稳定剂的使用是造成环境中有机锡污染的主要来源之一，在 PVC 制造过程中添加的有机锡化合物可从 PVC 产品本身，或在产品后处理过程中迁移进入城市或环境水系统，一部分有机锡在废水处理过程中通过吸附、沉降作用去除而进入污泥中，当污泥用于土壤修复时，有机锡又会重新进入陆地系统。近来有许多证据表明城市和工业废水、污泥以及垃圾渗滤液均是环境中有机锡污染的重要来源。有研究表明，从 PVC 和相关材料沥出的有机锡已导致食品、饮料、饮用水、城市废水和污泥受到污染。

海洋生态系统中有机锡对海洋生物的毒性是有机锡化合物危害的主要领域。研究表明，有机锡对水生生物的毒性主要表现为：抑制鱼类 Na^+/H^+ 的交换，影响血液中氧的输送；对甲壳类动物影响其正常变态，降低幼体成活率；对软体动物会诱导螺类性畸变，使其繁殖率下降，干扰牡蛎的钙代谢导致贝壳畸变；而对于水生藻类植物则会破坏叶绿体光合片层的网状结构。

一般说来，当 TBT 浓度在 $1\ \mu g/L$ 以上时，就会对海洋甲壳类动物产生影响。研究发现：1 ppb（十亿分之一，$\mu g/L$）的 TBT 作用 6 h 就能影响龙虾幼体的正常变态，5～15 ppb 的 TBT 在 6 h 内就造成急性毒性。软体动物对有机锡极为敏感，浓度极低的 TBT 即可导致螺类性畸变，从而使这类生物繁殖率下降和种群老龄化，最终导致衰退。在海洋生态食物中占重要地位的蛤蜊，也受到有机锡污染的严重威胁，同时，TBT 和 TPT 对海藻毒害作用较强。在有机锡对藻类物质毒性研究中，结果显示不同形态的有机锡化合物对于斜生栅藻、扁藻的生长有着不同的影响，通过测定 EC_{50} 值并根据 EC_{50} 值和有机锡化合物分子质量计算各类化合物的毒性，结果显示毒性强弱为三取代有机锡＞二取代有机锡＞一取代有机锡，且同一取代系列中，烷基 R 越大则化合物毒性越强。赵丽英等通过有机锡对于三种藻类进行的毒性试验结果显示，三丁基锡、三苯基锡具有相当强的毒性，对三角褐指藻 72 h 的 EC_{50} 值分别为 $0.83\ \mu g/L$、$1.09\ \mu g/L$[53]。

国外学者对有机锡的毒性曾进行了大量的研究。不同营养水平有机体中 TBT 的代谢研究表明，在低营养水平的动物（像甲壳类）中发现了高浓度的 TBT，说明其对 TBT 代谢能力很低[54]。Strmac 等进行了受精斑马鱼卵暴露试验，在三苯锡乙酸酯中浸泡 96 h，然后连续观察对胚胎和仔鱼死亡率和致畸方面的影响，以及肝脏的组织学和细胞学变化，结果发现在三苯锡浓度大于 $0.5\ \mu g/L$ 时斑马鱼卵孵化延迟，浓度大于

25 μg/L时死亡率上升，并且仔鱼出现骨骼畸形、卵黄囊吸收延迟、心脏水肿等症状，当浓度大于 0.5 μg/L 时仔鱼肝脏的组织学和细胞病理学改变，包括细胞核和线粒体的变化及糖原衰竭，显示出有机锡化合物的生物毒性[55]。对哺乳动物的试验研究发现，氯化三丁基锡可以引起小鼠早期胚胎植入失败，并且与大鼠妊娠阶段所接触的氯化三丁基锡剂量密切相关[56]。Chernoff 和 Ema 发现氯化三苯基锡、乙酸三苯基锡引起怀孕大鼠体重下降、子宫萎缩以及胎儿出现不同程度的畸形[57,58]。对于免疫系统的影响，研究发现氯化一丁基锡和氯化三丁基锡对小鼠免疫系统均有明显影响，氯化二丁基锡能使雄性小鼠精子密度下降，死亡率和畸形率明显增加。进一步的动物试验发现氯化二丁基锡对妊娠小鼠和胎儿毒性很强，可引发母鼠食欲不振、体重下降、阴道和子宫出血、子宫萎缩、怀胎数减少、胎儿重量下降、死胎率和畸形率增加，尤以雌性胎儿为甚，且死胎率和畸形率与氯化二丁基锡的剂量之间呈现明显的剂量-反应关系[59]。氯化二丁基锡化合物的接触同时会改变胎儿性别比例，出生小鼠明显雌性减少、雄性增加，并且雌性胎鼠对氯化二丁基锡的毒性反应比雄性更为敏感。小鼠胚胎植入率研究显示，氯化二丁基锡能引起大鼠胚胎植入率降低、成活率明显下降。Boyer 等在有机锡化合物对哺乳动物的综合毒性作用研究显示，DRT 和 TBT 能够引起大鼠、小鼠和 Hamsters 鼠的胆管损坏，且当 TBT 在饲料中浓度达到 5 mg/kg、喂养 2 年后对实验动物产生免疫毒性，在 50 mg/kg 剂量时增加了动物体内内分泌起源的肿瘤发病率[60]。

　　人体有机锡中毒主要表现为神经毒害、肝脏损害、皮肤伤害及其内分泌系统伤害。对于神经系统，三乙基锡具有髓鞘毒性，引起水肿导致脑白质水肿，早期出现意识障碍，而三甲基锡影响小脑系统，导致神经元坏死，出现情绪障碍、行为异常、幻听、幻视等症状。二羟基锡可引起胆管、肝脏损害，三苯基锡除神经毒性外同时也引起肝脏的损害。对于皮肤，二丁基锡、三丁基锡、三苯基锡均有不同程度的皮肤及黏膜刺激作用，而对内分泌系统有机锡化合物主要影响激素的正常工作，使人体出现各种机能障碍，甲状腺、肾上腺等内分泌腺体工作异常，造成神经系统、免疫系统障碍。Heidrich 等进行了 TBT 对人类细胞色素 P450 芳香酶活性影响的研究，结果表明 TBT 可降低芳香酶对雌甾酮的活力，从而对人体性激素的代谢产生影响[61]。Whalen 等研究了丁基锡对人类淋巴细胞的免疫毒性，通过提取志愿者淋巴细胞并在体外接触 TBT、MBT 和 DBT，结果显示丁基锡能够明显抑制淋巴细胞的功能，从而可能引发人体癌变[62]。丁基锡抑制淋巴细胞的抗肿瘤作用，可能是因为丁基锡快速降低淋巴细胞内 cAMP 的水平，从而降低了淋巴细胞的细胞毒功能。有机锡化合物的人体免疫毒性研究集中在 T 淋巴细胞，有结果显示有机锡化合物也能作用于人类 B 淋巴细胞，降低 B 淋巴细胞在体外的成活及增生。

四、有机锡化合物吸收、分布、代谢与排泄

　　有研究显示，水生生物对有机锡具有很强的富集作用，如鱼类对 TBT 富集系数为 100~1000，软体动物中，牡蛎组织对水中的 TBT 富集系数达到 50 000 倍，贻贝对有机锡的生态富集系数则高达 3000~60 000 倍。对于动物等组织内部有机锡化合物的分

布，Harino 等研究了三有机锡在可食性贝类组织中的分布，80％以上的有机锡化合物存在于消化腺和性腺中，在蛤类组织中 TBT 的含量次序是：腮 ＞ 性腺 ＞ 消化腺 ＞ 肾及内吸肌[63]。

20 世纪 90 年代有研究者采集测定了部分贻贝中丁基锡化合物含量，结果显示其中丁基锡化合物浓度为 4～800 ng/g（湿重），含量排序为 TBT＞ DBT（二丁基锡）＞ MBT（单丁基锡）。同时，受食物链的影响，以捕食海洋生物为生的水鸟类体内也残留不同浓度的有机锡，在美洲沿岸捕获的水鸟体内都不同程度地含有 TBT 及其分解物 DBT 和 MBT，并且捕食软体动物的海鸭与捕食鱼的食肉鸟相比体内丁基锡浓度更高。哺乳动物中，鲸鱼肝脏中均发现较高浓度的总锡和丁基锡含量，且以丁基锡为主。韩国曾对牡蛎中有机锡含量进行了检测分析，几乎所有牡蛎中均检出丁基锡，其中 TBT、TPT 含量分别为 95～885 ng Sn/g 和 155～678 ng Sn/g。对于地中海西部海洋软体动物贻贝、蛤、蜗牛体内的 TBT 及其降解产物 MBT 和 DBT 的检测发现，丁基锡化合物随生物种类不同而异，软体动物中 TBT 浓度较高，贝类有机锡含量最高，达 5.4 μg Sn/g。在日本的另一项研究中测定了鱼体内的丁基锡和苯基锡含量，发现鱼肉中 TBT 的含量高于 TPT 并主要蓄积在肝、脑和肌肉中，同时海鱼有机锡含量高于河鱼。

有机锡化合物由于具有较高的稳定性，在环境、动物体、人体内均具有较长的稳定存在期，极易造成生物体内的富集并损害人体健康。有研究显示，有机锡化合物在人体内吸收主要通过肠道，进入人体后主要存在于肝、肾等脏器及部分存在于脂肪中，极少量在肌肉组织中被发现。少量有机锡化合物可在生物酶作用下经肝脏解毒后以羟基化物的形式通过尿液、粪便排出，但代谢排出过程极为缓慢。

五、有机锡化合物控制措施

WHO 公告显示，人体每天的有机锡摄入量不得超过 1.3 pgTBT/kg BW。通过水体环境被饮用摄入或通过水体生物经食物链被人体摄入，是有机锡危害人体健康的重要途径。目前，法国最早禁止在小于 25 m 的船只上使用含 TBT 的防污油漆以保护水体环境，以后其他国家也相继制定了限制有机锡使用的法规，英国随后禁止在小船上使用含 TBT 的防污油漆，并根据几种重要软体动物的致死浓度，制订 TBT 的环境质量目标为 2 ng/L；加拿大政府在《加拿大有害物控制产品法案》中规定每平方厘米的船体表面每天释放的 TBT 量最大为 4 μg，而为保护海洋生物尤其是牡蛎安全，澳大利亚政府于 1989 年宣布禁止使用含 TBT 的防污油漆，其他国家和地区如美国、日本和中国香港等对 TBT 实行管制，凡购买、储存或使用含 TBT 类物质必须申领许可证。国际海事组织决议要求至 2003 年全球禁止在船上使用有机锡防污油漆。目前，奥地利、新西兰、瑞典和瑞士等国家已完全禁止使用含 TBT 的防污油漆。亚洲许多国家目前还没有控制有机锡使用的相关法规，我国交通部国际合作司于 2003 年 3 月 10 日发布了《不宜在船舶有害防污底系统中使用充当杀虫剂的有机锡化合物》的公告，禁止长于 25 m 的船只使用含 TBT 的防污油漆。除水体环境对有机锡限制使用以外，在食品及食品包装领域，有机锡作为塑料添加剂的使用目前已受到限制。欧盟首先提出在食品接触包装材料中禁止使用含有机锡添加剂的包装材料，美国、日本等国家也先后出台相关法令规范食品接触材料的生产、使用。

六、有机锡化合物检测

目前，对于食品中有机锡化合物的检测，通常通过萃取提取食品样品中有机锡化合物，然后通过色谱、电泳等方法进行检测。有机锡化合物测定的样品基质复杂，且沸点高、难分离，一般必须经过必要的萃取、浓缩、净化、衍生化等步骤将其分离、浓缩并转变为合适的形式，结合气相色谱、液相色谱、质谱等检测方法进行分析。其中萃取提取过程可采用液-液萃取、超声萃取、微波萃取、固相萃取等方法。

1. 前处理技术

Simon 等利用液-液萃取技术研究海藻、菜豆中的丁基锡和苯基锡的提取，结果显示建立在 HCl 基础上的萃取液萃取样品时回收率最高[64]；离子型烃基锡常加入螯合剂后再加入有机溶剂进行萃取，利用螯合剂与有机锡化合物的作用，可以增加有机锡化合物在有机相中的溶解度，提高萃取效率，常用的螯合剂有二乙基二硫代氨基甲酸钠（NaDDTC）、环庚三烯酚酮等。Yang 等则在样品中加入 THF-HCl，用 0.01％的 Tropolone-hexane 萃取样品中的 MBT、DBT、TBT，再用 GC-FPD 进行分析，同样取得了较好的萃取效果[65]。Guérin 等对多种海产品进行有机锡分析，样品在乙酸溶液中用微波进行萃取，萃取时间为 2 min，NaBEt$_4$ 衍生化，GC-MIP-AES 进行测定，结果发现 MBT、DBT、TBT、MPhT、DPhT、TPhT、MOcT、DOcT、TOcT 的检测限为 0.12～0.24 μg Sn/kg，在所测样品中，丁基锡是主要的污染物[66]。Heroult 等利用聚二甲基硅氧烷萃取头在顶空固相微萃取模式下，用 GC-PFPD 对法国产酒类中的有机锡（MBT、DBT、TBT、MPhT、DPhT、MOcT）进行分析，各有机锡检出限为 1.2～37 ng Sn/L，相对标准偏差（RSD）为 10％～29％，回收率为 79％～123％[67]。Morante-Zarcero 等利用液相微萃取技术进行了食品中有机锡化合物萃取研究，利用四氟苯硼化钠衍生，发现 α，α，α-三氟甲苯萃取效果最佳，TBT 检测限 0.36 ng/L，RSD 为 11％[68]。

2. 分析方法

1）气相色谱法

Santos 等利用气相色谱-原子发射光谱（GC-AES）检测生物样品中的有机锡，结果发现 TBT、DBT、MBT、TPhT、TeBT、TcHT 检测限为 0.3 ng/g，MOcT、DOcT 的检测限为 0.4 ng/g，在所有样品中都发现了丁基锡的存在，而 TPhT 的含量均低于检测限，对于 TeBT、DOT、MOT、TcHT 除了在扇贝中检测出 TeBT 的含量为 1.9 ng/g 以外，在其他样品中这 4 种有机锡的含量低于检测限或者未检测到这 4 种有机锡的存在[69]。Xiao 等采用气相色谱-电感耦合等离子体质谱（GC-ICP-MS）进行研究，食品样品中加入 HCl-甲醇，超声 30 min、离心，上清液衍生化后，用顶空微萃取

HS-SDME 与 GC-ICP-MS 结合测定贝类样品中的丁基锡，利用 NaBEt$_4$ 衍生得到的 MBT、DBT、TBT 检测限分别为 1.4 ng/L、1.8 ng/L、0.8 ng/L，RSD 为 1.1%～5.3%[70]。俞是聃等向鱼鳃或牡蛎中加入乙酸盐/乙酸，用异辛烷萃取，取上清液进行 NaBEt$_4$ 衍生化，用 GC-ICP-MS 测定海产品中的三氯丁基锡、二丁基锡二氯化物、氯化三丁基锡，仪器检出限为 0.1 μg/L、线性范围为 1.0～200 μg/L[71]。

2）液相色谱法

于振花等利用液相色谱-电感耦合等离子体质谱（HPLC-ICP-MS）分析贝类样品中的 TMT、DBT、TBT、DPhT、TPhT，采用 C$_{18}$ 色谱柱，CH$_3$CN、H$_2$O、CH$_3$COOH 流动相体积比 65∶23∶12，0.05% 的 TEA，pH 3 对菲律宾蛤及毛蛤样品进行超声萃取及高速离心后，用上述方法进行了分析，结果表明海产品含有 4 种有机锡，其中 TBT 和 TPhT 的含量最高为 14.38～104.70 μg/L，TMT、TBT 和 TPhT 的加标回收率均大于 80%[72]。丘红梅等对广东海域海区及部分市售海产品，将样品冻干处理制成干粉，加入流动相经超声萃取、离心、过滤等处理后，用 LC-ICP-MS 法测定三丁基锡、三苯基锡含量，所检测的 32 种共 112 个海产品样品中三丁锡含量最高的为 58.7 ng Sn/g，平均含量是 8.6 ng Sn/g，三苯基锡含量最高的为 324.1 ng Sn/g，平均含量是 44.9 ng Sn/g[73]。Rivaro 等利用液相色谱-电感耦合等离子体原子发射光谱（HPLC-ICP-AES）对采集的贻贝类样品进行检测，NaBH$_4$ 在线衍生化，用 ICP-AES 分析贻贝类样品软组织、鳃、消化腺中的丁基锡，结果发现在贻贝类样品的不同部位所含丁基锡的总浓度均不相同，但二丁基锡的浓度均最高，而未检测到苯基锡的存在[74]。对于三丁基锡和二丁基锡，其浓度随季节变化而变化，而单丁基锡没有此变化。

3）毛细管电泳法

利用毛细管电泳和紫外线检测器或间接荧光检测器相结合，Guo 等[75]在混合有机相-水相（甲醇∶乙腈∶水体积比为 1∶4∶5，水中含 0.1 mol/L 的 HAc、10 mmol/L 的 TBAP）存在下，用毛细管电泳对 TPrT、TBT、TPhT、DPhT 进行分离，再用紫外线检测器进行检测，4 种有机锡的检测限为 0.4～14 μmol/L，峰面积的相对标准偏差为 4.8%～5.8%。

第四节　多　氯　萘

多氯萘（polychlorinated naphthalene，PCN）是一类基于萘环上的氢原子被氯原子取代的化合物的总称。由于其优良的化学惰性、绝缘性、阻燃性等，曾大量用于绝缘、阻燃等应用领域，同时某些同系物是农药中的重要有效成分或高分子材料中的重要添加剂。除历史上工业生产 PCN 外，在垃圾焚烧、金属冶炼、化工生产等过程中均会产生副产品 PCN，这是目前全球 PCN 的主要污染来源。近年来研究表明，其所具有的稳定性导致其是重要的持久性有机污染物，并且 PCN 会通过水、食物链等途径进入食品中而成为人体健康的重要潜在威胁。

一、多氯萘理化性质

多氯萘的分子结构通式为 $C_{10}HCl_{8-n}$，化合物的结构式如图 5-4 所示。多氯萘类化合物依据氯原子取代数目和位置的不同，从一氯代 PCN 到八氯代 PCN 理论上共存在 75 个同类物。PCN 具有亲脂性、共平面性，化学性质稳定，属于惰性化合物，同时具有良好的抗热性、低蒸气压和绝缘性，水溶性低但具有较高的亲脂性。常温下多氯萘为固态，依氯取代数量及位置的不同，熔点、沸点范围分别为 37～198℃、260～365℃，且氯取代数目越多，熔点、沸点越高。

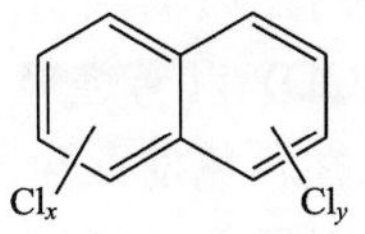

图 5-4　多氯萘的结构式

二、多氯萘来源及污染途径

作为一种持久性污染物，自然界中的多氯萘主要是由于人类的生产、生活活动产生的，对于大量存在于环境中的多氯萘，主要是通过水体污染后饮用摄入、动植物体食用摄取后通过生物聚集效应及其食物链传递导致对人体健康的危害。有研究表明，人体对 PCN 的摄入 70% 以上是通过食物摄入[76]，而环境中 PCN 的来源主要有历史上生产的含有 PCN 产品未得到有效处理，以及目前在焚烧、金属冶炼等热过程中产生并向环境释放。虽然世界范围在 20 世纪 80 年代已停止生产 PCN 类物质，但全球累计 PCN 的生产量已达到 15 万吨。由于含有 PCN 的产品广泛分布及 PCN 很难降解，所生产的 PCN 至今仍是很多国家环境中 PCN 的重要来源之一。

有研究显示，多环芳烃、二氯苯酚、聚氯乙烯等高分子材料作为 PCN 的前生体，在焚烧过程中均可生成 PCN 导致其含量在某些领域仍呈上升趋势，目前环境中 PCN 的释放量几乎全部来源于废弃物的燃烧过程。有研究人员曾对日本主要聚酯材料焚烧过程中 PCN 的生成进行了研究[77]，分析结果显示，焚烧过程中的飞灰表面金属离子的存在是催化发生 denovo 合成反应（从头反应），生成 PCN 的主要途径，而进入大气、水循环体系的多氯萘类物质通过直接摄入、植物体吸收富集后人体食用摄入或动物体通过食物链富集过程最终被人体摄入而危害人体健康。对我国部分地区表层沉积物和贝类样品中的 31 种 PCN 含量分布特征、毒性当量浓度及来源进行研究表明，最高含量出现在河口处，含量范围为 212～1209 pg/g，并以四氯萘（TeCN）为主。局部地区 PCN 的污染可能来自于垃圾焚烧、燃煤等热过程，除了在河口处受到城市污水污泥的影响外，大气沉降是近海岸 PCN 的重要来源。除此之外，PCN 同类物的分布特征也由于样品的不同而不同，在鱼类、虾类和双壳类动物中，TeCN、五氯萘（PeCN）为主要组分，对 PCN 的贡献超过 60%。采用同位素稀释高分辨气相色谱-高分辨质谱联用技术对北京市 8 个城市污水处理厂污泥中的 70 余种 PCN 进行分析测定，污泥中 PCN 的污染水平为 1148～28 121 ng/g，样品中 PCN 同类物的分布大体相同，均以二氯萘、三氯萘为主。

三、多氯萘毒性及症状

PCN 具有多种类型共平面异构体，其毒性接近于毒性最强的 2，3，7，8-四氯代二苯并对二噁英（2，3，7，8-TCDD），毒性机制如对 7-乙氧异吩噁唑酮-O-脱乙基酶（EROD）和芳烃羟化酶（AHH）等与 2，3，7，8-TCDD 类似，具有潜在的胚胎毒性、肝毒性、免疫毒性、皮肤损害、致畸毒性和致癌毒性等。

对于 PCN 的生殖毒性研究显示，小鼠经口摄入后，虽未见精子数量明显减少，但可导致雄鼠精子活力降低、雌鼠受孕率下降，而受孕后雌鼠摄入 PCN 可导致胚胎发育缓慢，但未见明显的仔鼠畸形等病理变化。研究结果还显示，不同氯取代萘毒性效应不同，中等数目氯取代萘（3～6）毒性效应最强，其原因可能是最易被吸收、难于被降解排出。Sisman 和 Geyikoglu 等选取 CN-50 和 CN-66 两种同类物对斑马鱼胚胎进行毒性试验，发现 20 ng/μL 的 PCN 同类物对胚胎没有影响，但当胚胎在 30～50 ng/μL 含量的 PCN 同类物中，成活率有很明显的降低[78]。PCN 的肝脏等器官毒性研究中，Villeneuve 等通过在鱼体和大鼠肝肿瘤细胞的 PCN 毒性测试发现，毒性主要由五氯、六氯和七氯代同类物引起，其中六氯萘同系物中 CN-63、CN-66、CN-67 和 CN-69 是主要的毒性来源，这几种同类物的毒性当量因子（TEF）为 0.002，主要导致试验鼠肝脏异常增生、肝功能损害，严重的可诱发肝脏病变死亡[79]。

总体而言，在 75 种 PCN 同类物中目前已有 23 种被测试证实具有较强的毒性，其中取代位为 2 位、3 位、6 位、7 位上有 3 个或 4 个被氯取代，即 TeCN-48、PeCN-54、HxCN-66，HxCN-67，HxCN-68，HxCN-69，HxCN-70，HxCN-71 和 HpCN-73 等具有类似于二噁英类的毒性，而 HpCN-73 则属于相对毒性最强的一种同类物，它的毒性当量因子（TEF）为 0.003。

四、多氯萘吸收、分布、代谢与排泄

PCN 的 $\log K_{ow}$ 值为 3.9～10.37，因此易于在食物链中被生物富集放大。通常情况下，水生生物中 PCN 的含量往往比周围水体中的含量高出百倍甚至千倍，但由于代谢等原因，每个 PCN 同类物的生物富集性也各不相同。总体上，TeCN-42、PeCN-52、PeCN-60 和 HxCN-66/HxCN-67 的生物富集性因子最大（均大于 7.5），并且随着氯原子数的增加，生物富集性增大。

PCN 尤其是高氯萘在生物样品中有一定的富集性已经得到了试验检测结果的证实。Helm 等首次报道了加拿大东部北极地区白鲸和环斑海豹中 PCN 的含量检测数据，发现在白鲸鲸脂中的含量最高达到 3519 pg/kg 脂重，而在环斑海豹中的含量则为 3514～7113 pg/kg 脂重[80]。Ishaq 等对瑞典西海岸海豚的研究发现，在海洋生物脂肪和肝脏中 PCN 的含量最高，为 730 pg/kg，在肝脏中 HxCN 对 TEQ 的贡献高达 50%，而在其他有机体中的贡献少于 20%[81]。对西班牙卡塔卢尼亚市 14 种可食性海洋生物中 PCN 的含量研究发现，大马哈鱼中的含量最高（227 ng/kg），其次是鲭鱼（95 ng/kg），含量最低的为小虾（41.9 ng/kg）和墨鱼（21.7 ng/kg）。而且在大多数样品中，PeCN 对 PCN 总含量的贡献最大，大约为 60%。Domingo 等报道了 PCN 在各种食品中的含量水平，首次估计 PCN 的膳食摄入量[82]。在该研究中，系统地测定了 108 个样品（包括蔬菜、块茎、水果、谷类、豆类、鱼和贝类、肉类和肉制品、蛋类、牛奶、日常食品、油和脂肪等），结果表明在油和脂肪类中 PCN 的总含量远高于其他样品，为 447 pg/g，除水果和豆类样品中 HxCN 为主要组分外，其他样品中 TeCN 的贡献最大。通过研究人群的膳食结构及不同人群 PCN 的日摄入量，对 70 kg 成年男子的研究结果显示，总膳食摄入约为 451.78 ng/d，相当于 0.165 ng/（kg・d）。对摄入贡献最大的是油类和脂肪，达到 40%，其次是谷类食品，为 32%。考虑到 PCN 各同类物的 TEF 不能全部获得，还无法测定总的 TEQ。在 2006 年的样品中，鱼和海产品的含量最高（47 ng/kg），油和脂肪类其次（22 ng/kg），日常用品（12 ng/kg）和烘焙食品较少（15 ng/kg）。在两次研究中牛奶（2000 年 14 ng/kg 和 2006 年 18 ng/kg）和蔬菜（2000 年 17 ng/kg 和 2006 年 11.2 ng/kg）的浓度都较低。Norén 等报道了瑞典多年来人乳样品中 PCN 的含量，目前已从 1972 年的 3108 ng/kg 脂重持续下降到 1992 年的 148 ng/kg 脂重[83]。

此外，对于不同地区、不同生物乃至不同生物器官中 PCN 浓度水平及同系物分别存在很大差异。南极、北极生物样品中 PCN 浓度最高检测值为 2550 pg/g，而人体脂肪组织、肝脏、血液、母乳中的 PCN 含量以肝脏和脂肪组织中最高，分别可达 2.6 ng/g 和 1.7 ng/g。对于不同种类多氯萘分布研究显示，欧洲西海岸海豚肌肉、肾脏、脑组织中四氯萘分布最广，而在脂肪富集的组织、肝脏中六氯萘分布最广。总体而言，在各营养等级生物体内四氯萘、五氯萘、六氯萘是主要同系物，脂溶性较高的七氯萘、八氯萘却较少检出，其原因可能是高氯萘的吸附作用及影响细胞渗透性的空间效应反而降低了其生物利用性，而低氯萘同系物又较易被生物体代谢或排泄。

对于 PCN 的代谢，目前认为包括人体在内的生物体对其代谢能力较低，一旦被吸收后可与体内活性酶物质相结合，较为稳定地存在于肌肉、肝脏、肾脏、血液等组织、体液中。不同取代数目的多氯萘吸收、代谢存在差异，低氯取代萘及其同系物较易被排泄或代谢，有研究显示经口摄入后，小鼠可在 4 天内排出 70%～90% 的一氯萘和二氯萘，其在小鼠体内发生脱氯和羟基化反应，产物主要为葡萄糖醛酸和硫基尿酸的结合体，同时也有少量硫酸萘盐和酚的结合物，四氯萘在 4 天内代谢量为 45%，但未检测到五氯萘、六氯萘、七氯萘、八氯萘的代谢。对于猪等大型哺乳动物研究显示，其体内的一氯、二氯取代萘可通过形成芳烃氧化物形式代谢，形成的氯代氧化物再进一步分解成氯酚及盐类物质排出体外，但高取代氯萘同样未见被代谢。

五、多氯萘控制措施

WHO 评估报告认为，健康人体每天的多氯萘摄入量不得超过 4 pg/kg BW，目前，世界范围内多氯萘的摄入主要是通过饮水、食物途径，而水体、食物中的多氯萘则直接来源于含多氯萘类物质产品的生产、使用及其废品的焚烧过程，因此世界各国纷纷通过

立法方式对多氯萘类物质的商品进行限制[84]。加拿大环境和卫生部在 2011 年 7 月发布
G/TBT/N/CAN/340 号法规通报，修改其"部分有毒物质禁用法规提案"，进一步强化
对于多氯苯在内的环境持久污染物的生产与使用控制，限制包括多氯苯物质的所有类型
产品的生产、使用、销售及其进入加拿大境内。欧盟成员国在 WEEE 及 RoHS 指令中
均规定，含有多氯萘的环境危害物质产品属于限制入境商品，各国出口商必须向欧盟委
员会相应机构申报并获得准许后商品才可进入欧盟境内销售、使用，以从总量上控制多
氯萘的环境积累及其可能引发的环境、食品安全隐患。此外，美国、日本等国家虽未采
取类似于加拿大、欧盟等国家和地区出台直接限制含多氯萘类物质商品的相关法规，但
均有相关法规对各类商品中允许、限制、禁止使用的添加剂等进行规定，以保护其本国
消费者的安全。

六、多氯萘检测

　　早期 PCN 研究时受仪器条件的限制，大多采用气相色谱-电子捕获检测器（GC-
ECD）、高效液相色谱（HPLC）法测定。近年来随着分析仪器的快速发展，PCN 的分
析方法也得到了改进，目前 PCN 分析应用最广泛的是气相色谱-质谱（GC-MS）方法。
在质谱应用中，电子轰击离子源（EI）与电子捕获负化学离子源（ECNI）的质谱模式
均有应用，使用高分辨质谱测定 PCN 时分辨率一般设定为 8000~10 000，对于不同基
质中多氯萘检出限分布范围为 1~12.5 $\mu g/mL$，低氯取代萘相比高氯取代萘，检出限更
低、检测效果更佳。与 ECNI 源相比，EI 源具有简单、重复性好、分辨率高、碎片离
子分布合理的优点，是目前基于气相色谱分离技术的最主要多氯萘检测方法，对于一氯
取代萘至八氯取代萘样品的回收率范围为 89%~108%，方法精密度（$n=8$）范围为
3.0%~7.2%[85]。我国研究人员采用 HRGC-HRMS 测定了鱼、鸭等肌体中多氯萘含
量，样品经粉碎后采用索氏提取方式提取样品中多氯萘组分，采用二氯甲烷/正己烷提
取液，以 ^{13}C-PCDD、^{13}C-PCDF 同位素内标经柱分离净化后进行色谱分析，回收率范围
为 74.2%~111.8%，实际样品中鱼体内 PCN 含量平均值为 640 pg/g，而鸭肉中含量
较低，约为 430 pg/g[86]。

　　近年来气相色谱-离子阱质谱、二维气相色谱-质谱技术在 PCN 检测中的应用也有
报道，如采用 5% 的苯基-二甲基聚硅氧烷色谱柱可对大多数多氯萘达到较为理想的分
离效果，对于极端难于分离的物质，可利用离子阱的二次特征离子的离子化分析进行准
确的定性、定量检测，或通过二维气相色谱支线分离技术达到有效分离，同常规质谱检
测技术相比，在降低色谱端分离技术要求条件下，可降低检测限 1 或 2 个数量级，并能
满足几乎所有类型基质样品检测需求。

　　液相色谱法也是检测 PCN 的重要技术方法。Helm 等采用 Restek 公司的 R-t DEX-
cst 色谱柱成功地将 PeCN、HxCN 和 HpCN 中几种难分离的同类物完全分离，甚至将
最难分离的 CN-66 和 CN-67 分离[80]。液相色谱分离不受样品气化条件限制，样品适用
范围更加广泛，但由于受柱分离效率及分离效果的影响，往往达不到有效分离要求，或
者是可分离但分析时间过长、效率低下，一般限制检出限为 30~50 ng/mL。

第五节　有害元素

除有机物类危害性物质外，食品中还可能涉及大量无机物类有害物质，其中重金属类有害物质是食品中危害人体健康的主要危害源。重金属中危害性较大的主要是铅、铬、镉、汞、砷等，这些有害元素进入人体后与肌体结合会造成不同程度的危害，对消化系统、神经系统、脏器、皮肤、骨骼等造成不可逆转的损害。此外，食品包装材料在生产、使用过程中因受外界环境、原材料、加工生产过程影响而吸收、残存的有害元素在使用过程中向食品的迁移同样也是食品中有害元素的主要来源，对人体健康的潜在危害不可忽视。

一、有害元素理化性质

通常而言，重金属是指密度不小于 5000 kg/m³ 的金属，与食品安全密切相关的主要包括铅、铬、镉、汞、砷等金属元素。重金属元素通常不溶于水及有机溶剂，在水中不分解、不反应，人体吸收的重金属一般以盐的形式经饮水、食物摄入。

铅（Pb），浅蓝色的金属，位于元素周期表ⅣA族，原子序数 82，相对原子质量 207.19，相对密度 11.34，熔点 327.5℃，沸点 1740℃。纯净的铅是较软的金属，新切开的铅表面有金属光泽，受空气中氧、水和二氧化碳的作用，表面迅速生成一层暗灰色致密碱式碳酸盐保护层。自然界的铅元素多以二价铅化合物形式存在，不同的铅化合物在水中溶解性不同，而氧化物则不溶于水。

铬（Cr），银白色金属，位于元素周期表ⅥB族，原子序数 24，相对原子质量 51.996，相对密度 7.22，熔点 1857℃，沸点 2672℃。铬属于不活泼性金属，常温下性质较为稳定，但能与氟反应生成三价氟化物，当温度高于 600 ℃时可与大多数物质反应生成价态为二价至六价化合物。当表面形成致密化合物保护膜后，内部铬金属可稳定存在，在自然界铬元素多以三价化合物形式存在。

镉（Cd），银白色略呈淡蓝色光泽金属，位于元素周期表ⅡB族，原子序数 48，相对原子质量 112.41，相对密度 8.65，熔点 321.18℃，沸点 765℃。在潮湿空气中会缓慢氧化并逐渐失去光泽，受热条件下反应加快生成棕色氧化保护层，能与大多数无机酸直接反应生成镉盐。

汞（Hg），又称为水银，呈银色，室温下唯一的液态金属，位于元素周期表ⅡB族，原子序数 80，相对原子质量 200.59，相对密度 13.35，熔点 −38.9℃，沸点 356.9℃。汞化学性质较为稳定，不与空气中的氧发生反应，不溶于冷的稀硫酸、盐酸，但可溶于氢碘酸、硝酸、热硫酸，各种碱性溶液一般不与汞发生反应，但极易与硫发生反应生成硫化汞，同烷基化物反应则生成各种毒性更强的有机汞化合物。

砷（As），依据同素异形体的不同呈现黄色、黑色、灰色等几种颜色，其中灰色晶体砷具有金属光泽，易于传热、导电。砷位于元素周期表ⅤA族，原子序数 33，相对原子质量 74.92，相对密度 5.727，熔点 817℃，加热至 613℃时可直接升华。砷属于较活泼元素，可形成多种三价、五价化合物，还可与有机物形成较为稳定的络合物、螯合物。

二、有害元素来源及污染途径

食品中重金属污染来源较为广泛，总体而言，目前食品中的重金属污染来源包括源于环境因素的重金属污染和源于加工过程及包装材料迁移的重金属污染。

1. 环境的重金属污染

重金属在土壤、水、空气中广泛存在，并且随着工农业生产的发展，未经处理的工业废气、废水、废渣的排放是汞、镉、铅、砷等重金属元素对食品造成污染的主要渠道。在能源、运输、冶金和建筑材料等工业领域所产生的气体、粉尘中含有大量有害重金属，是目前进入大气中的重金属的主要污染源。除汞以外，其余重金属基本上以气溶胶形态进入大气，再经自然沉降、降水等途径进入土壤。农作物通过根系从土壤中吸收并富集重金属，也可通过叶片从大气中吸收气态、尘态铅、镉、汞等重金属元素。有研究显示，蔬菜中铅含量与汽车尾气中铅污染有很大关系，工业发达地区蔬菜中铅含量与其他地区相比高出 2~3 倍。

除环境污染因素外，农业生产领域施用的农药、化肥是食品中重金属污染的另一主要渠道。例如，作为我国主要的农业用肥料磷肥中含有金属镉，并且在我国施用范围面广、量大，目前已经造成土壤、作物、食品的污染，长期施用含有铅、镉、铬的农药、化肥，如磷矿粉、波尔多液、代森锰锌等，将导致土壤中重金属元素的积累。有研究显示，受污染的水体中镉浓度与正常水体相比可偏高上百倍，污染的土壤中镉浓度比正常土壤中镉浓度也明显偏高，在这些土壤中种植的植物中的镉含量会明显增加。此外有机汞农药含有苯基汞、烷氧基汞，通过食品进入人体后极易分解为无机汞化合物危害人体健康。目前我国已经禁止生产、进口、施用有机汞农药，除拌种常用的乙酸苯汞、氯化乙基汞外，世界各国均已禁止施用有机汞农药。

2. 加工过程及包装材料的重金属污染

在食品加工时所用的机械、管道、容器或加入的某些食品添加剂中，存在的有毒元素及其盐类，在一定条件下可能污染食品。例如，金属原料导致的重金属迁移污染食品，以不锈钢类食品接触材料为例，普通不锈钢是由铁铬合金掺入微量元素制成，其中元素铬可使产品做到"不锈"，各种不同种类的不锈钢中铬含量均在 10.5% 以上，因此不锈钢产品中极易出现铬元素向食品迁移导致食品污染。由于不锈钢材料昂贵，部分金属包装采用电镀金属方式，在节约成本的同时起到金属防锈作用，因而引入了电镀涂层中的重金属迁移问题。由于镀层厚度、化学性能、电镀工艺等原因，电镀金属中重金属元素极易超标，直接影响到向所接触食品中的重金属的迁移影响。除此之外，焊接工艺控制、表面涂层等都有可能导致食品受到重金属污染。

除金属包装材料外，源于植物的天然纤维类包装材料是食品中重金属迁移污染的另外一个重要来源。以纸基包装为例，其植物纤维在生长环节中由于空气、水体、土壤污染使得其自身可能含有大量铅、镉、砷等重金属元素，通过加工生产过程转移至成品包装材料中。我国传统的陶瓷制品中，由于原料来源等因素，其中的铅、镉等含量普遍偏高。在食品包装材料生产制造的另一个关键性环节——喷涂装饰过程中，包括纸基、高分子材料表面的油墨喷涂、陶瓷制品的釉彩等，同样也是重金属污染的重要途径，油墨、涂料中的铅、镉、铬、汞等重金属以及釉彩中的铅、铬等极易发生迁移，污染食品。

三、有害元素毒性及症状

食品中有毒有害元素一旦被吸收后，可通过血液分布于体内组织和脏器，除了以原有形式为主外，还可以转变成具有较高毒性的化合物形式。多数有毒有害元素在体内有蓄积性，能产生急性和慢性毒性反应，影响包括生殖系统、神经系统、内脏系统等各机体功能，产生致癌、致畸和致突变等作用。

1. 生殖毒性

生殖毒性是大多数重金属所具有的共性危害，目前研究显示，铅、镉、汞、砷等均具有不同程度的生殖毒性。有研究显示，铅对于雄性动物睾丸影响很大，可导致明显的睾丸退行性变化影响睾丸功能，低剂量的铅环境暴露即可改变精子的质量及其染色体的凝聚，同时对于精子的发育、成熟有着明显的干扰、阻碍作用，并且具有直接毒性，一定剂量的铅接触即可引起雄性动物精子活性降低、畸变。镉对生殖系统的危害主要表现为内生殖器官的变异，如睾丸血管畸形、损害睾丸细胞、输精管纤维化等，同时可抑制睾丸功能如睾丸酮的分泌，影响生殖系统功能。对于雌性动物而言，镉可影响卵巢的正常发育，导致其发生病理性组织学改变，影响卵巢功能如卵泡发育、排卵等。汞经吸收后，未发现生殖器官的明显病变现象，但可造成雄性动物精子密度降低、活性减弱和畸形率升高，对雌性动物而言则可抑制卵母细胞的成熟，降低排卵卵细胞数，影响并降低动物的生殖能力，同时具有一定的胚胎致畸作用。砷的生殖毒性研究发现，其可引发精子畸形导致胖头、无定形、无钩等，同时可通过胎盘屏障影响胚胎细胞，对于胚胎的发育具有很高的致畸作用，并且不同剂量染毒后子代及第三代均可见明显的高精子畸形率。

2. 神经毒性

神经毒性一般是指对于神经系统造成的麻痹、神经元改变等影响。重金属中铅可造成中枢神经麻痹、运动神经元病变，导致机体运动功能失调，症状包括手脚酸麻无力、触觉等减弱或异常，同时严重影响肌肉运动功能。镉对神经系统的影响主要集中在中枢神经领域，影响神经递质的含量及其酶的活性，导致发育障碍、智力受损。汞对于神经系统的影响主要导致神经细胞变化，低水平汞暴露时，神经元是主要受损细胞，随着剂量的增大及接触时间的延长，神经胶质细胞开始出现受损症状。

3. 肾脏毒性

几乎所有的重金属都具有肾脏毒性，如铅中毒可引起肾脏病变，包括近端肾小管变形、血尿、蛋白尿、糖尿等症状，严重的铅中毒可直接导致肾脏纤维化、肾血管硬化从而影响甚至完全丧失肾功能。镉、汞等重金属在内脏器官中主要分布于肾脏，其中镉的毒性作用主要是引起细胞凋亡，表现为肾小管功能障碍及近曲小管上皮细胞的损伤，导致肾功能下降乃至衰竭，而汞则引起实验动物的尿素氮、肾脏脂质过氧化物含量异常。

4. 其他毒性

除上述重金属毒性危害外，对于生物体而言重金属还可导致机体抵抗力下降，吸收代谢系统异常，引发内分泌紊乱，染色体及遗传基因变异，骨骼系统病变引起骨质酥松、软骨、骨折及骨细胞病变，血液系统病变，皮肤病变等多种危害。

四、有害元素吸收、分布、代谢与排泄

不同类型重金属元素由于来源、施用环境及引入途径不同，在不同食品中的分布各不相同。例如，有研究显示，食品铅污染最严重的是小食品，超标率约为 14%，余下依次为蛋类、粮食类、淡水鱼、面制品，而乳制品、生肉类、水果类中铅含量较少被检出，这与食品加工生产过程中所使用的生产工艺密切相关[87]。镉在生肉类食品中含量最高，淡水鱼、蔬菜中较低，主要原因一方面是动物饲料引入，另一方面是肉类食品加工过程中镉不易被破坏，导致直接入口食品的散装熟肉镉含量偏高。砷的主要食品来源是淡水鱼，其次为小食品、水果、面制品等，而含铅、镉较高的皮蛋、生肉类食品中砷含量较低，其原因主要在于砷在水体中的广泛存在，导致水生鱼类富集而含量偏高。食品中汞含量的监测结果显示，原粮中汞含量远高于肉类、鱼类等食品，其原因则是含汞类农药的施用残留。

对于人体而言，源于不同途径的重金属的摄入途径主要包括呼吸摄入、消化道摄入、接触性摄入等。以气溶胶形式或附着于微粒上的重金属可通过正常呼吸途径进入人体，如粒径小于 10 μm 的颗粒可进入上呼吸道，通过肺部吸收后进入人体循环系统，如汽车尾气中所含大量铅即通过呼吸方式危害人体健康。此外，由于职业性接触，含铬蒸气、气溶胶、粉尘，以及挥发性极强的汞蒸气是人体摄入重金属的重要途径。消化道摄入主要是通过使用含有重金属的食物或饮用水而摄入，胃肠道是消化道中主要的重金属摄入器官，人体摄入的无机铅、镉、铬、砷等约 55% 通过消化道吸收摄入。接触性摄入主要是指经皮肤摄入。研究显示，无机铅的皮肤接触不会造成人体危害，但有机铅可直接由皮肤进入血液系统危害人体健康，而涂料中广泛使用的三价铬同样可通过皮肤摄入，形成积累性侵入。

五、有害元素控制措施

WHO 以有害元素风险性评价及毒理危害研究为基础，推荐重金属元素的每周允许摄入量（PTWI）分别为铅 0.05 mg/kg（成人）、0.025 mg/kg（儿童），镉 0.007 mg/kg，铬 0.0045 mg/kg，汞 0.003 75 mg/kg，砷 0.05 mg/kg（总砷）、0.015 mg/kg（无机砷），我国对于食品及食品接触材料中部分重金属含量限制如表 5-1 所示。

表 5-1　我国相关食品中重金属限量

食品种类	限量/(mg/kg)						
	铅	镉	总汞	甲基汞	总砷	无机砷	铬
粮食	0.2	0.1	0.02	—	—	0.1～0.2	1.0
豆类	0.2	0.2	—	—	—	0.1	1.0
薯类	0.2	—	0.01	—	—	—	0.5
蔬菜	0.1～0.3	0.05～0.2	0.01	—	—	0.05	0.5
水果	0.1～0.2	0.05	0.01	—	—	0.05	0.5
肉类	0.2～0.5	0.1～1.0	0.05	—	—	0.05	1.0
鱼贝	0.5	0.1	—	0.5～1.0	—	0.1～1.5	2.0
蛋类	0.2	0.05	0.05	—	—	0.05	1.0
乳品	0.02～0.05	—	—	—	—	0.05～0.25	0.3～2.0
饮品	0.05～0.2	—	—	—	0.2	0.05	—
可可制品	—	—	—	—	0.5～1.0	—	—

对于食品接触材料，我国规定铅的迁移量在浸泡液中，重金属以 Pb 计限量范围为 0.2～7.0 mg/L，其中精制铝食具容器中限量最低为 0.2 mg/L，而陶瓷食具容器由于受原料限制铅含量一般较高，限量范围为 7.0 mg/L。镉金属迁移量主要涉及搪瓷、陶瓷、玻璃、铝等材质食品接触材料，限量范围为 0.02～0.5 mg/L，铝及不锈钢材质样品限量最低。砷元素限量涉及不锈钢、玻璃、铝、肠衣、塑料餐具等食品接触材料，限量范围为 0.04～1.0 mg/L，铬元素限量仅在不锈钢食具及内壁为聚四氟乙烯涂料的食品接触材料中限制，分别为 0.5 mg/L 及 0.01 mg/L，而汞元素不在包装材料中因而不列入限制范围之内。

六、有害元素检测

食品及其接触材料中重金属有害元素含量的监测长期以来是食品安全领域的重要研究内容，经过多年的发展，目前已基本建立起针对不同食品及接触材料基质的、针对不同重金属元素的较为有效的检测方法。总体而言，食品中的重金属有害元素通常采取经过灰化、消解后进行光谱分析，而食品接触材料则多采用模拟物浸泡迁移后检测模拟物中的重金属迁移量。

1. 前处理技术

对于食品样品，一般可采用干法灰化、湿法消解、高压釜消解以及微波消解法将固态样品转化为液态供后续仪器分析使用。干法灰化法消解食品样品是依靠加热使试样灰化分解后采用适当的溶液溶解或吸收分解产物进行分析，灰化温度一般不超过 600℃，干法灰化设备简单、操作容易，适于大多数食品样品并能大批量处理，但灰化过程易受外界污染。湿法消解利用强酸等与样品共沸将样品中的有机物分解出去，得到仪器分析用溶液，可选用强酸溶液包括高氯酸、硝酸、盐酸、硫酸等以及各种混配酸，与干法灰化相比受外界污染少，适用于几乎所有食品样品的消化过程。高压釜消解技术基于湿法消解，通常在惰性容器中置于烤箱或马弗炉内加热、增压消化样品，温度一般不高于 150℃，与传统湿法消化相比试剂用量少、消化速度快。微波消解是随着微波技术的发展而新出现的消解技术，与高压釜消解类似，在惰性密闭容器中加入酸性消解溶液，在微波发生器中进行样品消解过程，具有反应快、试剂用量少、空白低、样品消解充分的优点，是目前食品样品消解的主要方法。

食品接触材料中有害元素的迁移检测通常采用模拟物模拟实际盛装食品样品时的环境、时间等条件，依据一定体积/面积值或容积比进行浸泡，如日本及我国相关标准规定以 4％乙酸溶液为模拟液，欧盟则以 3％乙酸为模拟浸泡液。

2. 分析方法

食品所涉及重金属检测技术方法经过多年发展，目前已有比色法、光谱法、质谱法、液相色谱法等，可适用于不同检测需求。

比色法是重金属检测中最早使用的方法，包括硫代乙酰胺法、砷斑法、银盐比色法等。作为早期研究利用的检测技术方法，比色法具有仪器设备简单、操作简便的优点，但方法准确度相对较差，易受多种金属的干扰，选择性差，仅适用于重金属总量测定，对于某种重金属元素的特异性不强（如硫代乙酰胺法），或仅适用于某种元素（砷斑法仅适用于总砷测定），目前比色法多应用于快速简便测试及食品的初步筛分领域。

光谱法是重金属检测应用的重要技术方法，其基本原理是利用重金属元素特征光谱曲线进行定性、定量检测，包括分光光度法、原子吸收光谱法和原子发射光谱法。紫外-可见光分光光度法是最早的重金属光谱分析方法，其基于重金属元素对于紫外-可见光谱辐射的选择性吸收来进行测定，方法快速、简便，定性分析准确但定量较差，一般多用于铅、汞、镉等元素的检测。原子吸收光谱法是目前重金属元素检测的最主要方法，依据不同原理方法分为冷原子吸收法、石墨炉原子吸收法、火焰原子吸收法、氢化物原子吸收法等。冷原子吸收法属于特异性方法，专用于汞的测定，利用汞特征吸收光谱曲线进行样品中汞的定性、定量检测，有研究显示经消解后的样品采用冷原子吸收法测量时最低检出限可达 0.0608 ng。石墨炉原子吸收法利用在石墨管中高温环境使样品原子化后通过炉体内光路产生吸收进行测定，方法灵敏度可高达 10^{-9}，特异性好、分析速度快，配合不同的阴极发射灯可用于除汞以外的重金属测定。火焰原子吸收法原理与石墨炉法类似，通过将含有待测元素的样品溶液喷射成雾状进入火焰，辐射出特征光谱曲线，当通过一定厚度的该元素蒸气时，部分光被蒸气中的基态原子吸收而减弱，从而测定该元素含量，灵敏度，一般为 10^{-6}，多用于含量较高的重金属元素的测定。氢化物原子吸收法检测首先须将待测元素在酸性介质中还原为沸点低、易受热分解的氢化物后，在吸收池中加热分解形成基态原子检测，与石墨炉法相比该方法检测限更低且干扰少，适用于痕量元素检测，但由于受酸化过程要求限制，只能应用于少量元素如铅、砷、汞等的测定。原子发射光谱法测量重金属元素包括原子荧光光度法、电感耦合等离子体原子发射光谱法（ICP-AES），其中原子荧光光度法利用待测原子蒸气在辐射能激发下所产生荧光的发射强度进行元素分析，其检测限低于原子吸收法，谱线简单、干扰少、线性范围宽，但受激发荧光限制可应用的元素有限，仅适用于砷、铅、镉、汞等的分析。ICP-AES 法利用高频感应电流高温将反应气加热、电离，利用元素发出的特征谱线进行测定，方法灵敏度高、干扰小、线性范围宽，最大的优点是可同时或顺序测定多种金属元素，可对高温金属元素进行快速分析，目前可应用于除汞、镉等以外的绝大部分金属元素的测定。

质谱法、液相色谱法是近年来重金属元素检测的新方法，其中电感耦合等离子体质谱法（ICP-MS）通过将电感耦合等离子体与质谱联用，利用电感耦合等离子体使样品汽化、待测金属分离后进入质谱进行测定，ICP-MS 可通过离子荷质比进行无机元素的定性、定量分析，并可同时进行多种元素及同位素的测定，与原子吸收法相比检测限更低，属于痕量元素分析方法，目前可应用于除汞以外的绝大多数重金属测定。液相色谱法测量重金属需要通过络合法将痕量金属离子与有机试剂形成稳定的有色络合物，然后通过色谱柱分离、紫外-可见光检测器检测，液相色谱法可实现多元素的同时测定，如采用卟啉类试剂检测限可达 10^{-9}，但由于受络合剂可选择性的限制，目前液相色谱法仅适用于镉、铅、汞等重金属元素的测定。

参 考 文 献

［1］孙秀兰，姚卫荣. 食品安全化学污染防治. 北京：化学工业出版社，2009
［2］姚玉红，刘格林. 二噁英的健康危害研究进展. 环境与健康杂志，2007，24：560-562
［3］卜元卿，骆永明，腾应，等. 环境中二噁英化合物的生态和健康风险评估研究进展. 土壤，2007，39：164-172
［4］Eljarrat E, De La Cal A, Larrazabal D, et al. Occurrence of polybrominated diphenylethers, polychlorinated dibenza-p-dioxins, dibenzofurans and biphenyls in coastal sediments from Spain. Environmental Pollution，2005，136：493-501
［5］Geusau A, Abraham K, Geissler K, et al. Severe 2, 3, 7, 8-trtrachlorodibenzo-p-dioxin (TCDD) intoxication：clinical and laboratory effects. Environmental Health Perspectives，2001，109：865-869
［6］王刚垛. TCDD 免疫毒性研究进展 I：TCDD 对免疫功能的影响. 国外医学卫生学分册，2000，27：73-77
［7］De Heer C, De Waal E J, Schuurman H J, et al. The intrathymic target cell for the gyhmontoxic action of 2, 3, 7, 8-tetrachlorodibenzo-p-dioxin. Experimental and Clinical Immunogenetics，1994，11：86-93
［8］Korenaga T, Fukusato T, Ohta M, et al. Long-term effects of subcutaneously injected 2, 3, 7, 8-tetrabromod-ibenzo-p-dioxin on the liver of Rhesus monkeys. Chemosphere，2007，67：S399-S404
［9］Levin M, Morsey B, Mori C, et al. Non-coplanar PCB-mediated modulation of human leukocyte phagocytosis：a new mechanism for immunotoxicity. Journal of Environmental Science and Health, A，2005，68：1977-1993

[10] Bovee T F H, Hoogenboom L A P, Hamers A R M, et al. Validation and use of the CALUX-bioassay for the determination of dioxins and PCBs in bovine milk. Food Additives and Contaminants, 1998, 15: 863-875

[11] Patandin S, Dagnelie P, Mulder P, et al. Dietary exposure to PCBs and dioxins from infancy until adulthood: A comparison between breast-feeding, toddler, and long term exposure. Environmental Health Perspectives, 1999, 107: 45-51

[12] Ohbayashi H, Sasaki T, Matsumoto M, et al. Dose- and time-dependent effects of 2, 3, 7, 8-tetrabromod-ibenzo -*p*-dioxin on rat liver. The Journal of Toxicological Sciences, 2007, 32: 47-56

[13] Griffiths W A D. Essentials of Industrial Dermatology. Year Book Medical Pub, London, 1985

[14] Tamburro C H. Chronic liver injury in phenoxy herbicide-exposed Vietnam veterans. Environmental Research, 1992, 59: 175-188

[15] 古月玲, 陈彤. 二噁英提取方法的比较. 分析测试学报, 2007, 26: 122 - 124

[16] 丁罡斗, 李翔. 气相色谱-离子阱二级质谱对照高分辨质谱对食品中二噁英类多氯联苯的测定. 分析测试学报, 2008, 27, 5: 479- 483

[17] Pfeiffer C D, Nestrick T J, Kocher C W. Determination of chlorinated dibenzo-*p*-dioxins in purified pentachloro-phenol by liquid chromatography. Analytical Chemistry, 1978, 50: 800-804

[18] Dettmer F T, Wichmann H, Bahadir M. Optimization of dioxin cleanup by using lignite coke-silica gel columns and solvent substitutions. Fresenius Environmental Bulletin, 1998, 7: 216-223

[19] 徐盈. 利用 EROD 生物测试法快速筛选二噁英类化合物. 中国环境科学, 1996, 16: 279-283

[20] Zacharewski T, Safe L, Safe S, et al. Comparative analysis of polychlorinated dibenzo-*p*-dioxin and dibenzofu-ran congeners in Great Lakes fish extracts by gas chromatography-mass spectrometry and *in vitro* enzyme induc-tion activities. Environmental Science and Technology, 1989, 23: 730 - 735

[21] 张志仁, 徐顺清. 虫萤光素酶报告基因用于二噁英类化学物质的检测. 分析化学, 2007, 29: 825- 827

[22] 金一和, 陈慧池, 金秀花, 等. CALUX 生物学检测二噁英方法在环境流行病学调查中的应用. 环境与健康杂志, 2003, 20: 142-143

[23] Garcia-Flor, Dachs J, Bayona J, et al. Surface waters are a source of polychlorinated biphenyls to the coastal atmosphere of the north western Mediterranean sea. Chemosphere, 2009, 75: 1144-1152

[24] Szlinder-Richert J, Barska I, Mazerski J, et al. PCBs in fish from the southern Baltic Sea: levels, bioaccumula-tion features, and temporal trends during the period from 1997 to 2006. Marine Pollution Bulletin, 2009, 58: 85-92

[25] Wang H, An Q, Dong Y H, et al. Contamination and congener profiles of polychlorinated biphenyls from dif-ferent agricultural top soils in a county of the Tailake Region, China. Journal of Hazardous Materials, 2010, 176: 1027-1031

[26] Krishnamoorthy G, Venkataraman P, Arnnkumar A, et al. Ameliorative effect of vitamins (alpha—to-copherol and ascorbic acid) on PCB (Arcelor 1254) induced oxidative stress in rat epididymal sperm. Reproduc-tive Toxicology, 2007, 23: 239-245

[27] Ton G, Rignell H A, Tyrkiel E, et al. Semen quality and exposure to persistent organochlorine pollutants. Epidemiology, 2006, 17: 450-458

[28] Stronati A, Manicardi G C, Cecati M, et al. Relationships between sperm DNA fragmentation, sperm apop-totic markers and serum levels of CB-153 and P, P′-DDE in European and Inuit populations. Reproduction, 2006, 132: 949-958

[29] Tiido T, Rignell-Hydbom A, Jonsson B A, et al. Impact of PCB and P, P′-DDE contaminants on human sperm Y: X chromosome ratio: studies in three European populations and the Inuit population in Greenland. Environmental Health Perspectives, 2006, 114: 718-724

[30] Krishnamoorthy G, Murugesan P, Muthuvel R, et al. Effect of Aroclor 1254 on Sertoli cellular antioxidant system, and rogen binding protein and lactate in adult rat *in vitro*. Toxicology, 2005, 212: 195-205

［31］Goncharov A，Rej R，Negoita S，et al. Lower serum testosterone associated with elevated polychlorinated biphenyl concentrations in native American men. Environmental Health Perspectives，2009，117：1454-1460

［32］Elumalai P，Krishnamoorthy G，Selvakumar K，et al. Studies on the protective role of lycopene against polychlorinated biphenyls（Aroclor 1254）induced changes in StAR protein and cytochrome P450 scc enzyme expression on Leyding cells of adult rats. Reproductive Toxicology，2009，27：41-45

［33］Brucker-Davis F，Wagner-Mahler K，Delattre I，et al. Cryptorchidism at birth in Nice area（France）is associated with higher prenatal exposure to PCBs and DDE，as assessed by colostrum concentrations. Human Reproduction，2008，23：1708-1718

［34］Yamamoto M，Narita A，Kagohata M，et al. Effects of maternal exposure to 3，3′，4，4′，5-pentachlorobiphenyl（PCB126）or 3，3′，4，4′，5，5′-hexaehlorobiphenyl（PCB169）on testicular steroidgenesis and spermatogenesis in male offspring rats. Journal of Andrology，2005，26：205-214

［35］Wakui S，Takagi F，Muto T，et al. Spermatogenesis in aged rats after prenatal 3，3′，4，4′，5-pentachlorobiphenyl exposure. Toxicology，2007，238：186-191

［36］Simecková P，Vondrácek J，Andrysík Z，et al. The 2，2′，4，4′，5，5′-hexachlorobiphenyl-enhanced degradation of connexin 43 involves both proteasomal and lysosomal activities. Toxicological Sciences，2009，107：9-18

［37］Todaka T，Hori T，Hirakawa H，et al. Concentrations of polychlorinated biphenyls in blood of Yusho patients over 35 years after the incident. Chemosphere，2009，74：902-909

［38］Cok I，Durmaz T C，Durmaz E，et al. Determination of organochlorine pesticide and polychlorinated biphenyl levels in adipose tissue of infertile men. Environmental Monitoring and Assessment，2010，162：301-309

［39］Ling B，Han G，Xu Y. PCB levels in humans in an area of PCB transformer recycling. Annals of the New York Academy of Sciences，2008，1140：135-142

［40］Penninger J M L. Supercritical Fluid Technology. Elsevier Science publishers，1985

［41］Schantz M M，Bøwadt S，Benner B A Jr，et al. Comparison of supercritical fluid extraction and Soxhlet extraction for the determination of polychlorinated biphenyls in environmental matrix standard reference materials. Journal of Chromatography A，1998，816：213-220

［42］Fernández A Z，Ferrera Z S，Rodñguez J J S，et al. Determination of polychlorinated biphenyls by liquid chromatography following cloud-point extraction. Analytica Chimica Acta，1998，358：145-155

［43］Na Y C，Kim K J，Hong J，et al. Determination of polychlorinated biphenyls in transformer oil using various adsorbents for solid phase extraction. Chemosphere，2008，73：s7-12

［44］Surma-Zadora M，Grochowalski A. Using a membrane technique（SPM）for high fat food sample preparation in the determination of chlorinated persistent organic pollutants by a GC/ECD method. Food Chemistry，2008，111：230 -235

［45］Abraham V M，Lynn B C Jr. Determination of hydroxylated polychlorinated biphenyls by ion trap gas chromatography-tandem mass spectrometry. Journal of Chromatography A，1997，790：131-141

［46］李敬光，赵云峰，吴永宁. 离子阱串联质谱法检测鱼肉中指示性多氯联苯. 分析化学，2005，33：1223-1226

［47］Brinkman U A，De Kok A，De Vries G，et al. High-speed liquid and thin-layer chromatography of polychlorinated biphenyls. Journal of Chromatography A，1976，128：101-110

［48］Rothweiler B，Berset J D. High sensitivity of ortho-substituted polychlorobiphenyls in negative ion mass spectrometry（NCI - MS）：A comparison with El - MS and ECD for the determination of regulatory PCBs in soils. Chemosphere，1999，38：1517- 1532

［49］孙汶生，王福庆. 医学免疫学. 北京：科学出版社，2004

［50］Sano T，Cantor C R. A streptavidin-protein a chimera that allows one-step production of a variety of specific antibody conjugates. Nature Biotechnology，1991，9：1378-1381

［51］Batley G E. The distribution and fate of tributyltin in the marine environment. In：De Mora S J. Tributyltin：

食品安全化学

A Case Study of An Environmental Contamination, Cambridge Environmental Chemistry Series. Cambridge: Cambridge University Press, 1996

[52] Hoch M. Organotin compounds in the environment-an overview. Applied Geochemistry, 2001, 16: 719-743

[53] 赵丽英，陆贤昆，孙秉一. 有机锡对海洋微藻的毒性效应. 青岛海洋大学学报，1990，20: 125-131

[54] Ohji M, Takeuchi I, Takanashi S, et al. Differences in the acute toxicities of tributyltin between the Caprellidea and the Gammaridea (Crustacea: Amphipoda). Marine Pollution Bulletin, 2002, 44: 16-24

[55] Strmac M, Braunbeck T. Effects of triphenyltin acetate on survival hatching success, and liver ultrastructure of early life stages of zebrafish (*Danio rerio*). Ecotoxicology and Environmental Safety, 1999, 44, 1: 25-39

[56] Harazono A, Ema M, Ogawa Y. Evaluation of early embryonic loss induced by tributyltin chloride in rats: phase and dose dependent antifertility effects. Archives of Environmental Contamination and Toxicology, 1998, 34: 94-99

[57] Chernoff N, Setzer R W, Miller D B, et al. Effects of chemically induced maternal toxicity on prenatal development in the rat. Teratology, 1990, 42: 651-658

[58] Ema M, Miyawaki E, Kawashima K. Development toxicology of TPTCL after edministration on three consecutive days during organogenesis in rats. Bulletin of Environmental Contamination and Toxicology, 1999, 62: 363-370

[59] 阿那尼，黄玉瑶. 氯化二丁基锡对雌小鼠的生殖毒性. 环境科学学报，2000，20: 746-750

[60] Boyer I J. Toxicity of dibutyltin, tributylin and other organotin compound to humans and to experimental animals. Toxicology, 1989, 55: 253-298

[61] Heidrich D D, Steckelbroedk S, Klingmuller D. Inhibition of human cytochrome P450 aromatase activity by butyltins. Steroids, 2001, 66: 763-769

[62] Whalen M M, Loganathan B G, Kannan K. Immunotoxicity of environmentally relevant concentrations of butyltins on human natural killer cells *in vitro*. Environmental Research, 1999, 81: 108-116

[63] Harino H, O'Hara S C M, Burt G R, et al. Distribution of organotin compounds in tissues of mussels Mytilus edulis and clams Mya arenaria. Chemosphere, 2005, 58: 877-881

[64] Simon S, Bueno M, Lespes G, et al. Extraction procedure for organotin analysis in plant matrices: optimisation and application. Talanta, 2002, 57: 31-43

[65] Yang R, Zhou Q, Liu J, et al. Butyltins cmpounds in molluscs from Chinese Bohai coastal waters. Food Chemistry, 2006, 97: 637-643

[66] Guérin T, Sirot V, Volatier L, et al. Organotin levels in seafood and its implications for health risk in high-seafood consumers. Science of the Total Environment, 2007, 388: 66-67

[67] Heroutl J, Bueno M, Potin-Gautier M, et al. Organotin speciation in French brandies and wines by solid-phase micro-extraction and gas chromatography pulsed flame photometric detection. Journal of Chromatography A, 2008, 1180: 122-130

[68] Moranet-Zarcero S, Pérez Y, Del Hierro I, et al. Simultaneous determination of phenylglycidol enantiomers and cinnamyl alcohol in asymmetric epoxidation processes by chiral liquid chromatography. Journal of Chromatography A, 2004, 1046: 61-66

[69] Santos M M, Enes P, Reis-Henriques M A, et al. Organotin levels in seafood from Portuguese markets and the risk for consumers. Chemosphere, 2009, 75: 661-666

[70] Xiao Q, Hu B, He M. Speciation of butyltin compounds in environmental and biological samples using headspace single drop microextraction coupled with gas chromatography-inductively coupled plasma mass spectrometry. Journal of Chromatography A, 2008, 1211: 135-141

[71] 俞是聃，肖毓铨，陈晓秋，等. 气相色谱与电感耦合等离子体质谱联用测定海产品中有机锡的研究. 福建分析测试，2008，17: 40-43

[72] 于振花，荆淼，王庚，等. 高效液相色谱-电感耦合等离子体质谱联用同时检测海产品中的多种有机锡. 分析

化学，2008，36：1035-1039

[73] 丘红梅，刘桂华，于振花. LC-ICP-MS 联用测定海产品中有机锡. 实用预防医学，2008，15：1342-2344

[74] Rivaro P，Frache R，Leardi R. Seasonal variations in levels of butyltin compounds in mussel tissues sampled in an oil port. Chemosphere，1997，34：99-106

[75] Guo L，Matysik F M，Gläser P. Speciation of organotin compounds by capillary electrophoresis：comparison of aqueous and mixed organic-aqueous systems. Analytical and Bioanalytical Chemistry，2004，380：669-676

[76] Fernandes A，Gallani B，Gem M，et al. Trends in the dioxin and PCB content of the UK diet. Organohalogen Compounds，2004，66：2053-2060

[77] Schneider M，Stiegliz L，Will R，et al. Formation of polychlorinated naphthalenes on fly ash. Chemosphere，1998，37：2055-2070

[78] Sisman T，Geyikoglu F. The teratogenic effects of polychlorinated naphthalenes (PCNs) on early development of the zebrafish (*Danio rerio*). Environmental Toxicology and Pharmacology，2008，25：83-88

[79] Villeneuve D L，Kannan K，Khim J S，et al. Relative potencies of individual polychlorinated naphthalenes to induce dioxin-like responses in fish and mammalian *in vitro* bioassays. Archives of Environmental Contamination and Toxicology，2000，39：273-281

[80] Helm P A，Bidleman T F，Stern G A，et al. Polychlorinated naphthalenes and coplanar polychlorinated biphenyls in beluga whale (*Delphinapterus leucas*) and ringed seal (*Phoca hispida*) from the eastern Canadian Arctic. Environmental Pollution，2002，119：69-78

[81] Ishaq R，Karlson K，Näf C. Tissue distribution of polychlorinated naphthalenes (PCNs) and non-ortho chlorinated biphenyls (non-ortho PCBs) in harbor porpoises (*Phocoena phocoena*) from Swedish waters. Chemosphere，2000，41：1913-1925

[82] Domingo J L，Falcó G，Llobet J M，et al. Polychlorinated naphthalenes in foods：estimated dietary intake by the population of Catalonia Spain. Environmental Science and Technology，2003，37：2332-2335

[83] Norén K，Meironyté D. Certain organochlorine and organobromine contaminants in Swedish human milk in perspective of past 20-30 years . Chemosphere，2000，40：1111-1123

[84] Van Leeuwen F X R，Younes M M. Consultation on assessment of the health risk of dioxins；re-evaluation of the tolerable daily intake (TDI)：Executive summary. Food Additives and Contaminants，2000，17：223-240

[85] Kucklick J R，Harner T. Interlaboratory study for the poly-chlorinated naphthalenes (PCNs)：Phase II results. Organohalogen Compounds，2005，67：712-714

[86] Jiang Q T，Hanari N，Miyake Y，et al. Health risk assessment for polychlorinated biphenyls，polychlorinated dibenze-*p*-dioxins and dibenzofurans and polychlorinated naphthalenes in seafood from Guangzhou and Zhoushan，China. Environmental Pollution，2007，148：31-39

[87] 于国胜. 食品中铅、镉的微波炉消解最佳条件探索. 分析化学，1990，12：1177

第六章　食品中的农药残留

农药（pesticide）是指在农业生产中用于防治农作物病虫、消除杂草、促进或控制植物生长的各类药剂的总称。根据《中华人民共和国农药管理条例》，农药为"用于预防、消灭或者控制危害农业、林业的病、虫、草和其他有害生物，以及有目的地调节植物、昆虫生长的化学合成的或者来源于生物、其他天然物质的一种物质或者几种物质的混合物及其制剂，包括用于防治农林牧业生产中的有害生物和调节植物生长的人工合成或者天然物质"。

自20世纪50年代以来，化学合成农药在全世界的广泛应用，为人类在与作物病、虫、草等有害生物的斗争中挽回了大量损失，很大程度上缓解了因人口迅速增长产生的粮食供应量不足的压力，而且通过应用化学农药控制人类传染疾病的媒介昆虫而挽救了上千万人的生命。有资料显示，农药的正确施用可促使粮食增产10%、棉花增产20%、水果增产40%，对于促进农产品高产优质、保障农业丰产丰收具有重要的作用。然而在享受化学农药带来众多利益的同时，农药带来的危害也日益引起人们的重视。伴随着化学农药的应用，不可避免地产生了农药残留问题。存在于食品、饲料和水、土壤、空气等环境中的农药残留，与其他有害的环境化学品一起，造成食品安全和生态安全问题，不仅影响着人们的身体健康，影响生态平衡和生物多样性，而且已成为国际农产品贸易中的主要质量指标，受到世界各国政府和民众的普遍重视与关注。

按来源不同，农药分为有机合成农药、生物源农药和矿物源农药三类[1]。有机合成农药是指由人工研制合成，并由有机化学工业生产的一类农药，如有机氯、有机磷、氨基甲酸酯、拟除虫菊酯农药等，有机农药应用最广，但毒性较大；生物源农药是指直接用生物活体或生物代谢过程中产生的具有生物活性的物质或从生物体直接提取作为防治病虫草害的农药，包括微生物农药、动物源农药和植物源农药三类；矿物源农药指的是有效成分起源于矿物的无机化合物和石油类农药，包括硫制剂、铜制剂和矿物油乳剂等。按用途不同农药则可分为杀虫剂、杀螨剂、杀真菌剂、杀细菌剂、杀线虫剂、杀鼠剂、除草剂、熏蒸剂和植物生长调节剂等。不同类型农药由于本质特性、使用方式、剂量以及生物学稀释作用的不同，一部分残留附着于作物上，一部分散落在土壤、大气和水等环境中，环境残存的农药中的一部分又可被植物吸收，并通过植物果实或水、大气到达人、畜体内，或通过环境、食物链最终传递给人、畜。

第一节　农药残留与食品安全

一、农药残留的定义与分类

农药残留（pesticide residue）是指使用农药后，随着农业生产循环和农产品加工而残存在农产品及其制成品，水、土壤、空气等农业生产体系中的农药活性成分及其在性质上和数量上有毒理学意义的代谢（或降解、转化）产物的总称[2]。对于农药残留的研究，其目的是通过科学、合理地施用农药，减少对环境的污染及其对人类、生态系统的不良影响。

根据使用有机溶剂和常规提取方法能否从基质中提取出来，农药残留可分为可提取残留（extractable residue）和不可提取残留（unextractable residue），不可提取残留又称为"结合残留"。加拿大学者 Khan 提出"农药的结合残留是源于农药使用的、不能用通常所使用的农药残留分析萃取方法所萃取的、存在于环境及样品中的农药及其代谢物"[3]；Roberts 则提出"结合态农药残留是源于农业生产中使用农药而存在于土壤和植物体中的，只有用显著改变残留物化学性质的方法才能提取出来农药残留物"[4]。目前 Roberts 所作的定义被国际纯粹化学和应用化学联合会（IUPAC）采纳，并逐渐被更多的文献引用。国际污染控制协会（IAPC）于 1986 年确定"用甲醇连续萃取 24 h 后仍残存于样品中的农药残留物为结合残留"，结合残留根据其结合方式又可进一步分为键合残留（bound residue）和轭合残留（conjugated residue）[5,6]，前者是指农药亲体或代谢物与土壤中的腐殖物、植物体的木质素或纤维素通过化学键合或物理结合作用，牢固结合形成的残留物；后者是指农药亲体或代谢物与生物体内某些内源物质如糖苷、氨基酸、葡萄糖醛酸等在酶的作用下结合形成的极性较强、毒性较低的残留物。可提取残留是常规农药残留分析的对象，不可提取残留则需要采用特殊的手段才能够进行分析。不可提取残留（结合残留）常用的分析方法包括同位素示踪技术和超临界流体萃取技术。

农药残留限量依据性质不同分为最大残留限量（MRL）、外来残留限量（ERL）、再残留限量（EMRL）。其中 MRL 是指农作物生长、保存过程中依据规定使用后允许农药在各种食品及其原料中或表面残留的最大浓度，也称为最高残留限量；ERL 是指由环境来源造成而非农作物中直接或间接使用农药或污染物所形成的残留或污染物浓度；EMRL 则是指已禁用的持久性残留农药，由于对环境的污染而造成的食品中再次残留。

二、食品中农药残留的来源

目前，食品中的农药残留来源主要包括施用污染、环境富集、食物链传递及其他污染等几种方式[7]。

（1）农药施用导致的污染。作为食品原料的农作物、农产品等因直接施用农药而被污染，其中以蔬菜和水果受污染最为严重。在农药生产中，农药直接喷洒于农作物的茎、叶、花和果实等表面，造成农产品污染，部分农药被作物吸收进入植物内部，经过生理作用运转到植物的根、茎、叶和果实，代谢后残留于农作物中，尤其以皮、壳和根茎部的农药残留量最高。在农产品储藏中，为了防治其霉变、腐烂或植物发芽，使用农药造成食用农产品直接污染，如在粮食储藏中使用熏蒸剂，柑橘和香蕉用杀菌剂，马铃薯、洋葱和大蒜用抑芽剂等，均可导致这些食品中产生农药残留。

　　（2）环境富集效应导致的污染。农田、草场和森林施药后，直接降落在作物上的药量只占一小部分，大部分则散落在土壤中，或飘移到空气里，或被水流冲到塘、湖和河流中，造成了严重的环境污染。经过积累并通过多种途径进入生物体内的农药成分会使农产品出现农药残留问题，如落入土壤的农药成分逐渐被土壤粒子吸附，植物通过根茎部从土壤中吸收农药，引起植物性食品中农药残留；水体被污染后，鱼、虾、贝和藻类等水体生物从水体中吸收农药，引起组织内农药残留；用含农药的工业废水灌溉农田或水田，也可导致农产品农药残留，甚至地下水也可能受到污染，畜禽可以从饮用水中吸收农药，引起畜产品中农药残留；虽然大气中农药含量甚微，但农药的微粒可以随风、大气飘浮、降水等自然现象造成很远距离的土壤和水源的污染，进而影响栖息在陆地和水体中的生物。

　　（3）食物链传递效应导致的污染。农药使用后会以各种形式残留在农作物和其他环境要素（土壤、农产品、地下水等）中，有了残留，也就有了生物富集问题。由于生物富集和食物链传递，农药污染残留成分在经食物链传递时可发生生物富集、生物积累和生物放大，积少成多，积低毒成高毒，致使农药的轻微污染而造成食品中农药的高浓度残留，从而对人体健康造成极大的潜在威胁。畜禽鱼类体内农药残留主要是取食大量被农药污染的饲料，造成体内农药聚集。

　　（4）其他污染途径。农药污染食品的其他途径包括在食品加工、储藏和运输中，使用被农药污染的容器、运输工具，或者与农药混放、混装均导致农药污染；拌过农药的种子造成的意外污染；各类驱虫剂、灭蚊剂等进入食品加工企业、家庭等场所导致的非农业途径污染。

三、我国食品中农药残留现状及危害

　　统计数字显示，我国食品农药残留现状不容乐观。深圳市农产品质量安全检验检测站 2006 年对全市范围内主要草莓生产基地和农产品批发市场进行了抽查检测，平均合格率仅为 49.3%，不合格的主要原因是检出含有甲胺磷、氧化乐果等高毒农药；2007年韶关查获了 49.3 kg 农药残留超标 300 倍的青菜；2007 年广东省茶叶抽检结果显示，总体质量合格率仅达 60%，15% 的茶叶存在农药残留超标问题；2008 年云南蔬菜抽检样品中，43 个样品有农药残留检出，19 个样品农药残留量超标，检出率为 16.9%，合格率为 92.5%。无论是农产品生产基地，还是流通领域，消费者都有可能采购到农药残留超标的农产品。进口产品也有查出农残严重超标的现象，2002 年进口加拿大西洋参经检验鉴定，发现该西洋参中滴滴涕（DDT）的残留量是我国限量的 118 倍。

　　农药一般用于防治农业有害生物，因此对于人体而言其同样有毒害作用。农药的使用，势必造成土壤、水体及环境污染，从而引发食物及食物源中的农药残留，对农业生产系统、生态环境乃至人体健康造成危害，包括有毒农药在生产、运输、销售、使用过程中对环境的污染，对接触人员及非靶标生物产生的直接毒害，存在于农产品及环境中的残留物对人类健康、生命和其他生物的生存产生的影响。由于农药而引起的人体急性、慢性毒害现象日渐突出，通过消化道、呼吸道或直接接触而摄入的农药或有毒代谢组分，可直接引发人体急性中毒或在人体器官、组织中积存而引发蓄积性毒性。早期的食品中有毒污染物残留问题主要是重金属及持久性有机氯农药的残留，而随着农药产业的发展和使用范围的扩大、时间的累积，包括有机磷、氨基甲酸酯等农药残留同样对人体健康造成严重威胁。

因摄入或长时间重复暴露农药残留而对人、畜以及有益生物产生急性中毒或慢性毒害，称为残留毒性（residue toxicity）。农药残毒的大小受农药的性质和毒性、残留量多少等因素的制约而表现出极大的差异。长期食用农药残留超标的农副产品，可能导致农药在体内不断积累而引起慢性中毒，触发多种慢性疾病，包括癌症、生殖和神经系统疾病，以及免疫力降低等。农药对人体健康方面的危害具体表现在以下几个方面。①导致身体免疫力下降。长期食用带有残留农药的菜，农药被血液吸收以后，可以分布到神经突触和神经肌肉接头处，直接损害神经元，造成中枢神经死亡，导致身体各器官免疫力下降。例如，经常性的感冒、头晕、心悸、盗汗、失眠、健忘等。②可能致癌。残留农药中常常含有的化学物质可促使各组织内细胞发生癌变。③加重肝脏负担。残留农药进入体内，主要依靠肝脏制造酶来吸收这些毒素，进行氧化分解。如果长期食用带有残留农药的瓜果蔬菜，肝脏就会不停地工作来分解这些毒素。长时间的超负荷工作会引起肝硬化、肝积水等一些肝脏组织病变。④导致胃肠道疾病。由于胃肠道消化系统胃壁褶皱较多，易存毒物，这样残留农药容易积存在其中，会引起慢性腹泻、恶心等症状。

大量使用化学农药破坏了自然平衡的农业生态环境，在杀死害虫的同时杀死了害虫天敌以及其他有益昆虫，使原来次要的害虫成为主要害虫，产生新的害虫群体。此外，还会影响果品蔬菜的风味、色泽，降低其商品价值。

为了防止食品中的农药残留危害人体健康，人们在农药残留的安全性评价的基础上，制定了每种农药在每种农产品中的最大残留限量（MRL）。最大残留限量是指农畜产品中农药残留的法定最大允许量，其单位是 mg/kg。随着科学技术的发展和社会进步，消费者对食品质量和安全性的意识越来越强，各国政府管理部门对农药残留量最大限量标准也在不断修改和降低，要求日趋严格，这就对农药残留分析提出更高的技术要求和更迫切的社会需要。

四、农药残留的危害与控制

食品中农药残留的控制涉及农业生产环境、农业生产过程（包括农药等农业生产资料的生产和使用）、食品加工过程、食品消费过程等诸多方面，目前在蔬菜、水果、粮食等大众食品领域的农药残留超标现象时有发生，个别地方的个别品种甚至存在非常严重的农药残留超标现象。为此，控制食品中农药残留对于减少食品安全事件发生、提高人民生活质量、促进农产品出口，乃至推动农业产业的可持续发展，都具有重要意义。

农产品中农药残留污染的控制技术与方法应注意以下几点：

（1）要严格遵循国家颁布的《农药安全使用规定》。凡已制定《农药安全使用标准》的品种，均按照标准的要求执行；尚未制定标准的品种，应严格按照办理农药登记时批准的标签施药。

（2）要加强农药使用的法制规范，健全和完善农药使用和监督管理的法规标准，减少管理漏洞。

（3）尽量避免和减少农药的使用量，提倡应用农业防治措施，选用抗病品种，加强植物检疫和采取耕翻、轮作、增施有机肥等农业技术措施，减轻病虫草害的发生，从而减少农药残留所带来的污染。

（4）可实行综合防治的措施，严禁生产和使用高残毒的有机氯，大力推广使用高效、低毒、低残留的拟除虫菊酯类的"一高二低"农药。采取灯光诱杀、热处理和放射不育技术等物理防治措施，或采用以虫治虫、以菌治虫、以菌治草、以菌治菌的生物防治技术，从而达到综合防治病害、虫害、草害和保护农业生产安全的目的。

（5）研究制订施药与作物收获的安全间隔期，对于每一种农药，要根据其特性，研究确定其残留期和半衰期，并规定最后一次施药至收获期前的间隔期，减少或避免农药残留，从而保证食品的安全性。

（6）建立健全农药在食品中的残留标准，根据每一种农药的蓄积作用、稳定性、对动物的致死量以及安全范围等特性，制定农药在食品中的允许残留量标准，为保障食品的安全生产提供参考依据。

（7）研制农药的安全替代产品。可研究开发高效、无毒、无残留、无污染的无公害农药，逐渐淘汰传统农药，从根本上杜绝农药残留，保障食品的安全性。

（8）采用科学合理的加工食用方法，减少农药在食物中的残留量。食品在食用前最好进行去皮、充分洗涤、烹饪和加热等处理，这样可以有效地降低农药在食物中的残留量。有实验结果表明，加热处理可使粮食中的六六六减少 $34\%\sim56\%$，DDT 减少 $13\%\sim49\%$。各类食品在经过 $94\sim96℃$ 加热处理后，六六六的去除率平均为 40.9%，DDT 为 30.7%。

五、农药残留的分析检测

1. 农药残留分析的目的和特点

农药残留分析是应用现代分析技术对残存于各种食品、环境介质中微量、痕量以至超痕量水平的农药进行的定性、定量测定[8]。其主要作用和目的是：研究农药施用后在农作物或环境介质中的代谢、降解和迁移，制定农药残留限量标准和农药安全使用标准等，以满足政府管理机构对农药注册以及农药安全、合理使用的管理；检测食品和饲料中农药残留的种类和水平，以确定其质量和安全性，并作为食品和饲料在国际国内贸易中品质评价和判断的标准及依据，满足政府管理机构对食品质量和安全的管理；检测环境介质（水、空气、土壤）和生态系统生物构成的农药残留种类与水平，以了解环境质量和评价生态系统的安全性，满足环境监测与保护的管理。

农药残留分析是分析化学中最复杂的领域，其原因有以下几个：①残留分析需分离和测定的物质是在 ng（10^{-9} g）、pg（10^{-12} g）甚至 fg（10^{-15} g）水平，一次成功的分析需要有对许多参数包括提取和净化方法的正确理解及其操作条件正确的选择和结合；②农药样品使用历史的未知性和样品种类的多样性造成了分析过程的复杂性；③农药品种的不断增多，对农药多残留分析提出了越来越高的技术适应性和要求。

2. 农药残留分析的基本方法和程序

农药残留分析方法可分为两类[9]，一类是单残留方法（SRM），是定量测定样品中一种农药（包括其具有毒理学意义的杂质或降解产物）残留的方法，这类方法在农药登记注册的残留试验、制定最大农药残留限量（MRL）或在其他特定目的的农药管理和研究中经常应用。另一类是多残留方法（MRM），是在一次分析中能够同时测定样品中一种以上农药残留的方法。根据分析农药残留的种类不同，一般分为两种类型：一种是仅分析同一类的多种农药残留，如一次分析多种有机磷农药残留，又称为选择性多残留方法；另一种是一次分析多类多种农药残留，也称为多类多种农药方法。多残留方法经常用于管理机构和研究机构对未知用药历史的样品进行农药残留的检测分析，以对农产品、食品或环境介质的质量进行监督、评价和判断。

农药残留分析的程序包括样品采集、样品预处理、样品制备以及分析测定等过程。样品采集包括采样、样品的运输和保存，是准确地进行残留分析的前提。样品预处理是对送达实验室的样品进行缩分、剔除或粉碎等处理，使实验室样品成为适于分析处理的检测样品的过程。样品制备包括提取、净化等过程，在有些农药残留的分析中，为了增强残留农药的可提取性、提高其分辨率和测定的灵敏度或满足特定检测技术方法需要，对样品中该种农药常需要进行化学衍生化处理。

3. 农药残留分析方法的选择

在选择采用何种农药残留分析方法时，一般应考虑以下几个因素：

（1）目标农药的理化性质、分析任务的要求、样品的性质及样品来源。农药残留的分析首先必须了解目标农药的重要理化性质，如化学结构、极性、溶解性、蒸汽压及稳定性等，然后根据分析任务的目的、要求，选用适合的农药残留分析方法，同时依据目标样品本身的性质而对样品所进行的前处理过程同样对于农药残留的准确分析测定十分重要。

（2）检测方法的确定。确定所采用的分析方法，如单残留或多残留方法，对于来源、农药接触历史不明的复杂样品，采用多残留方法检测时可结合快速定性分析检测方法进行初步筛选，以确定进一步多残留分析的具体方法。

（3）方法检出限及误差分析。任何分析方法都受到检出限及检测误差的限制。分析目标物的量在此限之下即使存在也无法检出。选用相应分析方法时应考虑农药的最大残留限量与检测限是否相适合、分析试样的背景和仪器的灵敏度。方法总误差表现方法的准确度和精确度，尤其是在痕量分析中必须避免方法误差而导致的偏差、错误。

（4）方法效率及时效性。农药残留的分析对于不同目标物质可选用方法很多，在准确性、精密度保证的前提条件下，应选用费用低、效率高的分析方法，同时应尽可能使用经过国家或国际权威机构生效认可的标准方法。

4. 农药残留分析方法的现状及趋势

近年来农药残留痕量分析技术的需求推动了分析科学尤其是仪器分析的飞速发展，而仪器分析技术的高度发展也是农药残留分析能够达到超痕量水平的前提条件，当前农药残留分析的发展表现了以下突出的趋势。

（1）农药残留分析继续朝着安全、环保、高效、经济的方向快速发展。分析样品用量小型和微型化、溶剂用量的减少、高毒性溶剂（如苯）和氯代烃类溶剂的限用或慎用，以及随着分析时效的提高、分析成本的下降，实验室的农药残留分析人员比过去有了更强的安全意识和环境保护意识。

（2）样品前处理技术发展迅速。例如，固相提取法（SPE）、超临界流体提取法（SFE）、固相微提取法（SPME）、微波辅助提取法（MAE）、加速溶剂提取法（ASE）、基质固相分散提取法（MSPDE）以及凝胶渗透层析（GPC）等，这些新技术集提取、净化和富集于一体，表现了高效、快速、经济、安全、环境友好和自动化联用的发展方向。

（3）多残留分析方法已经成为实验室残留分析的主要方法。分析范围扩大至数百种农药；超临界流体色谱（SFC）、高效毛细管电泳（HPCE）、离子色谱（IC）和高效薄层色谱（HPTLC）等新的分析技术不断涌现；联用、自动化技术广泛应用，气-质联用越来越多地进入残留分析实验室，液-质联用、串联质谱等技术也已成熟。

（4）以酶联免疫技术（ELISA）为代表的快速检测技术受到市场需求的刺激而发展迅速，一些快速检测技术已进入市场，成为实际生产和生活中人们对农药残留现场和即时分析要求的开端。

（5）农药残留分析方法的标准化步伐加快。随着越来越多的农药残留实验室的质量控制和获得认可，农药残留分析的技术与结果在国际的协同化应用已成为可能，这将极大地提高农药残留分析的效率。

第二节　食品中农药残留危害的风险评估

农药的使用目的是保护农作物免受病害、虫害、草害的侵袭，但使用后一般会在目标作物上、使用者身上及其他相关人和物、环境中产生相应的残留，存在不同的风险。为了有效控制这种风险，应对农药的使用量、农药使用后所造成的残留范围及作用效果等相关农药的暴露情况进行全面的风险评估。

一、农药的毒性

根据对目前农业生产上常用农药（原药）的毒性综合评价，将农药的毒性分为剧毒、高毒、中等毒、低毒四类。

大部分农药都属于有毒物质。毒性通常用动物实验的 LD_{50} 来表达。农药毒性水平差别较大，并非所有农药都是高风险性的有毒物质。杀菌剂、除草剂、植物生长调节剂、昆虫生长调节剂中绝大多数都属于低毒化合物，其中个别品种也仅属于中等毒性。高毒和剧毒农药大多数出现在有机磷类和氨基甲酸酯类杀虫剂的部分品种中。例如，涕灭威、甲拌磷、克百威等为剧毒农药，甲基对硫磷、灭多威、甲胺磷等为高毒农药，硫丹、氟虫腈、滴滴涕、溴氰菊酯、顺式氯氰菊酯和顺式氰戊菊酯等为中等毒农药，敌百虫、马拉硫磷、氟虫脲、灭幼脲、代森锌等为低毒农药。

随着医学、毒理学以及分子毒理学的发展，人们对农药在食品中残留毒性的认识不断加深，发现急性毒性低的农药并不能代表其慢性毒性小或者其他毒性也小，也不代表其对后代无影响。食品中农药残留的允许限量对消费者的健康至关重要，农药残留安全性应包括膳食暴露和其他暴露（如饮水和居住环境等）条件下不会损害人体的健康。为此，食品中农药残留可能引起的风险大小取决于农药残留的毒性和对于消费者农药残留暴露的程度。

二、食品安全性评价概况

为保证人类的健康、生态系统的平衡和良好的环境质量，许多国家和组织对化学物质的毒性评价都有一定的标准。FDA 在 1979 年颁布的《联邦食品、药品和化妆品法》，对各种化学品安全进行管理；经济合作与发展组织（OECD）1982 年颁布了《化学品管理法》，提出了一整套毒理实验指南、质量管理规范和化学品投放市场前申报毒性资料的最低限度。尽管各组织及各国制定的卫生法规的原则和标准存在差异，但对化学物质安全性评价无一例外地成为卫生法规中的基本内容。

我国在 20 世纪 50 年代就开始了化学品毒性鉴定和毒理学实验的研究，并在 80 年代相继研究了药品、食品（食品添加剂、食品污染物）、农药、兽药、饲料添加剂等化学物质的毒性鉴定程序和方法，并通过卫生立法规范化学物质的管理。目前相关的毒理学安全性评价法规包括以下几个。

1. 《食品安全性毒理学评价程序》

卫生部在 1983 年公布试行，1985 年经过修订，正式公布，在全国范围内实施。1994 年批准通过中华人民共和国国家标准《食品安全性毒理学评价程序》并予以实施。

2. 《农药安全性毒理学评价程序》

卫生部和农业部于 1991 年颁布，规定了农药安全性毒理学评价的原则、项目和要求，用于在我国登记及需要进行安全性评价的各类农药。

3. 《新药审批办法》

卫生部于 1985 年颁布，对药物的毒理学评价作出了具体规定。

4. 《新兽药一般毒性试验和特殊试验技术要求》

农业部于 1989 年颁布，对新兽药的一般及特殊毒性试验方法进行了规定。

5.《化妆品安全性评价程序和方法》

1987 年批准通过中华人民共和国国家标准，对化妆品原料和产品的安全性评价程序和有关毒性实验方法进行了规定。

为了保证毒理学实验结果的正确性，规范实验方法和实验数据的收集和整理过程，确保实验数据的可靠性和可比性，我国在 2003 年还制定了中华人民共和国国家标准《食品毒理学实验室操作规范》。根据我国卫生法规的规定，食品、食品添加剂、农药、兽药、工业化学品等各类可以经过食物链进入人体的化学物质必须经过安全性评价，才能允许投产，进入市场或进行国际贸易。

国际方面，为促进毒理学安全性评价工作的合作，各有关机构和组织也对化学品毒理学安全性评价工作进行了规定。这些组织包括联合国有关机构和一些地区性组织。

1. 国际食品法典委员会（CAC）

CAC 由联合国粮食及农业组织（FAO）和国际卫生组织（WHO）共同建立，制定了一系列食品、食品添加剂以及农药残留量、兽药残留量的国际标准，帮助有关成员国制定食品安全标准、食品安全管理指导原则和管理法规。CAC 下设秘书处、执行委员会、协调委员会和专业委员会，其中与食品安全评价密切相关的有食品添加剂和污染物法典委员会（CCFAC）、农药残留委员会（CCPR）和兽药残留委员会（CCRVDF）。CAC 的研究报告可为各成员国进行食品安全评价提供参考。

2. 经济合作与发展组织（OECD）

OECD 主要致力于实验方法的研究，包括化学物质对人类健康影响、对生态环境影响（生态毒性、环境积累和降解）的各种实验方法以及化学物质性质测定方法的标准化研究。化学物质管理是 OECD 的一项工作内容，目前已经出版和修订了《化学物毒性试验指导原则》、《良好实验室规范原理》等标准性文件。

3. 国际化学品安全规划署（IPCS）

IPCS 是由世界卫生组织（WHO）、国际劳工组织（ILD）和联合国环境规划署联合成立的，任务是评价各种化学物质对人体健康和环境的影响，定期公布相关评价结果。IPCS 还研究建立有关危险品评定、毒理学实验研究和流行病学调查的方法。

4. 国际潜在有毒化学品登记中心（IRPTC）

IRPTC 的工作目标是降低因化学物污染环境而引起的危害，为其成员国提供有关化学物管理及其标准的情报咨询。

三、食品中农药残留危害的风险评估

农药残留危害属于食品化学危害的组成部分，因此其评估程序和内容与化学危害性风险评估的程序和内容相似，即主要针对食品中农药残留的风险评估。不同农药残留的危害评估可以通过以往的毒理学研究资料进行。在无法获取全面且可靠的资料或无法判断选用哪些毒理学数据进行危害评估时，一般的做法是选用一套可靠的毒理学资料，然后利用其中最低剂量产生的中毒反应来进行评估；如果风险评估所需要的资料没有或无法获取时，可以利用缺失假设进行风险评估。缺失假设方法保证了风险评估方法的一致性，并且可以减少或消除人为操作风险评估过程的可能性。

1. 危害识别

危害识别的目的在于确定通过食品摄入的农药残留对人体潜在的不利影响，以及产生这种不利影响的可能性和不确定性。农药残留危害识别是对暴露于人体的危害物质产生不利影响的可能性作出一种定性评估，即评估哪些物质具有危害性、危害性发生的可能性和不确定性。农药残留危害识别采取的方法是证据加权法，这种方法需要对与农药相关的专业数据库、专业文献以及其他可能的资料来源进行充分的评议。评估过程包括流行病学研究、动物毒理学研究、体外试验以及定量结构-活性关系分析。

风险分析中阳性的流行病学资料有利于风险评估，而阴性资料往往缺乏说服力和可信的解释。在对流行病学资料进行评议时，风险管理者应该充分且适当地考虑以下因素：人类敏感性的个体差异；遗传的易感性；与年龄和性别有关的易感性；易感人群的社会经济地位；易感人群的营养状况；其他可能造成混淆的因素。然而，由于绝大多数化学物质的临床研究和流行病学资料难以获得，因此，如果在这一步骤中缺乏流行病学的资料时，风险管理者可以不依赖这些资料而直接进入下一步。用于风险评估的动物毒理学试验必须符合且遵循科学界广泛接受的标准化试验程序，如经济合作与发展组织（OECD）和美国国家环境保护署（EPA）等的程序。无论采用什么样的程序，所有的试验都必须实施良好的实验室操作规范（GLP）和标准化质量保证/质量控制（quality assurance/quality control，QA/QC）方案。一般来说，用于食品安全评估的动物毒理学试验资料应该包括规定的品系数量、两种性别、适当的剂量选择、暴露途径和足够的样本量。如果可能的话，动物毒理学试验不仅要确定对人类健康可能产生的不利影响，而且需提供这些不利影响与人类危害的相关资料。这些相关资料的内容应该包括危害作用机制、给药剂量、药物作用剂量关系以及药物代谢动力学和药效学研究。体外试验的主要目的是补充动物毒理学试验的不足，如补充动物毒理学试验作用机制的资料以及遗传毒性试验资料等。体外试验的操作也必须遵循 GLP 或其他广泛被接受的程序等。定量结构-反应关系研究的目的主要是加强人类健康危害的加权分析，这种分析主要用于化合物种的类别化合物的评估分析，如多环芳烃化合物或多氯联苯类化合物等。

2. 危害特征描述

食品中农药残留的危害特性描述分为不良影响的剂量-反应评估、易感人群的鉴定，及其与普通人群相同点和不同点之间的比较、不良影响的作用机制的特征、不同物种之间的推断等步骤，描述内容应包括以下五个部分。

1）剂量-反应的外推描述

动物毒理学试验中化合物的用量剂量一般加大，为了与人体暴露水平相比较，需要将剂量水平外推到很低的水平。然而，由于外推法存在质和量的不确定性，也就是说，在同一剂量水平时，人体与动物的药物代谢动力学作用和代谢方式均存在差异。因此，毒理学家在将高剂量的不良作用外推到低剂量时，必须要考虑剂量变化过程中存在的潜在影响。

2）剂量的度量描述

FAO/WHO 食品添加剂专家委员会（Joint Expert Committee on Food Additives，JECFA）和农药残留联席会议（Joint Meeting on Pesticide Residues，JMPR）使用每千克体重的重量（毫克）作为种属间的度量。近年来，美国立法机构提出了新的度量单位的算法，即规定每 $4/3$ kg BW 的重量（毫克）。如果无法获取每一种属的剂量，可以用种属间的度量系数进行计算，而种属系数可以通过测定人体和动物目标器官中的组织浓度和消除系数获得。

3）遗传毒性和非遗传毒性致癌物

遗传毒性和非遗传毒性致癌物与一般化合物存在的剂量阈值特性不同，由于癌症的发生是由于体内某一种细胞的突变造成，因此，遗传毒性和非遗传毒性致癌物就没有安全剂量可言。

近年来，随着医学研究的发展，人们对遗传毒性和非遗传毒性致癌物的认识不断深入。遗传毒性致癌物是一种能间接或直接地引起靶细胞遗传突变的化合物，其主要作用于遗传物质；而非遗传毒性致癌物作用于细胞的非遗传点，从而促进靶细胞增殖和持续性的靶位点功能亢进或衰竭。然而，有些研究报告指出，某些非遗传毒性致癌物存在的剂量大小与致癌和不致癌的关系，即存在致癌性的阈值剂量，对于这类物质，可以采用阈值方法进行管理，如 NOAEL-安全系数法。

4）阈值法

阈值法的结果以 ADI 值表示，即每日允许摄入量。有两种计算方式可以获得 ADI 值。一是利用试验获得的 NOEL 值或 NOAEL 值乘以合适的安全系数即可得出 ADI 值；另外一种是采用一个有作用的低剂量来实现，这种方法被称为标记剂量，如 ED_{10} 或 ED_{05}（ED：当量剂量，equivalent dose）。标记剂量法也需要用到安全系数进行换算。

设置安全系数的目的是为了克服种属之间由遗传毒性、膳食习惯等差异引起的不确定性。一般来讲，长期动物毒理学试验资料的安全系数为 100，但不同国家的卫生机构有时采用不同的安全系数进行计算，由此造成的 ADI 值的差异是现代食品风险管理的一个紧迫任务，需要引起国际组织和机构的重视。

5）非阈值法

非阈值法主要针对遗传毒性致癌物而言，这是因为即使在很低的剂量时，遗传毒性致癌物依然有致癌的风险。因此，遗传毒性致癌物的管理和一般化合物与非遗传毒性致癌物存在差别。遗传毒性致癌物的管理有两种方法，一是禁止其商业化的使用；二是制定一个可忽略不计、对健康影响甚微或社会能接受的风险水平的剂量，实施以后再对其进行定量的风险评估。

目前，对于遗传毒性致癌物的评估模型仅限于用实验性肿瘤发生率与剂量的关系进行。在实际利用过程中，各国对遗传毒性致癌物的风险评估采用的方法相同，方法从线性模型到非线性模型都有。一般认为线性模型是一种保守的评估，而非线性模型则可以克服线性模型固有的保守性，但其先决条件是需要制定一个公众都能普遍接受的风险水平。例如，美国的 FDA 和 EPA 选用的可接受风险水平是百万分之一，即 10^{-6}，而不同国家制定的可接受风险水平不相同，这主要是由各国政府在执行风险管理决策时的差别造成的。

3. 暴露评估

暴露评估的实质内容是膳食摄入量的评估。膳食摄入量的评估需要的相关资料包括食品消费量和食品中相关化合物浓度的资料。评估方式包括总膳食研究、个别食品的选择性研究及双份膳食研究。

1985 年 WHO 制定了化学物质膳食摄入量的研究准则，即联合国环境规划署（United Nations Environment Programme，UNEP）、FAO 和 WHO 联合发布的全球环境监测体系-食品污染监测与评估计划（Global Environment Monitoring System-Food Contamination Monitoring and Assessment Programme，GEMS/FOOD）。然而，近年来，化学性危害暴露量的评估资料多是通过对人体组织和体液的直接监测来代替上述膳食量的研究，如直接测定母乳中有机氯化合物的含量（主要来源于日常膳食）就可以为研究者提供人类摄入该物质的综合评估信息。

在制定国际性食品安全性评估办法时必须要考虑膳食摄入量资料的可比性，特别是世界上不同国家和地区的食品消费情况。目前，GEMS/FOOD 有 5 个地区性和 1 个全球性的膳食数据库，为风险分析者和风险管理者在制定评估政策提供了有利的信息。

4. 风险特征描述

食品中农药残留的风险特征描述是危害识别、危害特征描述和暴露评估的综合结果，它是为风险管理者提供人体摄入化合物对健康产生不良影响的可能性估计。针对不同化合物，风险特征描述的方法是不一样的，主要分为有阈值的化合物风险特征描述和无阈值的化合物风险特征描述。

对于有阈值的化合物来说，其对人群的风险可以通过 ADI 值与暴露量的比较作为特征描述。这种比较方法得出的结果称为安全限值（margin of safety，MOS），其计算公式为

$$安全限值(MOS) = \frac{ADI}{暴露量}$$

比较结果中，如果 MOS<1，则说明该物质对食品安全影响的风险是可以接受的，或者说是其对人体健康产生不良影响的可能性为零；如果 MOS≥1，说明该物质对食品安全影响的风险超过公众可以接受的水平，因而必须采取适当的风险管理措施。

除 MOS 外，化合物的风险特征描述还可以利用最高残留量（maximum of residue limit，MRL）进行，其计算公式为

$$MRL = \frac{ADI \times W}{M \times N}$$

式中，MRL 为食品中最高残留限量（mg/kg）；ADI 为每日允许摄入量，（mg/kg），计算方法是用试验动物的 NOEL 除以安全系数得到；W 为平均体重（kg）；M 为常人每日食物摄入总量（kg）；N 为食品系数，是指被测定的食品占总食品的百分比（%）。

如果所评价的化合物质没有阈值，则其对人群的风险是摄入量和危害程度的综合结果，即化学危害物质风险＝摄入量×危害程度。

四、农药残留的危害与健康风险评价

因摄入或长时间重复暴露农药残留而对人、畜以及有益生物产生急性中毒或慢性毒害，称为残留毒性（residue toxicity）。农药残毒的大小受农药的性质和毒性、残留量多少等因素的制约而表现出极大的差异。长期食用农药残留超标的农副产品，可能引起农药在体内不断积累而引起慢性中毒，触发多种慢性疾病，包括癌症、生殖系统和神经系统疾病，以及免疫力降低等。

然而，这些症状的出现需要一个长期积累的过程。在这个过程中人们很难发现农药残留的危害。要对这种危害进行长期的跟踪研究是一件非常困难的事情。首先，很难找到志愿者，而农药的生产者也不能等待数十年去研究农药的慢性毒害，经费来源困难也会限制这方面研究的进行。虽然多数农药在使用前都必须经过严格的毒性测试，包括致癌性检测，具有致癌性的农药是不可能被批准使用的，所以由膳食中摄入农药残留而引起癌症的可能不大。但是因为不同时期的监管力度不同，一些未经检测的农药在市场上进行销售，使得该类农药在投入市场初期并未要求进行毒性检测。这其中最典型的例子就是林丹。林丹会破坏人类的内分泌系统，更可能引发乳腺癌。虽然还缺乏进一步有效的证据，但是包括中国在内的 52 个国家已禁止使用林丹。在 20 世纪 80～90 年代，由于菜农违规使用甲胺磷使蔬菜中甲胺磷残留量严重超标，在上海、北京、浙江等地多次发生食用蔬菜中毒事件。一些国家和地区对这类高毒农药已陆续作出停止或限制使用的规定。有些农药过去使用过，现在已停止使用，但其残留物还存在于环境中，从而会污染食品。这方面最典型的例子就是滴滴涕（二氯二苯三氯乙烷，DDT）。DDT 又名二二三，1939 年被瑞士化学家米勒发现，曾在世界范围内被广泛应用于农业、林业和卫生防疫部门，并作为家庭必备用品，供居家灭杀蚊蝇、蟑螂、跳蚤、臭虫等使用。然而，随着 DDT 的大规模使用，人们开始对化学农药有害的一面予以高度关注，科学家在全球范围内对 DDT 所产生的副作用进行广泛的监测，结果发现几乎在地球的每个角落都查到了 DDT 的踪迹。由于 DDT 的分子结构中含有非常稳定的苯环，即使曝晒或在高温下也难以挥发和被分解成无毒物质，所以残留的 DDT 便造成土壤、水质和大气的严重污染。据 20 世纪 60 年代末期的初步估计，自然环境中已积存了 10 亿磅[①]的 DDT。1962 年，美国科学

---

① 1 磅＝0.4536 kg。

家卡尔松在其著作《寂静的春天》中怀疑，DDT 进入食物链，是导致一些食肉和食鱼的鸟接近灭绝的主要原因。最终，这种曾获诺贝尔化学奖的药物于 1972 年在美国被禁用。我国 20 世纪 60～70 年代曾大量使用这种农药，在 1983 年停止了 DDT 的使用。虽然近些年来 DDT 在膳食中的残留呈下降趋势，但是由于该类物质具有非常长的半衰期，其残留量仍然较高。2002 年，香港浸会大学教授黄铭宏发表了一份研究报告，指出以广州、香港为代表的珠江三角洲地区，母乳中 DDT 的含量严重超标。在禁用 20 年后，DDT 仍然通过食物链进入人体导致母乳中 DDT 超标。因此今后许多年 DDT 都将是全球面临的一个环境问题。

农药残留还可能会像激素一样对人体的内分泌系统进行破坏，并影响人们的情绪。有许多农药在结构活性上与类固醇类激素相似。就 DDT 来说，它能激活雌激素受体及抑制雄激素，从而干扰人体的繁殖功能。DDT 的代谢产物 p，p'-DDE（二氯二苯二氯乙烯）的作用是抑制雄激素。而 DDT 的另外一些代谢产物，如 o，p-DDT、o，p-DDD（二氯二苯氯乙烷）、o，p-DDE 和 p，p'-DDT 与人体雌性激素受体结合亲合力为雌二醇的 1/1000。因此，这些物质的长期作用会使人类和动物生理结构受到影响。2001 年的《流行病学》杂志提出，科学家通过抽查 24 名 16～28 岁墨西哥男子的血样，首次证实了人体内 DDT 水平升高会导致精子数目减少。除此以外，新生儿的早产和初生时体重的增加也与 DDT 有某些联系，已有的医学研究还表明了它对人类的肝脏功能和形态有影响，并有明显的致癌性能。一些有机磷农药还有迟发性神经毒性（delayed neurotoxicity）的问题，其症状为下肢麻痹、肌肉无力、食欲不振的瘫痪状。最早发现有此毒性的有机磷化合物是三邻甲苯磷酸酯（TOCP）引起的所谓"姜酒事件"。

简言之，农药残留的危害主要表现在以下几个方面：①通过食物被人、畜、有益生物摄入后直接产生毒害作用，威胁其健康和生命；②大量使用化学农药破坏了自然平衡的农业生态环境，在杀死害虫的同时杀死了害虫天敌以及其他有益昆虫，使原来次要的害虫成为主要害虫，产生新的害虫群体；③影响果品蔬菜的风味、色泽，降低其商品价值。

婴儿的代谢功能未发育好，体内的解毒功能和排毒功能都比成人差。而且，与成人比较而言，他们每千克体重要比成人消耗更多的食物，以满足自身摄入能量及生长的需要；因此一旦摄入含有农残的食品后，婴儿体内农残浓度要比成人高很多。孕妇摄入的食物中如果含有农残也会进一步传给胎儿，所以对于婴儿、孕妇食品的要求要比成人高，农药残留要制定严格的限量。另外一类高危人群是某些对某类食品有特别嗜好的人，而他们特别喜爱的食品中含有的农残很可能比其他的食品要高很多，因此这类人群比起普通的人群会摄入更多的农残。

为了防止食品中的农药残留危害人体健康，人们在农药残留的安全性评价的基础上，制定了每种农药在每种农产品中的最大残留限量（MRL）。最大残留限量是指农畜产品中农药残留的法定最大允许量，其单位是 mg/kg。随着科学技术的发展和社会进步，消费者对食品质量和安全性的意识越来越强，各国政府管理部门对农药残留量最大限量的标准也在不断修改和降低，要求日趋严格，这就对农药残留分析提出更高的技术要求和更迫切的社会需要。

第三节　有机氯农药

有机氯农药（OCP）是典型的持久性有机污染物（POP），具有致癌、致畸和致突变等作用。有机氯农药在环境中易于流动，能够通过食物链传递，在环境和生物体内难降解，对生物体毒性大。到了 20 世纪 80 年代，几乎所有的国家都禁止大多数有机氯农药的使用，但近些年全球监测数据表明，大气、水、土壤、生物和食物等均可以检测到此类物质，仍是食品中安全检测和监测对象。

一、有机氯农药结构和特性

有机氯农药是发现和应用最早的一类人工合成农药，主要分为二苯乙烷类、环戊二烯类和环己烷类三大类，其中，二苯乙烷类农药包括滴滴涕（DDT）、三氯杀螨醇和甲氧滴滴涕（图 6-1），环戊二烯类主要有狄氏剂、异狄氏剂和硫丹，环己烷类主要代表为六氯环己烷（又名六氯化苯，俗称六六六，BHC）。20 世纪 40～70 年代，有机氯农药在全世界广泛应用，其中滴滴涕和六六六是当时生产量最大、使用最广泛、最具代表性的有机氯农药品种，而目前有机氯农药污染主要是指 DDT、六六六和各种环戊二烯类等品种的污染。

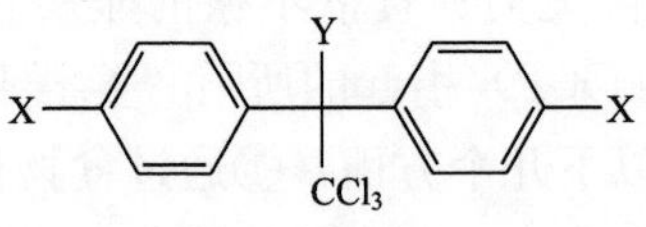

滴滴涕	X=Cl, Y=H
三氯杀螨醇	X=Cl, Y=OH
甲氧滴滴涕	X=OCH$_2$, Y=H

图 6-1　二苯乙烷类农药的结构

合成的滴滴涕是一种混合物，包含 75%～80% 的 p, p'-DDT、15%～20% 的 o-p'-DDT 和 4% 的 4, 4′-二氯二苯基乙酸（p, p'-DDA）。DDT 在环境中降解非常缓慢，其本身及主要代谢产物 DDD、DDE 均是亲脂性化合物，易于聚积在身体的脂肪中。艾氏剂能迅速降解，形成环氧化物狄氏剂，后者在环境中非常稳定。六氯环己烷的活性成分为 γ-六氯环己烷，是有机氯农药中持久性最小的化合物。

有机氯类农药化合物结构稳定，难氧化、难分解和毒性大，易溶于有机溶剂，尤其是脂肪组织中，是高效、高毒和高残留农药，极易在环境中积累。据报道，六六六在土壤中被分解 95% 所需要最长时间约 20 年，DDT 被分解 95% 需 30 年之久。有机氯农药通过生物富集和食物链进入人体和动物体，能在肝、肾、心脏等组织中蓄积，由于这种农药脂溶性大，所以在脂肪中蓄积最多。有机氯农药进入机体后，具有干扰体内正常分泌物的合成、释放、运转、代谢、结合等作用，激活或抑制内分泌系统功能，从而破坏其维持机体稳定性和调控作用的物质，属于环境内分泌干扰物的一种，具有通过细胞介导而发挥其致癌性的性质。

二、有机氯农药毒性与危害

由于有机氯农药较为长期、广泛的应用，有机氯农药而引起的对环境、人体危害较为常见，尤其是导致人体器官、组织癌变。例如，有报道称有机氯农药会造成男性精子数目锐减、精子运动能力低下、精子畸形率上升、男性不育症以及睾丸癌、前列腺癌发病率上升；女性性早熟、月经失调、子宫内膜异位症、不孕症、子宫癌、卵巢癌、乳腺癌等发病率增加，有研究人员认为这与环境内分泌干扰物有关。此外，许多研究报道了有机氯农药被禁后在环境（水和土壤）、食品和乳汁中的残留水平。

有研究表明，乳腺脂肪组织及血浆中 DDT 浓度与乳腺癌有极强的相关性[10]。多氯联苯（PCB）的多种同系物浓度与乳腺癌有明确的关系[11]，在乳腺癌患者的乳房组织中，有机氯农药的残留量明显高于对照组（没有患乳腺癌的志愿者）[12]。在胆囊癌研究中，研究发现，无论是胆石症还是胆囊癌的血中农药的水平无显著性差异，但胆汁中发现 BHC 和 DDT 高度浓聚物，表明有机氯农药可能与胆囊癌有关[13]。有文献报道农民中患前列腺癌的人数可能会有所上升，Alavanja 等研究表明，农民患前列腺癌的概率远远超过一般人群[14]。在血液肿瘤研究中，Cocco 等研究发现血中有机氯农药检出水平越高，患淋巴瘤，尤其是慢性淋巴细胞白血病（CLL）的危险性就越大[15]，同时 Fritschi 等研究表明，暴露于有机氯杀虫剂中会使患非霍奇金淋巴瘤的危险性增加 3 倍[16]。

除致癌性外，在基因影响领域有研究表明，有机氯农药基因多态性与恶性肿瘤的关系密切相关。有机氯农药与恶性肿瘤的关系在基因水平研究得最多的是细胞色素 P450 酶和谷胱甘肽-S-转移酶。CYP450 是体内重要的激活酶，是人体肝外将雌激素、多环芳烃类致癌物等外源性化学物进行代谢激活的主要 I 相代谢酶之一，可代谢多种化学物和药物。CYP1A1 有 4 个位点具有多态性，其多态性与多种恶性肿瘤的易感性有关。CYP1A1 两种主要的基因型（A1/A1 和 A1/A2）是乳腺癌的易感基因型，对有机氯等环境内分泌干扰物高暴露并携带雌激素代谢酶 CYP1A1 突变基因型的人群是乳腺癌的易感人群。

三、有机氯农药限量与控制

有机氯农药由于多属于高残留、难降解类型，因此世界各国对于有机氯农药的使用与残留均设置了较为严格的管理与控制措施，欧盟建议对于具有剧毒、高毒、高残留的有机氯农药包括六六六、滴滴涕、林丹、氯丹、艾氏剂、狄氏剂等不应使用，同时欧盟委员会定期对其相关指令包括 2000/24/EC、2000/42/EC 进行修订补充残留限量。美国则在职业安全健康研究所和毒性物质与疾病登记署的网站上列出了有关有机氯农药的安全规范，同时也在农业部的有关网站上公布了有机氯农药的相关法规和规则。早期我国出口茶叶中由于积累效应有机氯类农药尤其是六六六残留量较高，受到美国、欧洲等国家重点监控，规定此类农药残留不得检出。针对于此，我国农业部规定禁止使用六六六、滴滴涕、艾氏剂、狄氏剂等，三氯杀螨醇则为限制使用农药，在粮谷、蔬菜、水果等全部生长周期范围内均不得使用。近年来六六六类高危害农药由于被禁用，已不再成为我国对外出口食品中农药残留的主要问题。

由于有机氯农药的脂溶性强，在食品加工工程中经单纯的洗涤不能去除。国际食品法典委员会（CAC）对于有机氯农药残留限量要求作出了规定，如胡萝卜中滴滴涕的限量为 0.2 mg/kg，粮谷和蛋类的限量为 0.1 mg/kg，乳品的残留限量为 0.02 mg/kg，家禽肉类的限量为 0.3 mg/kg。我国对滴滴涕的限量要求与食品类别密切相关，豆类、薯类、蔬菜和水果中滴滴涕的限量要求为 0.05 mg/kg，茶叶中则为 0.2 mg/kg，水产品中为 0.5 mg/kg。有关六六六方面，欧盟对马铃薯、甘薯等块茎蔬菜中六六六所有异构体总量限量要求为 0.01 mg/kg。中国食品卫生标准规定原粮中艾氏剂、狄氏剂、七氯的限量要求为 0.02 mg/kg。

四、有机氯农药分析检测

对于食品中有机氯残留量的检测，一般通过前处理方法将残留农药提取、浓缩后通过色谱等方法进行检测分析，并根据不同基质食品材料及其不同检测对象选用特异性方法进行检测。

1. 前处理方法

对有机氯杀虫剂残留的提取，根据基质不同，一般采用索氏提取法、振荡法、超声波法、捣碎法、固相提取法、洗脱法、消化法、液-液分配法等。

对于液体基质食品中有机氯杀虫剂的提取，一般可选用对有机氯农药亲合性较大的有机溶剂，常用的有正己烷、石油醚和苯，也有用混合溶剂进行提取的，通常采用的方法为液-液分配法或固相提取法。而对于谷类、蔬菜、水果等植物样品中有机氯农药，一般采用组织捣碎法或索氏提取法提取，有时也采用浸渍振荡法。干样或水分含量低的样品常需要粉碎到 20～60 目的细度再进行提取。常用的提取溶剂有正己烷、石油醚、丙酮、乙腈、正己烷（石油醚）-丙酮或乙腈-水，其中提取效果以乙腈和乙腈-水为最佳。在使用极性较强的溶剂，如丙酮或乙腈作提取溶剂时，常需要把提取液通过液-液分配法，使其中的有机氯农药转移到非极性溶剂石油醚、正己烷中，以免极性溶剂影响净化或检测。

根据有机氯农药的特点，其所含的氯元素是 ECD 检测器特异性检测元素，因此目前有机氯农药残留的测定多用 GC-ECD 法。由于 ECD 检测器是一种非常灵敏的检测器，很容易被样品中的干扰物质污染，因此，必须通过净化处理防止杂质对电子捕获检测器的污染。净化的方法有多种，一般采用柱层析法、磺化法、液-液分配法等。柱层析法中 Florisil（弗罗里硅土）柱在有机氯杀虫剂净化分析中广泛采用，其可以很好地去除样品中的脂肪，经正己烷预淋洗、加入待测浓缩的试样后，即可用淋洗液进行淋洗。淋洗液一般采用一定含量的二氯甲烷的正己烷溶液，此外其他如氧化铝柱层析、活性炭柱层析、硅胶柱层析等也有应用。液-液分配法多用于高脂肪类及动物组织样品中各种杂质的去除，对于大多数样品中有机氯农药残留的测定，在用二甲基甲酰胺分配后，即可进行检测。但对于高脂肪类样品，在用二甲基甲酰胺分配后，需经活性氧化铝柱层析净化，或将高脂肪样品先经低温冷冻以除去大部分脂肪，再经二甲基甲酰胺分配。

2. 检测方法

气相色谱法分析有机氯农药残留，一般采用 ECD 检测器。该检测器对有机氯农药具有很高的灵敏度和选择性，最小检测量可达 $10^{-11} \sim 10^{-14}$ g。但对于其他卤化物、含硫化合物、含磷化合物，以及过氧化物、硝基化合物、多环芳烃化合物、共轭羰基化合物等电负性物质，皆具有很高的灵敏度和选择性，所以在分析中需要注意这些杂质带来的干扰，分析时对这些物质通常可用辅助技术进行净化消除。

目前，对于生物体内有机氯农药残留物的分析测定技术主要为气相色谱法，常用的毛细管气相色谱柱固定液种类有 OV-1、OV-101、OV-17、OV-210、QF-1、SE-30、SP-2250、SP-2401、SP-5、DB-5、DB-608、SPB-608、DC-200 等。主要针对被检测化合物的性质来进行选择，极性化合物选择极性固定液，弱极性化合物选择弱极性或无极性固定液。但是，由于所检测的生物物种的差异，以及被检测有机氯农药的种类和性质不同，单纯地应用气相色谱法往往很难取得理想的结果。因此，在分析测定生物中有机氯农药的时候，一般均采用气相色谱法与其他技术联合的方法，以达到更好的、理想的效果。Herrera 和 Yagüe 在分析酸奶中 19 种有机氯类和 6 种多氯联苯污染物时，采用 Ultra-Turrax 均质，丙酮提取，用 C_{18} 反相柱净化，后用中性氧化铝柱进一步净化，最终采用 GC-ECD 建立监测方法，检测限达到 $0.02 \sim 0.62$ μg/kg[17]。Fujita 在对鱼和甲壳类动物中的滴滴涕、六六六、氯丹等有机氯农药的残留分析中，加入无水 Na_2SO_4 后匀质，乙酸乙酯-正己烷进行索氏提取，过 Florisil 柱脱脂，再用乙腈分配，用浓硫酸净化后，建立了 GC-ECD 分析方法，检测限达到 ng 级[18]。此外，也有研究人员在测定蔬菜中有机氯农药残留时采用了超临界流体提取和气相色谱法，采用正交设计实验优化样品萃取条件（压力、温度、CO_2、体积），整个萃取过程只需 10 min，极大地提高了萃取的效率和速度。在有机氯农药分析中，硫和含硫农药的干扰是最难解决的问题之一，这是因为硫和含硫农药与有机氯农药的溶解性相似，因此它们在分析过程中常常成为有机氯农药的共提物，用常规的液-液分配和柱层析的方法很难去除，从而在气相色谱图中形成大量的干扰峰。为了消除硫和含硫农药的干扰，美国有关部门推荐用铜、汞、四丁氨基（TBA）-亚硫酸盐来净化除硫；也有研究者在蔬菜样品的分析中采用高锰酸钾-硫酸氧化法，并取得了很好的效果；Boewadt 和 Johansson 则用高纯铜粉净化除硫法[19]；康跃惠等在分析沉积物样品中的有机污染物时也采用铜粉除硫[20]。朱雪梅等采用高纯铜净化、浓硫酸磺化、10%脱活弗罗里硅土层析等一系列净化步骤除硫，也同样取得了满意的效果[21]。

高效液相色谱（HPLC）同样是有机氯农药多残留测定的重要方法，如采用填充柱或微孔柱以及改良的反相硅胶色谱柱如 C_8 柱等，大多选择 $200 \sim 300$ nm 紫外吸收检测器。戴华等使用微量化技术处理柑橘样品，经正己烷提取、浓硫酸磺化后，用反相 HPLC 分离测定样品处理液中的 4 种滴滴涕和三氯杀螨醇残留量，滴滴涕和三氯杀螨醇的检出限分别为 0.01 mg/kg、0.04 mg/kg，回收率大于 70％，重复性良好[22]。

基于气相、液相色谱技术的联用分析方法同样是分析有机氯类农药物质的重要方法。例如，Kang 和 Chun 采用 GC-MS 方法对农作物中包括有机氯农药在内的 101 种农药进行了多残留测定，采用选择离子模式，根据保留时间及选择离子对农药定性[23]。所使用的选择离子模式对农作物样品的选择性合适，且对农药洗脱峰影响小，农药回收率为 70％～110％，检测限为 0.02～0.30 mg/kg。胡小钟等采用基质固相分散技术进行样品前处理，用 GC-MS 在选择离子监测模式下建立了浓缩苹果汁样品中 22 种有机氯农药和 15 种拟除虫菊酯类农药的定性定量分析方法，在浓度范围内线性关系相关系数均高于 0.99[24]。而对于植物源性食品等，Zuin 等采用 SFE-HRGC-ECD-FPD 对巴西药用植物中的有机氯农药和有机磷农药进行了测定，方法平均回收率为 69.8％～107.1％，重现性 1.4％～14.7％[25]。Hwang 和 Lee 则使用 SPME-GC-MS 对中草药中19 种有机氯农药进行检测，检出限达纳克（ng）级，环氧七氯的检出限为 0.03 ng/g[26]。

第四节　有机磷农药

有机磷农药（OC）是我国所使用杀虫剂类农药的主要类型，其使用量约占杀虫剂类农药的 70％，在我国农药生产中占有特殊地位。由于广泛使用，有机磷农药极易与环境、人类、动物接触，造成的中毒事件比任何其他农药都频繁、严重。有机磷农药所体现出的毒性可以是急性的，也可以是慢性的。

一、有机磷农药结构和特性

有机磷农药是五价磷的、膦酸的、硫代偶磷的或相关酸的酯，一般分子式如图 6-2所示。有机磷农药主要有磷酸酯、O-硫代磷酸酯、S-硫代磷酸酯、二硫代磷酸酯、膦酸酯和氨基磷酸酯 6 种（图 6-3）。在结构上，有机磷农药中的磷原子通过酸酐键连接的酰基是有机磷农药分子中的酸性基团，此外还连接磺基、烷氧基等官能团。常见的磷酸酯型如敌敌畏、久效磷等；硫代和二硫代磷酸酯型如对硫磷、乐果等；磷酰胺和硫代磷酰胺型如甲胺磷、棉安磷；焦磷酸酯型如治螟磷；膦酸酯和硫代膦酸酯型如敌百虫、苯硫磷等，且主要成分均为含磷基团，在性质上有类似之处。

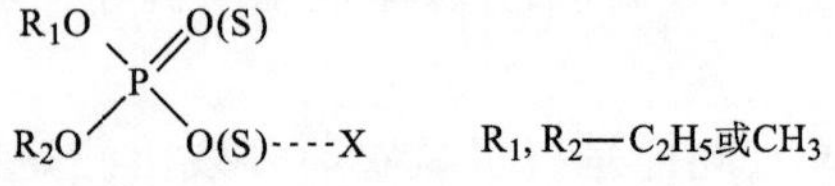

$$R_1O \quad O(S)$$
$$\diagdown P \diagup$$
$$R_2O \diagup \quad \diagdown O(S)\cdots X \quad R_1, R_2—C_2H_5或CH_3$$

图 6-2　有机磷农药的一般结构

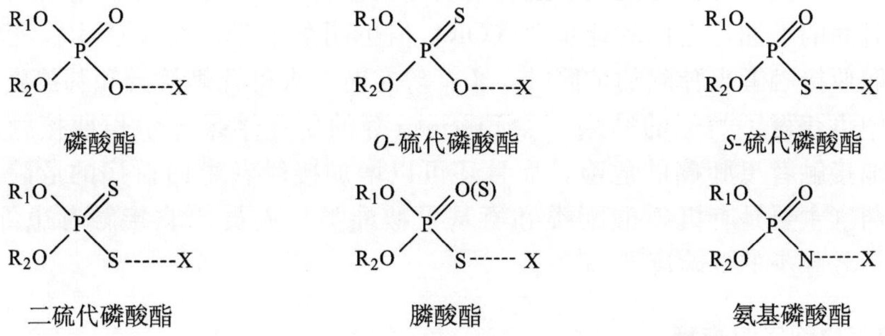

图 6-3 主要有机磷农药的结构

有机磷农药的水溶性极不相同，大多数只有很低的溶解度，如三硫磷、辛硫磷，有些能在水中完全溶解，如氧化乐果、速灭磷等。

有机磷农药通常性质不如其他类型农药如有机氯农药性质稳定，易于分解，无论纯品、制剂还是残留于环境、作物介质中的大多数有机磷农药，均可发生氧化、水解反应而降解，并且环境温度、pH、水含量等均可能影响这种过程。有机磷的水解反应发生在磷原子或烷基链上，水解能力主要依赖于与磷键合的基团，如 P=O 键比 P=S 键电负性大，故含 S 原子的物质比含 O 原子的物质水解速度快，同时碱性环境有利于水解。此外，P=S 可氧化成 P=O，二硫代磷酸酯转变成它的同系物磷酸酯。O-硫代磷酸酯在光和热的诱导下发生硫-硫醇异构化反应而转化为 S-硫代磷酸酯，其母体毒性将会变大。

尽管有机磷农药属于非持久性农药[27]，但由于大量使用必然会对环境、人体健康产生不可逆转的负面影响，在某些环境条件下可以转换为某种持久性有机污染物，因此对于食品中的有机磷农药检测保障农药的合理使用、保护人体健康具有重要的意义。

二、有机磷农药毒性与危害

有机磷农药残留对人体的危害以急性毒性为主，可造成包括癌变、生殖毒性、神经毒性在内的危害，即使低剂量接触，若长期积累，造成的类聚效应对于人体健康的危害也不容忽视。

1. 有机磷农药的致癌性

目前有机磷农药有关的癌症中，证据较充分的包括霍奇金淋巴瘤（NHL），农药接触与 NHL 及白血病发生关系的病例对照研究结果显示，长期接触有机磷农药，可使接触者患 NHL 的危险度升高，特别是长期接触磷酸酯类、磷胺的男性。De Roos 等的研究发现包括蝇毒磷、二嗪农、地虫磷在内的多种有机磷农药都可使接触者患 NHL 的危险度升高[28]，McDuffie 等也报道了类似的研究结果[29]。除了 NHL，长期接触低剂量有机磷农药和肺癌发生之间是否存在相关性的研究也得到了较为肯定的结果，如 Alavanja 等对农药使用者进行的前瞻性流行病学调查显示随毒死蜱和二嗪农有效暴露时间的增加，它们的让步比（OR）值也明显上升，初步认为毒死蜱和二嗪农增加了职业接触者患肺癌的危险[30]，Lee 等在对工人毒死蜱接触和肺癌发生率的相关性研究中也获得了类似的结果[31]。Freeman 等的研究结果显示长期接触二嗪农不仅可以增加接触者患肺癌的危险，而且还可以增加接触者患白血病的危险，而职业性接触农药（主要是有机磷酸酯类和氨基甲酸酯类）人员比非接触者患纤维性瘤、管状增生、乳腺炎的危险度要高[32]。

2. 有机磷农药的生殖毒性

研究显示大部分有机磷农药对人体具有生殖毒性，会影响人体正常生殖功能。对于男性，主要是影响精子质量，降低精子受精能力，产生不良生殖问题。Recio 等对有机磷农药（主要是甲基对硫磷、甲胺磷和乐果）的研究发现精子非整倍体的发生率和尿中有机磷代谢产物浓度之间呈显著相关，在二乙基磷酸酯浓度和性染色体缺损率之间的相关性尤为明显[33]。Sanchez-Pena 等研究发现有机磷农药（主要是甲基对硫磷、甲胺磷、乐果和二嗪农）对精子染色质结构有重要影响，研究结果显示其中的大部分受影响的男性的精液染色质结构发生了改变，约有 75% 的精液样品是低受精能力的，DNA 破碎指数 DFI>30%，而对照人群的平均 DFI 低于 10%，同时超过 82% 的有机磷农药受害人员的不成熟精子的指标高于参考值[34]。此外，工人尿中二乙基硫代磷酸酯浓度与 DFI 水平明显相关。我国研究人员如邹晓平等报道，男性精子密度会因有机磷农药的伤害明显下降，通过农药与精子质量的回归分析发现，农药暴露对精子密度、精子存活率、快速前向运动率及精子正常形态率有负面作用[35]。有机磷农药对与女性生殖毒性的作用研究较少，目前的报道均显示有机磷的女性生殖危害主要表现为月经异常，其中以月经周期异常的发生率占首位，月经先兆症状的发生率也明显高于非接触女性[36]。

3. 有机磷农药的神经毒性

有机磷农药对神经系统产生损伤主要是抑制胆碱酯酶的活性，使其失去分解乙酰胆碱的能力，导致乙酰胆碱在神经系统内的堆积，进而产生相应的神经系统功能紊乱，表现为神经末梢感觉功能障碍。Kamel 等的研究结果显示，反映人体神经功能的视简单反应时在有机磷农药生产工人中均有明显延长，其中尤以最慢反应时延长最为明显，在测试中精神不能保持高度集中[37]。还有研究者对有机磷农药的一些自主神经系统（ANS）功能指标进行了检测，发现有机磷农药可造成呼吸差、乏氏指数、立卧差等多项指标明显低于对照组，说明有机磷农药可能会导致 ANS 功能紊乱[38]。Steenland 等研究发现，神经传导速度、手颤、对振动的敏感度、视力、嗅觉、视觉运动能力、神经行为能力与对照组有明显差异，且出现记忆功能障碍、情绪异常、疲劳等症状的人数明显增多[39]，Srivastava 等对喹硫磷的影响研究发现类似结果[40]。Rohlman 等对学龄前儿童的神经行为测试比较中发现，有机磷农药可显著影响幼儿的神经反应速度、时间[41]。

三、有机磷农药限量与控制

有机磷农药属于可降解农药，因此与有机氯农药相比相应限量相对宽松，但也有相应标准以严格限制使用范围、用量，尤其是某些高毒的有机磷农药还被列入了预先通知同意（PIC）程序控制，各种低毒的有机磷农药化合物正在逐步取代高毒的有机磷农药。欧盟指令2002/71/EC中已采纳的5个关于有机磷农药残留量的指令，分别涉及水果、蔬菜、谷物、植物源食品、动物源食品等，其对有机磷农药最高残留限量大部分为0.1 mg/kg，典型有机磷农药三唑磷、乐果等最高残留限量为0.05 mg/kg。

美国国家环境保护署（EPA）、加拿大的卫生部（HPB）、日本厚生劳动省等负责各国相关领域内有机磷农药残留管理工作，其中尤以日本所制定的规范最为严格，2008年起要求进入日本的加工食品及其原料中有机磷类农药重点监控即包括甲胺磷、乙基磷等近60种。

国际食品法典委员会（CAC）对有机磷农药残留限量要求作出了规定，芦笋、豆类中马拉硫磷的限量要求为1 mg/kg，苹果为0.5 mg/kg，黄瓜为0.2 mg/kg，蓝莓为10 mg/kg。我国国家标准GB 2763—2005《食品中农药最大残留限量》根据农药最新登记情况，规定了136种农药的最大残留限量。例如，有机磷农药中的敌敌畏在原粮中的限量要求为0.1 mg/kg，蔬菜和水果中的限量要求则为0.2 mg/kg；乐果在稻谷、小麦、大豆中的残留限量要求为0.05 mg/kg，果类、豆类、茎类和块根类蔬菜中的限量要求为0.5 mg/kg，蔬菜叶菜类蔬菜和甘蓝类蔬菜中的限量要求为1 m/kg，食用植物油则为0.05 mg/kg；马拉硫磷在原粮、大豆、叶菜类蔬菜中的残留限量要求为8 mg/kg，甘蓝类、果类和块根类蔬菜中的限量要求为0.5 mg/kg，草莓中的限量要求为1 mg/kg，柑橘类水果则为4 mg/kg；甲胺磷在稻谷、棉籽中的残留限量要求为0.1 mg/kg，不得在蔬菜中使用甲胺磷农药，其残留限量要求为0.05 mg/kg。

FAO/WHO建议对硫磷人体每日允许摄入量（ADI）为0.005 mg/kg BW，甲胺磷、敌敌畏的ADI值为0.004 mg/kg BW，马拉硫磷、甲基对硫磷的ADI值为0.002 mg/kg BW，辛硫磷的ADI值为0.001 mg/kg BW。

四、有机磷农药分析检测

食品中有机磷农药通过萃取、提纯后可采用色谱法、波谱法、免疫法等多种技术方法进行检测，其中前处理过程涉及样品的溶剂提取、层析净化等过程。

1. 有机磷农药检测的前处理

对于有机磷农药而言，常用的混合提取溶剂有乙腈-石油醚、丙酮-石油醚、丙酮-正己烷、丙酮-苯、丙酮-二氯甲烷等，而混合溶剂作为有机磷农药的提取溶剂比单一溶剂效果好。可选用的提取方法包括振荡法、洗脱法（柱层析淋洗）、超声波法、捣碎法等，由于某些有机磷农药的热稳定性较差，索氏提取法一般不宜采用。对于脂肪含量较高

（一般为 2%～10%）、含水量高的样品（一般大于 75%），选用与水互溶的溶剂如乙腈、丙酮等在与有机溶剂进行液-液分配，例如，极性较弱的可用石油醚，极性较强的可用二氯甲烷等较佳。例如，脂肪含量不高的样品（小于 2%），可以直接用中极性或弱极性溶剂提取后进行柱层析，不需经过液-液分配。高脂肪含量的样品（脂肪含量 2%～10%），可加入丙酮使脂肪颗粒沉淀，用玻璃纤维过滤后，滤液再用二氯甲烷或石油醚提取。脂肪含量大于 20% 时，可用丙酮-甲基纤维素-甲酰胺（5∶5∶2）提取。糖分含量高的样品会使水和乙腈或丙酮层分开，使提取溶剂分层，可用加入部分水（加入25%～35% 水）或将乙腈或丙酮加热的方法解决。提取时样品中加入无水硫酸钠有助于水溶性较强的化合物释出。

有机磷农药残留检测中常用的净化方法包括弗罗里硅土吸附柱层析、活性炭吸附柱层析、中性氧化铝吸附柱层析、凝胶柱层析等。弗罗里硅土吸附柱层析法淋洗液常采用乙酸乙酯-正己烷淋洗液，其对于对硫磷、乙硫磷、杀螟硫磷、二嗪农、马拉硫磷、亚胺硫磷、甲基对硫磷等多种有机磷农药的淋洗效果较佳，适用于分离测定含脂肪、油等杂质的多种有机磷农药残留。一般认为活性炭柱效果优于弗罗里硅土柱，并且对色素的吸附力很强，但对脂肪、蜡质的吸附不强，因此最好与吸附脂肪、蜡质较好的中性氧化铝或弗罗里硅土混装。中性氧化铝是农药残留分析中被广泛应用的一种吸附剂，吸附脂肪、蜡质的效果不亚于弗罗里硅土，但不脱活的中性氧化铝会使农药的回收率降低。凝胶柱层析法主要用于去除样品中色素、脂类等大分子化合物杂质，从而与小分子农药分离达到净化目的，常用的凝胶如 Bio-Beads SX-2、Bio-Beads SX-3 等。

2. 有机磷农药的检测

依据有机磷农药主要成分及其化学特性、毒理学性质，检测有机磷农药的方法包括波谱法、色谱法、酶抑制法。此外，经典的化学比色法、薄层分析法、免疫法及近年来的生物传感器技术等均可在有机磷农药检测中应用。

1）波谱法

波谱法根据有机磷农药中某些官能团或水解产物、还原产物与特殊的显色剂在一定的条件下，发生氧化、磺酸化、酯化、络合等化学反应，产生特定波长的颜色反应来进行定性或定量（限量）测定，其检测限可在皮克（pg）级水平。主要用于商品农药的鉴别试验，其灵敏度不高，试验过程中干扰因素多，含不同基团的有机磷农药的反应也不一样，易出现假阴性。美国官方分析化学师协会（AOAC）规定用红外光谱法检测敌敌畏、甲胺磷等，用分光光度法检测马拉硫磷、对硫磷等。有研究人员曾利用分光光度法测定草甘膦农药，加标回收率为 94%～101%，而荧光分光光度法测定甲基对硫磷的含量，检出限达到 5.0 g，线性范围为 0～2.0 mg/L，回收率为 98%～102%[42]。波谱法一次只能测定一种或相同基团的一类有机磷农药，且灵敏度不高，一般只能作为鉴别方法粗选。

2）色谱法

色谱法是目前有机磷农药最主要的检测方法，根据检测过程中的物理化学特性又可分为薄层色谱法、气相色谱法和高效液相色谱法。

　　薄层色谱法以适宜的溶剂提取有机磷农药，经纯化浓缩后，在薄层硅胶板上分离展开，显色后与标准有机磷农药比较其比值，进行定性测定，也可用薄层扫描仪进行定量测定。该方法经济、简便、快速，但其精确度低。张蓉等采用双槽展缸上行展开薄层色谱法测定了水中双硫磷、喹硫磷、三唑磷、毒死蜱、辛硫磷和甲基异柳磷6种有机磷农药残留加标回收率和变异系数，方法达到农残的基本检测标准要求，灵敏度较高，操作简便快捷[43]。

　　气相色谱法是有机磷农药残留的主要测定方法，应用的检测器包括氮磷检测器（NPD）、火焰光度检测器（FPD）以及质谱检测器（MSD）。根据化合物结构特点，也有用电子捕获检测器（ECO）进行检测的情况。在食品中有机磷农药检测方面，美国EPA推荐使用5%苯基甲基硅酮和氰基丙基硅烷柱。其他固相柱如SE-30、DB-1301和DB-1、DB-17也可用于食品中有机磷农药的测定。Erney等在用气相色谱法分析奶制品及黄油样品中的有机磷农药时，发现色谱响应与样品基体密切相关，基体物质可以保护有机磷农药在热汽化室中不被吸附与分解[44]。Yao等利用GC-FPD检测6种有机磷农药，检测限达0.049～0.301 μg/L，样品回收率为75.3%～102.6%[45]。此外Passpas等在研究有机磷农药乐果在柠檬和柑橘中的降解转化规律时，采用GC-NPD和GC-FPD两种方法进行检测都得到了较好的结果，方法检测限均为0.01 mg/kg，乐果在柠檬中的回收率为89%～106%，在柑橘中为85%～108%[46]。孟宇航等研究用填充柱GC-FPD法同时检测11种有机磷农药和毛细管柱GC-FPD法同时分离鉴定23种有机磷农药[47]，除了已建立的ECD、NPD和FPD检测方法外，GC也可与原子发射检测器（AED）、质谱（MS）和串联质谱（MS-MS）联用对结果进行确证和结构测定。其中，GC-MS联用尤其适合于多残留分析。例如，Steven等在2000年建立了水果和蔬菜样品中251种农药及其代谢物的GC-MS检测方法，通过选择离子模式进行测试，后来被命名为QuEChERS（快速、简单、便宜、有效、稳定、安全）方法，也可称为分散固相萃取（dispersive-SPE）法。庞国芳等建立了多种残留的GC-MS分析方法，并形成我国国家标准GB/T 19648—2005，规定了水果和蔬菜中338种农药残留量的GC-MS检测方法。

　　与气相色谱法相比，液相色谱法分离效能好、灵敏度高、检测速度快，而且应用面广。对气相色谱不能测定的如沸点太高不能汽化以及对热不稳定、易裂解变质的有机磷化合物都可以用HPLC来检测，AOAC中有近半数的有机磷农药都建立了HPLC法。大多数有机磷化合物没有UV特性，采用UV和DAD检测器受到限制，故可选用荧光检测器，通过衍生化等将目标物转化为具有荧光特性的产物[48]。Brayan等用HPLC法分别测定了食品、水、谷物及其制品，水稻中的有机磷农药[49]。Khuhawar等在研究马拉硫磷在碱性条件下的水解规律时也用了HPLC法检测方法[50]。陈珠灵等采用高效液相色谱法对蔬菜中甲基对硫磷、乙基对硫磷、甲拌磷进行同时分离和检测，以shim-pack VP-ODS为分离柱得到三种有机磷的检测方法，检出限达1.0～5.0 μg/L，回收率在97.44%～101.22%[51]。液相色谱-质谱联用（LC-MS）也是一种农残检测强有力的分析手段，除了对极性或热不稳定性太强的农药不适用外，大部分都适用。潘见等采用HPLC-MS/MS法建立了菠菜中甲胺磷、对硫磷、敌敌畏、乐果等13种有机磷农药残留检测方法，限定量均小于 9.0 $\mu g/kg$[52]。

3）酶抑制法

酶抑制法利用有机磷农药的毒理特性进行检测。由于有机磷农药可以抑制乙酰胆碱酯酶（AchE）的活性，在无有机磷农药存在时，乙酰胆碱（Ach）在 AchE 作用下可以产生胆碱和乙酸；当有机磷农药存在时，AchE 的活性受到抑制，作为其分解产物的乙酸也相应减少，根据指示剂颜色或反应液 pH 的变化，就可以达到检测有机磷农药的目的。AOAC 最早公布了该方法检测有机磷农药，可测出水中 0.1 ng/L 有机磷类农药，目前应用酶抑制法来检测有机磷农药的方法主要有膜电极法和纸片法。Beasley 等研究了一种快速测定仓储作物中有机磷、杀螟松和乙基虫螨磷类农药的方法，将谷物中农药萃取到甲醇溶液中，酶标组分滴加至含有缓冲液的试管中，培养后加入酶作用的基质，酸化后颜色稳定，根据颜色深浅与浓度对数的关系来定量估计农药的残留水平[53]。酶抑制法最大的优点是操作简便，速度快，不需昂贵的仪器，特别适合现场检测以及大批样品的筛选检测，易于推广普及。但是酶抑制法的灵敏度、重复性、回收率还有待提高。

4）传感器法

传感器法是将传感技术与农药免疫分析技术相结合的检测法，是免疫分析技术的一种延伸，应用在痕量分析上的有生物传感器和固相传感器。检测有机磷农药的生物传感器主要是基于乙酰胆碱酯酶或胆碱酯酶。Fernando 设计了一种显微光度酶生物传感器，用来快速检测乙酰胆碱酯酶抑制物。该方法利用多克隆的抗对硫磷抗体具有很强的转移性和敏感性而制造，然而当这种传感器先检测高敏感的氧磷乙酰胆碱酯酶抑制物再检测低活性的硫代磷时，就不再敏感[54]。Yan 等发现 D12-B5 单克隆抗体对检测甲基对硫磷、毒死蜱、杀螟松等有机磷农药具有显著的特异性，且检测效果良好[55]。利用荧光农药衍生物及多克隆或单克隆的抗对硫磷抗体构建的生物传感器既可重复利用，又可以快速检测。Wilkins 等研究了利用乙酰胆碱酯酶电流传感器对有机磷农药敌敌畏、倍硫磷、二嗪农等在乙醇溶剂中的定量测定方法[56]。Anis 等利用光纤免疫传感器测定溶液中的对硫磷，溶液中酪蛋白-对硫磷轭合物固定在石英纤维上，用于测定对硫磷的含量，检测限为 0.3 $\mu g/L$[57]。

第五节　拟除虫菊酯类农药

拟除虫菊酯最初由一种被称为除虫菊的杀虫植物中所含有效成分除虫菊酯发展而来，是一类重要的合成杀虫剂，具有高效、广谱、低毒和能生物降解等特性。迄今已商品化的拟除虫菊酯有近 40 个品种，在全世界的杀虫剂销售额中约占 20%。拟除虫菊酯主要应用在农业上，如防治棉花、蔬菜和果树的食叶和食果害虫，还可作为家庭用杀虫剂被广泛应用，防治蚊蝇、蟑螂及牲畜寄生虫等。

一、拟除虫菊酯类农药结构和特性

拟除虫菊酯是一类仿生合成的农药，通过改变天然除虫菊酯的化学结构衍生的合成酯类。天然除虫菊酯是古老的植物性杀虫剂,是除虫菊花的有效成分,包括除虫菊素Ⅰ和Ⅱ、瓜叶菊素Ⅰ和Ⅱ、茉酮菊素Ⅰ和Ⅱ6种有效成分(图6-4)。天然除虫菊素在阳光和空气中不稳定,但可以用作杀虫剂。美国合成的第一个商品化的拟除虫菊酯为丙烯菊酯,与天然除虫菊酯一样,在光照下易被光分解失效。随后几十年,科学家致力于研究分子结构中易被光分解的不稳定部位,合成了具有光稳定性的氯菊酯,随后相继出现了氯氰菊酯、氰戊菊酯和溴氰菊酯等,见图6-5。目前,市场上已商品化的拟除虫菊酯类农药品种主要有氯菊酯、胺菊酯、氯氰菊酯、高效氯氰菊酯、氯氟氰菊酯、甲氰菊酯、高效氰戊菊酯、氟氯氰菊酯等。这些物质均具有较高的紫外线稳定性,对人体的危害性较低、对环境的影响较小。目前拟除虫菊酯类农药的市场份额仅次于有机磷农药,在农业、林业、工业和饲养业等方面广泛使用。

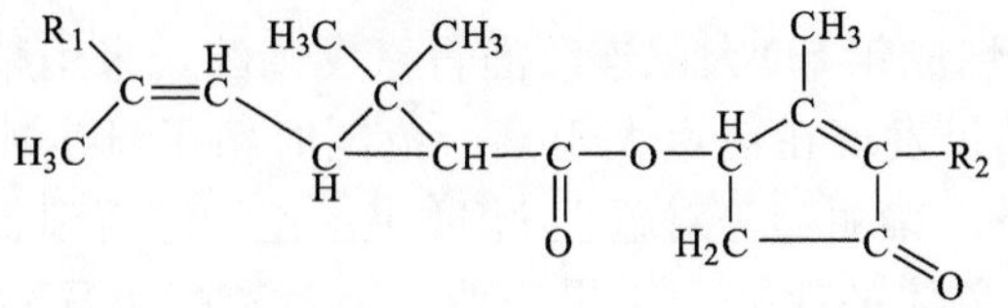

R$_1$:CH$_3$,COOCH$_3$
R$_2$:CH$_2$CH=CHCH=CH$_2$,CH$_2$CH=CHCH$_3$,CH$_2$CH=CHCH$_2$CH$_3$

图6-4 天然除虫菊酯6种有效成分

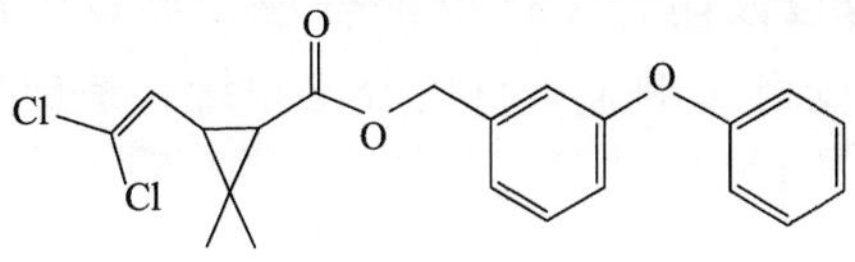

氯菊酯 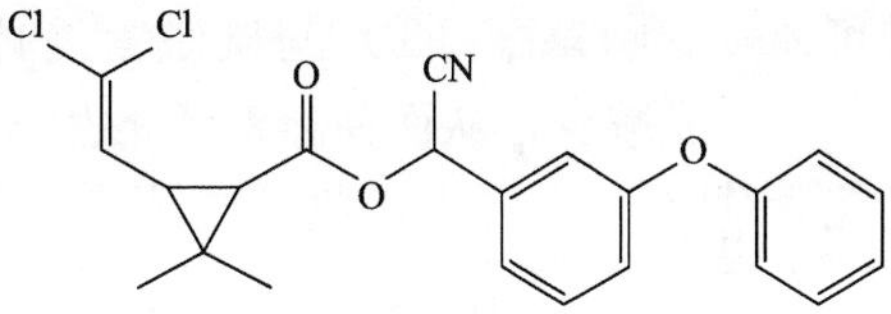   氯氰菊酯

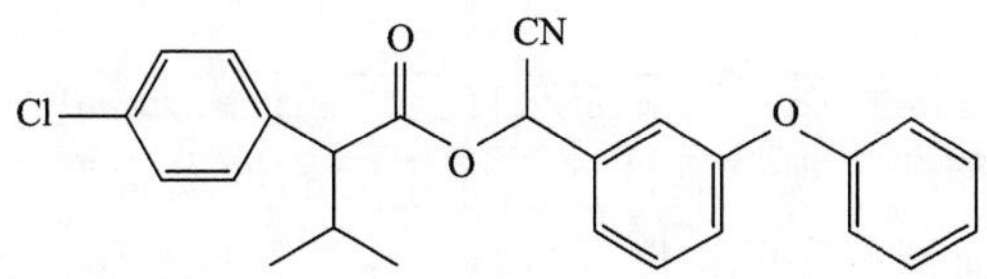

氰戊菊酯 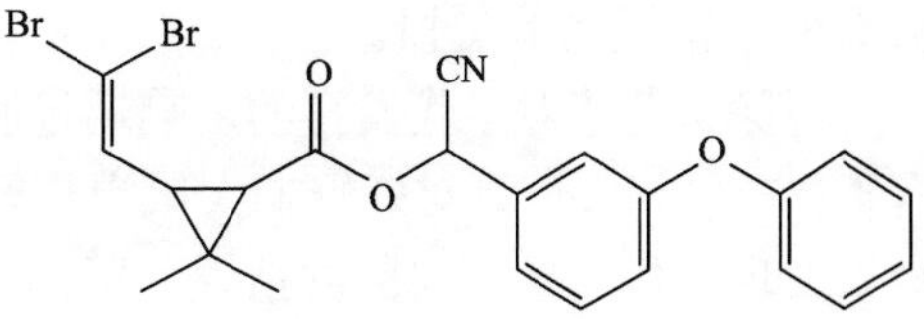   溴氰菊酯

图6-5 常见合成拟除虫菊酯的分子结构式

除虫菊酯和拟除虫菊酯的挥发性很差,20℃时的蒸气压一般小于1mPa,有的甚至低于1nPa,故吸入蒸气不是该类农药进入有机体的主要方式,吸入粉尘、溶胶、皮肤吸附或吸收、口腔摄入等是人类摄入该类农药的主要方式。多数拟除虫菊酯在碱性条件下易分解,使用时不能与碱性物质混用。

二、拟除虫菊酯类农药毒性与危害

拟除虫菊酯的致毒机理表现在属于轴突毒剂，而对突触无作用。拟除虫菊酯具有负温度系数，在低温时毒性更高，不但对周围神经系统有作用，对中枢神经系统，甚至对感觉器官也有作用，具有趋避、击倒和杀毒三种不同作用。拟除虫菊酯作为神经毒物，对其神经毒作用的研究较多，近年来的研究也证明拟除虫菊酯能刺激乳腺癌细胞增殖和 $p52$ 基因的表达，具有拟雌激素活性-生殖内分泌毒性，对免疫、心血管系统等也会造成危害。

1. 拟除虫菊酯农药的生殖毒性

有研究人员对雄性成年 SD 大鼠连续灌胃氰戊菊酯，采用精子头记数方法观察每日精子生成量[58]，结果发现在剂量大于某一范围时精子日生成量明显减少，而且有明显的剂量-效应关系。梁丽燕等对雄性 NIH 小鼠连续灌胃溴氰菊酯后观察 100 个初级精母细胞，记录染色体的改变，结果表明，溴氰菊酯可导致精母细胞染色体畸变率增加[59]。Elbetieha 等研究发现，连续染毒氯氰菊酯的雄性大鼠附睾及睾丸的精子数和日产精子量下降，输精管内充满了明显不成熟的精子细胞，对于精子运动能力的影响研究发现，使成年雄性大鼠连续染毒菊酯后，精子活动度明显降低，并且菊酯对精子顶体反应和获能两个阶段均有作用[60]。拟除虫菊酯对生精调节的影响发现，其可通过影响睾酮（T）与雄激素受体的结合以及阻抑 cAMP 的合成，导致内流受阻、T 合成减少，从而使雄激素的生物学作用受到影响，干扰内分泌系统，造成生殖功能紊乱[61]。应用放射免疫法测定大鼠血清中 FSH、LH、T 和睾丸匀浆中的 T 水平，血清中 FSH 水平在不高于 12 mg/kg 剂量组均明显升高，血清中 LH 含量显著增加，而睾丸匀浆中 T 表现显著下降，说明氰戊菊酯可影响血清及睾丸性激素水平，从而引起精子调节受损。

拟除虫菊酯对子代发育的影响通过胎盘屏障转运，对胚胎发育及子代神经系统产生有害影响。Moniz 等对妊娠期大鼠灌胃氰戊菊酯，观察雄性仔鼠成年后的性发育变化，结果发现子代中雄性大鼠输精管、睾丸以及血清中睾酮浓度均降低，说明氰戊菊酯能通过胎盘屏障转运，对胚胎发育产生有害影响[62]。

2. 拟除虫菊酯农药的代谢转化酶系毒性

拟除虫菊酯主要由肝脏代谢转化，细胞色素 P450 酶系是参与拟除虫菊酯代谢转化的主要酶系之一。张秀莲等采用体外放射同位素测定溴氰菊酯、氯氰菊酯对肝线粒体微粒体主动摄取功能的影响，结果表明溴氰菊酯和氯氰菊酯对肝线粒体微粒体的主动摄取均有明显的抑制作用[63]。应用荧光分光光度法检测肝脏 EROD 的活力[64]，发现整体试验中，溴氰菊酯中毒肝脏 EROD 活力下降了 47.94%，肝微粒体 EROD 活力受到抑制，并且有明确的剂量-效应关系，提示拟除虫菊酯毒作用与干扰肝脏的 EROD 有关。而脑组织微粒体 P450 活力及蛋白质的影响研究显示，拟除虫菊酯能够影响脑组织中 P450

亚型和蛋白质的表达，使脑中 P450 含量及 NADPH-P450 还原酶活力增高，干扰亚型 P450 对该亚型 P450 的诱导，同时能明显抑制 EROD 活力[65]。

3. 拟除虫菊酯农药的免疫功能危害

近年来有研究发现拟除虫菊酯能够通过影响免疫系统的昼夜节律以及细胞因子而发挥作用。童建等利用免疫记数仪计数 cAMP 和 cGMP 的每分钟计数值（CPM）值，发现 cAMP 和 cGMP 节律的峰值和谷值之间表现相互倒置的关系，使氯氰菊酯对 T 淋巴细胞的毒效应出现相应的时间差异，提示氯氰菊酯通过改变淋巴细胞内 cAMP 和 cGMP 的含量以及破坏其生理昼夜节律，可导致免疫功能的降低[66]。沈苏南等利用酶联免疫吸附法测定白细胞介素、肿瘤坏死因子和免疫球蛋白的水平，结果显示与对照组相比，水平均有所下降且差异显著，表明拟除虫菊酯会影响体液免疫系统[67]。

三、拟除虫菊酯类农药限量与控制

作为合成农药，拟除虫菊酯主要用于植物类作物生长期内病虫害处置，作为一种低毒、高效的杀虫剂，具有击倒作用快、植物易吸收的特点。目前，欧盟指令（EC）No 149/2008 中要求，植物类食品及食品原料中几类典型拟除虫菊酯类农药残留分别为氯氰菊酯 0.5 mg/kg、甲氰菊酯 0.05 mg/kg、溴氰菊酯 0.5 mg/kg、氰戊菊酯 0.05 mg/kg 和三氟氯氰菊酯 0.01 mg/kg，对于未明确列明的拟除虫菊酯则要求残留量不高于 0.05 mg/kg。《美国联邦法规》（Code of federal regulations，CFR）第 40 篇第 180 章（40 CFR 180）则要求，食品及食品原料中拟除虫菊酯类农药残留含量不得高于 10 μg/kg。我国国家标准 GB 2763—2005《食品中农药最大残留限量》对部分拟除虫菊酯类农药的限量作出规定。例如，甘蓝类蔬菜中氟氯氰菊酯的限量要求为 0.1 mg/kg，苹果中的为 0.5 mg/kg，而棉籽中的为 0.05 mg/kg；叶菜类蔬菜和果菜类蔬菜，以及梨果类水果和柑橘中的氯氟氰菊酯的限量要求为 0.2 mg/kg，而棉籽油中该农药的残留限量要求仅为 0.02 mg/kg；不同种类食品中溴氰菊酯和氰戊菊酯的最大残留限量要求各有差异，其中对柑橘类水果以及热带和亚热带水果（皮不可食用）中溴氰菊酯的限量要求为 0.05 mg/kg，块根类蔬菜中氰戊菊酯的限量要求为 0.05 mg/kg。

FAO/WHO 建议溴氰菊酯的人体每日允许摄入量（ADI）为 0.01 mg/kg BW，氰戊菊酯的 ADI 值为 0.02 mg/kg BW。我国国家标准规定的溴氰菊酯的 ADI 值为 0.01 mg/kg BW，氯氰菊酯的 ADI 值为 0.05 mg/kg BW，氯氟氰菊酯的 ADI 值为 0.002 mg/kg BW。

四、拟除虫菊酯类农药分析检测

1. 样品前处理技术

由于食品基质非常复杂，且农药残留一般浓度都较低，故一般在色谱分析前都需要对样品基质进行处理，对样品中待测物进行提取，并且去除共萃取物和共浓缩物的干扰。拟除虫菊酯类农药在食品中的残留检测通常采用萃取、净化、浓缩结合仪器分析方法进行。

除虫菊酯和拟除虫菊酯类农药的提取方法及溶剂主要依赖于样品基质，一般先经样品均质化，采用正己烷、苯、丙酮-正己烷、正己烷-异丙醇或石油醚-乙醚等提取，形成共提取物。对谷物类样品，则应加入合适溶剂后采用超声波辅助提取或机械振动提取。过滤后用无水 Na_2SO_4 脱水，进一步净化后可直接进行分析。对于含水量低的样品，如茶叶、烟草等，提取前样品一般用水溶性溶剂或蒸馏水浸泡，然后对样品进行均质化。含水量高的样品，则常先加入无水 Na_2SO_4，或采用冷冻干燥的方式除去水分，再采用二元溶剂提取。对于动物组织样品，由于含脂量较高，一般在无水 Na_2SO_4 存在下用二元溶剂提取。

对待测物进行提取后，还应根据检测仪器的要求对提取物进行净化。常用的净化方法有液-液萃取，过 Florisil 柱、活性/Celite 柱、凝胶渗透色谱（GPC）柱等色谱柱净化。例如，采用固相萃取（SPE）法对柑橘、芹菜、胡萝卜、椰菜等水果和蔬菜中包括拟除虫菊酯在内的卤代农药的提取与净化，可采用乙腈提取，浓缩后用 C_{18} 柱净化，正己烷或 2.5% 丙酮正己烷溶液淋洗，对柑橘、芹菜、椰菜中氯菊酯和氰戊菊酯的回收率为 92%～125%，而对胡萝卜的回收率则较低。使用弗罗里（Florisil）硅土作为吸附剂仍然是 AOAC 推荐方法，弗罗里硅土柱和液-液萃取结合，可用于氯氰菊酯、溴氰菊酯、甲氰菊酯、氰戊菊酯、苄氯菊酯等拟除虫菊酯或多残留分析。此外，凝胶渗透色谱还可用于拟除虫菊酯提取物的纯化，尤其是在净化油脂方面，SPE 辅助净化可有效去除其他干扰物。

2. 分析方法

目前，检测食品中拟除虫菊酯类农药普遍采用的方法有气相色谱法、液相色谱法、气相色谱质谱联用法和液相色谱质谱联用法。

1）气相色谱法

O'Mahony 等研究了超临界流体萃取技术对食品中拟除虫菊酯残留检测的应用，采用 SPF-CO_2 萃取纤维类食品中甲氯菊酯、氰戊菊酯、氟胺氰菊酯，方法检出限低于 0.01 μg/kg，对于几种拟除虫菊酯类农药残留均大于 95%[68]。Rissato 则采用 SFE 方法萃取蜂蜜中包括拟除虫菊酯在内的多种农药[69]，研究了各种因素对于方法回收率、检出限等的影响，并对条件进行了优化，与传统的液液萃取技术相比，方法快速、便捷，样品损失减少、回收率提高，适合于液、固等多种类型食品检测。基于加速溶剂萃取技术的拟除虫菊酯残留研究中，胡贝贞等利用该技术提取茶叶中多种拟除虫菊酯，采用 GC-ECD 检测器检测样品萃取液，方法回收率范围为 80%～110%，检出限对于各类拟除虫菊酯农药残留为 0.3～0.6 μg/kg[70]，此外 Schreck 等同样利用加速溶剂萃取检测固体样品如葡萄中氯氟氰菊酯在内的多种农药[71]，回收率范围为 78%～94%，干扰物得到了很好的去除，方法检出限不低于 1.3 μg/kg。Sharif 等利用固相萃取结合 GC-ECD 检测了多种水果、蔬菜中三种拟除虫菊酯类农药，通过 SAX/PSA 净化后可去除大多数食品基质干扰，方法检出限为 0.07

$\mu g/kg^{[72]}$。

2）液相色谱法

液相色谱同样是检测拟除虫菊酯类农药的重要技术方法，有研究人员结合超声萃取、液相色谱技术对食品中残留农药进行了检测技术方法研究，如林子俺等利用超声波提取-高效液相色谱同时测定了茶叶中甲氰菊酯、三氟氯氰菊酯、溴氰菊酯、氰戊菊酯、氯菊酯等的残留，对于 5 种农药检出限为 0.1～0.15 mg/L，回收率范围为 71.4%～104.4%，方法 RSD 小于 10.0%[73]。杨丽莉等采用丙酮浸泡、超声提取茶叶中的拟除虫菊酯，得到甲氰菊酯、氯氰菊酯、氰戊菊酯、溴氰菊酯回收率为 90.4%～110%，方法检出限为 1～6 $\mu g/kg^{[74]}$。

3）气相色谱质谱联用法

气相色谱质谱联用（GC-MS）技术用于拟除虫菊酯检测研究中，如 Chen 等通过 GC-MS 利用低温净化结合的方法测定了鱼肉中溴氰菊酯等农药残留量[75]，方法检出限低于 0.1 $\mu g/kg$，回收率范围为 81.3%～113.7%；而 Huang 等同时采用 SPE 与 GPC 净化技术，排出食品中干扰基质的干扰，结合 GC-MS 测定了茶叶中包括多种拟除虫菊酯在内的农药残留，方法最低检出限可达纳克（ng）级以下[76]。Ochiai 等利用双搅拌吸附萃取、热解析结合 GC-MS 检测了包括多种拟除虫菊酯在内的农药残留量，结果显示方法具有良好的线性和较高的灵敏度，检出限低于 10 ng/L[77]。侯英等对烟叶、茶叶的研究结果显示，采用吸附萃取、热脱附、GC-MS 方法，烟叶及茶叶中拟除虫菊酯检出限低于 11.4 ng 及 10.5 ng[78]。

4）液相色谱质谱联用法

液相色谱质谱联用（LC-MS）目前广泛应用于各种类型的农药、兽药残留分析检测，具有高效率、高可靠性的特点。拟除虫菊酯类农药分子中含有 Cl、N、O 等高亲质子性原子，常采用 PI 模式进行检测。刘琪等采用固相萃取-超高效液相色谱-串联质谱法测定了牛肉中 7 种拟除虫菊酯类农药残留量[79]。

除上述分析方法外，目前用于拟除虫菊酯类农药的快速检测方法还包括免疫分析法和生物传感器法。免疫分析法基于抗原与抗体的特异性反应，具有特异性强、灵敏度高、方便快捷、检测成本低、安全可靠等特点，已经开发了诸多广泛应用于现场样品和大量样品的快速检测试剂盒。迄今为止，已经建立了包括丙烯菊酯、生物丙烯菊酯、生物苄呋菊酯、氟氰菊酯、氯氰菊酯、溴氰菊酯、甲氰菊酯、氟氰戊菊酯、氯菊酯和苯蜜橘酯等拟除虫菊酯类农药免疫分析方法。目前，美国化学学会已将免疫分析法、色谱分析技术共同列为农药残留分析的主要技术。生物传感器则对特定种类化学物质或生物活性物质具有选择性和可逆响应，进而实现复杂样品中特定目标分析物的识别。

第六节　氨基甲酸酯类农药

氨基甲酸酯类农药是当前广泛使用的农药种类之一，该类农药是一类以甲酸酯为前体化合物发展而来的农药。从结构来看，氨基甲酸酯类杀虫剂主要分为 N-甲基氨基甲酸酯类和 N，N-二甲基氨基甲酸酯类两大类，其中前者杀虫谱广、作用强，是此类农药品种的主要有效成分。

一、氨基甲酸酯类农药结构和特性

氨基甲酸酯化合物的一般分子结构式如图 6-6 所示，是在甲酸酯化合物中，连接在碳原子上的氢被氨基取代的化合物，R_1 和 R_2 可以是芳香族或脂肪族取代基。氨基甲酸酯主要有 N-甲基氨基甲酸酯、胺苯基 N-甲基氨基甲酸酯、肟 N-甲基氨基甲酸酯、N，N-二甲基氨基甲酸酯、N-苯基氨基甲酸酯、苯并咪唑氨基甲酸酯、硫代氨基甲酸酯、二硫代氨基甲酸酯和乙烯基双二硫代氨基甲酸酯九大类。氨基甲酸酯类农药为无味、白色的晶状固体，熔点高、挥发性低、水溶性差。大多数氨基甲酸酯均易溶于甲醇、乙醇和丙酮等极性有机溶剂，可溶于苯、甲苯、二甲苯等中等极性有机溶剂，在正己烷、石油醚等非极性有机溶剂中溶解性较差。目前氨基甲酸酯类农药的主要品种有西维因、异丙威、呋喃丹（克百威）、涕灭威、叶蝉散、巴沙等。

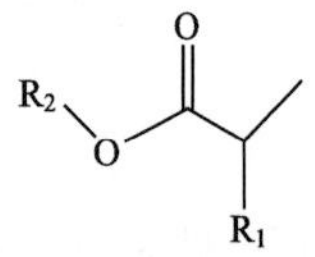

图 6-6　氨基甲酸酯的一般分子结构式

氨基甲酸酯类农药一旦释放到环境中，大部分会保留在土壤、水和空气中，代谢或降解为其他形式的化合物存在于环境中。氨基甲酸酯类农药在环境中的代谢或降解过程主要是水解作用、氧化作用和结合作用。N-甲基氨基甲酸酯水解时会产生一个中间体异氰酸酯，而 N，N-二甲基氨基甲酸酯在氢氧根离子的作用下则产生醇和 N，N-二甲基取代酸。氧化作用则包括 O-脱烷作用、N-甲基羟基化作用、N-脱烷作用和脂肪链的氧化等。结合作用则导致在哺乳动物体内 O-和 N-葡萄糖苷酸、硫酸盐、氨基甲酸衍生物的形成。氨基甲酸酯类农药在植物中不太稳定，能通过氧化和结合作用迅速分解或降解。此外，光照射影响氨基甲酸酯类农药的降解速度，在有光照射时，水溶液中氨基甲酸酯类农药降解速度比在有机溶剂或食物中快。氨基甲酸酯类农药具有分解快、残留期短、低毒、高效、选择性强等特点，在全世界范围内得到了广泛应用，是现代杀虫剂的主要类型之一。

二、氨基甲酸酯类农药毒性与危害

氨基甲酸酯类农药及其代谢产物对于人体均具有较强毒性，代表性的如涕灭威亚砜（涕灭威的代谢产物），其与涕灭威相比，具有更强的抗胆碱酯酶的作用[80]。其毒性机理主要表现为对转化酶的抑制，使其氨基甲酰化造成乙酰胆碱水解为胆碱和乙酸的正常生理过程受阻，形成类似于有机酸磷酸酯类化合物中毒的胆碱症状[81]，同时有研究显示部分氨基甲酸酯中毒患者临床恢复比中毒酶的自动重化恢复快，酶抑制率与毒性之间存在明显差别，对此 Takahashi 研究认为是存在产生活性多肽的非胆碱过程所导致[82]。

氨基甲酸酯中毒的急性表现为内脏系统、呼吸系统、中枢神经等出现症状，引起心血管系统心动过慢、低血压，伴随皮肤直接损害，出现皮疹、红斑等急性皮炎症状[83]，对于消化系统，引发恶心、呕吐、腹泻及其呼吸系统支气管收缩、咳嗽、分泌物增加，严重的可导致呼吸衰竭。对于中枢神经系统，可蓄积于中枢神经细胞间突触处引起中毒反应，成人由于氨基甲酸酯难于通过血脑屏障而症状较轻，但对于儿童由于血脑屏障尚不完善，症状较重、死亡率较高[84]。氨基甲酸酯的慢性中毒由于其化合物本身性质的不稳定，自然降解快、体内排泄快、半衰期短，因此相应中毒表现较为不明显，偶见有遗传毒性的报道。其中涕灭威、卡巴呋喃等氨基甲酸酯类农药及其代谢产物可通过胎盘屏障对母体-胎盘-胎儿系统产生严重影响[85]，有结果显示涕灭威中毒后数年仍出现与急性中毒有关的症状，健康明显恶化、生育力下降、子代畸变率偏高[86]。

三、氨基甲酸酯类农药限量与控制

对于氨基甲酸酯类农药，欧盟委员会于 2007 年发布决议 2007/57/EC，修改委员会决议 76/895/EEC、86/362/EEC、86/363/EEC 和 90/642/EEC 中关于二硫代氨基甲酸酯（dithiocarbamate）最大残留限量的附件，对这些农药在谷物、动物源性产品、水果、蔬菜等物质中的限量进行了修改，规定残留量不得高于 0.5 mg/kg。美国国家环境保护署（EPA）则规定对于乙撑二硫代氨基甲酸酯等重新启动登记合格程序，并依照国家海洋渔业局生物评价计划，限用包括甲萘威、克百威、灭多威等在内的氨基甲酸酯类农药，限制领域涉及水体、土壤等。

FAO/WHO 建议西维因和呋喃丹的 ADI 为 0.01 mg/kg BW，抗蚜威的 ADI 为 0.02 mg/kg BW，滴灭蚊的 ADI 为 0.05 mg/kg BW。我国国家标准中规定克百威的 ADI 为 0.002 mg/kg BW，大米、大豆中的克百威残留限量要求为 0.2 mg/kg，小麦、玉米、马铃薯、甘蔗、甜菜的限量要求为 0.1 mg/kg，柑橘类水果则为 0.5 mg/kg。

四、氨基甲酸酯类农药分析检测

分光光度法是较早用于氨基甲酸酯类农药残留测定的方法之一，将经过前处理的样品在碱性条件下水解，产生涕灭威肟，再用酸水解生成羟胺；用碘将后者氧化成亚硝酸；发生硝酸-偶氮反应，用分光光度计进行测定。蒋淑艳等提出采用间接邻菲罗啉光度法测定氨基甲酸酯类农药，其标准偏差为 0.21%～2.3%，变异系数为 0.22%～2.43%，回收率为 99.6%～107.8%[87]。近年来分光光度法主要集中在西维因分析上。

色谱法是目前氨基甲酸酯类农药残留检测的最主要方法。氨基甲酸酯类农药残留分析与其他农药类似，应根据农药的极性、挥发性和热稳定性，分别采用气相色谱（GC）或液相色谱（LC）法测定。样品的前处理过程可参考其他农药残留分析前处理所采用的方法。

用于氨基甲酸酯类农药分析的 GC 检测器中，原子发射检测器（AED）与氮磷检测器（NPD）、电子捕获检测器（ECD）相比，选择性更高，比较适合于食物样品中氨基甲酸酯类农药残留的监测。此外，GC-AED 具有宽的线性动力学范围，作为定量方法更具可靠性。但由于氨基甲酸酯类农药在高温条件容易分解导致基于 GC 的氨基甲酸酯类农药残留检测受到限制，常常需要将氨基甲酸酯类农药水解，生成稳定的氨基甲酸酯类农药的水解产物——甲胺或酚，或通过衍生化反应提高氨基甲酸酯类农药的热稳定性，从而实现用 GC 对氨基甲酸酯类农药的测定，同时采用冷柱头进样（OCI）也是较好的选择。杨大进等采用毛细管 GC、氮磷检测器测定大米、蔬菜中 6 种氨基甲酸酯类农药，其准确度和精确度均较好，最低检测限为 2～15 $\mu g/kg$[88]。Mattern 等采用毛细管 GC、OCI 进样技术和化学电离离子阱检测器，对植物组织中的西维因、呋喃丹以及其他的农药进行了分析，获得了较好的结果，氨基甲酸酯类农药回收率为 88%～98%[89]。时亮和王丽用 Florisil 小柱固相萃取烟草中氨基甲酸酯类农药，用 GC-FID 进行测定，回收率为 85.0%～103.2%，最低检测限为 11～16 ng[90]。食品中氨基甲酸酯类农药残留分析的确证方法为 GC-MS 法，胡小钟等采用硅藻土为固相分散剂的基质固相分散萃取法对浓缩苹果汁样品中包括氨基甲酸酯类农药在内的 100 多种农药进行提取和净化后，采用 GC-MS 法在选择离子监测模式下进行快速测定[24]。

采用 HPLC 柱后水解或柱后衍生方法对复杂介质中氨基甲酸酯类农药的残留量进行检测也非常普遍。Argauer 等用高效液相色谱法测定了 26 个样品中的 24 种氨基甲酸酯类农药，回收率为 70%～100%[91]。目前，氨基甲酸酯类农药的 HPLC 检测大多数采用反相 C_{18} 或 C_8 柱，常用甲醇-水或乙腈-水流动相，早期常用的检测手段是紫外检测器（UV），复杂基质中氨基甲酸酯类农药残留测定常用的检测波长为 254 nm，而测定呋喃丹及其代谢产物时多采用 280 nm。样品经超临界流体萃取后再用 HPLC-UV 检测，结果优于 HPLC-化学发光检测或 GC-FID。李怡和王绪卿采用 ODS 柱在 210 nm 波长下，用 UV 对乳品中 5 种氨基甲酸酯类农药进行测定[92]，最低检测限为 0.75～3 ng，标准曲线线性良好。后期荧光检测器、二极管阵列检测器等在氨基甲酸酯类农药残留检测中也得到应用，于文莲等用 Waters Carbamate 分析系统柱后衍生荧光检测器对 9 种氨基甲酸酯类农药和 3 种代谢产物进行测定，最低检出限为 5 $\mu g/kg$[93]。蒋新明等用该法对氨基甲酸酯类农药进行测定，最低检测浓度为 2 $\mu g/L$，最小检出量为 2 ng[94]。王建华等用 HPLC-电化学安培法对大米中氨基甲酸酯类农药残留量进行了研究，检测限达 15 $\mu g/kg$[95]。

除上述方法外，在氨基甲酸酯类农药残留量的测定中，应用较多的其他方法有超临界流体色谱（SFC）和薄层色谱（TLC）等。其中超临界流体为流动相的 SFC，具有可以使用各种类型色谱柱、在较低温度下分析相对分子质量较大、对热不稳定，且能与各种 GC、HPLC 检测器匹配等特点，而成为一种强有力的分离和检测手段。Rathore 和 Begmn 用 SFC-MS 分析涕灭威、西维因等农药，检测限可达皮克（pg）级[96]，谢碧海提出一种氨基甲酸酯类农药的薄层色谱快速检测技术，检测限可达 0.5～5 μg[97]。免疫方法也是氨基甲酸酯检测的方法之一，目前已商业化的氨基甲酸酯类农药检测的 ELISA 试剂盒有多种，其中主要是涕灭威、西维因、呋喃丹及其代谢产物试剂盒。例如，Lehotay 和 Agruer 应用一种商品试剂盒测定了肉和肝样中的呋喃丹和涕灭威砜，并直接检测了牛奶、血和尿中的涕灭威砜[98]。另外有报道肉样中的呋喃丹和其他农药经过 SFE 提取后采用磁性微粒酶免疫检测法测定[99]。

第七节　除草剂类农药

除草剂（herbicide）是指可使杂草彻底地或选择性地发生枯死的药剂。农业生产中，除草剂既可以抑制田间杂草的生长，又可以提高粮食产量。除草剂发展渐趋平稳，主要发展高效、低毒、广谱、低用量的品种，对环境污染小的一次性处理剂逐渐成为主流。常见的选择性除草剂包括硝基苯酚、氯苯酚、氨基甲酸的衍生物等。

一、除草剂类别及理化性质

氯磺隆类除草剂是最早成功开发的除草剂，此后磺酰脲类、咪唑啉酮类等除草剂相继问世，为除草剂新品种开发及化学除草带来了新的革命性变化[100]。磺酰脲类除草剂属乙酰乳酸合成酶（ALS）/乙酸羟酸合成酶（AHAS）抑制剂，属于内吸传导型除草剂，通过阻止支链氨基酸如缬氨酸、亮氨酸、异亮氨酸的生物合成最终导致植物（杂草）死亡，目前共有 34 个磺酰脲类品种问世[101]。三唑并嘧啶磺酰胺属于内吸传导型除草剂，用于水稻田除草，作为酰胺结构在新农药开发中仍是一种十分重要的化学组成，尤其是通过与杂环基团和含氟基团结合，能使之具有新的生命力[102]，如近几年研制的噁唑酰草胺（metamifop）、氟吡草胺（picolinafen）和烯草胺（pethoxamid）等。环己烯酮类除草剂属乙酰辅酶 A 羧化酶（ACCase）抑制剂，该类化合物大多用于旱田除草，如稻田防除禾本科杂草稗草、兰马草、马唐、千金子、狗尾草、筒轴茅等，在直播水稻和移栽水稻田中安全施药后迅速被植株吸收和转移，在韧皮部转移到生长点，抑制新芽的生长，杂草先失绿，后变色枯死，一般 2~3 周内完全枯死[103]。吡唑类除草剂包括双唑草腈等[104]，可用于控制玉米田的各类杂草，活性高于异丙甲草胺等除草剂，双唑草腈为原卟啉原氧化酶抑制剂，是一种触杀型除草剂，通过植物细胞中原卟啉原氧化酶积累而发挥药效。三唑啉酮除草剂光合作用抑制剂，敏感植物的典型症状为褪绿、停止生长、组织枯黄直至最终死亡，与其他光合作用抑制剂（如三嗪类除草剂）有交互抗性，主要通过根系和叶面吸收；可有效防除玉米和甘薯上的一年生阔叶杂草和甘薯上许多一年生禾本科杂草[105]。脲嘧啶类除草剂属于原卟啉原氧化酶抑制剂，是一种非选择性除草剂，包括氟丙嘧草酯[106]和双苯嘧草酮[107]等。氟丙嘧草酯主要用于果园，包括葡萄园、棉花地、非耕地防除重要禾本科杂草、阔叶杂草、莎草等。三酮类除草剂可用于水稻田内的单子叶和双子叶除草和玉米田除草，并且对作物安全[108]。

目前应用较为广泛的除草剂其母体大多为固体状态，颜色呈白色、黄色等，且多易溶于水，但部分除草剂如苯氧羧酸类除草剂由于分子中具有大基团亲脂性成分因而在水中溶解度较低，需要配合有机溶剂施用。除草剂进入土壤后均极易被植物迅速吸收，或直接接触植株吸收，传导性很差或不传导，起到对杂草的触杀作用。

二、除草剂毒性与危害

在农药中，除草剂属于毒性较低的一类化合物，但随着品种的增多、化合物活性的提高及其施用造成的累积效应，除草剂毒性开始显现。多数情况下，除草剂毒性显现于靶标作用相关，其在动物体内的毒性效应与吸收、分布、代谢及排泄等密切相关。

目前研究显示，多数除草剂对于细胞色素单加氧酶有毒性作用，有许多 $p450$ 基因在除草剂代谢中起着关键作用[109]。哺乳动物体内的约 70 种基因，在肝脏中的一系列 P450 参与除草剂的代谢，其中约 1/7 会受到诱导毒物影响[110]，此外脂肪酸生物合成酶同样会受到除草剂环己烯二酮、芳氧苯氧丙酸两类物质的抑制[111]。对于组织器官而言，有研究显示异丙甲草胺口服摄入可导致大鼠睾丸损伤，乙草胺对雄性狗同样造成睾丸损害，同时输精管、精子退化、萎缩，对于肾脏功能、神经系统同样有影响[112]。对于神经系统，通过合成酶抑制，导致神经系统毒性，形成脑中星形细胞高浓度区域，影响神经功能的正常运行[113]。通过动物摄入、代谢研究发现，大多数除草剂进入靶标植物后即代谢、降解失活，但部分除草剂转化后仍残留相当毒性，如草达灭对啮齿类动物卵巢影响显著，同时可造成雄性睾丸损伤、精子无法正常形成，影响生育能力。其代谢产物亚砜同样具有睾丸毒性，同时通过羟基化作用，形成的羟基草达灭等还可抑制肽蛋白共价结合并抑制醛脱氢酶[114]。联吡啶类除草剂进入人体、动物体后，主要毒害靶器官为肺部，在上皮细胞积累后，在细胞中产生活性氧导致细胞受损，引起肺、肾产生灶性坏死[115]。

三、除草剂分析检测

苯氧羧酸类除草剂作为酸性化合物，以盐和酯类形式使用，检测过程中可采用阳离子吸附剂固相萃取（SPE）净化，其不被 SCX 阳离子吸附剂吸附，而留在有机提取溶液中达到净化样品的效果。样品提取一般先用盐酸酸化水解，然后用有机溶剂提取，提取液经过与乙腈饱和的正己烷液-液分配除脂，经过 SCX 离子交换柱净化，或先经过乙腈提取，然后盐酸酸化水解，SCX 阳离子交换吸附剂分散固相萃取净化。苯氧基羧酸类除草剂具有强极性和低挥发性，故不能直接用 GC 测定，可将它的羧基衍生为酯后，选用 GC-ECD 或 GC-MS 测定。赵守成等采用丙酮-酸性水溶液提取试样中农药残留物，经乙酸乙酯液-液分配、凝胶渗透色谱仪（GPC）净化后重氮甲烷乙醚溶液衍生化，用气相色谱-质谱选择离子监测模式测定[116]。匡华等采用经乙腈-酸化水提取，GPC 和阴离子交换柱净化和富集，三甲硅基重氮甲烷（TMS）甲酯化，采用 GC-ECD 测定[117]。

酰胺类除草剂检测可用乙酸乙酯、丙酮、丙酮-水、己烷-丙酮提取，弗罗里硅土或硅胶 SPE 净化，正己烷-乙醚或正己烷-丙酮洗脱液，GC-MS 选择离子监测模式（SIM）测定毒草胺、莠去津、乙草胺、二甲吩草胺、甲草胺、噁草酮、异丙甲草胺、敌稗、丁草胺、丙草胺[118]。该类除草剂分子结构中有氯原子存在，是热稳定的，可用气相色谱-质谱法、气相色谱-电子捕获检测或液相色谱直接检测。

三嗪类除草剂基本化学结构是 1 个六元环中的 3 个碳和 3 个氮对称排列，属于有机碱类化合物，具有一定的碱性，很容易被 SCX 阳离子交换树脂吸附，而样品经过乙腈萃取后，其中的色素和油脂等干扰杂质与阳离子交换树脂几乎没有吸附作用。对称的三嗪分子是热稳定的，可直接用 GC-NPD 和 GC-MS 测定，或采用液相色谱进行检测。张敬波等研究了用气相色谱-质谱检测器和气相色谱-氮磷检测器同时检测玉米中西玛通、西玛津、阿特拉津、扑灭津、特丁通、特丁津、环丙津、西草净、扑草净、特丁净、甲氧丙净等三嗪除草剂多残留量的方法，样品经过乙腈萃取后，直接用强阳离子交换柱净化[119]。刘云飞等利用气相色谱化学电离二级质谱法对玉米籽粒中三嗪类除草剂及其代谢物进行了测定，样品采用盐酸和乙腈混合溶液均质提取，石墨化碳黑与中性氧化铝的混合固相萃取柱净化，GC-CI MS/MS 基质外标法测定[120]。

二硝基苯胺类除草剂根据取代基不同可分为两类，即甲基苯胺砜基类和砜基苯胺类。霍江莲等采用乙腈提取，凝胶渗透色谱净化和 Florisil 净化，直接用气相色谱-电子捕获检测器或质谱检测器等手段进行分析，检测乙氟灵、氟乐灵、环丙氟、氯乙氟灵、二硝胺、氨基丙氟灵、仲丁灵、异乐灵、二甲戊乐灵、磺乐灵等二硝基苯胺类除草剂[121]。除色谱法外，近几年还先后出现了其他的新方法，如酶联免疫法（ELISA）及结合免疫传感器的光学检测方法被用来检测二硝基苯胺类除草剂[122]。

二苯醚类除草剂检测中，沈崇钰等建立了一种测定蔬菜中 11 种醚类除草剂残留量的分析方法[123]。样品由乙腈提取后经石墨化碳黑和中性氧化铝柱双柱串联固相萃取净化，正己烷-丙酮洗脱，气相色谱-负化学离子源质谱联用、选择离子监测技术测定 11 种除草剂（唑除草醚、乙氧氟草醚、乳氟禾草灵、唑氧灵、三氟硝草醚、苯草醚、除草醚、乙唑氟草醚、甲氧除草醚、氟乳醚、吡草醚）；三唑啉酮类除草剂又名农思它、恶草灵，是选性芽前、苗后除草剂，李拥军等应用微量化学法和固相萃取技术，建立了粮谷中恶草酮残留量的 GC-MS 测定方法[124]，用苯-正己烷萃取，中性氧化铝小柱净化，净化液用 GC-MS 测定；对于磺酰脲类除草剂，李娜等建立了固相萃取前处理净化技术-高效液相色谱（HPLC），同时检测中药中 12 种磺酰脲类除草剂残留的方法[125]。采用石墨化碳柱对样品进行净化、萃取，以乙腈/冰醋酸混合溶剂为流动相进行梯度洗脱，在 240 nm 下检测烟嘧磺隆、甲磺隆、氯磺隆、胺苯磺隆、醚苯磺隆、苄嘧磺隆、吡嘧磺隆、苯磺隆、啶嘧磺隆、乙基氯嘧磺隆、氟嘧磺隆、环胺磺隆 12 种除草剂。王和兴等建立了大豆和大米中磺酰脲类和二苯醚类除草剂多残留同时检测的高效液相色谱分析方法[126]。样品经乙腈提取，正己烷液-液分配，固相萃取小柱净化后，采用高效液相色谱方法分离，以乙腈-三乙胺盐酸溶液作流动相，梯度洗脱，紫外检测器检测。

双吡啶盐类除草剂包括敌草快和百草枯，是有强吸附作用的四铵化合物。提取用强硫酸或强盐酸加热回流，从吸附或键和态释放成自由除草剂，净化通常用硅胶或氧化铝柱色谱，而 Hajsolvá 等在氯化镍存在下用硼氢化钠将百草枯、杀草快完全还原成适于 GC 分析的双吡啶化合物进行检测[127]。吡啶类除草剂是非选择除草剂，在水和有机溶剂中均有较高的溶解度，可用乙腈提取食品中的氟草烟、氟硫草啶、氟吡草腙和噻草啶残留，经固相萃取柱净化、乙腈洗脱后采用 HPLC-MS/MS 进行定量分析。酰亚胺类除草剂研究中，林黎等建立了多种食品中丙炔氟草胺残留量的 GC-MS 检测方法，样品采用乙腈或乙酸乙酯提取，用乙腈-甲苯溶解残渣，经氨基固相萃取柱净化，GC-MS 测定[128]。

第八节　其他农药

一、类别及理化性质

除上述农药类型外，目前日常使用的农药还包括含氮农药、有机硫农药、取代苯类农药及杂环类农药等。其中含氮农药包括甲脒类（carboamidine）、沙蚕毒素类（nereistoxin）、氯代烟碱类（chloronicotine）及一些其他的特异性杀虫剂（如灭幼脲、噻嗪酮、抑食肼）等。甲脒类和沙蚕毒素类杀虫剂对水稻螟虫等具有较好的防治效果，在水稻上有广泛的应用。而氯代烟碱类杀虫剂如吡虫清、吡虫啉等是近年来开发的一种新型的具有内吸作用的杀虫剂，对蚜螨类害虫具有较高的防效，近年来得以大面积推广。特异性杀虫剂由于其作用机制独特且对人畜安全，在生产上也得到越来越多的应用。由于其他含氮杀虫剂在作物上的大量应用，其在农产品中的残留、残毒引起人们的关注，特别是一些已禁用或限用的杀虫剂如杀虫脒，其残留量分析更是引人注目[129,130]。

有机硫杀菌剂是指毒性基团或成型基中含有硫的有机合成杀菌剂，具有高效、低毒、杀菌谱广、药害少、不易产生抗药性等优点。按照已知的化学结构该类杀菌剂主要分为三种类型：二硫代氨基甲酸盐类衍生物，包括乙撑二硫代氨基甲酸盐类和二甲基二硫代氨基甲酸盐类；三氯甲硫基类，如酰胺、酰羟铵、酰肼、醇类、酚类、硫醇类、硫酚类、磺酰胺类、硫代磺酸类、杂环类等；氨基磺酸盐和取代苯磺酸类，如氨基磺酸钠、敌锈钠等。取代苯类农药其结构特征是以苯核为母体，品种较复杂，没有明显的系统性，主要的农药品种包括百菌清、五氯硝基苯等。杂环类农药的主要品种包括酰苯胺类衍生物、丁烯酰胺衍生物、三氯乙基酰胺衍生物、吡啶衍生物、嘧啶衍生物、吗啉衍生物、苯并咪唑衍生物、三唑衍生物以及异噁唑及异噻唑衍生物等，其中吡啶类、嘧啶类、咪唑类、哌嗪类、三唑类和吗啉类等六大类又常被称为固醇生物合成抑制剂类。

二、毒性与危害

与其他典型农药类似，有机氮、有机硫等农药同样会造成人体健康危害。有临床症状表明有机氮农药急性中毒后会导致昏迷及神经精神症状，恢复后仍伴有反应迟钝，记忆力、理解力障碍及神经反应迟缓。有机硫类农药摄入后可经消化道、呼吸道迅速吸收并通过脑屏障，在体液中转换为沙蚕类毒素而发挥毒效，抑制酶的活性并损伤脑、心、肺等重要器官，同时可引发中毒者中枢神经、肌肉兴奋、亢进，导致死亡。取代苯及杂环类农药毒性行为较类似，如皮肤接触可导致接触性皮炎，表现为红斑、溃疡等，呼吸道、食道接触可导致刺激性症状如出血、溃疡等，摄入的取代苯及杂环类农药对全身器官均有伤害，导致肺、肾、肝及肾上腺坏死，病发过程中伴随高热，其中对泌尿系统引起肾脏衰竭、尿异常，对于肺部可引起试验大鼠肺水肿、肺不张、胸膜渗出及明显的肺功能损害，并可导致肺纤维化。对于循环系统可导致心肌损害、血压降低，伴随心率失常，影响神经系统导致嗜睡、面瘫、脑水肿及出血。

三、分 析 检 测

对于农药残留的测定通常依据农药中活性成分的化学及结构性质采取有针对性的测定方法。对于有机氮类农药残留，主要采取液相色谱方法进行检测，如有研究人员采用 PENMAPHASE ODS 化学键合相色谱柱，以甲醇-水为流动相，分离检测了多种氨基甲酸酯类农药[131]，而 Sparacino 则彻底用 Bondupak C_{18} 柱，乙腈-水流动相梯度洗脱，紫外检测器（波长 220 nm）对 20 多种氨基甲酸酯类农药进行了有效的分离、检测，我国研究人员中梁祈等对于有机氮农药残留量检测采用混合溶剂提取、Florisil 及中性氧化铝柱层析精华后经 Hyper OSD2 C_{18} 色谱柱分离，流动相采用乙腈—水，当添加水平为 0.07～0.70 μg/g 时，回收率为 81.7%～95.1%，检出限为 1.2×10^{-11}～5.3×10^{-10} $g^{[132]}$。

有机硫类杀虫剂可采用顶空气相色谱法进行测定，如乙撑二硫代氨基甲酸盐类农药通过在密闭容器内与无机酸反应分解生成二硫化碳并全部汽化进入反应瓶上部空间的气相之中，通过测定反应瓶中液-气平衡状态下气相中二硫化碳的量，来确定代森类农药的残留量[133]。乙撑硫脲的残留分析方法有许多，包括 GC、HPLC、TLC 测定，其中以 GC 测定为主，由于乙撑硫脲（ETU）的极性非常强，蒸气压极低，难以用气相色谱法直接进行测定，主要是由于色谱峰严重拖尾和检测灵敏度达不到残留分析的要求，目前主要采用衍生后气相色谱测定或用高效液相色谱法，以苄氯和三氟乙酸酐或溴化苄为衍生化剂[134]。除此之外，对于克菌丹、灭菌丹、敌菌丹等残留量可采用气质联用、气相色谱、气相色谱-串联质谱、高效液相色谱及其高效液相色谱串联质谱法进行检测，对于食品及食品原料中的上述农药残留检测限均可达到 0.05 μg/kg 以上。

对于取代苯类化合物及杂环类化合物农药的检测，由于二者的结构特征是以苯核及多元环为母体，被不同取代基如硫、氯、氧杂环、氮等取代，品种较复杂，并且没有明显的系统性，因此对于这类农药的检测通常没有较为通用性的技术方法，而主要是根据其取代基类型采用针对性方法进行检测分析，对于稳定性较好的可采用气相色谱技术，结合 ECD、MS、NPD、FPD 检测器实现对于含氯、氮、硫等的取代苯或杂环化合物定量检测[135,136]，如乙烯菌核利、异菌脲、三唑酮、丙环唑、腈苯唑等的检测，或采用液相色谱、紫外检测器等进行检测，如取代苯类化合物的分析[137,138]。

参 考 文 献

[1] 梁皇英，何祖钿. 农药的分类、剂型与使用. 山西农业科学，1990，1：33-36

[2] Capriel P，Haisch A，Kahn S U. Distribution and nature of bound（nonextractable）residues of atrazine in a mineral soil nine years after herbicide application. Journal of Agricultural and Food Chemistry，1985，33：567-569

[3] Khan S U，Ivarson K C. Microbiological release of unextracted（bound）residues from an organic soil treated with prometryn. Journal of Agricultural and Food Chemistry，1981，29：1301-1303

[4] Roberts T R，Standen M E. Further studies of the degradation of the pyrethroid insecticide cypemethrin in soils. Pesticide Management Science，1981，12：285-296

[5] Bartha H, Hsu T S. Spectroscopic Characterisation of Soil Organic Matter. ACS Symposium Series 29. Washington: American Chemical Society, 1976

[6] Khan S U. Distribution and characteristics of bound residues of prometrynin an organic soil. Journal of Agricultural and Food Chemistry, 1982, 30: 175-179

[7] Joint Meeting of the FAO Panel of Experts on Pesticide Residues in Food and the Environment and the WHO Core Assessment Group on Pesticide Residues. Pesticide residues in food 2008 evaluations. Part I. Residues. Rome, Italy, 2008

[8] 朱国念. 农药残留快速检测技术. 北京：化学工业出版社，2008

[9] Hörmann W D, Tribolet R. Residue analytical methods for monocrotophos. Reviews of Environmental Contamination and Toxicology, 1994, 139: 199-214

[10] 张宏，王凯忠，刘国津. DDT 人体蓄积与乳腺癌. 中华肿瘤杂志, 2001, 23: 408

[11] Aronson K J, Miller A B, Woolcott C G, et al. Breast adipose tissue concentrations of polychlorinated biphenyls and other organochlorines and breast cancer risk. Cancer Epidemiology, Biomarkers and Prevention, 2000, 9: 55-63

[12] Falck F, Ricci A, Wolff M. Pesticides and PCB residues in human breast lipids and their relation to breast cancer. Archives of Environmental Health, 1992, 47: 143-146

[13] Shukla V K, Rastogi A N, Adukia T K, et al. Organochlorine pesticide in carcinoma of the gallbladder: a case control study. European Journal of Cancer Prevention, 2001, 10: 153-156

[14] Alavanja M C R, Samanic C, Dosemeci M, et al. Use of cultural pesticides and prostate cancer risk in the agricultural health study cohort. Epidemiolody, 2003, 157: 800-814

[15] Cocco P, Brennah P, Ibba A, et al. Plasma polychlorobiphenyl and organochiorine pesticide level and risk of major lymphoma subtypes. Occupational and Environmental Medicine, 2008, 65: 132-140

[16] Fritschi L, Benke G, Hughes A M, et al. Occupational exposure to pesticides and risk of non-hodgkin's lymphoma. American Journal of Epidemiology, 2005, 162: 849-857

[17] Herrera A, Yagüe C. Rapid method for trace determination of organochlorine pesticides and polychlorinated biphenyls in yogurt. Journal of AOAC International, 2002, 85: 1181-1186

[18] Fujita T, Saito H, Takeda M. Deep-sea fauna and pollutants in Tosa Bay. Tokyo: National Science Museum Monograph, 2001

[19] Boewadt S, Johansson B. Analysis of PCBs in sulfur-containing sediments by off-line supercritical fluid extraction and HRGC-ECD. Analytical Chemistry, 1994, 66: 667-673

[20] 康跃惠，麦碧娴，盛国英，等. 珠江三角洲及邻近海区沉积物中含氯有机污染物的分布特征. 中国环境科学, 2000, 20: 245-249

[21] 朱雪梅，郭丽青，崔艳红，等. 污染水稻土有机氯农药残留分析的样品净化. 环境化学, 2002, 2: 177-182

[22] 戴华，肖利民，何英伟. 柑橘中多种有机氯农药残留量 HPLC 同时测定. 食品与机械, 1997, 4: 34-35

[23] Kang H G, Chun O K. Multiresidue method for the determination of pesticides in Korean domestic crops by gas chromatography/mass selective detection. Journal of AOAC International, 2003, 86: 823-831

[24] 胡小钟，储晓刚，余建新，等. 基质固相分散和气相色谱-质谱法测定浓缩苹果汁中22种有机氯农药和15种拟除虫菊酯农药的残留量. 分析测试学报, 2004, 23: 38-42

[25] Zuin V G, Yariwakea J H, Bicchib C. Fast supercritical fluid extraction and high-resolution gas chromatography with electron-capture and flame photometric detection for multiresidue screening of organochlorine and organophosphorus pesticides in Brazil's medicinal plants. Journal of Chromatography A, 2003, 985: 159-166

[26] Hwang B H, Lee M R. Solid-phase microextraction for organochlorine pesticide residues analysis in Chinese hefted formulations. Journal of Chromatography A, 2000, 898: 245-256

[27] Chernyak S M, Rice C P, McConnell L L. Evidence of currently-used pesticides in air, ice, fog, seawater and surface microlayer in the Bering and Chukchi Seas. Marine Pollution Bulletin, 1996, 32: 410-419

[28] De Roos A J, Zahm S H, Cantor K P, et al. Integrative assessment of multiple pesticides as risk factors for non-

Hodgkin's lymphoma among men. Occupational and Environmental Medicine, 2003, 60: e11

[29] McDuffie H H, Pahwa P, Mclaughlin J R, et al. Non-Hodgkin's lymphoma and specific pesticide exposures in men: cross-Canada study of pesticides and health. Cancer Epidemiol Biomarkers Prevention, 2001, 10: 1155-1163

[30] Alavanja M C R, Dosemeci M, Samanic C, et al. Pesticides and lung cancer risk in the agricultural health study cohort. American Journal of Epidemiology, 2004, 160: 876-885

[31] Lee W J, Blair A, Hoppin J A, et al. Cancer incidence among pesticide applicators exposed to chlorpyrifos in the agricultural health study. National Cancer Institute, 2004, 96: 1781-1789

[32] Freeman L E B, Bonner M R, Blair A, et al. Cancer incidence among male pesticide applicators in the agricultural health study cohort exposed to diazinon. American Journal of Epidemiology, 2005, 162: 1070-1079

[33] Recio R, Robbin W A, Borja-Aburto V, et al. Organophosphorous pesticide exposure increases the frequency of sperm sex null aneuploidy. Environmental Health Perspectives, 2001, 109: 1237-1240

[34] Sanchez-Pena L C, Reyes B E, Lopez-Carrillo L, et al. Organophosphorous pesticide exposure alters sperm chromatin structure in Mexican agricultural workers. Toxicology and Applied Pharmacology, 2004, 196: 108-113

[35] 邹晓平, 杨丽, 秦红, 等. 农村男性接触有机磷农药对精液质量影响的研究. 中国计划生育学杂志, 2005, 13: 476-478

[36] 李桂荣, 任瑞美, 曹清松, 等. 有机磷农药对作业女工健康的影响. 中国工业医学杂志, 2000, 13: 356-358

[37] Kamel F, Engel L S, Gladen B C, et al. Neurologic symptoms in licensed private pesticide applicators in the agricultural health study. Environmental Health Perspectives, 2005, 113: 877-882

[38] Roldán-Tapia L, Parrón T, Sánchez-Santed F. Neuropsychological effects of long-term exposure to organophosphate pesticides. Neurotoxicology and Teratology, 2005, 27: 259-266

[39] Steenland K, Dick R B, Howell R J, et al. Neurological function among termiticide applicator exposed to chlorpyrifos. Environmental Health Perspectives, 2000, 108: 293-300

[40] Srivastava A K, Gupta B N, Bihari V, et al. Clinical, biochemical and neurobehavioral studies of workers engaged in the manufacture of quinalphos. Food and Chemical Toxicology, 2000, 38: 65-69

[41] Rohlman D S, Arcury T A, Quandt S A, et al. Neurobehavioral performance in preschool children from agricultural and non-agricultural communities in Oregon and North Carolina. Neurotoxicology, 2005, 26: 589-598

[42] Ng W F, Teo M K, Lakso A. Determination of organophosphorus pesticides in soil by headspace solid-phase microextraction. Fresenius' Journal of Analytical Chemistry, 1999, 363: 673-679

[43] 张蓉, 花日茂, 汤锋, 等. 6种有机磷农药分离及水中残留高效薄层析测定方法研究. 安徽农业科学, 2009, 37: 6311-6313

[44] Erney D R, Gillespie A M, Gilvydis D M. Explanation of the matrix-induced chromatographic response enhancement of organophosphorus pesticides during open tubular column gas chromatography with splitless or hot on-column injection and flame photometric detection. Journal of Chromatography A, 1993, 638: 57-63

[45] Yao Z W, Jiang G B, Liu J M, et al. Application of solid-phase microextraction for the determination of organophosphorous pesticides in aqueous samples by gas chromatography with flame photometric detector. Talanta, 2001, 55: 807-814

[46] Passpas C J, Kyriakidis N V. A comparison of dimethoate degradation in lemons and mandarins on the trees with two GC systems. Food Chemistry, 2003, 80, 23-28

[47] 孟宇航, 李建文. 填充柱气相色谱法同时检测11种有机磷农药的研究. 广东卫生防疫, 2000, 2: 14-16

[48] Dogheim S M, Gad S A, El-Matsafy A M. Monitoring pesticide residues in Egyptian fruits and vegetables during 1995. Journal of AOAC International, 1999, 82: 948-955

[49] Brayan J G, Haddad P R, Sharp G J. Determination of organophosphate pesticides and carbaryl on paddy rice by reversed phase high performance liquid chromatography. Journal of Chromatography A, 1988, 444: 249-255

［50］ Khuhawar M Y, Rind F W, Lmani K F, et al. Spectrophotometric determination of tranexamic acid in dosage forms by derivatization. Journal of the Chemical Society of Pakistan, 2006, 28: 435-438

［51］ 陈珠灵，陈飞，陈红青. 高效液相色谱法测定蔬菜中 3 种有机磷农药残留量. 福州大学学报（自然科学版），2005, 33: 98-100

［52］ 潘见，夏潇潇，杨毅，等. 菠菜中 13 种有机磷农药残留快速检测方法研究. 食品科学，2008, 29: 318-320

［53］ Beasley H L, Skerritt J H, Hill A S, et al. Rapid field tests for the organophosphorus pesticides, fenitrothion and pirimiphos-methyl—Reliable estimates of residues in stored grain. Journal of Stored Products Research, 1993, 29: 357-369

［54］ Fernando J C, Rogers K R, Anis N A, et al. Rapid detection of anticholinesterase insecticides by a reusable light addressable potentiometric biosensor. Journal of Agricultural and Food Chemistry, 1993, 41: 511-516

［55］ Yan L, Yang L, Dan X, et al. Production and characterization of monoclonal antibody for class-specific determination of O, O-dimethyl organophosphorus pesticides and effect of heterologous coating antigens on immunoassay sensitivity. Microchemical Journal, 2009, 93: 36-42

［56］ Wilkins E, Carter M, Voss J, et al. A quantitative determination of organophosphate pesticides in organic solvents. Electrochemistry Communications, 2000, 2: 786-790

［57］ Anis N A, Wright J. Repgers K R, et al. A fiber-optic immunosensor for detecting parathion. Analytical Letters, 1992, 25: 627-635

［58］ 胡静熠，王守林，赵天. 氰戊菊酯对雄性大鼠生殖内分泌系统的影响. 中华男科学杂志，2002, 8: 18-21

［59］ 梁丽燕，陈润涛，唐小江，等. 溴氰菊酯毒性和致突变性的研究. 中国职业医学，2000, 27: 31-33

［60］ Elbetieha A, Da' as S I, Khamas W, et al. Evaluation of the toxic potentials of cypermethrin pesticide on some reproductive and fertility parameters in the male rats. Archives of Environmental Contamination and Toxicology, 2001, 41: 522-528

［61］ Luconi M, Bonaccoris L, Foriti G, et al. Effects of estrogenic compounds on human spermatozoa: evidence for interaction with a nongenomic receptor for estrogen on human sperm membrane. Molecular and Cellular Endocrinology, 2001, 178: 39-45

［62］ Moniz A C, Cruz-Casallas P E, Oliveira C A, et al. Perinatal fenvalerate exposure: behavioral and endocrinology changes in male rats. Neurotoxicology and Teratology, 1999, 21: 611-618

［63］ 张秀莲，佳访贤，余丽华，等. 拟除虫菊酯类农药对大鼠肝线粒体、微粒体 Ca^{2+}-ATP 摄取的影响. 中华劳动卫生职业病杂志，1997, 15: 258-260

［64］ 易宗春，徐汉宫，蔡红梅，等. 拟除虫菊酯对大鼠脑组织及肝脏生物转化酶的影响. 中华劳动卫生职业病杂志，2000, 18: 216-219

［65］ 刘烈刚，严红，石年，等. 溴氰菊酯对大鼠脑组织 CYP2B1/2B2 但不表达的影响. 卫生毒理学杂志，2003, 17: 10-13

［66］ 童建，朱本兴，王道锦. 氯氰菊酯对淋巴细胞信使昼夜节律的影响. 卫生毒理学杂志，1997, 11: 144-147

［67］ 沈苏南，侯亚义，姚根宏，等. 氰戊菊酯对未成熟雌性大鼠的体液免疫及性激素的影响. 环境与健康杂志，2002, 19: 179-181

［68］ O'Mahony T, Moore S, Brosnan B, et al. Monitoring the supercritical fluid extraction of pyrethroid pesticides using capillary electrochromatography. International Journal of Environmental Analytical Chemistry, 2003, 83: 681-691

［69］ Rissato S R, Galhiane M S, Knoll F R, et al. Supercritical fluid extraction for pesticide multiresidue analysis in honey: determination by gas chromatography with electron capture and mass spectrometry detection. Journal of Chromatography A, 2004, 1048: 153-156

［70］ 胡贝贞，宋伟华，谢丽萍，等. 加速溶剂萃取/凝胶渗透色谱-固相萃取净化/气相色谱-质谱法测定茶叶中残留的 33 种农药. 色谱，2008, 26: 22-28

［71］ Schreck E, Geret F, Gontier L, et al. Development and validation of a rapid multiresidue method for pesticide determination using gas chromatography-mass spectrometry：a realistic case in vineyard soils．Talanta，2008，77：298-303

[72] Sharif Z，Che Man Y B，Sheikh Alodul Hamid N，et al．Determination of organochlorine and pyrethroid pesticides in fruit and vegetables using solid phase extraction clean-up cartridges．Journal of Chromatography A，2006，1127：254-261

[73] 林子俺，龚巧燕，林旭聪．超声波提取-高效液相色谱测定茶叶中拟除虫菊酯农药残留．光谱实验室，2007，24：675-678

[74] 杨丽莉，纪英，赫元萍．茶叶中除虫菊酯农药残留快速测定法．化学分析计量，2005，14：38-40

[75] Chen S B，Yu X J，He X Y，et al．Simplified pesticide multiresidue analysis in fish by low-temperature cleanup and solid-phase extraction coupled with gas chromatography/mass spectrometry．Food Chemistry，2009，113：1297-1300

[76] Huang Z Q，Li Y J，Chen B，et al．Simultaneous determination of 102 pesticide residues in Chinese teas by gas chromatography mass spectrometry．Journal of Chromatography B，2007，853：154-162

[77] Ochiai N，Sasamoto K，Kanda H，et al．Fast screening of pesticide multiresidues in aqueous samples by dual stir bar sorptive extraction-thermal desorption-low thermal mass gas chromatography-mass spectrometry．Journal of Chromatography A，2006，1130：83-90

[78] 侯英，曹秋娥，谢小光，等．应用搅拌棒吸附萃取-热脱附-气相色谱-质谱测定烟叶和茶叶中拟除虫菊酯类农药残留．色谱，2007，25：25-29

[79] 刘琪，孙雷，张骊．牛肉中7种拟除虫菊酯类农药残留的固相萃取-超高效液相色谱-串联质谱法测定．分析测试学报，2010，10：1048-1052

[80] 李萍．氨基甲酸酯农药残留分析方法．国外医学卫生学分册，1999，6：366-371

[81] Machemer L H，Pickel M．Carbamate insecticide．Toxicology，1994，91：29-36

[82] Takahashi H，Kakinuma Y，Futagama H．Non-cholinergic lethality following intravenous injection of carbamate insecticide in rabbits．Toxicology，93：195-207

[83] Weizman Z，Sofer S．Acute pancreatitis in children with anticholinesterase insecticide intoxication．Pediatrics，1992，90：204-206

[84] Mortensen M．Management of acute childhood poisonings caused by selected insecticides and herbicides．Pediatric Clinics of North America，1986，33：421-445

[85] Gupta R C．Carbofuran toxicity．Journal of Toxicology and Environmental Health，1994，43：383-418

[86] Grendon J，Frost F，Baum L，et al．Chromic health effects among sheep and humans surviving an aldicarb poisoning incident．Veterinary and Human Toxicology，1994，36：218-223

[87] 蒋淑艳，韩毓鼎，丛龙凤．间接邻菲罗啉光度法测定氨基甲酸酯农药．烟台大学学报（自然科学与工程版），1995，1：19-21

[88] 杨大进，方从容，张莹．蔬菜中有机磷和氨基甲酸酯农药多残留的测定．中国食品卫生杂志，1997，9：9-11

[89] Mattern G C，Singer G M，Louis J，et al．Determination of several pesticides with a chemical ionization trap detector．Journal of Agricultural and Food Chemistry，1990，38：402-407

[90] 时亮，王丽．用固相萃取-毛细管气相色谱法测定烟草中氨基甲酸酯农药残留量．分析测试技术与仪器，2000，1：49-51

[91] Argauer R J，Eller K I，Ibrahim M A，et al．Determining propoxur and other carbamates in meat using HPLC fluorescence and gas chromatographyion trap mass spectrometry after supercritical fluid extraction．Journal of Agricultural and Food Chemistry，1995，43：2774-2778

[92] 李怡，王绪卿．乳品中氨基甲酸酯类农药多残留高效液相色谱分析方法的研究．卫生研究，1997，26：278-282

[93] 于文莲，王超，储晓刚．高效液相色谱柱后衍生法测定谷物中9种氨基甲酸酯类农药和3种代谢物残留量．色谱，1998，16：430-432

[94] 蒋新明，蔡道基，华晓梅. 高效液相色谱柱后衍生化法用于氨基甲酸酯类农药的测定. 色谱，1994，12：32-34

[95] 王建华，焦奎，林黎明，等. 高效液相色谱电化学安培法同时测定大米中 4 种氨基甲酸酯农药残留量. 分析测试学报，1998，17：28-31

[96] Rathore H S, Begmn T. Thin-layer chromatographic behavior of carbamate pesticides and related compounds. Journal of Chromatography A, 1993, 643：321-329

[97] 谢碧海. 硫代磷酸酯、磷酸酯、氨基甲酸酯类杀虫剂薄层板快速检出技术的研究. 中国卫生检验杂志，1998，8：148-150

[98] Lehotay S J, Agruer R J. Detection of aldicarb sulfone and carbofuran in fortified meat and liver with commercial ELISA kits after rapid extraction. Journal of Agricultural and Food Chemistry, 1993, 41：2006-2010

[99] Nam K S, King J W. Supercritical fluid extraction and enzyme immunoassay for pesticide detection in meat products. Journal of Agricultural and Food Chemistry, 1994, 42：1469-1474

[100] 李海屏. 世界除草剂新品种开发进展及发展趋势. 农资科技，2004，4：28-35

[101] 刘长令. 世界农药大全 除草剂卷. 北京：化学工业出版社，2002

[102] 张一宾. 世界酰胺类除草剂的发展概述. 农化新世纪，2006，5：29

[103] Misslitz U, Meyer N, Kast J, et al. Preparation of Tetrahydropyranyl and Thiopyranylcyclohexen One Oxime Ethers as Herbicides：JP, 3083865, 2000

[104] Dorfmeister G, Franke H, Geisler J, et al. Preparation of Substituted Pyrazole Derivatives and Their Use as Herbicides：US, 5869686, 1999

[105] Mueller K H, Lindig M F, Koenig K, et al. Preparation of 1-Carbamoyl-3- (cyclo) alkyl-4-amino-1, 2, 4-triazolin-5-ones as Herbicides：DE, 839206, 1990

[106] Suchy M, Winternitz P, Zeller M, et al. Preparation of 3- (2, 6-Dioxo-1-pyrimidinyl) benzoate Esters and Herbicidal Formulations Containing Them：HU, 219159, 2001

[107] Theodoridis G. Herbicidal 2- ((4-Heterocyclicphenoxymethyl) phenoxy) -alkanoates：US, 5798316, 1998

[108] Van A A, Willms L, Auler T, et al. Preparation of Benzoylcyclohexanediones as Herbicides and Plant Growth Regulators：US, 6376429. 2002

[109] Ohkawa H, Tsujii H, Shimoji M, et al. Cytochrome P450 biodiversity and plant protection. Journal of Pesticide Science, 1999, 24：197-203

[110] Inui H, Shiota N, Motoi Y, et al. Metabolism of herbicides and other chemicals in human cytochrome P450 species and in transgenic potato plants co-expressing human CYP1A1, CYV2B6 and CYV2C19. Journal of Pesticide Science, 2001, 26：28-40

[111] Shaner D L. Herbicide safety relative to common targets in plants and mammals. Pest Management Science, 2004, 60：17-24

[112] US Environmental Protection Agency. Integrated risk information system (IRIS). http：//www. epa. gov/IRIS/[2011-12-30]

[113] Ebert E, Leist K H, Mayer D. Summary of safety evaluation toxicity studies of glufosinate ammonium. Food Chemistry Toxicology, 1990, 28：339-349

[114] Jewell W T, Hess R A, Miller M G. Testicular toxicity of molinate in the rat：metabolic activation via sulfoxidation. Toxicology and Applied Pharmacology, 1996, 149：159-166

[115] Bus J S, Cagen S Z, Olgaard M, et al. A mechanism of paraquat toxicity in mice and rats. Toxicology and Applied Pharmacology, 1976, 35：501-513

[116] 赵守成，董振霖，卫锋，等. 甲基化处理气相色谱-质谱法同时检测大米中 12 种酸性除草剂. 质谱学报，2005，26：206-210

[117] 匡华，侯玉霞，储晓刚，等. 气相色谱-质谱法同时测定大豆中 14 种苯氧羧酸类除草剂. 分析化学，2006，12：1733-1736

[118] 董振霖，杨春光，肖珊珊，等. 气相色谱和气相色谱-质谱法测定食品中乙草胺残留. 分析化学，2009，37：698-702

[119] 张敬波，姜文凤，董振霖，等. 气相色谱法同时测定玉米中 12 种三嗪类除草剂的残留量. 色谱，2006，24：648-651

[120] 刘云飞，张新忠，张璐珊，等. 气相色谱化学电离二级质谱法对玉米籽粒中三嗪类除草剂及其代谢物的测定. 分析测试学报，2009，28：96-100

[121] 霍江莲，李军，葛毅强，等. 大豆中二硝基苯胺类除草剂多残留的气相色谱法定量检测及质谱确证. 分析化学，2006，34：S63-67

[122] Székács A, Trummer N, Adányi N, et al. Development of a non-labeled immunosensor for the herbicide trifluralin via optical waveguide lightmode spectroscopic detection. Analytica Chimica Acta, 2003, 487：31-42

[123] 沈崇钰，沈伟健，吴斌，等. 分散型固相萃取净化负化学源气质联用法测定蔬菜中多种农药残留量. 分析化学，2008，36：1757

[124] 李拥军，黄志强，易伟亮. 气相色谱-质谱法测定粮谷中恶草酮的残留量. 色谱，2002，20：190-192

[125] 李娜，李辉，邵辉，等. 超高效液相色谱-串联质谱法测定人参中磺酰脲类除草剂残留量. 色谱，2011，29：346-352

[126] 王和兴，黎源倩，雍莉，等. 固相萃取-高效液相色谱法同时测定大豆和大米中的磺酰脲类和二苯醚类除草剂残留. 色谱，2007，4：536-540

[127] Hajsolvá J, Kocourek V, Zemanová I, et al. Gas chromatographic determination of chlorinated phenols in the form of various derivatives. Journal of Chromatography A, 1988, 439：307-316

[128] 林黎，叶刚，谢丽琪，等. 气相色谱-质谱法检测食品中残留的丙炔氟草胺. 色谱，2008，3：318-321

[129] Oliva J, Navarro S, Barba A, et al. Determination of chlorpyrifos, penconazole, fenarimol, vinclozolin and metalaxyl in grapes, must and wine by on-line microextraction and gas chromatography. Journal of Chromatography A, 1999, 833：43-51

[130] Sannino A, Bandini M, Bolzoni L, et al. Multiresidue determination of 19 fungicides in processed fruits and vegetables by capillary gas chromatography after gel permeation chromatography. Journal of AOAC International, 1999, 82：1229-1238

[131] 樊德方. 农药残留分析与检测. 上海：上海科学技术出版社，1984

[132] 梁祈，魏雪芳. 中药材黄芪中有机氯农药残留量的液相色谱检测方法. 分析测试学报，2000，19：25-27

[133] Klaffenbach P, Holland P T, Lauren D R. Analysis of sulfonylurea herbicides by gas-liquid chromatography. 1. Formation of thermostable derivatives of chlorsulfuron and metsulfuron-methyl. Journal of Agricultural and Food Chemistry, 1993, 41：388-395

[134] Zhu Q Z, Haupt K, Knopp D, et al. Molecularly imprinted polymer for metsulfuron methyl and its binding characteristics for sulfonylurea herbicides. Analytica Chimica Acta, 2002, 468：217-227

[135] Cotterill E G. Determination of the sulfonylurea herbicides chlorsulfuron and metsulfuron-methyl in soil, water and plant material by gas chromatography of their pentafluorobenzyl derivatives. Journal of Pesticide Science, 1992, 34：291-296

[136] Yu L, Schoen R, Dunkin A, et al. Determination of o-phenylphenol, diphenylamine, and propargite pesticide residues in selected fruits and vegetables by gas chromatography/mass spectrometry. Journal of Agricultural and Food Chemistry, 1997, 80：651-656

[137] Køppen B, Spliid N H. Determination of acidic herbicides using liquid chromatography with pneumatically assisted electrospray ionization mass spectrometric and tandem mass spectromeic detection. Journal of Chromatography A, 1998, 803：157-168

[138] Li L Y, Campbell D A, Bennett P K, et al. Acceptance criteria for ultratrace HPLC-tandem mass spectrometry：quantitative and quality determination of sulfonylurea herbicides in soil. Analytical Chemistry, 1996, 68：3397-3404

第七章　食品中的兽药残留

随着经济的发展，人民生活水平的提高，膳食结构在不断改善，肉、蛋、乳等动物性食品的需求量也不断增加。兽药的广泛使用，有力地促进了畜牧业的发展，在降低动物发病率与死亡率、提高饲料利用率、促进生长和改善产品品质等方面起着非常重要的作用。同时，也成为危及食品安全的重要因素。长期食用兽药残留过高的食品会引起人体的多种急慢性中毒，诱导耐药菌株产生，引起变态反应以及"三致"（致畸、致癌和致突变）作用。兽药残留包括动物产品的任何可食部分所含兽药的母体化合物及其在动物体内的代谢物，还包括与兽药有关的杂质的残留。目前，动物性食品中兽药残留问题已得到国际有关组织的高度重视，并采取了许多控制措施以减少兽药残留对公众健康的危害。本章将述及与食品安全密切相关的常见兽药残留的来源、毒理学危害、控制措施以及检测分析方法等。

第一节　兽药残留与动物源食品安全

一、兽药残留的定义与分类

兽药（veterinary drug）是指为对动物进行医疗诊断或恢复、纠正或调节其生理机能而对动物给予的任何物质或复方物质[1]。兽药包括治疗性兽药和药物饲料添加剂，其种类很多，包括抗生素类、维生素和微量元素、磺胺类、激素类、驱虫药、抗球虫药等。兽药对防治禽畜疾病、促进禽畜生长发育、提高饲料效益具有积极作用。

兽药残留（residue of veterinary drug）是"兽药在动物源性食品中的残留"的简称，是指给动物用药后蓄积或储存在细胞、组织或器官内的药物原形、代谢产物和药物杂质[2]。

兽药残留既包括原药，也包括药物在动物体内的代谢产物和兽药生产过程中所伴生的杂质。近年来，食品中兽药残留在国内外已成为一个影响广泛和颇具争议的问题，其与公众的健康息息相关，也直接关系到畜牧产业的经济效益。

兽药种类繁多，在残留毒理学方面意义较重要的药物按用途目前主要分为7类：①抗生素类和合成抗生素类；②驱肠虫药类；③生长促进剂类；④抗原虫药类；⑤灭锥虫药类；⑥镇静剂类；⑦β-肾上腺素能受体阻断剂。抗生素类和合成抗生素类统称抗微生物药物，是最主要的药物添加剂和兽药残留，约占药物添加剂的60%。

二、食品中兽药残留的来源

在食品动物体内或动物性食品中发现的违规兽药残留，大都是用药错误造成的，成为兽药残留的主要来源，具体包括以下几个方面。

1. 滥用药物

不正确地使用药物，如用药剂量、给药途径、用药部位和用药动物种类等不符合用药指示。一些养殖户通常是在一种错误观念的支配下，在养殖过程中长期、大量使用药物添加剂以预防动物疫病的发生，不合理地滥用药物是导致兽药残留超标的重要原因。同时，随意使用来历或疗效不明的抗生素、大量使用人用药物、在未确诊的情况下重复超量使用兽药、制剂无效就直接使用原料药、随意改变兽药的给药途径和给药对象以及重复使用几种商品名不同但成分相同的药物等，所有这些因素都能造成药物在动物体内过量积累，导致兽药残留。

2. 不遵守休药期的规定

在休药期结束前屠宰动物。休药期是指从停止给药到允许动物或其产品上市的间隔时间。休药期的长短与药物在动物体内的消除率和残留量有关，而且与动物种类、用药剂量和给药途径有关。休药期规定是确保动物体内的兽药残留量不致引起消费者伤害的重要措施；国家对许多兽药和药物饲料添加剂都规定了休药期，旨在保护消费者健康。在使用兽药及含药物添加剂投喂饲料时，不按规定施行休药期，将直接导致过量兽药残留发生。据美国食品药品管理局（FDA）调查，未能正确遵守休药期是兽药残留超标的主要原因，如 1970 年、1985 年、1990 年和 1991 年所占比例依次为 76％、51％、46％和 54％。

3. 非法使用违禁药物

所谓非法使用违禁药物，是指违反国家规定使用国家严格禁止的药物。国务院颁布的《兽药管理条例》、《饲料和饲料添加剂管理条例》等法规以及农业部在 2003 年 265 号公告中明文规定，不得使用不符合《兽药标签和说明书管理办法》规定的兽药产品，不得使用《食品动物禁用的兽药及其他化合物清单》中所列的药物，不得使用未经农业部批准的兽药，不得使用进口国明令禁用的兽药，不得使用国家公布已淘汰的兽药，畜禽产品中不得检出禁用药物。例如，为使畜禽增重和增加瘦肉率而使用 β-肾上腺素受体激动剂（β-兴奋剂），如盐酸克伦特罗、莱克多巴胺等；为促进畜禽生长而使用性激素类同化激素；为减少畜禽的活动达到增重的目的而使用安眠镇静类药物等。类似的违法行为导致了严重的兽药残留问题，引发了"瘦肉精"中毒等严重危及人身健康的食品安全事件。

4. 兽药生产商违反规定生产兽药

《兽药管理条例》和《兽药标签和说明书管理办法》明确规定，兽药产品必须使用符合规定的产品标签，标签必须写明兽药的主要成分及其含量等。但一些兽药生产商为追求不正当利益而逃避国家监管，在产品中添加一些化学物质，但不在标签中进行说明，从而造成用户盲目用药，这种违规做法也可造成兽药残留超标。

第二节 食品中兽药残留的监控措施

对药物残留实施监控是一项复杂的系统工程，包括从药物及剂量研制、注册登记、使用和环境监测等诸多环节。从理论和技术角度，建立最高残留限量和分析方法是最基本的两个方面[3]。前者是监控的依据，后者是监控的手段，二者共同构成了兽药残留监控的基础。

一、国际兽药残留的控制机构

1. 食品中兽药残留国际法典委员会

FAO/WHO 合作设立了国际食品法典委员会（CAC），并委托食品中兽药残留法典委员会（Codex Committee on Residue of Veterinary Drugs in Foods，CCRVDF）制定相关标准和指南。CCRVDF 由各方面的兽药专家组成，他们来自欧盟成员国。根据 FAO/WHO 食品添加剂联合专家委员会（JECFA）专家的建议，对于食品中兽药残留存在的潜在公共安全危害，CCRVDF 与 JECFA 合作提出了将 MRL 和 ADI 标准用于兽药的建议。

对于某些药物，如果由于毒理学影响，JECFA 不能确定该药物的无作用剂量（NOAEL），就不能定义该药物的每日允许摄入量（ADI）值或可接受的残余浓度（如氯霉素），因而就会建议禁止使用这种药物。由于内源激素是人自身产生的，根据人的年龄、性别和生理阶段浓度差别很大，认为没有必要确定其 ADI 值。有结论认为，按照良好饲养操作规范，使用这些化合物产生的残余不会对人类健康产生有害的影响。然而，通过注射或皮下植入动物耳朵，其潜在的危害是植入或注射部位会进入人类食物链。CCRVDF 采用了 JECFA 大部分有关兽药最高残留量（MRL）的建议值。1968 年，英国在整治药物行动中，由农渔食品部（the Ministry of Agriculture，Fisheries and Food，MAFF）共同负责指导兽药许可部门（Veterinary Medicines Directorate，VPC）组成。VPC 组成成员包括兽医、临床医生、毒理学家、农业专家以及环境毒理学家。其中，环境毒理学家主要研究兽药对环境的影响。VPC 也可以从 MAFF、健康部门和其他的地方专家机构寻求意见。

1987 年，CCRVDF 开始进行确定最高残留量的工作，取得了一致的意见并采取以下方法定义最高残留量——是指允许在食品中药物或其他化学物质残留的最高量，而这些药物是由食品法典委员会认定为法律许可或承认可存在于食品中的药物。MRL 值取决于残留物的数量和类型，这是以 ADI 值为基础确立的，同时还包括抗药性的产生、过敏危险或其他一些可能对人类健康产生直接或间接影响的安全因素。

在产品安全方面，公司要想注册新产品，必须遵守有关文件的相关数据规定及关于产品的试用和调查规定。当 MAFF（VMD）对所得数据及经适当处理符合国际竞争标准的调查结果感到满意时（符合良好实验操作规范，GLP），VPC 就根据相关文件对产品进行质量估计、功效以及产品安全性的评估。如果有怀疑，将拒绝发给许可证并建议进行更深入的调查。

在用户安全方面，VPC 主要考虑毒理学数据和无作用剂量（NOAEL），然后根据毒理学数据和 NOAEL 值来计算每日允许摄入量（ADI）。因为这些数据来源于实验的动物，考虑到任何种间和种内的变化，伴随着附加的安全因素，对于 60 kg 的成年人，ADI 值由 NOAEL 值通过以下的公式来计算：

$$ADI = (NOAEL \times 60)/n \qquad (n = 安全因素)$$

以残留药物的毒理学影响为基础，安全因素通常为 100。当有遗传毒性时，安全因素取为 1000。有许可证的兽药，ADI 值是与每日饮食消耗掉的总物质量作比较（可食组织、牛奶等）。如果消费者的每日摄入量低于 ADI 值，就可给予生产许可证。如果摄入量比 ADI 值大，或 VPC 由于其他原因对残留在可食用部分的浓度不满意，那么制药公司就要延长停药期，以便使残留量降低到最大限制残留量以下。

2. 欧盟兽药产品委员会（CVMP）——兽药残留安全工作组

欧盟药品审评局（European Medicines Evaluation Agency，EMEA）主要负责整个欧盟范围内药物及相关医用产品的技术审查和批准上市工作，并全面负责评价药品的科学性，监测药品在欧盟范围内的安全性、有效性。EMEA 下设 4 个审评委员会：人用医疗产品委员会（Committee for Medicinal Products for Human Use，CHMP）、兽用药品委员会（Committee for Veterinary Medicinal Products，CVMP）、孤儿药品委员会（Committee for Orphan Medicinal Products，COMP）和草药药品委员会（Committee for Herbal Medicinal Products，HMPC）。它们依次分管化学药和生物制品、兽药、孤儿药（orphan drug，是指用于罕见病的药物）和草药（包括中药在内的植物药）的审批及管理。

如果每个欧盟成员国都使用不同标准的话，可能导致动物产品交易产生障碍。为解决这个问题，CVMP 为整个欧盟的兽药产品建立了共同许可程序。目前，已经建立了兽药残留安全工作组以便统一标准，防止成员国间肉类和动物产品的交易障碍。根据工作组慎重调查研究结果，CVMP 公布了肉类和其他动物产品中兽药残留标准 MRL 值。工作组将考虑到所有的兽用药物，对其制定一个相应的 MRL 值并得到 CVMP 的批准。

二、兽药残留的危害

1. 毒理作用

（1）急性中毒：β-兴奋剂能加强心脏收缩，扩张骨骼肌、血管和支气管平滑肌，兽医和医学临床上用于治疗休克和支气管痉挛。使用 5～10 倍剂量时，多数动物具有提高饲料转化率和增加瘦肉率的作用，俗称瘦肉精。克伦特罗等 β-兴奋剂在肝、肺和眼部组织中残留较高[4]，据报道，有人一次性食用了 100～200 g 有瘦肉精残留的猪肉和猪肝之后，出现了心悸、呕吐等明显的中毒反应。

（2）慢性中毒：兽药残留的浓度通常很低，发生急性中毒的可能性较小，长期食用常引起慢性中毒和蓄积毒性。如氯霉素能导致严重的再生障碍性贫血，并且其发生与使用剂量和频率无关。人体对氯霉素较动物更敏感，氯霉素在组织中的残留浓度能达到 1 mg/kg 以上，对食用者威胁很大。已有儿童服用 2 mg 氯霉素和老年妇女使用氯霉素眼膏后死亡的报道。所以，氯霉素已禁止用于食品动物。四环素类药物能够与骨骼中的钙结合，抑制骨骼和牙齿的发育。一些碱性和脂溶性药物的分布容积较高，在体内易发生蓄积和慢性中毒，如大环内酯类红霉素、泰乐菌素等易发生肝损害和听觉障碍，氨基糖苷类药物如链霉素、庆大霉素和卡那霉素主要损害前庭和耳蜗神经，导致眩晕和听力减退。磺胺类药物能够破坏人体的造血机能。长期接触有这些药物残留的动物源性食品可能有害健康，引起慢性中毒。

2. "三致"作用

"三致"作用即致癌、致畸、致突变作用。雌激素、砷制剂、喹噁啉类、硝基呋喃类等药物都已证明有"三致"作用，许多国家都禁止用于食品动物。苯丙咪唑类药物是一种广谱抗寄生虫药物，通过抑制细胞活性，可杀灭幼虫及虫卵。这类药物干扰细胞的有丝分裂，具有明显的致畸作用和潜在的致癌、致突变效应。喹诺酮类药物是一类新型广谱抗菌药，药效高、毒性低，在养殖业中用量很大。这类药物主要影响原核细胞DNA 的合成，但个别品种已在真核细胞内显示出致突变作用。磺胺二甲嘧啶等一些磺胺类药物在连续给药中能够诱发啮齿类动物甲状腺增生，并具有致肿瘤倾向，链霉素具有潜在的致畸作用。这些药物的残留超标，将严重影响人类的健康。

3. 变态反应

一些抗菌药物如青霉素、磺胺类、氨基糖苷类和四环素类能使部分人群发生过敏反应甚至休克，并在短时间内出现血压下降、皮疹、喉头水肿、呼吸困难等严重症状。青霉素类药物的代谢和降解产物具有很强的致敏作用，轻者表现为接触性皮炎和皮肤反应，重者表现为致死的过敏性休克。四环素类药物可引起过敏和荨麻疹。磺胺类则表现为皮炎、白细胞减少、溶血性贫血和药物热。喹诺酮类药物也可引起变态反应和光敏反应。轻度的变态反应仅引起荨麻疹、皮炎、发热等，严重的导致休克，甚至危及生命。

4. 激素样作用

性激素及其类似物主要包括甾类同化激素和非甾类同化激素。20 世纪 70 年代前，许多国家将其作为畜禽促生长剂。动物的肝、肾在注射或埋植部位常有大量同化激素存在，被人食用后可产生一系列激素样作用，并有一定的致癌性，可表现为儿童性早熟、肥胖儿、儿童异性化倾向。近年来，我国常有儿童性早熟的报道，这与养殖业中非法使用性激素作促生长剂致使其残留于动物源性食品中有关。同化激素随排泄物进入环境成为环境激素污染物，如污水中 1 ng/L 的雌二醇能诱导雄鱼发生雌性化。

5. 环境生态毒性

动物用药后，一些性质稳定的兽药及其代谢产物随粪便、尿被排泄到环境中后仍能稳定存在，从而造成环境中的药物残留，并对水生生物及昆虫等造成影响，这是近年来国内外研究的热点。高铜、高锌等添加剂的应用，有机砷的大量使用，可造成土壤、水源的污染。砷对土壤固氮细菌、解磷细菌、纤维分解菌、真菌和放线菌均有抑制作用。喹乙醇对甲壳细水蚤的急性毒性最强，对水环境有潜在的不良作用。阿维菌素、伊维菌素和美贝霉素在动物粪便中能保持 8 周左右的活性，对草原中的多种昆虫都有强大的抑制或杀灭作用。另外，己烯雌酚、氯羟吡啶在环境中降解很慢，能在食物链中高度蓄积而造成残留超标。

6. 细菌耐药性

随着抗菌药物的广泛应用，细菌中的耐药菌株数量及多重耐药种类在不断增加，通过质粒将耐药基因传递给其他敏感菌株，使其变为耐药菌株。耐药菌株可通过各种途径感染人，还会造成动物与人肠道菌群的紊乱，导致条件性致病菌感染。

三、我国兽药残留情况

20 世纪 80 年代，动物源性食品中兽药残留问题就开始非常突出地显露出来。最具代表性的事例是类固醇性激素作为促生长剂在食源性动物中的滥用，引起了各国政府及广大公众的极大关注。20 多年来，各国对兽药加强了监管管理力度，然而，受经济利益的驱动，禁用兽药的滥用事件仍屡屡发生，其频率及危害性已有超过农药残留之势。

国内市场调查发现，肉品、乳制品中的抗生素和激素残留问题比较严重。2006 年，"红心鸡蛋"、"瘦肉精中毒"、"多宝鱼"事件，使得人们对动物性产品的安全已经达到濒临恐慌的地步。当年，国家统计局北京调查总队就食品安全问题进行了一次民意调查，调查结果显示，95.1% 的被访者表示在乎食品安全问题，最担心的食品安全问题是食品中的农药、兽药残留。同年，农业部组织有关质检机构分 5 次对全国 22 个城市的畜产品进行了"瘦肉精"监测，检出率为 1.5%，对 8 个城市的水产品中氯霉素和孔雀石绿进行了监测，检出率分别为 1.2% 和 9.0%。2007 年对武汉市的市售动物性食品（猪肾、猪肝、猪肉）中的抗菌药物残留情况进行了抽样调查，结果发现武汉市上市猪肝阳性检出率为 13%，猪肾阳性检出率为 25%，猪肉阳性检出率为 1%。用 HPLC 法对筛选结果为阳性的猪样品做进一步确证分析，在肝脏和肾脏中均检出了青霉素、链霉素和金霉素的残留，猪肉中检出了金霉素的残留。

2007 年农产品质量安全 5 次例行监测，分别在 1 月、4 月、7 月、9 月、11 月进行。5 次监测结果均表明，我国农产品质量总体水平不断提高，重庆、郑州、合肥、青岛等城市蔬菜、畜禽产品、水产品监测合格率均在 95% 以上，全国 37 个城市蔬菜、畜禽产品及水产品总体抽检合格率保持在 90% 以上。其中，水产品中孔雀石绿超标为主要安全问题。以下是 2007 年农产品质量安全例行监测第一次和第二次兽药残留结果实例。

（1）2007 年农业部第一次农产品质量安全例行监测兽药残留结果：全国 36 个城市猪肝和猪尿样品中瘦肉精污染监测合格率为 98.8%，猪肉样品中磺胺类药物残留监测的合格率为 98.8%，样品中己烯雌酚污染监测合格率为 99.9%。三项均未检出的城市有北京、深圳、青岛、福州、长沙、郑州、沈阳、大连、昆明、重庆等共计 23 个城市。

22 个城市水产品中氯霉素污染监测合格率为 99.8%；孔雀石绿污染监测合格率为 89.5%，未检出的城市有天津、郑州、南昌、深圳、广州、青岛、福州、成都、南宁、沈阳、大连和重庆 12 个城市。

(2) 2007 年农业部第二次农产品质量安全例行监测兽药残留结果：全国 36 个城市猪肝和猪尿样品中瘦肉精污染监测合格率为 98.9%，猪肉样品中磺胺类药物残留监测的合格率为 99.2%，样品中己烯雌酚污染监测合格率为 100%，25 个城市畜禽产品三项监测合格率均达到 100%；22 个城市水产品中氯霉素污染监测合格率为 99.4%，孔雀石绿污染监测合格率为 88.2%，硝基呋喃类代谢物污染监测合格率为 91.4%，重庆和青岛水产品三项监测合格率均达到 100%。从监测结果看，屠宰场、超市、批发市场和农贸市场"瘦肉精"监测合格率分别为 99.1%、99.5%、100% 和 96.5%；超市、批发市场和农贸市场磺胺类药物监测合格率分别为 98.7%、99.0% 和 99.2%。

四、我国兽药残留监管现状

我国政府和各有关部分对动物性食品安全工作十分重视，特别是今年来不断加大这方面的工作力度，在标准制定、设备添置、经费投入、队伍培训、检查处理等方面做了大量工作，取得了不少进展。但由于我国动物性食品安全方面特别是有害物质残留方面的法制管理起步较晚，动物性食品安全管理基础差、底子薄、层次低的现状突出，具体表现为以下几个方面。

(1) 管理体制不够健全。我国对动物性食品安全的管理由多个部门同时进行管理，但由于没有一个相应的协调机制，多头管理，造成职权不清，管理效率低下，管理工作也远远没有到位。

(2) 法律法规不够完备。为了提高我国动物性食品的质量，确保人体健康，针对动物性产品生产现状及存在的问题，我国政府已经把管理有毒有害残留工作作为一件大事来抓，出台了以下法律法规，包括《兽药管理条例》、《饲料和饲料添加剂管理条例》、《中华人民共和国食品卫生法》、《中华人民共和国动物防疫法》、《中华人民共和国进出口商品检验法》、《中华人民共和国产品质量法》、《允许使用的饲料添加剂品种目录》、《动物性食品中兽药最高残留限量》等；1998 年初又发布了《关于开展兽药残留检测工作的通知》；1999 年国务院办公厅发布了《关于加强农药、兽药管理的通知》，责成农业部负责制定兽药残留限量标准的兽药残留检验方法。目前，已先后发布了 47 种动物性食品中兽药最高残留限量标准，27 种饲料药物添加剂使用规定，19 种兽药在饲料中的检测方法，39 种兽药及其他化学物质在动物性食品中残留检测方法。2002 年还发布了《中华人民共和国动物及动物源食品中残留物质监控计划》。但在许多方面，有关食品安全的法律法规仍是一片空白，不但缺乏新法规，执法依据不足，而且执法主体不明确，难以实施有效、有力、科学与公正的管理。

(3) 检测能力较低。我国动物性食品质量检测工作起步较晚，且主要以微生物等常规检测为主。20 世纪 90 年代以来，随着畜牧业集约化及产业化的发展，动物性食品的有毒有害物质残留等日益严重，危害人体健康的事件时有发生，动物性食品安全问题开始纳入日程，对有害物质残留的检测工作有所加强。目前，我国开展的兽药残留检测主要有抗生素类、激素类和盐酸克伦特罗（"瘦肉精"）。

抗生素监测开展较多的是乳制品中残留量的检测，其常规检测方法是 TTC 法（2，3，5-氯化三苯四氮唑法）。上海市食品卫生监督检验所调查研究发现，奶中青霉素检出量是 0.04 μg/mL、链霉素检出量是 5 μg/mL、庆大霉素检出量是 0.04 μg/mL、卡那霉素检出量是 50 μg/mL。

国内激素检测项目有沙丁胺醇、β-雌乙醇、炔雌醇、己烯雌酚、双烯雌酚、己雌酚、戊酸雌二醇、苯甲酸雌二醇、炔雌醚等，方法一般为酶联免疫吸附法、气相色谱分析、高压液相色谱分析等。

我国 2001 年起开始实施鲜冻禽产品不准检出克伦特罗的标准。表 7-1 列出了常用的技术方法及检出限量。我国现在已能对各种畜禽产品的可食部和眼球视网膜组织、毛发中的残留进行微量检测，即使在宰前 15 天停药，仍然可以检测出养殖过程中是否违法使用了克伦特罗。但由于不可能禁止克伦特罗的生产，而且克伦特罗检测技术方法复杂、费用昂贵，在实际应用中难以避免克伦特罗被滥用于畜牧业。为了在食品质量与安全的各个方面符合国家法规和国际组织要求，需要一种可靠的分析法。

表 7-1　克伦特罗的检测技术和检出限量

检测技术方法	检出限量/(μg/kg)	检测技术方法	检出限量/(μg/kg)
离子色谱附电化学检测器	0.5	高效液相色谱电化学检测器	5.0
高效液相色谱和酶免疫分析联用	1.0	气相色谱-质谱联用	0.5
酶免疫分析测试条	5.0	毛细管液相色谱-质谱联用	0.05
高效液相色谱、高效薄层色谱	0.5		

（4）与国际标准有一定差距。近两年我国相继制定了无公害食品行业标准和《动物性食品中兽药残留检测方法》等一系列标准，但与发达国家或地区相比，我国与动物性产品安全有关的兽药残留限量标准、检测分析方法、数据处理准则等方面，都存在不同程度的滞后现象，数量少且等同采用或等效采用国际标准率较低，地方标准名目繁多，这给动物性食品的商品流通带来了很多不便。国家应尽快组织各方力量，围绕动物性产品安全生产、产品质量检验、安全评价等要素，面向国际市场，制定出既符合我国国情又能与国际接轨的动物食品安全标准，使动物性食品生产、检验、安全评价均有标准可依，有利于产品的国际贸易。

五、食品中兽药残留的监控措施

食品中兽药残留的监控措施主要包括以下三个方面[5,6]。

1. 完善兽药残留检测技术和监控体系，依法加强监管

1）加强兽药药残留分析方法的研究

建立高效、快速、灵敏并适应基层使用的药物残留分析方法是有效控制动物源性食

品中药物残留的关键措施。我国目前的兽药残留检测方法主要有两方面的不足，一是方法短缺，不能实现全面覆盖，一些兽药残留尚不能做到精确检测；二是以仪器分析法为主，仪器昂贵、操作复杂和检测成本高、检测周期长，不适宜大规模的普查、监控。因此，还应加强兽药残留检测分析方法的研究，集中力量研究发展简单、快速、准确、灵敏和便携化、成本低、适于基层应用的残留分析技术，发展高效灵敏的联用技术和多残留分组确证技术。分析过程尽可能自动化或智能化，以提高分析效率，降低检测成本。

2）完善兽药残留监控体系

加快国家、部委以及省地级兽药残留监控机构的健全和完善，并有计划地发展建设县一级的兽药残留监控机构，建立从中央到地方完整的兽药残留检测网络体系。应建立和实施国家兽药残留监控工作计划，把兽药残留控制全面纳入政府工作范围，加大资金投入，开展兽药残留的基础研究，建立起适合我国国情并与国际接轨的兽药残留监控计划与制度，切实将兽药残留监控工作抓起来，力争将残留危害减小到最低限度。

3）强化兽药生产与使用监管

认真落实《中华人民共和国农产品质量安全法》、《兽药管理条例》等法规，依法加强对兽药生产与使用全过程的监管。要监督企业依法生产、经营兽药，禁止不明成分以及与所标成分不符的兽药进入市场，加大对违禁药物的查处力度，一经发现应严厉打击；监督饲养户严格遵守兽药的使用对象、使用期限、使用剂量和休药期等，加大对饲料生产企业的监控，严禁使用农业部规定以外的兽药作为饲料添加剂。

4）健全兽药休药期、兽药允许残留值标准规定

2002 年，农业部修订了《动物源性食品中兽药最高残留限量》。2003 年，全国兽药残留专家委员会按照发达国家兽药休药期的规定，结合我国药物代谢动力学研究结果，制定了 400 余种兽药的休药期。从发展的角度看，这些规定还需要进一步健全完善，并根据形势要求及时进行修订。

2. 研发、推广和使用无公害、无污染、无残留的非抗生素类药物及其添加剂

非抗生素类药物很多，如微生物制剂、中草药和无公害的化学物质，都可达到治疗、防病的目的。尤其以中草药添加制剂和微生物制剂的生产前景最好。中草药制剂可提高动物的免疫力，只有提高了自身免疫功能，才能提高机体对外界致病菌的抵抗力。总之，只有采取适合我国国情的政策，发展具有中国特色的具有拥护生态环境的无公害、无残留、无污染的特色产品，才能从根本上解决药物的残留。

3. 严格畜牧生产环节药物残留控制

1）合理规划养殖场

养殖场应选址在环绕无污染的地区，远离制药、化工企业，所处地势应较高，且通风、排水性能良好。采用地面平养畜禽的养殖场应对养殖环境的土壤进行检测，土壤中农药、化肥、兽药以及重金属等有害物质含量不可超标。建造养殖场的建筑材料不可使用工业废料或经化学处理的材料，使用人工合成材料以及石、砖、木材等不应含有对人畜有害的化学物质，养殖场内和养殖场周围应避免使用滞留性强的农药、鼠药、蚊药

等，防止通过空气或地面污染。

　　2）科学合理地使用兽药

　　严格遵守兽药的使用对象、使用期限、使用剂量以及休药期等规定，严禁使用违禁药物和未被批准的药物，严禁或限制使用人畜共用的抗菌药物或可能具有"三致"作用和过敏反应的药物，尤其禁止将它们作为饲料添加剂使用；对允许使用的兽药要遵守休药期规定，特别是作为饲料添加剂必须严格执行使用规定和休药期规定，在休药期结束前不得将动物屠宰供人食用。

　　按照农业部颁发的《饲料药物添加剂使用规范》用药，药物添加剂应先制成预混剂再添加到饲料中，不得将成药或原料药直接拌料使用；同一种饲料中尽量避免多种药物合用，否则因药物相互作用可引起药物在体内残留时间延长，确需合用的要遵循药物配伍原则；在生产加工饲料过程中，应将不加药饲料和加药饲料分开生产，以免污染不加药饲料。养殖户应正确使用饲料，切勿将含药的前中期饲料用于后期饲养动物或在饲料中再自行添加药物或含药饲料添加剂；确有疾病发生时应在专业人员指导下合理用药。

　　3）改变饲养观念和提高饲养管理按术

　　提高广大饲养者文化素质，加强宣传教育和科学普及，让广大饲养者认识到兽药残留物对人体健康的危害，转变为注重质量型生产，才能减少畜产品中兽药残留量。目前我国畜牧业生产力水平仍很落后，所以应尽快学习和借鉴国外先进的饲养管理技术，以提高我国畜牧业饲养管理水平、创造良好的饲养环境，减少动物疾病的发生；同时使用非残留或低残留的药物，从而有效地使畜产品中兽药残留量降到最低或无残留。

第三节　抗生素和合成抗菌药物

　　抗生素类和合成抗菌药物主要是指对病原微生物（细菌、病毒、真菌、支原体等）具有抑制或灭杀作用的物质。常见的抗生素根据化学结构可分为β-内酰胺类、大环内酯类、林可胺类、多肽类、氨基糖苷类、四环素类、氯霉素类，其中主要作用于革兰氏阳性菌的抗生素有β-内酰胺类、大环内酯类和林可胺类等，主要用作于革兰氏阴性菌的抗生素有氨基糖苷类，广谱抗生素主要有四环素类和氯霉素类。在兽药临床上广泛使用的合成抗菌药物主要有磺胺类、二氨基嘧啶类、硝基呋喃类、硝基咪唑类、喹诺酮类和喹噁啉类。

一、磺胺类药物

　　磺胺类（sulfonamide，SA）药物，是通过人工合成的氨苯磺胺衍生物，主要用于防止和治疗细菌感染性疾病，具有抗病原范围广、化学性质稳定、使用方便、易于生产等优点，对禽畜疾病控制和治疗有重要作用。

1. 理化性质

　　磺胺类药物的基本结构如图 7-1 所示，图中 R_1 和 R_2 代表不同的基团。一般为白色

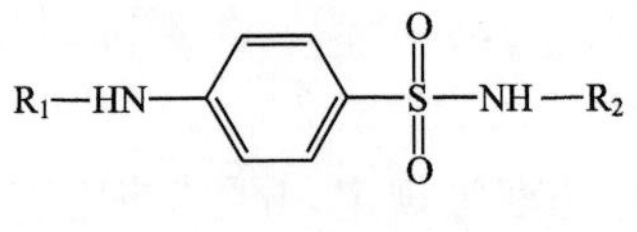

图 7-1　磺胺类药物结构

或淡黄色结晶性粉末，遇光易变质，颜色逐渐变深，大多数本类药物不易在水中溶解，但易溶于稀碱。形成钠盐后易溶于水，其水溶液呈强碱性。临床上常有其钠盐制剂供注射用。磺胺钠盐的水溶性较其母体化合物大。

磺胺类药物种类繁多，常见的有磺胺嘧啶、磺胺二甲氧基嘧啶、磺胺吡啶、磺胺二甲异噁唑、磺胺-2，6-二甲氧嘧啶等（图 7-2）。

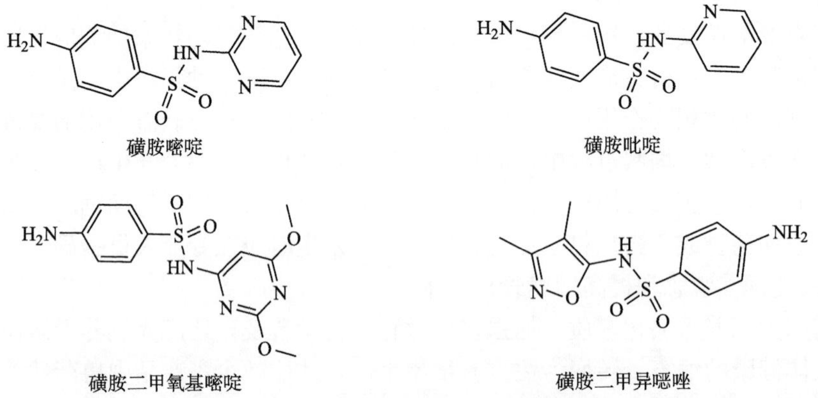

磺胺嘧啶

磺胺吡啶

磺胺二甲氧基嘧啶

磺胺二甲异噁唑

图 7-2　几种常见磺胺类抗生素结构式

2. 药理作用与应用

磺胺类药物药理作用是干扰细菌酶系统对对氨基苯甲酸（PABA）的利用，影响细胞核蛋白质的合成，从而抑制细菌的繁殖，其抗菌作用原理见图 7-3。磺胺类药的化学结构与 PABA 极为相似，能与 PABA 竞争二氢叶酸合成酶，抑制二氢叶酸的合成，阻断四氢叶酸的合成。四氢叶酸作为一碳基团转移酶的辅酶，参与嘌呤和嘧啶核苷酸的合成，最终使核酸合成受阻，抑制细菌的生长繁殖。由于磺胺类药与二氢叶酸合成酶的亲和力远比 PABA 弱，脓液和坏死组织内的 PABA 含量高，故磺胺类药物对化脓或坏死组织中的细菌疗效差或无效。高等动物能直接利用叶酸，无合成叶酸的必要，因此磺胺类药物对宿主动物没有代谢的障碍。

磺胺类药物在动物体内的吸收情况存在差异。用于全身性感染的磺胺药通常是一类口服易吸收的药物，用于肠道感染的磺胺药为口服不易吸收的药物。各种动物对磺胺类药物的吸收率以家禽为最高，其他依次为犬、猪、马、羊和牛。肉食动物吸收最快，给药后 3～4 h 吸收完毕，其他单胃动物需 4～6 h，反刍动物则要 12～14 h。此外，磺胺类药物的吸收速度与程度也受胃肠内容物的充盈与否的影响。磺胺类药物进入血液后，广泛分布于全身各组织细胞和体液中，以肝、肾为主，也进入乳腺、胎盘、胸膜腔和滑膜腔内。绝大部分磺胺类药物在脑脊液中的浓度较低。不同磺胺类药物与同种动物血浆蛋白结合率不同，同种磺胺与不同属系动物的血浆蛋白的结合率也不相同。结合率高的磺胺药物排泄较为缓慢。磺胺类药物在动物体内会发生乙酰化、氧化、与硫酸或葡萄糖醛酸结合，以及杂环的开裂等多种结构变化，其乙酰化的程度与动物的种属有关。被吸收的磺胺药物主要通过肾脏排出，乳汁、消化液及其他分泌物的排出较少。肾功能不良，磺胺主动分泌减少而排出时间延长。

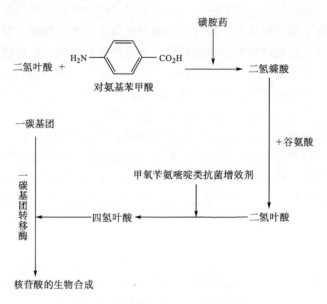

图 7-3　磺胺类药物抗菌作用机理

　　磺胺类药物可用于全身性感染，用于家畜子宫炎、腹膜炎、呼吸道感染、消化道和泌尿系统感染以及败血症、乳腺炎等，对弓形体、马腺疫、猪萎缩性鼻炎、兔葡萄球菌病、禽霍乱、伤寒、副伤寒和球虫感染均有一定疗效，并可用于消化道感染和广谱外用抗菌感染治疗。例如，磺胺嘧啶的抗菌作用强，治疗效果好，可用于各种敏感菌感染的全身治疗，与血浆蛋白结合率低，易进入脑脊液，为脑部细菌感染首选药物，对大肠杆菌感染有较好的疗效。磺胺间甲氧嘧啶抗菌作用以预防动物感染的效果较好，可用于敏感菌所致的全身或局部感染，特别对猪弓形体、家禽球虫感染有良好疗效。磺胺类药物在治疗过程中，可因剂量和疗程不足而使敏感菌产生耐药性。最容易产生耐药性的细菌有巴氏杆菌、大肠杆菌和金黄色葡萄球菌。

3. 毒性与残留分布

　　磺胺类药物急性毒性多见于静脉注射时，速度过快或剂量过大，表现为神经兴奋、共济失调、痉挛性麻痹、呕吐、昏迷、食欲降低和腹泻等，严重者迅速死亡。慢性中毒见于剂量过大或连续用药超过 1 周以上，主要症状为：①泌尿系统损伤，如结晶尿、血尿、蛋白尿等；②消化系统障碍，出现呕吐、食欲不振、腹泻、草食动物肠炎等症状；③造血机能损伤，出现溶血性贫血、凝血时间延长和毛细血管性渗血；④幼畜或幼禽免疫系统抑制、免疫器官出血及萎缩等；⑤产蛋鸡产蛋率下降，蛋破损率和软蛋率增高。此外，磺胺类药物在连续给药中能够诱发啮齿动物甲状腺增生，并有致肿瘤倾向[7,8]。

　　磺胺药是目前应用广泛的抗生素，对畜禽疾病的控制和治疗发挥了重要作用。如果使用不合理，就会造成药物在畜产品中残留。磺胺类药物主要通过输液、口服、创伤外用等用药方式或作为饲料添加剂而残留在动物体内，进而导致其在动物源性食品中的残留。动物使用了磺胺药后，因不同磺胺药物的药物代谢动力学以及给药方式和剂型的不同，药物在不同组织中的浓度差异较大。一般来说，磺胺类药在代谢器官和血液中浓度最高，脂肪和肌肉中的含量较低，乳汁中的残留量与血清中的相似，蛋清中的药物清除率高于蛋黄。猪内服磺胺嘧啶和甲氧苄啶后，肠道内吸收甲氧苄啶较磺胺嘧啶快，但甲氧苄啶消除期较磺胺嘧啶消除期慢，休药 1 天甲氧苄啶残留最高的靶组织为肝脏，残留为 0.29 $\mu g/kg$，而磺胺嘧啶残留最高的靶组织为肾脏，残留为 0.23 $\mu g/kg$。羊一次静脉注射磺胺二甲嘧啶 107 mg/kg 后，体内残留消除很快，休药 5 天，肉、肝脏、肾、脂肪中药物的残留量低于 0.1 mg/kg。家禽服用磺胺二甲氧嘧啶后，吸收快而排泄慢，作用维持时间长。肝和肾中有较高的药物浓度，血浆蛋白结合率为 80%～85%。休药 8 天以上，除肾脏外的其他组织中药物浓度都降低至 0.1 mg/kg 以下。家禽内服磺胺喹噁啉后吸收迅速但排泄缓慢，在组织中的残留量以肾脏最高，心脏、肝脏次之，肌肉组织中的浓度最低。

4. 检测分析

生物样品中磺胺类药物残留的检测方法主要有微生物学法、理化分析法和免疫分析法等。理化分析法常作为确证方法用于测定动物组织的药物残留，主要有光谱法（分光光度计法、荧光光谱法）和色谱法（气相色谱、液相色谱以及色质连用等），具有灵敏、快速、方便等特点。尤其是色谱法，可同时测定多种药物，但缺点是样品的提取净化等前处理繁琐、检测成本高等，不适宜大批量样品的筛选检测。微生物学方法检测周期长，在定性和定量上都存在困难，且敏感性差。与之相比，免疫分析法则具有操作简便、检测成本低、分析样本量大等优点。

可通过 N-（1-萘基）-乙二胺衍生化后使用分光光度计在 540 nm 或 545 nm 处检测，该方法常用于筛选磺胺二甲嘧啶在牛组织和牛奶以及磺胺嘧啶在蜂蜜中的残留。也可以用荧光光谱法来检测筛选磺胺醋酰、磺胺脒在牛奶提取物中的残留。

磺胺类药物难挥发，采用 GC 测定时需要衍生化。一般采用重氮甲烷甲基化，或甲基化后再用 N-甲基-N-（三甲基硅烷基）三氟乙酰胺（MSTFA）进行硅烷化或 N-甲基双（三氟乙酰胺）（MBTFA）乙酰化，以增加挥发性，改善其热稳定性、降低极性，继而用氢火焰离子化检测器测定。甲基化磺胺类药物在非极性柱上的保留顺序为磺胺、磺胺吡啶、磺胺噻唑、磺胺嘧啶、磺胺甲基嘧啶、磺胺二甲嘧啶。一般多使用毛细管柱，柱温 300℃左右。除了甲基化外，还可以利用水解法将磺胺类药物水解成挥发性胺类，继之以 GC 法测定，也可与适宜的卤化试剂反应，生成相应的衍生物后用电子捕获检测器测定。Carignan 和 Carrier 采用 GC-MS 法完成了猪组织提取物中低残留量磺胺二甲嘧啶的分析，重氮甲烷化后进行分析，选择性离子扫描方式进行定量分析[9]。

磺胺类药物的 HPLC 检测通常使用紫外检测器、荧光检测器和电化学检测器，其中紫外检测器最为常用。磺胺类药物一般均有较强的紫外吸收，无需衍生化即可直接进行液相色谱测定。为提高检测灵敏度，可使用对二甲氨基苯甲醛（DMAB）柱后衍生化和分光光度法 450 nm 测定磺胺类药物，该方法已经应用于蛋、牛奶和肌肉组织 13 种磺胺类药物的检测分析[10]。典型的磺胺类药物 HPLC 检测方法是欧美官方实验室测定猪肾中磺胺二甲嘧啶总量的方法，采用紫外-可见光检测器在 266 nm 测定，检出限为 0.01 mg/kg，线性范围 5～30 ng。在磺胺类药物的多残留检测方面，Le Boulaire 等采用基质固相分散技术 LC 法分析肌肉组织内 8 种磺胺类药物和 6 种其他药物残留，检测的药物浓度为 3.5～66 μg/kg[11]。Kao 等用液相色谱法分析了鸡肉和猪肉组织中兽药的多残留如磺胺嘧啶、磺胺噻唑、磺胺二甲嘧啶、磺胺喹噁啉、磺胺二甲氧嘧啶等 13 种药物含量，检测限范围为 0.03～0.05 μg/g[12]。近年来，有关 HPLC-MS 测定磺胺类药物残留的研究也逐渐增多，Volmer 建立了牛奶中 21 种磺胺和 2 种生长促进剂的 LC-MS 多残留检测方法，在线性变化范围内，获得了较好的分离[13]。Ito 等建立了动物肝脏和肾脏中 10 种磺胺的 LC-ESI-MS/MS 分析方法，采用正离子全扫描模式进行定性[14]。Bogialli 等建立了牛肝脏和肾脏中 12 种磺胺的 LC-MS 和 LC-MS/MS 分析方法，并对结果进行比较[15]。刘佳佳等采用 HPLC-MS/MS 方法同时测定鸡肉、猪肉、牛肉、蜂蜜、牛奶等动物源性食品中 24 种磺胺类药物残留，建立了一种在 28 min 内完成分离和测定的方法，检出限范围为 0.27～7.45 μg/kg[16]。

免疫分析方面，磺胺类药物是小分子化合物，必须与载体蛋白偶联后，才具有免疫原性。磺胺类药物有共同的母核结构，磺酰胺基团上的氨为 N_1，芳香氨基上的氨为 N_4，大多数磺胺药为 N_1 端取代。N_4 端氨基这一活性基团很容易与载体蛋白交连，以 N_1 端特异的取代基结构作为抗原决定簇，制备的抗体对带有该基团的磺胺药有很高的特异性。早在 1988 年，Dixon-holland 和 Katz 便以戊二醛法偶联蛋白合成了磺胺二甲基嘧啶（SM_2）免疫原，制备的多克隆抗体建立了酶标抗原直接竞争 ELISA 法对猪尿和肌肉样品进行检测[17]。Märtlbauer 等制备的磺胺嘧啶（SD）、磺胺二甲基嘧啶（SM_2）、磺胺甲氧嗪（SMP）和三甲氧苄氨嘧啶（TMP）与载体蛋白偶联，分别制备了抗体，SD、SM2、SMP、TMP 的检测限分别为 1.1 ng/mL、1.3 ng/mL、2.8 ng/mL 和 6.0 ng/mL[18]。彭会建等制备了氨基对甲氧嘧啶的单克隆抗体并检测了其在猪血清和鸡组织中的残留，检测限为 1.766 ng/mL[19]。

磺胺类药物使用不合理，会残留于动物源性食品中，危害人类健康。欧美一些国家明确规定食品中磺胺类药物总含量不得超过 0.1 mg/kg，根据日本 2006 年实行的"肯定列表制度"规定，部分磺胺药物的残留量需控制在 0.01 mg/kg 以下。因此，要求磺胺类药物的分析方法的灵敏度要求低于限量值。虽然选用液相色谱联用荧光和紫外检测器方法的灵敏度可以达到 0.01 mg/kg，但由于检测器自身的特异性差，可能导致分析结果的过高计算，造成假阳性，常采用液相色谱与质谱串联的检测方法作为最终的确证技术。

二、大环内酯类抗生素

大环内酯类抗生素（macrolide antibiotic，MAL）为 14～16 原子环构成的一族化学结构相似的化合物，广泛用于医学和兽医学上对细菌感染的治疗或预防。大环内酯类药物绝大多数由链霉菌属产生，少数由小单孢杆菌属产生。常见的大环内酯类药物包括红霉素、竹桃霉素、螺旋霉素、吉他霉素、罗红霉素、麦迪霉素、艾沙霉素、克拉霉素等，其中泰乐菌素和替米考星为动物专用药品。

1. 理化性质

典型的大环内酯类结构如图 7-4 所示，由其整体结构决定，大环内酯易溶于有一定极性的有机溶剂，在水和弱极性溶剂中微溶，在酸性水溶液中也有相当的溶解度。但水溶液中大环内酯类药物稳定性较之干燥状态下差。

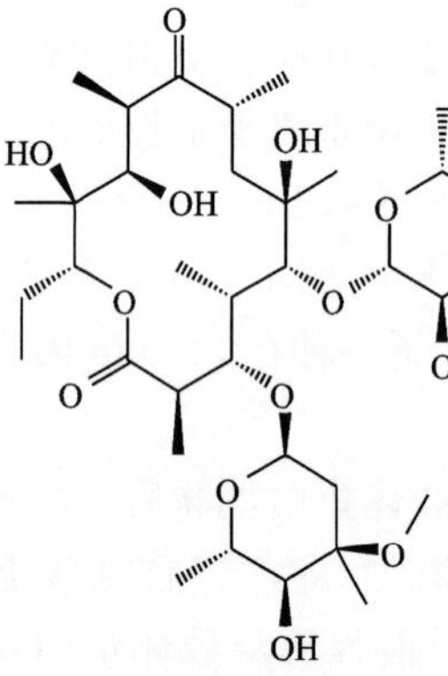

红霉素 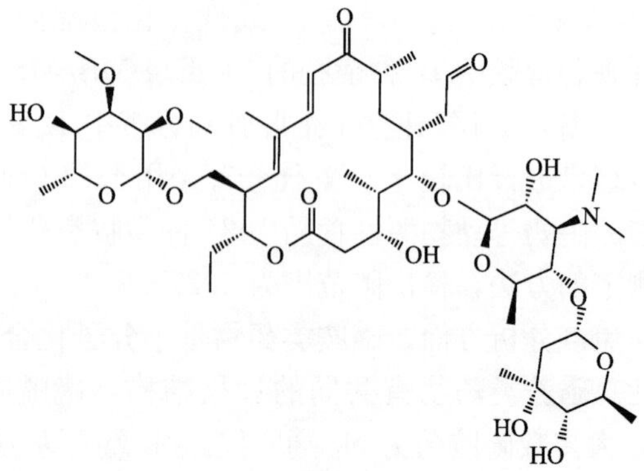　　　　　　　　　替米考星

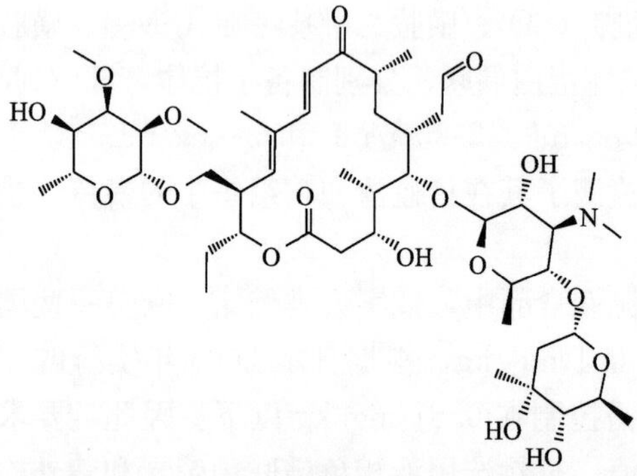

泰乐菌素 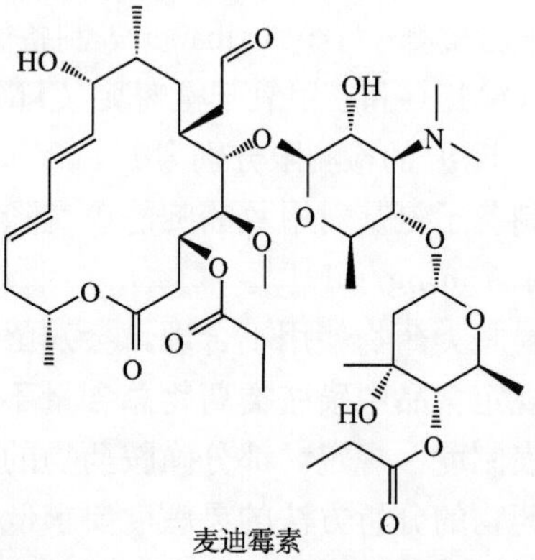　　　　　　　　　麦迪霉素

图 7-4　典型大环内酯类药物结构式

2. 药理作用与应用

大环内酯类抗生素对需氧革兰氏阳性菌、革兰氏阴性球菌、厌氧球菌及支原体、衣原体均具有良好作用，仅作用于分裂活跃的细菌，属于生长抑制剂，通过可逆性地与细菌核蛋白体 50S 亚基作用而抑制菌体蛋白的合成。这里简要介绍几种畜牧和食品行业中广泛使用的大环内酯类药物的作用机理及其应用。

红霉素（erythromycin）的抗菌谱与青霉素类似，是青霉素类化合物的替代品，对革兰氏阳性菌有强的杀菌作用，对革兰氏阴性菌中的布氏杆菌、脑膜炎球菌、淋球菌、流感杆菌、多杀性巴氏杆菌有高度抑菌作用，对其他多数革兰氏阴性杆菌不敏感。其抗菌机理主要是与细菌核蛋白体的 50S 亚基相结合，作用于 P 位结合点，抑制移位酶，阻碍 mRNA 的移位，使肽键不能从 A 位转移到 P 位上，阻止肽链的延长，进而抑制蛋白质的合成，产生抑菌作用。红霉素毒性低，但刺激性强，肌肉注射时可能发生局部炎症，通常采用深部肌内注射，静脉注射时速度宜缓慢，注射过快或剂量过大可引起动物的不安、流涎、呼吸迫促、痉挛和呼吸衰竭，甚至死亡，对幼龄动物毒性大。马属动物口服时易发生肠道功能紊乱，不宜内服。

泰乐菌素（tylosin）为畜禽专用抗生素，对革兰氏阳性菌和一些阴性菌有效，特别对霉形体有更为显著的疗效。可用于防治鸡、火鸡和其他动物的支原体感染，对猪的霉形体仅有预防作用而无治疗效果。泰乐菌素还可用于金黄色葡萄球菌、化脓性链球菌、大肠弧菌和螺旋体等感染所引起的肺炎、乳腺炎、子宫炎和肠炎，还可用于家禽预防球虫感染及浸泡种蛋以预防火鸡支原体传播。通常泰乐菌素作为饲料添加剂来控制对泰乐菌素敏感菌所致的疾病。

替米考星（tilmicosin）是一种由泰乐菌素半合成的大环内酯类抗生素，对革兰氏阳性菌、某些革兰氏阴性菌、支原体、螺旋体等均有抑制作用，对胸膜肺炎放线菌、巴氏杆菌具有比泰乐菌素更强的抗菌活性。替米考星通过内服和皮下注射吸收快，药物的组织穿透力强，体内分布容积大。替米考星在肺组织、乳中药物浓度高。替米考星主要用于防治家畜肺炎（由胸膜肺炎放线杆菌、巴氏杆菌、支原体等感染引起）、禽支原体病及泌乳动物的乳腺炎。

麦迪霉素（midecamycin）的抗菌谱广，对革兰氏阳性菌感染有效，对葡萄球菌、链球菌、肺炎球菌以及白喉杆菌等有较强的抗菌活性，同时也能有效地抑制部分耐红霉素的金黄色葡萄球菌的感染。麦迪菌素应用主要治疗呼吸道感染（如肺炎、支气管炎）、尿道感染、肠炎等疾病，以及皮肤或黏膜等各种软组织的感染。

3. 毒性与残留分布

红霉素内服能吸收，但可被胃酸破坏。口服红霉素后，会发生腹泻、恶心、呕吐、胃绞痛、口舌疼痛、胃纳减退等胃肠道反应，发生率、反应与剂量大小有关。还可引起肝脏损害，如血清丙氨酸氨基转移酶升高，并可有荨麻疹及药物热，表现为药物热、皮疹、嗜酸性粒细胞增多等发生。猪按 50 mg/kg 剂量喂服红霉素肠溶片，1 h 达血药峰浓度，有73%的猪在血中较长时间地维持大于 1 μg/mL 的浓度。给猪静脉注射乳糖酸红霉素 8 mg/kg，5 min 后血浓度为 7.62 μg/mL，1 h 后降至 1 μg/mL，6 h 仅存 0.06 μg/mL。同量给黄牛一次静脉注射，0.08 h 血清浓度为 14.09 μg/mL，1 h 降至 2.88 μg/mL，6 h 后尚存 0.50 μg/mL。产蛋鸡肌内注射 25 mg/kg 后 0.5 h 达血药峰浓度 1.3 μg/mL，口服 100 mg/kg 后 1 h 达血药峰浓度 0.59 μg/mL。红霉素能广泛分布到各种组织和体液中，其表观分布容积为猪 3.3 L/kg、黄牛 1.62 L/kg，在肝和胆汁中含量最高，而在脑脊液中最低。红霉素在肝内有相当量被灭活，主要经胆汁排泄，部分在肠道中重吸收，少量以原形经尿排泄。其消除半衰期为猪 1.21 h、黄牛 1.97 h。

替米考星禁止静注，牛一次静注 5 mg/kg 即可致死，对猪、马和灵长类也易致死，其毒作用的靶器官是心脏，可引起负性心力效应。肌内和皮下注射替米考星均可出现局部反应（水肿等），亦不能与眼接触。对牛使用皮下注射时，应选择肩后肋骨上的区域内。牛以外的动物则较少使用注射。有研究表明，注射替米考星可能会降低老鼠心肌组织中超氧化物歧化酶及谷胱甘肽过氧物酶活性[20]。啮齿类口服替米考星后的半数致死量为 800～850 mg/kg（急性），人接触替米考星可能会出现心脏症状及心肌损伤[21]。替米考星在动物体内滞留时间长，奶牛一次量皮下注射 10 mg/kg，停药后第 19～第 31 日的奶中残留量超过 25 μg/kg。牛、猪、羊和鸡饮服替米考星后主要分布在肝和肾中，少量在肌肉和脂肪中，组织、排泄物和胆汁中的残留物主要为母药，部分为去甲基化、羟基化、还原化和硫酸化的代谢产物。按药物使用说明给鸡用药，停药后第 3～第 17 天肝中母药的残留量从 2.60 mg/kg 降至 0.13 mg/kg，第 3～第 10 日肾中残留量从 0.65 mg/kg 降至 0.08 mg/kg，第 3～第 14 日肌肉、脂肪和皮中残留量从 0.100 mg/kg 降至 0.014 mg/kg。

泰乐菌素毒性小，内服泰乐菌素以酒石酸盐吸收为好，磷酸盐吸收为差。酒石酸泰乐菌素内服后易从肠道吸收，给猪服用后 1 h 即达血药峰浓度。动物组织中泰乐菌素的残留量取决于给药方式。肌肉注射部位和肾中残留量为最高，内服在肝中残留量最高，且肌肉注射比内服残留量高、滞留时间更长。泰乐菌素碱基注射液皮下或肌肉注射能迅速吸收，注射给药的脏器浓度比内服高 2～3 倍，但不易透入脑脊液。由于药物在体内经肝肠循环再吸收，鸡内服 6 h 后，其血浓度和脏器浓度常高于 1 h 的浓度。小动物的消减半衰期为 0.9 h，新生犊牛为 2.3 h，而 2 月龄以上犊牛为 1.1 h。猪排泄毒素比家禽快。泰乐菌素还可进入奶和蛋中，奶牛日肌肉注射 17.6 mg/kg，连续 5 日，停药 3 日内肉中可检出残留量平均值为 0.03 mg/kg。

麦迪霉素口服吸收较好，约 1 h 达血药峰浓度，本品能迅速进入大多数组织和体液，且浓度较高，许多组织如肺、脾、肾、肝、胆、皮下等药物浓度可高于加药浓度。本品大部分经分泌进入胆汁，胆汁中浓度较高，小部分经肾脏排出，尿中药物浓度较低；不能透过正常脑膜；半衰期约为 2.5 h。

4. 检测分析

大环内酯类药物残留的分析方法有薄层色谱法、气相色谱法、液相色谱法等，同时还有生物自显影法、分光光度法、荧光光谱法和酶联免疫分析等方法。近年来，应用于动物源性食品样品中各类大环内酯药物残留分析的方法，基本上都是基于液相色谱法及其联用技术。

在色谱方法未成熟完善时，大环内酯类抗生素采用微生物测定法，该方法在分析时间、分析成本、对目标物质的分离和确认能力、方法的定量能力上都有明显不足，在兽药残留分析中发挥的作用不大。Nouws 等设计了一系列生物自显影板用于牛奶中禁用的各类抗生素的全分析，对于大环内酯类残留，该方法可能出现假阳性结果[22]。Ridlen 等使用分光光度法建立了奶酪中部分大环内酯的分析方法[23]，Khashaba 则建立了通过间接方式对红霉素等定量分析的荧光光谱法[24]。由于大环内酯类药物的抗原制备和抗体获取困难，ELISA 方法在其残留分析中的使用还很少见，用免疫方法与电化学方法检测大环内酯类药物已有报道[25]。

食品样品中大环内酯类化合物的薄层色谱分析，都要对其目标物进行液液萃取净化后再进行测定，以去除其中亲脂性杂质的影响。一般来说，薄层色谱分析大环内酯使用的固定相大多数是硅胶，采用较高极性的展开剂进行分离，如 Salisbury 等使用薄层色谱-生物自显色法鉴别了动物组织中大环内酯类抗生素的残留[26]，Neidert 等则使用氯仿-甲醇-丙酮-甘油作为展开剂对药物进行分离[27]。

大环内酯类化合物的相对分子质量均在 500 以上，且连接有多数的极性基团，采用直接的气相色谱（GC）方式是无法检测的，必须经过复杂的衍生化才能进入气相色谱，一般不用于残留分析，只是在液相色谱（LC）方法尚不够成熟时有相关研究开展。食品和生物组织中大环内酯类抗生素残留的检测可采用气相色谱-质谱联用法，Takatsuki 等采用气相色谱-质谱法测定了牛肉和猪肉中的红霉素，但样品需要进行衍生化，操作比较繁琐[28]。

大环内酯类抗生素的液相色谱分离一般是建立在反相液相色谱上，可使用紫外检测器（FID）、电化学检测器（ECD）、荧光检测器和质谱检测器。紫外检测器适用于具有共轭体系的大环内酯类药物残留的检测，如 Leal 等使用可变波长检测器（VWD）时间序列和二极管阵列检测器（DAD）检测了鸡肉中 7 种大环内酯类抗生素[29]。Billedeau 等利用库伦检测器分析了鱼肉中的红霉素，检测限可达到 5 ng/mL[30]。大环内酯的荧光检测方面，可采用柱前衍生化和柱后衍生化两种途径，应用较多的为柱前衍生化，如 Bahrami 等使用氯甲酸-9-芴基甲酯与大环内酯上的羟基结合，选择 260 nm 的激发波长和 315 nm 的检测波长，获得血清中阿奇霉素的检测限为 3 ng/mL[31]。Edder 等则采用柱前荧光衍生化液相色谱法测定动物组织（肌肉、肝、肾）、奶和蛋中红霉素和竹桃霉素残留[32]。液相色谱-质谱法是食品和生物样品中大环内酯类化合物残留分析的重要手段，大环内酯的 LC-MS 检测大多使用大气压化学电离源（APCI）或者电喷雾离子源（ESI）与质谱连接作为检测器，其中 ESI 应用的文献更多一些。例如，Draisci 等使用 LC-ESI/MS 对牛组织中 4 种大环内酯进行定量测定，对不同组织样品中不同的大环内酯的检出限范围是 20~150 ng/g[25]。Dubois 等使用 LC-ESI-MS/MS 法测试了动物组织 6 种大环内酯类抗生素，检测限最高为 37 ng/g[33]。Wang 等用 LC-ESI-MS/MS 法测定蛋中红霉素、替米考星、泰乐霉素、螺旋霉素、竹桃霉素 5 种大环内酯类抗生素含量，样品添加浓度为 60~300 μg/kg 的回收率为 95.4%~98.8%，检测限低于 1.0 μg/kg[34]。

三、β-内酰胺类抗生素

β-内酰胺类（β-lactam）抗生素指分子结构中含有 β-内酰胺环的一大类抗生素，主要包括青霉素类和头孢菌素类，近年来又发展起来一系列非典型 β-内酰胺类抗生素，如头孢霉素类、碳青霉烯、单环 β-内酰胺类。β-内酰胺类抗生素具有高效、低毒、广谱等优点，可同时作为人用和兽医用药。

1. 理化性质

根据 β-内酰胺四元环相连接的环状结构之间的差异，可细分为青霉素类（penicillin，PEN）、头孢菌素类（cephalosporin，CEP）、头霉素类（cephamycin）、碳青霉烯类（carbapenem）以及单环 β-内酰胺类（monobactam）五大类，它们的母环结构如图7-5所示。目前，兽医用药较为常见的是青霉素类和头孢菌素类，近年来，碳青霉烯类药物也可以应用在一些严重感染的兽病治疗上。

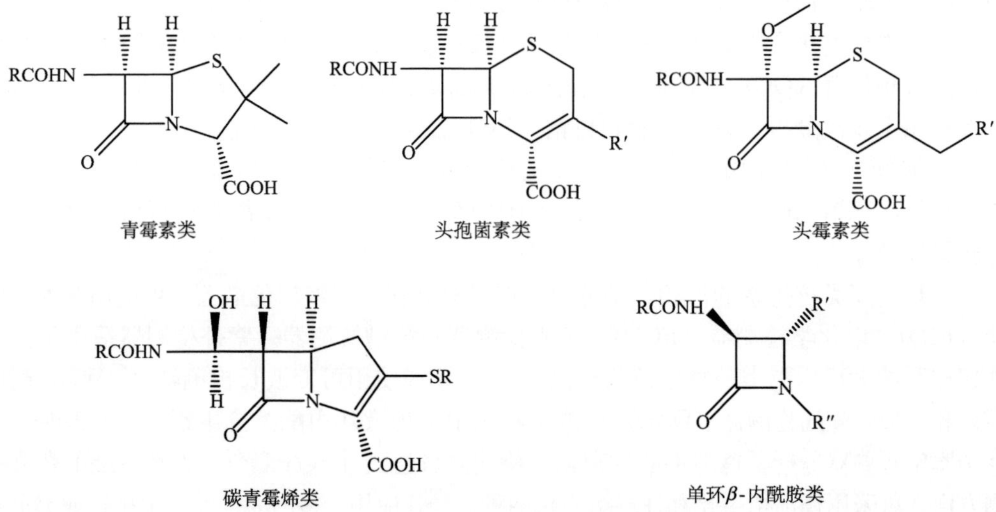

图 7-5　β-内酰胺类抗生素的母体结构

青霉素类抗生素包括由发酵液得到的天然青霉素和半合成青霉素两类，前者常用的是青霉素 G，后者是对天然青霉素进行结构改造而得，常用的有氨苄西林（ampicillin）和羧苄青霉素（carbenicillin）。头孢菌素类都是以冠头孢菌（*Cephalosprium acremonium*）培养得到的头孢菌素 C（cephalosporin C）作为原料合成的抗生素。头孢菌素根据研制的时间不同，可分成 4 代，经常用于兽医临床细菌感染治疗的几种药物，包括头孢塞曲（cefacetrile）、头孢匹林（cefapirin）和头孢喹咪（cefquinome）。碳青霉烯类药物在兽药临床中得到应用的包括亚胺培南（imipenem）、帕尼培南（panipenem）和美罗培南（meropenem）。上述三类 β-内酰胺类抗生素在母体环系上都具有一个游离的羧基，其 pK_a 一般为 2.5~2.8，表现出较强的酸性，一般难溶于水和油性的有机溶剂，而在极性较强的有机溶剂中溶解度良好，另外在酸性或者碱性的水溶液中也有一定的溶解度。一般来说，这类药物常用的是它们的盐的形式，其钾盐和钠盐都是易溶于水的白色结晶或者粉末，在有机溶剂中溶解度较低。但苄星青霉素、普鲁卡因青霉素之类与有机胺成盐的品种，因其极性的原因在水中溶解度较低而易溶于有机溶剂。稳定性方面，青霉素类抗生素稳定性差一些，头孢菌素类和碳青霉烯类更稳定。总体来讲，酸、碱、缓冲盐、金属离子和有机溶剂都对 β-内酰胺类抗生素的稳定性有影响。

2. 药理作用与应用

各种 β-内酰胺类抗生素的作用机制均相似，能够抑制胞壁黏肽合成酶，即一种青霉素结合蛋白（penicillin binding protein，PBP），从而阻碍细胞壁黏肽合成，使细菌胞壁缺损，菌体膨胀裂解。此外，对细菌的致死效应还包括触发细菌的自溶酶活性。哺乳动物无细胞壁，不受 β-内酰胺类药物的影响，故而对宿主毒性小。多年的研究证明，细菌胞浆膜上特殊蛋白 PBP 是 β-内酰胺类抗生素的作用靶位，各类细菌细胞膜上的 PBP 数目、分子质量、对 β-内酰胺类抗生素的敏感性不同。药物进入菌体作用于细胞膜上的靶位 PBP 方能显效，药物对革兰氏阳性菌细胞壁或革兰氏阴性菌脂蛋白外膜的穿透能力、药物对菌体内 β-内酰胺酶的稳定性和对靶位 PBP 的亲和能力决定了药物的抗菌能力和抗菌谱。

β-内酰胺类抗生素给药后药物广泛分布在体液和组织中，对大多数种类的给药，肝肾内浓度较高，其次是血浆浓度，肌肉和脂肪组织中相对较低，在乳汁中也有一定分布。口服给药时，这类抗生素药物的基本结构对酸不稳定，胃酸会造成药物的分解，肠道细菌产生的 β-内酰胺酶也会使部分药物失活，所以绝大多数 β-内酰胺类抗生素都是通过静脉注射给药。所有的 β-内酰胺类抗生素给药后一般在 1 h 之内达到血药浓度的峰值。

β-内酰胺类抗生素一般不在体内代谢，而是以原形药物的形式通过尿液排出体外，部分种类的青霉素在胆汁中的浓度较高，表 7-2 给出了部分 β-内酰胺类抗生素的吸收、分布和排泄的数据[35]。

表 7-2　几种不同类型的 β-内酰胺类抗生素给药后的吸收、分布和排泄

项目	青霉素 G	氨苄青霉素	羧苄青霉素	苯唑青霉素	头孢氨苄	头孢噻吩	头孢咪唑
剂量及给药途径	600mg/IM	1g/IM	1g/IM	1g/IM	0.5g/IM	0.5g/IM	0.5g/IM
血浓度范围/（μg/mL）	0.3～10	0.6～12	4～35	2～12	0.5～16	0.5～15	5～45
血浓度峰值到达时间/h	0.25～0.5	0.5	1.5	0.5～1	0.5～1	0.5～1	0.5～1
血半衰期/h	0.5～0.6	1.5	1.5	0.5	1～2	0.5～1.5	1.8～2
蛋白结合率/%	41～73	17～29	47	88～94	10～15	55～66	80
主要排泄途径	肾、肝	肾、肝	肾、肝	肾、肝	肾	肾、肝	肾
体内代谢或变为无活力/%	10～40	<10	<10	>30	5	30～40	0
口服吸收/%	10～25	70	低	60	80～100	低	少
从大便排出/%	极少	少量	—	—	低	极少	低
尿内浓度/（μg/mL）	600～1000	>3000	700～4000	600～2000	1000～50000	700～3000	>1000
尿内排出/%	60～100	80～95	65～35	24～40	70～90	60～90	80～95
胆汁浓度（血浓度倍数）	1～5	4～40	0.2	较高	1～4	0.4～0.8	0.3
正常时脑脊液浓度（占血浓度之百分数）/%	1～10	5	1～20	0	0	0.2～1.8	少
炎症时脑脊液浓度（占血浓度之百分数）/%	10～30	10～65	—	1～2	1	0.4～50	少

续表

项目	青霉素 G	氨苄青霉素	羧苄青霉素	苯唑青霉素	头孢氨苄	头孢噻吩	头孢咪唑
关节腔中浓度（占血浓度之百分数）/%	30～100	80	—	50	—	25～100	20～30
胸腹腔中浓度（占血浓度之百分数）/%	20～50	60～80	—	10～50	100	45～100	—
乳汁中浓度（占血浓度之百分数）/%	5～10	—	—	存在	40～50	30	—

注：选自参考文献 [35]

3. 毒性与残留分布

目前临床应用的 β-内酰胺类抗生素大多是半合成产品，其中存在一些高分子聚合物杂质，包括外源性杂质和内源性杂质。外源性杂质主要是在抗生素的发酵过程中产生的蛋白质、多肽、多糖类，如青霉素噻唑蛋白、青霉素噻唑多肽等；内源性杂质主要是 β-内酰胺类抗生素的自身聚合物。β-内酰胺类抗生素本身的毒性一般都很低，但当 β-内酰胺类抗生素中有高分子聚合物存在时，就会成为强烈的致敏源，会导致严重的变态反应。因此，为了防范 β-内酰胺类抗生素变态反应，必须要控制其中高分子聚合物的产生[36,37]。

不过一般来讲，β-内酰胺类抗生素在动物体内的清除速度都很快，血药浓度的半衰期常常不超过 4 h，因此其作为兽药残留在食品中的量较低。表 7-3 中列出了日本、欧盟、FDA 和 CAC 对于 β-内酰胺类抗生素在牛肉中的最高残留限量[38]。

表 7-3 β-内酰胺类抗生素在牛肉中的最高残留限量

药物名称	英文名称	最高残留限量/(mg/kg)			
		日本	欧盟	FDA	CAC
青霉素 G	penicillin G	0.05	0.05	—	—
普鲁卡因青霉素	procaine benzylpenicillin	0.05	0.05	—	0.05
苯唑青霉素	oxacillin	0.2	0.3	—	—
邻氯青霉素	cloxacillin	0.04	0.3	—	—
氨苄青霉素	ampicillin	0.03	0.05	—	—
乙氧萘青霉素	nafcillin	0.005	0.3	—	—
双氯青霉素	dicloxacillin	0.03	0.3	—	—
头孢氨苄	cefalexin	0.2	0.2	—	—
头孢噻呋（以 desfuroylceftiofur 计）	ceftiofur	1.0	1.0	1.0	1.0
头孢匹林	cefapirin	0.03	0.05（头孢匹林与 des-acetylcephapirin 的和）	—	—
头孢喹咪	cefquinome	0.04	0.05	—	—
头孢唑啉	cefazolin	0.05	—	—	—
头孢洛宁	cephalonium	0.01	—	—	—
头孢呋肟	cefuroxime	0.02	—	—	—
克拉维酸	clavulanate	0.1	0.06	—	—

4. 检测分析

β-内酰胺类抗生素的检测方法主要有微生物法、免疫测定法、薄层色谱法、凝胶电泳法、气相色谱法和液相色谱法等。其中最成熟、应用最广泛的是液相色谱和相关的联用技术。

微生物法可分为微生物抑制法、微生物受体法和酶比色法，其特点是分析成本低，操作方便，但该方法在目标物质的分离和定性定量方面都有明显的不足，一般用于筛查分离出抗生素的大类。如有文献报道使用微生物法对 β-内酰胺类、大环内酯类、四环素类和氨基糖苷类抗生素及磺胺药物进行筛查[39]。

免疫测定法是以抗原与抗体的特异性、可逆性结合反应为基础的分析方法。其特点是选择性好，灵敏度高，适用于复杂基质中痕量组分的分离或检测。Strasser 等采用该法，检测牛奶中青霉素类抗生素残留，检测范围为 $2\sim32$ ng/mL[40]。

薄层色谱法一般用于成分较为单一的原料药或药物制剂，由于其缺乏准确度和灵敏度，故在食品残留检测中应用效果不理想。

凝胶电泳法在 β-内酰胺类抗生素检测上的应用，是可在琼脂糖基质上对两性的 β-内酰胺类抗生素进行初分离，然后通过生物自显影方式检测。Cutting 等报道了利用该方法测定牛奶中 5 种 β-内酰胺类抗生素，即青霉素 G、头孢匹林、头孢噻呋、氨苄西林和氯唑西林，方法检测限分别为 5 ng/mL、20 ng/mL、50 ng/mL、20 ng/mL 和 30 ng/mL[41]。

在使用气相色谱法对 β-内酰胺类抗生素进行检测前，需要经过繁琐费时的前处理过程，才能得到适合气相色谱分离的衍生化产物，且往往方法回收率难以保证。Meetschen 和 Petz 用气相色谱法测定动物组织中 7 种青霉素，方法回收率仅为 $46\%\sim73\%$[42]。

在液相色谱法应用中，采用较多的是反相液相色谱分离技术。对于极性很强的 β-内酰胺类抗生素，在流动相中加入离子对试剂，可以改善分离的选择性。对于侧链带氨基或中性侧链的 β-内酰胺类抗生素，可以用烷基磺酸作离子试剂。应用液相色谱法测定 β-内酰胺类抗生素时，常用的检测器有紫外检测器、荧光检测器。β-内酰胺类抗生素紫外最大吸收波长一般都为 $200\sim235$ nm，因此直接采用紫外检测器会出现选择性较差的情况。通过衍生化反应，可以有效解决选择性差的问题。青霉素类药物，在咪唑或 1，2，3-三唑催化作用下，若能形成青霉烷酸硫醇汞衍生物，即可采用紫外检测器在衍生物的最大吸收波长下测定。Boison 等即利用该方法，在 325 nm 波长条件下，对牛血浆中的青霉素 G 进行了测定[43]。由于 β-内酰胺类抗生素本身不具有荧光发色基团，因此用荧光检测前需要采用衍生化使其产生荧光发色基团。氨苄西林在甲醛和三氯乙酸溶液中能形成荧光衍生物，Terada 和 Sakabe 利用这一原理，采用荧光检测法测定了牛奶中的氨苄西林残留[44]。液相色谱法与质谱联用也是应用日趋广泛。Straub 和 Voyksner 采用 HPLC-MS 法，测定牛奶中的 β-内酰胺类抗生素青霉素 G、甲氧西林、阿莫西林、头孢羟氨苄和头孢匹林，检测限达到 100 ppb[45]。

四、四环素类抗生素

四环素类（tetracycline，TC）抗生素在化学结构上具有共同的基本母核——氢化并四苯环，仅取代基有所不同。常见的四环素类药物包括四环素（tetracycline，TC）、土霉素（oxytetracycline，OTC）、金霉素（chlortetracycline，CTC）、强力霉素（doxycycline，DC）、美他环素（methacycline，MTC）和米诺环素（minocycline，MINO）等。

1. 理化性质

四环素类抗生素的基本结构如图 7-6 所示，结构中取代基 R_1、R_2、R_3 和 R_4 不同，构成了各种四环素类要素。

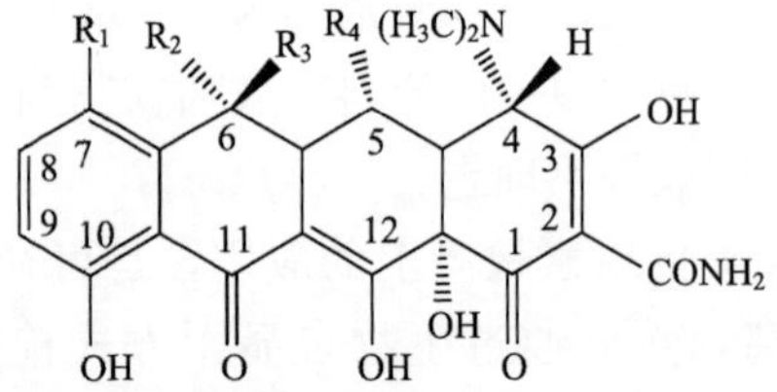

药物	R_1	R_2	R_3	R_4
四环素	H	CH_3	OH	H
土霉素	H	CH_3	OH	OH
金霉素	Cl	CH_3	OH	H
强力霉素	H	CH_3	H	OH
美他环素	$N(CH_3)_2$	H	H	H
米诺环素	H	$=CH_2$		OH

图 7-6 常见四环素类抗生素及其化学结构

四环素类抗生素具有相似的物理性质，均为黄色结晶粉末，味苦，相对易溶于水和较低级的伯醇类，相对不溶于非极性的有机溶剂。由于分子中含有酚羟基、烯醇和二甲氨基，四环素类抗生素属于酸碱两性物质，易溶于酸性和碱性溶液。临床上一般使用其钠盐，具有良好的水溶性和稳定性。四环素类抗生素可在 pH 为 3~8 离子化，在两性离子状态时可溶于辛醇。在弱酸性溶液中相对较稳定，在酸性（pH<2）、中性或碱性（pH>7）溶液中均已发生降解而失效。干燥状态下稳定，但易吸水，需避光保存。四环素类抗生素均对金属离子具有亲和性，可与金属离子形成螯合物。

2. 药理作用与应用

四环素类药物为广谱抗生素药，对大多数革兰氏阳性和阴性球菌、立克次氏体、支原体、衣原体、螺旋体和某些原虫都具有抑制作用。其抗菌机制主要为与细菌核蛋白体

30S 亚基在 A 位特异性结合，阻止氨酰 tRNA 在该位置上联结，从而阻止肽链延伸和细菌蛋白质合成；此外，还可以阻止已合成的蛋白质肽链释放。四环素类药物对 70S 和 80S 核蛋白体都有作用。四环素类药物还能引起细胞膜通透性改变，使细胞内的核苷酸和其他重要成分外漏，从而抑制 DNA 复制。细菌对四环素类药物的耐药性在体外发展较慢，但本类药物之间有交叉耐药性。

四环素可全身应用于敏感菌所致的呼吸道、肠道、泌尿道及软组织等部位感染和某些支原体病。四环素类抗生素在动物养殖中应用广泛，主要作为饲料添加剂用于预防和治疗疾病。土霉素、金霉素、四环素和强力霉素等，都是牛、猪、羊、家禽及水产养殖中常用的四环素类抗生素。

在食用性动物的养殖中，四环素类药物可通过口服、注射或通过乳腺注入方式给药，口服用药能抑制植物纤维在动物体内的反刍发酵，动物肠胃道中的金属离子也能严重干扰四环素类药物的吸收。肠道和胃对四环素类药物的吸收为中等速度，药物在肝脏中浓缩，通过胆汁排泄，并在肠中再一次吸收，故四环素类药物代谢后仍能在血液种残留。无论采用何种给药方式，四环素抗生素都能在体内广泛分布，肾脏和肝脏组织中含量尤高。由于四环素类药物普遍为低亲脂性，在脂肪中检测不到四环素残留，反而在家禽、猪、牛以及鱼类的骨骼组织中蓄积，这是四环素类抗生素对钙具有亲和性的缘故。同样，四环素类药物能与蛋壳结合。四环素类药物经最低限度的代谢后或根本未经代谢，以未改变或无微生物活性的形式经尿液和粪便排出体外。该类药物甚至能经乳液排出，在乳液中的浓度可达到血浆中浓度的 50%～60%，而患乳腺炎动物所产乳汁中的浓度更高。动物经注射给药后，6 h 乳汁中的药物浓度达最高，48 h 仍可检出痕量药物。

3. 毒性与残留分布

四环素类抗生素口服吸收良好，易在骨骼和牙齿中沉积，导致牙齿持久染色，俗称"四环素牙"；可在肝脏中富集，造成肝损伤。四环素类药物主要经肾脏排泄，肾功能障碍时会出现消除半衰期延长。动物一次性服用土霉素后，一般 2～4 h 达血药峰浓度，牛因部分药物进入瘤胃后延缓吸收，需 4～8 h 才达峰浓度。吸收后广分部于肝、肾、肺等组织和体液中，易深入胸水、腹水、胎畜循环及乳汁中。四环素内部吸收不完全，血药浓度较土霉素略高，对组织的透过率亦较高，蛋白结合率为 65%。在胆汁中浓度可达血清浓度的 5～20 倍，可透入胎盘和进入乳汁。

四环素类抗生素在畜禽生产中被广泛用作药物添加剂使用，用于防治肠道感染和促生长，容易诱导耐药菌株和导致食品中兽药残留。许多国家都对四环素类药物的最大残留作出限量规定，我国规定了四环素类药物在动物组织中最大残留限量为 100～600 $\mu g/kg$，其中蛋中最大残留限量为 200 $\mu g/kg$。

4. 检测分析

四环素类抗生素在食品中的残留测定方法，主要有微生物法、酶联免疫法、荧光分光光度法、毛细管电泳法、薄层色谱法、液相色谱法。

抗生素能抑制微生物生长。对抗生素敏感的实验菌，在适当条件下所产生抑菌圈的大小与抗生素浓度呈正相关关系。微生物抑制法正是应用了这一原理。该方法的特点是操作简便、费用低、不需复杂的样品前处理，适合批量样品的快速筛选，但是测定过程容易受其他抗生素的干扰，专一性和精确度不足。涂抹法（swab test on premise，STOP）、快速抗菌筛选法（fast antibierobial screen test，FAST）和四板试验法（four plate test，FPT）是常见的抗生素残留快速筛选检验法[46]。有文献曾报道采用微生物抑制法检测土霉素的含量，结果显示为 8.72～41.61 μg/mL 的对数剂量与抑菌圈的直径呈良好线性关系[47]。

酶联免疫法的特点是操作简便、灵敏度高、专一性强、适用于批量样品分析，因此已广泛用于牛奶、动物组织、蜂蜜等动物源性食品中四环素类抗生素残留的检测。张子群等应用酶联免疫法检测动物肌肉、内脏组织，牛奶，蜂蜜等样品中四环素类抗生素的残留量，可同时进行大量样品的检测，4 h 左右即能出结果[48]。

荧光分光光度法利用四环素与铝盐形成具有强烈荧光的络合物这一原理，可用于检测四环素的含量。有文献报道，使用荧光分光光度法测定牛奶中的四环素药物[49]。荧光分光光度法的不足在于，其不能对各种四环素类抗生素进行区分。

毛细管电泳法原理是根据不同组分在高压电场的作用下，迁移速度的不同而达到对组分的分离。此法具有操作简便、分析速度快、分离效率高、色谱柱不受样品污染、样品用量少、费用低等特点。Huang 等使用毛细管电泳法测定了新鲜鲶鱼和烹调后的鲶鱼中的土霉素含量，电泳迁移时间为 10.9 min，毛细管尺寸 24 cm×25 μm，恒定电压 8 kV。在 0.1～25 ppm，土霉素平均回收率为 92.9%[50]。

薄层色谱法的特点是简便快速、不需使用复杂仪器，可分为正相薄层色谱和反相薄层色谱。使用该方法检测四环素类抗生素时，要注意消除金属离子的影响。通常可以在吸附剂和溶剂系统中加入 EDTA（乙二胺四乙酸）或乙二酸等消除金属离子的影响。Weng 等使用薄层色谱法测定了动物饲料中的四环素。硅胶吸附板上喷射 pH 8.0～9.0 的 10%（m/V）乙二胺四乙酸钠溶液，流动相由二氯甲烷、甲醇和水组成。展开后，将吸附板浸入 30%（V/V）液体石蜡的正己烷溶液中，最后用荧光密度测定法在 400 nm 下定量，方法定量限为 0.8 μg/g[51]。

液相色谱法与不同检测器或质谱的联用，是检测四环素类抗生素的主要分析手段。常用的方法为反相液相色谱法，为避免金属螯合物的形成，常在流动相中加入酸（如磷酸、乙二酸、柠檬酸、酒石酸或 EDTA）、离子对试剂、掩蔽剂、扫尾剂或有机改性剂（甲醇、乙腈等）。紫外检测器是分析四环素类抗生素最常用的检测器，样品包括蜂蜜、动物组织、牛奶等，检测时使用波长都在 270 nm 或 350 nm 左右。当四环素类抗生素与 Mg^{2+}、Ca^{2+}、Cu^{2+} 或 Al^{3+} 生成具有荧光性质的络合物时，可采用荧光检测器（FLD）进行测定。Pena 等使用 HPLC-FLD 方法检测蜂蜜中的土霉素和四环素残留，检测限分别为 20 μg/kg 和 49 μg/kg，回收率在 87% 以上[52]。电化学检测器（ECD）的原理是，四环素类抗生素化学结构中都含 10 位取代酚羟基和 4 位二甲基氨基，这些功能基团通过氧化作用后能由电化学检测器检测。赵福年采用 HPLC-ECD 方法对牛奶中的四环素类抗生素残留进行了分析，检测限低于欧美国家法规中规定的最大残留量[53]。

化学发光检测器（CLD）的原理是利用四环素类抗生素与 Br$^-$、N-溴琥珀酰亚胺、光泽精、六碳高铁酸盐、过氧化氢等发生化学发光反应而达到检测目的。Wan 等采用 HPLC-CLD 检测了蜂蜜中的四环素类抗生素残留，方法为检测限 0.9～5.0 ng/mL，1 天内的 RSD 值在 3.1%～7.4%，3 天内的 RSD 值在 2.2%～8.6%[54]。由于选择性好、灵敏度高，液相色谱与质谱的联用在四环素类抗生素残留方面应用也很多。Debayle 等采用 HPLC-MS-MS 法测定了不同类型蜂蜜中的 5 种四环类抗生素，结果显示检测限都低于 2.2 ng/g，定量限低于 7.3 ng/g[55]。

五、氨基糖苷类抗生素

氨基糖苷类（aminoglycoside，AG）抗生素是由链霉菌或小单孢菌培养液中提取或以天然品为原料半合成制取而得的一类水溶性较强的碱性抗生素，对革兰氏阴性杆菌作用范围大、强且持久，是一类较优良的抗生素。

1. 理化性质

氨基糖苷类药物是一类含有两个或多个氨基糖基团并通过糖苷与氨基环多醇键合的一类抗生素的总和。除了链霉素与糖苷是通过链霉胍，其他的氨基糖苷类化合物的环多醇通常为 2-脱氧链霉胺（图 7-7）。氨基糖苷类化合物的环多醇通过 4，5-双取代脱氧链霉胺和 4，6-双取代脱氧链霉胺模式取代，可得到庆大霉素、卡纳霉素和托普霉素。

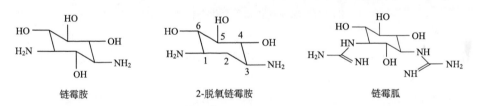

图 7-7　氨基糖苷类化合物的氨基环醇部分

氨基糖苷类抗生素常见药物有链霉素、新霉素、庆大霉素、卡纳霉素等，结构式如图 7-8 所示。目前，绝大多数氨基糖苷类抗生素还是采用经济的微生物发酵法获得。氨基糖苷类抗生素属于碱性化合物，具有水溶性好、化学性质稳定、抗菌谱广、抗菌能力强和吸收排泄良好等特点，能与无机酸或有机酸生成盐，在大多数的有机溶剂中不溶。氨基糖苷类抗生素多数是一组混合物，如庆大霉素有 C_1、C_2、C_{1a}等。

2. 药理作用与应用

氨基糖苷类抗生素的抗菌机理是阻碍细菌蛋白质合成。细菌的蛋白质合成过程与动物相似，在完成蛋白质合成中均有 mRNA 和 tRNA、核蛋白体及催化酶的参与。氨基糖苷类抗生素作用于起始复合物，可以致使甲酰甲硫氨酸 tRNA 从起始复合物中脱落，或与 30S 小亚基结合，使氨酰 tRNA 不能正确地将氨基酸输送至 mRNA 模版上的相应密码位置，出现误识密码的现象，从而使得该类抗生素干扰细菌中必要的蛋白合成。此

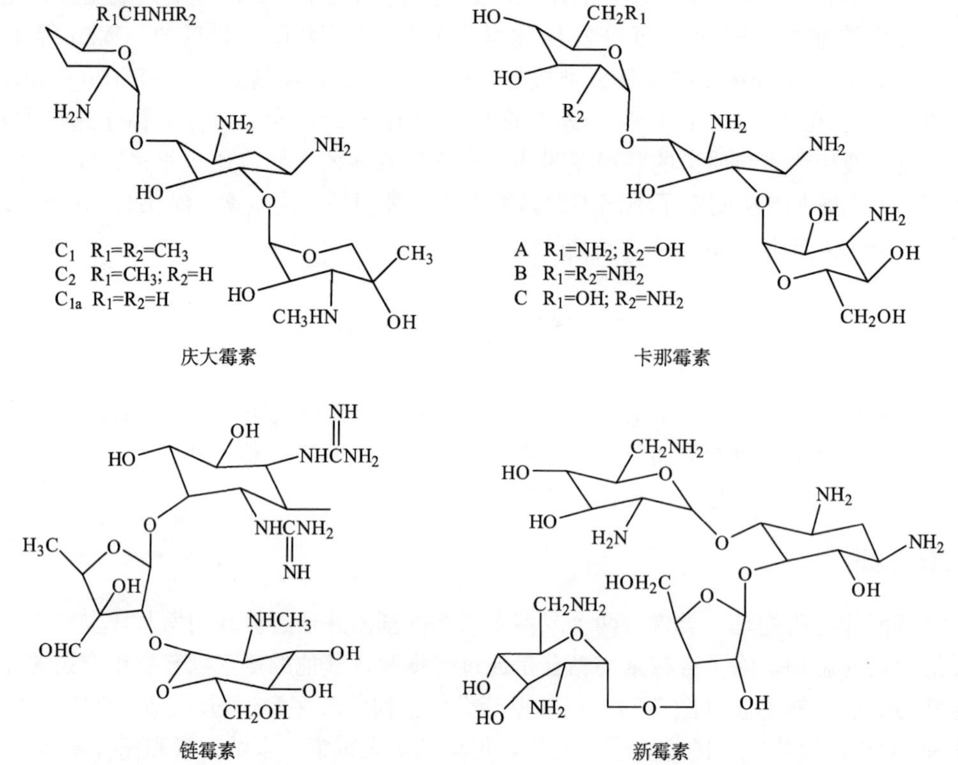

图 7-8　部分氨基糖苷类化合物的结构式

外，在肽链合成终止时还能抑制 70S 核蛋白体解离成 50S 和 30S 小亚基，使这两种小亚基的反复利用受阻，干扰起始复合物的生成。

氨基糖苷类抗生素主要用于敏感需氧革兰氏阴性杆菌所致的全身感染，对铜绿假单胞菌、肺炎杆菌、大肠杆菌等常见革兰氏阴性杆菌的抗菌药物的后效应（PAE）较长，所以，仍然被用于治疗需氧革兰氏阴性杆菌所致的严重感染，如脑膜炎、呼吸道、泌尿道、皮肤软组织、胃肠道、烧伤、创伤及骨关节感染等。对于败血症、肺炎、脑膜炎等革兰氏阴性杆菌引起的严重感染，单独应用氨基糖苷类抗生素治疗时可能疗效不佳，此时需联合应用其他对革兰阴性杆菌具有强大抗菌活性的抗菌药。庆大霉素用于绿脓杆菌、大肠杆菌、变形杆菌和耐药金黄色葡萄球菌等引起的感染有效，链霉素则对大多数革兰氏阴性杆菌和革兰氏阳性球菌有效，特别是磺胺类和青霉素所不能奏效的多种革兰氏阴性杆菌和结核杆菌都有极强的杀菌作用，主要应用于治疗肺炎、幼驹副伤寒、猪肺疫、禽出血性败血症、牛肺疫、乳腺炎及各敏感菌所致尿路感染等。

3. 毒性与残留分布

氨基糖苷类抗生素不良反应较为常见，主要为肾毒性、耳毒性、神经肌肉阻滞、造血系统毒性和过敏性反应，其中有些是不可逆毒性。氨基糖苷类抗生素主要以原形由肾脏排泄，并可通过细胞膜吞饮作用使药物大量蓄积在肾皮质，故可引起肾毒性。轻则引起肾小管肿胀，重则产生肾小管急性坏死，但一般不损伤肾小球。肾毒性通常表现为蛋白尿、管型尿、血尿等，严重时可产生氮质血症和导致肾功能降低。肾功能减退可使氨基糖苷类抗生素血浆浓度升高，这又进一步加重肾功能损伤和耳毒性。氨基糖苷类抗生素的肾毒性取决于其在肾皮质中的聚积量和其对肾小管的损伤能力。耳毒性包括前庭功能障碍和耳蜗听神经损伤。前庭功能障碍表现为头昏、视力减退、眼球震颤、眩晕、恶心、呕吐和共济失调。神经肌肉阻断方面，最常见于大剂量腹膜内或胸膜内应用后，也偶见于肌内或静脉注射后。此外，还可出现皮疹、发热、血管神经性水肿及剥脱性皮炎等，也可引起过敏性休克。

氨基糖苷类抗生素几乎不能通过胃肠道吸收，注射后能够很快分布到身体中。氨基糖苷类抗生素不能在体内代谢，主要通过肾脏的肾小球过滤排泄到尿液中，残留在体内的残留物在肾脏内蓄积。庆大霉素主要用于治疗猪大肠杆菌和痢疾，注射给药后，会很快分布到细胞外空间特别是肾脏、肝脏和内耳，而在肌肉和脂肪中却较低。庆大霉素造成的肾脏中药物残留时间可长达数月，在 14 天和 28 天的休药期，肌肉中残留量小于 50 $\mu g/kg$，而肝脏中小于 100 $\mu g/kg$，肾脏中则分别为 280 $\mu g/kg$ 和 150 $\mu g/kg$。鉴于氨基糖苷类抗生素的毒性，欧盟和 FDA 制定了氨基糖苷类化合物在动物源食品中的最大残留限量，对奶、蛋、肉、肝脏、肾脏和脂肪中的多种氨基糖苷类化合物的残留量进行了限制。

4. 检测分析

氨基糖苷类药物的检测方法有微生物法、免疫分析方法、薄层色谱法、气相色谱法和液相色谱法等。这里主要介绍最常用的免疫分析方法和液相色谱法。

免疫分析法包括放射性免疫法、酶联免疫法、荧光免疫法和化学发光免疫法。使用放射性免疫法测定氨基糖苷类药物残留的原理，是样品中氨基糖苷类化合物（未标记抗原）与固定量放射性同位素（如 ^{125}I）标记的示踪化合物（标记抗原）对有限的抗体位点之间的竞争反应，生成标记抗原抗体复合物与非标记抗原的含量在一定的限度内呈反比。荧光免疫法和化学发光免疫法的原理与放射免疫法相似，只是标记抗原分别用荧光物质和化学发光物质代替放射性同位素。酶联免疫法包括非均相酶联免疫和均相酶联免疫。上述免疫分析法主要在氨基糖苷药物残留的批量初筛方面发挥着重要作用。

氨基糖苷类化合物的水溶性好、极性大，适合用液相色谱法进行测定。目前氨基糖苷类药物残留分析主要使用的是液相色谱法。利用氨基糖苷类化合物具有旋光性和电化学活性的特点，可以直接采用旋光检测器或电化学检测器进行检测。氨基糖苷类化合物一般自身没有紫外和荧光发色团，如果要使用紫外检测器和荧光检测器，则需要对其进行衍生化。Reid 和 MacNeil 采用柱前衍生技术，使用液相色谱法-紫外检测法，在 350 nm 下对丁胺卡那霉素进行了测定[56]。钱疆等采用液相色谱分离，柱后衍生技术，荧光检测分析了乳制品中 9 种氨基糖苷类药物残留，方法定量限在 0.008～0.040 mg/kg[57]。

六、氯霉素类

氯霉素（chloramphenicol）属于酰胺醇类广谱抗生素，广泛应用于动物传染性疾病的治疗，对革兰氏阳性和阴性细菌均有抑制作用，包括氯霉素（chloramphenicol）、甲砜霉素（thiamphenicol）和氟苯尼考（florfenicol）。

1. 理化性质

氯霉素药物结构式见图 7-9。氯霉素类药物性质稳定，在干燥状态下可维持药效 2 年以上，易溶于有机溶剂，水溶液呈中性，在酸性和中性溶液中较稳定，遇碱易分解失效。

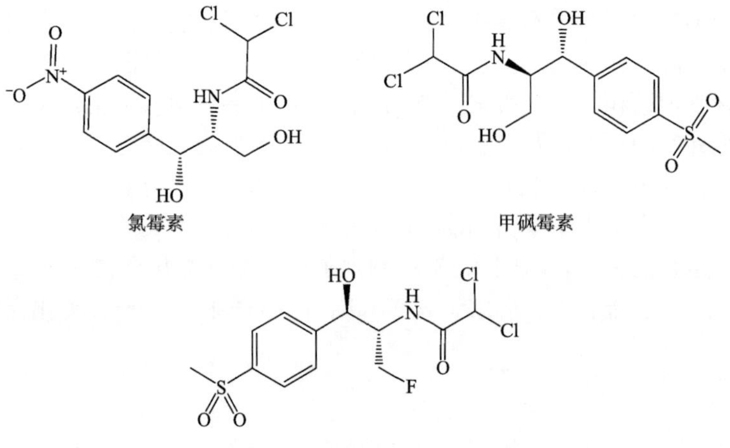

图 7-9　氯霉素类抗生素的结构式

氯霉素为白色针状或微带黄绿色的针状、长片状结晶或结晶性粉末，味苦，易溶于甲醇、乙醇、丙酮、丙二醇，微溶于水；甲砜霉素则在二甲基甲酰胺中易溶，在无水乙醇中略溶，在水中微溶；氟苯尼考在二甲基甲酰胺极易溶解，在甲醇中溶解，在冰醋酸中略溶，在水或氯仿中极微溶。

2. 药理作用与应用

氯霉素、甲砜霉素和氟苯尼考的抑菌机理基本相同，对 70S 核蛋白体有效，而对 80S 蛋白体无作用。它可与 50S 亚基结合，抑制其转肽酶所催化的反应，致使核蛋白体变形，导致氨酰 tRNA 与肽酰 tRNA 不能与转移酶结合，使氨基酸不能借助肽链结合，抑制肽链的生成。在药物的作用下可能生成不具备完整功能、长短不一的蛋白质，导致细菌生长抑制。

氯霉素最初是从委内瑞拉链丝菌（*Streptomyces venezuela*）的培养液中提取制得，现在用化学合成法大量生产。甲砜霉素是氯霉素进行结构修饰时候的产物，毒性和药理活性均比氯霉素小，但美国禁止其在水产品中试用。氟苯尼考则是对甲砜霉素进行结构修饰而研制的新药，主要用于水产、禽类、牲畜的病害防治。现欧盟对甲砜霉素和氟苯尼考的限量值为 100 $\mu g/kg$。

兽医临床上，氯霉素对多种感染有治疗作用，对肠道感染，如幼畜副伤寒、家禽副伤寒及幼畜的沙门氏菌病的疗效显著，同时还可用于局部抗感染，如子宫炎、乳腺炎、传染性角膜炎。甲砜霉素的临床作用与氯霉素相同，对畜、禽的沙门氏菌病和大肠杆菌等病疗效好，可用于治疗幼畜白痢、幼畜副伤寒、幼畜肺炎、幼畜肺炎双球菌性败血病和巴氏杆菌病，对禽白痢、禽霍乱等疗效极佳，还可以用于尿道、胆道及呼吸道各种敏感菌感染的治疗。氟苯尼考临床上主要用于治疗和预防禽畜由巴氏杆菌、胸膜肺炎放线菌及霉体形引起的呼吸系统疾病，也可用于控制敏感菌引起的鱼虾疾病。

3. 毒性与残留分布

临床研究表明，氯霉素对人体有严重的毒副作用，它在人体和动物肌体中蓄积的时间较长，低浓度的药物残留还会诱发对致病菌的耐药性等，对人类健康构成潜在危害。氯霉素对骨髓造血机能有抑制作用，可引起血小板减少性紫癜、粒细胞缺乏症、再生障碍性贫血、溶血性等，多数在长期或多次用药的过程中发生。青霉素类药物的胃肠道反应主要有腹胀、腹泻、食欲减退、恶心、呕吐则少见，口部症状如口腔黏膜充血、疼痛、糜烂、口角炎和舌炎等。此外，氯霉素类药物还能引起视神经炎、视力障碍、多发性神经炎、神经性耳聋以及严重失眠，有时发生中毒性精神病，主要表现为幻视、幻听、定向力丧失、精神失常等。

口服氯霉素后，其在体内分布广泛，可进入胸水、腹水、滑膜液和玻璃体内。脑组织中药物浓度可高于血清浓度几倍，可透过胎盘，并进入乳汁；在胆汁中含量较低，有一半以上药物在肝、肾和血清中与葡萄糖醛酸结合失活，肌肉中呈游离态；肌肉注射后在注射部位蓄积，吸收比内服慢（反刍动物除外）。氯霉素注射后迅速进入肠肝循环，药物作用时间较长，数周内都可检出药物的残留。甲砜霉素吸收后在体内分布广泛，以肾、脾、肝、肺等中的含量较多，比同剂量的氯霉素高 3～4 倍。甲砜霉素在体内很少代谢，兔和鼠中 90% 以上药物以原形自尿中排出，部分自粪便中排出，但在猪中葡萄苷酸化相对较高。氟苯尼考在动物胃肠道内吸收良好，在动物体内呈全身性分布，但各组织器官药物浓度不同，血液和肌肉中药物浓度相近，脑中药物浓度较低，胆汁中浓度高，且有较高的内服生物利用度，预示存在肠肝循环。

在美国、加拿大和欧盟，氯霉素严禁用于产肉动物、蜂蜜和动物饲料中，欧盟、美国等已将氯霉素列为法定禁用兽药，欧盟确定的氯霉素最低检出限为 0.1 μg/kg，美国为 0.3 μg/kg。我国农业部在 2002 年发布的《食品动物禁用兽药及其化合物清单》也将氯霉素列为禁用药。

4. 检测分析

氯霉素类药物残留检测常用的方法有微生物法、免疫分析法、气相色谱法、气质联用法、液相色谱法和液质联用法。

微生物法具有简单快速、费用低的特点，适合批量样品的筛选。宋杰等根据氯霉素对微生物的生理机能、代谢的抑制作用，使用快速检测试纸检测牛奶中氯霉素残留，操作过程只需 15 min，灵敏度达到 3 μg/L[58]。目前氯霉素残留检测所用免疫分析法都属于标记免疫测定法，包括放射性标记测定法（RIA）和酶联免疫测定法（ELSIA）。RIA 采用放射性同位素进行标记，常用的同位素有³H、¹²⁵I 和¹⁴C，其特点是放射性标记物易于制备、灵敏、操作简便快速，但 RIA 存在放射性污染和标记物易衰变的问题。ELSIA 采用酶进行标记，经底物显色后酶标仪进行测定，避免了 RIA 存在的缺点，且具有酶催化的专一和快速的特点，灵敏度很高。赵静等建立了氯霉素直接竞争酶联免疫检测方法，对牛奶样品中的氯霉素进行检测，检测时间不超过 1 h，检测范围在 0.24～678.8 ng/mL，平均回收率为 106.56%[59]。

气相色谱法用于检测氯霉素残留时，常用的检测器是电子捕获检测器（ECD），而液相色谱法用于检测氯霉素残留时，常用的检测器是紫外检测器。另外，为了使分析结果更加准确可靠，将气相色谱或液相色谱与质谱技术联用，同时发挥色谱高效分离和质谱准确定性定量的特点，是目前常用和广泛认可的确证方法。Shen 和 Jiang 对海产品、肉类及蜂蜜中氯霉素残留进行了筛选、测定和确认，首先使用 ELISA 法对样品进行初筛，对可疑样品再采用 HPLC-UV，GC-ECD 和 GC-MS 进行测定和确认。结果显示，ELISA、HPLC、GC、GCMS-EI-SIM 和 GCMS-NCI-SIM 方法检出限分别是 0.3 μg/kg、10 μg/kg、1.0 μg/kg、1.0 μg/kg 和 0.1 μg/kg，回收率为 75%～120%，RSD 为 5.4%～8.1%[60]。

第四节　驱虫类药物与抗球虫药物

驱虫类药物，又称为抗蠕虫药（anthelminthic），是指能杀灭或驱除动物体内外寄生虫的药物。根据作用对象和蠕虫酚类，驱虫类药物可分为驱线虫药、驱绦虫药、抗吸虫药和抗血吸虫药。根据药物作用的特点，又可分为抗蠕虫药、抗原虫药和杀虫药三类。球虫病是由球虫纲若干艾美耳科艾美耳属的球虫引起的人和其他动物的胃肠道传染病。球虫为原虫的一种，主要寄生在小肠或盲肠的肠道上皮细胞。国内外对球虫病的预防主要是依靠药物，包括磺胺、三嗪类、二硝基类、聚醚类等抗生素。

一、苯并咪唑类

苯并咪唑类（benzimidazole，BZ）驱虫药是一类化学合成的驱线虫药物，也是一种抗蠕虫药物。苯并咪唑类驱虫药具有驱虫谱广、驱虫效果好、毒性低等特点，甚至还有一定的杀灭幼虫和虫卵作用，广泛用作控制猪、牛、羊消化道寄生虫病的药物。

1. 理化性质

苯并咪唑驱虫药在化学结构上有一个共同的中心结构，1，2-二氨基苯即苯并咪唑核，常见的包括噻苯哒唑（thiabendazole）、阿苯哒唑（albendazole）、坎苯哒唑（cambendazole）、氟苯哒唑（flubendazole）、芬苯哒唑（fenbendazole）、三氯苯哒唑（triclabendazole）等（图 7-10）。

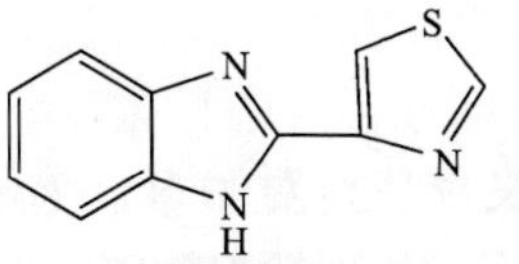
噻苯哒唑

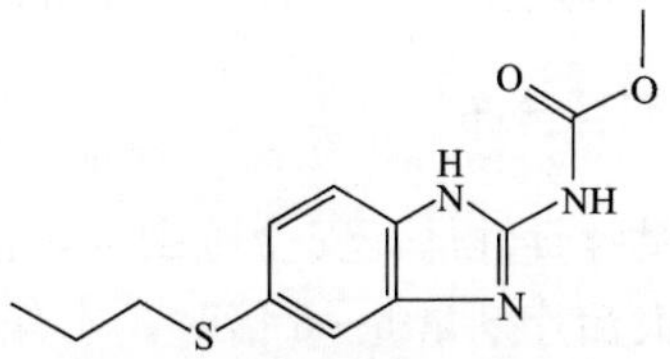
阿苯哒唑

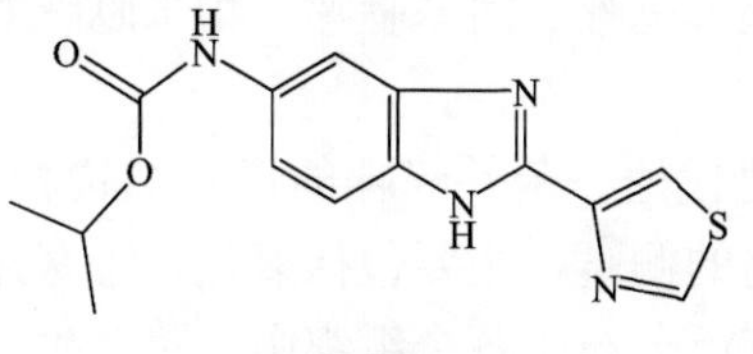
坎苯哒唑

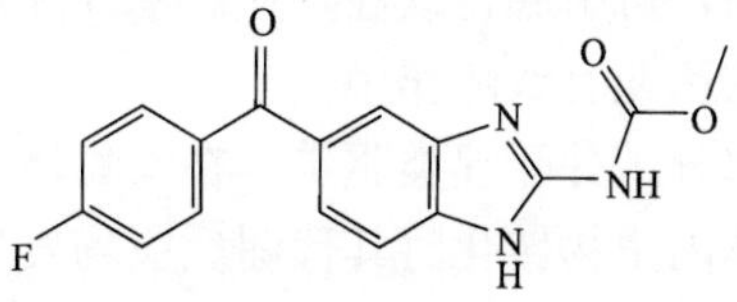
氟苯哒唑

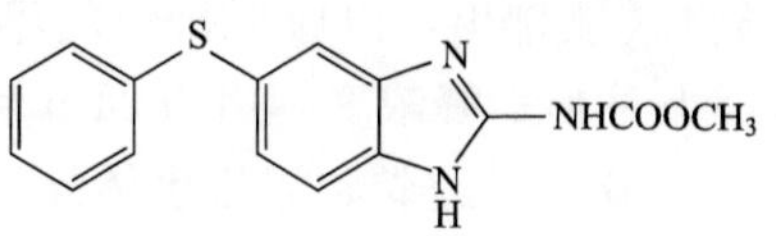
芬苯哒唑

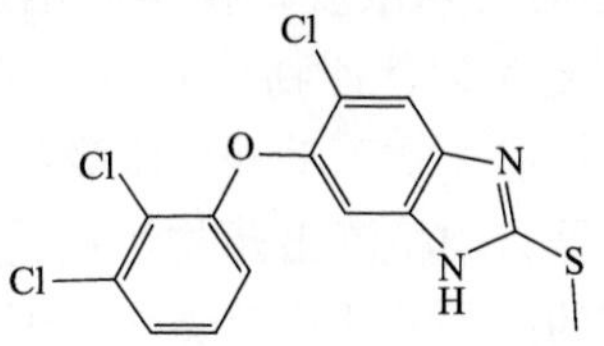
三氯苯哒唑

图 7-10 部分苯并咪唑类药物结构式

苯并咪唑类药物中有伯氨基团，基本上属弱碱性物质，通常不溶于水或微溶于水，某些代谢物在甲醇、乙腈中的溶解度很低。噻苯哒唑为白色至奶白色粉末，无臭，味苦，微溶于水或乙醇，易溶于稀盐酸或稀碱液，不溶于氯仿或苯。阿苯哒唑为白色或类白色粉末，无臭，无味，在丙酮或氯仿中微溶，在乙醇中几乎不溶，在水中不溶，在冰醋酸中溶解。氟苯哒唑为白色或类白色粉末，无臭，在甲醇或氯仿中不溶，在稀盐酸中略溶。三氯苯哒唑为白色或类白色粉末，在甲醇中易溶，在水中不溶。

2. 药理作用与应用

噻苯哒唑是在 20 世纪 60 年代合成的一种苯并咪唑类驱虫药，通过抑制虫体延胡索酸还原酶，从而截断动物体内寄生虫的能量来源，使虫体代谢发生障碍。噻苯哒唑是虫体延胡索酸还原酶的一种抑制剂。延胡索酸还原酶的催化反应是糖酵解过程中必不可少的一个部分，很多寄生性蠕虫都是通过这一过程获得能量来源，如果这一过程受阻，则虫体代谢发生障碍。由于寄生虫利用糖酵解过程和无氧代谢与其需氧的宿主的基本代谢途径不同，因此噻苯哒唑对宿主无害。

体外试验发现，噻苯哒唑是通过寄生虫角质层的类脂质屏障而被吸收。目前普遍认为，苯并咪唑类驱虫药都是细胞微管蛋白抑制剂，同时也是能量代谢抑制剂，即药物能与寄生虫细胞一种摄取营养所必需的结构蛋白质——微管蛋白结合，特别是与二聚体微管蛋白结合，从而妨碍了在微管装配过程中微管蛋白的聚合。噻苯哒唑对虫体具有高度选择性作用，而发挥高效、低毒的抗寄生虫效应。噻苯哒唑对皮炎芽生菌、白色念珠菌、青霉菌和发癣菌等均有抑制作用，亦可减少饲料中黄曲霉毒素的形成。

3. 毒性与残留分布

噻苯哒唑毒性低，安全范围大，治疗剂量无不良反应；对胎畜、孕畜也无不良影响，在增大治疗剂量 5～6 倍时，才有个别动物有反应，呈现精神沉郁、厌食、流涎等。狗对噻苯哒唑比其他动物敏感，中毒时可见有呕吐、虚弱，并引起白细胞减少，长时间连续给药，可引起持续性贫血。苯并咪唑中的坎苯哒唑、阿苯哒唑、帕米哒唑对妊娠早期绵羊的胎儿有致畸作用。

大部分苯并咪唑类驱虫药在动物体内会迅速代谢。苯并咪唑的母核结构相当稳定，在动物体内生物转化时其代谢反应均发生在药物的侧链，主要包括氧化、羟基还原、氨基甲酸酯结构水解等。噻苯哒唑内服吸收快，广泛分布于各个组织中。猪、牛、羊给药后 2～7 h 达血药峰浓度，在体内迅速代谢成 5-羟噻苯哒唑和 4-羟噻苯哒唑。在 48 h 内，有 90% 药量以代谢物形式自尿液排出，5% 自粪便排出，以原形排泄的不足 1%，亦可从乳液排泄。坎苯哒唑内服吸收快而完全，8 h 达血药峰浓度，用药 24 h 后几乎能从所有组织器官中检测出药物，用药 72 h 内，大部分药量经粪和尿排出体外。三氯苯哒唑为新型的广谱苯并咪唑类药，可以杀死所有的拟指环虫，内服吸收好，血清蛋白结合率为 95%，约 71% 的药量自粪便排出，其中代谢物占 12%，13% 的药量自尿液排出，其中母药占 5%。

鉴于部分苯并咪唑类药物对哺乳动物胚胎有致畸作用，世界卫生组织（WHO）、中国、欧盟及部分国家规定了动物源食品中苯并咪唑类药物的最高残留限量，对食品中的苯并咪唑类药物进行控制。

4. 检测分析

苯并咪唑类残留分析可使用生物检测法、薄层色谱法、免疫分析法、气相色谱法和液相色谱法。此处主要介绍气相色谱法和液相色谱法。

少数苯并咪唑类药物残留可直接用气相色谱（GC）法分析，而大部分苯并咪唑类药物由于极性高，难于气化，热稳定性差，如果要使用气相色谱法则需要进行衍生化预处理，待 GC 分离后，再采用氢火焰检测、电子捕获检测、氮磷检测或质谱检测。Nose 等用五氟苄基溴使噻苯哒唑衍生化，经气相色谱柱实现分离后，用电子捕获检测器进行测定，并用质谱确认[61]。

液相色谱（LC）法在苯并咪唑类检测中应用最多。色谱柱可以使用 C_{18} 柱和 C_8 等反相柱，也可以使用正相柱。为降低游离硅醇基的二次吸附和加强苯并咪唑类化合物在流动相中的溶解，可采用离子抑制或离子增强、调节流动相 pH、加大流动相中有机溶剂比例等方法进行优化。在使用紫外检测器时，常用最大吸收波长是 245 nm 或 295 nm。苯并咪唑类化合物中的丙硫哒唑、氧苯哒唑和噻苯哒唑具有一定的荧光强度，可使用荧光检测器进行检测。液相色谱与质谱的联用技术在苯并咪唑类药物残留检测中的应用报道最多。Ruyck 等报道采用液相色谱-质谱法检测了蛋和家禽肉中氟苯哒唑的残留量[62]。刘淇等建立了液相色谱-质谱法测定猪肝中的苯并咪唑类药物残留，方法定量限为

10 μg/kg，在 10～200 μg/kg 添加浓度范围内回收率在 70%～120%[63]。田德金等也是采用液相色谱-质谱法测定了动物组织中苯并咪唑类药物残留量，方法回收率为 60%～85%，定量限为 1 μg/kg[64]。

二、阿维菌素类

阿维菌素类（avermectin，AVM）药物是从阿维链霉菌（*Streptomyces avermitilis*）培养液中分离而得到的一类化合物，属于十六元环内酯类化合物，对线虫和体外节肢动物有较强的驱杀作用，是目前应用最为广泛的抗寄生虫药物。

1. 理化性质

阿维菌素类药物根据其结构特点分为 A$_{1a}$、A$_{1b}$、A$_{2a}$、A$_{2b}$、B$_{1a}$、B$_{1b}$、B$_{2a}$ 和 B$_{2b}$ 共 8 个组分，其中 B$_{1a}$ 和 B$_{1b}$ 为主要的生物活性物质，命名为阿维菌素 B$_1$（avermectin B$_1$）。阿维菌素（avermectin，AVM）加氢还原后的产物命名为依维菌素（ivermectin，IVM）（图 7-11）。AVM 和 IVM 在常温、避光、密封或 pH 5～9 环境下相当稳定。AVM 为淡黄色至白色结晶粉末，无味，熔点 155～157℃。AVM 属于二糖苷衍生物，基本结构为五环十六元的内酯环，含有糖链并且分子质量较高，基本上属于弱极性物质，水溶性极低，易溶于有机溶剂，如氯仿、甲醇、丙酮、乙醇、乙酸乙酯、二甲基亚砜等。AVM 对酸敏感，对光敏感。

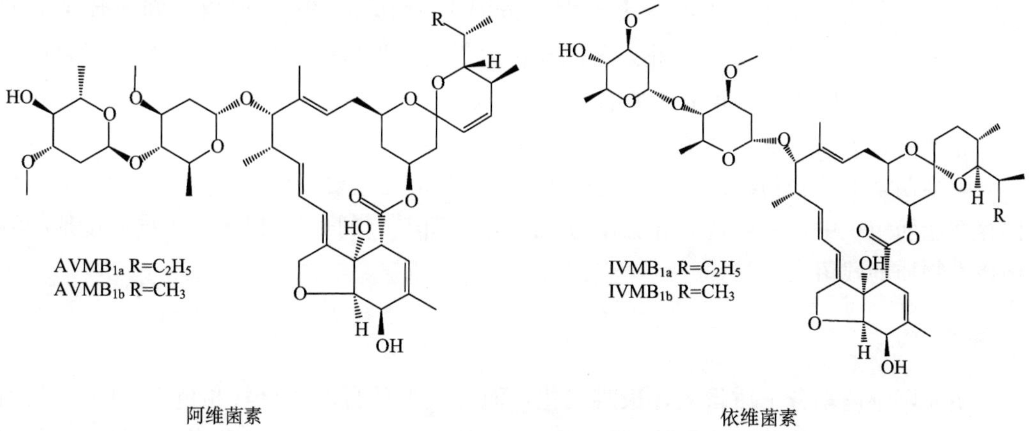

AVMB$_{1a}$ R=C$_2$H$_5$
AVMB$_{1b}$ R=CH$_3$

IVMB$_{1a}$ R=C$_2$H$_5$
IVMB$_{1b}$ R=CH$_3$

阿维菌素

依维菌素

图 7-11 阿维菌素和依维菌素的结构式

2. 药理作用与应用

阿维菌素类药物是无脊椎动物的 Cl⁻ 通道刺激剂，其作用机理是 AVM 与靶动物神经肌肉突触的特定位点结合，引起突触后膜谷氨酸控制的 Cl⁻ 通道开放，从而导致细胞膜对 Cl⁻ 的通透性增加，带负电荷的 Cl⁻ 引起神经元休止点位的超级化，使正常的电动点位不能释放，神经传导受阻，最终引起虫体麻痹死亡。同时，AVM 还可通过抑制线虫咽泵来影响虫体对营养物质的摄取，从而导致其生理功能紊乱。AVM 还可以影响线虫和节肢动物的繁殖能力，使蜱产卵减少，使反刍动物线虫产畸形卵，使丝虫的雄虫和雌虫不育。因吸虫和绦虫体内缺少受谷氨酸控制的 Cl^- 通道，AVM 对其无效。哺乳动物缺乏高亲和性的 AVM 结合位点，且至今尚未发现存在受谷氨酸控制的 Cl^- 通道，因此 AVM 对哺乳动物具有很高的安全性。AVM 作为脂溶性药物，无论何种途径给药，均能很好吸收，广泛分布于全身组织，在体内持续时间长，消除缓慢。

阿维菌素和伊维菌素制剂主要有粉剂、预混剂、胶囊剂、片剂和注射剂，近期还开发出了口服液、糊剂、浇泼剂和膏剂。在生物利用度方面以注射剂最好，其次是浇泼剂，再次是口服液。对猪和兔比较适用的是注射剂和预混剂。阿维菌素和伊维菌素注射剂注入皮下后易和皮下脂肪结合，产生缓释作用，延长药效时间，口服剂则没有此作用，因而在猪的应用上以注射剂药效最佳，但其操作过程中的劳动强度大，对猪体有一定惊扰，药物成本也偏高。对牛羊使用何种剂型则要根据饲养方式和用药习惯适当选择。

3. 毒性与残留分布

阿维菌素作为脂溶性化合物，在动物体内残留时间较长，因而 WHO 将其列为高毒化合物，是动物源食品中残留检测工作关注的对象。特殊毒性试验中，AVM 未显示出任何选择性的毒作用，最大无作用剂量为 0.2 mg/kg。一般情况下，依维菌素对反刍动物、马属动物、猪还有大多数犬大安全范围大于 10 mg/kg，但澳大利亚牧羊犬对 IVM 比较敏感。阿维菌素类药物对不同动物的毒性也各不相同。AVM 对宿主动物的急性中毒机制仍不明确，中毒时主要表现为神经症状，如共济失调、震颤、精神沉郁乃至死亡。使用该类药物后，宿主动物所产生的副作用可能与寄生虫的死亡有关。

阿维菌素类药物与组织结合力比较弱，羟化反应的主要场所在肝脏，转化后的产物储存在脂肪组织中，一般选择肝脏作为靶组织，肌肉、脂肪、肾脏中也不同程度地检测出该类物质的残留。

4. 检测分析

由于阿维菌素分子质量大，极难气化，而且缺少可行的适合气相色谱（GC）的衍生化方法，目前阿维菌素残留检测研究大多采用液相色谱法。阿维菌素分子结构中具有共轭二烯结构，能在 245 nm 处有强的紫外吸收，因此可选用紫外检测器检测。如 Li 等曾使用液相色谱-紫外检测器测定了绵羊血清中伊维菌素[65]。

但通常直接的紫外线检测法的选择性和灵敏度稍显不足，因此将阿维菌素类化合物衍生后使用荧光检测器测定是目前最常用的检测方式。王海等采用液相色谱法-荧光检测器测定猪组织中阿维菌素、多拉菌素及伊维菌素的残留量，研究发现衍生化反应结束后加入甲醇能显著提高衍生物的稳定性。结果显示，三种阿维菌素类药物的检出限均为 1 μg/kg[66]。

三、硝基咪唑类药物

硝基咪唑类（nitroimidazle）药物包括地美硝唑（dimetridazole，DMZ）、甲硝唑（metronidazole，MNZ）和异丙硝唑（ipronidazole，IPZ）等，对原虫以及各种厌氧细菌具有显著抑制作用。

1. 理化性质

硝基咪唑类药物及其游离代谢产物，其硝基位于咪唑环的第 5 位置，结构式见图 7-12。硝基咪唑类药物是带有硝基的咪唑化合物，为白色或淡黄色结晶，弱碱性，能和酸结合成盐，遇光易分解，易溶于甲醇，微溶于水，主要用于预防和治疗家禽的滴虫病、猪的出血性下痢及厌氧菌感染。畜禽常用的硝基咪唑类药物包括甲硝唑、地美硝唑、异丙硝唑、奥硝唑和替硝唑等。

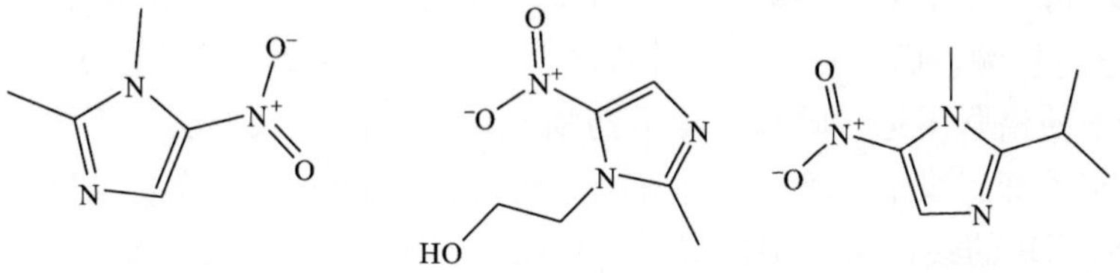

地美硝唑   甲硝唑   异丙硝唑

图 7-12 常用硝基咪唑类药物的结构式

2. 药理作用与应用

硝基咪唑类对厌氧菌及原虫有独特的杀灭作用，目前在畜牧业上具有广泛应用，对大多数专性厌氧菌具有较强的作用，包括拟杆菌属、梭状芽孢杆菌属、粪链球菌等，其药理作用为通过细胞膜进入厌氧菌细胞，与细胞的 DNA、RNA 和蛋白质结合，分裂细菌的 DNA，导致厌氧菌细胞的死亡，从而发挥其迅速杀灭厌氧菌、控制感染的作用。

硝基咪唑类药物可用于治疗阿米巴痢疾、牛毛滴虫病、肠道原虫病、蜜蜂孢子虫病、蜜蜂马氏管变形虫即蜜蜂爬蜂综合征。地美硝唑具有广谱抗菌和抗原虫作用，不仅能抗厌氧菌、大肠杆菌、链球菌、葡萄球菌和密螺旋体，而且能抗组织滴虫、纤毛虫等，用于预防和治疗猪密螺旋体引起的痢疾及家禽的黑头病和球虫病。此外，地美硝唑对大面积暴发的家禽"猝死症"的预防和治疗也有较好的效果。

3. 毒性与残留分布

服用硝基咪唑类药物后会出现多种不良反应，如人会出现食欲下降、恶心、腹泻、上腹部绞痛等胃肠道反应，偶见头痛、头晕、舌炎和口炎等，少数人亦可出现荨麻疹、瘙痒、膀胱炎、排尿困难、肢体麻木及轻度白细胞减少等。此外，硝基咪唑类药物的代谢产物的水溶性色素使小便呈棕红色[67]。

硝基咪唑类药物具有致突变、致畸和可疑的致癌作用。体内体外试验证实，硝基咪唑类药物具有遗传毒性，体外染色体畸变试验（CHO 细胞）表明甲硝唑可使 CHO 细胞畸变率明显提高，并存在一定的剂量反应关系。体内骨髓微核试验结果表明小鼠微核率明显高于空白对照组。甲硝唑对大鼠睾丸还具有毒性作用。甲硝唑可通过胎盘屏障进入胎鼠，从而产生致畸毒性和遗传毒性，可增加瑞士鼠的肺脏肿瘤的发生率。

4. 检测分析

硝基咪唑类药物残留主要分析方法有酶联免疫法、色谱法以及色谱与质谱的联用技术。

Huet 等报道了用酶联免疫法对蛋和肌肉组织中的 4 种硝基咪唑进行筛选，对于二甲硝唑、甲硝唑、罗硝唑、2-羟基二甲硝咪唑和异丙硝唑的检出限分别是 1 μg/kg、10 μg/kg、20 μg/kg、20 μg/kg 和 40 μg/kg[68]。多数时候，酶联免疫法还是作为一种初筛方法，对批量样品进行检测。而一旦出现阳性样品，则需要用色谱类技术进行确认。

液相色谱-质谱联用是对硝基咪唑类药物残留常用的确认方法。丁涛等使用液相色谱-质谱法测定了蜂王浆中三种硝基咪唑类药物包括甲硝唑（MTZ）、二甲硝唑（DMZ）和罗硝唑（RNZ）的残留量，结果显示，DMZ 检测限为 1.0 μg/kg，MTZ 和 RNZ 检出限为 0.5 μg/kg，添加回收率为 96.6%～110.6%，RSD 在 2.1%～7.4%[69]。

四、三嗪类药物

兽医用三嗪类药物主要包括克拉珠利（clazuril）、地克珠利（diclazuril）和妥曲珠利（toltrazuril）（图 7-13），该类药物主要用于预防和治疗鸟禽球虫病。

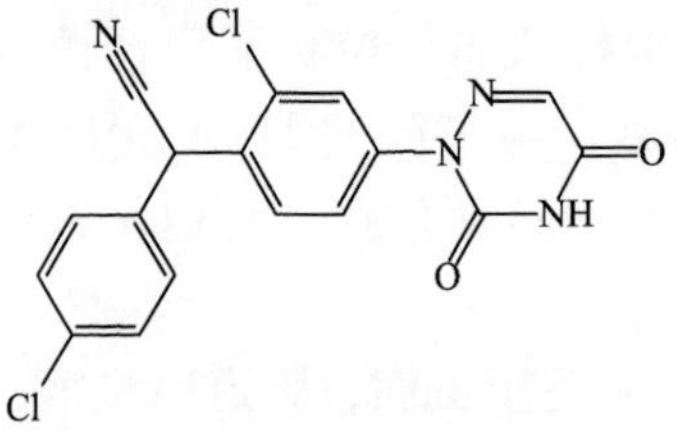

克拉珠利

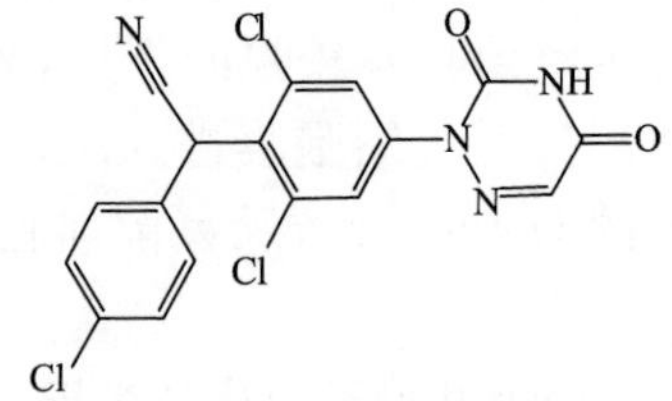

地克珠利

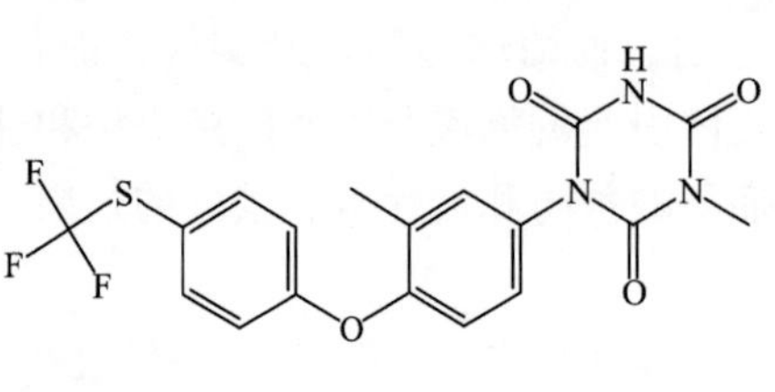

妥曲珠利

图 7-13 三嗪类药物的结构式

1. 理化性质

地克珠利为白色或淡黄色粉末，几乎无臭，在二甲基甲酰胺中略溶，四氢呋喃中微溶，在水、乙醇中几乎不溶。克拉珠利不溶于水，微溶于乙醇，溶于 N，N-二甲基甲酰胺及四氢呋喃。妥曲珠利为白色或类白色结晶粉末，无臭，不溶于水，溶于聚乙二醇、丙二醇等有机溶剂。

2. 药理作用与应用

地克珠利主要用于预防和治疗鸡、火鸡和兔的球虫病。它对球虫的主要作用峰期与球虫的种属有关。其对于巨型艾美耳球虫作用点在球虫的合子阶段，对布氏艾美耳球虫作用点在小配子体阶段，而对柔嫩艾美耳球虫主要作用点在第二代裂殖体球虫的有性周期。克拉珠利一般专用于预防和治疗鸽球虫病。通常认为其药理与地克珠利类似。妥曲珠利主要用于鸡、火鸡和猪球虫病的预防与治疗。它对球虫的两个无性周期均有作用，干扰球虫细胞核分裂和线粒体，影响其呼吸和代谢功能，使细胞内质网膨大，发生空胞化，从而具有杀球虫作用。

3. 毒性与残留分布

相关毒理学数据表明，地克珠利具有低毒性，但无致癌、致畸、致突变毒性，JECFA 设定 ADI 值为 $0 \sim 0.03$ mg/kg BW。国际食品法典委员会规定了地克珠利在禽类食品中的最大残留限量，肌肉中限量为 500 μg/kg，皮和脂肪中限量为 1000 μg/kg，肾脏中限量为 2000 μg/kg 以及肝脏中限量为 3000 μg/kg。肉鸡被给予 1 mg/kg BW 的剂量后，6 h 血药浓度达到峰值，血浆中浓度大约为组织中浓度的 $2 \sim 10$ 倍，在组织中肝脏和肾脏的浓度最高，肌肉和皮下脂肪较低。在产蛋鸡的饲料中以 1 mg/kg 的剂量加入地克珠利，休药 3 天后蛋黄中原药浓度达到峰值，14 天和 29 天浓度均为 82 μg/kg，在蛋清中原药浓度 4 天后降到 50 μg/kg。

欧盟委员会认为克拉珠利对消费者健康不构成威胁，因此不必设定最大残留限量。将克拉珠利以 5 mg/kg BW 的剂量分别给予雄性和雌性鸽子。雄性鸽子中浓度较雌性鸽子中浓度高，血药浓度 5 h 达到峰值，肌肉中残留浓度 8 h 达到峰值，肝脏中残留浓度 24 h 达到峰值。

根据相关毒理学试验，妥曲珠利被认定可能有致畸毒性。欧盟食品安全局规定其不允许用于产卵（供消费）的动物，并规定了在鸡、火鸡和猪组织中最大残留量。在鸡和火鸡的肉、皮和脂肪、肝脏、肾脏中规定最大残留量分别为 100 μg/kg、200 μg/kg、600 μg/kg 和 400 μg/kg。在猪的肉、皮和脂肪、肝脏、肾脏中规定最大残留量分别为 100 μg/kg、150 μg/kg、500 μg/kg、250 μg/kg。

4. 检测分析

三嗪类药物残留分析最主要使用的是液相色谱法或液相色谱质谱联用技术。由于三嗪类药物极性大、挥发性不够强，因而使用液相色谱分离比气相色谱分离更加直接，不需衍生化。祁克宗等建立了基于基质固相分散萃取，高效液相色谱紫外检测法同时测定鸡组织中地克珠利和妥曲珠利残留的方法。地克珠利的检出限分别为 8 ng/g（肌肉）和 10 ng/g（肝、肾）。妥曲珠利的检出限分别为 7 ng/g（肌肉）和 10 ng/g（肝、肾）；定量下限分别为 10 ng/g（肌肉）和 15 ng/g（肝、肾）[70]。宫小明等采用高效液相色谱串联质谱技术测定了猪肉中的阿维菌素类、地克珠利、妥曲珠利及其代谢物残留，在猪肉基质中各分析物在 0.005 mg/kg、0.01 mg/kg、0.02 mg/kg 加标水平下，回收率为 73.2%～91.5%，可用于三嗪类药物残留的确证与定量[71]。

第五节　生长促进剂

一、β-受体激动剂

β-受体激动剂，又称为 β-兴奋剂（β-agonist），是一类人工合成药物，包括非选择性的 β-受体激动剂如异丙肾上腺素及选择性心脏 β_1-受体激动剂如多巴酚丁胺、选择性 β_2-受体激动剂如沙丁胺醇、叔丁、喘宁等。其中 β_2-受体激动剂是常用的兽药，主要用于防治兽支气管哮喘和支气管痉挛。

1. 理化性质

β-受体激动剂是含氮激素中的苯乙醇胺类药物，具有苯乙醇胺结构母核，苯环上连接有碱性的 β-羟胺（仲胺）侧链（图 7-14）。侧链的取代基通常为 N-叔丁基、N-异丙基或 N-烷基苯，能与无机酸或有机酸成盐，其中最为常见的为克伦特罗（俗称"瘦肉精"）和沙丁胺醇。该类物质由于含有氨基和酚羟基，故极性高。

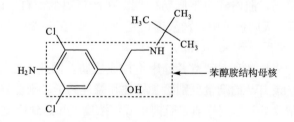

图 7-14　克伦特罗分子式

2. 药理作用与应用

兽药用 β_2-受体激动剂是一组选择性 β_2-肾上腺素受体激动剂，通过兴奋气道平滑肌和肥大细胞膜表面的 β_2-受体、舒张气道平滑肌、减少肥大细胞和嗜碱性粒细胞脱颗粒及其介质的释放、降低微血管的通透性、增加气道上皮纤毛的摆动等缓解哮喘症状。20 世纪 80 年代初，动物试验表明当用药量超过推荐治疗剂量 5～10 倍时，一些苯乙醇胺类药物如克伦特罗、沙丁胺醇、马布特罗等，可促进动物生长，使体内的脂肪分解代谢增强，蛋白质合成增加，显著提高瘦肉率。故而，β_2-受体激动剂被大量非法添加于饲料中，以促进家畜生长和提高瘦肉率。

3. 毒性与残留分布

β_2-受体激动剂有一定的药用价值，但对于人体和动物都有很强的副作用。动物一旦食用了含 β_2-受体激动剂的饲料，便会大量蓄积体内，滞留时间较长，且一般烹饪过程很难失活、清除。人类食用含有克伦特罗的肉后会出现头晕、心悸、手指震颤等中毒症状，还可能引起糖尿病患者发生酮中毒或酸中毒。

我国畜牧业曾推荐使用几种 β_2-受体激动剂作为动物生长促进剂以提高食用动物的产肉率，β_2-受体激动剂在眼组织、肺组织、毛发中显著蓄积。食用组织中肝、肾中的残留最高，肌肉脂肪中最低。

欧盟早在 1984 年就明令禁止食用合成激素和限制使用兽药，我国在 1999 年的《饲料和饲料添加剂管理条例》中也明确规定"生产饲料和饲料添加剂不得添加激素类药品"，β_2-受体激动剂作为动物生长调节剂，也在禁用之列。

4. 检测分析

β_2-受体激动剂残留的检测方法有液相色谱、气相色谱、薄层色谱以及免疫分析法。其中免疫分析法初筛和色谱质谱联用方法确证相结合，是在 β_2-受体激动剂残留检测中最常用的。由于 β_2-受体激动剂本身不易气化，因此采用气相色谱分离时，需要使用衍生剂，而液相色谱分离可直接进行，不需衍生化。色谱法分离后再与质谱联用，是 β_2-受体激动剂残留测定常用的定量和确证方法。McConnell 等采用酶联免疫法对 1005 个肝脏、肾脏、肌肉等组织样品中的克伦特罗进行了初筛，确定可疑的 23 个阳性样品后，再使用气质联用技术进行了确认[72]。

二、激　素

激素（hormone）是由细胞分泌的起着极重要生理作用的生物活性物质，是调节机体正常活动的重要物质。现在把凡是通过血液循环或组织液传递信息的化学物质，都称为激素。

1. 理化性质

激素按照化学结构大体上可分为四类。第一类为类固醇，如肾上腺皮质激素、性激素；第二类为氨基酸衍生物，有甲状腺素、肾上腺髓质激素、松果体激素等；第三类激素的结构为肽与蛋白质，如下丘脑激素、垂体激素、胃肠激素、降钙素等；第四类为脂肪酸衍生物，如前列腺素。

2. 药理作用与应用

激素对人类的繁殖、生长、发育等生理功能发挥着重要的调节作用。雄激素能明显促进蛋白质合成（同化作用），使肌肉发达、体重增加，但使用雄性激素可出现男性化现象，因而限制了雄激素的应用。同化激素，亦称外源性激素，是人工合成的药物，是雄激素作用大为减弱的睾酮衍生物，仍保留较强的同化作用。

3. 毒性与残留分布

残留在食品中的激素可能会带来与内分泌相关的肿瘤、生长发育障碍、出生缺陷或生育缺陷等一系列问题，给人们的身体健康造成影响。儿童食用含促生长激素和己烯雌酚残留的食品可能引起性早熟。雌激素可能导致男性女性化、精子数量下降、女性的性早熟、与之相关的癌症发病率的增加。人体生长激素、促红细胞生成素和人体绒毛膜促进腺激素等可使人皮肤粗糙、颌骨增厚。甲状腺激素摄入过多可能引起机体神经、心血管、循环、消化等方面的高代谢和高兴奋。糖皮质激素可能导致肥胖、多毛、血糖升高、高血压、骨质酥松、胃及十二指肠溃疡等疾病，还可能会对肾脏本身造成一定损害。

在动物的肌肉、肝脏、肾脏和奶汁等组织中可能会有激素残留。国际食品法典委员会推荐动物源性食品中兽医用激素药最大残留量和每日允许摄入量见表 7-4[35]。

表 7-4　国际食品法典委员会推荐动物源性食品中兽医用激素药

化合物	残留定义	动物种属	组织	MRL/$(\mu g/kg)$	ADI/$(\mu g/kg\ BW)$
17β-雌二醇	17β-雌二醇	牛	肌肉、肝脏、肾脏、脂肪	无规定	$0\sim0.05$
孕酮	孕酮	牛	肌肉、肝脏、肾脏、脂肪	无规定	$0\sim30$
睾酮	睾酮	牛	肌肉、肝脏、肾脏、脂肪	无规定	$0\sim2$
群勃龙乙酸酯	β-群勃龙	牛	肌肉	2	$0\sim0.02$
	α-群勃龙		肝脏	10	
折仑诺	折仑诺	牛	肌肉	2	$0\sim0.5$
			肝脏	10	
地塞米松	地塞米松	牛、猪、马	肌肉	0.5	0.015
			肝脏	2.5	
			肾脏	0.5	
		牛	牛奶	0.3	

4. 检测分析

激素类药物残留的检测方法主要包括免疫分析法、色谱法（包括薄层色谱、气相色谱和液相色谱）以及色谱与质谱的联用技术。

免疫分析法由于具有快速、高通量、操作简便等特点，常用于批量样品的筛选。免疫分析法其中又包括放射免疫（RIA）、酶联免疫（ELISA）、化学发光酶免疫（CLE-IA）等。放射性免疫由于具有容易交叉反应、使用试剂具有放射性、特异性、基质干扰大等缺点，因此逐渐被其他免疫法所替代。有研究比较了放射免疫法与化学发光酶免疫法对血清中 β-绒毛膜膜促性腺激素（β-HCG）的检测结果，发现二者检测结果无显著差异，但化学发光酶免疫法在精密度、灵敏度及抗干扰能力方面均优于放射免疫法[73]。

色谱与质谱联用常用于激素类残留的确证和定量。由于激素类化合物挥发性不够强，因此若采用气相色谱分离，需要对激素类化合物进行衍生化。而采用液相色谱分离激素类物质，不需衍生化反应，较便捷且不会影响灵敏度。随着液相色谱与质谱联用技术的发展，它被越来越多地用于激素类残留的分析。秦燕等建立了不同动物肌肉组织中固醇类同化激素（表睾酮、丙酸睾酮、19-去甲基睾酮、甲基睾酮、孕酮、甲羟孕酮、雌二醇、雌三醇、炔雌醇、雌酮）残留量的 LC-MS/MS 确证方法，检出限在 $0.5 \sim 1.0 \ \mu g/kg$[74]。Ma 和 Kim 比较了电喷雾源（ESI）模式和大气压化学电离源（APCI）模式液相色谱质谱联用技术，测定 29 种激素类化合物的结果。相对于 APCI，ESI 模式更灵敏，特别适用于结构式中含有酮基的激素类化合物的痕量测定[75]。

第六节 其 他 药 物

一、利尿剂类药物

利尿剂（diuretics）通过抑制肾小管电解质的重吸收，进而减少水的重吸收而产生利尿的作用。临床上主要用于治疗乳牛产褥期乳腺及各种原因引起的水肿，也可用于某些非水肿性疾病。

1. 理化性质

根据化学结构和药理性质，利尿剂可以分为碳酸酐酶抑制剂、髓袢利尿药、噻嗪类和保钾类利尿剂四类，其中髓袢利尿药中的速尿和噻嗪类中的氯噻嗪、氢氯噻嗪及三氯甲噻嗪被批准用于治疗奶牛乳腺及相关水肿，结构式见图 7-15。

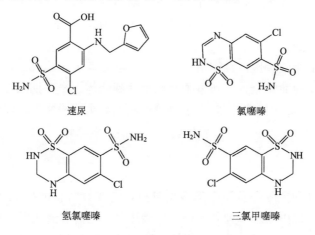

速尿　　　　　　　　　氯噻嗪

氢氯噻嗪　　　　　　　三氯甲噻嗪

图 7-15　常用利尿剂化学结构式

速尿化学名称为 2-［（2-呋喃甲基）氨基］-5-（氨磺酰基）-4-氯苯甲酸，白色或浅黄色结晶性粉末，无臭，几乎无味，在丙酮中溶解，乙醇中略溶，水中不溶。氢氯噻嗪化学名为 6-氯-3，4-二氢-2H-1，2，4-苯并噻二嗪-7-磺酰胺-1，1-二氧化物，又名双氢克尿噻，为白色结晶性粉末，无臭，味微苦，在丙酮中溶解，乙醇中微溶，水、氯仿或乙醚中不溶，氢氧化钠溶液中溶解。氯噻嗪化学名为 6-氯-2H-1，2，4-苯并噻二嗪-7-亚磺酰胺基-1，1-二氧化物，白色结晶性粉末，脂溶性较高。三氯甲噻嗪为白色结晶性粉末，无臭，溶于水、氯仿、乙醇和二甲基亚砜等。

2. 药理作用与应用

利尿剂是通过影响肾脏尿形成的过程，即影响肾小球滤过、肾小管的重吸收以及肾小管和集合管的分泌作用来实现利尿作用的，其主要作用是影响肾小管的重吸收与分泌功能。目前，常用的利尿剂大多数是通过减少肾小管重吸收而利尿。各种利尿剂作用强度的差异，主要取决于其作用部位。一般作用于髓袢升支既影响尿的浓缩机制，又影响稀释机制的药物作用最强，而作用于近曲小管、远曲小管和集合管的则较弱。

氢氯噻嗪适用于心性、肝性及肾性等各种水肿，对乳房浮肿，胸、腹部炎性肿胀及创伤性肿胀，可作为辅助治疗药。三氯噻嗪常与地塞米松协同使用用于减少生理上产期乳腺及相关结构的水肿。

在治疗奶牛乳腺及相关的水肿的应用中，速尿利氢氯噻嗪的肌肉注射或静脉注射的剂量分别为 500 mg/次和 125～250 mg/次，氯噻嗪和三氯甲噻嗪口服剂量分别是 2000 mg/次和 200 mg/次。

3. 毒性与残留分布

长期食用有利尿剂残留的食品可能会导致尿中的盐和电解质过度流失，破坏体内的电解质平衡。因体液流失而导致体重大幅度降低，可能引起腹部和小腿肌肉痉挛。更为严重的情况是还可能因导致心律不齐或心脏衰竭而危及消费者的生命。美国 FDA 规定速尿、氯噻嗪、氢氯噻嗪、三氯甲噻嗪在牛奶中的残留限量分别为 10 μg/kg、67 μg/kg、67 μg/kg 和 7 μg/kg。

氯噻嗪内服后吸收缓慢，且作用时间较长。半衰期 1.5 h，92% 自尿液中排出。氢氯噻嗪内服吸收迅速而完全，4～6 h 血药浓度达到峰值。半衰期为 2.5 h，95% 以上自尿液排出。将 200 mg 三氯噻嗪与 5 mg 地塞米松给奶牛连服 3 天，停药 8 h 后检测牛奶中三氯噻嗪残留为 6 μg/kg，24 h 后牛奶中未检出三氯噻嗪。

4. 检测分析

对于利尿剂在动物源性食品中的残留分析，主要针对目前批准使用的速尿、氯噻嗪、氢氯噻嗪和三氯甲噻嗪 4 种利尿剂。色谱法以及色谱质谱联用技术是最常用的检测方法。其中，氯噻嗪、氢氯噻嗪和三氯甲噻嗪三种噻嗪类利尿剂的化学结构相似，可使用紫外检测器在 225 nm 或 270 nm 波长下测定。利尿本身就有荧光特性，可使用荧光检测器在激发波长和发射波长分别为 272 nm 和 410 nm 条件下测定。在色谱分离阶段，由于利尿剂极性高不易挥发，因此气相色谱应用中需要加入衍生化处理过程，而液相色谱分离则可免去这一步骤，因而更多地被采用。另外，液相色谱与质谱的联用技术也常被用于利尿剂残留的确证和定量。Shaikh 和 Rummel 使用液相色谱-紫外检测法测定了牛奶中氯噻嗪和氢氯噻嗪的残留量。结果显示氯噻嗪和氢氯噻嗪的平均回收率分别为 97% 和 89%[76]。

二、甲状腺抑制剂

1. 理化性质

甲状腺抑制剂按结构可以分为两类，一类是硫脲嘧啶及其类似物，另一类是巯基咪唑类似物。图 7-16 为常见甲状腺抑制剂结构式。

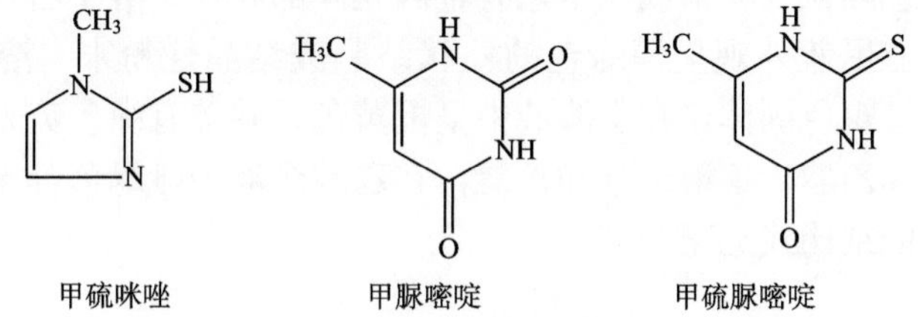

图 7-16　常见甲状腺抑制剂结构式

2. 药理作用与应用

甲状腺抑制剂是一类能够抑制甲状腺产生甲状腺激素，治疗甲状腺功能亢进的药物。畜禽服用甲状腺抑制剂后可产生基础代谢降低、胃肠蠕动减少、细胞外水分在组织中的滞留增加等效果。

3. 毒性与残留分布

一些甲状腺抑制剂类药物存在眩晕、瘙痒、药疹过敏反应和食欲不振、呕吐、腹泻等消化道反应。硫脲类药物内服吸收迅速，约 2 h 达血药浓度高峰，体内分布较广，以甲状腺集中较多，容易进入乳汁。畜禽肉中残留的甲状腺抑制剂及其代谢物可能有致癌致畸的作用，许多国家都明确规定禁止以催肥为目的给畜禽使用甲状腺抑制剂。

4. 检测分析

基于硫醇或含硫官能团的反应，硫脲嘧啶可采用比色法来检测。这是早期使用的方法。随着色谱技术的发展，近年来测定甲状腺抑制剂多采用色谱及色谱与质谱联用技术。除了紫外检测器、电化学检测器、电子捕获检测器等，由于甲状腺抑制剂中含有两个氮原子，可使用氮磷检测器，能达到较好的灵敏度。色谱与质谱的联用可以更为准确的定性确证。Schilt 等使用气相色谱法，氮磷检测器和质谱测定了家畜尿液中硫脲嘧啶、甲基硫脲嘧啶和丙基硫脲嘧啶的残留量[77]。孙雷等使用液相色谱-串联质谱法测定了动物源性食品中 6 种甲状腺抑制剂残留量。结果显示，6 种甲状腺抑制剂在 $5\sim500\ \mu g/L$ 的质量浓度范围内呈良好线性关系，方法检出限为 $2\ \mu g/kg$[78]。

三、染料药物

在畜牧业和水产养殖中，一些化学染料被应用于消毒和杀菌，如孔雀石绿、结晶紫、亚甲蓝、吖啶黄、原黄素等。由于化学染料具有高毒素、高残留和致癌、致畸、致突变等副作用，目前应用已经很少，一些国家已明令禁止将其作为药物使用。

1. 理化性质

孔雀石绿，化学名称是四甲基代二氨基三苯甲烷，属于三苯甲烷类染料。外观呈带金属光泽的绿色结晶体，易溶于水、乙醇和甲醇，水溶液呈蓝绿色。结晶紫也称为龙胆紫，外观呈深绿紫色颗粒性粉末或绿紫色有金属光泽的碎片，溶于乙醇、氯仿，不溶于乙醚，微溶于水。亚甲蓝外观呈深绿色的柱状结晶或结晶性粉末，溶于水、乙醇、氯仿。吖啶黄外观为橙褐色固体，在水溶液中呈橙黄色，并带有绿色荧光。原黄素为黄色针状结晶，溶于水和乙醇，不溶于苯和乙醚，在乙醇溶液中显绿色荧光，在水溶液中显浅绿色荧光。它们的结构式见图 7-17。

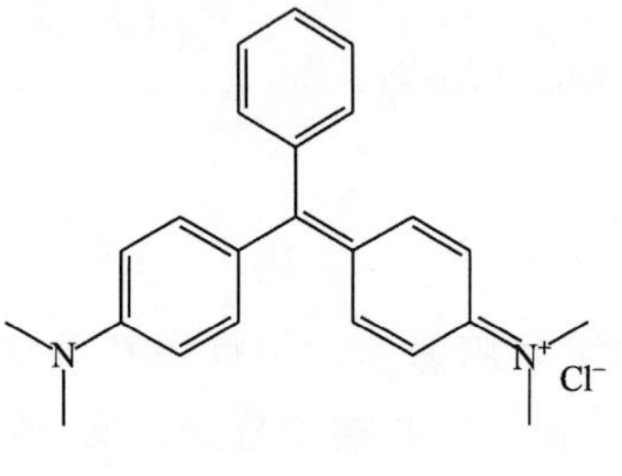

孔雀石绿 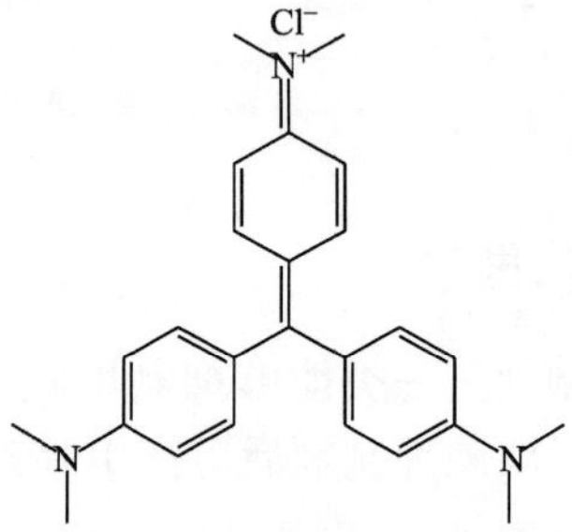　　　　　　　　　　　　结晶紫

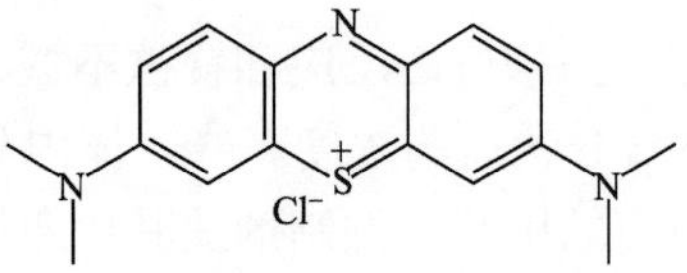

亚甲蓝 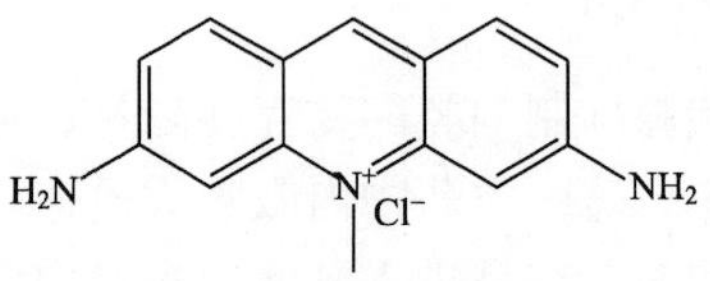　　　　　　　　　　　　吖啶黄

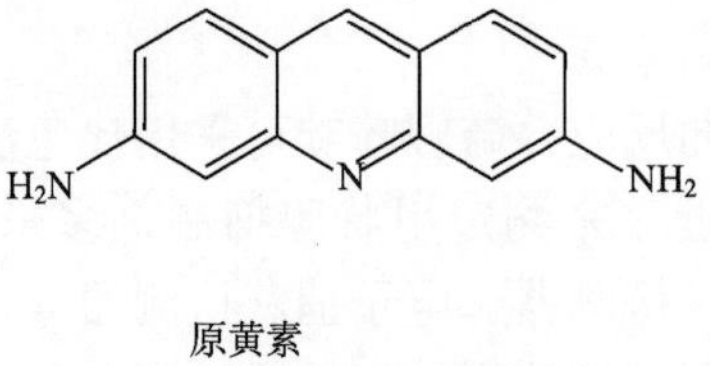

原黄素

图 7-17　常见染料药物结构式

2. 药理作用与应用

孔雀石绿和结晶紫的抗菌机理主要是在细胞分裂时阻碍蛋白肽的形成，从而抑制细

胞分裂，产生抗菌作用。结晶紫曾被用于创面杀菌、消毒、擦伤、化脓性皮肤疾患、局部杀菌等。1‰结晶紫的溶液通常称为紫药水，是一种消毒防腐药。亚甲蓝常用于治疗反刍动物高铁血红蛋白血症，亚硝酸盐、苯胺和轻度氰化物中毒。在水产养殖中用于治疗淡水鱼的小瓜虫属感染和杀原生虫。吖啶黄和原黄素主要用于治疗家畜梨形虫、边虫病、巴贝斯虫病和附红细胞体病等。

3. 毒性与残留分布

孔雀石绿会使肾管腔轻度扩张，肾小管壁细胞的胞核扩大，引起鱼类的鳃和皮肤上皮细胞轻度炎症，也会影响减小鱼肠中酶的分泌量，从而影响鱼的摄食与生长。孔雀石绿进入人体或动物机体后，可能还原代谢成隐形孔雀石绿残留在机体内。在鲶鱼组织中，隐形孔雀石绿消除半衰期为 40 天。结晶紫与孔雀石绿结构相似，都属于三苯甲烷类染料，具有致癌性。给鸡饲服后，停药 240 h，肝组织中还有残留。亚甲蓝也可引发肿瘤。给动物静注亚甲蓝，基本不经过代谢即随尿排出，而给动物内服亚甲蓝，则被胃肠道吸收，代谢为隐形亚甲蓝或去甲基衍生物和 N-甲基化衍生物。在鲶鱼组织中，吖啶黄和原黄素的消除半衰期分别为 108 h 和 66 h。鲶鱼注射吖啶黄和原黄素后，排泄器官中药物浓度最高，肉、脂肪和血液中浓度最低。

4. 检测分析

染料药物残留最主要的检测方法是液相色谱法，可选用的检测器包括电化学检测器、荧光检测器、紫外检测器和质谱检测器。对于隐形代谢物，可使用荧光检测器或电化学检测器直接进行检测。对于隐形孔雀石绿和隐形结晶紫，荧光检测器激发波长为 265 nm，发射波长为 360 nm。对于染料药物的母体化合物，可使用紫外检测器在 580~620 nm 进行检测。如果采用紫外检测器检测隐形代谢物，则需要将其转化为具有生色官能团的分子，再进行紫外检测。Mitrowska 等同时采用紫外检测器和荧光检测器对鲤鱼肉中的孔雀石绿和隐形孔雀石绿残留进行了检测，不需任何柱前处理的步骤，检出限分别为 0.15 μg/kg 和 0.13 μg/kg[79]。当使用液相色谱法测定，在目标化合物保留时间处存在干扰，定性困难时，可以利用液相色谱与质谱联用技术进行确证。Halme 等采用液相色谱法与紫外检测器在 600 nm 下测定虹鳟鱼肉中孔雀石绿及隐形孔雀石绿，检测限分别是 0.8 μg/kg 和 0.6 μg/kg，并采用串联质谱检测定性确证了两种药物残留[80]。

四、抗 真 菌 药

抗真菌药在农业上主要用于治疗发癣菌等引起的皮肤真菌感染，在兽药使用方面，常用的多烯类抗真菌药，如两性霉素 B、游霉素、制霉菌素等，主要对深部真菌感染有效；而非多烯类抗真菌药，如灰黄霉素，主要对浅表真菌感染有效。以下主要介绍这几种抗真菌药。

1. 理化性质

两性霉素 B 外观呈黄色或橙黄色粉末，不溶于水、无水乙醇、氯仿或乙醚，极微溶于甲醇，微溶于二甲基甲酰胺，溶于二甲基亚砜；在中性或酸性介质中可形成盐，盐类的水溶性增大但抗菌活性下降。制霉菌素为淡黄色或浅褐色粉末，极微溶于水，微溶于乙醇、甲醇，在热、光、空气或潮湿环境下不稳定。其主要成分是生物活性的制霉菌素 A_1，另外还含有生物活性的制霉菌素 A_2 和制霉菌素 A_3。游霉素为白色粉末，不溶于水，难溶于大部分有机溶剂，微溶于甲醇，溶于稀盐酸、稀碱液、冰醋酸及 N，N-二甲基甲酰胺。其主要成分是游霉素 A_1、游霉素 A_2 和游霉素 A_3。灰黄霉素为白色或类白色微细粉末，极微溶于水，微溶于乙醇，易溶于二甲基甲酰胺，对热稳定。它们的结构式见图 7-18。

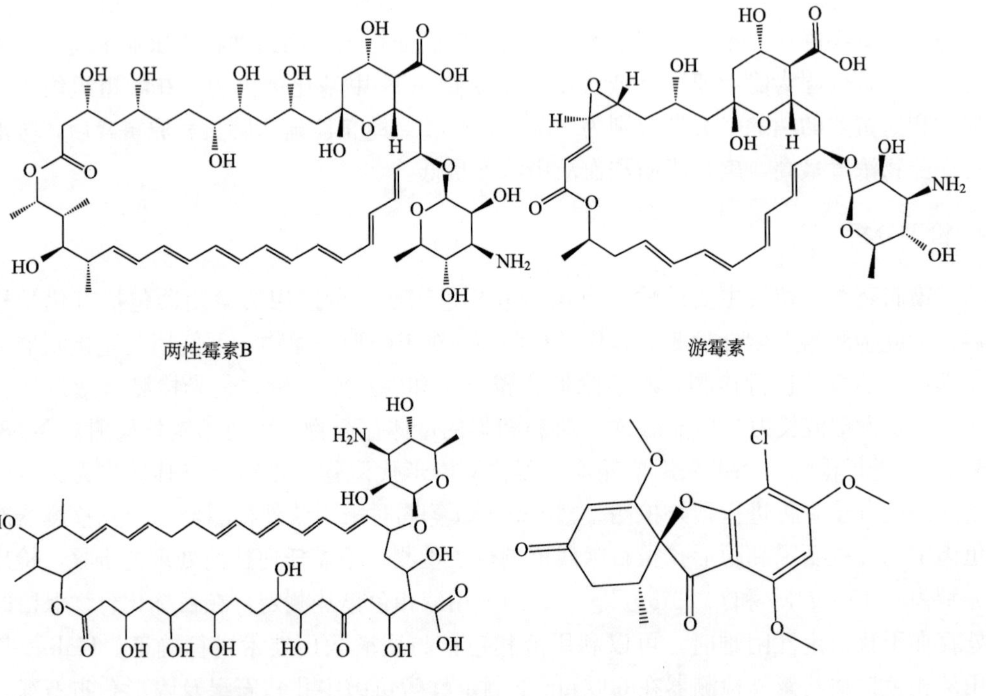

两性霉素B

游霉素

制霉菌素

灰黄霉素

图 7-18　常用抗真菌药结构式

2. 药理作用与应用

两性霉素 B 通过与细胞膜上固醇络合，改变膜的通透性，使胞内内容物渗漏而产生抑菌作用。内服仅能用于肠道真菌感染，静脉注射是治疗深部真菌感染的主要给药途径。制霉菌素药理作用与两性霉素 B 类似，主要用于内服治疗消化道真菌感染或外用于表面皮肤真菌感染，由于注射毒性大，一般不用于全身真菌感染的治疗。游霉素对霉菌、酵母菌有强烈抑制作用，还能阻止丝状真菌中黄曲霉毒素的形成。灰黄霉素能与鸟嘌呤竞争进入 DNA 分子，干扰真菌核酸合成，对细胞有丝分裂的纺锤体结构起到破坏作用，阻止细胞中期分裂，从而起到抑制真菌生长的作用。兽医临床上主要用于马、牛、犬、猫等动物的浅部真菌感染。

3. 毒性与残留分布

两性霉素 B 对人及哺乳动物毒性较大，在泌尿系统方面，严重时可引起肾小管性酸中毒、肾钙质沉着、低血钾、肾源性尿崩症，在内分泌方面可引起酮体生成及类固醇的分泌减少，在血液系统方面可引起正常红细胞性贫血，偶可发生血小板减少。在血浆中半衰期为 24～48 h，在组织中半衰期为 15 天；大部分由肾缓慢消除排出。制霉菌素也可引起低血钾、肾功能损害；快速静滴可致寒战、发热、呼吸困难，偶有皮疹、肝功能损害的不良反应。对火鸡和肉鸡按正常剂量用药后，其肌肉、肝脏、肾脏、脂肪和皮中的残留量均低于 2.5 mg/kg，血液中残留量低于 0.5 mg/kg。对产蛋鸡按正常剂量用药后，其蛋中的残留量低于 0.5 mg/kg。游霉素对哺乳动物的毒性较低，在欧美各国还被广泛用作食品添加剂。对火鸡和肉鸡按正常剂量用药后，其肌肉、肝脏、肾脏、脂肪和皮中的残留量均低于 2.5 mg/kg，血液中残留量低于 0.5 mg/kg。对产蛋鸡按正常剂量用药后，其蛋中的残留量低于 0.5 mg/kg。灰黄霉素可影响生殖系统及乳腺，可引起头痛、恶心、腹泻、皮疹等。大部分在肝内被代谢成 6-二甲基灰黄霉素及其葡萄糖苷结合物而灭活，随尿排出。

4. 检测分析

抗真菌药残留最常用的检测方法是液相色谱法。两性霉素 B、制霉菌素、游霉素、灰黄霉素分别在 405 nm 左右、305 nm 左右、313 nm 左右和 254 nm 左右有强的紫外吸收，因此多采用紫外检测器进行分析。Espada 等使用高效液相色谱法，紫外检测器在 406 nm 下测定了生物样品中的两性霉素 B，结果显示在 0.1～10 μg/mL 范围内线性良好，并将其应用于分析肾、肝、脾和骨髓等生物样品中的两性霉素 B[81]。而液相色谱与质谱的联用是常见的确证方法。Yu 等采用 LC-MS/MS 方法同时测定了鸡肉和鸡肝中灰黄霉素和其他 9 种抗真菌药残留，方法平均回收率为 71%～121%，在两种基质中对各种物质的检测能力在 0.50～2.82 μg/kg[82]。

五、β-阻断剂和镇静剂类药物

β-阻断剂和镇静剂类药物能减轻动物的压力情绪，使其安静松弛。在兽药应用中，该类药物常在运输动物时使用，以避免因动物无法适应环境变化的压力，导致其死亡。

常见 β-阻断剂有卡拉洛尔、美托洛尔等。常见镇静剂包括噻嗪类（如乙酰丙嗪、氯丙嗪、异丙嗪、丙酰吩噻嗪、奋乃静、甲苯噻嗪）、丁酰苯类（如氮哌酮）、苯并二氮唑类（如安定、羟基安定、溴替唑仑、三唑仑）。以下介绍几种典型的该类药物。

1. 理化性质

几种典型 β-阻断剂和镇静剂理化性质见表 7-5。

表 7-5　典型 β-阻断剂和镇静剂理化性质

药物名称	英文名称	性状	溶解性
卡拉洛尔	carazolol	结晶体	—
乙酰丙嗪	acepromazine	橙黄色油状液体	溶于水，微溶于乙醇
奋乃静	perphenazine	白色结晶粉末	可溶于乙醇，不溶于水
氮哌酮	azaperone	白色或类白色结晶粉末	—
安定（地西泮）	diazapam	白色或类白色结晶性粉末	易溶于丙酮、氯仿、石油醚，溶于乙醇，极微溶于水
溴替唑仑	brotizolam	无色结晶	—

上述药物的结构式见图 7-19。

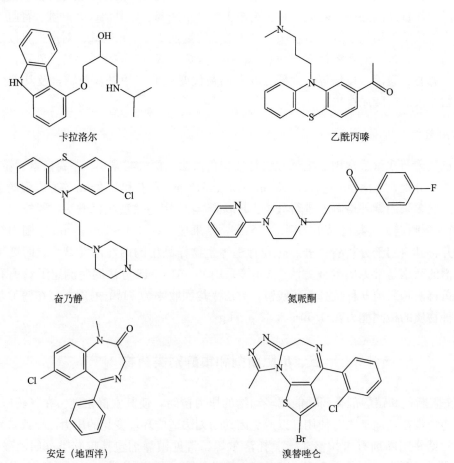

图 7-19　典型的几种 β-阻断剂和镇静剂结构式

2. 药理作用与应用

卡拉洛尔高度选择性地与 β_1、β_2 肾上腺素受体结合，从而阻断去甲肾上腺素能神经递质或拟肾上腺素药的 β 型作用，常用于抗心绞痛、抗心律失常及抗高血压。兽药应用方面，给动物注射后防止运输途中的应激反应，避免动物猝死。乙酰丙嗪有局麻、抗痉挛和抗组织胺的作用，常用于麻醉前给药、镇静及止痛。奋乃静能增强镇静药和麻醉药的作用，临床上用于狗和猫的镇静与镇吐，禁用于马和食用家畜。氮哌酮对家畜具有若干相关的神经安定作用，能阻断多巴胺和去甲肾上腺素以及其他儿茶酚胺类的中枢作用，也能对大脑的网状激活系统产生作用，阻断通过此区到达大脑皮层的神经冲动。常采取肌肉注射的方式用于防止动物出现应激反应，也用于配合麻醉进行各种外科手术。安定（地西泮）能通过静脉注射后迅速进入脑神经而出现中枢神经轻度抑制作用，常用于抗焦虑、镇静、抗惊厥和中枢性肌松弛。溴替唑仑具有催眠、抗激动、抗惊厥、肌肉松弛等作用。

3. 毒性与残留分布

卡拉洛尔虽无明显的致肿瘤作用，但在中高剂量时存在一定的胚胎毒性。对猪颈部注射该药后，在猪肌肉内残留浓度在各组织中最低，注射部位残留浓度最高，其次为肝脏和肾脏。氮哌酮可能引起心血管效应、皮肤血管扩张等反应。肌肉注射后，4h 在肝、肾和肺的药物浓度达到最高值，一小部分存在于肌肉、肠道、脂肪组织和心肌中，16h 后原药及代谢物在所有组织和器官中都几乎无检出。安定（地西泮）中毒是临床常见急症，但其中毒具体机制尚不清楚，一般认为，在高剂量时，其对中枢神经系统抑制作用相应增强而致昏迷、呼吸循环抑制、休克等。服用后主要自肾脏排出，其在肝脏的代谢物奥沙西泮，仍有生物活性。溴替唑仑可引起胃肠道不适、头痛、眩晕，高血压患者血压下降等。口服后经肝脏代谢，大部分自肾脏排出。

4. 检测分析

β-阻断剂和镇静剂类药物残留主要的检测方法有酶联免疫法、气相色谱法、液相色谱以及色谱和质谱的联用技术。酶联免疫法操作简便、快速、适用于批量样品的初筛。Cooper 等建立了猪肾中的卡拉洛尔、乙酰丙嗪、氮哌酮、氯丙嗪、丙酰吩噻嗪和阿扎哌醇的酶联免疫法筛选法。对于上述药物残留，检测限分别为 5 $\mu g/kg$、5 $\mu g/kg$、15 $\mu g/kg$、20 $\mu g/kg$、5 $\mu g/kg$ 和 5 $\mu g/kg$[83]。使用气相色谱法测定 β-阻断剂和镇静剂类药物时，一般采用氢火焰检测器，但应用报道较少。使用液相色谱法时，可以使用紫外检测器在 220～254 nm 进行检测，也可使用电化学检测器分析。对于卡拉洛尔和阿扎哌醇残留，还可使用荧光检测器在激发波长 246 nm 和发射波长 351 nm 下进行检测。

色谱分离与质谱技术的联用为 β-阻断剂和镇静剂类药物残留提供了进一步确证的方法。色谱分离阶段可采用气相色谱或液相色谱分离。汪丽萍等采用气相色谱质谱联用技术测定了猪肉中地西泮、艾司唑仑、阿普唑仑、三唑仑残留量，其中地西泮检出限为 2 $\mu g/kg$，其余 3 种药物检出限为 10 $\mu g/kg$[84]。孙雷等采用液相色谱串联质谱法检测了猪肉和猪肾中残留的 10 种镇静剂类药物（安明酮、氯丙嗪、异丙嗪、地西泮、硝西泮、奥沙西泮、替马西泮、咪哒唑仑、三唑仑和唑吡旦），方法检出限为 0.5 $\mu g/kg$[85]。

参 考 文 献

[1] Durbin C G. Veterinary drugs and parenterals. Bulletin of the Parenteral Drug Association, 1965, 19: 1-5

[2] Pals C H. Biological residues-a challenge to veterinarians. Journal of the American Veterinary Medical Association, 1965, 146: 1427-1428

[3] 孙秀兰, 姚卫蓉. 食品安全与化学污染防治. 北京：化学工业出版社, 2009

[4] 陈莉娴. 生猪瘦肉精残留的现状与对策. 中国动物检疫, 2010, 5: 21-22

[5] 田慧云, 朱曦. 浅谈兽药残留的危害及监控措施. 湖北畜牧兽医, 2008, 6: 8-10

[6] 戴秀彬. 兽药残留的原因及监控措施. 养殖技术顾问, 2009, 3: 152

[7] 史梅, 古曼丽. 试论兽药残留的危害及对策. 中国兽药杂志, 2003, 7: 4-7

[8] 陈杖榴. 兽医药理学. 北京：中国农业出版社, 2002

[9] Carignan G, Carrier K. Quantitation and confirmation of sulfamethazine residues in swine muscle and liver by LC and GC/MS. Journal of the Association Official Analytical Chemists, 1991, 3: 479-482

[10] Aerts M M L, Beek W M J, Brinkman U A T. Monitoring of veterinary drug residues by a combination of continuous flow techniques and column-switching high-performance liquid chromatography. I. Sulphonamides in egg, meat and milk using post-column derivatization with dimethylaminobenzaldehyde. Journal of Chromatography A, 1988, 435: 97-112

[11] Le Boulaire S, Bauduret J C, Andre F. Veterinary drug residues survey in meat: an HPLC method with a matrix solid phase dispersion extraction. Journal of Agricultural and Food Chemistry, 1997, 45: 2134-2142

[12] Kao Y M, Chang M H, Cheng C C, et al. Multiresidue determination of veterinary drugs in chicken and swine muscles by high performance liquid chromatography. Journal of Food and Drug Analysis, 2001, 9: 84-95

[13] Volmer D A. Multiresidue determination of sulfonamide antibiotics in milk by short-column liquid chromatography coupled with electrospray ionization tandem mass spectrometry. Rapid Communications in Mass Spectrometry, 1996, 10: 1615-1620

[14] Ito Y, Oka H, Ikai Y, et al. Application of ion-exchange cartridge clean-up in food analysis V. Simultaneous determination of sulphonamide antibacterials in animal liver and kidney using high performance liquid chromatography with ultraviolet and mass spectrometric detection. Journal of Chromatography A, 2000, 898: 95-102

[15] Bogialli S, Curini R, Di Corcia A, et al. Confirmatory analysis of sulfonamide antibacterials in bovine liver and kidney: extraction with hot water and liquid chromatography coupled to single- or triple-quadrupole mass spectrometer. Rapid Communications In Mass Spectrometry, 2003, 17: 1146-1156

[16] 刘佳佳, 佘永新, 刘洪斌, 等. 高效液相色谱-串联质谱法同时测定动物源性食品中 24 种磺胺类药物残留. 分析试验室, 2011, 30: 9-13

[17] Dixon-holland D E, Katz S E. Competitive direct enzyme-linked immunosorbent assay for detection of sulfamethazine residues in swine urine and muscle tissue. Journal of AOAC International, 1988, 171: 1137-1140

[18] Märtlbauer E, Meier R, Usleber E, et al. Enzyme immunoassays for the detection of sulfamethazine, sulfadiazine, sulfamet hoxypyridazine and trimethoprim in milk. Food and Agricultural Immunology, 1992, 4: 219-228

[19] 彭会建, 王悍东, 王宗元, 等. SDM 单克隆抗体的制备及测定方法的建立, 畜牧与兽医, 2003, 35: 12-14

[20] Yazar E, Altunok V, Elmas M, et al. The effect of tilmicosin on cardiac superoxide dismutase and glutathione peroxidase activities. Journal of Veterinary Medicine Series B, 2002, 49: 209-210

[21] Von Essen S, Spencer J, Hass B, et al. Unintentional human exposure to tilmicosin (Micotil® 300). Clinical Toxicology, 2003, 41: 229-233

［22］Nouws J，van Egmond H，Smulders H，et al．A microbiological assay system for assessment of raw milk exceeding EU maximum residue levels．International Dairy Journal，1999，9：85-90

［23］Ridlen J S，Skotty D R，Kissinger P T，et al．Determination of erythromycin in urine and plasma using microbore liquid chromatography with tris（2，2'-bipyridyl）ruthenium（II）electrogenerated chemiluminescence detection．Journal of Chromatography B，1997，694：393-400

［24］Khashaba P Y．Spectrofluorimetric analysis of certain macrolide antibiotics in bulk and pharmaceutical formulations．Journal of Pharmaceutical and Biomedical Analysis，2002，27：923-932

［25］Draisci R，Delli Quadri F，Achene L，et al．A new electrochemical enzyme-linked immunosorbent assay for the screening of macrolide antibiotic residues in bovine meat．Analyst，2001，126：1942-1946

［26］Salisbury C D C，Rigby C E，Chan W．Determination of antibiotic residues in Canadian slaughter animals by thin-layer chromatography-bioautography．Journal of Agricultural and Food Chemistry，1989，37：105-108

［27］Neidert E，Saschenbrecker P W，Tittiger F．Thin layer chromatographic/bioautographic method for the identification of antibiotic residues in animal tissues．Journal of the Association Official Analytical Chemists，1987，70：197-200

［28］Takatsuki K，Suzuki S，Sato N，et al．Gas chromatographic/mass spectrometric determination of erythromycin in beef and pork．Journal of the Association Official Analytical Chemists，1987，70：708-713

［29］Leal C，Codony R，Companó R，et al．Determination of macrolide antibiotics by liquid chromatography．Journal of Chromatography A，2001，910：285-290

［30］Billedeau S M，Heinze T M，Siitoner P H．Liquid chromatography analysis of erythromycin A in salmon tissue by electrochemical detection with confirmation by electrospray ionization mass spectrometry．Journal of Agricultural and Food Chemistry，2003，51：1534-1538

［31］Bahrami G，Mirzaeei S，Kiani A．High performance liquid chromatographic determination of azithromycin in serum using fluorescence detection and its application in human pharmacokinetic studies．Journal of Chromatography B，2005，820：277-281

［32］Edder P，Coppex L，Cominoli A，et al．Analysis of erythromycin and oleandomycin residues in food by high-performance liquid chromatography with fluorometric detection．Food Additives and Contaminants，2002，19：232-240

［33］Dubois M，Fluchard D，Sior D，et al．Identification and quantification of five macrolide antibiotics in several tissues，eggs and milk by liquid chromatography-electrospray tandem mass spectrometry．Journal of Chromatography B，2001，735：189-202

［34］Wang J，Leung D，Butterworth F．Determination of five macrolide antibiotic residues in eggs using liquid chromatography/electrospray ionization tandem mass spectrometry．Journal of Agricultural and Food Chemistry，2005，53：1857-1865

［35］彭文伟．传染病学．北京：人民卫生出版社，1996

［36］Michael A S，Antoinette J D．Kinetic analysis of penicilloic acid and penicilloamides in combination：application to products of reaction of penicillin with tromethamine（tris）and poly-L-lysine．Journal of Pharmaceutical Sciences，1969，58：1137-1139

［37］Stewar G T．Allergy to penicillin and related antibiotics：antigenic and immunochemical mechanism．Annual Review of Pharmacology and Toxicology，1973，13：309-324

［38］白国涛，储晓刚，潘国卿，等．β-内酰胺类抗生素残留检测技术研究进展．食品科学，2008，7：485-489

［39］Calderon V，Gonzalez J，Diez P，et al．Evaluation of a multiple bioassay technique for determination of antibiotic residues in meat with standard solutions of antimicrobials．Food Additives and Contaminants，1996，13：13-19

［40］Strasser A，Usleber E，Schneider E，et al．Improved enzyme immunoassay for group-specific determination of penicillins in milk．Food and Agricultural Immunology，2003，2：135-143

［41］Cutting J H，Kiessling W M，Bond F L，et al．Agarose gel electrophoretic detection of six beta-lactam antibiotic residues in milk. Journal of AOAC International, 1995, 78: 663-667

[42] Meetschen U, Petz M. Proceedings of the Euro residue conference on residues of veterinary drugs in food. Z Lebensm Unters Forsch, 1991, 193: 337-343

[43] Boison J O, Korsrud G O, MacNeil J D, et al. Determination of penicillin G in bovine plasma by high-performance liquid chromatography after pre-column derivatization. Journal of Chromatography B, 1992, 2: 315-320

[44] Terada H, Sakabe Y. Studies on residual antibacterials in foods. IV. Simultaneous determination of penicillin G, penicillinV and ampicillin in milk by high-performance liquid chromatography. Journal of Chromatography A, 1985, 348: 379-387

[45] Straub R F, Voyksner R D. Determination of penicillin G, ampicillin, amoxicillin, cloxacillin and cephapirin by high-performance liquid chromatography-electrospray mass spectrometry. Journal of Chromatography A, 1993, 1: 167-181

[46] Korsrud G O, Boison J O, Nouws J F M, et al. Bacterial inhibition test used to screen for antimicrobial veterinary drug residues in slaughtered animals. Journal of AOAC International, 1998, 81: 21-24

[47] 戴栗洁. 土霉素微生物检定条件的改进. 锦州医学院学报, 2001, 22: 34

[48] 张子群, 李维, 金宁, 等. 应用酶联免疫技术检测动物源性食品中四环素类抗生素残留的研究. 黑龙江畜牧兽医, 2003, 3: 31-33

[49] Gala B, Gomez-Hens A, Perez-Bendito D. Simultaneous determination of ampicillin and tetracycline in milk by using a stopped-flow/T-format spectrofluorimeter. Talanta, 1997, 44: 1883-1889

[50] Huang T S, Du W X, Marshall M R, et al. Determination of oxytetracycline in raw and cooked channel catfish by capillary electrophoresis. Journal of Agricultural and Food Chemistry, 1997, 45: 2602-2605

[51] Weng N D, Sun H, Eugène R, et al. Assay and purity control of tetracycline, chlortetracycline and oxytetracycline in animal feeds and premixes by TLC densitometry with fluorescence detection. Journal of Pharmaceutical and Biomedical Analysis, 2003, 33: 85-93

[52] Pena A, Pelantova N, Lino C M, et al. Validation of an analytical methodology for determination of oxytetracycline and tetracycline residues in honey by HPLC with fluorescence detection. Journal of Agricultural and Food Chemistry, 2005, 53: 3784-3788

[53] 赵福年. 采用高压液相色谱库仑阵列电化学检测器分析四环素类抗生素. 天津大学硕士学位论文, 2004

[54] Wan G H, Cui H, Zheng H S, et al. Determination of tetracyclines residues in honey using high-performance liquid chromatography with potassium permanganate-sodium sulfite-β-cyclodextrin chemiluminescence detection. Journal of Chromatography B, 2005, 824: 57-64

[55] Debayle D, Dessalces G, Grenier-Loustalot M F. Multi-residue analysis of traces of pesticides and antibiotics in honey by HPLC-MS-MS. Analytical and Bioanalytical Chemistry, 2008, 391: 1011-1020

[56] Reid J A, MacNeil J D. Determination of neomycin in animal tissues by liquid chromatography. Journal of AOAC International, 1999, 82: 61-67

[57] 钱疆, 余孔捷, 陈健, 等. 液相荧光法检测乳制品中 9 种氨基糖苷类药物残留. 福建分析测试, 2011, 3: 13-17

[58] 宋杰, 宋燕青, 王永鑫, 等. 微生物法在检测牛奶中氯霉素残留的应用. 河北师范大学学报 (自然科学版), 2005, 29: 85-87

[59] 赵静, 李刚, 王保民, 等. 氯霉素酶联免疫检测方法的研究. 生物技术, 2005, 15: 56-59

[60] Shen H Y, Jiang H L. Screening, determination and confirmation of chloramphenicol in seafood, meat and honey using ELISA, HPLC-UVD, GC-ECD, GC-MS-EI-SIM and GC-MS-NCI-SIM methods. Analytica Chimica Acta, 2005, 535: 33-41

[61] Nose N, Kobayashi S, Tanaka A, et al. Determination of thiabendazole by electron-capture gas-liquid chromatography after reaction with pentafluorobenzoyl chloride. Journal of Chromatography A, 1977, 130: 410-413

[62] Ruyck H D, Daeseleire E, Grijspeerdt K, et al. Determination of flubendazole and its metabolites in eggs and

poultry muscle with liquid chromatography-tandem mass spectrometry. Journal of Agricultural and Food Chemistry, 2001, 49: 610-617

[63] 刘淇, 朱馨乐, 孙雷, 等. 高效液相色谱-串联质谱法检测猪肝中苯并咪唑类药物及其代谢物的残留量. 中国兽药杂志, 2010, 2: 1-6

[64] 田德金, 娄喜山, 郭海霞, 等. 超高效液相色谱-串联质谱法测定动物组织中苯并咪唑类药物的残留量. 食品工业科技, 2008, 9: 277-278

[65] Li J, Qian C. Determination of avermectin B1 in biological samples immunoaffinity column cleanup and liquid chromatography with UV detection. Journal of AOAC International, 1996, 79: 1062-1067

[66] 王海, 刘素英, 单吉浩, 等. 液相色谱法测定猪组织中阿维菌素类药物残留量. 中国兽药杂志, 2005, 39: 12-15

[67] 陈新谦, 金有豫. 新编医药学. 北京: 人民卫生出版社, 2000

[68] Huet A C, Mortier L, Daeseleire E, et al. Development of an ELISA screening test for nitroimidazoles in egg and chicken muscle. Analytica Chimica Acta, 2005, 534: 157-162

[69] 丁涛, 徐锦忠, 沈崇钰, 等. 高效液相色谱-串联质谱联用测定蜂王浆中的三种硝基咪唑类残留. 色谱, 2006, 24: 331-334

[70] 祁克宗, 施祖灏, 彭开松, 等. 基质固相分散萃取-高效液相色谱法检测鸡组织中均三嗪类药物残留. 分析化学, 2007, 11: 1601-1606

[71] 宫小明, 孙军, 董静, 等. 高效液相色谱-串联质谱法测定猪肉中的阿维菌素类、地克珠利、妥曲珠利及其代谢物残留. 色谱, 2011, 3: 217-222

[72] McConnell R I, McCormick A, Lamont J V, et al. Development of an immunoaffinity column and an enzyme immunoassay for the screening of clenbuterol in meat samples and the practical application of this test in the screening of 1005 samples. Food and Agricultural Immunology, 1994, 6: 147-153

[73] 蔡新, 葛亮. 化学发光酶免疫法与放射免疫法检测血清 β-绒毛膜膜促性腺激素的方法比较. 上海医学检验杂志, 2001, 2: 86-87

[74] 秦燕, 陈捷, 张美金. 动物肌肉组织中甾类同化激素多组分残留的液相色谱-质谱检测方法. 分析化学, 2006, 3: 298-302

[75] Ma Y C, Kim H Y. Determination of steroids by liquid chromatography/ mass spectrometry. Journal of the American Society for Mass Spectrometry, 1997, 8: 1010-1020

[76] Shaikh B, Rummel N. Liquid chromatographic determination of chlorothiazide and hydrochlorothiazide diuretic drugs in bovine milk. Journal of Agricultural and Food Chemistry, 1998, 46: 1039-1043

[77] Schilt R, Weseman J M, Hooijerink H. Screening and confirmation of thyreostatics in urine by gas chromatography with nitrogen-phosphorus detection and gas chromatography-mass spectrometry after sample clean-up with a mercurated affinity column. Journal of Chromatography B, 1989, 1: 127-137

[78] 孙雷, 张骊, 徐倩, 等. 动物源食品中 6 种甲状腺抑制剂残留的超高效液相色谱-串联质谱法检测. 分析测试学报, 2010, 10: 1095-1097

[79] Mitrowska K, Posyniak A, Zmudzki J. Determination of malachite green and leucomalachite green in carp muscle by liquid chromatography with visible and fluorescence detection. Journal of Chromatography A, 2005, 1089: 187-192

[80] Halme K, Lindfors E, Peltonen K. Determination of malachite green residues in rainbow trout muscle with liquid chromatography and liquid chromatography coupled with tandem mass spectrometry. Food Additives and Contaminants, 2004, 7: 641-648

[81] Espada R, Josa J M, Valdespina S. HPLC assay for determination of amphotericin B in biological samples. Biomedical Chromatography, 2008, 4: 402-407

[82] Yu Y, Zhang J, Shao B, et al. Development of a simple liquid chromatography-tandem mass spectrometry method for multiresidue determination of antifungal drugs in chicken tissues. Journal of AOAC International,

　　　　2011，5：1650-1658

[83] Cooper J，Delahaut P，Fodey T L，et al. Development of a rapid screening test for veterinary sedatives and the beta-blocker carazolol in porcine kidney by ELISA. Analyst，2004，129：169-174

[84] 汪丽萍，李翔，孙英，等. 气相色谱质谱法测定猪肉中 4 种苯二氮䓬类镇静剂残留. 分析化学，2005，7：951-954

[85] 孙雷，张骊，徐倩，等，超高效液相色谱串联质谱法检测猪肉和猪肾中残留的 10 种镇静剂类药物. 色谱，2010，1：38-42

第八章　食品添加剂

食品是人类赖以生存和发展的物质基础，而食品工业的发展对于改善人们的食物结构、方便人们生活、提高人民体质具有重要的意义。近年来，我国食品工业得到了持续、快速、健康的发展，平均总产值保持在10%以上的年增长速度。从某种意义上讲，食品添加剂在食品工业的发展中起了决定性的作用，没有食品添加剂，就没有现代食品工业，食品添加剂是现代食品工业的催化剂和基础，被誉为"现代食品工业的灵魂"。如今，食品添加剂已成为一门新兴独立的生产工业，在改善食品的色、香、味、形，调整食品营养结构，提高食品质量和档次，改进食品加工条件，延长食品的保存期等方面发挥着极其重要的作用。

第一节　食品添加剂定义与分类

一、食品添加剂的定义

由于世界各国对食品添加剂的理解不同，因此其定义也不尽相同。日本《食品卫生法》规定，食品添加剂是指"在食品制造过程，即食品加工中为了保存的目的加入食品，使之混合、浸润及其他目的所使用的物质"；美国食品与药物管理局（FDA）在美国联邦法规 21 CFR 170.3 中，对食品添加剂定义为"有明确的或合理的预定目标，无论直接使用或间接使用，能成为食品成分之一或影响食品特征的物质，统称为食品添加剂"[1]，且该定义中的食品包括"人类食品、从食品接触制品中迁移到食品中的物质、宠物食品和动物饲料"。此处的食品添加剂不但包括有意添加于食品中以达到某种目的的食品添加剂，还包括在食品的生产、加工、储存和包装等过程中间接进入食品中的物质。可能会迁移至食品中，或会影响包装内食品性质的用于制造包装的物质，也属于食品添加剂范畴。

按联合国食品添加剂法典委员会（CCFA）的规定，食品添加剂的定义为"有意识地加入食品中，以改善食品的外观、风味、组织结构和储藏性能的非营养物质"。食品添加剂不以食用为目的，也不作为食品的主要原料，并不一定有营养价值，而是为了在食品的制造、加工、准备、处理、包装、储藏和运输时，因工艺技术方面（包括感官方面）的需要，直接或间接加入食品中以达到预期目的，其衍生物可成为食品的一部分，也可对食品的特性产生影响。根据我国食品安全法（2009 年）的规定，食品添加剂是指"为改善食品品质和色、香、味以及为防腐、保鲜和加工工艺的需要而加入食品中的人工合成或者天然物质"。需说明的是，在我国，有些添加到食品中的物料不叫食品添加剂，如淀粉、蔗糖等，称之为配料，相对于食品添加剂，其用量较大。

二、食品添加剂的分类

食品添加剂可按其来源、安全性评价和功能等分为不同的种类。

按来源分，食品添加剂可分为天然食品添加剂和化学合成食品添加剂两类。前者是指利用动植物或微生物的代谢产物等为原料，经提取所获得的天然物质。后者是指利用各种化学反应如氧化、还原、缩合、聚合、成盐等得到的物质，其中又可分为一般化学合成品与人工合成天然等同物，如我国使用的叶绿素铜钠就是通过化学方法得到的天然等同色素。

食品添加剂还可按安全性评价来划分。联合国粮食及农业组织（FAO）和世界卫生组织（WHO）成立的 FAO/WHO 联合食品添加剂专家委员会（JECFA）对食品添加剂进行安全性评估，根据各种物质的毒理学资料规定其每日允许摄入量（ADI）。根据毒理学资料的充分程度，JECFA 将食品添加剂分为四类。① 第一类：一般认可的安全物质（GRAS），按正常需要添加。② 第二类：称为 A 类，又细分为 A1 类和 A2 类。其中 A1 类，是经 JECFA 评价，根据清楚的毒理学资料制定出正式的 ADI 值的物质；A2 类是根据不完善的毒理学资料，制定暂时 ADI 值的物质。③第三类：称为 B 类，又细分为 B1 和 B2 类。其中 B1 类是 JECFA 曾进行过安全性评价，但未建立 ADI 值的物质；B2 类是未进行过安全性评价的物质。④第四类：称为 C 类，又细分为 C1 和 C2 类。其中 C1 类是根据毒理学资料，认为在食品中使用不安全的物质；C2 类是仅可在特定使用范围内严格控制使用的物质。

由于世界各国对食品添加剂的定义不同，因此按照功能划分，世界各国的标准也不尽相同。美国在《食品、药品与化妆品法》中，将食品添加剂分成以下 32 类[2]：抗结剂和自由流动剂；抗微生物剂；抗氧化剂；着色剂和护色剂；腌制和酸渍剂；面团增强剂；干燥剂；乳化剂和乳化盐；酶类；固化剂；风味增强剂；香味料及其辅料；小麦粉处理剂；成型助剂；熏蒸剂；保湿剂；膨松剂；润滑和脱模剂；非营养甜味剂；营养增补剂；营养性甜味剂；氧化剂和还原剂；pH 调节剂；加工助剂；气雾推进剂、充气剂和气体；螯合剂；溶剂和助溶剂；稳定剂和增稠剂；表面活性剂；表面光亮剂；增效剂；组织改进剂。日本在《食品卫生法》（2007 年）中，将食品添加剂分为 30 类，依次为：防腐剂；杀菌剂；防霉剂；抗氧化剂；漂白剂；面粉改良剂；增稠剂；赋香剂；防虫剂；发色剂；色调稳定剂；着色剂；调味剂；酸味剂；甜味剂；乳化剂及乳化稳定剂；消泡剂；保水剂；溶剂及溶剂品质保持剂；疏松剂；口香糖基础剂；被膜剂；营养剂；抽提剂；制造食品用助剂；过滤助剂；酿造用剂；品质改良剂；豆腐凝固剂及合成酒用剂；防黏着剂。我国在食品安全国家标准 GB 2760—2011《食品添加剂使用标准》中将食品添加剂分为 23 类，分别为酸度调节剂；抗结剂；消泡剂；抗氧化剂；漂白剂；膨松剂；胶基糖果中基础剂物质；着色剂；护色剂；乳化剂；酶制剂；增味剂；面粉处理剂；被膜剂；水分保持剂；营养强化剂；防腐剂；稳定剂和凝固剂；甜味剂；增稠剂；食品用香料；食品工业用加工助剂和其他类。

在食品添加剂的各种分类方法中，按功能、用途的分类方法最具有实用价值，因为分类的主要目的是便于按食品加工的要求快速地查找出所需要的添加剂。但此分类方法既不宜将添加剂分得过细，也不宜分得太粗。过细，会使同一物质在不同类别中重复出现的概率过高，给食品添加剂的管理带来一些混乱；太粗，对食品添加剂的选用也存在较大困难。因此，应以主要用途适当分类为宜。

第二节 食品添加剂的作用

食品添加剂大大促进了食品工业的发展，并被誉为现代食品工业的灵魂，给食品工业带来诸多益处，在改善食品品质、延长食品保存期、便于食品加工和增加食品营养成分等方面发挥了重要作用。

（1）有利于食品储存和运输，延长保质期。各种生鲜食品和各种高蛋白质食品如不采取防腐保鲜措施，出厂后将很快腐败变质。防腐剂、抗氧化剂的加入，能保证食品在保质期内保持应有的质量和品质，有利于食品的储存和运输，给人们的生活带来方便。防腐剂能抑制微生物生长繁殖，抗氧化剂能抑制或者延缓高聚物和其他有机化合物在空气中热氧化，从而延长食品的储存时间。我国是农业生产和农产品消费大国，据 2010 年国家统计数据显示，目前蔬菜产量约占全球总产量的 60%，水果和肉类产量占 30%，禽蛋和水产品占 40%。在这些产品从采收加工、包装、储藏、运输、销售，到最终到达消费者手中的过程中，防腐剂和抗氧化剂有着重要的作用。

（2）能改善和提高食品的色、香、味、形态及口感。食品的色、香、味、形态及口感是衡量食品质量的重要指标。食品在经历碾磨、粉碎、加温、加压等加工过程中，容易发生褪色、变色，或固有的香气消失等变化，从而影响食品原有的风味。此外，同样的加工过程难以满足不同产品的软、硬、脆、韧等不同的口感要求。因此，在加工过程中，适当地加入着色剂、护色剂、增味剂、增稠剂、乳化剂、水分保持剂、食用香精香料等，可明显地改善和提高食品的感官质量，满足人们对食品风味和口味的要求。例如，制作蛋糕时，加入膨松剂，使得蛋糕更加柔软、膨松、孔泡细密。嫩肉粉能让肉制品变得口感软滑，味道鲜美。

（3）保持或增加食品的营养价值。食品防腐剂和抗氧化剂的应用，可防止食品败坏变质，对保持食品的营养价值具有一定意义。在食品加工时适当地添加某些天然营养素范围的营养强化剂、品质改良剂，诸如维生素 A、β-胡萝卜素、维生素 C、多种矿物质、大豆蛋白质、乳清蛋白质等食品添加剂的加入，或是能弥补天然食物的缺陷，使其营养趋于均衡，或是能弥补营养素的损失，维持食品的天然营养特性。这对于防止人们出现营养不良和营养缺乏、保持营养平衡状态、提高健康水平具有重要的意义。

（4）为食品加工操作提供便利。食品加工过程中许多需要润滑、消泡、助滤、稳定和凝固等，如果不用食品添加剂就无法加工。食品发酵行业，由于泡沫的产生，可能导致漫溢损失，而为了防止漫溢减小投料又会影响生产能力。消泡剂的加入能有效解决这一问题。在生产过程使用稳定剂、凝固剂、絮凝剂等各种添加剂能降低原材料消耗，提高产品收率，从而降低了生产成本。

（5）满足不同人群需要。食品应尽可能满足人们的不同需求。如糖尿病患者不能食用蔗糖，又需要食物中有甜味，解决方法是可以添加一些甜味剂，如蔗糖素、阿力甜、山梨糖醇、木糖醇等。婴儿生长发育需要各种营养素，因而将矿物质、维生素添加到配方奶粉中。缺碘地区的人们可以通过食用加碘盐来补充碘的摄入，防止缺碘甲状腺肿大。从以上例子中不难发现，食品添加剂在满足不同人群对食品的不同需求时，发挥着重要的作用。

第三节　食品添加剂的安全与管理

一、食品添加剂的安全

食品添加剂的重要作用决定了其在现代食品工业中的不可或缺的地位。但从近年来在我国发生的食品安全事故可以看出，食品添加剂在满足人们各种需求的同时，如果使用不善，也会给人们带来安全隐患。目前，因食品添加剂而导致的食品安全事故主要集中在以下几个方面。

（1）使用名单外的添加剂品种。我国允许生产、经营和使用的食品添加剂须是国家标准 GB 2760—2011《食品添加剂使用标准》和 GB 14880—1994《食品营养强化剂使用卫生标准》中所列的品种。而一些不法商贩和生产单位在利益驱动等因素支配下，违法使用未经批准的添加剂。例如，用苏丹红给辣椒染色，用荧光增白剂给面条、粉丝增白，用农药多菌灵等水溶液给鲜果防腐等，给人们的健康和安全带来危害，也在社会上造成了恶劣的影响。

（2）超量或超范围使用添加剂。食品添加剂的使用限量和使用范围是根据其安全性评价结果而做出的科学的规定。按照规定的限量和范围使用食品添加剂是食品添加剂安全使用的重要保证。例如，花椒产品中抗氧化剂亚硫酸盐超标，摄入过量会影响人体对钙质的吸收；奶制产品中，添加了过量的防腐剂山梨酸和甜蜜素柠檬黄，长期食用可能会引起过敏、腹泻等症状，影响人身健康。

（3）使用不符合食品级质量规格标准的添加剂。食品添加剂的使用，除了要按照限量和范围使用名单内的添加剂外，还要满足食品级添加剂的质量规格要求。例如，食品行业只能使用食品级过氧化氢。工业级过氧化氢中含有大量的蒽醌类有机杂质以及铅、砷等致癌物质，因此禁止用于食品行业。有些生产经营单位弄虚作假，追求经济利益，任意将工业级亚硫酸钠、碳酸氢钠等化工产品冒充食品级添加剂销售、使用。

二、食品添加剂的管理

由于世界各国人们膳食结构、饮食习惯以及与食品有关的文化理念的不同，因此各国在与食品安全密切相关的食品添加剂的管理问题上都有着各自不同的特点和风格。国际上，由 FAO/WHO 成立的联合食品添加剂专家委员会（JECFA）是由各国有关科学家组成的委员会，是食品添加剂和污染物安全性评价的权威组织。国际食品添加剂法典委员会（CCFA）每年定期向 JECFA 提出需要进行安全性评价的食品添加剂的重点名单，JECFA 对 CCFA 提交的物质进行安全性评价，并根据相关的毒理学资料确定物质的 ADI 值。为了在国际贸易中制定统一的规格标准，确定统一的检验方法，CCFA 每年定期召开会议，对 JECFA 通过的各种食品添加剂标准、测试方法和安全性评价进行审议，再提交国际食品法典委员会（CAC）复审后公布[3]。

2010 年 1 月 20 日，欧盟发布新的欧洲议会和理事会条例（EC）No 1333/2008，替代 1988 年发布的关于食品添加剂法律的协调与统一的 89/107/EEC 指令。接下来通过（EU）No 238/2010、（EU）No 257/2010、（EU）No 1129/2011、（EU）No 1130/2011、（EU）No 1131/2011 等条例，对（EC）No 1333/2008 进行补充或修订，将分散在单独指令中的关于色素、甜味剂和其他食品添加剂的 E 编码、使用限量和条件进行重新归纳整理，更加便于查询。（EC）No 1331/2008 建立了食品添加剂、食品酶和食品调味料的批准程序。

在美国由 FDA 负责食品添加剂上市前的审批工作。同时生产者要证实食品添加剂的安全性。美国联邦法规 21 CFR 170、21 CFR 171 和 21 CFR 172 中，对于食品添加剂的一般要求、申请程序，以及直接加入食品的各种添加剂的使用范围和限量进行了详细的规定。新的食品添加剂申请使用者需要向 FDA 提供该食品添加剂在指定食物用途中是否安全的数据和资料，交由 FDA 的科学家们来审查确定这些数据是否支持该食品添加剂的使用安全性。FDA 通过审查来阻止那些不安全的和不合格的产品上市。

日本食品添加剂的管理始于 1947 年厚生劳动省公布的《食品卫生法》，但该法颁布之初只是对食品中的化学品有了认定制度，而食品添加剂的管理法规直到 1957 年才公布使用。日本将食品加工、制造、保存过程中，以添加、混合、浸润或其他方式使用的成分定义为食品添加剂。按照目前日本使用习惯和管理要求，将食品添加剂划定为 4 种，即指定添加剂、即存添加剂、天然香精和一般添加剂。指定添加剂是指对人体健康无害的合成添加剂，必须按一定程序审批后才能使用，2003 年年底日本使用的指定添加剂共 342 种。即存添加剂也称为现用添加剂，是指在食品加工中使用历史长，被认为是安全的天然添加剂，目前有 489 种。天然香精和一般添加剂一般不受《食品卫生法》限制，但在使用管理中要求标示其基本原料的名称。2004 年 2 月，日本实施新修订的《食品卫生法》，新法与老法没有本质的区别，但对食品添加剂的管理更加严格。例如，新《食品卫生法》规定，食品添加剂要扩大使用范围，必须经过新成立的隶属内阁政府的食品安全委员会批准。

我国政府从 20 世纪 50 年代开始对食品添加剂实行管理。根据行业发展和实际问题，陆续发布最新的管理办法，并更新食品添加剂的相关标准。2003 年 3 月 28 日卫生部第 26 号令发布了《食品添加剂卫生管理办法》，对食品添加剂的产品申报、生产管理、使用范围做出了明确规定，后续的第 159 号文件《食品添加剂生产企业卫生规范》对生产和使用食品添加剂新品种、扩大使用范围或使用量的单位和个人，进一步明确了申请要求；对食品添加剂生产企业选址、设计、设施、原料采购、生产过程储存、运输和从业人员的基本卫生要求和管理原则，并实施卫生许可制度；对食品添加剂经营者提出了明确的要求，食品添加剂经营者必须具备与经营品种、数量相适应的储存和营业场所。2009 年 2 月 28 日通过、2009 年 6 月 1 日起正式实施的《中华人民共和国食品安全法》中对食品添加剂的经营和使用等行为进行了法律规定，明确了我国食品添加剂的法律地位。2011 年 6 月，国家质检总局发布《关于进一步加强食品添加剂标识标注监管工作的通知》(国质检食监函 [2011] 449 号)，要求进一步加大对食品添加剂标签、标识的监督检查。2011 年 4 月国务院办公厅发布《关于严厉打击食品非法添加行为切实加强食品添加剂监管的通知》(国办发 [2011] 20 号)，要求严厉打击食品非法添加行为，规范食品添加剂的生产使用，加强长效机制建设，严格落实各方责任。

第四节　食品添加剂的评估

为了保证食品添加剂的使用不会给消费者的健康带来危害，在食品添加剂的管理中，世界各国普遍采用了由危险性评估、危险性管理和危险性信息交流三个部分组成的危险性分析技术。在危险性分析的三个组成部分中，危险性评估是一个以科学为依据的过程，主要由危害识别、危害特征描述、暴露评估和危险性特征描述四个步骤组成。危险性评估是危险性分析的科学基础，在危险性分析框架中占有重要的地位。为了做好食品添加剂的危险性评估工作，在国际上和各个国家、地区成立了许多食品添加剂的危险性评估机构，如 FAO/WHO 在 1956 年成立的 JECFA。FAO/WHO 所管理的食品添加剂和污染物法典委员会每年定期会向 JECFA 提出需要进行安全性评估的食品添加剂和污染物的重点优先名单。JECFA 根据 "食品添加剂和污染物安全评估原则"，充分考虑申请者和政府部门提供的相关信息资料，在进行广泛深入的文献调研后，对 CCFA 提交的物质进行毒理学评价，并根据各种物质的毒理学资料制定出相应的 ADI 值。在得出每个食品添加剂的 ADI 值以后，根据区域人口膳食结构的统计，得出人群的暴露水平以后，制定相应的合理的添加剂的适用剂量。至此，一个完整的有关食品添加剂的评估就已基本结束。

一、危 害 识 别

对于食品添加剂来说，危害识别专指其对人体健康可能造成的危害或不良影响的生物、化学和物理性质的确定。在食品安全问题上，食品添加剂的危害识别的目的，就是确定人体摄入食品添加剂后潜在的不良影响以及产生这种不良影响的可能性。从其包含的内容和意义上来看，食品添加剂的危害识别的质量高低关乎整个食品添加剂的安全评估的高低[4]。

食品添加剂的危害识别最好的方法是证据加权法。证据加权法所需的资料和信息来源于适当的数据库、同行专家评审的文献以及经过充分评议的企业界未发表的研究报告或科学资料。根据社会对不同食品添加剂的重视程度，采用证据加权法对添加剂进行危害识别的流程是流行病学研究、动物毒理学研究、体外试验和定量结构反应关系的确定。在国际上，由于针对食品添加剂的流行病学研究的费用较为昂贵，提供的资料较少，因此目前一般采用动物的体内和体外毒理学试验结果来对食品添加剂进行危害识别[5]。

（1）动物毒理学研究。动物毒理学研究在食品添加剂的危害识别中具有重要的作用，它能够识别被评价物质的潜在不良效应，确定产生这种效应的必需暴露条件，确定产生不良效应的剂量-反应关系、不产生不良效应的剂量水平以及确定产生这种效应的必需暴露条件。在进行毒理学试验时一般要求在能够达到良好实验室规范（GLP）要求的实验室内进行，并遵守世界经济合作与发展组织（OECD）、美国 EPA 和 FDA 等制定的一般系统毒理学指导原则。

JECFA 和世界各国对食品添加剂进行危险性评估时均要求对其进行毒理学研究。目前，JECFA 食品添加剂评价遵循的主要原则是 1987 年由 WHO 发布的 *Safety Evaluation of Certain Food Additives and Contaminants*。在该准则的指导下，世界各种采用动物试验对食品添加剂进行危害识别时采取的具体方法又稍有不同。美国针对食品添加剂进行危害识别的主旨思想，是根据被评估添加剂的化学结构来预测其潜在毒性和累计暴露量，然后根据毒性和累计暴露量将食品添加剂划分为三个不同级别的关注水平，并针对不同的关注水平提出了不同的毒理学试验的最低要求；欧盟对食品添加剂的毒理学试验要求没有固定的试验程序，但是给出了一个包括核心试验和其他试验总体框架，根据被评估食品添加剂的化学特性、预期用途、食品中使用量等情况决定食品添加剂的安全使用需要哪些资料；我国对食品添加剂毒理学试验的要求是按照国家标准 GB 15193.1—2003《食品安全性毒理学评价程序》进行的，其基本思想是根据食品添加剂的国际安全评价情况（如 JECFA 的评价报告）、已有的安全性评价资料的多少以及食品添加剂的特性等为依据进行分阶段的试验，并根据前一阶段毒理学试验的结果决定是否需要进行更多的毒理学试验。

（2）体外毒理学方法。体外毒理学方法是相对动物试验而言。在 2006 年 12 月欧盟委员会（EC）通过的新的 REACH 法规中，明确了有关化学品动物毒理学试验应该尽量避免使用动物进行。在动物替代试验的"3R"（减少、优化、替代）原则下，目前已经得到认可的能够取代动物毒理学试验方法的体外毒理学试验，有光毒性试验、皮肤和眼刺激性试验、皮肤和眼腐蚀性试验等，采用的方法有细胞毒性、细胞反应、毒代动力学模型和代谢等技术。对于食品添加剂的危害识别来说，体外试验资料对于计算每日允许摄入量（ADI）没有直接的意义，但是体外毒理学试验提供结果信息对于人们了解食品添加剂对实验动物和人体毒性的影响具有重要的意义[6]。

二、危害特征描述

危害特征描述是对食品中生物、化学和物理物质产生的对健康的不良影响进行本质上的定性和（或）定量分析，对于食品添加剂来说就是确定其产生毒理效应的剂量，并对这种剂量-反应关系进行评估。食品添加剂常用的危害特征描述方法是阈值法，即用毒理学试验获得的可观察的无副作用剂量水平（NOAEL）除以合适的安全系数来计算安全水平或者 ADI 值。

（1）NOAEL 的确定。在规定的暴露条件下，通过试验和观察，一种物质不引起机体（人或实验动物）形态、功能、生长、发育或寿命等的可检测到的有害改变的最高剂量或浓度称为 NOAEL。从其定义和产生的条件来看，NOAEL 受到组的规模、剂量选择、试验变异等因素的影响[7]。

（2）安全因子的选择。安全因子（SF）是根据所得的 NOAEL 提出安全限值时，为解决由动物实验资料外推至人的不确定因素，及人群毒性资料本身所包含的不确定因素而设置的转换系数。安全系数一般采用 100，即认为安全系数 100 是物种间差异（10）和个体间差异（10）两个安全系数的乘积。100 的安全因子也不是固定不变的，在设定 ADI 值时，需要根据不同的试验资料来考虑不同的安全因子。

（3）ADI 值的表现形式。国际上常用 ADI 值作为主要毒性安全性指标，它是每天每千克体重允许摄入的毫克数，联合国 FAO/WHO 所属的 JECFA 每年依据各国所用食品添加剂的毒性报告提出，由联合国食品添加剂法规委员会（CCFA）每年年会讨论，并对某种食品添加剂的 ADI 值做出评价、修改或撤销，目前世界各国都已表示接受。ADI 值是根据对小动物（大鼠、小鼠等）约一生的长期毒性试验中所求得的最大无作用量（MNL），取其 1/100～1/500 作为 ADI 值。常见的 ADI 值是以区间的形式表示的数值型 ADI 值，从 0 到上限，它是被评价物质的可接受区间，JECFA 用这种形式表示 ADI 值是强调 JECFA 建立的可接受水平是一个上限，鼓励在达到工艺可行性的前提下使用最低的量。当评估的添加剂的摄入量远远低于分配给它的数值型 ADI 值时，JECFA 规定其 ADI 值是无需限定的。做出这种规定的依据是，根据已有的资料或按照委员会的观点，被评估添加剂在所预期的工艺目的下在食品中的含量而带来的每日总摄入量不会带来健康危害，但前提是满足这个条件的食品添加剂必须在良好生产规范（GMP）条件下使用。

三、膳食暴露量评估

膳食暴露量评估是指对通过食品可能摄入生物、化学和物理物质和其他来源的暴露所做的定性或定量评估。一种物质的毒性与否是通过其剂量来区分的。物质的自身毒性和人群的暴露量之间的关系形成了潜在有毒化学物质危险性评估的基础，因此，暴露量评估是量化危险性的关键因素，也是最终决定一种物质是否会给公共健康带来不可接受危害的重要指标。膳食暴露量评估需要多方面的数据支持和计算模型，在这其中，食品中添加剂含量数据、人群膳食数据以及利用这些数据如何量化评估出每一种添加剂的人群每天每千克体重多少毫克是膳食暴露量评估的重要内容。

1. 资料来源

膳食暴露量评估中的数据包括两个方面：食品的消费数据和食品中食品添加剂的浓度数据。这些数据的来源取决于该次对食品添加剂评估的目的，如食品添加剂的评估通常可分为被批准使用之前的评估和已经进入食品链之后的评估。对于使用之前的评估，添加剂的浓度来源于食品生产者提供的数据，而对于已经使用的添加剂，其在食品中的浓度来源于检测到的食品添加剂的实际含量数据。

1) 食品中添加剂含量的数据来源

如前所述，不同阶段、不同目的的针对食品添加剂的评估，其数据来源有时是有区别的。对于仍未被批准的食品添加剂的膳食暴露量评估，其含量数据来源于食品生产者在提交申请时建议的最大使用量；对于已经批准且已经进入食物链的食品添加剂，其含量数据来源主要有食品生产者报告的使用量、工业调查获取的数据、监督抽查获取的数据、总膳食研究获取的数据和科学文献提供的数据等。无论是之前获取的数据还是在之后获取的数据，在评估过程中都要从获取这些数据所采用的样品前处理（样品收集、制备和处理）、分析方法（灵敏度、准确性、检出限）等方面进行评价。

在食品添加剂的膳食暴露量评估中，所获取数据的使用也不是一成不变的，需要根据评估的目的、方法的不同而不同。例如，对于概率评估方法，需要使用所有已获取的浓度资料，而对于点评估方法，则只需要知道浓度数据的平均值或中位数值即可。以美国 FDA 的评估为例，所使用的食品中添加剂含量数据通常包括目前食品中添加剂的预期使用量、分析浓度、分析方法的检测限（LOD）或定量限（LOQ），以及已经建立的食品添加剂的限量值等[8]。

2) 人群膳食数据来源

人群膳食数据的来源通常需要以统计或调查的方式来获取，所采用的方法包括基于人群的方法、基于家庭的方法和基于个人的方法。基于人群的方法所获取的数据通常来源于国家层面的食物供应资料，如国家采取的食品营养计划等。这些资料主要以食物原料或者半加工的商品的消费量形式表示，因此不能用于食品添加剂的暴露量评估；基于家庭方法得到的膳食数据主要提供家庭层面的食物可获得性和消费量信息，常用的收集方法有收集家庭购买的食物信息、追踪食物的消费信息、收集食物库存的变化信息等。基于个人的方法常用的措施有调查记录（由调查者报告一个特定时期内所有的食物消费情况）、24 小时膳食回顾调查、食物频率问卷调查等。与基于人群的方法和基于家庭的方法相比，基于个人的方法所获取的膳食调查能够提供食物和营养的平均摄入量及其在明确定义的个体组别中的分布，因此能够更好地反映食物的实际消费情况[9]。

由于饮食消费习惯的不同，世界各主要国家在进行膳食暴露量评估时所采取的方法是不一样的。美国 FDA 为了估计特定食品的消费量，通常以国家层面的名义采用个人的方法对膳食数据进行采集，如美国农业部的个人食物摄入量持续调查（Continuing Survey of Food Intakes by Individuals，CSFII）数据和国家健康和营养检验调查（National Health and Nutrition Examination Surveys，NHANES）数据；也有以市场上资讯公司调查获取的数据为基础的，如 FDA 在进行摄入量评估中使用的来源于美国市场调查公司（Market Research Corporation of America，MRCA）14 天食物频率调查的数据。

2. 膳食暴露量评估方法

膳食暴露量评估方法的选择需要考虑被评价食品添加剂的类型、毒性、产生毒性的膳食暴露周期、人群中不同亚人群或个体暴露的差异以及所需的暴露估计类型等。目前对食品添加剂暴露评估方法一般采用包含多种评估方法的分步骤的暴露量评估框架。在该框架内，评估的起始步骤往往是利用保守的筛选方法对众多的待评价添加剂进行筛选，如果保守估计的暴露量超过被评价添加剂的 ADI 值，则进行较为精确的确定性评估和更加精确的模型评估等膳食暴露量评估方法[9]。

1）筛选评估方法

对于食品添加剂来说，筛选评估常用的方法有重量法和预算法。筛选评估法是用食品消费量和食品中添加剂浓度的保守估计来高估高消费人群的膳食暴露量，以避免筛选法估计的暴露量产生安全问题。

重量法是按人口平均计算一段时期内（通常为 1 年）一个国家用于食品生产的某种食品添加剂的摄入量。重量法所需的资料通常通过食品添加剂的生产协会提供，所计算得到的暴露量估计值可以用消费含有被评价添加剂的食品消费者占总消费者的比例进行校正。重量法通常的计算方法是：食品添加剂的膳食暴露量＝(本国该种食品添加剂的生产量＋进口量－出口量－非食品用途的量)/(人口总数×365 天/年)。

预算法评估是估计被评估食品添加剂的理论最大每日膳食暴露量。预算法通常的计算方法为理论最大每日暴露量＝[饮料中食品添加剂的最大含量（mg/L）×0.1（L/kg BW）含有被评估添加剂的饮料所占总饮料的比例]＋[固体食品中添加剂的最大含量（mg/kg）×0.05（kg/kg BW）含有被评估添加剂的固体食品占总固体食品的比例]，计算出添加剂的理论最大每日暴露量，以 mg/kg BW 表示。

2）确定型模型评估方法

确定性模型属于点评估模型，是点评估模型中比较精确的一种模型。确定型模型评估法需要使用每个变量的单一"最佳估计值"来确定模型的产生。在点评估中，人群膳食的结果都将以一个固定值进行设定，然后乘以固定的残留量（浓度）后将所有来源的摄入量数据相加的一种方法。所选取的人群膳食数据一般是人群中食品消费量的平均数或者高百分位数。被评估食品添加剂含量的数据通常选取平均值、中位数、所有调查值的高端百分位数或者国家或国际批准的食品中添加剂的最大允许使用量等。

3）概率模型评估方法

概率模型是根据分布特点来描述变量的不确定性，它分析每一变量的所有可能数值，并根据发生概率来权重每种可能性模拟的结果。概率模型评估法是在如果采用筛选评估法或确定型模型评估法对膳食暴露量评估不能解决存在的安全性担忧时所采用。在概率模型中，每个因子都存在不确定性和可变性，随着每个因子发生概率和可能的响应频率，从而影响最终评估结果的概率性分布，这比采用单一值的确定性模型更具有真实性和代表性[10]。另外，概率方法允许输入值的灵敏度分析，能够表明哪个因素最能影响最终结果。概率性模型技术基于大范围的潜在暴露的更为真实估计，而不是简单的"最差（worse case）"估计。概率模型评估最常用的方式为蒙特卡洛（Monte Carlo）分析。利用蒙特卡洛对食品添加剂进行评估时，必须对其模型时输入的参量进行评价，同时对评估的程序要求更为精确[11]。

四、危险性特征描述

危险性特征描述是危险性评估中的最后一个步骤，是综合危害特征描述和暴露量信息向危险性管理者提供科学依据的过程[12]。CAC 定义的危险性特征描述是根据危害识别、危害特征描述和暴露量评估结果，对健康产生不良影响的可能性及一个特定人群中已发生或可能发生的不良影响的严重性所做的定性和定量估计，包括相关的不确定性。食品添加剂的危险性特征描述是将暴露评估中人群的特定食品添加剂的摄入量，与危害特征描述阶段得到的该食品添加剂的 ADI 值进行比较，如果所评估的食品添加剂的膳食暴露量比 ADI 值小，则对人体健康产生不良作用的可能性为零。

食品添加剂的评估是一个科学技术过程。危险性评估在 CAC 以及各国的食品安全标准制定、WTO 的贸易措施选择中占有重要的地位。在食品添加剂危险性评估的四个过程中，必须根据自己国家可利用的资源有所侧重，由 JECFA 制定的食品添加剂的 ADI 值，一般适用于世界各地的各类人群，包括不同种族、性别、年龄以及个体等。但在进行人群膳食评估时必须考虑各国因文化、经济、生活习惯等因素不同而产生的差异[13]。

第五节　常用食品添加剂

在食品生产的过程中，合理科学的加入添加剂对食品质量的提高、营养的保持、货架期的延长、加工条件的改善具有积极意义。然而，经济利益的驱使使得近年来发生在我国境内的一些因食品添加剂违规、过量和超范围使用而导致的食品安全事故层出不穷，不仅歪曲了人们对食品添加剂的传统认识，而且对人们的身体健康造成了严重的威胁。为此，我国在过去的十几年中先后数次就食品添加剂的安全使用、监督检测等涉及食品添加剂管理的法律、规章和标准进行了更改，以便能及时跟进国内外有关食品添加剂的最新动态，防范市场上再次出现因食品添加剂而导致的食品安全事故。

现代合成化学、生物化学、食品化学等学科的快速发展，为新型食品添加剂的出现和使用提供了极其便利的技术基础和条件，但同时也为食品添加剂的管理带来了困难。在这种情况下，我国政府管理部门在 2011 年新出台的强制性标准 GB 2760—2011《食品安全国家标准 食品添加剂使用标准》中，将目前已经应用于食品工业中的 1500 余种食品添加剂划分为 23 类，并就每一种添加的作用、使用限量等基本情况进行了描述性规定，力求能够概括、规范目前食品工业中的食品添加剂的使用。本节将以 GB 2760—2011 对食品添加剂的分类为依据，就目前人们普遍较为关心的几类食品添加剂的作用、使用范围、安全问题及其分析检测作一简要的介绍。

一、抗 氧 化 剂

抗氧化剂是食品添加剂的一个重要组成部分，能够防止食品成分因氧化而导致变质，主要用于防止油脂及富含脂类化合物食品的氧化酸败，以及由氧化所导致的褪色、褐变、维生素破坏等。食用氧化油脂对人体健康有不良影响，所以大多数食用油脂往往需要加入一定量的抗氧化剂以防止其氧化。目前，应用于食品行业的抗氧化剂以化学合成和天然存在的抗氧化剂为主，同时以发展和找寻天然抗氧化剂为主要应用方向。从目前食品添加剂的应用来看，单一活性成分的抗氧化剂的抗氧化效果弱于混合物，且单一成分的抗氧化效果的评价因实验方法的不同而表现出较大的差异。

抗氧化剂是能减缓或防止氧化作用的物质。氧化是一种使电子自物质转移至氧化剂的化学反应，过程中可生成自由基，进而启动链反应、摧毁细胞。抗氧化剂则能去除自由基，终止连锁反应，氧化其本身，抑制其他氧化反应。

抗氧化剂通常是还原剂，如硫醇、多酚类，常见的还有谷胱甘肽、维生素 C 与维生素 E，过氧化氢酶、超氧化物歧化酶等酶，以及各种过氧化酶。低阶的抗氧化剂或抗氧化酶的抑制剂，则会引发氧化应激，伤害、杀死细胞。

1. 抗氧化剂的分类及其作用机制

抗氧化剂的分类方法很多，根据溶解性的不同，可分为油溶性抗氧化剂、水溶性抗氧化剂和兼溶性抗氧化剂；根据活性不同，可分为物理抗氧化剂和活性抗氧化剂。物理抗氧化剂是用于稳定产品基质、抑制基质中一些活性成分氧化的抗氧化剂，包括二叔丁基羟基甲苯（BHT）、叔丁基羟基茴香醚（BHA）、没食子酸等；活性抗氧化剂是指以产品基质作为载体，渗透到皮肤或头发中，抵抗化学氧化、自由基攻击、生物氧化酶反应及紫外线对细胞和细胞间质的生命大分子的破坏的一类活性抗氧化剂，包括 SOD、谷胱甘肽、维生素 C、维生素 E、维生素 A、辅酶 Q-10 等。

1）化学合成类抗氧化剂

（1）叔丁基羟基茴香醚（BHA）。BHA 是由 2-叔丁基羟基茴香醚（简称 2-BHA）和 3-叔丁基羟基茴香醚（3-BHA）两种异构体以 9∶1 的比例混合而成。BHA 有一个活性羟基，因此只能提供一个氢。BHA 作为食品抗氧化剂始用于 1954 年，其对动物性脂肪的抗氧化作用比之对植物油更有效。BHA 对热较稳定，在弱碱条件下也不易被破坏，故有较好的持久能力，尤其是用于动物油脂制作的焙烤食品。但 BHA 可与碱土金属离子作用而呈粉红色。有一定的酚味和一定的挥发性；能被水蒸气蒸馏，故在高温制品中，尤其是在水煮制品中易损失。BHA 可用在食品接触材料上，其相对毒性 LD_{50} 为 4.1～5.0 g/kg。

（2）二叔丁基羟基甲苯（BHT）。BHT 只有一个活性羟基，故只能提供一个氢原子与氧自由基作用（图 8-1）。BHT 作为食品抗氧化剂始用于 1940 年，BHT 在果仁、精油、含脂肪食品中有较好的稳定性。BHT 有抑制人体呼吸酶活性、使肝脏微粒体的酶活性增加等毒性作用，故在美国、欧盟等国家一度被禁用，但后来证明在允许使用的范围内其安全性是有保障的，因此仍然被 FAO/WHO 列为 GRAS 的范围，并被 FAO/WHO 于 1995 年重新制定 ADI 值为 0～0.3 mg/kg。

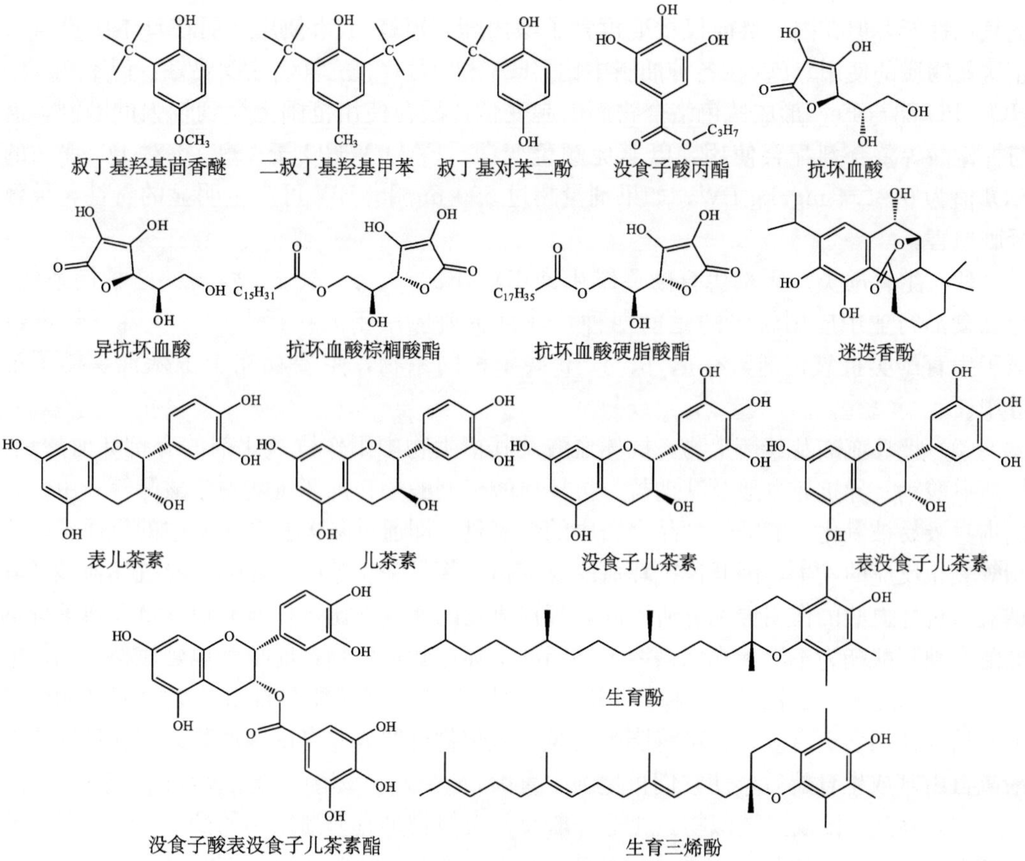

图 8-1　常见食品抗氧化剂的分子结构

（3）叔丁基对苯二酚（TBHQ）。TBHQ 是一种二酚类抗氧化剂，可提供两个氢后自身变成醌的结构。TBHQ 在 1972 年由美国 FDA 批准使用，我国于 1991 年批准使用。对大多数油脂尤其是植物油来说，其抗氧化能力要优于 BHA，且不会因为遇到铜、铁之类金属而发生呈色和风味方面的变化，只有在碱性条件下才会变成粉红色。在热的条件下，TBHQ 的热稳定性要优于 BHA 和 BHT。

尽管 TBHQ 对各种油脂和含脂食品的抗氧效果要优于 BHA 和 BHT，但在动物试验中表现出致突变性。在哺乳动物细胞体外基因突变实验中，有代谢活性的 L5178Y 小鼠淋巴瘤胸腺嘧啶激酶的试验是阳性。在哺乳动物细胞体内染色体的损伤试验中，小鼠微核试验一个是阳性，一个是阴性，小鼠的骨髓多染红细胞试验也表现出一个阴性、一个阳性。鉴于此原因，FAO/WHO 于 1996 年对 TBHQ 重新评价并暂定其 ADI 值为 $0\sim0.2$ mg/kg BW。目前，TBHQ 在美国等国家仍然是允许使用的，但所有欧洲国家都未批准使用。

2）天然抗氧化剂

（1）没食子酸酯类。目前应用于食品中的没食子酸酯类抗氧化剂有没食子酸丙酯、没食子酸异戊酯、没食子酸辛酯、没食子酸十二酯等。这些没食子酸酯类均具有一定的抗氧化性能，但在国内目前仅批准没食子酸丙酯（PG）上市使用，而在日本则没有禁止这些物质的使用。PG 在各种油脂中比 BHA 和 BHT 的抗氧化性能要好，但不如 TB-HQ。PG 能与 Fe^{2+} 形成紫色络合物而引起变色，故在使用范围上受到较大的限制，需与柠檬酸等螯合剂配合使用，以避免颜色变深。FAO/WHO 于 1995 年对 PG 评估的 ADI 值为 0～1.4 mg/kg BW，如果剂量超过 500 mg/kg BW 可产生明显的毒性，导致肾脏损害。

（2）生育酚类。天然生育酚（维生素 E）有 α、β、γ、δ、ε、ζ、η 共 7 种同系物，但在食品行业中应用较多的是前四种，并且主要应用于大豆行业中。生育三烯酚也属于生育酚类抗氧化剂，有 α、β、γ、δ 共 4 种同系物，主要存在于玉米油、椰子油等中。

（3）抗坏血酸及其衍生物。抗坏血酸及其衍生物中用作抗氧化剂的有抗坏血酸钠、抗坏血酸钙、异抗坏血酸及其钠盐、抗坏血酸棕榈酸酯和抗坏血酸硬脂酸酯等。由于它们本身极易被氧化，能降低食品介质中的含氧量，即通过除去食品介质中的氧而延缓油脂等氧化反应的发生，因此说抗坏血酸及其衍生物是一类氧的清除剂。异抗坏血酸及其钠盐与抗坏血酸的作用情况有所不同，其被氧化的速度远比抗坏血酸快。抗坏血酸棕榈酸酯及硬脂酸酯为不溶于水而微溶于油脂的抗坏血酸衍生物，能很好地延缓植物油的酸败，其抗氧化效果要比 BHA 和 BHT 好。抗坏血酸棕榈酸酯与自由基吸收剂（如生育酚）结合使用会更有效。它可将脂类的氢过氧化物分解成非自由基产物，并在还原生育酚氧自由基或生育醌后，使它们再生为生育酚。

（4）迷迭香酚及其类似物。迷迭香酚及其类似物是有邻酚结构的酚类物质，其抗氧化能力要远远大于 BHA。迷迭香酚对单重态氧的猝灭能力约为 BHT 的 5 倍，抑制光敏氧化反应的能力也远大于 BHT。迷迭香酚类物质的提取物耐热性好，205℃时仍稳定不变，故除适用于动植物油脂外，也适用于油炸食品、加工肉禽以及水产品、汤料和色拉等。

（5）茶多酚。茶叶中一般含有 20%～30% 的多酚类化合物，包括儿茶素类、黄酮类、茶青素类、酚酸和缩酚酸类共 30 余种，其中儿茶素类约占总量的 80%，其提取混合物称为茶多酚。茶叶中已经明确结构的儿茶素类化合物有 14 种之多，包括儿茶素（C）、表儿茶素（EC）、没食子儿茶素（GC）、表没食子儿茶素（EGC）、没食子表儿茶素酯（ECg）、没食子酸没食子儿茶素（GCg）、没食子酸表没食子儿茶素酯（EGCg）等（图 8-1）。这类抗氧化剂在其结构中含有酸性羟基，具有很强的供氢能力，能中断自动氧化成氢过氧化物的连锁反应，从而阻断氧化过程。其中，抗氧化能力最强的是 EGCg 和 ECg，二者约占多酚总量的 50% 以上。

（6）其他类抗氧化剂。除上述各种已广泛应用的抗氧化剂之外，尚有甘草抗氧化物、谷维素等，已获得应用的抗氧化剂有 40 余种。此外，正在研究之中并已取得积极效果的也很多，其中许多抗氧化成分的化学结构都得到明确，抗氧化能力也已得到肯定的比较结果，如在许多香辛料（如丁香、肉豆蔻、枯茗、芫荽等）、中草药（如丹参、金锦香、厚朴、凤眼草等）中均有一定的抗氧化物质。图 8-1 列出了上述常见的几种抗氧化剂的分子结构式。

二、防　腐　剂

食品防腐剂是指，在食品的储存、流通过程中，为防止微生物繁殖引起的变质而使用的食品添加剂。食品防腐剂有助于提高食品保存性和延长食品食用价值。GB 2760—2011《食品安全国家标准 食品添加剂使用标准》明确规定了近 30 种允许使用的防腐剂。目前应用于食品中的防腐剂分为化学防腐剂和天然防腐剂。从现阶段食品产业链的应用情况来看，化学防腐剂应用的比例较大，占主导地位，但随着人们生活水平的提高以及保健意识的增强，化学防腐剂受到严峻挑战，开发抗菌性强、安全无毒、适用性广和性能稳定的食品天然防腐剂成为食品科学研究的新热点之一。

1. 防腐剂的分类

1) 化学合成类防腐剂

（1）苯甲酸。苯甲酸又名安息香酸，其抑菌机理是使微生物细胞的呼吸系统发生障碍，使三羧酸循环过程难以进行，并阻碍细胞膜的正常生理作用。苯甲酸的有效成分是未解离的苯甲酸分子，所以在酸性食品中使用效果好，对酵母菌、霉菌都有效。

（2）山梨酸。山梨酸是不饱和脂肪酸，是目前国际上公认最安全的化学防腐剂之一，主要抑制霉菌和酵母菌。其抑菌机理是透过细胞壁进入微生物细胞内，利用自身的双键与微生物细胞中酶的巯基形成共价键，使其丧失活性，破坏含有巯基的酶类，从而抑制微生物的生长。

（3）丙酸盐。丙酸盐的有效成分是丙酸，单体丙酸分子可以在霉菌细胞外形成高渗透压，使霉菌细胞内脱水，失去繁殖能力，且还可以穿透霉菌细胞壁，抑制细胞内的活性。目前主要用于面包、糕点类食品的防腐保鲜。

（4）酯类防腐剂。酯类防腐剂主要包括对羟基苯甲酸酯类、没食子酸酯、抗坏血酸棕榈酸酯等。这类防腐剂的特点就是在很宽的 pH 范围内都有效，毒性也比较低，其抑菌机理主要是使微生物细胞呼吸系统和电子传递酶系统的功能受阻，抑制丝氨酸的吸收和三磷酸腺苷的产生，从而破坏微生物细胞膜的结构，起到防腐的作用。

（5）无机盐防腐剂。无机盐防腐剂主要包括亚硫酸盐和焦亚硫酸盐等，有效成分是亚硫酸分子，其作用机理主要是消耗食品中 O_2，使好气性微生物因缺氧而死，并能抑制某些微生物生理活动中酶的活性。

2) 天然防腐剂

（1）蜂胶。蜂胶是蜜蜂用从植物幼芽与树干上采集的树脂，混入其上颚分泌物和蜂蜡加工而成的具有芳香气味的胶状固体物。蜂胶的化学成分极为复杂，主要成分包括约 20 种黄酮，同时含有维生素、矿物质、氨基酸等营养物质。蜂胶中的多酚类化合物具有抑制和杀灭细菌的作用，经过降解其最终产物是苯甲酸，是一种天然防腐剂。

（2）鱼精蛋白。鱼精蛋白是从鲑、鲟、鲱等鱼精子细胞中提取的一种细小而简单的碱性球蛋白，具有无臭、无味、热稳定性好、安全无毒的特点，在中性和碱性环境中有很强的抑菌能力。鱼精蛋白可与细胞膜中某些涉及运输或生物合成系统的蛋白质作用，使这些蛋白质的功能受损，从而抑制细胞的新陈代谢而使细胞死亡。鱼精蛋白主要应用于面制品、肉和肉制品、乳与乳制品等食品的防腐保鲜。

（3）壳聚糖。壳聚糖又称为甲壳素，是从蟹壳、虾壳中提取的一种多糖类物质，是一类具有较强的抗菌作用的天然防腐剂。壳聚糖的抑制机理是其能够在物体表面形成半透膜，这层半透膜能够有效阻止病菌的侵入和生长。

（4）茶多酚。茶多酚是从茶叶中提取的多酚类复合体，大约占茶叶干重的 20%～30%。茶多酚对枯草杆菌、金黄色葡萄球菌、大肠杆菌、炭疽病菌等有抑制作用。茶多酚具有抗氧化的原因是由于含有 60%～70% 的儿茶素物质，它的抑菌机理为其分子结构中的酚性羟基特有的供氢体能与脂肪酸在自动氧化过程中产生的游离基结合，中断脂肪酸氧化的连锁反应，抑制其氧化物的形成，达到抗氧保鲜的目的。

（5）香辛料。香辛料的抑菌成分主要有丁香酚、异冰片、茴香脑、肉桂醛等，将这些成分协同起来可得到效果极佳的防腐效果。通过近些年的研究发现，香辛料能抑菌防腐，真正起作用的是其精油，而目前研究与开发食品防腐剂使用的大多也是香辛料的精油或者提取物。

（6）细菌素。由细菌产生的抑菌物质称为细菌素，它是一种多肽或多肽与糖和脂的复合物，由包括乳酸菌在内的很多种细菌合成。细菌素具有生化性能和遗传性能，绝大多数细菌素都没有毒性。

（7）乳酸链球菌素。乳酸链球菌素是世界公认的安全天然食品防腐剂。由于乳酸链球菌素用作食品防腐剂可以控制由肉毒梭菌引起的奶酪膨胀腐败，我国于 20 世纪 90 年代批准使用。乳酸链球菌素的抑菌机制主要是通过干扰细胞膜的正常功能，造成细胞膜的渗透、养分流失和膜电位下降，导致致病菌和腐败菌死亡；乳酸链球菌素和溶菌酶一起作用，有协同作用，可以更有效地防止食品腐败，对食品的色、香、味、口感无不良影响，已广泛应用于乳制品、罐头制品、鱼类制品和酒精饮料中。

（8）纳他霉素。纳他霉素也称匹马菌素、游霉素，是由纳他链霉菌受控发酵制得的一种白色至乳白色的无臭、无味的结晶粉末，商品名称为霉克，是一种高效的真菌抑制剂。纳他霉素的抑菌机理主要是与真菌的麦角固醇以及其他固醇基团结合，阻遏麦角固醇的生物合成，从而使细胞膜畸变，最终导致渗漏，引起细胞死亡。纳他霉素能有效抑制和杀死酵母菌、霉菌及其他丝状真菌，目前已广泛应用于乳制品、罐装食品、啤酒酿造、方便食品、焙烤食品等领域的防腐保鲜。

2. 食品防腐剂的安全问题

食品中含有丰富的蛋白质、碳水化合物和脂肪类营养物质，在物理、生物化学和有害微生物等的作用下，可以失去原有的色、香、味、形而发生腐烂变质。其中有害微生物的作用是导致食品腐烂变质的主要原因。在日常生活中，人们除了可以用低温冷藏、隔绝空气、干燥、高渗、高酸度、辐射等来杀菌或抑菌等物理方法来防止有害微生物的破坏外，也可以采用化学方法，即利用防腐剂来杀菌或抑菌。因此，食品的保鲜与防腐是食品加工生产的首要问题，而食品防腐剂的选择和安全性就变成人们普遍关注的热点问题。

过量摄入苯甲酸和苯甲酸钠将会影响肝脏酶对脂肪酸的作用，且苯甲酸钠中过量的钠对人体血压、心脏、肾功能也会造成影响。苯甲酸及其钠盐因为有叠加中毒现象的报道，因此在使用上有争议，虽仍为各国允许使用，但应用范围越来越窄，日本的进口食品中就限制使用，甚至部分禁止使用。但因苯甲酸及其钠盐价格低廉，在我国仍作为主要防腐剂使用。

山梨酸具有较低的毒性，是迄今为止国际公认的最好的防腐剂，已经成为西方发达国家的主流防腐剂。但事实上，现在已经报道的许多案例（如荨麻疹和假过敏）说明了人体中过多的山梨酸所带来的危害。

对羟基苯甲酸酯又称尼泊金酯，具有多种形式，是国际公认的三大广谱高效食品防腐剂之一，作为防腐剂已经使用了超过 70 年。尼泊金甲酯由于毒性比其他的酯类要大，故很少作为食品防腐剂使用，但可以与尼泊金丙酯放到一起使用，因为它们之间具有协同效应。我国也尚无正式规定关于如何使用尼泊金丁酯，卫生部门曾暂定在酱油中使用尼泊金丁酯的最大使用量为 0.1 g/kg。表 8-1 中列出了一些常用防腐剂的各项指标情况。其中，ADI 值由 JECFA 规定并用于评价食品添加剂安全性的首要和最终依据，ADI 值越大，说明该种防腐添加剂的毒性就越低。

表 8-1 食品中常见的防腐剂的评价指标

防腐剂名称	ADI/(mg/kg BW)	LD_{50}（大鼠经口）/(g/kg)	我国规定最大使用量/(mg/kg)
苯甲酸	0～5	2.70～4.44	0.2～10
苯甲酸钠	0～5	2.7	0.2～10
山梨酸	0～25	10.5	0.2～10
山梨酸钾	0～25	4.20～6.17	0.2～10
丙酸	不限制	5.6	—
丙酸钙	0～10	5.16	2.5
丙酸钠	0～10	5.1	2.5
脱氢乙酸	—	1.00	0.3
脱氢乙酸钠	—	0.57	—
尼泊金甲酯	0～10	—	—
尼泊金乙酯	0～10	8	0.10～0.25
尼泊金丙酯	0～10	3.7	0.012～0.200
尼泊金异丙酯	0～10	7.17	—
尼泊金丁酯	0～10	16	—
尼泊金异丁酯	0～10	8.39	—

三、着 色 剂

1. 着色剂的分类

以给食品着色为目的的食品添加剂称为着色剂，也称为食用色素。着色剂能使食品具有悦目的色泽，对增加食品的嗜好性及刺激食欲有重要意义。着色剂按来源可分为人工合成着色剂和天然着色剂。人工合成着色剂又可分类偶氮类、氧蒽类和二苯甲烷类等；天然着色剂又可分为吡咯类、多烯类、酮类、醌类和多酚类等。天然着色剂大多以植物资源为原料，应用提取、分离、浓缩等技术而获得的多功能天然提取物，色调较为自然。虽在色素含量和稳定性等方面不如化学合成着色剂，但因其多来自水果、蔬菜、花卉等资源，对人体的安全性较高，因此，开发研制天然着色剂来代替人工合成着色剂已经成为食品、化妆品行业的发展趋势。

1）吡咯类着色剂

吡咯类色素一般由四个吡咯环的 α-碳原子通过次甲基相连而形成共轭体系（卟啉环，图 8-2）。中间通过共价键或配位键与金属元素形成配合物，从而呈现出各种颜色。常见的吡咯类色素有叶绿素和血红素。

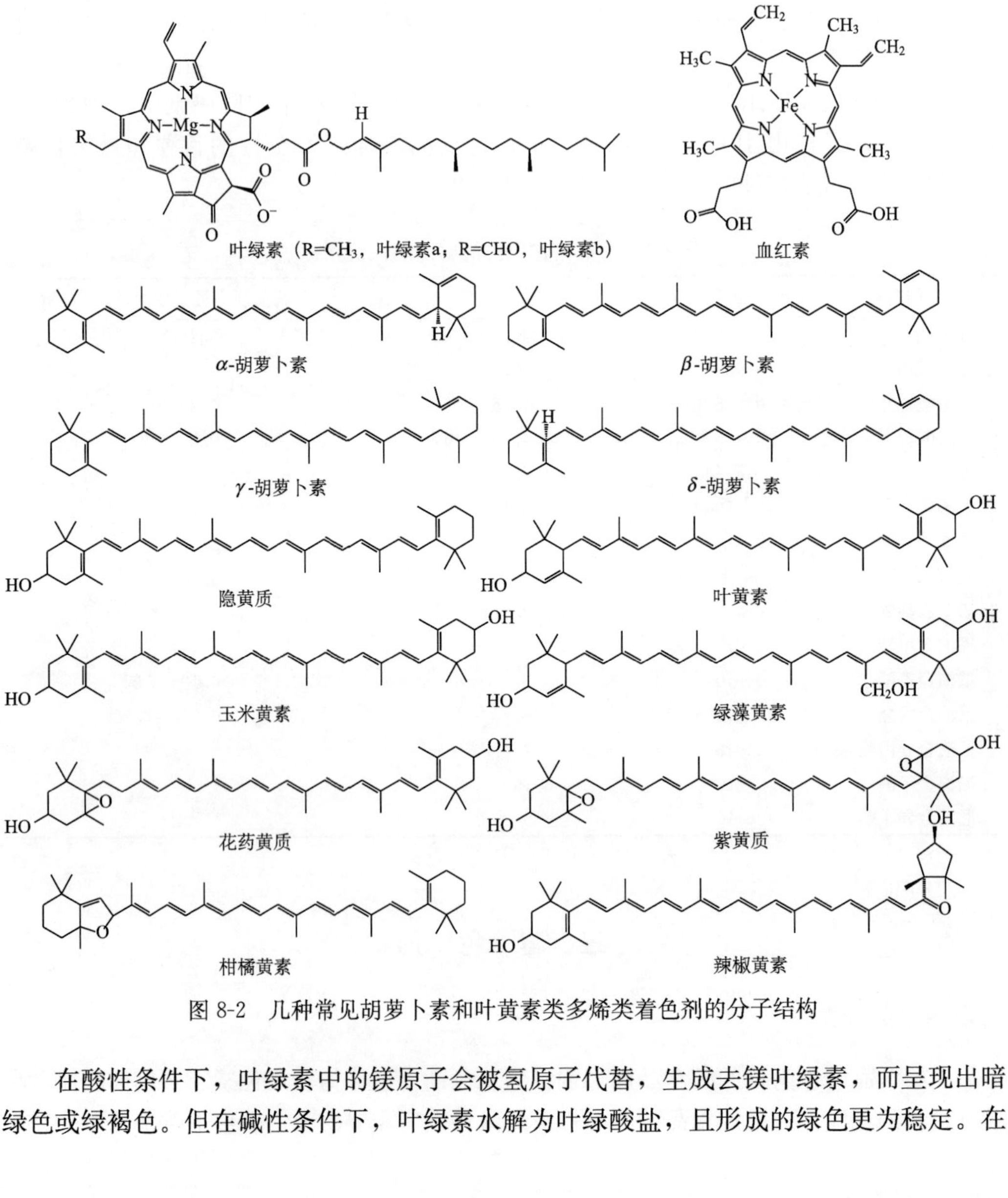

图 8-2　几种常见胡萝卜素和叶黄素类多烯类着色剂的分子结构

在酸性条件下，叶绿素中的镁原子会被氢原子代替，生成去镁叶绿素，而呈现出暗绿色或绿褐色。但在碱性条件下，叶绿素水解为叶绿酸盐，且形成的绿色更为稳定。在一定条件下，用 Cu、Fe、Zn 等置换叶绿素中的 Mg，既能能保持原有的鲜绿色，还能提高色素的稳定性。血红素存在于含动物蛋白质高的食物，如瘦肉、动物肝脏、动物血和鱼等，也是一种吡咯类色素。

2）多烯类着色剂

多烯类色素又称类胡萝卜素，是以异戊二烯残基为单位的共轭链为基础（图 8-2），广泛分布于生物界，颜色从黄、橙、红以至紫色都有，具有脂溶性。在加热、酸或光的作用下，类胡萝卜素可发生异构化反应，部分双键的构型由反式变为顺式，导致其吸收波长发生移动。类胡萝卜素又可分为胡萝卜素和叶黄素两类。胡萝卜素为纯碳氢化合物，而叶黄素中则含有含氧基团。

3）多酚类着色剂

多酚类着色剂是一类水溶性着色剂，广泛分布于植物中，是植物花、叶、茎和果实等鲜艳色彩的主要成分，主要包括花青素、黄酮类素、儿茶素和单宁等。

花青素是一大类水溶性植物色素，主要以糖苷的形式存在于植物中，其基本结构是2-苯基并吡喃（图 8-3），在其基本结构单元中有多个酚羟基或酚羟基与烷基或糖基形成的醚或苷，当分子中有糖基时称为花色苷。随着不同花青素结构中所带基团种类和数量的不同，其颜色有所不同。其原因是不同基团及数量不同的基团助色效果不同，基本结构上所带给电子基团越多，颜色越深。

R_1	R_2	名称
OH	OH	花翠素
OCH₃	OH	牵牛花色素
OH	H	花青素
H	H	花葵素
OCH₃	H	甲基花青素
OCH₃	OCH₃	二甲基花翠素

R_1	R_2	R_3	R_4	名称
H	OH	H	OH	茨菲醇
OH	OH	H	OH	槲皮素
OH	OH	OH	OH	杨梅素
OH	OH	H	H	圣草素
H	OH	H	H	柚皮素
OH	OCH₃	H	H	橙皮素

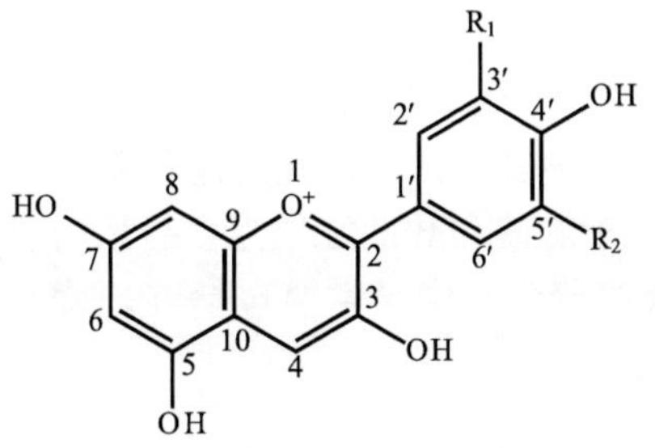

花青素类 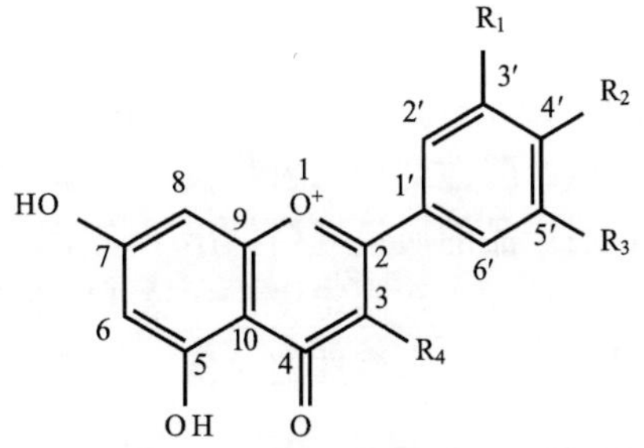　　　　　　　　　黄酮类

图 8-3　多酚类着色剂的分子结构

黄酮类素也称花黄素，是多酚类衍生物中另一类水溶性色素，同样以糖苷的形式广泛分布于植物界。其基本化学结构是 α-苯基苯并吡喃酮（图 8-3）。这类色素的稳定性较好，但也受分子中酚羟基数和结合位置的影响。此外，光、热和金属离子对其也有一定的影响。

4）醌酮类着色剂

醌酮类着色剂主要包括红曲素、姜黄素、紫胶素以及焦糖素等。红曲色素是一组由红曲霉菌所分泌的微生物色素，含有 6 种不同成分，即红曲素、黄红曲素、红斑红曲素、红曲红玉素、红斑红曲胺和红曲红玉胺（图 8-4）。红曲色素可溶于水，热稳定性高；姜黄素是一组从姜科姜黄属的多年生草本植物姜黄的地下根茎中提取的黄色素；姜黄素溶于乙醇、冰醋酸和碱溶液，在碱性溶液中呈褐红色；紫胶色素属于醌类色素，是从豆科、桑科植物上的紫胶虫的雌虫所分泌的树脂状物质紫胶加工而得，由紫胶色酸A、B、C、D、E 等组成，其中紫胶色酸 A 占 85%（图 8-4）。

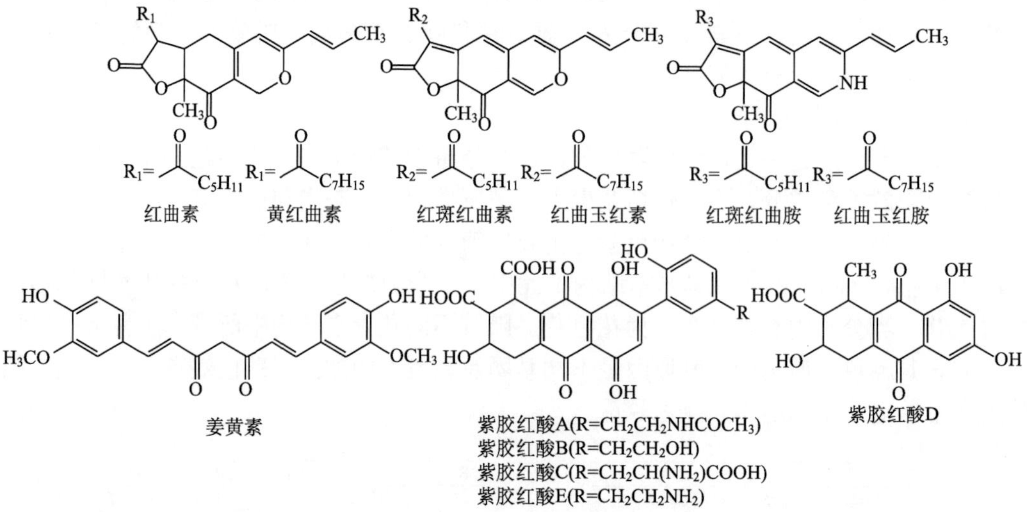

图 8-4 醌酮类着色剂的分子结构

5）合成类着色剂

在我国的食品安全国家标准 GB 2760—2011 中规定了允许使用的 11 种食用合成着色剂（图 8-5），分别是苋菜红、胭脂红、赤藓红、新红、柠檬黄、日落黄、亮蓝、诱惑红、靛蓝、酸性红和二氧化钛，其基本信息列于表 8-2[14~21]。在食用色素产品的国家标准中，对产品的质量规格做出了规定。我国对于靛蓝和酸性红作为食品添加剂的质量规格标准，目前正在制定中。在这 11 种食用合成着色剂中，主要包括红、黄、蓝、白四色，虽然都属于水溶性的色素，但是性质和毒性各有不同。

2. 着色剂的安全问题

从安全角度来说，着色剂只要在国家许可范围和标准内使用，就不会对健康造成危害。但目前的问题是，食品中添加着色剂的行为过于普遍，即使某一种食品中着色剂含量是合格的，但消费者在生活中大量食用多种含有同样着色剂的食品，仍然有可能导致摄入的着色剂总量超标，从而给消费者的健康带来危害。天然着色剂的生产成本虽然较高，但是从安全性方面考虑，在食品加工中选择使用天然着色剂是比较理想的，但天然着色剂不等于无毒，评价某一种物质的毒性大小，除了人们已有多年广泛食用的历史外，还可以用 ADI 值来评价天然着色剂的安全，ADI 值越大，表示毒性越小。某些天然着色剂 ADI 值较小，并不比合成着色剂安全。

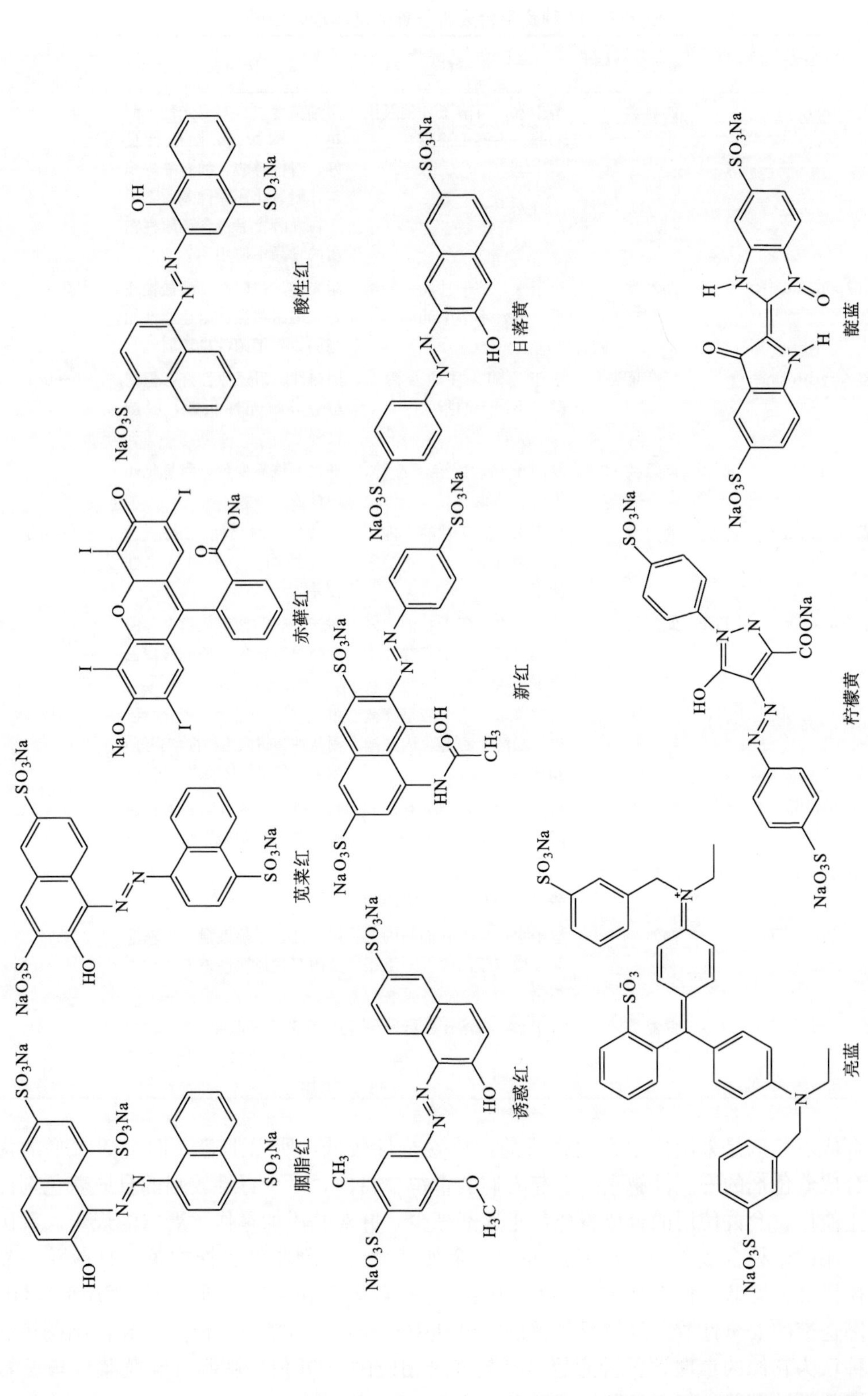

图 8-5　国家标准 GB 2760—2011 中十种有机类合成着色剂的分子结构

表 8-2　11 种食用合成着色剂的基本理化性质

名称	所属类别	溶解性	坚牢度	ADI (JECFA)/(mg/kg)
苋菜红/amaranth	偶氮类	溶于水，可溶于甘油及丙二醇，不溶于油脂	耐细菌性差，有耐光性、耐热性、耐盐性，耐酸性良好，对柠檬酸、酒石酸等稳定。耐氧化还原性差，不适于在发酵食品及含还原性物质的食品中使用	0～0.5
胭脂红/ponceau 4R	偶氮类	溶于水，溶于甘油，微溶于乙醇，不溶于油脂	耐光性、耐酸性、耐盐性较好，但耐热性、耐还原性相当弱，耐细菌性也较弱	0～4
赤藓红/erythrosine	氧杂蒽类	溶于乙醇、甘油及丙二醇，不溶于油脂	耐热性、耐还原性好，但耐酸性、耐光性很差，吸湿性强	0～0.1
新红/new red	偶氮类	易溶于水，微溶于乙醇，不溶于油脂	遇铜、铁易变色，耐氧化还原性差	—
柠檬黄/tartrazine	偶氮类	溶于水，溶于甘油、丙二醇，微溶于乙醇，不溶于油脂	耐酸性、耐热性、耐盐性、耐光性均好，但耐氧化性较差	0～7.5
日落黄/sunset yellow, FCF	偶氮类	易溶于水，溶于甘油、丙二醇，但难溶于乙醇，不溶于油脂	对光、热和酸都很稳定，但遇碱呈红褐色，还原时褪色	0～2.5
亮蓝/brilliant blue, FCF	三苯甲烷类	易溶于水，水溶液呈亮蓝色。易溶于乙醇、丙二醇和甘油	耐光性、耐热性、耐酸性、耐盐性和耐微生物性均很好，耐碱性和耐氧化还原性也好	0～12.5
靛蓝/indigotine	靛蓝类	微溶于水、乙醇、甘油和丙二醇，不溶于油脂	耐光性、耐热性差，对柠檬酸、酒石酸和碱不稳定	0～5
二氧化钛/titanium dioxide	无机类	不溶于水、盐酸、稀硫酸、乙醇及其他有机溶剂	—	不限
诱惑红/allura red	偶氮类	溶于水，溶于甘油与丙二醇，微溶于乙醇，不溶于油脂	耐光性、耐热性强，耐碱性及耐氧化还原性差	0～7
酸性红/carmoisine	偶氮类	溶于水，微溶于乙醇	耐热性、耐光性、耐碱性、耐氧化还原性及耐盐性能均佳	0～4

　　合成着色剂是采用化学方法合成的，故安全性较低，所以随着人们生活水平的提高，合成着色剂的安全性越来越引起人们的重视。目前，不少毒性较强的合成着色剂已被禁止使用，允许使用的合成着色剂正逐渐减少，并对其添加量作了严格的规定。我国允许使用的 8 种合成着色剂除新红外，其余如苋菜红、胭脂红、柠檬黄、日落黄、靛蓝、樱桃红、亮蓝 7 种合成着色剂均为国际上多数国家和地区批准使用，FAO/WHO 对各国送交的安全性数据经过反复评议，对其中柠檬黄、日落黄、靛蓝、亮蓝和樱桃红等品种认为它们的毒理学资料清楚，已制订出相应的 ADI 值，胭脂红和苋菜红虽然毒理学资料不够完善，但也已制订了暂定的 ADI 值（表 8-3）。

表 8-3　食品用合成着色剂的毒理学实验（评价指标）及使用限量

名称	毒理学评价结果		最大使用量 /(g/kg)	安全性分析
	LD$_{50}$/(mg/kg BW)	ADI/(mg/kg BW)		
苋菜红	大白鼠腹腔注射：>1000	0～0.5	0.05	慢性毒性试验对肝脏、肾脏的毒性均低，一直被视为安全性较高
胭脂红	大白鼠经口：>8000	0～4	0.05	超剂量使用产生毒性
柠檬黄	大白鼠经口：>2000	0～7.5	0.10	安全性较高
日落黄	—	0～2.5	0.10	安全性相对较高
靛蓝	大白鼠经口：2000	0～5	0.10	较安全
亮蓝	—	0～12.5	0.005～0.010	安全性较高，无致癌性
新红	大白鼠经口：10000	—	—	无急性中毒症状及死亡，大白鼠最大无作用剂量为 0.5%
赤藓红	—	0～0.1	0.01～0.02	安全性相对较高

四、甜　味　剂

　　甜味剂是能赋予食物甜味的食品添加剂。在 20 世纪 50 年代之前的很长时间，食品工业中所用的甜味剂主要是蔗糖和糖精，之后在欧美等发达国家相继出现了甜蜜素、阿力甜、乙酰磺胺酸钾等甜味剂。日常生活中，甜味剂的使用比我们想象的要广泛，如饮料、酱菜、糕点、饼干、面包、蜜饯、糖果、调味料、肉类罐头等都添加了甜味剂。

1. 甜味剂的分类

　　甜味剂按来源可分为天然和合成两类。天然甜味剂又分为糖醇类和非糖醇类两种，前者包括木糖醇、山梨糖醇、甘露糖醇、乳糖醇、异麦芽糖醇和赤藓糖醇；后者包括甜菊糖苷、甘草、奇异果素、罗汉果素和索马甜。根据营养价值，甜味剂又可分为营养型和非营养型两种。营养型甜味剂主要指蔗糖、葡萄糖浆等，它们除了有甜味，还可产生热量；非营养型甜味剂主要指很少或几乎不会产生任何热量的甜味剂，比较常用的非营养型甜味剂有木糖醇、阿斯巴甜、糖精钠、甜蜜素、甜菊苷、三氯蔗糖、安塞蜜等。
　　甜味剂的种类很多，表 8-4 中列出了几种常见的甜味剂性质的比较[22,23]。

表 8-4　常见甜味剂的基本理化性质

中文/英文名称	类别/属性	性状	溶解性	甜度	ADI 值 (JECFA) /(mg/kg BW)
蔗糖/sucrose	天然/营养型	白色结晶性固体	易溶于水，不溶于乙醚	1.00	—
木糖醇/xylitol	天然/非营养型	白色结晶或结晶性粉末	极易溶于水，微溶于乙醇和甲醇	0.65～1.00（视浓度而异）	未规定
山梨糖醇/sorbitol	天然/营养型	白色针状结晶或结晶性粉末，亦可为片状或颗粒状	极易溶于水，微溶于乙醇、甲醇和醋酸	0.6	未规定
甜菊苷/stevioside	天然/非营养型	白色至微黄色结晶性粉末	溶于水，微溶于乙醇	200～300（视浓度而异）	—

中文/英文名称	类别/属性	性状	溶解性	甜度	ADI 值 (JECFA) /(mg/kg BW)
索马甜[a]/thaumatin	天然/非营养型	白色至奶油色无定性粉末	极易溶于水，不溶于丙酮	850～8000（视浓度而异）	未规定
天门冬酰苯丙氨酸甲酯（阿斯巴甜）/aspartame	合成/非营养型	白色结晶性粉末	微溶于水和乙醇	180（稀溶液）	0～40
三氯蔗糖/sucralose	合成/非营养型	白色至近白色结晶性粉末	极易溶于水、乙醇和甲醇	600	0～15
糖精钠/sodium saccharin	合成/非营养型	无色至白色斜方晶性风化粉末	易溶于水，微溶于乙醇	500（稀溶液）	0～5
环己基氨基磺酸钠（甜蜜素）sodium cyclamate	合成/非营养型	白色针状、片状结晶或结晶性粉末	溶于水和丙二醇，几乎不溶于乙醇、乙醚、苯和氯仿	30（稀溶液）	0～11

注：a. 尼日利亚生产的一种竹芋植物的成熟果实中提取物，是迄今为止发现的最甜的物质，已获得欧美十几个国家的认可，但在我国尚未批准使用。

由表 8-4 能看出，不同甜味剂之间性状、溶解性、甜度等都有差别。有时候使用单一的甜味剂在用量大时会有不良风味，而复配甜味剂可以利用各种甜味剂之间的差别，达到互补甚至增效的作用。例如，添加 2％～3％阿斯巴甜于糖精中，可掩盖糖精的不良口感；甜蜜素和糖精钠按 1∶10 的比例复配，也可消除高浓度时的不良口感。部分常见甜味剂的结构式见图 8-6。

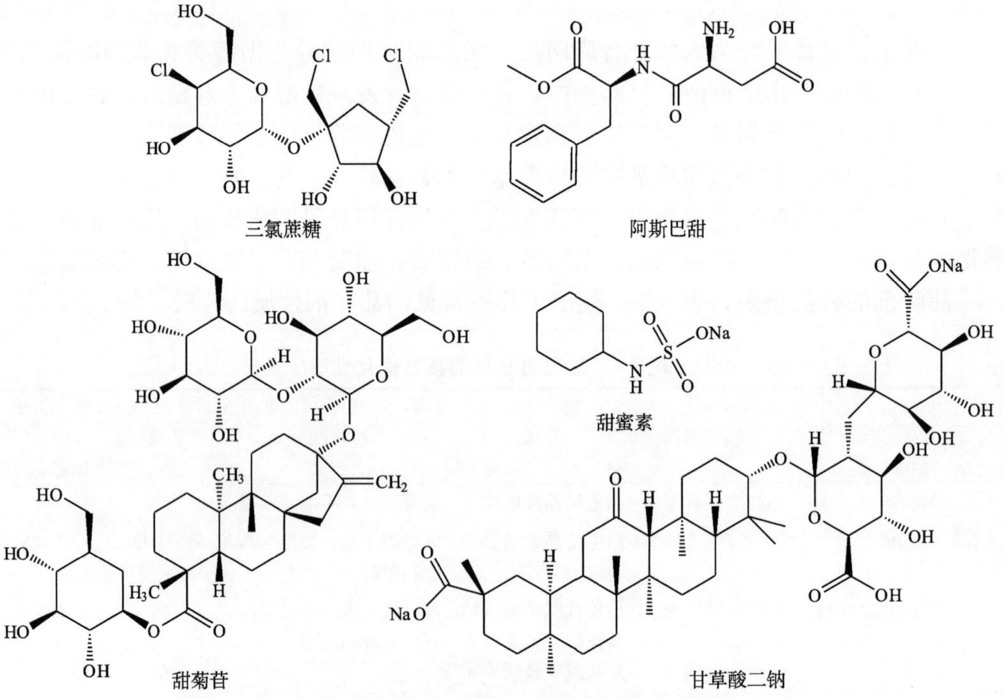

三氯蔗糖　　阿斯巴甜　　甜蜜素　　甜菊苷　　甘草酸二钠

图 8-6　部分常见甜味剂的结构式

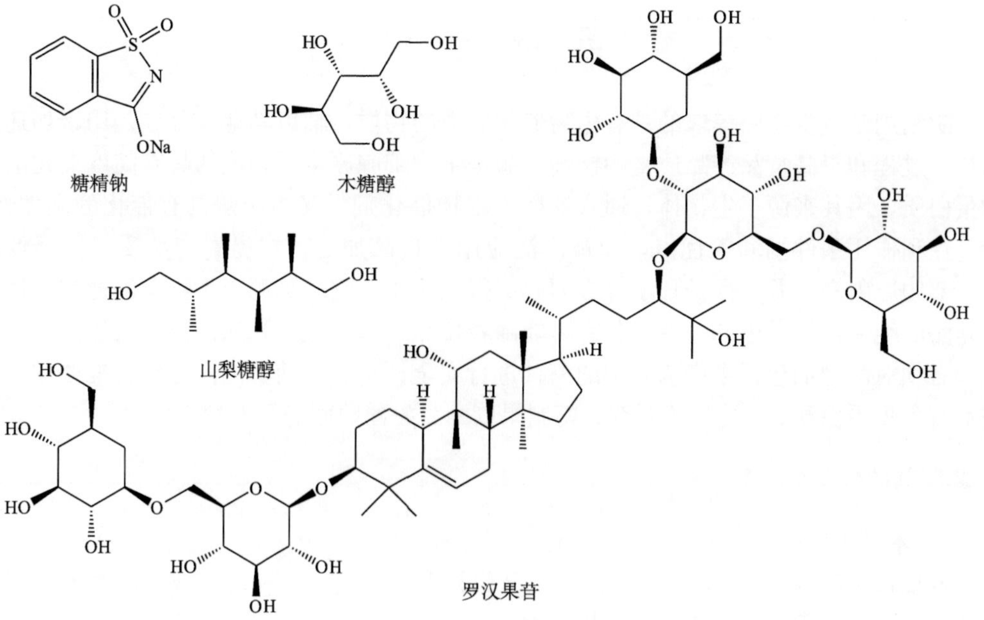

糖精钠　　　　木糖醇

山梨糖醇

罗汉果苷

图 8-6　（续）

2. 甜味剂的安全问题

　　甜味剂的使用非常广泛，随之而来的也有安全性问题。糖精钠是一种人工合成的甜味剂，是从煤焦油中提炼而来，糖精钠溶液加热煮沸，会逐渐分解生成少量苯甲酸而产生苦味。虽然它的使用非常普遍，尤其果脯蜜饯产品中，大部分都添加了糖精钠，但其致癌的可能性尚未完全排除，因此，应避免长期大量食用。目前，我国规定糖精钠的最大使用量为 0.15 g/kg，婴幼儿食品中不得使用。

　　甜蜜素是由环己胺为主要原料与三氯化硫反应合成，产品中往往含有能致癌的环己胺和二环己胺，因此，选择它作为甜味剂时应该慎重。美国、英国、日本等 40 多个国家已经禁止在食品中添加甜蜜素，我国规定了最大使用量，在多数产品如冷冻饮品、罐头、糕点等中的最大使用量为 0.65 g/kg，只有在凉果类、话化类（甘草制品）和果丹（饼）类产品中的最大使用量为 8.0 g/kg，并且规定在绿色食品中完全不能添加[24]。

　　此外，有些甜味剂并不很适合所有人群食用。如阿斯巴甜在体内代谢的主要降解物为苯丙氨酸，因此苯丙酮尿症患者不宜食用。若食品中含阿斯巴甜，须在标签上予以警示。

　　食品生产企业应该在食品的标签中表明甜味剂的添加量以及不适于食用的人群。人们在选购食品时，要仔细阅读食品标签，选择适合自己的食品。从健康和保障身体发育的角度来讲，儿童和孕妇等特殊人群最好不食用含有合成甜味剂的食品。

五、酶 制 剂

酶制剂是从生物中提取的具有生物催化能力的物质，辅以其他成分，是用于加速食品加工过程和提高食品产品质量的制剂。酶是生物细胞原生质合成的具有高度催化活性的蛋白质，因其来源于生物体，通常被称为生物催化剂。又由于酶具有催化的高效性、专一性和作用条件温和等优点，而被广泛应用于食品加工，在提高产品质量、降低成本、节约原料和能源、保护环境等方面起了很大作用。它虽来源于生物，但通常使用的不是酶的纯品，制品中的一些组分有可能随着食品一起被摄入，从而影响人体健康，因此，必须对酶制剂包括生产酶制剂的菌种进行安全评价。目前，国内已经批准使用的酶制剂有木瓜蛋白酶、α-淀粉酶制剂、精制果胶酶、β-葡萄糖酶等 6 种。

1. 酶制剂的分类

1) 木瓜蛋白酶

木瓜蛋白酶（papain）简称木瓜酶，又称为木瓜酵素，是利用未成熟的番木瓜果实中的乳汁，采用现代生物工程技术提炼而成的纯天然生物酶制品。木瓜蛋白酶是一种含巯基肽链内切酶，具有蛋白酶和酯酶的活性，有较广泛的特异性，对动植物蛋白、多肽、酯、酰胺等有较强的水解能力，同时，还具有合成功能，能把蛋白水解物合成为类蛋白质。木瓜蛋白酶溶于水和甘油，水溶液无色或淡黄色，有时呈乳白色；几乎不溶于乙醇、氯仿和乙醚等有机溶剂。最适 pH 5.7（3～9.5 均可），在中性或偏酸性时亦有作用，等电点为 18.75；最适温度 55～60℃（10～85℃皆可），耐热性强，在 90℃时也不会完全失活；受氧化剂抑制，还原性物质激活。木瓜蛋白酶主要用于啤酒抗寒、肉类软化、谷类预煮的准备、水解蛋白质的生产等方面。

2) 谷氨酰胺转氨酶

谷氨酰胺转氨酶（TG）是一种能催化赖氨酸的氨基与谷氨酸的 γ-羟酰胺基形成共价键而导致蛋白质聚合的酶。TG 广泛存在于动物及微生物中。目前食品工业中使用的 TG 主要来源于微生物。TG 黏合力极强，用该酶催化形成的共价键非常稳定，pH 的稳定性很好，其最适作用 pH 为 6.0，在 pH 为 5.1～8.0 时，该酶都具有较高的活性；TG 的热稳定性较强，最适温度为 50℃左右，但在 45～70℃仍有较高的活性。特别是在蛋白质食品体系中，TG 的热稳定性会显著提高，这一特性使其在一般的食品加工过程中不会迅速失活；TG 的催化作用使得食品中蛋白质分子之间或之内形成 ε-（γ-谷氨酰基）-赖氨酸异肽键，提高了蛋白质的吸水性、保水性、黏度、胶凝作用，以及黏着性、乳化性、起泡性和热稳定性等功能特性，从而改善蛋白质食品的外观形状、风味口感和质地结构。目前，TG 已应用于肉制品、鱼肉制品、乳制品、植物蛋白制品、焙烤制品、固定化酶、可食性包装中。

3) 弹性蛋白酶

弹性蛋白酶（elastase）是一种以水解不溶性弹性硬蛋白为特征的蛋白水解酶。弹性蛋白酶含有弹性水解、黏多糖水解和脂水解作用的三种酶的混合物。由于弹性黏多糖酶作用于弹性蛋白链间的黏多糖，弹性脂蛋白酶作用于弹性蛋白间脂质，促进弹性蛋白酶分解，因此弹性蛋白酶能够分解弹性纤维。弹性蛋白酶既可由动物胰脏提取，也可从微生物发酵制得。微生物来源的弹性蛋白酶的相对分子质量为 21 000~39 500，等电点为5.1~10.0，最适 pH 为 7.4~11.7。微生物弹性蛋白酶与猪胰脏弹性蛋白酶一样，具有广泛的水解活性，不但能降解弹性硬蛋白，而且对明胶、血纤维蛋白、血红蛋白、白蛋白等多种蛋白质都有降解作用，是一种广谱的肽链内切酶。利用微生物生产弹性蛋白酶不仅能够提供足够的治疗用药物酶，也能为开拓该酶的其他方面的应用提供充足的酶原，如降解环境中的猪、牛加工后的难降解废物，肉的嫩化等。

　　4）溶菌酶

　　溶菌酶（lysozyme）又称为胞壁质酶或 N-乙酰胞壁质聚糖水解酶，是一种能水解致病菌中黏多糖的碱性酶。溶菌酶具有抗菌、消炎、抗病毒等作用，广泛存在于人体多种组织中，鸟类和家禽的蛋清，哺乳动物的泪、唾液、血浆、尿、乳汁等体液，以及微生物中也含此酶，其中以蛋清含量最为丰富。溶菌酶作为一种天然蛋白质，在胃肠内有助消化和吸收的作用，对人体无毒害、无残留，是一种安全性较高的食品保鲜剂、营养保健品和药品。溶菌酶属于冷杀菌，在杀菌过程中不需加热，避免了高温杀菌对食品风味的破坏作用，尤其对热敏感的物料更具有重要意义，现已广泛应用于水产品、肉制品等的防腐。

　　5）脂肪酶

　　脂肪酶（lipase）又称为甘油酯水解酶，广泛存在于动物组织、植物种子和微生物中。脂肪酶是一类具有多种催化能力的酶，可以催化甘油三酯及其他一些水不溶性酯类的水解、醇解、酯化、转酯化及酯类的逆向合成反应。除此之外，脂肪酶还表现出其他一些酶的活性，如磷脂酶、溶血磷脂酶、胆固醇酯酶、酰肽水解酶活性等。脂肪酶不同活性的发挥依赖于反应体系的特点，如在油水界面促进酯水解，而在有机相中可以进行酶促合成和酯交换。由于微生物种类多、繁殖快、易发生遗传变异，具有比动植物更广的作用 pH 和作用温度范围以及底物专一性，且微生物来源的脂肪酶一般都是分泌性的胞外酶，适合于工业化大生产和获得高纯度样品，因此微生物脂肪酶是工业用脂肪酶的重要来源。目前，脂肪酶已广泛应用于油脂加工、食品、医药、日化等工业；在肉类食品中应用主要是去除产品的脂肪，改善产品的风味。

　　6）葡萄糖氧化酶

　　葡萄糖氧化酶（GOD）是一种需氧脱氢酶，它能专一地氧化 β-D-葡萄糖成为葡萄糖酸和过氧化氢。GOD 广泛分布于动植物及微生物体内。微生物产生 GOD 的能力强，便于大规模生产，目前国内外大都采用微生物发酵法生产 GOD。GOD 呈淡黄色，易溶于水，完全不溶于乙醚、氯仿、丁醇和甘油等。GOD 在 4~45℃条件下较稳定，温度上升至 70℃后活力几乎降至零。GOD 在 pH 4~9 稳定，当 pH 达到 7 左右稳定性好。采用 GOD 可以除去食品和容器中的氧，从而有效地防止食物变质，因此可以用于肉制品、茶叶、冰淇淋、奶粉、啤酒、果酒及其他饮料制品的包装中。

　　7）异淀粉酶

　　异淀粉酶是淀粉酶的一种，又称糖化酶。异淀粉酶能够专一性分解淀粉类物质中

α-1，6 糖苷键。在植物中，如大米、蚕豆、马铃薯、麦芽和甜玉米等均有异淀粉酶的存在。微生物中能产生异淀粉酶的菌种也非常广泛，酵母菌、细菌、放线菌均能产生。异淀粉酶是酶制剂中用途最广、消费量最大的一种，主要用于面包生产中的面团改良（降低面团黏度、加速发酵进程、增加糖含量、缓和面包老化）、婴幼儿食品中谷类原料的预处理、啤酒酿造的供糖化及分解未分解的淀粉、清酒生产中淀粉的液化和糖化、酒精生产中的糖化和分解未分解的淀粉、果汁加工中淀粉分解和提高过滤速度，以及应用于蔬菜加工、糖浆制造、饴糖生产、粉状糊精、葡萄糖等加工制造工艺中。

8）纤维素酶

纤维素酶是一种复合酶，能水解纤维，是生物催化剂，其功能是将植物纤维素降解。纤维素酶用途极广，可用于以植物为原料的加工业。在果品和蔬菜加工过程中采用纤维素酶可使植物组织软化膨松，能提高可消化性和口感；纤维素酶用于处理大豆，可促使其脱皮，同时，它能破坏胞壁，使包含其中的蛋白质、油脂完全分离，可增加从大豆和豆饼中提取优质水溶性蛋白质和油脂的效率。

9）超氧化物歧化酶

超氧化物歧化酶（SOD）是广泛存在于生物体内的含 Cu、Zn、Mn、Fe 的金属酶类。作为生物体内重要的自由基清除剂，可以清除体内多余的超氧阴离子自由基，在防御生物体氧化损伤方面起着重要作用。在食品工业中，SOD 可以作为保健食品的功效因子或食品营养强化剂添加到各类食品中，如 SOD 牛奶、SOD 蛋黄酱等；或者作为罐头、啤酒等食品的抗氧化剂，防止过氧化酶引起的食品变质及腐败现象。此外，SOD 还可作为水果、蔬菜的保鲜剂。

10）菠萝蛋白酶

菠萝蛋白酶属巯基蛋白酶，是从菠萝植株中提取的一种蛋白水解酶系，主要存在于菠萝的茎和果实中。菠萝蛋白酶的分子质量为 30 000～33 000 Da，等电点为 9.55，菠萝蛋白酶的催化活性易受到 pH、温度、金属离子、乙二胺四乙酸（EDTA）及还原剂等的影响。菠萝蛋白酶最适 pH 为 7.1，最稳定的 pH 范围为 3.9～4.2，最适反应温度为 55℃。在食品工业，菠萝蛋白酶可以在肉类嫩化、鱼露生产、干酪生产等方面得以应用。

11）无花果蛋白酶

无花果蛋白酶是来自无花果的一种巯基肽链内切酶，其活性部位含半胱氨酸残基，优先水解酪氨酸及苯丙氨酸残基。无花果蛋白酶的外观为橙黄色至乳白色的粉末，具有苦味，粉末疏松且易吸潮。无花果蛋白酶不完全溶解于水，水稀释后仍有 2%～10% 的不溶物，水溶液加热至 100℃时其活性丧失。无花果蛋白酶在 pH 6～8 稳定。无花果蛋白酶可以提高肉的嫩度，改善肉制品的风味，作为肉类的嫩化剂广泛应用于肉类工业中。

12）生姜蛋白酶

生姜蛋白酶在结构与性质上与木瓜蛋白酶、菠萝蛋白酶以及无花果蛋白酶等具有很多的相似性。生姜蛋白酶在肉类嫩化、酒类澄清以及乳制品凝乳中均广泛应用。生姜蛋白酶用于肉类嫩化，不仅可以显著提高肉的嫩度，而且可以去除腥臭味，提高产品的质量。

2. 酶制剂的安全评价

食品工业用酶的选择必须考虑几个原则，这些原则包括安全性、法规容许、成本、来源稳定性、纯度、专一性、催化反应能力以及在加工过程中保持稳定等。对酶制剂产品的安全性要求，FAO/WHO下属的JECFA在1978年提出了对酶制剂来源安全性的评估标准为：

（1）来自动植物可食部位即传统上作为食品成分，或传统上用于食品的菌种所生产的酶，如符合适当的化学与微生物学要求，即可视为食品，而不必进行毒性试验；

（2）由非致病的一般食品污染微生物所产的酶要做短期毒性试验；

（3）由非常见微生物所产生的酶要做广泛的毒性试验，包括老鼠的长期喂养试验。

这一标准为各国酶的生产提供了安全性评估的依据。生产菌种必须是非致病性的，不产生毒素、抗生素和激素等生理活性物质，菌种需经各种安全性试验证明无害才准用于生产。

六、营养强化剂

食物与营养是人类生存的基本条件，但没有一种天然食品或传统食品含有维持人体健康所必需的全部营养素。因此，为了平衡天然食品中某些营养素的不足，以强化天然营养素的含量，或补偿因食品加工、储存过程的损失，提高食品的营养价值，补充人体对营养素的需要和防止由于缺乏某种天然营养素所导致的各种特定疾病等，在食品中添加营养强化剂是非常有必要的。按照《食品安全法》和国家标准GB 14880—1994《食品营养强化剂使用卫生标准》的规定，食品营养强化剂是指"为增强营养成分而加入食品中的天然的或人工合成的属于天然营养素范围的食品添加剂"。营养强化剂属于食品添加剂的一种，根据国家食品安全标准GB 2760—2011的定义和补充将其分为氨基酸及含氮化合物、维生素和矿物质三大类。

1. 营养强化剂的分类

1）氨基酸及含氮化合物

食物蛋白质不能直接被人体吸收利用，首先经消化分解成氨基酸后被吸收，机体利用这些氨基酸再合成自身蛋白质。构成蛋白质的氨基酸有20多种，其中8种是人体必须从食物中获得而不能自身合成的必需氨基酸。作为营养强化剂的氨基酸和含氮化合物主要是这8种必需氨基酸，但因考虑到加工适用和特殊用途的需要，各国又有所不同，如日本已批准21种，美国为30种，我国目前已批准4种，分别是L-盐酸赖氨酸、L-赖氨酸天冬氨酸盐、L-肉碱和牛磺酸。

（1）L-赖氨酸。L-赖氨酸是8种必需氨基酸中最重要的一种，人体每日需要量比较高，可调节机体内代谢平衡、增加蛋白质吸收率、增强机体的免疫力以及促进儿童生长发育、增长智力等，又是合成脑神经、生殖细胞等细胞核蛋白及血红蛋白的必要成分。赖氨酸是谷类食物的第一限制氨基酸，在大米、玉米、小麦中的含量很少，仅为畜肉、鱼肉等动物蛋白质的 1/3。因此，在植物性食物为主的人群中，强化赖氨酸是十分必要的。

（2）牛磺酸。牛磺酸属于氨基磺酸，较多含于人乳中，牛乳中几乎不含有，是人体的条件性必需氨基酸。其作用是与胆汁酸结合形成牛磺胆酸，对消化道中脂类的吸收是必需的；对机体还具有排毒和抗氧化的作用。另有研究表明，牛磺酸对婴幼儿的大脑和视神经发育起非常重要的作用。牛磺酸作为营养强化剂，主要应用于婴幼儿食品，强化专供婴幼儿食用的牛奶、奶粉、乳制品等，另外还可强化饮料及谷类制品。

（3）L-肉碱。L-肉碱又称为左旋肉碱、维生素 BT，化学名称为 3-羟基-4-三甲氨基丁酸内酯，是一种新型的食品营养强化剂。L-肉碱是人体肌肉的组成成分，能够促进脂肪代谢速率及其转化从而提供能量，而且还参与许多代谢过程；L-肉碱还具有降低血浆胆固醇、提高人体的耐力、提高免疫力、运动后快速消除疲劳等功能。作为食品营养强化剂，L-肉碱主要应用于婴儿食品的营养强化，L-肉碱在婴儿利用脂肪为能量来源的过程中起重要作用，可使脂肪进行最佳氧化。母乳及牛乳中均含有 L-肉碱。

2）维生素类

维生素是促进人体生长发育和调节生理功能所必需的一类低分子有机物总称，一般按其溶解性质可分为脂溶性维生素和水溶性维生素两大类。维生素大多不能在体内合成，或合成量甚微，在体内的储存量也很少，因此必须经常由食物供给。

（1）脂溶性维生素。脂溶性维生素包括维生素 A、维生素 D、维生素 E、维生素 K，其中维生素 A、维生素 D 是较常用的两种食品营养强化剂。维生素 A 又称视黄醇，其前体称为类胡萝卜素，也称为维生素 A 源，其中最主要的是 β-胡萝卜素。作为营养强化剂，其种类主要有天然的维生素 A 油、维生素 A 醋酸酯、棕榈酸酯等脂肪酸酯及天然或合成的各种 β-胡萝卜素，其中 β-胡萝卜素具有很强的生理活性，是较好的维生素 A 营养强化剂。维生素 D 是一种类固醇衍生物，已知维生素 D 族化合物有 6 种，其中维生素 D_2 和维生素 D_3 较为重要。维生素 D 在人体中的生理功能主要与钙的吸收有关，能够促进骨骼和牙齿的正常生长。维生素 D 作为营养强化剂的品种主要有：由酵母与有关真菌分离的麦角固醇经紫外线辐照后产生并被结晶、纯化的维生素 D_2，由鱼肝油或由 7-脱氢胆固醇经紫外线照射制成的维生素 D_3 结晶，以及它们经辐射后的浓缩物。但是，维生素 D 的食物来源不是主要的，主要是日光照射下机体自身的合成，因此，每天必须进行户外活动，以获得充分的日光照射，这一点对于婴幼儿尤为重要。

（2）水溶性维生素。水溶性维生素包括维生素 C 和 B 族维生素（维生素 B_1、维生素 B_2、维生素 B_6、维生素 B_{12} 等）。其中在食品营养强化中最常用的是维生素 C。维生素 C 又名抗坏血酸、抗坏血病维生素，是人体必需的重要营养物质。维生素 C 选用为食品营养强化剂时，应尽量选用稳定性高的品种。例如，抗坏血酸是最不稳定的品种，它极易受温度、pH 等影响，而抗坏血酸磷酸酯镁同样具有维生素 C 生理活性，但稳定性却大为增强。

3）矿物质类

矿物质元素又称无机盐，也是人体不可缺少的营养素，包括 60 多种矿物质元素，其中 21 种是人体所必需。按其在人体中含量不同，可分为常量元素和微量元素两大类。矿物质元素既不能在人体内合成，除排泄外也不能在机体代谢过程中消失，但在人的生命活动中却具有重要的作用，缺乏微量元素，会使机体内很多酶失去活性或作用减弱，引起蛋白质、激素、维生素的合成和代谢障碍，对人体的生长发育、新陈代谢、组织呼吸、氧化还原过程，以及造血、成骨、精神及神经功能和智力发育等一系列重要生命现象产生严重影响。

（1）常量元素。钙是人体中含量最多的一种常量元素，钙在人体生长发育的各个阶段，从幼年到成年乃至老年，都肩负着重要的生理功能，是保证人体健康长寿所必不可少的一种常量元素；钙缺乏会导致肌肉痉挛、背痛、骨骼易断裂、软骨病、骨质疏松、高血压、老年痴呆等疾病的发生。钙的强化源有柠檬酸钙、葡萄糖酸钙、碳酸钙、乳酸钙、磷酸钙、牦牛骨粉、蛋壳钙、活性离子钙。在进行钙强化时应注意钙磷比，美国推荐成人钙强化时的钙磷比为 1∶1，婴儿为 1∶0.7。牛奶是补钙较理想的食品，这不仅因为牛奶含钙量高，且钙磷之比（1∶1.2）较合适，易吸收利用。

（2）微量元素。铁是对人体健康极为重要的一种必需微量元素，人体内的铁是构成血红蛋白、肌红蛋白的原料，而且还是维持人体正常生命活动最重要的一些酶的组成成分，与能量代谢关系十分密切。铁缺乏后可因血色素量（红细胞数和血红蛋白）不足而易导致贫血。铁的强化剂品种有乳酸亚铁、葡萄糖酸亚铁、血红素铁和富铁酵母。锌是人体内 40 多种金属酶的组分，如向红细胞运送氧气和二氧化碳的酶、与骨骼的生长发育和营养物质代谢有关的酶等都需要锌的加入；许多生理过程如激素代谢、维生素 A 代谢以及免疫功能等体内各种复杂重要的反应如果没有锌的参与则无法进行。目前我国允许的锌强化源有葡萄糖酸锌、乳酸锌、硫酸锌、氧化锌、醋酸锌、氯化锌和柠檬酸锌，其中以葡萄糖酸锌的生物利用度最高，约为硫酸锌的 1.6 倍。

2. 营养强化剂的安全问题

食品营养强化剂的安全性是各国很重视的问题，也是食品营养强化剂研究进展过程中快速发展的一大难题。为了保证营养强化剂使用的安全性，各国均立法规定能够使用的营养强化剂的品种及其使用范围和最大使用量。这些法律和法规的依据是科学实验所做的动物饲养毒理学试验结果数据和国际上的安全评价，而且对人体安全又是营养素必需的强化剂品种才允许使用。近些年来，一些食品生产者使用营养强化剂超标准、超剂量的事例屡屡发生，食物中毒事件有相当一部分是由于食品营养强化剂的滥用而引起的。安全使用食品营养强化剂要遵循“适量”原则，谨记过量的摄入营养强化剂对人体是有害的。例如，当某一种氨基酸过多时，就会影响其他氨基酸的不足，美国曾发生过 L-色氨酸用量过高而导致 1500 例肌肉疼痛；长时间过量摄入脂溶性维生素如维生素 A 和维生素 D，因在体内不能很快排泄，会引起中毒，维生素 A 慢性中毒的症状是皮肤干燥脱屑、严重瘙痒、毛发干枯、脱发，急性中毒会使颅内压增高、头痛、呕吐、眩晕、精神萎靡、嗜睡等，维生素 D 中毒主要表现是血钙升高、食欲缺乏、消瘦、尿频、低热、恶心、呕吐；过量摄入水溶性维生素如维生素 C 会引起腹痛、腹泻，容易发生结石病；过量的硒摄入则可导致硒中毒，症状表现为脱发、脱甲，少数患者有神经症状。因此，必须规定营养强化剂的上限使用量，应用营养强化剂要避免盲目性，遵循科学态度，按有关的法律和法规的规定，以确保安全性。

3. 营养强化剂的管理

1）营养强化剂的使用原则

在施行食品营养强化时，应遵循以下基本原则：①在相当数量的人群中，所摄入的营养素低于膳食中应有水平；②用于补充营养素的食品，其消费量应在他们的膳食中占有相当大的比例；③所加的营养素必须是生理上可利用的；④应符合营养学原理，以营养学会制定的"推荐的每日营养素供给量"（RDA）为依据，强化量应为 RDA 值的 1/3～1，强化后的食品应保持营养素之间的合理平衡和相互影响（如各种氨基酸之间的平衡、各种发热量营养素之间的平衡、钙磷比例等）；⑤为达到预期的营养效果，应经常调查对产品的反映或进行营养效果的调查测试；⑥保证食用的安全性，防止因过量摄入而导致中毒；⑦保证加工、储存、销售过程中的保存率或有效率；⑧不影响食品原有的风味、感官性质和经济承受力；⑨营养强化剂不应在因严重缺乏而导致病态作为药物使用，而是要在正常的日常饮食中使消费者能获得营养平衡的正常供应；⑩对于强化剂的载体，应选用食品面广、消费量大、适于强化和在加工、储藏中变化较小的食品，常用的为主食、乳、调味料、饮料和各种专用食品。

2）营养强化剂的使用管理

我国卫生部于 1994 年 2 月 22 日发布的国家标准 GB 14880—1994《食品营养强化剂使用卫生标准》和 2011 年 4 月 20 日发布食品安全国家标准 GB 2760—2011《食品添加剂使用标准》使我国食品营养强化剂的使用有法可依，理顺了食品营养强化剂的生产、使用和食品卫生管理的关系，扭转了以往食品营养强化剂在使用、生产和宣传方面的混乱现象。

对营养强化剂的使用量，各国均按各自制订的营养素供给量（RDA）为基础。强化是为了弥补不足，可是过犹不及，不但无益，反而有害，甚至因过多摄入而引起中毒，因营养强化剂而造成的食品安全事故在各国（包括中国）也屡有发生。为此，我国规定，营养强化剂的使用量应严格按照法定规定 GB 2760—2011 和 GB 14880—1994 执行，该规定的原则是根据每天可能摄入该食品的量，使其达到 RDA 的 1/2～2/3 为依据，制定出上下限的强化剂量。世界各主要国家和地区，如美国、加拿大和欧盟等都对营养强化食品标签上应注明的各种营养强化剂的 RDA 值予以了固定（表 8-5）。

表 8-5　世界各主要国家和地区对营养强化食品标签上应注明各种营养强化剂的 RDA 值

营养强化剂	美国	加拿大	欧盟	中国	营养强化剂	美国	加拿大	欧盟	中国
维生素 A	5000 IU	1000 μg	1000 μg	1000 μg	生物素	0.3 mg	—	0.15 mg	0.4 mg
维生素 B	400 IU	5 μg	5 μg	5 μg	泛酸	10 mg	7 mg	6 mg	4 mg
维生素 C	30 IU	5 mg	5 mg	30 mg	钙	1000 mg	1100 mg	800 mg	3600 mg
维生素 D	60 mg	60 mg	60 mg	100 μg	铁	18 mg	14 mg	12 mg	24 mg
核黄素	1.7 mg	1.6 mg	1.6 mg	2 mg	磷	1000 mg	1100 mg	800 mg	—

续表

营养强化剂	美国	加拿大	欧盟	中国	营养强化剂	美国	加拿大	欧盟	中国
硫胺素	1.5 mg	1.3 mg	1.4 mg	2 mg	碘	150 μg	160 μg	150 μg	300 μg
烟酸	20 mg	23 mg	18 mg	40 mg	镁	400 mg	250 mg	300 mg	500 mg
维生素 B_6	2 mg	1.8 mg	2 mg	3 mg	锌	15 mg	9 mg	15 mg	20 mg
叶酸	400 μg	220 μg	400 μg	700 μg	铜	2 mg	—	—	4 mg
维生素 B_{12}	6 μg	2 μg	3 μg	6 μg					

七、食品用香料

食用香味料简称食用香料，是为了提高食品的风味而添加的香味物质，除了直接用于食品的香料外，其他某些香料如牙膏香料、烟草香料、口腔清洁剂、内服药香料等，在广义上也可看做食用香料一类。食用香料分允许使用和暂时允许使用两类，根据来源不同又可分为天然和人造香料。目前我国允许使用的食用香料有 534 种，包括天然香料137 种，人工合成香料 397 种；暂时允许使用的香料有 157 种。

1. 食品用香料的分类

1）天然食用香料

我国食品添加剂使用标准中食用香料名单所列入的允许使用的天然香料从编号"N001"至"N402"，共 402 种。天然香料中有一类是香辛料，它们是一些具有特殊香气、香味和滋味的植物全草、叶、根、茎、树皮、果实或种子，常被人们在烹饪时直接用于调味。例如，最常用的胡椒，其所含的辣味成分是胡椒碱、胡椒脂碱和六氢吡啶。胡椒具有强烈芳香和刺激性辣味，可以整粒使用或碾磨成粉后使用。胡椒被美国香味料和萃取物质制造者协会（FEMA）认定为一般公认安全物质。另外一类是从植物中采用蒸馏、压榨、萃取、吸附等物理方法提取而得的，按形态和提取方法的不同，可分为精油、酊剂、浸膏、香膏、香树脂、净油、油树脂等。

精油多是采用水蒸气蒸馏，也采用溶剂萃取法从植物的不同部位提取出来的一类香料。近年来，随着环境友好的超临界萃取技术的发展，以超临界 CO_2 作为溶剂的萃取方法在精油提取方面有了较多的应用。CO_2 在超临界状态下兼有气体和液体的优点，其密度接近液体，因此溶解能力与液体相当；而其黏度和扩散系数又接近于气体，因此扩散和传递能力又与气体相当。

酊剂是用一定浓度的乙醇，在室温下浸提天然动物的分泌物或植物的有效部位并经过滤后所得的制品。

浸膏是用有机溶剂浸提香料植物组织的可溶性物质，再将所用溶剂和水分除去后所得的固体或半固体膏状制品。

香膏是芳香植物渗出的带有香成分的树脂样分泌物，大多呈半固体或者黏稠液态，不溶于水，部分溶解于烃类溶剂，溶于乙醇。

香树脂是用有机溶剂浸提香料植物所渗出的带有香成分的树脂样分泌物后，再将溶剂和水分除去后所得的制品。

净油是用乙醇重新浸提植物浸膏（或香脂、香树脂及水蒸气蒸馏法制取精油后所得的含香蒸馏水等的萃取液）后再除去溶剂而得的高纯度制品。也有的是经冷冻处理，滤去不溶于乙醇的蜡、脂肪和萜烯类化合物等全部物质，再在减压低温下蒸去乙醇后所得的物质。

油树脂是用有机溶剂浸提香辛料后除去溶剂而得的黏稠状液体，是天然香辛料有效成分的浓缩液。油树脂含精油、辛辣成分、色素和树脂，有时也含非挥发性油脂及糖类。

黑胡椒油是一种精油，除了使用传统水蒸气蒸馏的方法，还可使用超临界 CO_2 萃取的方式提取胡椒而得。黑胡椒油为无色至微带黄绿色，不溶于水，溶于大多数非挥发油、矿物油和丙二醇，微溶于丙三醇。其主要成分包括 α-蒎烯、β-蒎烯、L-α-水芹烯、β-丁香烯、莕烯、二氢黄蒿萜醇和胡椒醛等，主要辛辣成分是胡椒碱、胡椒脂碱和六氢吡啶。FEMA 认定黑胡椒油为一般公认安全物质。

黑胡椒油树脂，是由胡椒的干燥果实用溶剂抽提而得[25,26]，也可由超临界加入夹带剂萃取的方式获得[27]。其成品呈深绿色、橄榄绿色或淡褐橄榄色，除去叶绿素后的脱色制品为淡黄色；静置后分两层，上层为油状层，下层为结晶体。黑胡椒油树脂也含黑胡椒中的辣味成分胡椒碱、胡椒脂碱和六氢吡啶。

枣子酊为一种酊剂，是用乙醇加热浸提成熟干燥的枣果实后，过滤浓缩而得[28]，呈棕褐色，无沉淀、无悬浮物，具有枣子清香及甜味。

玫瑰浸膏是由玫瑰鲜花用石油醚冷法浸提，过滤后的油水混合物经常压浓缩和真空浓缩而得[29]。该浸膏为黄色、橙黄色或褐色油膏状或蜡状物，溶于乙醇和大多数油脂，微溶于水。玫瑰浸膏主要成分是高分子烃类、醇类、脂肪酸、萜烯醇、脂肪醇酯类，以及苯乙醇、香叶醇、香茅醇、芳樟醇、金合欢花醇、丁香酚和香茅酸等。FEMA 认定其为一般公认安全物质。

玫瑰精油是用玫瑰浸膏为原料制得[29]，为暗黄色或红褐色浓稠液体，呈浓郁玫瑰花香气。其溶于乙醇和油脂，微溶于水，主要成分中挥发性组分占 35%～41%，包括苯乙醇、壬醇、己醇、癸醇、香叶醇、芳樟醇、橙花醇、香茅醇、丁香酚、金合欢花醇、乙酸丁香酚酯等。FEMA 认定玫瑰精油为一般公认安全物质。

吐鲁香膏是蝶形花科植物吐鲁香膏树树干中分泌的物质，呈棕橙色或棕黄色。其主要成分是苯甲酸和肉桂酸，以及苄醇酯、香兰素、丁香酚、金合欢花醇、松柏醇和肉桂酸松柏酯等。香树脂即用溶剂萃取等方法萃取香膏而得。

2）合成香料

随着气相色谱、高效液相色谱、质谱、核磁共振、红外分光光度法、紫外可见光分光光度法等精密分析手段的进步，人们加快了对香料成分的研究进展，带动了食用合成香料行业的发展。香料的合成解决了部分天然香料不易提取、含量低、经济成本高等难题，同时也有利于有价值的新型香料化合物的出现。合成香料的种类和数目也越来越多，我国食品添加剂使用标准中食用香料名单所列入的允许使用的合成香料从编号"S0001"至"S1453"，共 1453 种。

以下分别从烃类、醇类、酚类、醚类、环氧化物、醛类、酮类、缩醛基类、羧酸及酯类、内酯和含氧杂环化合物、含氮化合物中分别举例进行介绍，结构式见图 8-7[30]。

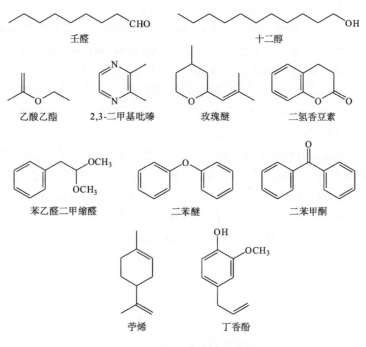

壬醛 十二醇

乙酸乙酯 2,3-二甲基吡嗪 玫瑰醚 二氢香豆素

苯乙醛二甲缩醛 二苯醚 二苯甲酮

苧烯 丁香酚

图 8-7 部分合成香料结构式

月桂烯 (myrcene)，是烃类合成香料的一种，呈无色至淡黄色液体，具有清淡的香脂香气。月桂烯常用 β-蒎烯在金属管内高温热解而得到，也可用异戊二烯在特定催化剂作用下经二聚反应制得。FEMA 将其视为 GRAS，可按正常需要添加。

十二醇 (dodecyl alcohol)，也称为月桂醇 (lauryl alcohol)，是醇类合成香料的一种，外观为固体，有微弱油脂气味，略带柑橘香气。十二醇可以由月桂酸酯催化氢化制得，也可由混合醇中精细分离获得。FEMA 将其视为 GRAS，可按正常需要添加。

丁香酚 (eugenol)，是一种酚类合成香料，外观为液体，具有强烈的丁香香气和辛香香气。通常用氢氧化钠溶液加入富含丁香酚的精油中，加热搅拌后，将浮于液面的非酚部分的油状物用溶剂萃取或水蒸气蒸出，然后加盐酸酸化酚钠盐得到粗品，用水洗至中性再经真空蒸馏得到纯品。FEMA 对其设定 ADI 值为 0～2.5 mg/kg BW。

二苯醚 (diphenyl ether)，是一种醚类合成香料，外观为液体或熔融状固体，遇冷变成固体，具有类似玫瑰和香叶的香气。其制法是通过氯苯与苯酚钾盐或钠盐在铜催化剂作用下制成。FEMA 将其视为 GRAS，可按正常需要添加。

玫瑰醚 (rose oxide)，又称氧化玫瑰，属于环氧化物类合成香料，呈液态，具有清甜的花香香气，稀释后有玫瑰和新鲜的香叶香气。玫瑰醚是顺式和反式异构体的混合物，并有左旋和右旋两种旋光性。其顺式与反式，左旋与右旋，香气均有所不同。顺式体香气偏甜而细腻，而反式体香气偏轻；左旋体香气较甜润，并有强烈清香，而右旋体则略带辛香气息。玫瑰醚可以通过对香茅醇进行光敏氧化，再将氧化产物用亚硫酸钠还原成醇，随后再在硫酸介质中环化而得，也可以通过对香茅醇用过乙酸环氧化，再在二甲胺存在下热压开环，随后用双氧水氧化并热解，最后用磷酸环化而得。FEMA 将其视为 GRAS，可按正常需要添加。

壬醛（nonanal）是醛类合成香料的一种，外观为液体，具有强烈的油脂气息，稀释后有玫瑰和柑橘样的香气。壬醛可以通过壬醇在催化剂作用下脱氢制得，或通过甲酸在催化剂作用下将壬酸还原而得。FEMA 将其设定 ADI 值为 $0\sim0.1$ mg/kg。

二苯甲酮（benzophenone）是一种酮类合成香料，外观呈白色至淡黄色结晶，有持久的玫瑰和香叶香气。二苯甲酮可由苯酰氯和苯在三氯化铝催化剂作用下，经烷基缩合而制得。FEMA 将其视为 GRAS，可按正常需要添加。

苯乙醛二甲缩醛（phenylacetaldehyde dimethyl acetal），属于缩羰基类合成香料，呈液态，具有清香香气、玫瑰香气和风信子香气，可由苯乙醛和甲醇在酸或阳离子交换树脂催化作用下制得。FEMA 将其视为 GRAS，可按正常需要添加。

乙酸乙酯（ethyl acetate），是一种羧酸及酯类合成香料，呈液态，具有强烈的醚似的气味和水果香气，可由乙酸和乙醇在酸性催化条件下经酯化反应制得。FEMA 将其设定 ADI 值为 $0\sim25$ mg/kg。

二氢香豆素（dihydrocoumarin），是内酯和含氧杂环化合物类合成香料的一种，外观为液体或低熔点结晶，具有甜润的草香香气，并有干草、焦糖、桂皮似的香韵。常用香豆素在镍催化剂作用下氢化制得。FEMA 将其视为 GRAS，可按正常需要添加。

2，3-二甲基吡嗪（2，3-dimethylpyrazine），是一种含氮化合物合成香料，呈液态，具有清香、坚果香和巧克力香味。可由乙二胺与丁二醇缩合环化制得，也可由乙二胺和丁二酮缩合，先缩合环化成 2，3-二甲基二氢吡嗪。2，3-二甲基二氢吡嗪可在氢氧化钾的乙醇溶液中加热脱氢制得 2，3-二甲基吡嗪，还可用金属氧化物脱氢一步法合成路线。FEMA 将其视为 GRAS，可按正常需要添加。

一些生产企业因为采用老的工艺，生产出的香料产品会因有害物质超标而给人们的健康带来影响。例如，香豆素氢化制取二氢香豆素的工艺，采用先进工艺的企业，最终产品中原料香豆素的含量能控制在 $50\sim100$ mg/L，而一些采用现有老工艺的企业，最终产品中含有原料香豆素的量比先进工艺的要高出 10 倍多，产品质量差距甚远。因此，食用合成香料需要朝着绿色化学和环保的方向发展才能真正与天然香料媲美，保证人们的健康。

3）食用香精

食用香精是由各种食用香料配制而成的混合物。例如，苹果香精、杏仁香精、香蕉香精、黑加仑香精等，属于水溶性香精，常用于饮料、冰淇淋等非高温加工的食品；苹果油香精、杏仁油香精、巧克力香精、椰子油香精等，属于脂溶性香精，常用于糖果、饼干等需要高温加工的食品。

食用香精是由香精基、稀释剂与载体组成。香精基是由几十种天然和合成食用香味物质组成的具有一定香型的混合物，主要组成部分包括主香体、辅助剂和定香剂。主香体是构成香精主体香味的基本香料，它决定着香精的香型，在香精中是必不可少的。辅助剂在香精中起调节香气和香味的作用，可以延长主香体香气，使主香体连续饱满、清新幽雅。定香剂与呈香香基有机地结合，调节香精中各组分的挥发速度，使呈香物质香气的挥发尽量成比例。

香精基一般浓度高、挥发性大，不适合生产和使用，因此，添加适量稀释剂与载体，才能使香精均匀分散，且达到适合生产和使用的浓度。食用香精中常见的稀释剂和载体有：符合食用要求的乙醇、蒸馏水、丙二醇、丙三醇、三乙酸甘油酯、精炼植物油、可溶性淀粉、阿拉伯树胶等。由于用途和剂量不同，不同类别的食用香精中所使用的稀释剂的品种和数量也随之而异。

2. 食品用香料的安全控制

食用香精的有效成分香料是影响其安全性的最主要因素。食用香精中只能使用经毒理学评价实验证明对人体无害的香料，必须符合中华人民共和国国家标准 GB 15193.1—2003《食品安全性毒理学评价程序》中的规定。香精生产绝不能使用未经许可的品种，更不能使用化工原料的香料单体来替代食品级的香料，以降低成本或提高产品的留香效果。食品香料的安全性保证都是建立在其产品质量和使用量的基础上，使用者必须保证在允许的使用量范围内使用。大多数食用香精是由食品香料调配而成的，其中也包含溶剂如乙醇、植物油或其他载体，如粉末香精中的变性淀粉等，这些载体也必须是食品级的原材料，而一些辅料如大豆分离蛋白、奶粉等，必须符合食品安全标准。热反应中添加的原料，如水解植物蛋白中氯丙醇、烟熏香精中稠环芳烃等，都不能超过最低安全含量标准。

影响香精香料安全卫生质量因素有溶剂残留量、重金属含量、砷、甲醇含量、包装材质等。食用香精香料大多数由有机化合物组成，如醇类、醛类、酮类、酚类、内酯等，日光、温度、湿度等环境因素对其质量影响比较大，应在阴凉通风、无异杂气味的场所存放，防止杂气污染。对于一些特殊的、易挥发氧化、稳定性差的香料，还应低温避光储存，所盛容器应选择质量稳定、食品专用的包装材质盛装，以减少污染，否则容器中的金属离子、塑料制品的填充剂等易于引起原料变质。

3. 食品用香料的管理

在我国，按照 GB 2760—2011《食品安全国家标准 食品添加剂使用标准》规定，食品用香料的使用要遵循以下原则。

（1）使用香料、香精的目的是使食品产生、改变或提高食品的风味。食品用香料一般配制成食品用香精后用于食品加香，部分也可直接用于食品加香。

（2）食品用香料、香精在食品中应该按生产需要适量使用。

（3）用于配制食品用香精的食品用香料品种应符合国家标准。

（4）当食品用香料除了有香料的功能，还有其他添加剂功能时，也要符合其他功能添加剂相关的要求。

（5）食品用香精可以含有对其生产、储存和应用所必需的食品用香精辅料，但该辅料要符合 QB/T 1505—2007《食用香精》的规定，并尽量减少使用品种和使用量。

八、增　稠　剂

　　增稠剂是食品添加剂中的一类，具有增稠、稳定、胶凝、保水等作用，目前已被广泛地应用于食品工业中。增稠剂在食品中主要是赋予食品所要求的流变形态，改变食品的质构和外观，将液体、浆状食品形成特定的形态，并使其均匀、稳定、提高食品质量，保持食品具有黏滑适口的感觉，同时增稠剂还具有溶水、稳定特性、凝胶作用、起泡作用、稳定泡沫作用、黏合作用、成膜作用、保水作用、矫味作用、保健作用等。

1. 增稠剂的分类

　　增稠剂的种类很多，按照其来源可以将其分为从动物来源的增稠剂、植物来源的增稠剂、微生物来源的增稠剂、海藻类胶和其他来源的增稠剂。

　　1) 动物来源增稠剂

　　(1) 明胶。明胶是动物的皮、骨、韧带、肌膜等所含的胶原蛋白，经部分水解后得到的高分子多肽高聚物。由于原料来源和水解方式不同，明胶可以分为 A 型和 B 型两类，A 型明胶主要是以猪皮等为原料，用酸水解方法制得，等电点 pH 7～9；B 型明胶主要从动物骨和皮中以碱水解方法制备，其等电点为 4.6～5.2。明胶的化学组成中，水分和微量无机盐占 16% 以下，蛋白质占 82% 以上。明胶在食品工业上主要应用于肉制品、肉馅、陈汁肉、各类糖果、乳制品及啤酒等食品中。

　　(2) 酪蛋白。酪蛋白由乳腺上皮细胞合成，是哺乳动物乳中主要的蛋白质，是一种含磷、钙的蛋白质。此外，酪蛋白中还含有少量的糖、氨基酸和唾液酸等残基。酪蛋白是牛乳中最主要的蛋白质，占牛乳中蛋白质总量的 80%。酪蛋白的分子结构为随机的线性松散结构，具有两亲性及良好的表面活性。酪蛋白在食品工业中主要用作固体食品的营养强化剂，同时兼为食品加工过程中的增稠剂和乳化稳定剂，有时也能作为黏结剂、填充剂和载体使用。酪蛋白是最完善的蛋白质，还可与谷物制品配合，制成高蛋白谷物制品、老年食品、婴幼儿食品及糖尿病食品等。

　　(3) 酪蛋白酸钠。酪蛋白酸钠又称酪朊酸钠、干酪素钠、酪蛋白钠，具有很强的乳化、增稠作用，在食品工业中用来增进食品中脂肪和水的保留，有助于加工中食品各成分的均匀分布。酪蛋白酸钠是一种天然食品添加剂，无毒、无害，具有良好的功能特性和营养价值。酪蛋白酸钠既是乳化稳定剂、增稠剂，又是很好的蛋白质强化剂。酪蛋白酸钠作为食品添加剂，具有很强的乳化、增稠作用，还具有增黏、黏结、发泡、持泡等作用，因为酪蛋白酸钠为水溶性，其在食品中的用途比酪蛋白广。

　　(4) 甲壳素和壳聚糖。甲壳素又名几丁质、甲壳质、壳多糖等，是从蘑菇中提取的一种类似于植物纤维的六碳糖聚合体，在虾、蟹壳及昆虫外壳中也得到了同样的物质。甲壳素脱去分子中的乙酰基就转变为壳聚糖，其溶解性大为改善，也被称为可溶性甲壳素。甲壳素和壳聚糖是天然无毒的，经化学修饰或降解后的产物，由于有极好的水溶性，日益受到青睐。甲壳素和壳聚糖可以作为果汁、果酒的澄清剂，果汁、蔬菜汁的脱酸剂、增稠剂、乳化剂、稳定剂、抗氧化剂、风味改良剂等。

（5）乳清蛋白粉。乳清蛋白粉是生产干酪或干酪素过程中所产生的大量液态副产品乳清，经过分离、浓缩、干燥等特殊工艺精制而成的高蛋白产品。乳清蛋白粉具有丰富的营养价值，对食品组织结构和流变性有重要的作用。乳清蛋白粉作为营养强化剂和组织改良剂添加到食品中，对提高产品的营养价值和品质特性有重要的作用。乳清蛋白粉可以作为营养强化剂、组织改良剂、保水剂、乳化剂、起泡剂应用于乳制品、营养米粉、面包、蛋糕饮料、蛋替代品、焙烤食品、面制品、面包屑料、糖果、果馅、冰淇淋、雪糕、香肠、西式火腿等。乳清蛋白粉的乳化稳定性是其重要的性质，乳清蛋白粉中的乳清蛋白能够在相界面伸展和重排，乳化油和水。当用作乳化剂时，乳清蛋白粉能根据体系 pH 的不同得到不同的乳化液。

（6）蛋清粉。蛋清粉是一种胶凝剂。蛋清中含有许多种类的清蛋白。在工业上，将蛋黄分离后，蛋清将离子交换处理除去溶菌酶经均质处理，控温喷雾干燥后得到蛋清粉。蛋清粉在水中有良好的可溶性，在 pH 5 左右溶解度下降，溶液黏度随剪切时间及剪切速率而下降。蛋清具有良好的气泡、乳化及胶凝作用，其凝胶为热不可逆型，用于重组鱼糕中增加弹性及蛋清酱等其他低胆固醇蛋制品中，也用于西式火腿肠中增加滑嫩口感、持水性及脂肪稳定性，也可用于糖果中控制糖结晶的形成。

（7）鱼胶。鱼胶是自然界最洁净的天然蛋白质胶原之一。商品鱼胶为白色粉粒，在中性水溶液中不能水化，但在 pH 小于 3 的稀酸溶液中，经搅拌，1 h 后即成为乳白色黏稠溶液。鱼胶可以用于酒类的澄清剂，可提高品质及增加产量，特别是作为现代化啤酒储藏期间的澄清剂。鱼胶在啤酒中广泛使用的原因是能明显改善产品的品质，具有清除啤酒中带电荷微粒的功能，可使得啤酒更加澄清、稳定，大大提高啤酒的过滤性能；同时又能形成密实的沉积物，减少滤酒损失；鱼胶还可以缩短啤酒的后熟期，提高设备的使用率，增加啤酒产量，降低操作成本，提高经济效益。

2）植物来源增稠剂

（1）瓜儿胶。瓜儿胶也称瓜尔豆胶、胍胶，是从瓜尔豆中分离出来的一种可食用的多糖化合物，是一种来源稳定、价格便宜、黏度高、用途广的食品增稠剂。瓜儿胶及其衍生物属于水溶性聚合物，它有与大量水结合的能力，在食品工业中有广泛的应用。在食品工业中，瓜儿胶主要用作增稠剂、持水剂，通常单独或与其他食用胶复配食用，它的用途在于能以较低成本形成黏稠溶液，改善食品的加工特性和感官特性。瓜儿胶在食品加工中最大允许使用量为 2%。

（2）槐豆胶。槐豆胶是由槐豆种子加工而成的植物胶。槐豆胶为白色或微黄色粉末，无臭或稍带臭味，在食品工业中主要用作增稠剂、乳化剂和稳定剂等。槐豆胶是一种以半乳糖和甘露糖残基为结构单元的多糖化合物。在食品工业上，槐豆胶常与其他食用胶复配用作增稠剂、保水剂、黏着剂及胶凝剂等。用槐豆胶与卡拉胶复配可形成弹性果冻，而单独使用卡拉胶则只能获得脆性果冻。槐豆胶与琼脂复配可显著提高凝胶的破裂强度；槐豆胶、海藻胶与氯化钾复配广泛用作罐头食品的复合胶凝剂；槐豆胶可用于乳制品及冷冻乳制品甜食中作保水剂，以增进口感，防止冰晶的形成；槐豆胶用于干酪的生产可加快奶酪的絮凝作用，增加产量并增强涂布效果；用于肉制品、西式香肠等可以改善其持水性及改进其组织结构和冷冻/融化稳定性；槐豆胶用于膨化食品，在挤压加工时起润滑作用，并且能增加产量和延长货架期。

(3) 罗望子胶。罗望子胶是由罗望子种子的胚乳经过烘烤后粉碎，用水提取精制而成的。罗望子胶又称罗望子多糖胶，是微带褐红色、灰白色至白色的粉末，是一种水溶性植物胶。罗望子胶可用于果汁、乳饮料及果浆等产品，起稳定作用；罗望子胶还是优良的结晶控制剂，在冰制品和糖浆中常用罗望子胶；在奶酪和冰冻食品中加入罗望子胶，可起防缩作用；与其他动植物胶相比，罗望子胶具有优良的化学稳定性和热稳定性。用于罐头食品时，同样浓度的罗望子胶的凝胶强度是果胶的两倍。罗望子胶是一种重要的种子胶，世界上很多发达国家的食品、医药及纺织等工业广泛应用罗望子胶。

(4) 亚麻子胶。亚麻子胶又称为富兰克胶、胡麻胶，是以油料作物胡麻子为原料经精选、清洗、浸提、萃取、脱色、过滤、浓缩、干燥得到的高分子复合胶，是一种以多糖为主的种子胶。亚麻子胶的主要成分为80%的多糖类物质和9%的蛋白质。亚麻子胶在食品工业中可以替代果胶、琼脂、阿拉伯胶、海藻胶等用作增稠剂、黏合剂、稳定剂、乳化剂和发泡剂等。

(5) 阿拉伯胶。阿拉伯胶是由金合欢树的树皮伤痕渗出的无定形琥珀色干粉，也被称为金合欢胶或金合欢黏胶。阿拉伯胶块为泪珠状，呈略透明的琥珀色，无味，可食用，是工业上用途最广泛的水溶性胶。阿拉伯胶可作为胶体溶液的保护剂和乳化剂，在食品工业中被广泛用作增稠剂、乳化剂、稳定剂、润湿剂、表面上光剂等。

(6) 黄蜀葵胶。黄蜀葵胶又名黄蓍胶，是一种从豆科黄蓍属的各种灌木树皮渗出物提炼出来的天然植物胶。黄蜀葵胶一方面可以增加水相的黏度，另一方面可以降低油/水界面张力。黄蜀葵胶溶液在静止时比在流动时具有更大的表观黏度，所以黄蜀葵胶在溶液中的假塑性有助于提高它的悬浮性，故黄蜀葵胶可以作为增稠剂、悬浮剂、乳化剂、水分保持剂、黏合剂、赋形剂、薄膜形成剂等，广泛应用于食品工业中。在低热值牛奶、糖、冰淇淋混合饮料中添加黄蜀葵胶可以增加饮料的黏度，减少冰淇淋的使用量。在饮料生产中，黄蜀葵胶有助于固体微粒的悬浮和不溶性脂肪的乳化；在果汁饮料中，可以利用黄蜀葵胶的悬浮性和假塑流变性稳定果汁。

(7) 刺梧桐胶。刺梧桐胶又名苹婆树胶，是由苹婆树种植物，划破其树干，采取其渗出的胶状分泌物，经干燥、粉碎而制成。刺梧桐胶是一种复杂的水溶性多糖物质，在食品生产中可以被用作增稠剂、稳定剂、乳化剂、保湿剂等。利用刺梧桐胶对水的吸收和持水能力及与酸的可混性，在制造汽水和果子露时，添加0.2%～0.4%的刺梧桐胶，可以防止自由水的析出和大颗粒冰晶的生成。在制造凉菜调味品时，刺梧桐胶可以用作稳定剂，有时也可与阿拉伯胶合用作为保护胶体；由于刺梧桐胶的黏合性，刺梧桐胶可以用作蛋白甜饼的黏合剂；在生产肉馅制品，添加刺梧桐胶可以使肉类制品有光滑的外观。

(8) 果胶。果胶的原料主要是采用干燥的柑橘类皮、柠檬皮及苹果皮等，甜菜、向日葵托盘、苹果渣、洋葱等也含有较多的果胶，可以充当果胶生产的原料。果胶作为胶凝剂用于果酱，可以使果酱易涂布而不流动，保持舒适的口感，在运输和保管时不破裂，不出现脱水收缩。果胶作为胶凝剂所形成的凝胶在结构、外观、色、香、味等影响感官方面均优于其他食品胶制作的凝胶。

3）海藻类胶

（1）卡拉胶。卡拉胶又称角叉菜胶、鹿角菜胶，是从自红藻中提取的一种水溶性胶体，是世界三大海藻胶工业产品（琼胶、卡拉胶、褐藻胶）之一。作为天然食品添加剂，卡拉胶在食品行业已应用了几十年。FAO/WHO 在 2001 年取消了卡拉胶日允许摄取量（ADI）的限制，确认它是安全、无毒、无副作用的食品添加剂。卡拉胶具有强烈的反应性、能形成凝胶和高黏度溶液、高稳定性等优异性能，与蛋白质的反应能形成令人满意的弹性、透明度极佳的食品，已经广泛应用于食品工业、化学工业及生化、医学研究等领域中。

（2）海藻酸钠。海藻酸钠是从褐藻类的海带或马尾藻中提取的一种多糖，是海藻酸衍生物中的一种，所以有时也称褐藻酸钠、海带胶或海藻胶。海藻酸钠是一种天然、生物能降解的生物高聚物。海藻酸钠中发现的化学成分和促有丝分裂的杂质是海藻酸盐钠具有免疫原性的主要原因。

（3）琼脂。琼胶又名洋菜、胨粉、燕菜精、洋粉、寒天。琼脂是从海藻中提取的多糖，是目前世界上用途最广泛的海藻胶之一。它在食品工业、医药工业、日用化工、生物工程等许多方面有着广泛的应用。琼脂用于食品中能明显改变食品的品质，提高食品的档次，其特点是具有凝固性，稳定性，能与一些物质形成络合物等物理化学性质，可用作增稠剂、凝固剂、悬浮剂、乳化剂、保鲜剂和稳定剂，广泛用于制造粒粒橙及各种饮料、果冻、冰淇淋、糕点、软糖、罐头、肉制品、八宝粥、银耳燕窝、羹类食品、凉拌食品等。

4）微生物来源增稠剂

（1）黄原胶。黄原胶是由甘蓝黑腐病野油菜黄单胞菌以碳水化合物为主要原料，经需氧发酵生物工程技术产生的一种高黏度水溶性微生物胞外多糖。1983 年世界卫生组织和国际粮食及农业组织批准黄原胶可作为食品工业中的稳定剂、乳化剂、增稠剂。黄原胶作为蛋糕的品质改良剂，可以增大蛋糕的体积，改善蛋糕的结构，使蛋糕的孔隙大小均匀，富有弹性，并延迟老化，延长蛋糕的货架寿命。奶油制品、乳制品中添加少量黄原胶，可改进质量，使产品结构坚实、易切片，更易于香味释放，口感细腻清爽。黄原胶用于饮料可使饮料具有优良的口感，赋予饮料爽口的特性，使果汁型饮料中的不溶性成分形成良好的悬浮液，保持液体均匀不分层；黄原胶加入啤酒可使其产泡效果极佳。在焙烤食品中，黄原胶可保持食品的湿度，抑制其脱水收缩，延长储存期；用于果冻，黄原胶赋予其软胶状态，加工填充物时，使果冻的黏度降低从而节省动力并易于加工。另外，黄原胶还广泛用于罐头、火腿肠、饼干、点心、肉制品等产品中。

（2）结冷胶。结冷胶是一种微生物代谢胶，又称为生物合成胶，于 20 世纪 70 年代末发现，是继黄原胶之后开发的最有市场前景的另一微生物多糖产品。由于结冷胶使用量低，能形成可逆凝胶，已逐步代替琼脂和卡拉胶在食品工业中广泛应用，在焙烤食品中，可以代替琼脂来霜饰焙烤制品，其使用量为 0.3%，而琼脂使用量在 2% 以上。结冷胶在乳制品中主要用于提供优质的凝胶和稠度，如酸乳制品中加入结冷胶可消除絮凝及改进品感的作用，但必须加入另一种水溶胶充当胶体保护剂；通常果冻、果酱制造是用果胶作为胶凝剂，但如果改用结冷胶则可提供更佳的质地与口感，而且使用量也降低，是果胶的替代品。

（3）普鲁兰多糖。普鲁兰多糖是无色、无味、无臭的高分子物质，具有无毒、安全、耐热、耐盐、耐酸碱、黏度低、可塑性强、成膜性好等特点。用普鲁兰多糖制成的袋包装油炸食品、脂肪丰富食品，可防劣化、防蛀、保鲜，用普鲁兰多糖作为微胶囊壁材，使调料及调味品微囊化，达到保鲜、保香的目的；在米、面、肉类加工中使用，可防止加热时黏连，并增加蓬松度；利用其膜结性能和成膜性能，在烤制食品上用于装饰性附料，防止开裂，保形，增加表面光泽；在巧克力加工中使用普鲁兰多糖，成型性好，表面光泽、平滑，口味和风味优良；在果汁饮料中使用，可适度增加浓郁感，滑润，分散性好，稳定性增强；在高盐食品中添加，可起到增稠效果，使酱油、调味品、熬煮食品、腌菜等增稠、增光泽，防止离浆。

（4）凝结多糖。凝结多糖又称凝结胶、凝胶多糖、热凝胶、可德胶，是一种中性微生物胞外多糖。1996 年 12 月，美国 FDA 批准将其用于食品工业中，在黄原胶和结冷胶之后，凝结多糖成为第三个被 FDA 批准用于食品的微生物胞外多糖。鉴于其独特的理化性质，使其在食品、化工、和医药等领域得到了广泛的应用，尤其是其衍生物具有抗肿瘤和抗艾滋病病毒的作用，使凝结多糖成为一种潜在的新药资源。凝结多糖在食品中的应用方法主要有两种：一是作为品质改良剂而使用；二是作为食品主要成分而使用，生产新型食品。凝结多糖对香肠、午餐肉、汉堡包等肉食制品具有保水保油性，使用量一般为 0.25%～0.5%。另外，利用其薄膜形成性，在汉堡包、炸鸡等表面覆膜，使烧烤过程中产品的重量损失降低，肉汁多而且口感香滑柔软。凝结多糖用于水产制品，如鱼肉糕、油炸鱼肉糕、鱼肉丸、冷冻鱼肉糜等，可以增强制品弹性、耐咀嚼性，同时使其硬度增加，便于成型操作。

5）羟甲基纤维素类

羧甲基纤维素钠（CMC）是纤维素的羧甲基化衍生物，又名纤维素胶，是最主要离子型纤维素胶。CMC 通常是由天然纤维素与苛性碱及一氯乙酸反应后制得的一种阴离子型高分子化合物，化合物分子质量从几千到百万不等。CMC 属于天然纤维素改性，FAO/WHO 已正式称它为"改性纤维素"。

CMC 在食品应用中不仅是良好的乳化稳定剂、增稠剂，而且具有优异的冻结、熔化稳定性，并能提高产品的风味，延长贮藏时间。1974 年，FAO/WHO 经过严格的生物学、毒理学研究和试验后，批准将纯 CMC 用于食品，国际标准的安全摄入量（ADI）是 25 mg/kg BW，即大约每人一天 1.5 g。

6）淀粉类增稠剂

（1）淀粉。淀粉是连接葡萄糖的长链状分子，淀粉的通式是 $(C_6H_{10}O_5)_n$，水解到二糖阶段为麦芽糖，完全水解后得到葡萄糖。淀粉是植物体中储存的养分，广泛存在于许多植物的种子、根、茎等组织中，其中大米中含淀粉 62%～86%，麦子中含淀粉57%～75%，玉米中含淀粉 65%～72%，马铃薯中则含淀粉 12%～14%。淀粉为白色粉末，一般不溶于有机溶剂，能溶于二甲基亚砜和 N，N'-二甲基甲酰胺。淀粉的吸湿性强，其颗粒具有渗透性。纯支链淀粉能溶于冷水，而直链淀粉不溶于冷水，天然淀粉也完全不溶于冷水。

（2）淀粉水解物。淀粉水解物包括有糖醇、糊精、淀粉糖等。糖醇是一种多元醇，可以用相应的单糖还原生成，在食品工业、有机化工方面都有很多的用途。糊精是淀粉分解而成的分子质量较小的多糖，糊精的分子结构有直链、支链和环状。糊精通常分为白糊精、黄糊精和英国胶三类。在食品工业中，糊精可以作为香料、色素的冲淡剂和载体。淀粉糖是淀粉进一步水解的产物，具有一定的甜度。淀粉糖是逐步把淀粉水解成麦芽糖精、低聚糖，最终水解为葡萄糖，由此得到淀粉糖制品。一般用酸或酶使淀粉水解糖化，通过控制淀粉的水解程度分别可以得到饴糖、葡萄糖、异构化糖、微生物多糖及双糖。

（3）改性淀粉。改性就是在淀粉所具有的固有特性的基础上，为改善淀粉的性能和扩大淀粉的应用范围，利用物理方法、化学方法或酶法处理，改变淀粉的天然性质，增加其某些功能特性或引进新的特性，使其更适合于一定应用的要求。这种经过二次加工，改变了淀粉原有性质的产品统称为变性淀粉。变性淀粉的种类很多，例如可溶性淀粉、酸变性淀粉、酯化淀粉、醚化淀粉、氧化淀粉、交联淀粉、接枝淀粉等。目前，变性淀粉已经在方便面、肉制品、调味料、饮料、糖果、冷冻食品、豆沙馅、果冻等类型食品中得到了广泛应用。

2. 增稠剂的安全问题

根据我国国家标准 GB 2760—2011《食品安全国家标准 食品添加剂使用标准》对增稠剂的使用限定和规范来看，应用于食品领域的增稠剂包括天然类增稠剂和人工合成类增稠剂。天然类增稠剂主要是从含多糖类黏性物质的植物及海藻类等天然动植物中提取，并经一定的物理和化学处理方法后制取，而合成类增稠剂主要依赖可聚合物单体化合物的高分子聚合反应。从目前应用在我国食品工业中的增稠剂来看，天然类增稠剂的生产和应用要高于合成类增稠剂，这主要是由于我国研发和生产合成类高分子增稠剂的技术实力和经费投入尚存在不足。针对这种状况，我国生产增稠剂的食品企业纷纷将目光转入到从天然动植物产品中提取增稠剂的途径上来。然而，2012 年 4 月发生在我国境内的"胶囊铬"、"皮革奶"等食品安全事件，说明天然类增稠剂依然存在一定的安全问题。目前，食品增稠剂应用领域的安全问题主要体现在以下几个方面。

（1）在标准和规范规定的限量之内超标使用食品增稠剂。由国际粮农组织/世界卫生组织食品添加剂联合专家委员会（JECFA）评估得出的结论表明，应用在食品中的增稠剂在建议的使用限量之内是安全无毒害作用的。然而，长期过量食用食品增稠剂则会对健康带来一定的副作用，产生不利影响。

（2）提取天然增稠剂的原料的安全问题。"皮革奶"事件的发生说明一些非法食品加工企业为了降低企业用料成本，而采用带有安全质量问题的原料进行增稠剂的提取。由于皮革的安全问题较多，在利用其进行增稠剂明胶的提取过程中，一些存在于皮革原料中的重金属离子、有毒有机物等会通过明胶添加进食品中去，从而给食品带来安全隐患。

（3）合成高分子增稠剂与提取天然增稠剂的技术因素带来的安全问题。由于我国生产食品增稠剂的企业多为中小型的私营企业，其生产规模和资金投入的限制导致了其不能在增稠剂的合成和提取上严格把关，给下游的食品生产带来安全隐患。

3. 增稠剂的管理

尽管食品增稠剂被证明是安全无毒的，但在食品加工与生产过程中，增稠剂的安全使用和规范管理对于提升食品的安全仍然是必要的。我国卫生部、国家质检总局等管理部门对食品用增稠剂的种类、使用限量和使用方法都进行了严格的规定。除上述标准和使用限量需要遵守外，增稠剂的使用还应该遵循以下原则：

（1）食品用增稠剂在食品中应该按生产需要适量使用，其使用量和使用方法、添加顺序应符合国家标准；

（2）用于生产和配制食品增稠剂的原料、加工工具的食用安全，应该符合食品用原材料和加工器具安全规范的国家标准；

（3）当食品增稠剂充当其他功能的助剂，如稳定剂时，增稠剂除了需要满足其作为增稠剂的使用限量，而且还应满足其作为稳定剂时的使用限量等基本要求。

加强对生产和销售食品增稠剂的企业质量管理也是食品增稠剂管理的一个重要内容。在保证生产企业获取利润的同时，努力改进生产技术和工艺是提高食品增稠剂质量的有效途径之一；另外，引进先进的管理模式（HACCP）和质量控制与认证（ISO9000/ISO9001）也是提升食品增稠剂质量、避免出现因增稠剂而导致食品安全事故的有效方法。

九、乳　化　剂

食品乳化剂属于表面活性剂，由亲水和疏水（亲脂）部分组成。由于具有亲水和亲脂的两亲特性，能降低油脂与水的表面张力，能使油脂与水"互溶"，具有乳化、润湿、渗透、发泡、消泡、分散、增溶、润滑等作用。乳化剂在食品加工中有多种功效，是最重要的食品添加剂，广泛用于面包、糕点、饼干、人造奶酪、冰淇淋、饮料、乳制品、巧克力等食品。乳化剂能促进油水相溶，渗入淀粉结构的内部，促进内部交联，防止淀粉老化，起到提高食品质量、延长保质期、改善风味、增加经济效益等作用。

世界上食品乳化剂约 65 种，FAO/WHO 制定标准的有 34 种。我国批准使用的食品乳化剂大约有 30 种，覆盖的种类有脂肪酸甘油酯、卵磷脂、蔗糖脂肪酸酯、丙二醇脂肪酸酯、硬酯酰乳酸钙和戴白乳化剂等。

1. 乳化剂的分类

　1）脂肪酸甘油酯

脂肪酸甘油酯可分为单甘油酯、双甘油酯及聚合甘油酯，其中单甘油酯是主要的油脂类食品乳化剂，是目前世界上用量最大的食品乳化剂品种，占了乳化剂总用量的50％以上。单甘油酯主要用于面包、糕点、冰淇淋等的乳化，以及豆腐制造中的消泡。而聚合甘油酯的用量目前还较小，随着市场和其用途的不断开发正逐渐增加，它主要用于植物脂冰淇淋，以促进干燥、软化光滑组织结构。

2）蔗糖脂肪酸酯

蔗糖脂肪酸酯乳化范围从油包水（W/O）到水包油（O/W），主要功能为乳化、可熔化，抑制油脂结晶增长，与淀粉的相互作用，防止蛋白质变性。湿润作用和防止耐热性细菌之抗菌效果，尤其是对油和水有良好的乳化作用，可稳定乳脂肪和防止乳蛋白的凝聚沉降，从而使饮料不会出现沉降、酪化与分层等现象。

3）丙二醇脂肪酸酯

丙二醇脂肪酸酯是近年代来开发的油包水型非离子型乳化剂，具有良好的发泡性能和乳化性能。它是用丙二醇和食用脂肪酸在200℃、强碱催化、真空作用酯化生产的。目前，丙二醇脂肪酸酯已被应用于油脂起泡，气泡稳定，可以使蛋糕、泡沫奶油、酥油和烘焙食品的起泡性和成品形状稳固等品质得到改善。但其乳化度比其他乳化剂要弱，多数情况下与脂肪酸单甘油酯并用。

4）硬脂酰乳酸钙

硬脂酰乳酸钙是乳酸缩合后与硬脂酸酰化物形成的钙盐，是以钙为主要成分的阴离子乳化剂，用于馒头、面包、面等制品上，主要起改善气泡、强化面团的作用。

5）卵磷脂

卵磷脂来源于大豆及蛋黄，大部分来自于大豆，一般称为大豆卵磷脂，也被称为新型维生素，为糊状粗制品。卵磷脂是人工合成品以外唯一的两性乳化剂，不但具有乳化、分散、湿润等界面活性的生产特性，而且具有防止老化、抗氧化等功能性作用。大豆卵磷脂用于巧克力、奶油、酥油和咖喱等，而蛋黄卵磷脂用于冰淇淋的稳定上。

2. 乳化剂的安全问题

从近年来国内外发生的食品安全事故来看，由于食品添加剂而导致的食品安全事故占到占个事故的大多数。为此，国际粮农组织/世界卫生组织食品添加剂联合专家委员会（JECFA）针对每一种添加于食品中充当乳化剂的合成类或天然类化合物都进行了安全评价，规定了其建议的使用限量和使用方法。然而，尽管如此，有关食品乳化剂而导致的食品安全事故依然层出不穷，总结起来，食品乳化剂的安全主要表现出以下几个特点：①超范围使用；②超限量使用；③标识不明确。

另外，从使用方式上来看，合理的添加方式和用量不仅不影响食品的品质，而且能够增加食品的口感，提升食品的货架期。在使用乳化剂的过程中，建议的使用方法是：①不同亲油亲水平衡值（hydrophile-lipophile balance number，HLB）的乳化剂可制备不同类型的乳液，选择合适的乳化剂是取得最佳效果的基本保证；②由于复合乳化剂有协同效应，通常多采用复配型乳化剂，但在选择乳化剂"对"时要考虑 HLB 高值与低值相差不要大于 5，否则得不到最佳稳定效果；③乳化剂加入食品体系之前，应在水或油中充分分散或溶解，制成浆状或乳状液。一般来讲，乳状液的制备包括：将乳化剂直接溶于水中，在激烈搅拌下，将油加入；或者将乳化剂溶于油相，再将水直接加入；或者上述混合物直接加入水中等三种方法。

3. 乳化剂的管理

食品乳化剂作为食品中一类特殊的添加剂，已经越来越多地应用于食品生产加工。乳化剂在食品加工中主要应用在烘焙食品及淀粉制品、冰淇淋、人造奶油、巧克力、糖果、口香糖、植物蛋白饮料、乳化香精中。我国批准使用的属于乳化剂分类 E10 的有 27 种。由于它们大多属于化学合成物，其安全问题历来为世界各国和国际组织所重视。2008 年以来，我国卫生部（2008）在其发出的 3 号文要求中指出，坚决打击违法添加非食品物质和滥用食品添加剂的专项整治工作。

针对食品添加剂的安全管理，我国在 2011 年颁布了新版 GB 2760—2011 的食品安全国家标准。新标准的提出不仅符合国际标准，而且又结合中国实际的食品添加剂限量标准值和使用范围，既解决了与国际标准（GSFA）不接轨、与国际编码系统（INS）不一致、食品分类体系不完整的问题，又方便了相关管理监督部门的工作。尽管食品乳化剂是安全的，然而是具体的使用过程中，有些企业为避免触犯标准，选择具有类似功能的其他物质来代替，而这些物质常常是国家法规所不允许的，并且它们不容易被检出，这在一定程度上导致了非法添加物的使用。

生产工艺和质量控制技术的落实也是导致我国食品乳化剂相比国外较差的原因之一。在消费量较大的 5 类乳化剂中，最多的是甘油脂肪酸酯，居第二位的是大豆卵磷脂及其衍生物，蔗糖脂肪酸酯和失水山梨醇脂肪酸酯则各占约 10% 的比例。例如。我国生产蔗糖脂肪酸酯的工厂有 30 多个，总生产能力已达 1 万吨/年，但相比国外来讲，我国蔗糖脂肪酸酯生产工艺不够先进，生产成本较高，产品质量有待进一步提高，应用领域尚需全面开拓。

针对上述食品乳化剂的安全管理问题，结合我国食品乳化剂的实际使用特点，可以采取以下几个方面的措施来提升我国食品乳化剂的质量，控制食品安全事故的发生。

（1）大力开发"天然、营养、多功能"乳化剂，紧跟国际发展趋势，参与国际竞争，迎接"入世"挑战。

（2）坚持走以资源为基础，以科技为依托，符合我国国情的乳化剂开发生产道路。我国盛产甘蔗和甜菜，为以蔗糖为基础原料的蔗糖脂肪酸酯生产提供了可靠的保障，而通过蔗糖深加工，又可大大提高其附加值。

（3）引进先进设备和技术，实现规模生产与经营，避免出现小规模、低水平重复建设的小型生产企业。

（4）加快发展乳化剂复合配方，加强复合配方技术理论研究并与实际应用相结合。目前，我国乳化剂主要是依靠经验进行复配，带有一定的盲目性，缺乏必要的理论指导和先进测试仪器的辅助，所得产品质量和性能都不尽完善，不利于推广和应用。因此，必须加强乳化剂复配技术的理论研究。同时，科研工作应与食品加工企业密切协作，与市场实际需要相结合，这样才能使成果迅速转化为现实生产力，不仅有利于拓展食品乳化剂的应用空间，而且对于食品乳化剂的安全管理带来诸多益处。

第六节 违禁与滥用食品添加剂

一、违禁与滥用添加剂的种类

食品添加剂的使用关乎食品质量安全，也关乎消费者的身体健康。通过对 2006 年全国各地发生的大小共 332 件食品安全事故的统计发现，由食品添加剂使用不当引发的食品安全事件共有 165 件，占全部食品安全事故的 49.7%。在这种因食品添加剂而引发的食品安全事故中，食品添加剂的超限量使用和食品添加剂的超范围使用成为目前我国食品安全事故的主因。为此，为严厉打击食品生产经营中违法添加非食用物质、滥用食品添加剂以及饲料、水产养殖中使用违禁药物，截至 2011 年 6 月 1 日，卫生部、农业部等部门根据风险监测和监督检查中发现的问题，不断更新非法使用物质名单，至今已公布 151 种食品和饲料中非法添加物名单，包括 48 种可能在食品中"违法添加的非食用物质"（表 8-6）、22 种"易滥用食品添加剂"（表 8-7）和 82 种"禁止在饲料、动物饮用水和畜禽水产养殖过程中使用的药物和物质"的名单。

表 8-6 食品中可能违法添加的非食用物质名单

序号	名称	可能添加的食品品种	检测方法
1	吊白块	腐竹、粉丝、面粉、竹笋	GB/T 21126—2007 小麦粉与大米粉及其制品中甲醛次硫酸氢钠含量的测定；卫生部《关于印发面粉、油脂中过氧化苯甲酰测定等检验方法的通知》（卫监发〔2001〕159 号）附件 2 食品中甲醛次硫酸氢钠的测定方法
2	苏丹红	辣椒粉等含辣椒类的食品（辣椒酱、辣味调味品）	GB/T 19681—2005《食品中苏丹红染料的检测方法高效液相色谱法》
3	王金黄、块黄	腐皮	无
4	三聚氰胺	乳及乳制品	GB/T 22388—2008《原料乳与乳制品中三聚氰胺检测方法》；GB/T 22400—2008《原料乳中三聚氰胺快速检测液相色谱法》
5	硼酸与硼砂	腐竹、肉丸、凉粉、凉皮、面条、饺子皮	无
6	硫氰酸钠	乳及乳制品	无
7	玫瑰红 B	调味品	无
8	美术绿	茶叶	无
9	碱性嫩黄	豆制品	无
10	工业用甲醛	海参、鱿鱼等干水产品、血豆腐	SC/T 3025—2006《水产品中甲醛的测定》
11	工业用火碱	海参、鱿鱼等干水产品、生鲜乳	无
12	一氧化碳	金枪鱼、三文鱼	无

序号	名称	可能添加的食品品种	检测方法
13	硫化钠	味精	无
14	工业硫磺	白砂糖、辣椒、蜜饯、银耳、龙眼、胡萝卜、姜等	无
15	工业染料	小米、玉米粉、熟肉制品等	无
16	罂粟壳	火锅底料及小吃类	参照上海市食品药品检验所自建方法
17	革皮水解物	乳与乳制品、含乳饮料	乳与乳制品中动物水解蛋白鉴定-L(-)-羟脯氨酸含量测定（检测方法由中国检验检疫科学院食品安全所提供）。该方法仅适应于生鲜乳、纯牛奶、奶粉
18	溴酸钾	小麦粉	GB/T 20188—2006《小麦粉中溴酸盐的测定 离子色谱法》
19	β-内酰胺酶（金玉兰酶制剂）	乳与乳制品	液相色谱法（检测方法由中国检验检疫科学院食品安全所提供）
20	富马酸二甲酯	糕点	气相色谱法（检测方法由中国疾病预防控制中心营养与食品安全所提供）
21	废弃食用油脂	食用油脂	无
22	工业用矿物油	陈化大米	无
23	工业明胶	冰淇淋、肉皮冻等	无
24	工业乙醇	勾兑假酒	无
25	敌敌畏	火腿、鱼干、咸鱼等制品	GB/T 5009.20—2003《食品中有机磷农药残留的测定》
26	毛发水	酱油等	无
27	工业用乙酸	勾兑食醋	GB/T 5009.41—2003《食醋卫生标准的分析方法》
28	肾上腺素受体激动剂类药物（盐酸克伦特罗、莱克多巴胺等）	猪肉、牛羊肉及肝脏等	GB/T 22286—2008《动物源性食品中多种β-受体激动剂残留量的测定，液相色谱串联质谱法》
29	硝基呋喃类药物	猪肉、禽肉、动物性水产品	GB/T 21311—2007《动物源性食品中硝基呋喃类药物代谢物残留量检测方法，高效液相色谱-串联质谱法》
30	玉米赤霉醇	牛羊肉及肝脏、牛奶	GB/T 21982—2008 动物源食品中玉米赤霉醇、β-玉米赤霉醇、α-玉米赤霉烯醇、β-玉米赤霉烯醇、玉米赤霉酮和赤霉烯酮残留量检测方法，液相色谱-质谱/质谱法
31	抗生素残渣	猪肉	无
32	镇静剂	猪肉	参考 GB/T 20763—2006 猪肾和肌肉组织中乙酰丙嗪、氯丙嗪、氟哌啶醇、丙酰二甲氨基丙吩噻嗪、甲苯噻嗪、阿扎哌垄阿扎哌醇、咔唑心安残留量的测定 液相色谱-串联质谱法
33	荧光增白物质	双孢蘑菇、金针菇、白灵菇、面粉	蘑菇样品可通过照射进行定性检测；面粉样品无检测方法

序号	名称	可能添加的食品品种	检测方法
34	工业氯化镁	木耳	无
35	磷化铝	木耳	无
36	馅料原料漂白剂	焙烤食品	无
37	酸性橙Ⅱ	黄鱼、鲍汁、腌卤肉制品、红壳瓜子、辣椒面和豆瓣酱	参照江苏省疾控创建的鲍汁中酸性橙Ⅱ的高效液相色谱-串联质谱法
38	氯霉素	生食水产品、肉制品、猪肠衣、蜂蜜	GB/T 22338—2008《动物源性食品中氯霉素类药物残留量测定》
39	喹诺酮类	麻辣烫类食品	无
40	水玻璃	面制品	无
41	孔雀石绿	鱼类	GB 20361—2006《水产品中孔雀石绿和结晶紫残留量的测定》，高效液相色谱荧光检测法
42	乌洛托品	腐竹、米线等	无
43	五氯酚钠	河蟹	SC/T 3030—2006《水产品中五氯苯酚及其钠盐残留量的测定气相色谱法》
44	喹乙醇	水产养殖饲料	水产品中喹乙醇代谢物残留量的测定 高效液相色谱法（农业部 1077 号公告-5-2008）；SC/T 3019—2004《水产品中喹乙醇残留量的测定》液相色谱法
45	碱性黄	大黄鱼	无
46	磺胺二甲嘧啶	叉烧肉类	GB 20759—2006《畜禽肉中十六种磺胺类药物残留量的测定》液相色谱-串联质谱法
47	敌百虫	腌制食品	GB/T 5009.20—2003《食品中有机磷农药残留量的测定》
48	邻苯二甲酸酯类物质，主要包括：邻苯二甲酸二（2-乙基）己酯（DEHP）、邻苯二甲酸二异壬酯（DINP）、邻苯二甲酸二苯酯、邻苯二甲酸二甲酯（DMP）、邻苯二甲酸二乙酯（DEP）、邻苯二甲酸二丁酯（DBP）、邻苯二甲酸二戊酯（DPP）、邻苯二甲酸二己酯（DHXP）、邻苯二甲酸二壬酯（DNP）、邻苯二甲酸二异丁酯（DIBP）、邻苯二甲酸二环己酯（DCHP）、邻苯二甲酸二正辛酯（DNOP）、邻苯二甲酸丁基苄基酯（BBP）、邻苯二甲酸二（2-甲氧基）乙酯（DMEP）、邻苯二甲酸二（2-乙氧基）乙酯（DEEP）、邻苯二甲酸二（2-丁氧基）乙酯（DBEP）、邻苯二甲酸二（4-甲基-2-戊基）酯（BMPP）	乳化剂类食品添加剂、使用乳化剂的其他类食品添加剂或食品等	GB/T 21911—2008《食品中邻苯二甲酸酯的测定》

表 8-7　食品中可能滥用的食品添加剂品种名单

序号	食品品种	可能易滥用的添加剂品种	检测方法
1	渍菜（泡菜等）、葡萄酒	着色剂（胭脂红、柠檬黄、诱惑红、日落黄）等	GB/T 5009.35—2003《食品中合成着色剂的测定》；GB/T 5009.141—2003《食品中诱惑红的测定》
2	水果冻、蛋白胨类	着色剂、防腐剂、酸度调节剂（己二酸等）	无
3	腌菜	着色剂、防腐剂、甜味剂（糖精钠、甜蜜素等）	无
4	面点、月饼	乳化剂（蔗糖脂肪酸酯等、乙酰化单甘脂肪酸酯等）、防腐剂、着色剂、甜味剂	无
5	面条、饺子皮	面粉处理剂	无
6	糕点	膨松剂（硫酸铝钾、硫酸铝铵等）、水分保持剂磷酸盐类（磷酸钙、焦磷酸二氢二钠等）、增稠剂（黄原胶、黄蜀葵胶等）、甜味剂（糖精钠、甜蜜素等）	GB/T 5009.182—2003《面制食品中铝的测定》
7	馒头	漂白剂（硫磺）	无
8	油条	膨松剂（硫酸铝钾、硫酸铝铵）	无
9	肉制品和卤制熟食、腌肉料和嫩肉粉类产品	护色剂（硝酸盐、亚硝酸盐）	GB/T 5009.33—2003《食品中亚硝酸盐、硝酸盐的测定》
10	小麦粉	二氧化钛、硫酸铝钾	无
11	小麦粉	滑石粉	GB 21913—2008《食品中滑石粉的测定》
12	臭豆腐	硫酸亚铁	无
13	乳制品（除干酪外）	山梨酸	GB/T 21703—2008《乳与乳制品中苯甲酸和山梨酸的测定方法》
14	乳制品（除干酪外）	纳他霉素	参照 GB/T 21915—2008《食品中纳他霉素的测定方法》
15	蔬菜干制品	硫酸铜	无
16	酒类（配制酒除外）	甜蜜素	无
17	酒类	安塞蜜	无
18	面制品和膨化食品	硫酸铝钾、硫酸铝铵	无
19	鲜瘦肉	胭脂红	GB/T 5009.35—2003《食品中合成着色剂的测定》
20	大黄鱼、小黄鱼	柠檬黄	GB/T 5009.35—2003《食品中合成着色剂的测定》
21	陈粮、米粉等	焦亚硫酸钠	GB 5009.34—2003《食品中亚硫酸盐的测定》
22	烤鱼片、冷冻虾、烤虾、鱼干、鱿鱼丝、蟹肉、鱼糜等	亚硫酸钠	GB/T 5009.34—2003《食品中亚硫酸盐的测定》

二、违禁与滥用食品添加剂管理

根据 2009 年 2 月 28 日通过的《食品安全法》的规定，我国对生产、使用和拟申请使用的新的食品添加剂的管理办法是：凡未列入中华人民共和国食品添加剂使用卫生标准中的食品添加剂新品种，应由生产、应用单位及其主管部门提出生产工艺、理化性质、质量标准、毒理试验结果、应用效果（应用范围、最大应用量）等有关资料，由当地省（直辖市、自治区）的主管和卫生部门提出初审意见，由全国食品添加剂卫生标准协作组预审，通过后再提交全国食品添加剂标准化技术委员会审查。通过后的品种报卫生部和国家技术监督局审核批准发布。对于国外入境产品，进入我国市场时也必须按照中华人民共和国的法规及审批程序办理，可将以上所具备材料直接向全国食品添加剂标准化技术委员会办理申请批准手续。

食品添加剂的安全管理涉及食品产业链的方方面面，在采用国家法律进行强制管理的同时，必须针对食品生产环节、流通环节、消费环节在标准制度、检测技术、原料监控等方面进行全面监控，以此来减少或避免食品中因违禁和滥用添加剂而造成的食品安全事件对消费者健康的损害。

（1）进一步理顺我国食品（包括食品添加剂）安全监督管理体系。目前，我国食品的监管责任由多个部门承担，从分工看，食品生产和流通等环节至少涉及 4 个部门；从实际运行看，各行政职能部门不能更加顺畅地履行各自的职责，行政效率低下，企业负担重。政府应从根本上理顺食品监督管理体制，加大执法力度，确保包括添加剂在内的食品安全；在食品安全领域里应当把建立健全我国食品安全监管体系作为食品安全工作的重点和战略目标。实现从源头控制，加强对食品生产企业的管理，保证食品流通企业的安全。

（2）完善食品添加剂的法律法规和标准体系建设。使用食品添加剂必须符合《食品安全法》、《食品添加剂卫生管理办法》和《食品添加剂使用卫生标准》等法律法规，政府部门及时组织对可疑的添加剂采取重新评估或考虑其安全性的确定因素，及时删除并予以公告，以提高消费者对食品添加剂的信心。

（3）加大宣传力度。加大宣传力度，科学、合理、正确使用食品添加剂。通过各种方式和途径让消费者真正了解和认识有关食品添加剂安全性方面的知识，让人们真正懂得随着食品工业的发展。使用食品添加剂的品种和数量只会越来越多，并非所有的添加剂都不利于身体健康，因此，政府、行业协会、媒体和科学家们应对广大消费者加以正确的引导，使人们真正懂得正确、合理、科学的使用食品添加剂是安全的。食品添加剂的使用企业，尽可能按照使用标准中的中等或偏下使用量使用。对使用环境和生产过程中的其他因素加以控制。

（4）强化企业的法律意识，加大监督指导和处罚力度。无论是食品添加剂的生产企业还是使用企业，都要提高法律意识；对所有员工进行不断的培训；不仅要知法、懂法，更要守法；从源头加以控制，保证食品添加剂的使用安全。在现行的管理体制下，卫生行政部门应加强对食品添加剂的加工企业和经营企业实行卫生许可和卫生监督管理；质检部门应加强对食品添加剂使用企业进行监督，同时加强对他们的技术指导和监督，不断地进行培训，严格控制食品添加剂的使用范围和使用量，对违法者要依法严惩并给予曝光，卫生行政部门要不断提高食品添加剂生产和使用企业的准入门槛。

（5）在食品生产企业中积极推行"食品安全管理体系（HACCP）"。在食品添加剂的生产和使用的企业中实施 HACCP 体系，建立和完善相应的监控程序和指标，健全质量控制系统。实行质量安全标准，从源头上减少超量和超范围使用食品添加剂等影响食品安全的因素发生，将危害进行有效的预防、降低或消除到人们可以接受的水平。

（6）应用新技术和工艺。提高食品添加剂研发水平，鼓励社会各界采用最新的技术。研制出更多安全性能高、高效低毒、使用效果好的食品添加剂，为人们健康着想。最大限度地减少甚至消灭可能会对人体产生危害的添加剂，加强在使用食品添加剂时的再评价。

三、违禁与滥用食品添加剂的检测

从前述卫生部和农业部联合发布的违法添加的非食用物质和易滥用食品添加剂的名单中可以看出，我国目前食品工业中存在的违禁和滥用食品添加剂的情况较为严重，所涉及的食品几乎囊括了人们日常消费的所有种类，危害到的人群从婴幼儿到成人。为此，在完善对管理制度建设、加大对违法犯罪行为的处罚力度同时，加强依靠科学先进的检测技术来监控食品质量安全也是有效防范食品安全事故发生的重要举措。

针对目前人们普遍较为关心的食品添加剂安全事件，本小节就近几年发生在我国境内食品安全事故中涉及的若干种食品添加剂的检测进行了举例介绍。

1. 三聚氰胺（蛋白精）

三聚氰胺（2，4，6-三氨基-1，3，5-三嗪），最早由德国化学家于 1834 年合成。现代工艺多采用尿素合成的三聚氰胺树脂常常被用于生产制作食品包装或餐具，因此食品中的三聚氰胺常常被认为是以三聚氰胺树脂为原材料食品包装或餐具中三聚氰胺迁移所致，也有认为三聚氰胺可能是杀虫剂灭蝇胺的代谢产物沿食物链富集进入植物或动物源性食物所致。三聚氰胺生产过程和细菌代谢过程均可能产生副产物三聚氰酸（2，4，6-三羟基-1，3，5-三嗪）。三聚氰酸可以用作消毒剂，特别是在水处理过程中被广泛应用。慢性高剂量摄入三聚氰胺或三聚氰酸时会诱发肾脏病变，而且三聚氰胺和三聚氰酸接触后可以通过氢键表现出极强的亲和力而形成轮辐状的难溶物——三聚氰胺-三聚氰酸复合物，该复合物很容易在动物肾脏中沉积，从而引起动物肾脏功能衰竭甚至导致死亡。

中国质量监督检验检疫局、美国食品和药品管理局（FDA）、世界卫生组织等都对食品中三聚氰胺制定了不同的限量标准及检测分析标准。食品中的三聚氰胺经过提取净化后可以采用色谱法、质谱法、光谱法和毛细管电泳法等现代仪器手段进行分析，也可以直接采用酶联免疫试剂盒法分析。

1）液相色谱及串联检测器法

液相色谱的检测器主要有紫外检测器、荧光检测器、二极管阵列检测器和示差检测器等。在已有的报道中，利用液相色谱进行三聚氰胺的检测，主要采用紫外检测器（UV）和二极管阵列检测器（DAD）。前处理一般都是采用三氯乙酸-乙腈提取，过滤，过柱，洗脱。然后采用乙腈/水或缓冲盐的水溶液（$V/V=95:5\sim80:20$）为流动相，236 nm（UV）或 240 nm（DAD）为检测波长，室温下进样分析。三聚氰胺和三聚氰酸的紫外吸收波段均低于 250 nm，故色谱条件的变化以及样品的前处理将会产生定量的误差。而采用液相色谱串联质谱法可以准确定量待测物质，一般选取 m/z 127 的三聚氰胺作为母离子，二级质谱选择 m/z 85。LC-MS 方法已被广泛用于面粉[31]、乳制品[32]、水产品[33]、饲料[34]和奶粉[35]等检测工作。

我国在三鹿奶粉事件后颁布了 GB/T 22388—2008 和 GB/T 22400—2008 两个标准，包含了 HPLC 法和 HPLC-MS 法，并把 HPLC 法作为快速筛分原料乳中三聚氰胺的手段。HPLC-MS 也是美国 FDA 用于检测和定量食品中三聚氰胺的基本分析方法，其检测限可达 ppb 级。超高效液相色谱（UPLC）借助于 HPLC 的理论及原理，涵盖了小颗粒填料（1.7 μm 填料）、非常低系统体积及快速检测手段等全新技术，增加了分析的通量、灵敏度及色谱峰容量。与传统的 HPLC 相比，UPLC 在速度、灵敏度及分离度上很具优势。UPLC-MS 已经被用于乳制品、水产品等样品的分析中。

由于其与水极好的相容性、合适的紫外吸收和适当的黏度，乙腈常被作为液相色谱中的流动相。由于乙腈的毒性要比甲醇高三倍，目前一般采用甲醇作为乙腈的替代品，经过两次离心提取以后，采用同位素稀释液相色谱-三重四极杆质谱对奶制品和宠物饲料中的三聚氰胺及三聚氰酸的残留进行分析，液态奶和配方奶粉的检测限分别可达 0.03 ppm 和 0.05 ppm。乙腈是丙烯腈的共产物，随着经济的衰退，必然会导致乙腈供应的短缺。为此，可以考虑采用超临界流体色谱法（SFC）摆脱反相液相色谱对乙腈的依赖。因为使用低黏度和高分散性的超临界流体，可以在速度和效率上实现快速分离，而且在官能团、极性和选择性上对很多化合物都适应。采用 CO_2 和甲醇作为梯度洗脱液，在 210 nm、40℃柱温下对牛奶制品进行了检测，三聚氰胺的检测限可达 1 ppm。

2）气相色谱串联质谱法

由于三聚氰胺相对分子质量较小，极性较大，在进行气相色谱串联质谱法（GC-MS）测定时受相近离子碎片的干扰极为严重，只有将其转化为分子质量较大、极性较小的物质（衍生化），才能通过质谱获得较好的分离效果。一般采用乙腈水[36]或三氯乙酸[37]浸提，加入乙酸锌或乙酸铅沉淀蛋白，超声后离心，取上层清液净化衍生，最终进行气相色谱-质谱进行测定。

针对衍生化-气相色谱串联质谱的操作繁琐费时、过程不易控制的问题，李东刚等[38]利用离子阱气相色谱质谱联用仪，建立了非衍生化-气相色谱串联质谱直接分析饲料中三聚氰胺的方法。利用三聚氰胺的二级质谱进行定性，以二级质谱的特征离子峰 m/z 85 进行定量，方法的精密度和回收率可满足饲料中三聚氰胺检测的限量要求。

我国在三鹿奶粉事件后发布了原料乳与乳制品中三聚氰胺的检测方法（GB/T

22388—2008），试样经超声提取、固相萃取净化后，进行硅烷化衍生，衍生产物采用离子监测质谱扫描模式（SIM）或多反应监测质谱扫描模式（MRM），用化合物的保留时间和质谱碎片的丰度比定性，外标法定量。

　　3）酶联免疫吸附探针法

　　酶联免疫吸附探针法（ELISA）是免疫学上通常采用的检测样品中抗体或抗原的方法。酶联免疫探针经常被做成试剂盒，方便使用。自三聚氰胺事件以后，国内外市场上出现了不少商业化的试剂盒。进行试剂盒分析之前，样品需要进行前处理，测试过程中亦需要孵化培养等，整个测试时间通常不少于 1 h。但由于试剂盒使用过程中容易出现假阳性或者假阴性，因而不适宜于快速准确检测。世界卫生组织（WHO）对 ELISA 法测定三聚氰胺做了简要的说明。

　　4）毛细管电泳技术

　　毛细管区带电泳是一种分离效率很高的分离分析技术，在分离扩散系数较小的大分子蛋白质样品时，分离效率非常高，因此它在分离复杂基质领域有着广泛的应用前景。Yan 等[39]采用了毛细管区带电泳-二极管阵列检测器来测定三聚氰胺。这种方法是利用三聚氰胺的强极性在简单的毛细管电泳模式中来实现三聚氰胺和干扰物的基线分离，并利用三聚氰胺极好的紫外吸收来进行测定，定量检测限在 0.05 mg/kg。该方法简单有效，灵敏快捷，适于液体牛奶、奶酪、纯奶粉、鱼食和鱼中三聚氰胺的测定。

　　5）光谱法

　　拉曼光谱利用光散射来测定特定的分子振动，在某些区域形成吸收产生该物质的指纹谱带。由于样品前处理过程不用离心、过滤和净化，拉曼光谱法可以减短分析时间。而且只需要三步就可实现样品检测：将三聚氰胺提取液滴加到底物上，蒸发有机溶剂，用拉曼光谱检测，在 682 cm^{-1} 和 989 cm^{-1} 处有位移，而 682 cm^{-1} 处与浓度有关。

　　Lin[40]用表面强化拉曼光谱分析了在金纳米颗粒底物上的三聚氰胺、三聚氰酸以及三聚氰胺-三聚氰酸混合物的振动特征光谱。在金纳米颗粒上，三聚氰胺的拉曼光谱信号被放大了大约 30 000 倍。结合最小二乘分析，表面强化拉曼光谱快速分析和定量了痕量的三聚氰胺及其同类物质。基于 682 cm^{-1} 处的特征峰的拉曼光谱强度和三聚氰胺浓度的对数值，表面强化拉曼光谱分析方法的检测限在 2.6×10^{-7} mol/L。

　　6）化学发光法

　　为检测牛奶制品中的三聚氰胺，Wang 等[41]开发了一种基于鲁米诺-肌红蛋白系统的灵敏的化学发光检测方法。试验发现，三聚氰胺可以与溶液中的肌红蛋白反应形成一种复合体，可以强烈地抑制鲁米诺与肌红蛋白反应产生的化学光的强度。化学发光强度的降低值与三聚氰胺的浓度在 10 pg/mL 至 50 ng/mL 呈正比线性关系，检测限达 3 pg/mL。

　　7）纳米粒子颜色法

　　三聚氰胺和三聚氰酸可以通过 NH-O 和 NH-N 两种氢键形式进行分子组装，从而形成稳定的复合体（三聚氰胺和三聚氰酸的比例为 1：3）。如果将三聚氰酸衍生，与具有极好光学特征的贵金属纳米颗粒形成稳定的复合体，加入三聚氰胺以后，三聚氰胺与三聚氰酸的结合，会改变纳米颗粒的光学特征，而这一特征变化可以从颜色上表现出来。中国科学院长春应化所电分析化学国家重点实验室的 Ai 等[42]基于这一考虑，合成了一种含巯基官能团的三聚氰酸衍生物（MTT），并通过配体交换反应制备了与 12 nm 金纳米颗粒形成的稳定颗粒（MTT-Au）。最初 MTT-Au 在水中可以很好地分散，形成酒红色的均一胶体。当加入三聚氰胺后，胶体变成蓝色。该颜色变化明显，肉眼即可辨别。此方法可以检测低至 2.5 ppb 浓度的三聚氰胺。

2. 苏丹红

苏丹红是一种人工合成的亲脂性偶氮染料，主要包括Ⅰ、Ⅱ、Ⅲ和Ⅳ四种类型，广泛应用于如溶剂、油、蜡、汽油的增色，以及鞋、地板等增光方面。进入体内的苏丹红主要通过胃肠道微生物还原酶、肝和肝外组织微粒体及细胞质的还原酶进行代谢，在体内代谢成相应的胺类物质。在多项体外致突变试验和动物致癌试验中发现苏丹红的致突变性和致癌性与代谢生成的胺类物质有关。早在 1995 年欧盟等国家已禁止苏丹红作为色素在食品中进行添加，我国也明文禁止。但由于其显著的增色效应，仍被非法用作食品添加剂，改良番茄、辣椒等的加工产品外观，直接或间接危害人体健康。目前国内外已经建立多种方法对苏丹红进行监控和检测，如分光光度法、气相色谱法、高效液相色谱法、高效液相色谱串联质谱法以及酶联免疫检测法等。

1）分光光度法

该方法操作方便，所需仪器简单，但检测限较低。有固相和液相分光光度法之分。Capitán 等建立的固相分光光度法，用硅胶 G 在 pH 5.0 时能选择吸附苏丹红的特性浓缩样品，将吸附到硅胶的染料直接用分光光度计测定，方法简单易行，灵敏度高，能准确检测 20~200 $\mu g/mL$ 的苏丹红染料[43]。国内有学者建立的液相分光光度法利用苏丹红Ⅰ有紫外吸收的特性，将样品经萃取、氧化铝层析柱分离、洗脱后进行紫外测定。

2）薄层色谱法

苏丹红一般是作为食品色素进行添加，国内外实际检测中较多地采用薄层色谱法进行分析测定。Korczak 等[44]应用 α-Al_2O_3 为吸附剂，以薄层色谱法分析食品中苏丹红染料。杨林飞等[45]运用薄层色谱法建立了灵敏度高、准确性好的测定食品中苏丹红染料的分析方法，为基层机构提供了便捷的检测食品中苏丹红染料的方法。王鲜俊等则[46]运用薄层色谱-分光光度计建立了准确、灵敏的测定海椒面中苏丹红Ⅰ~Ⅳ的分析方法。

3）高效液相色谱法

液相色谱法作为目前通用的仪器方法在实际检测应用也较广泛，如欧盟采取 HPLC 对苏丹红染料进行测定。对于复杂样品，光谱分析结果不满意则应用 MS 验证。液相色谱法样品处理简单，直接用乙腈萃取过滤，HPLC 分析测定，流动相为酸性水溶液和乙腈。测定波长：苏丹红Ⅰ、Ⅱ为 478 nm，Ⅲ、Ⅳ为 520 nm。采用 LC-MS 方法，质谱定性与定量采用 m/z 249 和 m/z 1022 进行。我国苏丹红染料检测国标法苏丹红Ⅰ~Ⅳ检出限均为 10 $\mu g/kg$。样品经提取、固相萃取净化后，用 HPLC 进行分析。流动相采用 0.1%甲酸水溶液/乙腈（A）和 0.1%甲酸乙腈溶液/丙酮（B）混合。陈美娟在国标基础上建立了分离度高、分析时间短的 HPLC 方法，并采用 LC-MS 定性确证以避免国标法中的假阳性结果[47]。

4）气相色谱-质谱法

郭新东等[48]研究了固相萃取，气相色谱-质谱法（GC-MS）技术检测苏丹红Ⅰ、Ⅱ的分析方法。用 Strata-X 小柱进行样品前处理，GC-MS 法进行定性、定量分析，苏丹红Ⅰ、Ⅱ的检出限分别为 0.5 μg/L 和 0.7 μg/L。吴惠勤等[49]采用 GC-MS 建立了准确可靠、灵敏度高、快速简便的同时检测食品中苏丹红Ⅰ～Ⅳ的新方法，其中苏丹红Ⅰ、Ⅱ的检出限均为 1 μg/kg。

5）高效液相色谱串联质谱法

质谱法比高效液相法灵敏 20 倍，检出限可达 μg/kg 数量级。Calbiani 等[50]运用 LC-ESI-MS/MS 技术，建立了不用纯化直接用丙酮提取样品中苏丹红Ⅰ～Ⅳ的检测方法。用蚁酸/甲醇混合液为流动相，检出限和定量限值均可达 ng/g 水平，重现性好，精确度高。此外，Calbiani 等[51]还建立了毛细管液相色谱-电喷雾-四极子飞行时间质谱法（micro LC-ESI-Q-TOF/MS）检测食品中的苏丹红染料，测定下限为 1.6 mg/kg，检测精度为 9.5 mg/kg。Tateo 和 Bononi[52]用 HPLC-APCI-MS 法建立了快速测定辣椒产品、香料和烤熟食中苏丹红Ⅰ的方法，该方法灵敏度高、准确性好。

6）酶联免疫吸附法

酶联免疫检测吸附试验法具有特异性好、灵敏度高、样品前处理简单、操作简便、检测时间短、能够分析复杂的化合物的特点，并且不需要昂贵的仪器等优点，能够同时筛选检测含有苏丹红残留的大量样本。韩丹等[53]利用间接竞争酶联免疫分析法检测食品中苏丹红Ⅰ号的含量。该方法首先对苏丹红Ⅰ号分子作了修饰，再与载体蛋白交联制备免疫原和包被原，经动物免疫制备抗苏丹红Ⅰ号抗体。该方法检出限为 0.12 μg/L。邓安平和韩丹[54]利用酶联免疫吸附分析方法检测食品中苏丹红Ⅰ号的残留含量，该试验的特点是合成两种不同碳桥长度的苏丹红衍生物，并将衍生物与载体蛋白质交联，获得四种多克隆抗体。其 IC_{50} 为 0.3～2.0 ng/mL，与苏丹红Ⅱ～Ⅳ号的交叉反应率为 0.1%～14.3%，与其他类型的食品用着色剂几乎没有交叉反应。

3. 孔雀石绿

孔雀石绿是一种工业性染料，以往仅应用在制陶业、纺织业、皮革业、细胞化学染色剂和指示剂等方面。孔雀石绿在细胞分裂时阻碍蛋白肽的形成，产生抗菌杀虫作用，所以后来它又被用作驱虫剂、杀菌剂和防腐剂。自 20 世纪 30 年代以来，许多国家曾经采用孔雀石绿杀灭鱼类体内外寄生虫和鱼卵中的霉菌，它对鱼类水霉病、烂鳃病、小瓜虫病以及寄生虫病等的控制非常有效。另外，孔雀石绿对治疗鱼身碰撞刮伤相当有效，可以防止细菌感染，避免伤口溃烂、扩散。因此，一些渔民在防治鱼类感染真菌时使用，也有运输商用作消毒，以延长鱼类在长途贩运中的存活时间。一些酒店为了延长鱼的存活时间，也用孔雀石绿进行消毒。孔雀石绿消毒时操作方便，价格低廉，只需少量，约每升水含 0.03 mg（30 μg/L）的孔雀石绿即有效果，因此，长期以来孔雀石绿在水产养殖业中的使用极为普遍。

从 20 世纪 90 年代开始，国内外研究学者陆续发现，孔雀石绿具有较多副作用。目前已被禁止使用，1993 年美国 FDA 已经将孔雀石绿列为优先研究的致癌性化学物质；

日本以及英国等许多国家已禁止用于水产养殖业；我国农业行业标准无公害食品渔用药物使用准则（NY 5071—2002）中也已将孔雀石绿列为禁用药物。

1）液相色谱检测法

孔雀石绿大多采用高效液相色谱法进行分析。我国现行的标准 SC/T 3021—2004《水产品中孔雀石绿残留量的测定》、SN/T 1479—2004《进出口水产品中孔雀石绿残留量检测方法》、2005 年 9 月发布实施的国家标准 GB/T 19857—2005《水产品中孔雀石绿和结晶紫残留量的测定》及 2006 年的 GB/T 20361—2006《水产品中孔雀石绿和结晶紫残留量的测定 高效液相色谱荧光检测法》都是采用了高效液相分析方法。孔雀石绿在波长为 618 nm 处有吸收峰，可采用紫外可见检测器检测，无色孔雀石绿在波长为 267 nm 处有吸收峰，但由于很多有机小分子在 267 nm 处都有吸收，无色孔雀石绿目标峰附近干扰峰较多。为此，我国现行的水产行业标准及国家标准利用 PbO_2 将无色孔雀石绿氧化成孔雀石绿，并在 618 nm 进行检测。

无色孔雀石绿有荧光特性（激发波长 265 nm、发射波长 360 nm），利用这一特点，Mitrowska 等[55]通过将紫外荧光检测器连在一起，分别对孔雀石绿和隐色孔雀石绿进行检测，免去了柱后氧化过程，孔雀石绿和隐色孔雀石绿的检测限分别为 0.15 $\mu g/kg$ 和 0.13 $\mu g/kg$。GB/T 20361—2006《水产品种孔雀石绿和结晶紫残留量的测定高效液相色谱荧光检测法》通过利用硼氢化钾将孔雀石绿还原为隐色孔雀石绿，然后在激发波长 265 nm、发射波长 360 nm 条件下用荧光检测，这个方法大大提高了检测限，可以满足对欧盟及日本出口的条件。

近年来，采用液质联用检测孔雀石绿的实例越来越多。质谱的高选择性进一步提高了检测结果及定性、定量的准确性和灵敏度。用质谱联用检测鲑鱼中的孔雀石绿、隐色孔雀石绿、结晶紫及隐色结晶紫，检测限可分别达到 0.30 $\mu g/kg$、0.35 $\mu g/kg$、0.80 $\mu g/kg$、0.32 $\mu g/kg$；丁涛等[56]于 2006 年利用高效液相色谱串联质谱（LC-MS/MS）方法，快速、准确地同时测定鳗鱼中孔雀石绿、隐性孔雀石绿残留量；Doerge 等[57]用同位素内标稀释，液相色谱-大气压化学离子质谱法（LC/MS）快速、准确地同时测定食用鱼中孔雀石绿、隐性孔雀石绿残留量。

2）酶联免疫法

ELISA 方法的基本原理是将酶分子与抗体或抗抗体分子共价结合，结合产物不会改变抗体的免疫学特性，也不影响酶的生物学活性。此种酶标抗体可与吸附在固相载体上的抗原或抗体发生特异性结合，底物可在酶的作用下使其所含的供氢体由无色的还原型转变成有色氧化型，出现颜色反应。颜色反应的深浅与样品中相应抗体或抗原的量呈一定的比例，显色反应可通过酶标仪进行定量测定。ELISA 方法检测速度快，2～3 h就可检测一批样品，灵敏度高。水产品的种类繁多，基质复杂，检测结果的假阳性概率高。因此，用该方法检出的阳性样还需用高压液相色谱法或液质联用法进行定量和确证。

3）其他方法

其他的一些方法还有薄层色谱法和普通分光光度法，但或多或少都存在一些不足之处。薄层色谱法虽然具有简便快速的特点，但是不能同时检测孔雀石绿的代谢物无色孔雀石绿；普通分光光度法检测限较高，灵敏度较低，准确性较差，也不能用于代谢物无色孔雀石绿的检测，在低浓度水平的复杂基质中，检测结果假阳性概率高，而且仅仅局限于水样的检测，尚未见该方法在复杂样品基质中的应用。

参 考 文 献

[1] Food and Drug Administration. Code of Federal Regulations, Title 21: Food and Drugs. FDA, 2012

[2] Food and Drug Administration. US Code Title 21-Food Additives and Drugs. Chapter 9-Federal Food, Drug, and Cosmetic Act. Subchapter II-Definitions. Sec. 321. Definitions; generally, 2004

[3] 李宁，王竹天. 国内外食品添加剂管理和安全性评价原则. 国外医学卫生学分册，2008，35：321-327

[4] 肖颖，李勇，译. 欧洲食物安全：食物和膳食中化学物的危险性评估. 北京：北京大学出版社，2005

[5] 赵丹宇，张志强，李晓辉，等. 危险性分析原则及其在食品标准中的应用. 北京：中国标准出版社，2001

[6] Walton K, Walker R, van de Sandt J J, et al. The application of *in vitro* data in the derivation of the acceptable daily intake of food additives. Food and Chemical Toxicology, 1999, 37: 1175-1197

[7] International Programme on Chemical Safety. International Programme on Chemical Safety. Principles and Methods for the Risk Assessment of Chemicals in Food, Chapter 5: Dose-response Assessment. A joint publication of the Food and Agriculture Organization of the United Nations and the World Health Organization, 2009

[8] Food and Drug Administration. Guidance for Industry: Estimating Dietary Intake of Substances in Food. Office of Food Additive Safety, Center for Food Safety and Applied Nutrition (CFSAN), 2006

[9] International Programme on Chemical Safety. International Programme on Chemical Safety. Principles and Methods for the Risk Assessment of Chemicals in Food, Chapter 6: Dietary exposure assessment of chemicals in food, 2006

[10] Price G M, Shuker L K. Probabilistic Approaches to Food Risk Assessment: Report of a Workshop Held on 8-9 June 1998, MRC Institute for Environment and Health. England: MRC Institute for Environment and Health, 2000

[11] Petersen B J. Probabilistic modeling: theory and practice. Food Additives and Contaminants, 2000, 17: 591-599

[12] Renwick A G, Barlow S M, Hertz-Picciotto A R, et al. Risk characterization of chemicals in food and diet. Food and Chemical Toxicology, 2003, 41: 1211-1271

[13] 陈君石. 危险性评估与食品安全. 中国食品卫生杂志，2003，15：3-6

[14] 黄林，程新，魏赛金，等. 红曲霉JR所产红曲色素的稳定性研究. 中国调味品，2011，2：93-96

[15] 中华人民共和国国家标准. GB 4479.1—2010 食品安全国家标准. 食品添加剂 苋菜红. 北京：中国标准出版社，2010

[16] 中华人民共和国国家标准. GB 4480.1—2001 食品添加剂 胭脂红. 北京：中国标准出版社，2001

[17] 中华人民共和国国家标准. GB 17512.1—2010 食品安全国家标准 食品添加剂 赤藓红. 北京：中国标准出版社，2010

[18] 中华人民共和国国家标准. GB 14888.1—2010 食品安全国家标准 食品添加剂 新红. 北京：中国标准出版社，2010

[19] 中华人民共和国国家标准. GB 4481.1—2010 食品安全国家标准 食品添加剂 柠檬黄. 北京：中国标准出版社，2010

[20] 中华人民共和国国家标准. GB 6227.1—2010 食品安全国家标准 食品添加剂 日落黄. 北京：中国标准出版社，2010

[21] 中华人民共和国国家标准. GB 7655.1—2005 食品添加剂 亮蓝. 北京：中国标准出版社，2005

[22] 凌关庭，唐述潮，陶民强. 食品添加剂手册（第三版）. 北京：化学工业出版社，2003

[23] 张坚，孙培龙，杨开. 植物性天然香料的提取与应用. 食品研究与开发，2006，4：181-184

[24] 夏春. 新型食品甜味剂的发展状况和检测、使用规范的探讨. 现代农业科技，2006，9：205-206

[25] 周叶燕，樊亚鸣，高绍中. 动态-微波法提取黑胡椒油树脂的中试研究. 食品科技，2009，11：175-179

[26] 刘红，曾凡逵. 乙醇法提取黑胡椒油树脂的研究. 中国食品工业，2011，2：69-71

[27] 陈建华，翁少伟，李忠. 超临界 CO₂ 萃取黑胡椒中有效成分的研究. 精细化工，2010，10：991-995

[28] 陈长发. 红枣酊浓缩过程中工艺控制的探讨. 四川日化，1990，2：12-14

[29] 凌关庭，唐述潮，陶民强. 食品添加剂手册（第三版）. 北京：化学工业出版社，2003

[30] 鲍明伟. 甜味剂简介. 无锡教育学院学报，2000，2：68-70

[31] 徐竞. 面粉中三聚氰胺的高效液相色谱-质谱法测定. 现代面粉工业，2009，37-39

[32] Desmarchelier A, Cuadra M G, Delatour T, et al. Simultaneous quantitative determination of melamine and cyanuric acid in cow's milk and milk-based infant formula by liquid chromatography-electrospray ionization tandem mass spectrometry. Journal of Agricultural and Food Chemistry, 2009, 57：7186-7193

[33] 林荆，郑宇，张金虎，等. 超高效液相色谱-串联质谱法测定水产品中三聚氰胺残留量. 福建分析测试，2009，18：23-26

[34] 蔡勤仁，欧阳颖瑜，钱振杰. 超高效液相色谱-电喷雾串联质谱法测定饲料中残留的三聚氰胺. 色谱，2008，26：339-342

[35] Tittlemier S A, Lau B P Y, Ménard C, et al. Melamine in infant formula sold in Canada：occurrence and risk assessment. Journal of Agricultural and Food Chemistry, 2009, 57：5340-5344

[36] Cantú R, Evans O, Wymer L J, et al. HPLC determination of cyanuric acid in swimming pool waters using phenyl and confirmatory porous graphitic carbon columns. Analytical Chemistry, 2001, 73：3358-3364

[37] Chen Y Q, Yang W J, Wan Z Y, et al. Deposition of melamine in eggs from laying hens exposed to melamine contaminated feed. Journal of Agricultural and Food Chemistry, 2010, 58：3512-3516

[38] 李东刚，李春娟，鞠福龙，等. 非衍生-气相色谱串级质谱法测定饲料中三聚氰胺. 中国测试，2009，35：65-67

[39] Yan N, Zhou L, Zhu Z F, et al. Determination of melamine in dairy products, fish feed, and fish by capillary zone electrophoresis with diode array detection. Journal of Agricultural and Food Chemistry, 2009, 57：807-811

[40] Lin M. A review of traditional and novel detection techniques for melamine and its analogues in foods and animal feed. Frontiers of Chemical Engineering in China, 2009, 3：427-435

[41] Wang Z M, Chen D H, Gao X, et al. Subpicogram determination of melamine in milk products using a luminol-myoglobin chemiluminescence system. Journal of the American Chemical Society, 2009, 57：3464-3469

[42] Ai K L, Liu Y L, Lu L H. Hydrogen-bonding recognition-induced color change of gold nanoparticles for visual detection of melamine in raw milk and infant formula. Journal of the American Chemical Society, 2009, 131：9496-9497

[43] Capitán F, Capitán-Vallvey L F, Fernández M D, et al. Determination of colorant matters mixtures in foods by solid-phase spectrophotometry. Analytica Chimica Acta, 1996, 331：141-148

[44] Korczak B, Wgrzynek J, Habla H, et al. α-Al₂O₃ as an adsorbent in thin-layer chromatography. Microchemical Journal, 1972, 17：632-637

[45] 杨林飞，丁愈，张桂花，等. 薄层色谱法检测食品中的苏丹红. 实用预防医学，2006，1：185-186

[46] 王鲜俊，缪红，文君. 薄层色谱法测定海椒面中苏丹红. 中国卫生检验杂志，2005，12：1475-1476

[47] 陈美娟. 致敏性分散染料和苏丹红染料的高效液相色谱及液质联用分析方法的研究. 辽宁：大连理工大学硕士学位论文，2006

[48] 郭新东，何强，郭茂章，等. 固相萃取-气质联用测定辣椒油中苏丹红Ⅰ和苏丹红Ⅱ. 广州化工，2005，3：60-61

[49] 吴惠勤，黄晓兰，黄芳，等. 食品中苏丹红Ⅰ号的GC-MS/SIM快速分析方法研究. 分析测试学报，2005，3：1-5

［50］ Calbiani F，Careri M，Elviri L，et al. Accurate mass measurements for the confirmation of Sudan azo-dyes in hot chilli products by capillary liquid chromatography-electrospray tandem quadrupole orthogonal-acceleration time of flight mass spectrometry. Journal of Chromatography A，2004，1058：127-135

［51］ Calbiani F，Careri M，Elviri L，et al. Development and in-house validation of a liquid chromatography-electros-pray-tandem mass spectrometry method for the simultaneous determination of Sudan Ⅰ，Sudan Ⅱ，Sudan Ⅲ and Sudan Ⅳ in hot chilli products. Journal of Chromatography A，2004，1042：123-130

［52］ Tateo F，Bononi M. Fast determination of sudan Ⅰ by HPLC/APCI-MS in hot chilli，spices，and oven-baked foods. Journal of Agricultural and Food Chemistry，2004，52：655-658

［53］ 韩丹，于梦，吴梅，等. 酶联免疫吸附分析测定食品中的苏丹红Ⅰ号. 分析化学，2007，7：1168-1170

［54］ 邓安平，韩丹. 测定食品中苏丹红Ⅰ号含量的酶联免疫吸附分析方法. 中华人民共和国专利，CN，101078723A

［55］ Mitrowska K，Posyniak A，Zmudzki J，et al. Determination of malachite green and leucomalachite green in carp muscle by liquid chromatography with visible and fluorescence detection. Journal of Chromatography A，2005，1089：187-192

［56］ 丁涛，徐锦忠，吴斌，等. 高效液相色谱-串联质谱联用（Finnigan TSQ Quantum）测定鳗鱼中孔雀石绿、隐性孔雀石绿残留量. 现代科学仪器，2006，1：27-29

［57］ Doerge D R，Churchwell M I，Gehring T A，et al. Analysis of malachite green and metabolites in fish using liquid chromatography atmospheric pressure chemical ionization mass spectrometry. Rapid Communications in Mass Spectrometry，1998，12：1625-1634